免疫建筑综合技术

免疫建筑综合技术

[美]瓦迪斯瓦夫·扬·科瓦尔斯基　著
蔡　浩　王晋生　等译
龙惟定　校

中国建筑工业出版社

著作权合同登记图字：01 – 2004 – 4359 号

图书在版编目(CIP)数据

免疫建筑综合技术/(美)科瓦尔斯基著；蔡浩等译．—北京：中国建筑工业出版社，2005
ISBN 7 – 112 – 07878 – 4

Ⅰ．免… Ⅱ．①科…②蔡… Ⅲ．房屋建筑设备；安全设备 – 研究 Ⅳ．TU899

中国版本图书馆 CIP 数据核字(2005)第 139547 号

Immune Building Systems Technology/Wladyslaw Jan Kowalski，ISBN 0 – 07 – 14024b – 2

责任编辑：姚荣华 董苏华
责任设计：崔兰萍
责任校对：刘 梅

免疫建筑综合技术
[美]瓦迪斯瓦夫·扬·科瓦尔斯基 著
蔡 浩 王晋生 等译
龙惟定 校
*
中国建筑工业出版社出版、发行(北京西郊百万庄)
新 华 书 店 经 销
伊诺丽杰设计室制版
北京富生印刷厂印刷
*
开本：880 × 1230 毫米 1/32 印张：18⅛ 字数：650 千字
2006 年 1 月第一版 2006 年 1 月第一次印刷
印数：1—3,500 册 定价：**68.00** 元
ISBN 7 – 112 – 07878 – 4
(13832)

本社网址：http：//www.cabp.com.cn
网上书店：http：//www.china-building.com.cn

目　　录

前　　言

本书主要是为满足对于想提高建筑物的安全，使建筑物免受日益增长的生物及化学恐怖袭击事件威胁的各类专业人士的需要。这些专业人员可包括工程师、建筑师、设计师和建筑管理人员等。由于本书的主题所涉及的范围较广，所以还能对警察、营救人员、紧急医疗救护人员、安全人员、消防员、军事人员、流行病研究人员，以及研究大规模杀伤性生化武器的防护问题的微生物研究人员提供有用的技术参考。

本书源于1996年在美国宾夕法尼亚州立大学开始的空气微生物工程学研究。空气微生物工程学主要研究室内环境中空气传播的微生物的控制，这一领域结合了建筑工程与微生物工程，或者可以说是关于室内环境中疾病传播的一门建筑科学。这些室内环境传播的疾病主要是指空气传播的或呼吸系统的疾病，但也并不仅限于这两方面的疾病。

由于美国国防尖端研究项目局(DARPA)的“免疫建筑”项目的启动，1999年宾夕法尼亚州立大学对于空气微生物工程学的研究经历了一次转变。DARPA的研究项目主要集中在发展应用于政府及军事类建筑的免疫建筑技术。该大学的免疫建筑研究采用类似的方法，但主要集中在为商业及居住类建筑提供经济实用的工程技术方案。虽然这一研究目前主要集中于生化制剂的防御系统设计，但也仅仅是在更加严格的设计标准上对现有技术的重新应用。也就是说，免疫建筑所采用空气微生物工程学的技术手段可以防御人为故意释放的和自然发生的有害物质的事件。这两类事件之间的区别不仅仅是在破坏程度上的，而且在事件本身性质上也有许多不同。

这本书可以用作参考手册和教科书，在内容设置上并不过分依赖于外部的参考资料。本书对于微生物学问题的阐述相对较少，仅仅包含了和生化武器问题直接相关的一些信息，这样使工程技术人员不必要在微生物学研究方面的一些复杂的概念上花费太多的时间。与本书讨论的这一课题相关的微生物学、生理学、遗传学、化学和物理学方面的问题在本书提供的许多参考文献中都有所论述，如果需要更详细的信息可从中得到参考。本书还附带的介绍了一些工程技术之外的知识，并且在讲解和组织方式上并不要求读者都具有特定的背景知识或者查阅本书之外的参考资料，但是要求读者熟悉一些空气微生物工程学的专业术语。为此，本书在最后为读者提供了术语表，希望读者不仅仅只知道这些术语的定义，还应当理解与之相关和暗含的一些概念。

本书中对于单位的选择代表着工程学与微生物学在普遍用法上的结合。本书大量采用公制单位(主要是SI单位)，在必要的情况下才使用英制单位并且进行了适当的转换。非常遗憾的是在美国并不完全认同SI单位制，因此工程师们至今仍不得不使用不太确定的单位转换。虽然很多行业仍然坚持使用英制单位，但是我希望工程师们能够努力熟悉公制单位，因为它是科学界首选的单位制。

为了适合工程技术人员阅读，本书简化了很多微生物学方面的信息，希望这种做法不会引起微生物学家们太多的不满。把微生物学中的复杂的信息划分为有序的组成部分和简单的方程式，的确是过于简单化了。我和大家一样都非常明白，微生物研究领域并不适合于过分简单的量化分析，而且也很难与工程领域所使用的方法保持一致。可以肯定的说，对非线性的微生物领域的问题采用线性的近似有助于工程设计，采用量化分析并计算总和的方法对于一般性的空气传播的疾病的控制问题是相当有效的。事实上，对微生物学的研究数据进行分片微观管理的方法对于隐含在大量的计算模型中因为近似而产生的微小误差并不敏感。总的来说，这些误差以均值为中心并且存在相互抵消的作用。最后，为了确定空气净化和室内人员防护系统的规模，每一个工程师在设计过程中都习惯于引入安全系数，这将有助于消除在设计过程中所引入的微小误差和假设的影响。

加工和处理如此大量的微生物学和化学方面的数据，不可避免会产生一些错误。这些错误对于从事微生物学和化学领域的研究人员来说，可能要比工程技术人员表现得更加明显，我希望如果有人发现本书中的数据有问题的话，能够与我联系。这些勘误的信息将会放到宾夕法尼亚州立大学空气微生物工程学的网站上(Kowalski and Bahnfleth, 2002b)。与课题相关的其他一些资料及一些有用的研究成果都可以在网站上看到，在参考文献中列出了许多资料的网址。

最后，为了免除人们对本书是否透露过多信息的担心，本书的内容经过仔细斟酌，不包含任何可以被怀有不良企图的人所利用的详细信息。书中没有提到任何关于如何制造生化武器的信息，不幸的是，这类信息在其他一些地方可以随意获取。关于假设的生化制剂的分散装置的一些关键细节都被省略了，因为这些细节可能被用于制造和使用这些装置。如果模拟袭击情景的模型计算结果不如设想的那样准确，这可能是由于评估这个系统的工程师对于这个模拟系统的缺点还没有足够的认识，而且每一个建筑物都各不相同，模拟的结果也不能一概而论。在任何情况下，本书所提供的信息对于怀有正当目的人是有很大帮助的，这种帮助要远远超过被用于其他目的可能产生的不良影响。

我希望本书能够在全国范围内为设计师和管理人员在建筑中采用防护系统起到一定的促进作用。这不仅是为了消除生化武器所带来的潜在的灾害，同时也为了加强建筑物对于每天都存在的疾病传播这样一种更为常见威胁的免疫能力，这在最终也许会有助于消除一些呼吸系统的疾病。

瓦迪斯瓦夫·扬·科瓦尔斯基
(Wladyslaw Jan Kowalski, P.E., Ph.D.)

致　谢

本书的完成得到了很多人的帮助，他们对书稿进行了校阅，提供了相关的图片和必要的技术资料。在此，我衷心地感谢为本书作出贡献的所有个人以及他们所代表的公司或者组织，他们是：William Bahnfleth，Amy Musser，Stanley Mumma，Chobi Debroy，Richard Mistrick，Brad Striebig，Jelena Srebric，Gretchen Kuldau，Daniel Merdes，John Brockman，Chuck Dunn，Mike Ivanovich，Henry St.Germain，Dave Witham，Stephen Stark，Bill Perkins，Philip Mohr，Art Anderson，Wilson Poon，John Buettner，Charles Dunn，Jack Matson，Bruce Tatarchuk，Jeffery Siegel，Jing Song，Thomas Whittam，Leon Spurrell，Clarence Marsden，Larry Kilham，Linda Bartraw，John Wellock，Dave Neufer，George Flannigan，Nancy Sabol，John Harris，Bill Jacoby，Jennifer Bowers，Bernice Black，Meryl Nass，Ann McDougall，Louis Geschwindner，Jack Kulp，Robert Gannon，Eric Peyer，George Walton，Michael Modest，Dick Huggins，John Garrett，J. Glenn Songer，Elisa Derby，Ed Westaway，Alex Wekhof，Roy D. Wallen，Leonard E. Munstermann，Brian Bush，Ken McCombs，Matt Holmquist，Steve Careaga，Jenny Moyna，Paul S. Cochrane，Camille Johnson，Neil Carson，Garry T. Cole，Basil Frasure，Amram Golombek，Ann McDougall，Hans Buur，Malcolm Jones，Chris Brown，Ariella Raz，John D. German，Cornelia Büchen – Osmond，Debra Short，Larry Schmutz，Cheryl Christiansen，Bill Sawka，Francois Elvinger，Bev Corron，Georgia Prince，Phil Sansonetti，James W. Kazura，Matthew Wolf，Scott Roberts，Teddy Pastras，Holly Krauel，Janice Bowie，Helen Lee，Sue Poremba，Eric Burnett，Franz Heinz，Christian Peters，Michael Sailor，Patrice Moore，Mik Pietrzak，Christine Bailey，Rob Crutcher，

Chuck Murray, Richard Osborne, Jim Cordaro, Raimo Vartiainen, P.J. Richardson, Beth Huber, John Antoniw, Betty Wells, Chuck Haas, Jane Whitlock, Jerry Straily, Raj Jaisinghani, Harold James, Lucas Bacha, Ted Glum, Jeff D'Angelo, Donald E. Woods, Eric Grafman, Steven J. Emmerich, Bill Thayer, Vincent Agnello, Ching-Hsing Liao, Cathi Siegel, Cynthia S. Goldsmith, Michael Bowen, Peter Charles, Dorothy Hsu, Rose Spencer, David Evans, Peter d'Errico, Carl Gibbard 和 Kurt Behers。

最后要感谢 Amy Aliving，他为推动和发展免疫建筑这一概念作出了贡献。

物理符号说明

下面列举的物理符号代表了在本书中采用的各种变量，这些变量对于本书中的工程类计算和微生物学计算来说，都属于通用变量或者标准变量。下面的符号列表中不包括在第 16 章中使用的经济学术语，因为它们并不是标准术语或者在其他场合也有应用。在这些列举的变量中，大多数采用的是公制单位或者 SI 单位，不过其中也有一些变量在第 16 章中采用的是英制单位。本书中有些符号是重复使用的，在文中对它们所代表的变量都进行了限定。作为例外，符号 ID_{50} 既可以表示感染剂量(就生物毒剂而言)，也可以表示失能剂量(就化学毒剂而言)，该符号的确切含义取决于其具体用途。除此之外，在本书中所有微生物的单位都一律采用“cfu”，尽管对于病毒来说正确的单位应当是“pfu”。

a	任意常数
a	过滤介质体积填充密度(介质体积/总体积)，m^3/m^3
ACH	换气次数，1/h
a_i	纤维 i 的体积填充密度
b	任意指数
B_r	呼吸率，m^3/min 或 L/min
$C, C(t)$	浓度，生物毒剂 cfu/m^3，化学毒剂取 $\mu g/m^3$
C_a	空气中的毒剂浓度，生物毒剂 cfu/m^3，化学毒剂 $\mu g/m^3$
CD_{50}	半数中毒剂量，$mg \cdot min/m^3$
Ch	Cunningham 滑动系数
D	持续时间，d 或 h

D_{37}	持续时间的 37%
D_d	微粒扩散系数，m^2/s
d_f	纤维直径，μm
d_{fi}	纤维 i 的直径，mm
D_L	对数平均直径，μm
D_{max}	最大直径，μm
D_{min}	最小直径，μm
Dose	剂量，mg · min/m^3，mg，或 cfu
d_p	微粒粒径，μm
dP_F	过滤器压力损失，in · w · g
E	过滤器的过滤效率，分数
e	自然对数的底
E_D	扩散效率，分数
E_R	拦截效率，分数
E_s	单纤维效率，分数
E_{Si}	纤维 i 的单纤维效率
E_t	暴露时间，s 或 min
E_{tot}	紫外线总辐射功率，μW
E_{uv}	紫外灯输出功率，μW
f	具有抵抗力的微生物占微生物总数的比例，分数
F_i	第 i 节灯管的辐射视角系数
F_K	桑原(Kuwabara)动力学因子
$frac_i$	第 i 种直径的纤维的百分比含量
F_{tot}	总视角系数
H	高度，cm
hp	马力，hp
I_D，I_{Dn}	直射或者入射辐射强度，μW/cm^2
ID_{50}	半数失能剂量，mg/kg 或 mg · min/m^3
ID_{50}	半数感染剂量，cfu/m^3
I_R，I_{Rn}	反射辐射强度，μW/cm^2
I_S	紫外线辐射强度，μW/cm^2
k	波尔兹曼常数，1.3708×10^{-23} J/K
k	UVGI 衰亡率常数，cm^2/(μW · s)
KR	杀灭率，分数或百分比

KR_i	部件 i 的杀灭率，分数
KR_T	总杀灭率，分数
l	灯管长度，cm
L	长度，m 或 cm
$L(Ct)_{50}$	半数致死浓时积，mg · min/m^3
LC_{50}	半数致死浓度，mg/m^3
LD_{50}	半数致死剂量，mg/kg
l_g	灯管弧长，cm
l_g, l_b	某节灯管的长度，cm
m	具有抵抗力的微生物群体的 UVGI 衰亡率常数，cm^2/(μW · s)
MDP	平均患病期，d 或 h
MIP	平均传染期，d 或 h
N	房间的每小时换气次数，1/h
$N(t)$	t 时刻的微生物数量
Nr	拦截参数
OA	新风量，m^3/min
P	功率，W 或 μW
Pe	贝克利数
peak	感染或者传染的峰值时间，d 或 h
P_{lamp}	灯管总瓦数，W
P_v	动压，in · w · g
Q	风量，m^3/min
r	灯管半径，cm
RR	释放速率，cfu/min 或 mg/min
S	存活率，分数
S, $S(t)$	污染源释放速率，生物毒剂 cfu · min/m^3，化学毒剂 μg · min/m^3
S, S_i	纤维投影面积，纤维 i 的投影面积
SSC	稳态浓度，cfu/m^3 或 mg/kg
T	温度，K
t	时间，s，min，h 或 d
U	介质面风速，m/s
V	体积，m^3
W	宽度，cm
x	距灯管轴线的距离，cm

x	剂量，mg·min/m³，mg，cfu，或者任意变量
X	高度参数
y	病例、受伤或死亡的总数或百分数
Y	宽度参数
Δh	增加的热量，W
ε	不均匀修正系数
η	吸收率
η	气体绝对黏度，N·S/m²
η_{fan}	风机效率，分数
η_{motor}	电机效率，分数
λ	气体分子平均自由程，μm
μ	微粒迁移率，N·s/m
π	圆周率，3.14159……
ρ	反射率，分数或百分比
σ	标准差

第1章

概　　论

1.1 引言

建筑物是一个封闭的环境，通过空气分布系统使之适合于室内人员的居住。但是，建筑物也同时会传播各种污染物，这些污染物来自自然的或者其他的一些污染源，并且可能在室内释放(图1.1)。对于任何建筑的可居住性来说，除了火灾和烟气外，最严峻的威胁还来自人为释放的各种生化制剂。有许多种生化制剂可以通过各种复杂的途径释放，所以很难依靠单个系统来保障建筑物的安全。

此外，对于各种各样的建筑和设施也不能用单个方法来解决所有的问题。取而代之的是，建筑师或工程师在明确威胁存在之后，面临着一系列的选择和决定。要使建筑物具有对生化武器或者其他一些有害室内污染物的免疫能力，第一步就是要明确威胁之所在并建立起防护性能标准。

普通的建筑物有助于空气中的病菌传播，而且有助于污染物的扩散，这样所有的室内人员都将受到同样的威胁。免疫建筑是指被设计或改造成可以减少空气传播疾病相关威胁的一类建筑。在理想的免疫建筑中将没有病菌会通过空气途径来传播。在这种建筑物中，没有伤风，没有流感，甚至没有儿童疾病会通过空气在人群中传播，虽然这些疾病有可能通过其他一些方式，如直接接触，进行传播。

免疫建筑保护普通人群预防传染病的原则也同样适用于预防室内人为释放的生物制剂。惟一不同的是设备的防护级别，因为在恐怖袭击事件中释放的生物气溶胶的浓度可能相当高。此外，恐怖袭击事件中释放的生物制剂的致命性要远远高于自然发生的生物污染，因此需要采取更高级别的防护，或者至少是更详细的分析，以确保室内人员的安全。

图 1.1 建筑物是用于居住的机器，它也同样可以通过工程技术的方法来保护室内人员免受利用空气传播的各种危害(图片征得宾夕法尼亚州 Art Anderson 的许可)

免疫建筑防御生物武器的措施对防御化学武器也有一定的作用。然而，去除化学制剂或气体通常需要专门的技术。因为目前生物武器要远比化学武器危险，这个问题在设计上需要分两个阶段来考虑。首先，设计的系统对各种可能的生物制剂必须具备一定的防御能力；其次，系统能够改进并在一定程度上能够防御各种化学制剂。

对于假定的一系列防护性能目标来说，其底线往往是系统的经济性。作为建筑中比较理想的空气净化系统应当是非常经济有效的。如果不计成本，在建筑中安装防护系统可能是比较容易的，但是在当今普遍关注成本的工程界，这未必是一种实用的方法。

释放放射性污染的问题在本书中没有提到，尽管它与本书的主题有一些附带的联系。释放放射性污染的问题非常复杂，并且需要考虑辐射暴露的问题，这已经超出了本书的讨论范围。然而，放射性污染与生化污染的控制技术在实质上是相同的，被设计成防御生化制剂的免疫建筑系统也能在一定程度上防护空气中的放射性物质。通常情况下，由于放射性物质难以获取和处理，释放放射性污染也许是最不可能出现的一种恐怖袭击情景。

在讨论建筑物防御生化制剂的一些细节和设计问题之前，最好是让我们先回顾一下毒药、毒素、化学武器和生物武器的历史，这样才会明白我们是如何发展到今天的这种局面——面对使用生化武器这种赤裸裸的罪恶，我们不得不付出更大的代价来保护我们自己。回顾这段历史，也会使我们对已经使用过的生化武器的类型和释放方法有所认识，同时也对人们使用生化武器的动机有所了解。

1.2 生化战争简史

早在远古时代，人们就熟知各种有毒物质。菟葵、乌头、铁杉、野橄榄和其他一些在自然界中生长的植物早已被古代的名医如希波克拉底(Hippocrates，古希腊医师，称医药之父——译者注)和伽林(Claudius，希腊医师、医药书著述家——译者注)等研究发现，它们既可以在医学上当作药物，也可以作为毒药。古罗马的诗人、哲学家卢克莱修(Lucretius)曾指出，毒药可用于终止老年人或病人的痛苦。

对于毒药的使用，在历史上早有记录。如表1.1所指出的，古老的部落人群常常使用毒箭，南美的一些部落也用这种方法捕猎。早在公元前1200年的一些神话故事就指出，古代在战争中经常使用毒箭。除了在箭的顶部用毒药，人们还经常往干净的井水中投毒来消灭敌人。

第一次使用化学武器应该追溯到公元前2000年发生在印度的一场战争，人们把碎布浸泡在可燃的液体中，然后点燃产生一种有毒的烟雾来干扰敌人(Hersh,1968)。古代中国在宋朝时就掌握了如何制造一种含砒毒的烟雾。但是，现在来看，这种技术不是非常有效，能够使用的场合也非常有限。

在大约写于公元前500年的《孙子兵法》一书中曾写到(Sawyer and Sawyer,1994)——孙子警告在敌人下游扎营的军队说："他们可能会在上游的水中给我们投毒"。这种投毒方式在孙子之前就有人提出过。与这种特别的投毒方式相似的是，在第一次世界大战中，当法国军队处在下风向时，德国军队向他们释放了毒气。

古希腊民族不屑于使用毒箭，他们认为在战争中使用毒箭是不光彩的。事实证明，借助于投毒方式的人也觉得这种方式十分卑鄙，他们还指出，在战争中不使用投毒方法的国家要远远比使用投毒的国家受拥护。古希腊民族就是这样的，然而，他们偶尔也会往井水里投毒来消灭他们的敌人。

在古代对一个城市进行围攻时，攻击者总是试图烧毁城墙或是城门。硫化物、沥青、生石灰和石脑油等有时会用作助燃剂，作为燃烧的副作用，通常会产生大量令人窒息的烟雾。正如爱德华·吉本(Edward Gibbon)在《罗马帝国衰亡史》这本书中所描述的，利用这些物质及其他一些可燃

生化战争历史年代表 表 1.1

	古　　代
–	史前人类利用毒箭捕猎
2000 B.C.E.*	印度人使用有毒烟幕
1250 B.C.E.	在战争中使用毒箭
600 B.C.E.	希腊人在战争期间往供水中投毒
500 B.C.E.	古代中国在战争中使用毒药
336 B.C.E.	在罗马第一次大规模的投毒
	中　世　纪
1155	罗马帝国的皇帝巴巴罗萨将人和动物尸体投入水井
1346	进攻卡法城时向城内投掷死于瘟疫的士兵尸体
1422	在克罗斯丁（Carolstein）战役中，患瘟疫的士兵尸体被扔进敌军阵营
1456	贝尔格莱德的基督徒使用了毒烟
1500	美洲当地居民大批死于流行病
	现　　代
1763	英国殖民军通过传播天花病毒打败了美洲当地居民
1764	在美洲当地居民大批死于天花病之后，弗吉尼亚州的英国国民军取得胜利
1777	华盛顿将军开始抗击英军的天花病毒威胁
1781 – 1783	一些加拿大商人在美洲西部居民中传播天花病毒
1800s	美国军队在平原和西部沿海地区的美洲当地居民中传播天花病毒
1863	在美国内战中将人的尸体投入水井，使之染毒
1890	英国人使用化学炮弹袭击布尔人
1915 – 1916	德国人使盟军的马匹感染了鼻疽病
1915 – 1918	第一次世界大战期间，暴发了化学战
1930	一些国家开始研制生物武器
1936	意大利向阿比西尼亚(今埃塞俄比亚)投掷了芥子气炸弹
1937 – 1945	日本在侵华战争中使用了化学和生物毒剂
1942	苏联在斯大林格勒对德军控制区释放了兔热病（tularemia）病菌
1943	德国纳粹对犹太抵抗战士使用了毒气
1943	捷克斯洛伐克抵抗组织使用炭疽杆菌抗击入侵德军
1944	波兰地下抵抗组织使用斑疹伤寒病菌抗击入侵德军
1948	以色列用斑疹伤寒病菌污染了阿拉伯城镇的水井
1960 – 1980	苏联从事生物毒剂的武器化研究
1975 – 1991	据称，在阿富汗、老挝、柬埔寨和古巴使用了生化毒剂
1979 – 1980	白人统治的罗得西亚(今津巴布韦)政府对黑人部落区发动了大规模的炭疽杆菌袭击
1980	南非种族隔离政府使用霍乱和炭疽病菌袭击起义的黑人
1980	伊拉克对伊朗使用了化学武器
1984	美国俄勒冈州拉希尼希教派（Rajneeshee）的教徒用沙门氏菌污染了食物
1988	伊拉克对库尔德反抗力量使用了芥子气
1991	右翼极端分子在美国明尼苏达州提取了蓖麻毒素
1990 – 1993	奥姆真理教教徒在日本释放了炭疽杆菌和肉毒杆菌
1994	奥姆真理教教徒在日本发起沙林毒气袭击
1996	美国得克萨斯州发生用志贺氏杆菌（Shigella）污染食品的事件
1998	南斯拉夫军队利用化学品污染了科索沃地区的供水
1998	基督教身份组织/雅利安人至上论者得到了鼠疫菌并且订购了炭疽杆菌
2001	美国邮寄炭疽杆菌孢子事件——怀疑是极端分子所为

* B.C.E. ——公元前，一种考古学的纪年术语，用于代替B.C.(例如，耶稣降生于4 B.C.E.)。

物质的所谓的“希腊火”，虽然能够使敌人暂时失去反抗能力(图1.2)，但最终的目的则是烧毁敌方的船只和作战用的装备。

古希腊民族对于地位较高的人执行死刑时采取服毒的方式。众所周知的，81岁的苏格拉底就是通过公投的方法被迫服毒而死的。后来，随着罗马帝国财富的不断扩张，毒药常常用作一种谋财害命的工具。

历史上第一起带有恐怖袭击性质的投毒事件发生在公元前336年。当时在罗马许多重要的人物都相继死去，人们都以为是得了传染病，直到最后官方人员才从一个仆人口中得知，是一些主妇有预谋地给她们的丈夫投了毒。当地官方逮捕了酝酿这一重大投毒事件的20位主妇，她们却辩解说那只是药物，当迫使她们服用这些药物时，她们很快就丧命了。随后大约有170名妇女被证实参与了这起谋杀事件，这就是在罗马发生的第一起投毒事件。整个事件被认为是一次“大规模的愚蠢行为”，以至于罗马的后代们始终都无法相信和理解这是为什么(Livy 24 B.C.E.)。

在古代，人们对毒气就有所了解。大量资料中记载着地球本身会散发一些有毒气体。在意大利，卢克莱修曾经提到过一些广为人知的传言，在阿佛纳斯一带地表释放的毒气能够杀死空中的飞禽(Latham,1983)。

1155年，在托尔托纳(Tortona)战争中，罗马帝国的皇帝巴巴罗萨(Barbarossa)曾把人和动物的尸体作为毒药投入水井(Poupard and Miller, 1992)。这种往水井中投放尸骸的做法早在古代就有，这也许可以说是生物战争的一种原始形式。

图1.2　公元687年，在对君士坦丁堡(现在的伊斯坦布尔)的围攻中“希腊火”用于烧毁敌人的船只(引自Scylitzes manuscript, P.Oronoz, Madrid)

1346年，在克里米亚半岛，一支入侵的鞑靼军队将感染瘟疫的死尸投掷到卡法(Kaffa)城内，现在乌克兰的费奥多西亚(Feodosira)。这支鞑靼军队感染了瘟疫，他们投掷死尸到城内是想把瘟疫传染给他们的敌人。虽然这个城市感染了瘟疫，护卫军队也因此撤退了，但是，投掷死尸和后来所爆发的瘟疫没有必然的联系，病菌主要是通过跳蚤传播的，因此不能简单地把胜利归功于这种战术(Christopher et al., 1997)。

第一次使用化学武器发生在中世纪，1456年，基督徒们为了保卫贝尔格莱德，用有毒混合液浸泡破布，并点燃这些破布来抵抗土耳其军队的进攻。虽然这看上去似乎并不能杀死敌军，也不能作为基督徒们获胜的原因，但是却可以起到袭扰敌人的作用。

第一次意外地利用疾病获胜的战争发生在美洲。当西班牙远征军穿越中美和南美洲地区时，他们经常会感染一些大规模的传染病。逃避西班牙人的当地居民使疾病的传播进一步恶化并大规模暴发。对于传染性的风

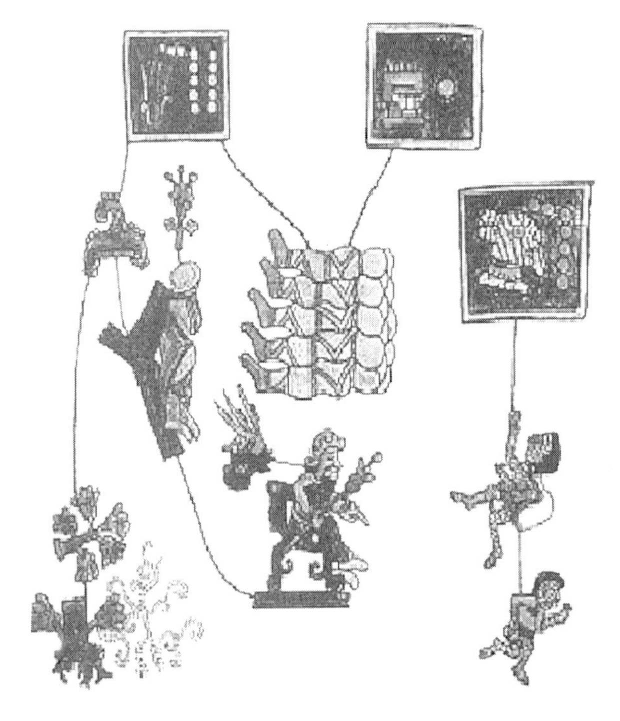

图 1.3 阿兹台克族挂毯中的细部图案。它反映了1583年的天花病流行的情况。在图的中央是裹在毯子中的尸体，在右侧有两个人临死挣扎的人

疹、天花(见图 1.3)、伤寒和其他一些疾病，美洲的当地居民没有天生的免疫力。就这样，疾病席卷了整个美洲，在几年内夺走了数以千万的生命(Jackson, 1994; Whitmore, 1992)。当欧洲人到达北美殖民地时，由于受到疾病的侵害，当地人口大量地减少，以至于许多大庄园不得不被放弃，尤其是俄亥俄州，大多数的部落都恢复到传统的游牧生活。在哥伦布发现美洲大陆之前，美洲人口大致在 2000 万至 1 亿之间(Dobyns, 1966)。图 1.4 概括了墨西哥人口减少之原因的一些研究结果，当西班牙军队到达那里时，当地至少还有 2000 万人口。

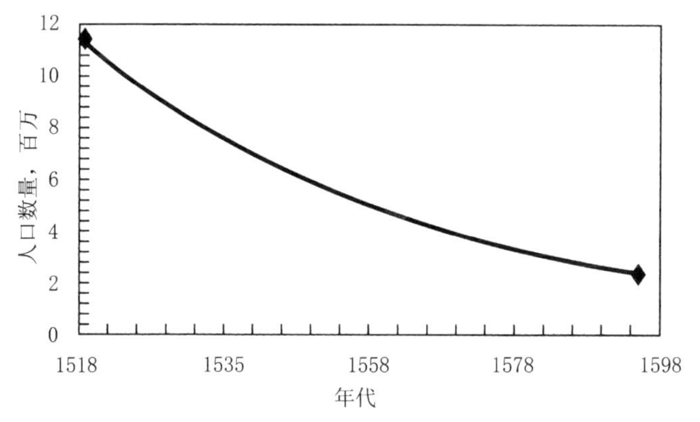

图 1.4 西班牙入侵后墨西哥人口减少情况的估计。数据点分别表示 1519 年至 1595 年的情况[数据基于 McCaa(1995)]

图 1.5 杰弗里·阿默斯特总司令，生物战争之父，在约书亚·雷诺(Joshua Reynolds)的这幅肖像画中他身穿闪亮盔甲的样子极具讽刺意味(引自加拿大国家档案馆)

1763年，首次有预谋的使用生物武器的战争发生在英国统治之下的美洲(Hersch,1968; Hoffman and Coutu,2001)。当时法印战争(French and Indian War)的形势对于北美五大湖地区的英国殖民者很不利，英军驻北美总司令杰弗里·阿默斯特(Jeffrey Amherst)试图在美国印第安人中制造一场人为的天花爆发(图1.5)。英军的亨利·博克特(Henry Bouquet)上校的得到授意后，从医院收集了天花病人用过的毯子、衣服和手帕。他们假装投降，借机将这些染有天花病毒的物品送给邀请前来皮特堡(Fort Pitt)和平谈判的印第安人代表。这样做所取得的效果令人吃惊，印第安首领庞蒂亚克(Pontiac)率领的抗击英国殖民者的部落联盟因为天花流行而溃败。因为天花流行，俄亥俄州当地的特拉华人、明格人、肖尼人部落估计大约有50%的人丧生。俄亥俄州的印第安城镇很快就不复存在了，很多人被天花夺走了生命，幸存者也放弃了城镇而逃到其他地方(Tanner et al., 1986)。英国殖民军在这场战争中，从起初完全处于防御并且接连受挫的状态，开始转入进攻，到1764年春天，当地的印第安人已经基本停止了抵抗。

从1763年后，一些零星的抵抗战争在其他边境地区仍然继续着，在弗吉尼亚州甚至连一个只有1000人的当地军队也不例外。1764年9月，弗吉尼亚州的安德鲁·刘易斯上校(Andrew Lewis)在给博克特上校的信中写道："得了天花病的人会很快就会丧命，他们没有任何抵抗能力……。"从这个资料中可以看出，美洲殖民者已经向博克特学会了如何把天花病毒传播给印第安人，这或许是无法避免的，但是这种早先被阿默斯特所传播的天花病毒最终可能会从北美五大湖区一直向南部地区传播，并席卷整个南美。

这种成功的生物战争手段很快就被英国殖民军的领导者所效仿，随后在美国革命军中也得到运用。1776年，托马斯(Thomas)所带领的美国军队入侵加拿大时，遭受了病毒袭击，主要是天花病毒，整个军队溃不成军。在亚当斯(Adams)的家信中甚至这样描述到，"天花病毒比英国、加拿大和印第安人加起来还要恐怖10倍"。托马斯将军也于1776年6月8日死于天花。当时人们对此无计可施，天花的流行胜于任何一件事，而当时的英国指挥官正思考着如何把天花病毒当作一种武器使用。美国也清楚地意识到对天花具有免疫力是非常重要的。当时的一份委托的报告中曾指责加拿大的入侵者"你们军队的四分之三没有感染过天花"，暗指他们还没有接种或是种痘来预防天花(Freeman,1951)。

在独立战争中防御性的生物战争也不断重演。1776年3月，普特南(Putnam)将军召集了500个曾经得过天花的人组成了一支军队穿越了英国的防线抵达了波士顿。指挥官们通过留在面部的疤痕可以看出他们得过天花，而且清楚地知道他们对天花具有免疫力，这其中就有这次军事行动的策划者——乔治·华盛顿司令(图 1.6)。

1776年7月，华盛顿命令将对天花有免疫力的殖民地士兵送到美国纽约州东部的哈得孙河(Hudson)沿岸。这些士兵不仅对人工接种的天花有免疫力，而且会终身幸免于自然发生的天花病毒。1777年的一份报告中曾经讨论过派遣一名间谍去英国的军营。报告中指出将这名没有接种天花疫苗的间谍送去感染上天花病毒(产生免疫)，然后再回来准备完成他的间谍使命(Freeman,1951)。

1777年，在对波士顿进行围攻时，华盛顿接到一份报告说，英国正试图在他们自己的军队里传播天花。他最初还不相信，直到后来他自己的部

图 1.6 在美国独立战争中，首次有记录的抗击生物战争的防护措施被乔治·华盛顿在作战中采用(引自1851年的版画，Geoffrey of Didier Publishing，Paris.)

队也开始生病，于是他命令军队通过接种防治天花(Gibson,1937)。作为接种疫苗的先驱，这种人工接种方式的反应过于强烈，以至于接种者的死亡率高达3%。显而易见，人工接种方法早在1776年就为人熟知了，只不过是英国军队的天花传播让人们开始认真考虑人工接种的问题。

阿默斯特司令留给他的部下和同事们的遗愿就是消灭美国本土的所有部落。那些人为了完成这种毫无道义的非官方命令发动了一场种族灭绝的战争，代表性的人物是罗伯特·罗格上校、亚历山大·亨利和彼得·邦德(Robert Rogers, Alexander Henry and Peter Pond)(Hoffman and Coutu, 2001)。罗格是一个出了名的好战分子，法印(指印第安人)战争中他曾在圣法朗索瓦(St.Francois)残忍地屠杀了140名男女及儿童。亨利曾经是阿默斯特司令的军火供应商。邦德先前在阿默斯特的军队中担任官职，而且还是西北贸易公司的一名狂妄的皮毛商人。当艾库耶(Ecuyer)上尉按照博克特上校的指示，将沾上天花病毒的毯子送给印第安的谈判代表时，罗格和邦德都曾出现在麦金诺岛(Mackinac)。

在被当地政府发现之前，邦德、亨利和其他一些人都利用皮毛生意作为掩护，在他们前往的西部部落中到处传播天花病毒(Hoffman and Coutu, 2001)。邦德和他的同伙从1781年开始，就一直通过将一些“昂贵的睡衣，粗呢衣物和毛毯”赠送给当地部落来完成着这项致命的任务。这些当地的部落包括奥吉布瓦族(Ojibway)、克里族(Cree)、奇帕维安族(Chipewyan)、达科他族(Dakota)、阿西尼泊因族(Assiniboine)，还可能包括渥太华(Ottawa)族、密索咖族(Missauga)、怀安多特族(Wyandot)和帕塔瓦米族(Potawatomi)。从1781年至1783年，他们踪迹所至之处，与各地的天花病流行情况非常吻合，如图1.7所示。

在法印战争中爆发的天花病死亡率非常高，以至于有些村庄都完全消失了。依照当时的情况，大量存在的证据都间接表明，许多起疾病流行的事件都与邦德和他的组织有关。在随后的几年里，大量的评论材料、日志书籍中关于这些事件的章节和日记都被系统地破坏了。这些人引发这些灾难的原因或许有很多，是为了利益或者是复仇，但是他们究竟是受政府委派或是为了他们所在贸易公司的利益就不得而知了。这种大规模的天花病很可能已蔓延出了最初的范围，但是在这一时期很少有人去研究天花病毒在当地传播的整体模式。

在加拿大西部的天花病没有完全消除之前，新的美国政府表面上作出对殖民地采取控制的姿态，暗地里早就打起了向西扩张的算盘。美国政府并不理会先前英国与美洲当地居民之间的条约，而且鼓励移民者西进，并

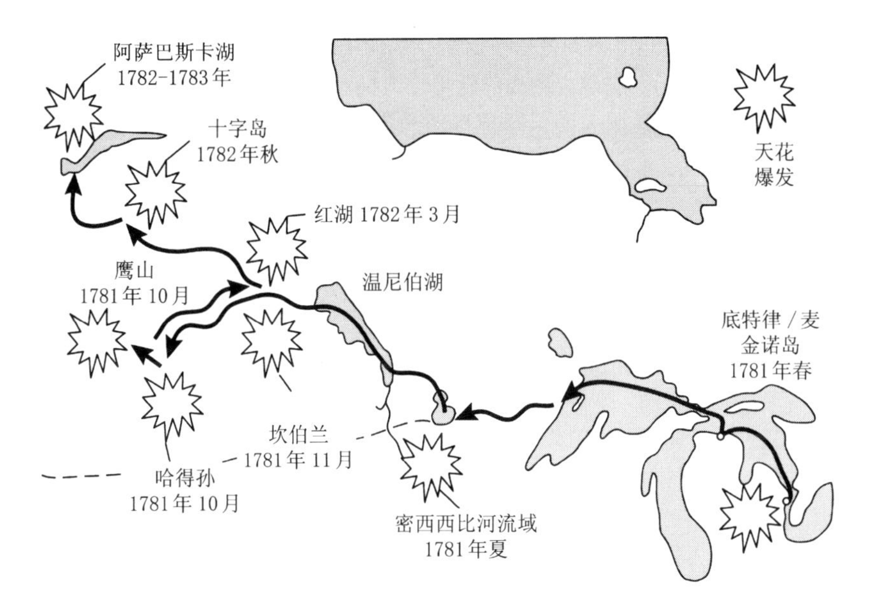

图 1.7 天花病的流行轨迹跟随着邦德的任务行程，他将沾有天花病毒的毯子分发给美洲当地从事皮毛交易的部落[基于文献 Hoffman and Coutu（2001）]

且用无耻的手段侵占印第安人的领土。那时，美国军队对于敌对部落所采取的每一次军事行动都会使用到天花病毒。最终的结果都是一样的，对当地部落的屠杀使得当地人不得不放弃自己的土地，这些土地后来又被美国政府廉价地出售了。在 19 世纪初，西部许多部落都爆发了天花，尤其是在平原印第安部落和其他一些反抗西部入侵者的部落，从天花的爆发情况看这是一种早有预谋的人口灭绝。

从当时的情况和传闻来看，很多证据都表明：在 19 世纪，美国军队是有计划地利用天花病毒来消除印第安人的反抗。当然，军队早在独立战争时期就谙熟这种针对美洲当地人的战争手段的厉害。美国军队给本土的部落分发染有天花病毒的毯子，主要是针对平原和西海岸线的印第安部落(Stearn and Stearn，1945)。这是当时政府的政策，他们不仅要消灭美洲野牛并摧毁平原印第安人的食物供应，更是为了征用印第安人的土地。印第安俘虏都被送往没有任何医疗条件的监狱，在那里俘虏的死亡率极高。这场对印第安人的战争，是继法印战争和 1764 年发生在弗吉尼亚对印第安人的战争后，第三次使用生物武器并取得胜利的战争。

正如一些历史学家所指出的，无论是内战，还是州与州之间的战争，由于在战俘营中卫生条件恶劣，没有必要的医疗服务，以及饥饿和俘虏之间的疾病传播问题得不到控制，疾病在战俘中广为传播并造成了大量人员伤亡(Sartin,1993)。在双方的战俘营里，由痢疾、天花、流感等疾病所造成的死亡人数是非常惊人的，这种遭遇和当时被俘的美洲印第安人十分相似。

早在美国内战时期，一些毒气例如氯气或是砒霜的可燃物都被考虑作为战争武器使用(Clarke,1968)。几十年后，英国人在对世界上第一支游击队——布尔人游击队的血腥战争中，随着战争局势愈发激烈，他们开始采用一种极端的战术，使用一种填装有立德炸药(Lyddite，一种主要成分为苦味酸的炸药)的炸弹，这种炸弹爆炸后会释放出有毒的烟雾。这种战术最终没有起到什么作用，英国人开始借助于其他一些更为有效的作战方式，如焦土战术、驱逐人群、骑兵掠夺，或其他一些反游击战术来打击布尔人。

英国的这种做法，开创了发射化学炮弹的危险先例，很快许多国家都开始研制比立德炸药更加致命的化学武器。在第一次世界大战中，交战双方都储备了大量在自然界并不存在的毁灭性极强的毒气。当传统的沟壕战出现相互消耗的僵局时，就会考虑采用大规模杀伤性的武器，这些武器一开始被作战一方使用，然后另一方为了报复也会接着使用。

在第一次世界大战中，德军首先使用了化学武器。当时，法国军队处在伊珀尔(YPRES，也称作 Leper)地区地势较低的地方，德军发射的炮弹释放出了含有氯气的烟雾。尽管法国的情报机构早已获知会遭受化学武器袭击，可是军队却无能为力，最终导致了法军 15000 多人中毒，其中有 5000 多人丧命。法国军队在一片惊慌中败退，阵地前沿被突破了 4 英里。而德军可能是没有想像到会取得如此之大的胜利，或是出于对深入残留致命毒剂的敌方阵地的担心，最终没能充分利用这种军事行动所带来的优势。

随后就是交战双方有规则地相互轮流使用化学武器，包括后来加入的美国军队。交战双方都逐渐适应了毒气战(见图 1.8)，战争继续维持僵局，只不过战争的致命性又上升到一个新的水平。士兵们甚至能够熟练地通过气味和征候分辨出各种不同的毒气。

第一次世界大战中使用的化学毒剂主要包括光气、氯气和芥子气。这些毒气共计造成约 130 万人伤亡，其中大约有 40 万的人员伤亡是由芥子气造成的。由于交战双方很快采取了相应的防护措施，特别是采用了防毒面具，使用化学武器就不再具有先前的优势了。防毒面具投入使用后化学武器一度失去了杀伤作用，这种局面一直持续到美国人发明了糜烂性毒剂，这种毒剂可以通过皮肤吸收来杀伤敌人。当然，随后采取的防护措施就发展成全身防护(图 1.9)，就这样，攻防技术不断发展和运用，战争的结果也

图 1.8　美军士兵佩戴着防毒面具在飞机喷洒的催泪瓦斯烟雾下训练(图片来自美国政府档案馆，J.Delano 拍摄)

并没有因此而受到影响。

第一次世界大战中使用的这些灭绝人性的化学武器，在世界范围内受到了强烈的谴责，这在后来也促成了《日内瓦议定书》的签署。虽然这一议定书由先前的交战国一致签署通过，但是随后就有一些国家违反这一协议。1936 年，意大利军队对毫无防备的埃塞俄比亚民族主义者投掷了芥子气炸弹，这是对世界组织的公然蔑视(Clarke,1968)。

世界各国都在秘密地进行化学武器研究，一些更加致命的新型毒剂如沙林、塔崩和索曼等被研制出来。德国研制了神经性毒剂，日本则系统地研究了上百种化学制剂。到 20 世纪 30 年代，一些国家，包括美国、德国、日本和苏联，除了研制化学武器之外已经开始加快生物武器的研制。

在第二次世界大战中，盟军认为德军可能会使用毒素武器，如肉毒杆菌毒素，并且在每次与德军的交锋中都有准备地携带了解毒剂。日本在占领中国后，对手无寸铁的中国人民使用了多种生物和化学武器，表面看上去是在做试验，实际则是一场有预谋的大屠杀。苏联在斯大林格勒被包围，处于绝望的时候，对德国控制的地区释放了兔热病(tularemia)病菌，但是由于风向的改变，受到病菌感染更多的反而是他们自己(Alibek and Handelm,1999)。在这段时期，德军中也报告有多例人员感染，这在短期内大大

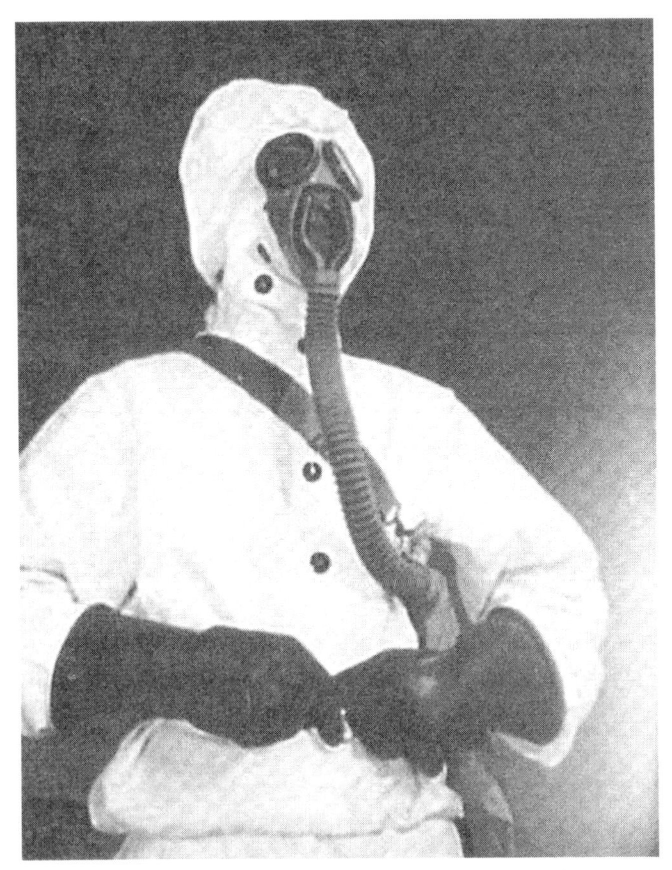

图 1.9 在第一次世界大战期间研制的糜烂性毒剂导致了全身防护的应用(图片来自美国政府档案馆，H.R.Hollem 拍摄)

地延缓了德军的进攻，但是德军却没有意识到军中的这些病人是生物袭击的受害者。

在 1943 年的华沙犹太区起义(Warsaw Ghetto Uprising)中(图 1.10)，德国党卫军利用毒气杀害和驱赶躲藏在地下避难所和下水道的犹太起义士兵。幸存者被送往死亡集中营，许多人在那里被关进毒气室，利用各种不同的毒气处死，这些毒气就包括有德国法本化学公司(I.G Farben Company)生产的含有氢氰酸的氢氰酸 B(Zyklon B)毒气。

在第二次世界大战中，捷克斯洛伐克抵抗组织使用炭疽杆菌作为武器来抵抗入侵的德国军队，他们通过邮件来传播炭疽杆菌孢子。这种做法的效果如何不得而知。在华沙的波兰地下抵抗组织采用了同样的战术并取得

图1.10 在1943年华沙犹太区起义期间，德国党卫军的保镖们在保护陆军少校施特罗普(Stroop)(图片来自波兰国家档案馆)

了很大的战果。在整个战争期间，他们传播了伤寒沙门氏菌(Salmonella typhi)，并在德国入侵者中引发了伤寒病流行，因此丧命的德军至少有256人。然而波兰人最终也感染了他们自己所研制的各种生物毒剂。

第二次世界大战结束后不久，1948年，以色列用斑疹伤寒病菌污染了他们所占领的阿拉伯城镇的水井，以阻止当地居民重返家园(Barnaby, 2000)。在加沙地带，也有类似的企图用斑疹伤寒和霍乱病菌来污染井水的行动计划，但是执行命令的士兵被抓获，计划也就未能成功。

日本所使用过的生物毒剂包括淋巴腺鼠疫(又名黑死病)、霍乱、伤寒、斑疹伤寒和炭疽热病菌。根据资料表明，日本曾经在中国的满洲(中国东北的旧称)一带建立了一座生物武器工厂，他们定期用抓获的俘虏做试验，他们表面上是让犯人在户外放风，但实际上却是让播撒生物毒剂的飞机从他们上空飞过来传播病菌。

在这一时期，各个国家都在研制生物毒剂的施放系统，主要是炮弹，并且选择一些在爆炸释放方式下还能够存活的微生物。对于不能通过空气传播的毒剂，如霍乱和斑疹伤寒是利用水和蚊虫来传播的，也都分别做了利用气溶胶和其他一些方式进行传播的试验。虽然无法获知这些研究都进展到什么地步，但是多方面的资料都表明各国政府还在继续研究、生产、或是储备这些生物毒剂和它们的解毒剂(Kortepeter and Parker,1999; NATO,1996; Siegrist,1999; Siegrist and Graham,1999; Wright,1990)。

从第二次世界大战开始，在生化武器的研究方面最令人惊骇的是苏联生物备战研究所(Biopreparat)的研究计划。这个有大量资金资助的研究机构从事着与美国“曼哈顿计划”相当规模的生物研究项目，从研制天花病毒武器到埃博拉病毒的基因工程，他们研究各种可能的生物武器(Alibek and Handelman,1999)。如果不是1979年在斯维尔德洛夫斯克(Sverdlovsk)(今名叶卡捷琳堡)的一次意外的炭疽杆菌孢子的泄漏事件造成了数百人伤亡，美国对这一计划还一无所知(Meselson et al.,1994)。

历史上最大的一次炭疽病感染发生在南非实行种族隔离的罗得西亚(现在的津巴布韦)政府与非洲黑人之间的斗争中(Barnaby,2000; Davies,1983,1985; Nass,1992a,b)。1978年10月，政府发动了对乡村游击队训练营的空中打击。在几周内，所有黑人居住的种族托管地(Tribal Trust Lands)都开始爆发大规模的炭疽病。最终导致有1万人以上感染疾病，其中至少有182人死亡(Davies,1985; Nass,1992b)。实际的死亡人数可能要远远大于这个数字，因为在黑人起义的这段时期这个国家的很多地区曾经中断了报告或统计人员伤亡数据的服务。牲畜也大量病死，食品短缺在当时成为一个十分严重的问题(Turner,1980)。在白人地区则没有发生任何疫情，也没有白人受到感染。罗得西亚军队显然是借助了空中布撒的方式，可能是利用直升飞机，来散布炭疽孢子。在罗得西亚军队对黑人居住的种族托管地进行空中打击后，就立即爆发了炭疽病感染，战争结束后，疾病的传播也就随之停止了。虽然罗得西亚军队是否直接牵涉到这一事件没有详细的研究资料证实，但是当时的情况为此提供了足够的间接证据。自然发生的炭疽病感染只会在特定地区偶尔发生，而且在任何时间里只有极少数的新增感染病例。图1.11显示了种族托管地和炭疽病爆发地区的分布情况。一些前罗得西亚政府的部长们都曾声称，这是自然发生的炭疽病流行事件，只是把白人地区跳了过去。至少，微生物学家和流行病学家对此深表怀疑。

至少一位参加了这次罗得西亚冲突事件的老兵——杰米利(Jeremy Brickhill)曾站出来指出，罗得西亚的中央情报机构(Central Intelligence Organization, CIO)和西罗斯侦察队(Selous Scouts)曾使用过炭疽和霍乱病菌污染食物，用有机磷毒剂(一种化学武器)袭击过起义的黑人(Nass,1992)。罗得西亚军队还在莫桑比克的井水里投放过霍乱病菌(Nass,1992)。除了这些毒剂，美国医生还对一处训练营中的许多黑人俘虏进行了体检，他们中的许多人因为失血过多而生病或是死亡，证据表明引起他们中毒的是杀鼠灵

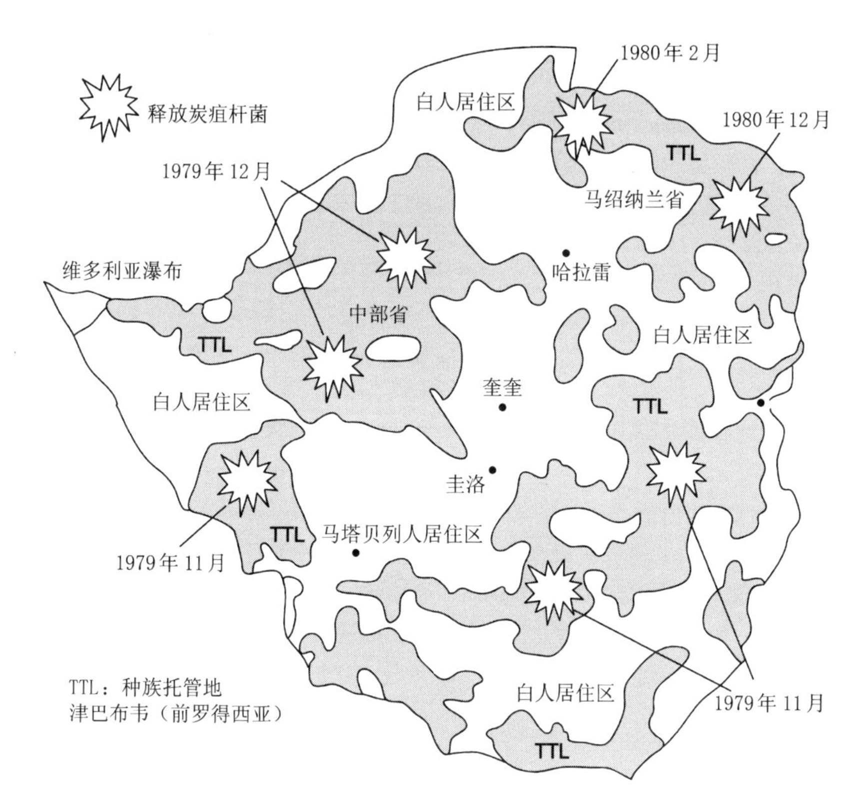

图 1.11　从津巴布韦的地图可以看出，在 1978 - 1980 年的黑人起义期间，主要的炭疽病流行都发生在种族托管地。日期显示了发病高峰。大部分疾病爆发的确切地点并不清楚，图中显示的是大致的地点[基于文献 Nass(1992b)和 S.Rhodesia(1957)]

(Warfarin)，一种抗凝血剂。尽管罗得西亚以前从未涉嫌研制生物武器，但是他们的紧密盟友，南非种族隔离政府，曾经承认开展过政府资助的生物武器研制计划(Carus,1998; Leitenberg,2001)。

从 1980 年开始，南非官方就开始研究炭疽、霍乱、沙门氏菌和梭状芽胞杆菌(Clostridium)的生物武器计划，主要由南非国防军(SADF)防御部队的军事卫生署(Surgeon General's Office)负责。他们曾使用炭疽进行过暗杀活动。南非国防军曾经将霍乱病菌装入 5ml 的药剂瓶中，病菌被投入到发生起义地区和邻近的纳米比亚地区的水井中，但是没有资料能够说明这对当地人口的影响有多大(Leitenberg,2001)。

古巴曾经对遭受的生物恐怖袭击进行过控诉，这些恐怖袭击包括针对农产品的农业生物恐怖主义，是由欧米加 - 7(Omega-7)恐怖组织和美国的古巴流亡者发起的。美国军备控制与裁军总署(U.S. Arms Control and Disarmament Agency)资助的一份冗长的研究报告中对这些恐怖袭击事件进行了辩驳(Zilinskas,1999a)。尽管他们极力辩驳，但仍然遗留了一些关于古巴农产品被生物毒剂污染的问题。然而，农业恐怖主义的问题已经超出了本书的讨论范围，关于这一问题的资料可以在其他地方查找到(CNS,2002)。

在1998年，南斯拉夫曾经参与过种族清洗事件的武装力量和国民军在撤离过程中，向整个科索沃地区的水井里倾倒了动物尸体、汽油和涂料稀释剂一类的化学品，以及其他一些有害物质。超过70%的供水被污染，许多人因此生病，但是没有人员死亡的报告(Hickman,1999)。

美国政府认定的“流氓”政府和恐怖组织十分热衷于研制和使用大规模杀伤性的生物武器，这预示着未来的发展，几乎每一种武器研制成功都会被使用。除此之外，关于生物毒剂的研究水平和一些研究计划所取得的成功，如苏联生物备战研究所的生物毒剂研究计划，都是非常令人恐惧的。现在大家或许更加关注的是一些生物武器，如数以吨计的已经达到武器级的天花病毒，在表面上看没有出现在苏联的存储有大量生物毒剂的武器库中(Alibek and Handelman,1999)。或许这仅仅是没有出现在文件中，但是天花病毒这种生物毒剂所构成的威胁在当前仍然存在，这一点是毋庸置疑的。

一个不容忽视的事实是，在历史上使用生物武器发动攻击的人存在着一个共同的特点。这些犯下历史罪行的行凶者总是对受害人极端蔑视，并认为他们总是低人一等。英国和美国对美洲当地部落居民的所作所为，德国将犹太人关进毒气室，日本对中国犯下的罪行，罗得西亚白种人和南非种族隔离政府对南非黑人的暴行，南斯拉夫国民军对科索沃阿尔巴尼亚人采取的打击，这些罪行都是灭绝人性的。伊斯兰教极端分子对他们所谓的西方“异教徒”和“恶魔撒旦”的打击也是毫无人性可言。在当今的美国，迅速增长的种族仇视群体(Hate group)和极端分了所采取的做法也是没有人性的。

1.3 当今的生化恐怖主义

对于大规模杀伤性武器，全世界的谴责并没有让那些研制和发展更先进生化武器的国家有所收敛。由于第三世界国家受到战争的威胁，这些武器成为了高技术武器和核武器的廉价替代品(Bashor,1998; Cole,1996)。只需要制造一枚核弹的一小部分成本，任何具有中等规模微生物研究设施的国家都能够制造具有核武器数百倍杀伤力的毒素或者生物制剂(Drell et al., 1999; Pavlin, 1999; Pile et al., 1998; U.S. Congress, 2000)。

例如，伊拉克就曾经积极地试图获取和发展生物和化学武器(Zilinskas, 1997)。这些武器可能在海湾战争中使用过。这样的例子在其他一些国家也有报道(Davis and Johnson Winegar, 2000; Smart, 1997; U.S. Congress, 2001)。

近年来，多起使用生化毒剂的袭击事件大多是极端右翼组织或狂热的宗教徒所制造的(Stern, 1999; Tucker, 1999)。在俄勒冈州，印度教拉希尼希教派的信徒们(Rajneeshee cult)用沙门氏菌污染了当地许多家餐馆的沙拉自助柜。在明尼苏达州，右翼组织——明尼苏达爱国者同盟会(Minnesota Patriots Council)从蓖麻豆中提取了蓖麻毒素，并计划在政府机构投毒。在日本，奥姆真理教教徒使用了各种生化毒剂，不过他们的袭击计划并没有全部成功。拉里·维恩·哈里斯(Larry Wayne Harris)，是一名白人优越论者，他曾经以基督教徒身份(Christian Identity)和雅利安国家(Aryan Nations)组织有联系，在他试图获取炭疽杆菌时被抓获，在此之前他已经得到了鼠疫菌(耶尔森氏鼠疫杆菌)和其他一些病菌(Tucker, 1999)。

2001年的9.11事件后，紧接着在10月2日至11月2日之间就发生了多起通过邮件传播炭疽杆菌孢子的袭击事件，共有17人感染，其中有5人死亡(Atlas, 2001)，这些事件让人们冷静地意识到即便是超级大国也存在易受攻击的弱点。拥有美国敌对势力的经济资助，恐怖分子能够用数年的时间精心准备并利用美国的设备和基础设施制造大规模的人员伤亡。从这一点可以看出，生物武器的威胁在现在比过去任何时候都更为严峻。基因工程，犹如打开了潘多拉的盒子，为研制更加容易传播并且具有更大杀伤力的生物毒剂提供了可能(Haar, 1991; Henderson, 1999a; Holloway et al., 1997)。一个人如果具备基本的微生物学应用知识和一些并不昂贵甚至是简陋的设备，就有可能制造出大规模杀伤性的生物武器，这种可能性是真实存在的。

图1.12显示的发展趋势表明，使用生化武器进行恐怖袭击的可能性在逐年增大。从近来的事件中可以看出，如果认为这类恐怖袭击事件会越来越少，那真是太天真了，我们应该谨慎地按照最不利的情况设计出具有防护能力的建筑来应对各种恐怖袭击。

图1.13显示了2000年在世界范围内针对美国利益的恐怖袭击事件的统计数据。这一年总共发生了200起袭击事件(H.A.S.C., 2001)，其中有178起是直接针对美国商业利益的，包括商业活动、建筑物和商业基础设施。

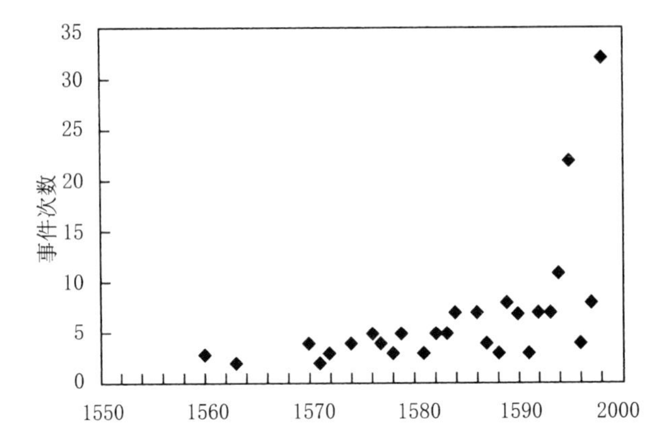

图 1.12 在美国发生的使用化学或生物毒剂的恐怖袭击事件的次数[基于文献 Tucker(1999)中的数据]

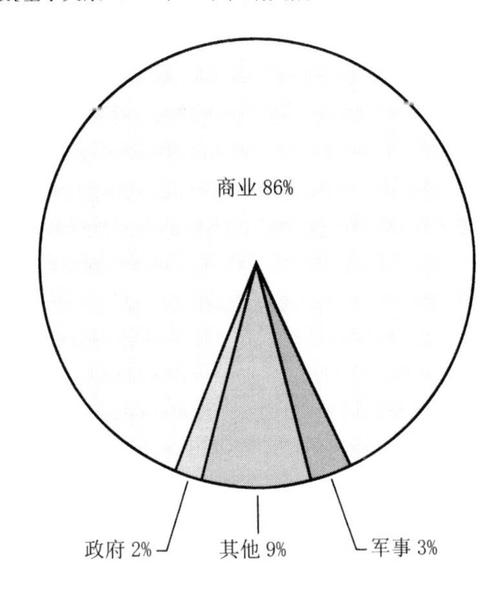

图 1.13 2000年针对美国的所有恐怖袭击事件[基于文献 H.A.S.C(2001)中的数据。针对政府的袭击事件中包括了与外交活动相关的袭击事件]

大多数袭击是采用爆炸和纵火的方式。

近几十年来，工程技术人员、设计师和微生物学家在不同的领域进行了大量的研究，这对用于建筑内表面和空气的净化和消毒技术的发展作出了杰出贡献。今天我们依然需要同样的技术来抵御新的生物威胁，这些生物威胁其实在以前就已经存在，只是威胁的程度因为微生物被用于杀伤人员的目的而上升到了一个新的水平。在免疫建筑设计中所采用的基本技术可以直接应用到建筑物对生物毒剂的防护。通过附加的一些设计考虑，这些技术同样可以应用于化学武器的防护。出于这样一个目的，在接下来的章节中将为今天的工程技术人员提供一些设计知识、技术方法和应用指南，希望这能够有助于防御今后出现的各种生化威胁。

第2章

生物毒剂

2.1 引言

自然界有数百种微生物可以导致疾病或者以各种途径危害人类健康，但其中只有几十种能够用于制备生物毒剂*。除此以外，由微生物或者其他动植物产生的毒素也能用于制备生物毒剂。

本章将介绍那些先前已经确认的潜在生物毒剂，并详细分析它们的危害特性以及它们在蓄意释放时能够被人们防范的属性。在阅读本章时，并不要求读者具有较深的微生物学知识，然而熟悉该领域的基本术语将对理解本章有很大帮助，必要时文中也将引入它们的定义，读者可以自行查阅有关词典来掌握这些术语在本国语中的含义。

有三大类微生物影响着人类的健康：病毒(Viruses)、细菌(Bacteria)和真菌(Fungi)。还有一种是原生动物，但是从是否通过空气传播的角度来看，这类微生物并不会构成主要的威胁，所以在本章中就不予以专门介绍了。除了活体的微生物之外，还有一种由微生物、植物和动物产生的有毒物质被称为毒素(Toxin)。微生物和毒素都可能用作生物毒剂，但是它们之间有着显著的区别，在本章中将分别加以介绍。

图2.1显示了生物毒剂的多样性，并给出了它们的一种分类。当然还可以进一步细分，不过这种分类已经足以帮助读者了解生物武器的一般特性。

潜在生物毒剂的数据库在附录中分两个部分给出：附录A给出了可以

---

* 可用于制造生物武器的生物制剂在习惯上被称为生物毒剂或生物战剂。为了区分生物恐怖与生物战争这两个不同的概念，在本书中将“Biological weapon agent”译为生物毒剂，而“Biological agent”则译为生物制剂。——译者注

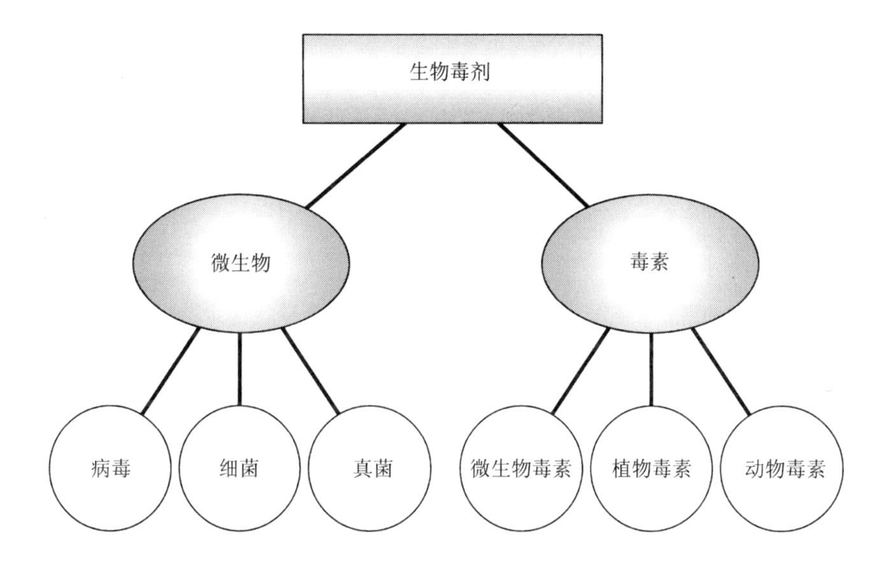

图 2.1　生物毒剂的分类

作为潜在生物毒剂的微生物；附录B给出了大多数已知的最致命的毒素。本章将单独或分组讨论这些生物毒剂，以阐明它们的特殊危险性以及它们在室内或室外释放的各种可能途径。

2.2　微生物

在参考文献中列举了许多种微生物，它们有些曾经作为生物武器使用，有些曾经被用于制造生物武器，还有一些则作为潜在的生物武器正在被研究。并不是所有被列举的病原体都一定能成为生物武器，然而为了介绍的完整性，这些病原体的特定种属或者相近种属都将在下文中予以介绍。

有些病原体能够通过空气传播疾病，而有些病原体则必须通过摄食或进入血液才会导致感染，然而在有关生物战争的文献中，很少会区分这些传播途径。通过食物和水传播的病原体，如伤寒沙门氏菌，很少会因为吸入而致病，不过对于这一问题的研究目前还不够深入。同样，那些需要通过带病媒介(如蚊子)进入宿主血液的病原体可能也不会因为吸入而造成感染，尽管也有一些证据显示了这种可能性。这些传播途径的区别可能与使用生物武器的传统讨论无关，但是在针对建筑物的恐怖袭击的前提下，这些区别就显得至关重要了。

图 2.2 显示了病原体传播途径的区别。空气传播型病原体往往也能通过直接接触传播，炭疽杆菌孢子就是一例。通过食物传播的病原体往往也能通过水传播，所以它们之间的区别并不是很明显。事实上，在本书中食物传播型病原体也包括了水传播型病原体。图 2.2 简单地概括了在生化恐怖袭击的情况下病原体在室内的一些传播途径，而其他的一些疾病传播途径，如在医院中的交叉感染，则没有包括在内。

通过图 2.2 可以明显看出，带病媒介传播型病原体对于一栋封闭建筑所构成的威胁并不突出。空气传播型微生物可能会穿过滤尘器，但是蚊子却不可能这样。其他的一些媒介，如扁虱，同样不大可能出现在室内。食物和水传播型病原体可能也不会造成吸入感染，因此在建筑物中针对它们的防护措施需要另行考虑。

然而有些情况比较复杂，带病媒介传播型病原体在武器化之后也可能会通过空气传播，如委内瑞拉马脑炎病毒(VEE, Venezuelan Equine Encephalitis)以及相关病毒就能很好地说明这一点。如果这些病毒确实能被制备成传染性气溶胶，那么就应该保守地将它们列入生物毒剂的数据库中。

另一个可以用来判断带病媒介传播型病原体可能被武器化的依据是：美军已经对这些病原体作了大量的研究，而且生产并储备了很多针对它们的疫苗(Wright, 1990)。然而，美军也可能做出不同的解释，他们会说那只

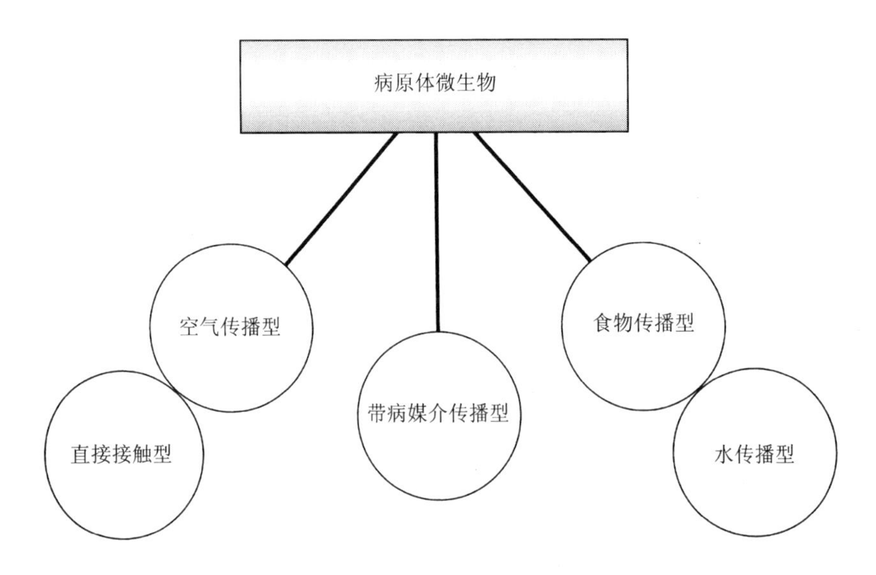

图 2.2 基于传播途径的微生物分类

是为了准备疫苗，以便于士兵们在蚊子和扁虱孳生的地区执行任务，而不是为了研制生物武器。

食物传播型病原体不大可能被制备成毒剂气溶胶。然而，有足够的历史记录表明了将它们用于污染食品和供水的可能性。只要有士兵驻扎在热带地区，就会有人感染或死于痢疾和霍乱，其人数也往往会超出战争所造成的直接伤亡。此外，关于军方曾资助这些病原体的研究，也可被模棱两可地解释为有目的性的武器研制或者只是为了防御可能遭受的袭击。

在任何情况下，那些曾被用于恐怖袭击的毒剂，如沙门氏菌，无论它们是利用何种方式或通过何种途径传播的，都将被列入潜在生物毒剂的数据库。值得注意的是，食物传播型病原体只有在污染食物和水，或者在与污染物一起被咽下的情况下，才会具有和空气传播型病原体一样的危害。

表 2.1 概括了各种可用于制备生物武器的潜在病原体，它们在很多参考文献中都曾经被引用过。这些病原体的类型包括空气传播型、食物传播型和带病媒介传播型。在这些参考文献中，对相关研究只是泛泛而谈，并没有涉及到具体细节，其作用只是为附录 A 中病原体的选录提供了依据。

在表 2.1 中列出的某些病原体，还不确知它们用于制备生物武器的价值。例如，荚膜组织胞浆菌(Histoplasma capsulatum)对于大多数人来说是无害的，它只是会对免疫力差的人产生威胁。更具危险性的是真菌类的巴西副球孢子菌(Paracoccidioides brasiliensis)或者皮炎芽生菌(Blastomyces dermatitidis)，但是却没有文献提到过它们。

有一些病原体由于经过基因改造，或者有此嫌疑，已经是声名狼藉了。例如埃博拉病毒(Ebola)，虽然它并不是确认的空气传播型病原体，但据报道，前苏联已经将其制备成生物武器。事实上，利用基因工程将病原体武器化，可以进一步增强任何病原体的毒性。因此，这类病原体也将被列入最终的数据库中。

由于基因工程，人类完全有可能研制出新的病原体，这会使得数据库变得不完整。也有可能发生老的病原体出现新的病理，或以前未知的病原体适应了新的环境，嗜肺军团杆菌(Legionella)就是这样一个例子。因此，数据库只能被认为是代表了目前已知的威胁。

在各种生物恐怖袭击所构成的威胁中，通过空气传播的袭击方式与通过食物传播和水传播的袭击方式相比，不仅传播速度更快，而且传播范围更广。如果病原体只是通过直接接触传播，就传播性来讲，其威胁将远远小于同时利用空气传播的情况。

表 2.1 中列出的每一种主要的病原体，或者其中非常相近的一组病原

体，都将在这里进行讨论，这些讨论是对附录 A 中生物毒剂数据库的补充，同时也将为读者提供一些附加的参考信息。这些病原体被分为以下三类：(1)空气传播型病原体；(2)带病媒介传播型病原体；(3)食物传播型病原体。应当指出的是，由于大多数食物传播型病原体可能会通过空气沉降到食物上，因此可以想像它们也能够通过空气净化的方法被拦截下来。

2.2.1 空气传播型病原体

表 2.1 所列出的大多数空气传播型病原体的致病性和控制方式都得到了相当充分的认识。许多病原体具有传染性，或是可传染的，它们主要通过吸入污染物或者与感染者或染菌物直接接触而进行传播。染菌物包括留在毛巾或门把手等表面的带菌液滴或微粒。这些微粒能够持续具有感染性或保持活性，时间可能从几分钟到几个月，这取决于病原体的种类。表中的空气传播型病原体按照字母顺序排列，其中有些具有明显共性并属于同一组的病原体则例外。

炭疽杆菌(Bacillus anthracis)是一种可以产生炭疽孢子的细菌，这是自然界中最具有致命性的病原体，它常被列为潜在的生物毒剂，日本、伊拉克和前苏联等国家都将其作为制备生物武器的对象。前苏联曾发生的一起炭疽孢子泄漏事件，可以作为因释放炭疽菌而造成毁灭性灾害的例证。这起事件发生在 1979 年的斯维尔德洛夫斯克(Sverdlovsk)(今名叶卡捷琳堡)地区，并造成了数百人伤亡(Meselson et al.,1994)。在该起事件中，高效空气过滤器(HEPA)在拆下来维护时没有及时更换，在后续的武器生产线上，用于制备生物武器的炭疽孢子在装入弹壳的同时，产生了大量的气溶胶，并通过排风管道排出。这个属于前苏联生物备战研究所(Biopreparat)的生物毒剂工厂由于一时疏忽而制造了一场灾难。在随后几天，居住在该工厂下风侧的数百名无辜的市民因受到感染而病倒，其中的很多人在接下来的几个星期内相继死去。

炭疽杆菌与其他细菌和病毒类毒剂相比具有独特的优势。因为它以孢子的形态存在，所以特别坚固并且具有抗热和抗脱水的特性。孢子实质上是细菌生长的种子，它被认为处于休眠状态，或者说不具有生物活性，因此也不像普通的细菌容易受到某些外界因素的破坏。炭疽孢子的形体很小，被裹在一个坚硬致密的蛋白质外壳中，并在一个不确定的时期内处于休眠状态。当条件适宜时，孢子开始发芽并生长成细菌的形式。人体温暖湿润的肺部或皮肤，都将给孢子的发芽提供良好的环境，细菌将以极快的速度生长。

表 2.1

用于制备生物武器的潜在病原体列表

微　生　物	类型[†]	在下列参考文献中被称为潜在的生物毒剂[*]														
		1	2	3	4	5	6	7	8	9	10	11	12	13	14	15
炭疽杆菌孢子(Bacillus anthrax spores)	A	×	×	×	×	×	×	×	×	×	×	×	×	×	×	
皮炎芽生菌(Blastomyces dermatitidis)	A															×
百日咳杆菌(Bordetella pertussis)	A							×		×			×	×		
布鲁氏菌(Brucella)	A	×	×	×	×	×	×	×	×						×	
鼻疽伯克霍尔德氏菌(Burkholderia mallei)	A		×	×			×	×	×	×					×	
类鼻疽伯克霍尔德氏菌(Burkholderia pseudomallei)	A		×	×			×	×	×	×					×	
基孔肯亚病毒(Chikungunya virus)	V	×		×							×				×	
鹦鹉热衣原体(Chlamydia psittaci)	A		×	×	×			×								
肉毒梭状芽孢杆菌(Clostridium botulinum)	F		×													
产气荚膜梭状芽孢杆菌(Clostridium perfringens)	F							×								
厌酷球孢子菌(Coccidioides immitis)	A	×	×	×											×	
白喉杆菌(Corynebacterium diphtheriae)	A							×							×	
伯氏考克斯体(Coxiella burnetii)	A	×	×	×	×	×	×	×	×	×	×	×	×	×	×	
克里米亚－刚果出血热病毒(Crimean-Congo hemorrhagic fever)	A							×	×		×		×	×	×	
登革热病毒(Dengue fever)	V		×	×					×		×				×	
埃博拉病毒(Ebola(GE))	A								×		×	×	×		×	
土拉弗朗西斯菌(Francisella tularensis)	A	×	×	×	×	×	×	×	×	×	×	×	×	×	×	
汉坦病毒(Hantaan Virus)	A										×				×	
甲型肝炎病毒(Hepatitis A)	Int														×	
荚膜组织胞浆菌(Histoplasma capsulatum)	A														×	
流感病毒(Influenza)	A			×		×			×							
日本(乙型)脑炎病毒(Japanses encephalitis)	V														×	
胡宁病毒(Junin virus)	A							×			×			×	×	
拉沙热病毒(Lassa fever virus)	A							×	×		×		×	×	×	
嗜肺军团杆菌(Legionella pneumophila)	A										×					
淋巴细胞性脉络丛脑膜炎病毒(Lymphocytic choriomeningitis)	V														×	
马丘波病毒(Machupo virus)	A										×		×	×	×	

续表

微生物	类型[†]	在下列参考文献中被称为潜在的生物毒剂*														
		1	2	3	4	5	6	7	8	9	10	11	12	13	14	15
马尔堡病毒(Marburg virus)	A							×	×		×	×	×	×	×	
结核分支杆菌(Mycobacterium tuberculosis)	A							×							×	
肺炎支原体(Mycoplasma pneumoniae(GE))	A															×
星形诺卡菌(Nocardia asteroides)	A														×	
巴西副球孢子菌(Paracoccidioides brasiliensis)	A															×
普氏立克次体(Rickettsia prowazeki)	A	×	×	×									×		×	
裂谷热病毒(Rift Valley fever)	V				×			×			×		×		×	
洛基山斑疹热(Rocky Mountain spotted fever)	V	×		×	×	×	×									
俄罗斯春夏脑炎病毒(Russian spring-summer encephalitis)	V														×	
伤寒沙门菌(Salmonella typhi(typhoid fever))	F	×		×		×		×	×		×		×		×	
志贺氏痢疾杆菌(Shigella)	F			×		×		×			×		×			
黑霉菌(Stachybotrys chartarum)	A															×
肺炎双球菌(Streptococcus pneumoniae)	A							×			×					
蜱传脑炎病毒(Tick-borne encephalitis)	V	×		×							×					
天花病毒(天花和驼花)(Variola(Smallpox and Camelpox))	A		×	×		×		×	×			×	×	×	×	
委内瑞拉(东部、西部)马脑炎病毒(VEE(EEE, WEE))	V	×		×	×						×	×	×	×	×	
霍乱弧菌(Vibrio cholerae(Cholera))	F	×	×	×				×	×		×	×	×		×	
西尼罗河病毒(West Nile virus)	V									×		×				
黄热病病毒(Yellow fever)	V	×	×	×				×	×		×		×		×	
鼠疫耶尔森氏菌(Yersinia pestis)	A	×	×	×	×	×	×	×	×	×	×	×	×	×	×	

* 资料来源：1: Wald 1970; 2: Clarke 1968; 3: McCarthy 1969; 4: Hersh 1968; 5: Cookson and Nottingham 1969 ;6: SIPRI 1971; 7: Ellis 1999; 8: Canada 1991a; 9:Thomas 1970; 10: Wright 1990; 11: NATO 1996; 12: Kortepeter and Parker 1999; 13: Franz 1997; 14:Paddle 1996; 15: 其他资料。

† 符号注释：A = 空气传播；F = 食物传播；V = 带病媒介传播；Int = 静脉注射；GE = 经基因工程改造。

炭疽病(Anthrax)的发病过程非常快，病人必须在感染后的前几天尽快接受治疗，否则将无法恢复。附录A给出了它的症状和治疗方法，其中还包括了杀菌方法。更多信息可参阅第8章，该章讨论了专门用于去除炭疽孢子的空气净化方法；另外还可参阅第16章，该章讨论了邮件收发室(Mailroom)的生化毒剂污染问题。

皮炎芽生菌(Blastomyces dermatitidis)是一种真菌，它产生的孢子会引起人体感染。真菌孢子在自然环境中无处不在，人们早已通过长期的进化对它们产生了抵抗力。因此，除非在人体免疫能力缺失的情况下，很少有真菌孢子能够导致疾病。然而，当大量吸入或长时间暴露的情况下，皮炎芽生菌也可能会引起一种被称为“芽生菌病”(Blastomycosis)的严重肺部感染。如果不加以治疗的话，这种感染可能会致命。

由于皮炎芽生菌的危害程度有限，除非是经过特意的毒性筛选，或者是经过基因工程改造，它不大可能被用作生物毒剂。大多数孢子有可能被武器化的原因在于它们十分坚固，虽然可以选择自然存在的孢子进行毒性筛选或者基因改造，但是这也仅仅意味着皮炎芽生菌可以作为一种潜在的生物武器。

百日咳杆菌(Bordetella pertussis)是一种细菌，它会引起一种被称为百日咳的儿童常见病。感染是通过直接接触或空气传播的方式在人群中传播的，而大多数感染发生于儿童，很多成年人对这种感染都具有终身的免疫力。由于这些原因，百日咳杆菌被用来作为生物毒剂的可能性很小。

布鲁氏菌(Brucella)是一族细菌，包括羊布鲁氏杆菌(Brucella melitensis)、猪布鲁氏杆菌(Brucella suis)、牛布鲁氏杆菌(Brucella abortus)和犬布鲁氏杆菌(Brucella canis)。通过吸入或摄入的途径它们会引起一种被称为“布鲁氏菌病”(Brucellosis)的严重疾病。虽然由布鲁氏菌引发的疾病可能会有很长的潜伏期，但是由于其引发的疾病症状严重，并且引发疾病所需的细菌数目极少(10—100个)，因此有很多文献认为将其作为生物毒剂是可行的。布鲁氏菌既可以作为生物气溶胶，也可以用来污染食物。

鼻疽伯克霍尔德氏菌(Burknolderia mallei)是一种细菌，它的前称是鼻疽假单孢菌(Pseudomonas mallei)，有时也称之为鼻疽放线杆菌(Actinobacillus mallei)。这种细菌是鼻疽病(Glanders)的病因，虽然鼻疽病可能是与马发生接触而引起的，但是它不会在人类之间传播。鼻疽病的潜伏期只有一天，并会很快导致死亡。鼻疽伯克霍尔德氏菌可以作为生物毒剂的候选物。

类鼻疽伯克霍尔德氏菌(Burkholderia pseudomallei)的前称是类鼻疽假单孢菌(Pseudomonas pseudomallei)，它会引发另一种不同类型的感染称之为类鼻疽(Melioidosis)。这种疾病有时会引起迅速死亡，它的潜伏期也非常短，由于这些原因，在很多文献中都认为类鼻疽伯克霍尔德氏菌也像其相关的鼻疽伯克霍尔德氏菌一样具有被武器化的可能性。

鹦鹉热衣原体(Chlamydia psittaci)是一种细菌，它存在于鸟类的排泄物中，它引起的疾病被称为鹦鹉热(Psittacosis)，这种疾病的发病时间可能为几天到几个星期不等，但会出现很严重的症状。它不会在人群之间相互传染，也不会发生二次感染。在一些年代比较早的文献中曾把鹦鹉热衣原体作为一种潜在的生物毒剂，但很少有新的文献提到过它，因此只能认为它被用于制备生物武器的可能性很小。

厌酷球孢子菌(Coccidioides immitis)(如图 2.3 所示)是一种真菌，其孢子在空气传播的情况下引发的感染类似于流感。有时它可能会引起严重的肺部感染，当发展成脑膜炎(Meningitis)时，如果不进行治疗，其致死率高达 90%。这种微生物有可能被用作为生物武器。

白喉杆菌(Corynebacterium diphtheriae)是一种细菌，它能通过吸入途径

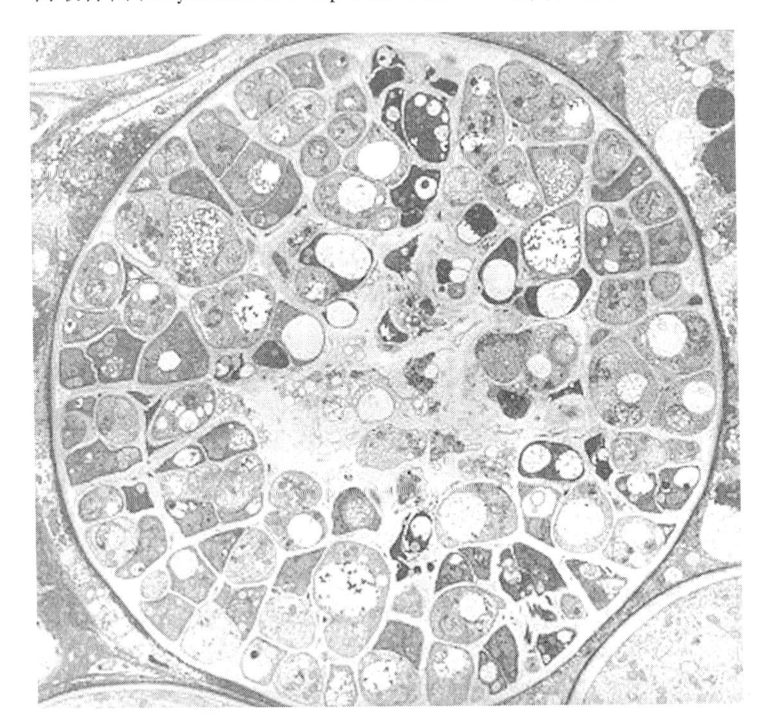

图 2.3 厌酷球孢子菌(Coccidioides immitis)在孢子形成的早期[图片转载于 Boshe et al.(1993)，得到了 G.T.Cole and Plenum 出版社的许可]

引起白喉病，该细菌也能产生毒素，此毒素会引起高达10%的致死率。它的潜伏期相对较短，大约在2—5天，但是白喉杆菌通常被用于有关免疫能力的医学实验，所以它被用作为生物毒剂候选物的可能性也不大。

伯氏考克斯体(Coxiella burnetii)是一类特殊的，被称为立克次氏体(Rickettsia)的细菌组的一种，立克次氏体细菌组中还包括普氏立克次体(Rickettsia prowazeki)。小剂量的伯氏考克斯体在空气传播的情况下会引起Q热。它所引发的疾病潜伏期相对较长(可能长达几星期)，致死率也小于1%。它被用作为生物毒剂的潜力处于中等偏下水平。

埃博拉病毒(Ebola virus)是目前已知的最致命的病毒之一，它与马尔堡病毒(Marburg virus)很相近，它们都可以通过人群之间、人与灵长类动物之间的直接接触而传播，都会引起严重的出血热，并具有很高的致死率。马尔堡病毒被确认为可以通过空气传播，而埃博拉病毒只能在实验室的条件下以气溶胶的形式传播(Jaax et al., 1995, 1996; Johnson et al., 1995)。前苏联曾经对埃博拉病毒进行了基因改造，并利用灵长类动物为实验对象研究演示了埃博拉病毒通过空气传播的能力(Alibek and Handelman, 1999)。鉴于上述原因，这些病毒必须被视为生物毒剂的强有力的候选物。

土拉弗朗西斯菌(Francisella tularensis)是一种能通过人与动物近距离接触或通过呼吸而传播的细菌。它的感染剂量非常小，一般为5—10个菌落单位，并且能够导致人体失能达数星期之久。该细菌不会在人与人之间传播，A型细菌的致死率为35%。它长期被作为生物武器来研究，并被认为是主要的选择。

汉坦病毒(Hantaan virus)，有时也称作汉他病毒(Hantavirus)，它存在于野生的啮齿动物中(图2.4所示)。通常该病毒是不会在人群中传播的，但有时人们也会因为吸入空气中干燥的老鼠排泄物或者尿液而受到感染。它能在几天内引起严重的症状并具有很高的致死率。在温暖的溶液环境中，病毒几乎能够无限期地保持稳定状态。尽管它不常被列为生物毒剂，但它具有很高的使用潜力。

荚膜组织胞浆菌(Histoplasma capsulatum)是一种真菌，它能产生可以通过空气传播的孢子。在美国的东部和中北部地区，它经常会引起常见的无症状感染。由于数百万的美国人暴露在充满孢子的自然环境中而未受影响，因此它不大可能用作为生物武器。另一方面，如果对自然存在的孢子进行毒性筛选或者进行基因改造，荚膜组织胞浆菌将可能成为更具危险性的病原体，可以证实的是它具有成为生物毒剂的潜力。

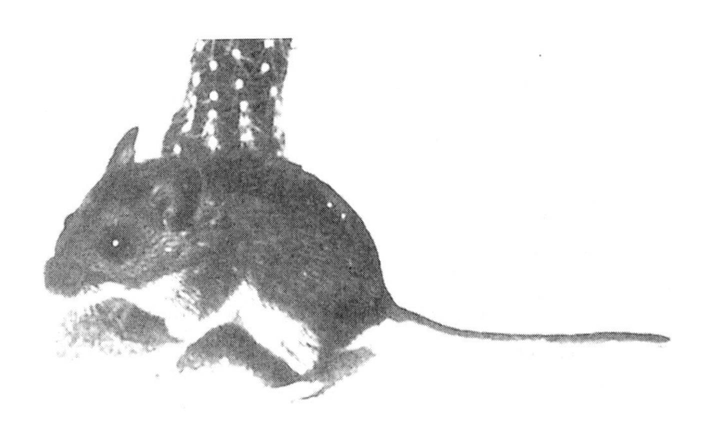

图 2.4 汉坦病毒存在于受感染的啮齿类动物的尿液中(图片转载得到了Atlanta 疾病控制中心的许可)

甲型流感病毒(Influenza A virus)通常以两年为发病周期席卷整个世界，有时会发展出毒性更强的毒株并且会导致全世界数百万人死亡。要将其作为生物武器，一个显而易见的前提条件就是需要培植出高毒性的毒株，或者是对其进行基因改造。综合上述，应该考虑到它具有一定的潜力被用作为生物毒剂。

胡宁病毒(Junin virus)是一种沙粒样病毒(Arenaviruses)，通常和马丘波病毒(Machupo)和拉沙热病毒(Lassa fever)在一起讨论。这些病毒都具有相近的特性并且都会引起出血热(Hemorrhagic fever)。它们的致死率在 30% - 50%之间，当吸入带有啮齿动物粪便的空气会导致人体感染，病毒也会通过人与人的直接接触进行传播。它们的潜伏期相对较长。这些病毒在作为生物武器使用时可能会被气溶胶化，因此它们被用作为生物毒剂的潜力处于中等水平。

嗜肺军团杆菌(Legionella pneumophila)是一种环境型的细菌，它能引起嗜肺性军团病(Legionnaire's disease)。这种细菌普遍存在于环境中，只是当它以高浓度气溶胶的形式存在时才具有危险性，并且即便在这种情况下它也只是主要对年老的男性具有威胁。对于身体健康的人来说，即使在高浓度下嗜肺军团杆菌也并不具有致命性。上述特点，使得嗜肺军团杆菌不大可能被选作为生物武器，但是由于它随处可得，所以也有可能将它用于专门攻击那些免疫能力差的特定个人或群体。

淋巴细胞性脉络丛脑膜炎病毒(Lymphocytic choriomeningitis)是一种沙粒样病毒(Arenaviruses)，它与其他的沙粒病毒一样会引起出血热，但它只会引起轻度的类似于流感的疾病，其致死率小于 1%。这种病毒可以通过空气传播或通过摄入受污染的食物而传播，它被用作为生物武器的可能性处在中等偏下水平。

结核分支杆菌(Mycobacterium tuberculosis)是一种众所周知的肺结核杆菌[Tuberculosis bacillus,(TB)]，它会引起肺结核病。尽管它可以在非常低的剂量下引发感染，约 1 - 10 个杆菌，但是它引发疾病的时间会长达几个月。结核分支杆菌不大可能被选作为生物武器，然而由于它非常容易获得，并且有可能精心筛选出具有多药耐药性(Multidrug resistance)的杆菌，所以它也有可能成为一种潜在的被恐怖分子所使用的生物武器。

肺炎支原体(Mycoplasma pneumoniae)是尺度非常小的一种细菌，其粒径大约在 0.2 - 2μm，它能通过吸入而引起肺部感染。它的致死率非常低，并且具有较长的潜伏期。肺炎支原体被选作为生物毒剂的可能性很小，但也有传闻称它曾在“海湾战争病”(Gulf War illness)的病例中被分离出来，并且是以一种明显经过基因工程改造后的形式存在的(Thomas,1998)。无论这种传闻真实与否，肺炎支原体是实施基因工程改造的一种理想候选对象，这是因为它的尺度非常小，能够被很好地气溶胶化，并且它还具有较大的基因组可以携带大量的遗传信息。可以想像，它经过改造后能够携带毒性基因，或者像肉毒杆菌一样能够分泌毒素。

星形诺卡菌(Nocardia asteroids)是一种以孢子形态存在的细菌，它属于放线菌一组(Actinomycetes)。孢子的形态使这种微生物能够以气溶胶的形态存活。它与放线菌一组中的其他微生物具有相似属性，都能引起一种称为诺卡氏菌属病(Nocardiosis)的肺病。这种细菌的致死性还尚不确知，并且它的潜伏期也会长达数月，因此将它用作为生物武器的可能性非常低。

巴西副球孢子菌(Paracoccidioides brasiliensis)是一种空气传播型真菌孢子，它能引起一种被称为南美芽生菌病(Paracoccidioidomycosis)的急性肺部感染，它也是仅有的四种真正能引起呼吸道感染的真菌之一。如果不加以治疗，这种感染是致命的，但目前对它的传染期或潜伏期的了解仍然很少。如果对它的毒性进行筛选，它有可能作为一种生物武器的候选物。

裂谷热病毒(Rift valley fever)是一种布尼安病毒(Bunyaviruses)，在非洲它是以蚊子为媒介传播。它可能会引起一种发热病，但对它的其他情况了解很少。它与其他的带病媒介传播型微生物相近，如黄病毒(flaviviruses)、阿尔法病毒(alphaviruses)以及克里米亚 - 刚果出血热病毒(Crimean-Congo hemorrhagic fever)。

黑霉菌(Stachybotrys chartarum)是一种真菌，它的孢子能产生危险的真菌毒素(Mycotoxin)。在某些特定的条件下，它可能在室内环境中生长，并与婴儿的“肺出血病”(bleeding lung disease)有关(Reijula et al.,1996)。因为黑霉菌孢子可以通过空气传播，并且可能导致人员中毒甚至死亡，所以它被用作为生物武器的潜力处在中等偏下的水平。

肺炎双球菌(Streptococcus pneumoniae)是一种能引起急性肺炎和其他感染的细菌，病例的死亡率可以高达10%。它是通过直接接触或通过接触污染物而传播的，其通过空气的传播能力尚未得到证实但是不排除这种可能性，所以肺炎双球菌具有低度至中度的可能性被选作为生物武器。

天花病毒(Variola virus)是天花病的病源。尽管天花病已经被根除，但是天花病毒仍然存在于实验室中，并据报道前苏联曾大量制造天花武器。天花病毒在形态和特性上都与牛痘病毒(Vaccinia virus)相近，但是在空气传播的情况下，天花病毒具有更高的传染性，并且它会导致感染人群中出现近1/3的人员死亡。天花病毒必须被视为极有可能的生物武器候选物。

委内瑞拉马脑炎病毒[Venezuelan Equine Encephalitis，(VEE)]是一种虫媒病毒或是带病媒介传播型病毒，其发源地在中南美洲。它主要是由蚊子传播并引起脑炎。它是一种外衣病毒(Togavirus)，并属于该类病毒中的阿尔法病毒组，同属于这一组的还包括了西部马脑炎病毒[Western Equine Encephalitis(WEE)]、东部马脑炎病毒[Eastern Equine Encephalitis，(EEE)]和基孔肯亚病毒(Chikungunya virus)。VEE、WEE和EEE这三种病毒的致死率分别为1%、3%和60%。除了VEE之外，它们都可以被考虑为具有中度的可能性被用作为生物毒剂。VEE具有高度的可能性被用作为生物毒剂，因为有报道称它曾经被武器化。

鼠疫耶尔森氏菌(Yersinia pestis)是众所周知的鼠疫(Plague)或者说淋巴腺鼠疫(Bubonic plague)病的病源，尽管它是一种带病媒介传播型细菌，但它也可能通过空气传播，在空气传播的情况下会导致肺炎性鼠疫(Pneumonic plague)。它的潜伏期很短，并有高达50%的致死率，这使它很有可能被选作为生物武器。

以上介绍的大多数空气传播型病原体都能通过普通的设备加以培养，如图2.5所示的小型培养箱。需要用来培养这种生物毒剂的材料也很普通，从大学实验室中就可以得到(如图2.6所示)。然而用来培养生物毒剂的技巧则要求较高，这也决定了它们的可用性。

对各种微生物逐个进行评价，并考虑到它们各方面的特性，就可以将

图2.5 微生物可以在上图所示的培养箱中进行小剂量的培养

最有可能的生物毒剂编制成列表形式。目前，至少已经有一次会议总结了选择这些毒剂应当遵循的标准，这些标准包括毒剂的可得性、生产的容易程度、致命性、储存过程中的稳定性、传染性、作为气溶胶的传播能力、低剂量时的效力、高感染率和导致严重疾病的能力(Zink,1999)。这个会议在制定这些标准的同时，也选择了炭疽孢子和天花作为最有可能被武器化的毒剂。

肯·阿里贝克(Ken Alibek)，他曾经是前苏联生物备战研究所(Soviet Biopreparat)生物武器研究项目的负责人，当美国国会众议院军事委员会(House Armed Services Committee，H.A.S.C,2000)问及最有效的12种病原体有哪些时，他指出了前苏联曾经选择制备的生物毒剂包括：天花病毒(Smallpox)、鼠疫菌(Plague)、炭疽杆菌(Anthrax)、鼻疽杆菌(Glanders)、土拉菌(Tularemia)、类鼻疽菌(Melioidosis)、埃博拉病毒(Ebola)、马尔堡病毒(Marburg)、马丘波病毒(Machupo)、玻利维亚出血热病毒(Bolivian hemorrhagic fever)、Q热病原体(Q fever)和流行性斑疹伤寒病原体(Epidemic typhus)。

玻利维亚椎管内出血热(Bolivian hemorrhagic fever)的病原体实际上就是

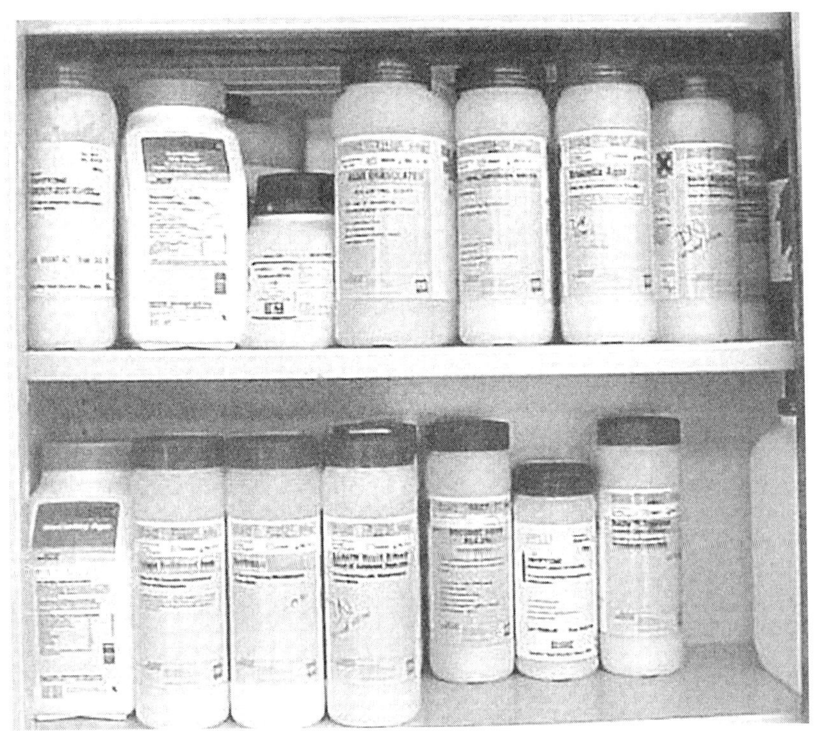

图 2.6 用来培养危险病原体的材料可以不受限制的在市场上获得

马丘波病毒(Machupo virus)。在前苏联的生物武器列表中还有一种没有被列出的毒剂是拉沙热病毒(Lassa fever virus),前苏联曾试图得到这种病毒,但没有成功(Garrett,1994)。尽管流行性斑疹伤寒(epidemic typhus)是由普氏立克次体(Rickettsia prowazeki)通过带病媒介传播引起的疾病,但是这种疾病的病原体也能被制备成通过空气途径传播,就像前苏联发展的埃博拉病毒(Ebola)的变体一样。因此,在列表中没有严格意义上的带病媒介传播型病原体。

在上述讨论和前苏联生物武器列表的基础上,表 2.2 总结了附录 A 中那些可能被恐怖分子使用的最有效的生物武器病原体。尽管在表中总共列举出 18 种病原体,但是仍然可以从病原体的实体尺寸、生命力和致命性这三个方面在整个列表中挑选出 3 – 4 种具有代表性的病原体。除此之外,不是所有的病原体都具有已知的特性,能够进行的分析也受到一定程度的限制。在这些微生物中,炭疽孢子、结核分支杆菌和天花病毒是三种最适合于研究和最具代表性的潜在生物毒剂。

最有可能被用作为生物毒剂的空气传播型微生物 **表 2.2**

制　剂	潜伏期，天	ID_{50}*	LD_{50}*	致死率，%	可得性	传染性
炭疽杆菌孢子（Bacillus anthrax spores）	2–3	10000	28000	5–20	高	无
布鲁氏菌（Brucella）	5–60	低	—	2	高	无
鼻疽伯克霍尔德氏菌（Burkholderia mallei）	1–14	—	—	—	高	无
类鼻疽伯克霍尔德氏菌（Burkholderia pseudomallei）	2	—	—	—	高	无
伯氏考克斯体（Coxiella burnetii）	14–21	10	低	<1	高	无
埃博拉病毒（Ebola）	2–21	10	低	50–90	中	有
土拉弗朗西斯菌（Francisella tularensis）	1–14	10	低	5–15	高	无
汉坦病毒（Hantaan virus）	14–30	—	—	5–15	高	无
胡宁病毒（Junin virus）	2–6	—	—	3–15	中	无
拉沙热病毒（Lassa fever）	2–10	—	—	10–50	中	有
马丘波病毒（Machupo）	7–16	—	—	5–30	中	无
马尔堡病毒（Marburg）	3–7	—	—	25	中	有
结核分支杆菌（Mycobacterium tuberculosis）	—	10	—	—	高	有
普氏立克次体（Rickettsia prowazeki）	7–14	10	低	10–40	高	无
天花病毒（Variola(smallpox)）	12	—	—	10–40	低	有
委内瑞拉(东部、西部)马脑炎病毒（VEE(EEE,WEE)）	2–6	低	—	60	高	无
鼠疫耶尔森氏菌（Yersinia pestis）	2–6	—	—	50	中	有

* ID_{50} = 半数失能剂量；LD_{50} = 半数致死剂量。该两个术语都将在第4章中加以详细讨论。

2.2.2 带病媒介传播型病原体

带病媒介传播型病原体通常是由一些昆虫，如蚊子、虱子和蜱，携带并传播给宿主，它们所形成的一组病毒被称为虫媒病毒(Arboviruses)，其中导致人类疾病的最重要的虫媒病毒是外衣病毒(Togaviruses)、黄病毒(Flaviviruses)和布尼安病毒(Bunyaviruses)。

基孔肯亚病毒(Chikungunya virus)非常接近于委内瑞拉马脑炎病毒、东部马脑炎和西部马脑炎病毒。它们都属于阿尔法病毒组，而该病毒组又是外衣病毒科的一个子类。这些病毒具有相同的病理学特性，并且都是通过蚊虫叮咬传播，潜伏期很短。基孔肯亚病毒致命的可能性很小，但是它具有导致人员迅速失能的潜力。有文献曾推测，该病毒在气溶胶化之后可用作为生物武器(NATO,1996)。因此它被认为具有中度的可能性被用作为生物毒剂。

克里米亚－刚果出血热病毒(Crimean-Congo hemorrhagic fever)和裂谷热病毒(Rift Valley fever)都属于带病媒介传播型病原体，它们的潜伏期都只有3天，会引起严重的症状并具有高达50%的致死率。与其他的带病媒介传播型病原体一样，它们被推测为存在被气溶胶化的可能性，但这种可能性并没有被证实。曾经发生过的一些病例表明它们明显是通过直接接触的途径传播的，因此必须考虑到它们具有成为生物毒剂的潜力。

登革热病毒(Dengue fever virus)是一种黄病毒(Flaviviruses)，黄病毒还包括圣路易脑炎病毒(St. Louis encephalitis)、黄热病毒(Yellow fever)、西尼罗河病毒(West Nile virus)、墨累谷脑炎病毒(Murray Valley fever)、俄罗斯春夏脑炎病毒(Russian spring-summer encephalitis)、玻瓦桑病毒(Powassan encephalitis)和日本脑炎病毒(Japanese encephalitis)。所有这些都是带病媒介传播型病毒，它们都可能以蚊子和蜱作为带病媒介(如图2.7所示)。感染病毒后可能出现短时间的发热并伴有严重的症状，有些病毒的致死率可以高达50%。作为带病媒介传播型病毒，除非它们能够被气溶胶化，并且能够通过吸入或者皮肤接触的途径来感染人群，否则它们将不能被用作为袭击建筑物的生物武器。但是由于委内瑞拉马脑炎病毒具有被武器化的特性(Franz et al.,1997; Kortepeter and Parker,1999; NATO,1996; Wright,1990)，所以黄病毒似乎也能够成为潜在的生物武器。

普氏立克次体(Rickettsia prowazeki)、加拿大立克次体(Rickettsia canadensis)和立氏立克次体(Rickettsia rickettsii)都是带病媒介传播型病原体，它们都与伯氏考克斯体(Coxiella burnetii)有关，并具有一些相似的特性。这些立克次体都会引起斑疹伤寒症，包括洛基山斑疹热(Rocky Moun-

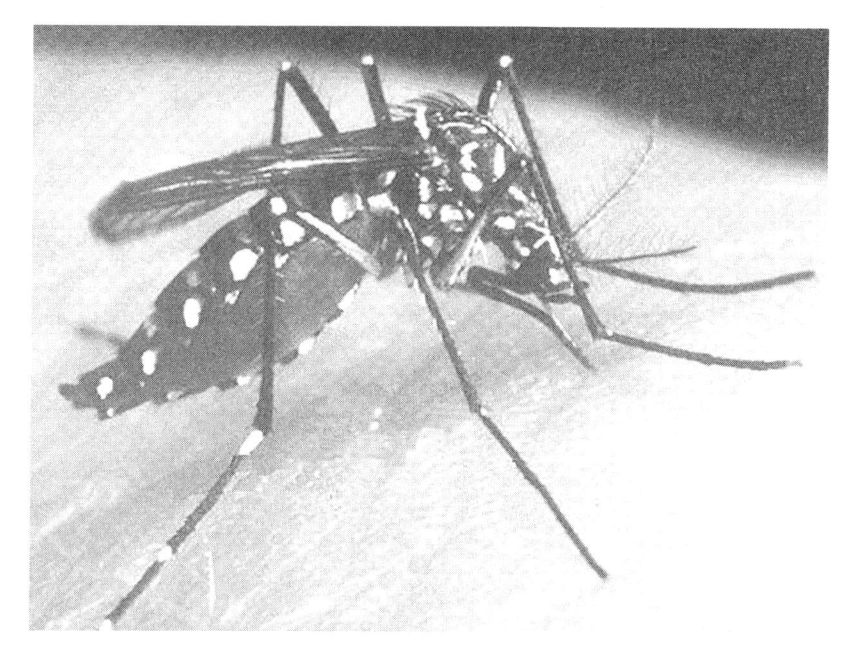

图 2.7 埃及依蚊(Aedes aegypti)，俗称黄热蚊(Yellow fever mosquito)，它是登革热和出血热的主要带病媒介(图片转载得到了耶鲁大学 Leonard E. Munstermann 的许可)

tain spotted fever)，它们的潜伏期一般不长，并且在较低的剂量下就会导致感染。使用这些细菌作为生物毒剂估计需要将它们气溶胶化(NATO,1996)，因此可认为它具有中度的潜力被用作为生物武器。

蜱传脑炎病毒(Tick-borne encephalitis)是一种虫媒病毒，与前面所提到的其他虫媒病毒，包括基孔肯亚病毒和委内瑞拉马脑炎病毒，它们具有相似的病理。虽然对于该病毒的致病性或流行病学特性知之甚少，但是可以认为它和其他带病媒介传播型病毒具有相似的特性，因此它也被排除在附录 A 的数据库之外。

2.2.3 食物和水传播型病原体

食物和水传播型病原体可以被用作为毒药，但是它们不一定能通过空气传播。一些食物传播型病原体可以从空气中沉降到食物上并导致食物染毒，因此在对空气净化技术所作的各种分析中可以保守地考虑到这部分病原体。然而很难计算出这类病原体的剂量，因为它完全依赖于食物和水的消耗量。为了叙述的完整性，这些微生物被包括在附表 A 中，但是在最有可能的空气传播型生物毒剂列表——表 2.2 中，它们被排除在外。

肉毒梭状芽孢杆菌(Clostridium botulinum)是一种能产出肉毒杆菌毒素(Botulinum toxin)的细菌，它所产生的毒素是目前所知的最具毒性的物质之一。肉毒杆菌中毒(Botulism)将表现出剧烈的中毒症状，它通常是由于摄入了被污染的食物而引起的，它也有可能是由于伤口感染而引起。这种微生物可能会通过空气传播的途径沉降到食物上，因此当它被作为一种生物毒剂使用时可能会采用气溶胶化的方式。不过气溶胶化肉毒杆菌毒素要比气溶胶化细菌本身有效得多。这种细菌很少会被当作生物毒剂提及，即使被提作为生物毒剂也可能是因为人们混淆了这种细菌和它产生的毒素之间的区别，这种细菌本身并不以气溶胶或者食物传播型病原体的形式使用。然而，因为它是一种重要的生物毒剂前体，所以也被包括在附录 A 的数据库中。

产气荚膜梭状芽孢杆菌(Clostridium perfringens)与前面的微生物有关，但其作为食物传播型病原体有着不同于其他类病原体的显著特性。产气荚膜梭状芽孢杆菌摄入后的发病潜伏期极短，约 6 小时(h)，并且少量的细菌就可能引起感染，每克食物上只要有 10 个细菌，这些特性使得它有潜力作为一种生化毒剂来污染食物。尽管这种细菌很少会导致人员死亡，但是它可以在感染的当天导致人员失能。因此，可以认为它具有中度的潜力被用作为生物毒剂，并且可能会以气溶胶的形式污染食物。

甲型肝炎病毒(Hepatitis A virus 或 HAV)会引起人员的衰弱性疾病，但是发病的潜伏期很长。它通过粪 - 口途径传播，或通过摄入被污染的食物和水传播，因此它是一种食物传播型病原体。该病的致死率非常低，并且很多病例是无症状的。这种病毒是否可以被选作为生物毒剂是值得怀疑的。

伤寒沙门菌(Salmonella typhi)是一种食物和水传播型病原体，它能通过人与人之间的相互接触，或者通过被污染的食物传播。因此它既可以被视为传染性疾病也可以被视为食物传播型疾病，但是将它归入后一种分类更为合理，因为那是它的主要传播方式。它能引起伤寒病并且会表现出严重的症状，它的致死率也高达 16%。因此作为一种食物传播型病原体，它具有中度至高度的潜力被用作为生物武器。

志贺氏痢疾杆菌(Shigella)代表了那些能引起痢疾的微生物，它是一种食物和水传播型病原体，可以通过粪 - 口途径或者人与人之间的接触传播。因此，痢疾既是一种传染性疾病又是一种食物传播型疾病。这种细菌通常是通过食物传播的，但作为一种食物传播型病原体，它也能从空气中沉降到食物上，因此它也有可能作为一种生物武器以气溶胶的形式释放。它的致死率在 20%，一些历史证据表明在战争中由于痢疾引起的伤亡往往要高出战斗本身所引起的，因此它很可能在战争中被用作为生物武器。当它被恐怖分子用作为袭击建筑物的武器时，可能仅仅会将它用于污染供水和食品。

霍乱弧菌(Vibrio cholerae)是一种食物和水传播型病原体，它能够引起霍乱。虽然并不确知它是否可以通过人与人之间的接触进行传播，但是它的致死率高达 50%。历史上，在热带地区，由它所引起的死亡人数要超出战争本身所引起的，因此它被认为是一种有效的生物毒剂。当它被用作为恐怖分子所使用的生物武器时，其用途将仅限于污染供水，因此它具有低度至中度的潜力被用作为生物毒剂。

2.3　毒素

毒素是由生物体产生的有毒物质，包括由微生物产生的内毒素(Endotoxins)，以及由真菌产生的真菌毒素(Mycotoxins)。细菌有时能在它们的细胞壁上携带和产生毒素。在某些环境条件下，真菌将会向它们周围的环境中分泌毒素。这通常是由于缺少营养、水分和空间而引起的，实际上微生物在这些条件下产生毒素可以看作是它们为了抵抗的竞争者而发动的“生物战争”。

毒素对于人和动物来说都可能是极为致命的，肉眼所不能察觉的微量毒素就可能致人于死地。由于它们具有强烈的毒性，而且比较容易制备，因此对于恐怖分子来说毒素通常被认为是一种理想的生物毒剂候选物。只需要一个简单的实验室和基本的微生物学应用知识可能就足以制造出大量的毒素。很多种能够产生毒素的微生物就遍布在周围的自然环境中，因此获得培养毒素的样本也并不困难。

毒素以各种不同的途径影响着人体的生理机能，并且作用于不同的人体部位。表 2.3 给出了一些毒素对人体的不同影响部位。毒素对人体生理机能的影响方式在一定程度上取决于它是如何被人体接收的，例如一些蛇的毒液被摄入后不会对胃部产生影响，但如果进入血流就有可能致命。

表 2.4 给出了所有主要的毒素，这些毒素曾经在一些关于生物武器的文献中被引用过。其中有许多毒素可以通过空气传播，并且在达到一定的吸入剂量时就会导致人员失能甚至死亡。还有些毒素，特别是毒液，只有在进入血液之后才会引起危害，因此这些毒素不大可能作为生物毒剂的可行候选物。人们对于毒液通过呼吸进入人体所造成的影响并不十分了解，因此所有毒素都被保守地归入了附表 C 的数据库中。

毒素的来源有很多，如植物、细菌、真菌、昆虫、贝类、蛇、蛙类、甚至藻类，这些自然的毒素通常是它们的制造者用来抵御天敌的武器。少量的毒素可能比较容易获得，但并不是所有的毒素都可以大量生产。下文

一些毒素对人体的影响部位　　表 2.3

毒　　素	影响部位
黄曲霉毒素(Aflatoxin)	肝脏
雨伞节蛇毒毒素(β－Bungarotoxin)	神经系统
肉毒杆菌毒素(Botulinum)	神经系统
赭曲霉素(Ochratoxin)	肾脏
水螅毒素(Palytoxin)	神经系统
石房蛤毒素(Saxitoxin)	神经系统
葡萄球菌肠毒素(SEB)	胃肠道
T-2毒素(T-2 mycotoxin)	胃肠道
T-2毒素(T-2 mycotoxin)	皮肤
泰攀蛇毒素(Taipoxin)	神经系统

评述了一些主要的、具有代表性的毒素。

黄曲霉毒素(Aflatoxin)是一种真菌毒素，它专门由黄曲霉(Aspergillus flavus)、烟曲霉(Aspergillus fumigatus)和寄生曲霉(Aspergillus parasiticus)这几种真菌所产生的。黄曲霉毒素至少有 5 种主要的变体，分别被称为 B1、B2、G1、G2、M1，并且它们经常成组出现。其中黄曲霉毒素 B1 是目前所知的最强的致癌物质。黄曲霉毒素的影响部位是肝脏，人体中毒后主要会引起一种肝病。通常这些毒素存在于动物的饲料中，动物过量摄入后可能会出现急性肝中毒、黄疸和出血等症状。当人体发生急性黄曲霉毒素中毒时，其主要症状有腹痛、呕吐、肺水肿和肝坏死。当人体摄入黄曲霉毒素浓度高于 16mg/kg 的发霉谷物时，会导致肠胃出血，由此引发的人员死亡率可达到 10%(CAST，1989)。

鱼腥藻毒素 A(Anatoxin A)，短裸甲藻毒素 B(Brevetoxin B)和微囊藻毒素(Microcystin)都是藻类在生长繁殖过程中所产生的毒素。短裸甲藻毒素 B 与赤潮灾害有关，赤潮会杀死大量的鱼类并且会导致多例人员中毒。微囊藻毒素与蓝绿藻有关，而鱼腥藻毒素则来源于被称为水华鱼腥藻(Anabaena flos-aquae)的蓝绿藻。藻类是单细胞生物，通常生长在水中，它是水生动物的食物来源并且在水的自然净化中起到一定作用，但是在适合藻类生长繁殖的条件下，它们将大范围的快速生长并产生毒性很高的毒素，以藻类为食的鱼类和其他动物都将被毒死，而且上级食物链中的动物，如海豹，也可能成为受害者。藻类毒素对人体可能具有各种毒害效果，如中枢神经系统受损、神经中毒、瘫痪等。

箭毒蛙毒素(Batrachotoxin)是一种神经毒素(Neurotoxin)，它可以从南美

表 2.4

作为潜在生物武器的毒素和生物调节剂列表

毒素和生物调节剂	类型[†]	在下列文献中被称为潜在的生物武器药剂[*]															
		1	2	3	4	5	6	7	8	9	10	11	12	13	14	15	16
相思豆毒素（Abrin）	P								×				×				×
乌头碱（Aconitine）	P												×				
黄曲霉毒素（Aflatoxin）	M																×
鱼腥藻毒素A（Anatoxin A）	N					×							×				
血管紧张素（Angiotensin）	B								×	×							
蜂毒神经毒素（Apamin）	V								×								
心钠肽（Atrial natriuretic peptide）	B								×								
箭毒蛙毒素（Batrachotoxin）	N					×			×			×	×			×	×
铃蟾肽（Bombesin）	B								×	×							
肉毒杆菌毒素（Botulinum）	E	×	×	×	×	×			×		×	×	×	×	×	×	×
血管舒缓激肽（Bradykinin）	B								×	×							
短裸甲藻毒素（Brevetoxin）	N								×								
雨伞节蛇毒毒素（β－Bungarotoxin）	N					×			×							×	
缩胆囊素（Cholecystokinin）	B								×	×							
西加鱼毒素（Ciguatoxin）	N												×				
桔霉素（Citrinin）	M																
产气荚膜梭状芽孢杆菌毒素（Clostridium perfringens toxin）	E												×				
眼镜蛇毒素（Cobrotoxin）	C															×	
海蜗牛毒素（Conotoxin）	V															×	
箭毒（Curare）	P															×	
双安福毒素（diamphotoxin）	V								×								
白喉毒素（Diphtheria toxin）	E					×							×	×		×	
强啡肽（Dynorphin）	B								×	×							
内皮素（Endothelin）	B									×							
脑啡肽（Enkephalin）	B								×	×							
胃泌素（Gastrin）	B								×	×							
促性腺激素释放素（Gonadoliberin）	B								×	×							
α－黑寡妇蜘蛛毒素（α－Latrotoxin）	N					×			×							×	

续表

毒素和生物调节剂	类[†]型	在下列文献中被称为潜在的生物武器药剂[*]															
		1	2	3	4	5	6	7	8	9	10	11	12	13	14	15	16
刺尾鱼毒素（Maitotoxin）	N												×				
微囊藻毒素（Microcystin）	P					×							×				×
神经肽（Neuropeptide）	B								×								
神经降压素（Neurotensin）	B								×	×							
虎蛇毒素（Notexin）	V					×											
氧毒素（Oxytocin）	H									×							
水螅毒素（Palytoxin）	N								×				×				×
蓖麻毒素（Ricin）	P			×		×	×	×				×	×	×		×	×
角蝰毒素/内皮素（Sarafotoxin/endothelin）	B								×	×							
石房蛤毒素（Saxitoxin）	N					×	×	×	×			×	×			×	×
海黄蜂毒素（Sea wasp toxin）	V																×
志贺氏毒素（Shiga toxin）	E												×				×
生长抑制素（Somatostatin）	B								×	×							
葡萄球菌肠毒素A（Staphylococcal enterotoxin A）	E																×
葡萄球菌肠毒素B（Staphylococcal enterotoxin B）	E					×						×	×	×	×		×
P物质（Substance P）	B								×	×							
T-2毒素（T-2 toxin）	M					×							×				
泰攀蛇毒素（Taipoxin）	N					×							×			×	
破伤风毒素（Tetanus toxin）	E												×			×	×
河豚毒素（Tetrodoxin）	N					×			×				×	×		×	×
澳洲蛇毒（Textilotoxin）	N												×				
促甲状腺素释放素（Thyroliberin）	B								×	×							
单端孢霉烯类毒素（Trichothecene toxins）	M											×					×
血管加压素（Vasopressin）	B								×	×							

＊资料来源：1：Clarke 1968；2：McCarthy 1969；3：Cookson and Nottingham 1969；4：SIPRI 1971；5：Ellis 1999；6：Canada 1992；7：Canada 1993；8：Canada 1991b；9：Canada 1991a；10：Thomas 1970；11：Wright 1990；12：NATO 1996；13：Kortepeter 和 Parker 1999；14：Franz 1997；15：Middlebrook 1986；16：Paddle 1996。

†符号注释：M＝真菌毒素；N＝神经毒素；V＝毒液；B＝生物调节剂；C＝细胞毒素；E＝肠毒素；H＝激素；P＝植物毒素

雨林箭毒蛙属爬叶蛙(Phyllobates)的蛙皮中提取。神经毒素是一种影响神经组织的化合物，它能通过不同的途径作用于神经系统。箭毒蛙毒素是毒液中毒性最强的一种神经毒素，它能在几秒钟之内致人于死地。

眼镜蛇毒素(Cobrotoxin)、泰攀蛇毒素(Taipoxin)和雨伞节蛇毒毒素(β-Bungarotoxin)都是来自蛇毒液的神经毒素(如图2.8所示)。眼镜蛇毒素来自中国眼镜蛇舟山亚种(Naja naja atra)，泰攀蛇毒素来自泰攀蛇属的内陆泰攀蛇(Oxyuranus)，雨伞节蛇毒毒素则来自银环蛇属(Bungarus multicinctus)的中国雨伞节蛇(Chinese banded krait)。世界上有成百上千种毒蛇，但前面提到的三种毒液是所有蛇毒液中毒性最强的。泰攀蛇毒素和雨伞节蛇毒毒素都是神经毒素，而眼镜蛇毒素是一种细胞毒素(Cytotoxin)。细胞毒素是一种影响普通组织的类毒素(Toxoid)。

肉毒杆菌毒素(Botulinum)是所有神经毒素中毒性最强的，它来自肉毒梭状芽孢杆菌(Clostridium botulinum)，会引起食物中毒。该毒素会导致中毒者出现弛缓性瘫痪(Flaccid paralysis)甚至死亡。肉毒杆菌中毒的病例中由于呼吸衰竭而导致的死亡率高达30%－65%。肉毒杆菌能够在没有完全熟透的食物中生长繁殖，包括家庭罐装食物、鱼和肉类(Freeman 1985)。肉毒杆菌中毒症状会在摄食后的12－36小时内出现，包括恶心、腹痛、虚弱和视觉模糊等。

产气荚膜梭状芽孢杆菌毒素(Clostridium perfringens toxin)也是一种细菌毒素，该毒素也能出现在没有完全熟透的肉类食品中，特别会出现在经过

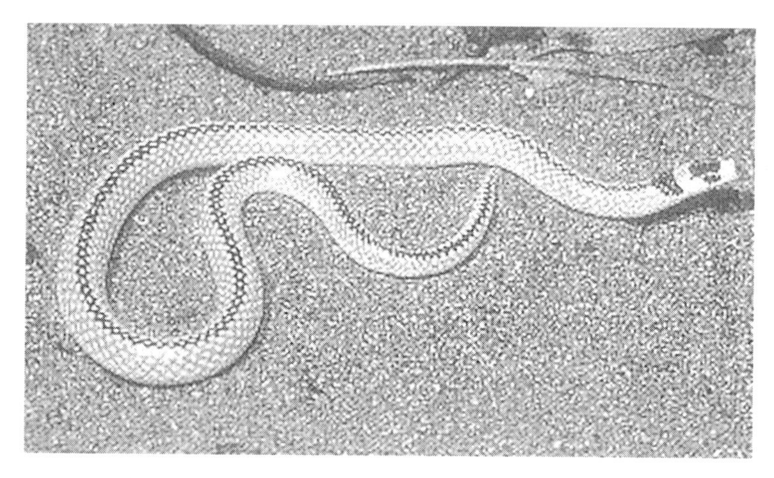

图2.8 有些毒素来自毒蛇，如图中显示的Calon蛇(图片由Brian Bush提供，Snakes Harmful and Harmless，Australia)

再热的食物中。虽然产气荚膜梭状芽孢杆菌引起的食物中毒比肉毒杆菌中毒更为常见，但是它的致死率较低，大概只有1% - 2%。在摄食后的8 - 12小时内，会出现腹痛和腹泻的中毒症状。

箭毒(Curare)毒素来自南美洲的某些树种，有时它被称为“筒箭毒碱”，因为一些部落的土著人会将它用于捕猎，它可以用来制作在毒箭或吹箭筒中使用的毒镖。这种毒素中含有多种有毒的生物碱并且会导致人体瘫痪。

白喉毒素(Diphtheria toxin)来自白喉棒状杆菌(Corynebacteria diphtheriae)，它是一种会引起细胞死亡的外毒素。白喉毒素会导致一些内部器官的损伤，如心脏、肺、肝、肾和神经系统，死亡病例通常是因为心搏停止所引起的。这种毒素是白喉病的主要病因。

蓖麻毒素(Ricin)是一种强效的毒素，它可以从蓖麻子的清蛋白油或者蓖麻油中提取。这种毒素在摄入或者进入眼睛、鼻子和血液时会表现出极高的毒性。前苏联的特工人员曾经将蓖麻毒素用于暗杀活动。

石房蛤毒素(Saxitoxin)是引起麻痹性贝类中毒(Paralytic Shellfish Poisoning，PSP)的原因之 。它是 种藻类毒素，源于一种被称为腰鞭毛虫(Dinoflagellate)的微生物。它会侵袭中枢神经系统并引起麻痹症状。

海黄蜂毒素(Sea wasp toxin)来自一些水母所产生的毒液，其中也包括了箱水母(Box jellyfish)(如图2.9所示)。它也会侵袭中枢神经系统并引起麻

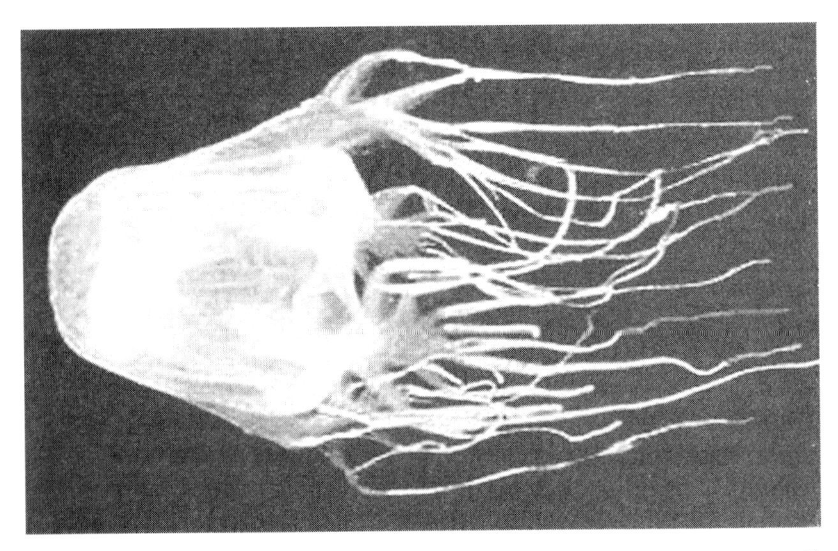

图2.9 箱水母产生海黄蜂毒素(图片转载得到了Rob Crutcher，BarrierReefAustralia.com的许可)

痹症状。

葡萄球菌肠毒素 B(Staphylococcal enterotoxin B 或 SEB)是金黄色葡萄球菌(Staphylococcus aureus)所产生的几种毒素之一。虽然金黄色葡萄球菌是一种共生型微生物，但是在合适的条件下它在污染食物的同时也会产生毒素。

T-2 毒素(T-2 toxin)是一种单端孢霉烯类化合物(trichothecene)，同时也是一种真菌毒素。它是由一种被称为拟枝孢镰刀菌(Fusarium sporotrichioides)的真菌所产生的。T-2 毒素会引起不同器官(包括骨髓)的细胞坏死，并且会引起溶血和严重的出血症(CAST, 1989)。抑制免抑反应也是它的一种副作用。单端孢霉烯类毒素还有很多种，但 T-2 毒素是最具毒性的，由于这个原因，T-2 毒素和其他一般的单端孢霉烯类毒素在表 2.4 和附表 C 中都被分别列出。

除了附表 C 列出的那些毒素之外，还有许多其他种类的毒素，它们包括一些蜘蛛毒素(图 2.10)、蝎子毒素、蜜蜂和黄蜂毒素以及那些来自自然界的各种毒素。虽然这些毒素大多数在大剂量的情况下也会致人死地，但

图 2.10　一些蜘蛛可以产生毒素，例如来自美国路易斯安那州的香蕉蜘蛛(Banana spider)，它会产生一种名叫 Phoneutriatoxin 的毒素

是在这里仅仅对最具毒性的一些毒素进行概括。

2.4 生物调节剂

生物调节剂是毒剂中独立的一类，生物体通常利用它们来控制其生理过程。像毒素一样，它们都是一些生物分子，但是生物体产生它们的目的却并不相同。一些生物调节剂具有导致人员失能或者死亡的潜在作用，因此它们也被收录在附表 C 的毒素数据库中。目前对于这些化合物的研究还不够充分，其中大部分调节剂的致死剂量还无法准确获知。在此介绍一些具有代表性的生物调节剂，希望能够帮助读者熟悉这些化合物的作用以及它们与毒素的不同之处。

血管紧张素(Angiotensin)也被称为高血压蛋白(Angiotonin)或血管紧张肽(Hypertensin)，它是存在于血液中的一种肽(Peptide)，具有调节血压的作用。这种生物调节剂只需极少的剂量就具有致死能力，但它的半数致死剂量(LD_{50})的确切值仍是一个未知数。

内皮素(Endothelin)是一种肽类激素，它是由内皮细胞所释放的。内皮素是一种有效的血管收缩剂，但是它的 LD_{50} 值是个未知数。

P 物质(Substance P)是一种血管活性肠肽[Vasoactive intestinal peptide,(VIP)]，它是至今所发现的生物调节剂中最具毒性的，在脊髓液中也能发现它。P 物质会导致血管舒张，它的 LD_{50} 值是 0.000014mg/kg 体重，这也使它的危险性超过了大多数的毒素。

后叶加压素(Vasopressin)是存在于脑垂体中的一种肽，它能提高血压和肾脏对水的保持力，也具有压缩血流和阻塞动脉的能力。它的 LD_{50} 值是个未知数。

大批量地生产生物调节剂要比生产毒素困难得多，但仍然存在着少量生产的可能性。例如，可以从养殖动物的脑垂体中提取这类物质。

2.5 生物毒剂的武器化

生物毒剂的武器化涉及到各种技术，这些技术将毒剂以最致命的形式制造出来，并保证它们能够通过各种方式释放出来。将病原体武器化的过程通常包括挑选和培养出最具毒性的毒株，并且从中筛选出可以在释放过程中大量存活的变异体。为了释放毒剂可能会选用爆炸或气溶胶化设备，病原体也必须在这个过程中能够大量存活下来以保证武器的可用性。此外，必须保证微生物在被气溶胶化之后能够存活，这就需要进行特殊的挑选和培养。在液滴或粉末的形态下，生物毒剂可能会凝集到一起，这会降低它们保持气溶胶状态的能力。为了防止凝集，可能需要在溶液或干粉中添加一些化合物。

毒素的武器化主要涉及到它的物理制备过程，当一批毒素被生产、浓缩和干燥之后，必须被研磨成精细的粉末以保证它易于形成气溶胶。满足这种用途的研磨机很容易获得，并且可以生产出平均对数直径低到 1－2μm 的粉末。这种粉末本身就很适合于分散成气溶胶，但是它也可以与液体混合在一起，这样通过喷雾式烟雾器它们就更容易形成气溶胶。它们还可以与一些防止凝集的物质相混合，以促使它们在气溶胶化之后以单个微粒的形式存在。

由于大多数毒素都需要被研磨并处理到易于气溶胶化的尺寸，或者与溶液混合以小液滴的形态气溶胶化，因此在假定使用精密的研磨设备的前提下，所有的毒素可以被认为处在相同的尺寸范围内，各种毒素特性之间惟一的区别就是它们的致死剂量。事实上，只需选择 2 种或 3 种毒素就能够代表整个数据库中的所有毒素。毫无疑问，肉毒杆菌毒素是这些毒剂中毒性最强的，因此可以将它选作这些毒素的代表之一。另外还可以选择蓖麻毒素和 T-2 毒素这两种毒素作为代表，这是由于它们代表了毒性的范围，并且它们的特性已经得到了充分的认识。 这三种毒素涵盖了附表 C 中所涉及到的各种毒素的毒性范围。

2.6　生物毒剂的粒径分布

目前得到确认的生物毒剂的特性范围很广。对于这些生物毒剂的威胁，要设计一个通用的防护系统并不困难，但是如果系统中仅仅采用单一的防护设备，是不具备成本效益的。有些病原体的尺寸较大，能够利用过滤器轻易地将它们去除；而另一些病原体，虽然处于过滤器的最易穿透粒径范围之内，但是却容易被紫外线杀菌照射(UVGI)系统杀灭。

每种微生物的粒径并不是某一个确定值，而是处在一个范围之内，实际上每一种微生物都有其独特的粒径范围。基于微生物自然粒径分布的一些研究结果，在附录 A 中给出了病原体的对数平均直径(Logmean diameter)(Kock，1966；Kowalski et al.，1999)。微生物的粒径呈对数正态分布，而不是正态分布。虽然病原体的真实粒径范围还没有被研究过，但是已经对产生上述现象的原因进行了详细的研究，并且有足够的数据可以用来预测大多数病原体的对数平均粒径。用来定义对数正态曲线的特性参数被称为“变异系数”(Coefficient of variation)，经过证实，这个系数对于大多数微生物而言都处在一个较窄的范围之内。因此，可以通过所测得的直径范围来估计微生物的对数平均直径，这样做是有一定把握的。

尽管毒素可以被研磨到一定的粒径，比如 2μm，但是所得到的粉末仍然不可避免地具有一个粒径范围，而且这些粒径也总是呈对数正态分布。不仅是所有微生物毒剂的粒径满足对数正态分布，而且所有微米尺度的非生物颗粒也都满足这一分布。无论是生物或是非生物，满足粒径的对数正态分布是一种自然现象(Kock,1969，1995)。

可气溶胶化颗粒的粒径正常值范围在 1－6μm，由于满足对数正态分布，在此范围内的平均粒径可能大致在 1.5μm 左右。图 2.11 显示了在这个粒径范围内毒素的对数正态粒径分布，其标准差近似于 0.5，变异系数为 0.06。

粉末的粒径分布会由于生产设备的不同而不同。设备越昂贵，制得的颗粒粒径范围也越小，这也能增强毒素被气溶胶化的能力。要准确地预测出毒素的真实粒径分布是不可能的，因此这种粒径分布的预测只能被认为是具有代表性。由于这种粒径分布代表了相对昂贵并且高品质的研磨设备所具备的性能，因此它是一种保守的估计。

采用如图 2.11 所示的完整粒径分布，有利于准确地预测过滤器针对任何毒素的过滤能力。然而，计算粒径范围的对数平均值可以作为相当好的近似。对于在任何粒径范围内满足对数正态分布的颗粒，其对数平均直径 D_{LM} 可以采用以下公式来计算：

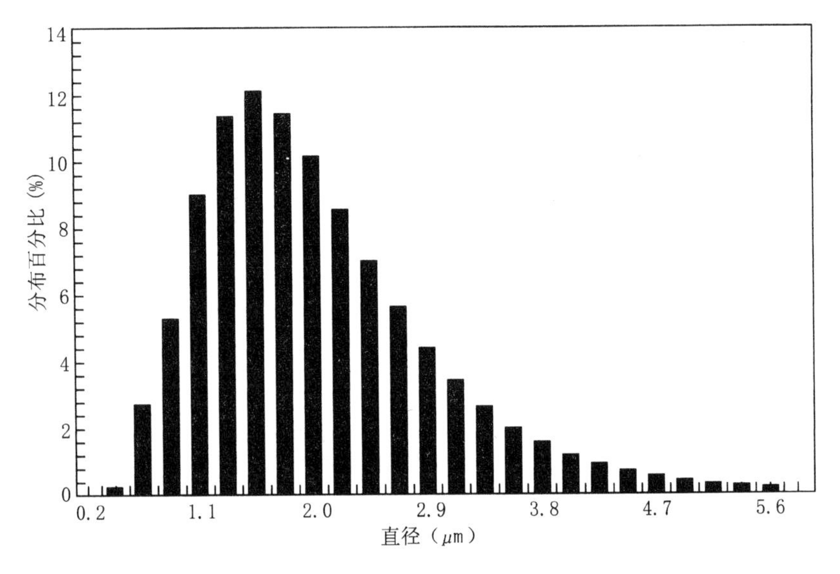

图 2.11 毒素粒径的对数正态分布

$$D_{LM} = \exp\{[\ln(D_{min}) + \ln(D_{max})]/2\} \tag{2.1}$$

式(2.1)中，D_{min} 和 D_{max} 分别是粒径范围内的最小直径和最大直径。

由于微生物的粒径呈对数正态分布，对它们的过滤效率应该利用对数平均直径，而不是中值直径(Average diameter)来加以估计。如果使用中值直径，可能会使预测的过滤效率产生误差。附表A的病原体数据库中针对名义规格从MERV6到MERV15的过滤器，给出了它们的过滤效率预测值。

大多数微生物往往是球形或卵形的，它们以群体的形式存在并且覆盖了一定的粒径范围。所有亚微米级的微粒都倾向于对数正态分布，其中较小微粒的数量要多于较大微粒。由于微粒的粒径分布并不直接构成正态分布曲线，因此微粒的中值直径(Average diameter)并不具有代表性，而必须使用平均直径(Mean diameter)作为预测过滤效率的依据。

对于大多数空气传播型微生物来说，它们的真实粒径分布并不确定，因此微粒的真实平均直径也是未知的。幸运的是，可以通过对最小和最大直径的对数求平均值来获得对数平均直径，这对于平均直径是一个很好的近似(Kowalski et al.,1999)。

微生物的对数平均直径与中值直径之间可能会存在很大差别，如果用肺炎衣原体(Chlamydia pneumoniae)的中值直径(0.85μm)来替代对数平均直径(0.55μm)，则比色效率(Dust spot efficiency, DSP)为90%的过滤器对这种生物微粒的过滤效率预测值将会是95%，而不是实际上的80%。如果考虑非球型的微生物，则预测结果的误差将会更大。

对于非球形微生物在引用该模型时，必须引入长宽比(Aspect ratio——宽度与长度的比值)。球形微生物如根霉菌(Rhizopus)的长宽比为1.0，而穗霉菌(Stachybotris)作为一种非球形微生物，其长宽比在0.3-0.5之间。可以通过各种方法建立等效直径，并用来计算对于非球形微生物的过滤效率。附表A中的平均粒径已经考虑到这些因素并进行了相应的修正(Kowalski et al.,1999)

图2.12给出了嗜肺军团杆菌(Legionella pneumophila)的粒径分布，从中可以明显地看出细菌微粒有集中在粒径较小一侧的趋势，实际分布与预测的对数正态曲线吻合得很好。这一测试是在水中进行的，并且只对粒径大于等于0.6μm的细菌颗粒进行了采样，但是其对数正态分布的形态仍然非常明显。

附录A的生物毒剂数据库中给出了所有生物毒剂对数平均直径的计算值。在已知过滤器性能曲线的前提下，它们能够用来确定过滤器对于生物

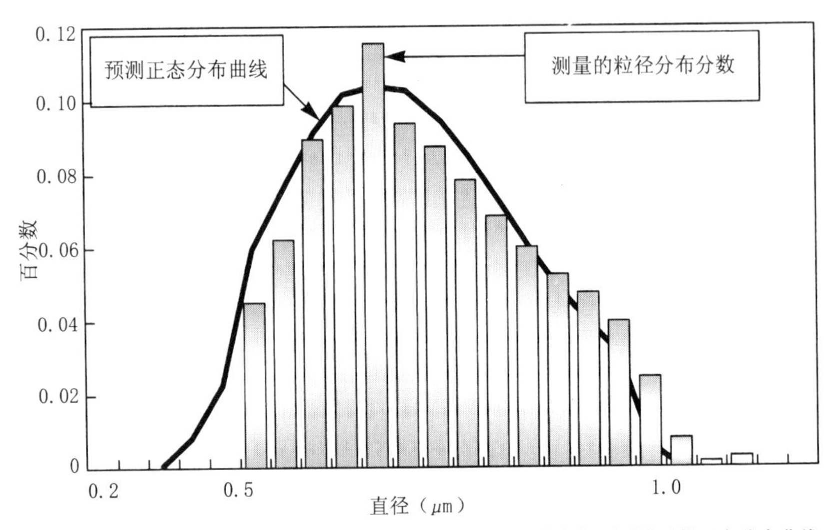

图 2.12 实测的嗜肺军团杆菌(Legionella pneumophila)粒径分布与预测的对数正态分布曲线相吻合，作者采用库特氏计数器(Coulter counter)获得数据，并且仅对粒径大于等于 0.6μm 的颗粒进行了测量

毒剂的过滤效率。附录 A 还给出了几种名义规格的过滤器对于这些生物毒剂的过滤效率。

2.7 紫外线照射下的微生物存活曲线

与高温消毒、臭氧、电离辐射等消毒方法一样，紫外线杀菌照射(UVGI)会使微生物的数量呈指数衰减(Collins, 1971; Riley and Nardell, 1989; Sharp, 1939)。有些研究报告指出，紫外线杀菌照射也能破坏一些毒素，如黄曲霉素(Aflatoxin)和微囊藻毒素(Microcystin)，但目前仍没有足够的数据可以对这些结果进行量化(CAST, 1989; Shepard et al., 1998)。在紫外线照射作用下，微生物群体的衰减特性可以用以下公式来描述：

$$S(t) = e^{-k_o t} \tag{2.2}$$

式(2.2)中，S(t)为 t 时刻的微生物存活率，单位为 s。 k_o 为总衰亡率常数，单位为 s^{-1}。

根据上述公式得到的指数衰减曲线就是通常所讲的衰亡曲线(Death curve)、存活曲线(Survival curve)、或灭活曲线(Inactivation curve)(Cerf, 1977; Chick, 1908)。总衰亡率常数 k_o 反映了微生物对于紫外线辐射的敏感程度，对于不同种类的微生物该数值也是不同的(Hollaender, 1943; Jensen,

1964；Rauth，1965）。

总衰亡率常数是紫外线辐射剂量的线性递增函数（Antopol and Ellner，1979；Gates，1929；Rainbow and Mark，1973；Rentschler et al.，1941）。因为在任意照射时间下紫外线辐射剂量是照射时间和辐射强度的函数，所以辐射剂量与紫外线辐射强度成线性递增关系。以 μW/cm² 为单位的辐射强度因此可以作为一个独立的参数被提取出来，式（2.2）也可以重写为以下形式：

$$S(t) = e^{-kIt} \tag{2.3}$$

式（2.3）中的辐射强度既可以表示为投射在平面上的辐照度（Irradiance），也可以表示为投射在整个固体表面上的通量率（Fluence rate）（如，对于一个球型的微生物）。在式（2.3）中的衰亡率常数 k 为单位辐射强度的衰亡速度，单位为 cm²/（μW · s），因此该值与辐射强度无关。k 值对应于辐射强度为 1μW/cm² 情况下的衰亡率常数，而对应于其他辐射强度的衰亡率常数可以通过下式进行转换：

$$k = k_a / I \tag{2.4}$$

在所有计算中，对于辐射强度推荐的计算单位为 μW/cm²，而对于辐射剂量推荐的计算单位为 μW · s/cm²。单位 μW · s 也可以换算成国际制单位 μJ。表 2.5 给出了这些单位的换算系数。如果要查找两个单位之间所对应

辐射强度和辐射剂量的单位换算　　**表 2.5**

辐射强度的单位换算系数（沿已知单位所在列向下移动至灰色单元格，然后沿水平方向移动至目标单位所在列即可）

μW / mm²	erg / （mm² · s）	μW / cm²	erg / （cm² · s）	W / ft²
W / m²				
J / （m² · s）				
1	10	100	1000	0.107639
0.1	1	10	100	0.010764
0.01	0.1	1	10	0.001076
0.001	0.01	0.1	1	0.000108
9.29	92.90	929.0	9290	1
J / m²				
W · s / m²				
μW · s / mm²	erg / mm²	μW · s / cm²	erg / cm²	W · s / ft²

辐射剂量的单位换算系数，暴露时间为1s（沿已知单位所在列向上移动至灰色单元格，然后沿水平方向移动至目标单位所在列）

的换算系数，可先找到已知单位所在的列，顺着该列往下找到灰色单元格，该灰色单元格所在的行与转换目标单位所在的列的相交处便是所要查找的换算系数。如，$1W/m^2$ 等于 $100\mu W/cm^2$，如果要将 $2W/m^2$ 换算为以 $\mu W/cm^2$ 为单位的，就可以将 $2\times100=200\mu W/cm^2$。这张单位换算表的电子表格可以在因特网上下载(Kowalski and Bahnfleth,2002b)。

附录A中给出的衰亡率常数有些是在水环境中通过实验得到的。通过对水环境和空气环境或平板表面研究数据的比较，可以得到微生物在空气中比在水中的衰亡率常数高出5－30倍，而在平板表面则仅为在空气中的衰亡率常数的1/4－1/10，不过这些数据还不足以建立一个确定的模式(Kowalski et al.,2000)。在理论上，空气中的微生物其整个表面都暴露在紫外线辐射之下，而微生物在平板上的暴露面积只有原来的1/4左右，因此在得到进一步的实验数据之前，采用4倍的换算系数是合理的。

图2.13比较了紫外线辐射对于病毒、细菌、孢子这三类微生物的影响程度。该图基于这三类微生物衰亡率常数的平均值，从设计目的来讲，该计算方法是不正确的，但是它提供了一种直观的比较。其中的孢子包括了真菌孢子和细菌孢子。可以看到，对于紫外线辐射，孢子有较强的抵抗力，而病毒则非常脆弱。

图2.13中还给出了埃希氏大肠杆菌(Escherichia coli)在该紫外线辐射强度下的衰亡曲线，虽然埃希氏大肠杆菌并不是空气传播型病原体，但通常会以它作为UVGI系统的设计基准。埃希氏大肠杆菌的衰亡率常数基于在 $3000\mu W\cdot s/cm^2$ 的辐射剂量下死亡率达到90%。式(2.5)为辐射剂量的定义

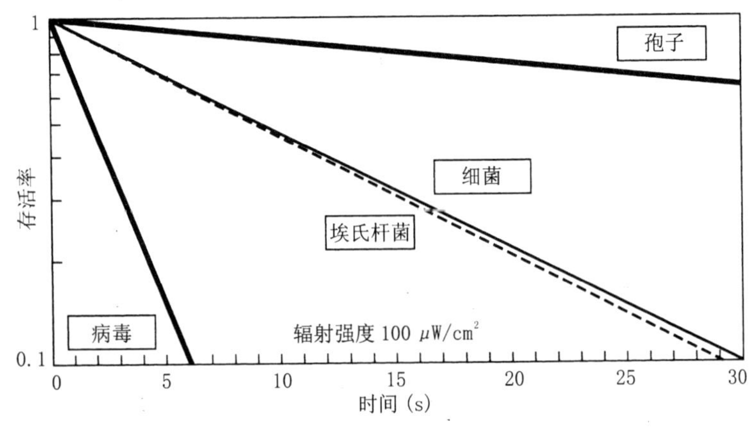

图2.13 比较三种类型微生物在紫外线辐射下存活率(运用了附表A中所有可得的比率常数的平均值)

式，它是辐射强度 I 与时间 t 的乘积：

$$\text{Dose} = It \tag{2.5}$$

当辐射强度以 $\mu W/cm^2$ 为单位，并且时间以 s 为单位时，辐射剂量的单位为 $\mu W \cdot s/cm^2$。当辐射强度为常数时，如细菌暴露在平板上(培养皿)的情况下， 可以应用式(2.5)。在气流中，辐射强度的分布将受到距离、紫外线的投射角度、局部反射率、围合面的形状以及紫外灯的几何尺寸等复杂因素的影响。

如果能够确定或者估算出一个平均辐射强度值，那么气流中的微生物在通过一个紫外线照射室的过程中所接受到的辐射剂量就可以根据下列公式来计算：

$$\text{Dose} = I_{avg}t \tag{2.6}$$

式(2.6)中，I_{avg} 为通过照射室时所接受的平均辐射强度，单位是 $\mu W/cm^2$；t 为暴露时间或者通过照射室的移动时间，单位是 s。

在一些设计指南和行业目录中推荐使用紫外灯的等级来表示照射室中的辐射强度。对于任何方向上尺寸都不大于 1m 的照射室，这种表示方法也是合理的。

将式(2.6)的右式代入式(2.2)，可以得到：

$$S(t) = e^{-kI_{avg}t} \tag{2.7}$$

式(2.7)可以准确的预测大多数微生物对于紫外线照射的反应，因为在任何典型的气流中各微生物之间总能达到相当充分的混合，即便混合发展的距离很短。杀灭率 KR 为式(2.7)中存活率 S 的补数，也可以用下式表示：

$$\text{KR}(t) = 1 - e^{-kI_{avg}t} \tag{2.8}$$

通常来说，在任何微生物群体中总有一小部分对于紫外线照射或者其他杀菌措施具有抵抗力(Cerf,1977；Fujikawa and Itoh,1996)。超过 99%的微生物通常会死于初始暴露，只有很少一部分能存活下来，或存活一段较长的时间(Qualls and Johnson,1983；Smerage and Teixeira,1993)。这种现象可能是因为微生物凝块(Davidovich and Kishchenko,1991；Moats et al.,1971)或者休眠等因素引起的(Koch,1995)。

二阶段存活曲线(two-stage survival curve)能通过数学的方式予以表达，可以将分别具有各自衰亡率常数 k_1、k_2 的两个微生物群体的响应进行求和。如果将 f 定义为具有抵抗力的微生物占微生物总数的比例，它们的衰亡率常数为 k_2，则剩余$(1-f)$部分微生物的衰亡率常数为 k_1。因此，总的存活曲线是快衰亡曲线(针对多数不具抵抗力的微生物)和慢衰亡曲线(针对少数具有抵抗力的微生物)的和：

$$S(t) = (1-f)e^{-k_1 It} + fe^{-k_2 It} \tag{2.9}$$

式(2.9)中，k_1 为快速衰亡群体的衰亡率常数，单位为 $cm^2/\mu J$ 或 $cm^2/\mu W \cdot s$，k_2 为具有抵抗力的群体的衰亡率常数。系数 f 为具有抵抗力的微生物在总群体中所占的比例。

图 2.14 中给出了化脓性链球菌(Streptococcus pyogenes)的存活数据就表现出这种二阶段特性。对于大多数微生物群体而言，其中具有抵抗力的微生物比例在 0.01% - 1%之间，但也有研究表明对于某些种类的微生物该比例可能更高(Gate,1929；Riley and Kaufman,1972)。

在紫外线照射或其他杀菌措施作用下，微生物群体数量呈现指数衰减的开始时间存在着短暂的延迟(Cerf,1977；Munakata et al.,1991；Pruitt and Kamau,1993)。图 2.15 给出了金黄色葡萄球菌(Staphylococcus aureus)的存活曲线，从回归曲线与 y 轴的交点在 1 之上的部分可看出存在一个明显的肩区。说明在充分发展成指数型衰减斜率之前，就开始存在一个沿水平方向

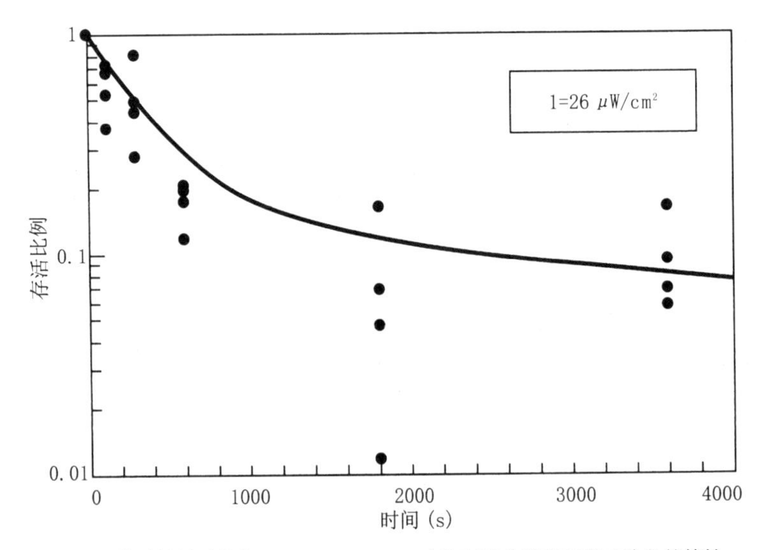

图 2.14 化脓性链球菌(Streptococcus pyogenes)的存活曲线表现出二阶段的特性，基于 Lidwell and Lowbury(1950)中的数据

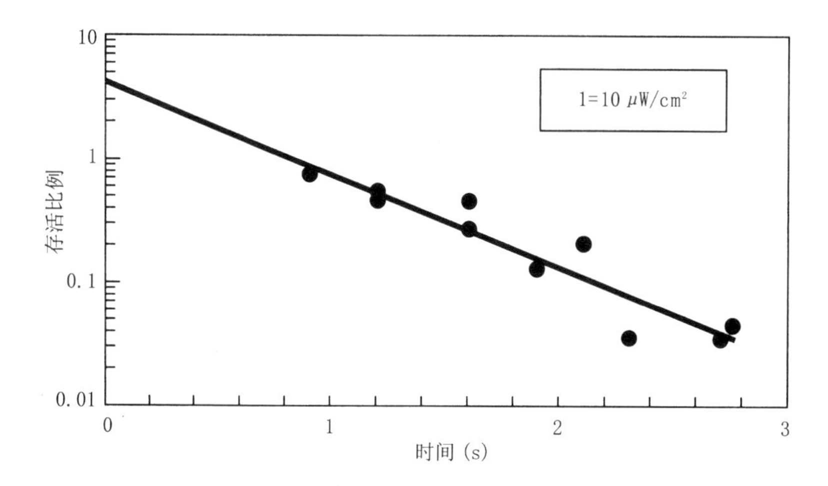

图 2.15 金黄色葡萄球菌(Staphylococcus aureus)的存活曲线，其表明了肩区的存在

的肩型曲线。

有各种数学模型被用来计算该曲线的肩区，其中包括了多靶模型(Multihit or multitarget model)和其他一些模型(Casarett, 1968; Harm, 1980; Kowalski et al., 2000; Russell, 1982)。多靶模型可能是这些模型中最易于使用的，在此予以介绍。该模型可以用下面的公式表示：

$$S(t) = 1 - (1 - e^{-kIt})^n \tag{2.10}$$

参数 n 为离散的目标位置的理论值，这些位置必须被击中以使微生物失活，对于不同的微生物，该值也是不同的。在实际情况下，被击中的靶位置可能有成千上万个，因此该参数可以被考虑为一个具有代表性的比例，而不是真实物理意义上的靶点的数量。

式(2.10)中，靶点的数量 n 在二阶段曲线中对于不同种类的微生物来说是不同的，这是因为这些特性和它们一样是相互独立的。因此根据式(2.10)类推，关于多靶模型的完整的二阶段方程可以写为：

$$S(t) = (1-f)[1-(1 - e^{-k_1 It})^{n_1}] + f[1-(1 - e^{-k_2 It})^{n_2}] \tag{2.11}$$

式(2.11)中，n_1 代表了第一部分微生物群体(快速衰亡群体)的靶点数量，而 n_2 代表了第二部分微生物(具有抵抗力的慢衰亡群体)的靶点数量。图 2.16 比较了利用式(2.10)的多靶模型所生成的肩型曲线和金黄色葡萄球菌在培养皿中受到照射的实验数据。

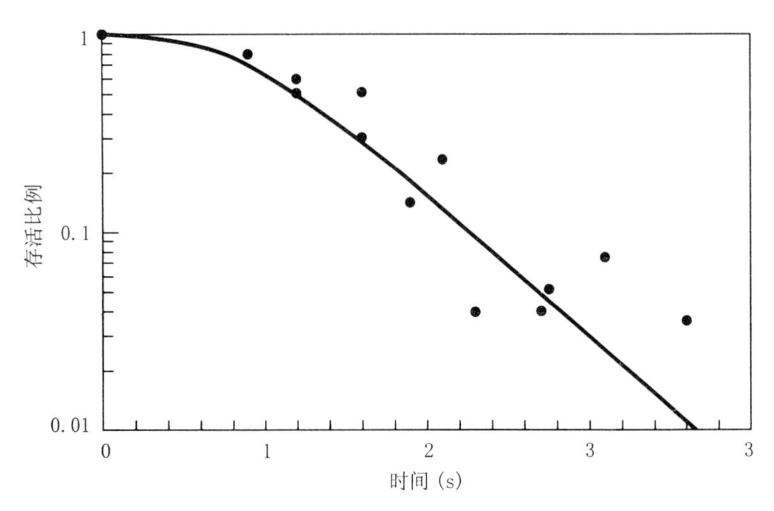

图 2.16 对于平板表面的金黄色葡萄球菌，由多靶模型所生成的经典的肩型曲线与实验数据的比较。实验数据基于 Sharp (1939)，测试条件下的辐射强度大致为 1900μW/cm²

表 2.6 给出了一些微生物在多靶模型下的靶点数量 n 值，这些数据是根据实测得到的(Kowalski et al., 2000)。它们也能被用来生成一阶段存活曲

肩区阶段的参数 **表 2.6**

空气传播型病原体	参考文献	k (cm² / μW · s)	辐射强度 (μW / cm²)	多靶模型肩区参数 n
呼肠孤病毒1型 (Reovirus Type 1)	Hill (1970)	0.001849	1160	1.29
金黄色葡萄球菌 (Staphylococcus aureus)	Sharp (1939)	0.000886	10	4.92
结核分支杆菌 (Mycobacterium tuberculosis)	David (1973)	0.024530	810	2.34
	Riley (1961)	0.001137	85	1.83
流感嗜血杆菌 (Haemophilus influenzae)	Mongold (1992)	0.000656	50	1.18
假单胞铜绿菌 (Pseudomonas aeruginosa)	Abshire (1981)	0.000465	100	1.77
嗜肺军团杆菌 (Legionella pneumophila)	Antopol and Ellner (1979)	0.002503	50	1.67
粘质沙雷氏菌 (Serratia marcescens)	Rentschhler et al. (1941)	0.001225	1	1.71
炭疽杆菌孢子 (Bacillus anthracis with spores)	Sharp (1939)	0.000509	1	2.63

线。因为对于大多数可作为生物武器使用的病原体都没有足够的数据来决定其肩区参数，所以表 2.6 提供了其他一些病原体的数据作为比较。

2.8　小结

本章总结了各种可能被用于袭击建筑物的生物制剂，并具体讨论了过滤和紫外线杀菌照射对它们的作用效果，关于这些制剂的其他具体信息将在附表 A 中给出。同时，本章还给出了最有可能作为生物武器使用的生物毒剂列表。炭疽孢子、天花病毒和结核杆菌这三种微生物将被选作为设计基准，它们将用于生物袭击情景的数值模拟，相关内容将会在第 9 章中进行讨论。

第3章

化学毒剂

3.1 引言

化学武器曾经被用于战争(如图 3.1 所示)和恐怖活动。虽然事实表明生物武器更加危险和廉价，但是化学武器仍然代表了一种主要的威胁。和生物毒剂相比，化学毒剂*更容易制备，因此也更容易获得。然而，对于试图在大型建筑物中释放化学毒剂的袭击者来说，在造成相同人员伤亡的前提下，化学毒剂的用量要远远高于生物毒剂，这也为袭击的实施带来一定困难。

对人体有害的化学制剂的种类不计其数。对于种类繁多的危险和有毒化学品，许多机构，如美国政府下属的职业安全与健康管理局(OSHA)，都制定了相应的名录。化学物质能够用作化学毒剂的主要限制条件是其危险度(Potency)，或者是其对于短期暴露人群的致命性。

附录 D 对这些化学制剂的各种特性进行了汇总，包括化学名称、外观和气味等等。其中大多数较为常见的化学制剂由相应的字母代号(Letter Code)来表示，其他一些则由其通用名(Common Name)或者基本化学名(Basic Chemical Name)来表示。还有一些潜在的化学毒剂没有通用名或字母代号，对于这些化学毒剂则由它们的化学全名(Full Chemical Name)来表示。

3.2 化学毒剂的分类

化学毒剂有多种分类方法，但是这些分类方法并不能清楚地定义每一

* 可用于制造化学武器的化学制剂在习惯上被称为化学毒剂或化学战剂。为了区分化学恐怖与化学战争这两个不同的概念，在本书中将“Chemical weapon agent” 译为化学毒剂，而“Chemical agent”则译为化学制剂。——译者注

图 3.1　第二次世界大战中士兵们正在进行毒气战的训练(图片来自美国国会图书馆印刷品与照片部，Jack Delano 拍摄，1942 年)

种毒剂。图 3.2 所示的是化学毒剂的一种基本的分类方法，这种方法综合了各种文献中提出的分类标准(CDC,2001；Ellis,1999；Irvine,1998；Miller,1999)，并且将所有非致命性毒剂归为一类。在每一类毒剂下面都列举了一些较为常见的毒剂。非致命性毒剂包括失能性毒剂、呕吐性毒剂和催泪瓦斯。这类毒剂不大可能用于恐怖袭击，因此不在考虑的范围之内。为了介绍的完整性，在附录 D 中也包括了失能性毒剂。

致命性毒剂有四种类型，它们各自具有特殊的性质，这些性质不仅可以帮助人们估计毒剂的剂量，而且还可以帮助人们识别危险并据此作出应急反应。在这些毒剂中，某些毒剂甚至可以根据它们的颜色或者气味加以辨认。

血液性毒剂是一组妨碍细胞呼吸作用的化学毒剂。它们破坏血液和组

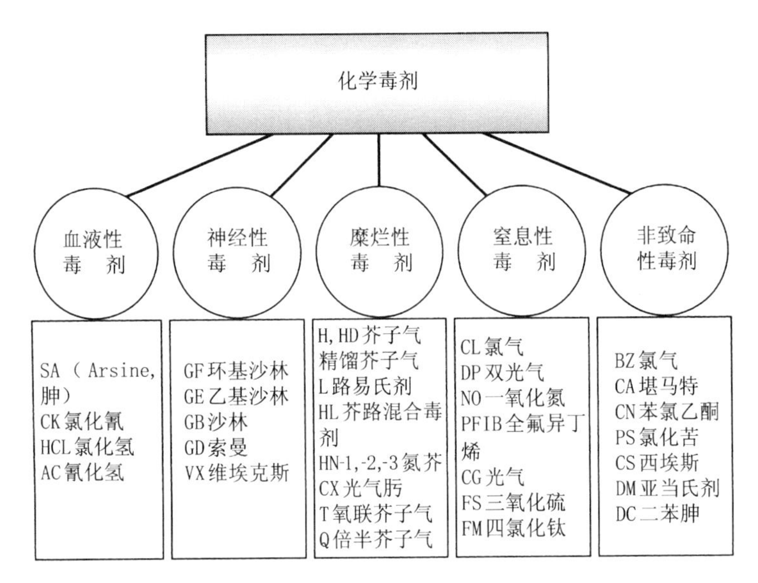

图 3.2 化学毒剂的分类和举例

织之间氧气和二氧化碳的交换。典型的血液性毒剂包括氯化氢(HCL)和氰化氢(AC)。

神经性毒剂会破坏中枢神经系统的功能，导致视觉模糊、肌肉抽搐、出汗、剧烈头痛和其他一些症状。这类毒剂在吸入或者皮肤暴露的情况下都会导致人员伤亡。较为常见的神经性毒剂包括沙林(Sarin)、索曼(Soman)和塔崩(Tabun)。

糜烂性毒剂，又称起疱剂，是一类仅通过皮肤接触就可以致命的毒剂。它们会引起皮肤起疱并且刺激眼睛。如果吸入毒剂，还会灼伤肺部。在第一次世界大战中曾经使用过的糜烂性毒剂包括芥子气(Mustard Gas)、氮芥(Nitrogen Mustard)和路易氏剂(Lewistie)，它们是较为常见的糜烂性毒剂。

窒息性毒剂只能通过吸入引起人员中毒，是一类损伤呼吸道、引起肺水肿、甚至导致机体急性缺氧、窒息的毒剂。在第一次世界大战初期使用的窒息性毒剂包括光气(Phosgene)和氯气(Chlorine)。

非致命性毒剂包括用来控制暴乱的像催泪瓦斯和呕吐性毒剂一类的化学制剂。这类毒剂不大可能用于恐怖袭击，因此不作进一步讨论。为了介绍的完整性，同时为了防止混淆这类毒剂的作用，也将它们列入到附录 D 中。

表 3.1 对众多文献资料中确认的化学毒剂进行了概括。附录 D 中还列举了关于这些毒剂基本信息的其他参考文献。比较常见的或者是众所周知

表 3.1

用于制备化学毒剂的潜在化学物质列表

化学制剂	代号	类型†	可作为化学毒剂的潜在化学物质的参考文献*													
			1	2	3	4	5	6	7	8	9	10	11	12	13	14
二苯胺氯胂，亚当氏剂，(Adamsite)	DM	P		×	×						×					
胺吸磷（Amiton）							×	×		×						
三氯化砷（Arsenic trichloride）					×		×	×							×	
胂（Arsine）	SA	B														×
毕兹（毕兹）	BZ	I		×	×			×								
堪马特（Camite）	CA	T			×										×	
氯气（Chlorine）		C									×			×	×	×
三氯硝基甲，氯化苦（Chloropicrin）	PS	T					×				×			×	×	
氯沙林（Chlorosarin）		N						×								
氯索曼（Chlorosoman）		N						×								
苯氯乙酮（CN）	CN	T		×	×						×			×		
西埃斯（CS）	CS	T		×	×						×			×		
氯化氰（Cyanogen chloride）	CK	B			×		×	×					×	×	×	×
环基沙林（Cyclohexyl sarin, GF, CMPF）	GF	N			×									×		×
亚磷酸二乙酯（Diethyl phosphite）							×	×								
亚磷酸二甲酯（Dimethyl phosphite）							×	×								
二苯氰胂（Diphenylcyanoarsine）	DC	P			×											
双光气（Diphosgene）		C											×			
乙基沙林（GE）	GE	N			×											
氯化氢（Hydrogen chloride）		B														×
氰化氢（Hydrogen cyanide）	AC	B			×		×	×			×		×	×	×	×
路易氏剂（Lewisite）	L	V			×	×	×	×		×	×			×	×	×
甲基二乙醇胺（Methyldiethanolamine）								×								
甲基磷酸二氯（Methylphosphonyl dichloride）	DF						×	×								
芥子气（Mustard gas）	H	V		×	×	×		×		×	×			×	×	×
芥子气与氧联芥子气混合剂（Mustard-T mixture）	HT	V														
异氟磷（Nerve gas）	DFP	V	×													

续表

化学制剂	代号	类型[†]	可作为化学毒剂的潜在化学物质的参考文献*													
			1	2	3	4	5	6	7	8	9	10	11	12	13	14
氮芥气（Nitrogen mustard）	HN-1	V				×	×	×		×	×		×		×	×
氮芥气（Nitrogen mustard）	HN-2															×
氮芥气（Nitrogen mustard）	HN-3	V														×
氧化氮（Mitrogen oxide）		C														×
氧联芥子气（mustard T）	T	V			×											
全氟异丁烯（Perfluoroisobutylene）	PFIB	C					×	×					×			×
光气（Phosgene）	CG	C			×		×	×			×		×	×	×	×
光气肟（Phosgene oxime）	CX	V												×		
三氯氧磷（Phosphorus oxychlorid）		V					×	×							×	
五氯化磷（Phosphorus pentachloride）		V					×	×							×	
三氯化磷（Phosphorus trichloride）		V					×	×							×	
甲基亚膦酸乙基-2-二异丙氨基乙酯（QL）	QL							×								
沙林（Sarin）	GB	N		×	×			×		×	×	×	×	×	×	×
倍半芥子气（Sesqui mustard）	Q	V			×											
索曼（Soman）	GD	N			×			×			×	×	×	×		×
二氧化硫（Sulfur dioxide）		C														×
硫芥(精馏)（Sulfur mustard(distilled)）	HD	V														×
一氯化硫（Sulphur monochloride）		C					×	×								
三氧化硫（Sulphur trioxide）		C														×
塔崩（Tabun）	GA	N			×			×		×	×		×	×	×	×
硫代二甘醇（Thiodiglycol）		C					×	×							×	
四氯化钛（Titanium tetrachloride）		C														
三乙醇胺/三乙胺（Triethanolamine/triethylamine）	TEA							×							×	
亚磷酸三乙酯（Triethyl phosphite）								×							×	
亚磷酸三甲酯（Trimethyl phosphite）							×	×								
维埃克斯（VX）	VX	N		×				×			×	×	×	×		×

* 资料来源：1:Clarke 1968; 2: Hersh 1968; 3:Cookson and Nottingham 1969; 4:SIPRI 1971; 5:Canada 1992, 6:Canada 1993; 7:Canada 1991a; 8:Thomas 1970; 9:Wright 1990; 10:NATO 1996; 11:Paddle 1996; 12:Miller 1999; 13:Richardson and Gangolli 1992; 14:CDC 2001。

† 毒剂类型代号见正文。

的毒剂，特别是那些曾经在第一次世界大战中使用过的毒剂，在多数文献资料中都被引用过。其他很多潜在的化学毒剂可能有很大的杀伤力，但是还没有被真正使用过。对于这部分毒剂在文献中不常被引用，但是它们可能更容易被获取或者更容易制备，因此也被列入到附录D中。

附录B和表3.1中采用下列代号来区分不同类型的化学毒剂：

- N：神经性毒剂；
- B：血液性毒剂；
- C：窒息性毒剂；
- V：糜烂性毒剂或者起疱剂；
- I：失能性毒剂(非致命性)；
- T：催泪瓦斯(非致命性)；
- P：呕吐性毒剂(非致命性)；

3.3　作为设计基准的化学毒剂

综合考虑参考文献中的结论和化学制剂的致命性(Lethality)，从附录D中选出的最有可能用作化学武器的一些制剂，如表3.2所示。表中列举的这些化学毒剂可以作为设计基准以便于今后对防护系统的性能做出评价。这些毒剂的特性已经得到了充分认识，因此可以选用它们来模拟针对建筑物的化学袭击。还有其他一些常见的化学毒剂没有被列入表3.2中，这是因为它们和表中所列的毒剂相类似。表中的这些毒剂按照危险度的大小顺序排列，而危险度是根据毒剂的暴露剂量来确定的。表中某种毒剂的常见形态是指毒剂在被气溶胶化释放之前的存储形态。

化学毒剂的致命性是根据致使人员中毒或者死亡所需要的剂量来确定的，并且这些剂量的大小与暴露的途径有关，我们所关心的暴露途径主要是吸入和皮肤接触。LD_{50}(半数致死剂量)是指导致人群中半数(50%)人员死亡的摄入或吸入剂量。$L(Ct)_{50}$(半数致死浓时积)是指导致人群中半数(50%)人员死亡的暴露剂量。

LD_{50}值主要是根据毒剂对于哺乳类实验动物如小鼠(mice)、大鼠(rats)、天竺鼠(guinea pigs)和兔子(Rabbits)的影响来确定的。只有为数不多的，在第一次世界大战中使用过的一些化学毒剂，可以获知它们对于人体的LD_{50}值。由于其他哺乳动物的LD_{50}值并不能准确地外推到人体的LD_{50}值，所以应当认为这些LD_{50}值仅仅是对毒剂潜在致命性的一种估计。毒剂对于动物的致死剂量的附加信息，可以查阅附录D中列出的参考文献，特别是文献Richardson and Gangolli(1992)。

作为设计基准的化学毒剂——按危险度排序　　表 3.2

化学毒剂	代号	类型	半数致死浓时积$L(Ct)_{50}$，($mg \cdot min/m^3$)	半数致死剂量LD_{50}，(mg/kg)	分子量(Mol wt)	常见形态
维埃克斯(VX)	VX	神经性毒剂	10	6	267.37	液态
环基沙林(Cyclohexyl Sarin)	GF	神经性毒剂	35	5	180.16	液态*
索曼(Soman)	GD	神经性毒剂	70	0.01	182	液态
沙林(Sarin)	GB	神经性毒剂	100	0.108	140.11	液态
塔崩(Tabun)	GA	神经性毒剂	135	0.01	162.13	液态
精馏芥子气(Sulfur Mustard(distilled))	HD	糜烂性毒剂	1000	20	159.08	液态
氮芥(Nitrogen Mustard)	HN-3	糜烂性毒剂	1000		204.54	液态
路易氏剂(Lewisite)	L	糜烂性毒剂	1200	38	207.32	液态
光气肟(Phosgene Oxime)	CX	糜烂性毒剂	1500	25	113.93	结晶粉末
氮芥(Nitrogen Mustard)	HN-2	糜烂性毒剂	3000	2	156.07	液态
光气(Phosgene)	CG	窒息性毒剂	3200	660	98.92	气态
氯化氰(Cyanogen Chloride)	CK	血液性毒剂	3800	20	61.47	气态
全氟异丁烯(Perfluoroisobutylene)	PFIB	窒息性毒剂	5000	50	200	气态
氰化氢(Hydrogen Cyanide)	AC	血液性毒剂	5070	50	27.03	液态
氯气(Chlorine)	CL	窒息性毒剂	52740		70.91	气态

* 原书有误。应为“结晶粉末”。——译者注

$L(Ct)_{50}$值的单位用$mg \cdot min/m^3$或者$(mg/m^3) \cdot min$来表示。这些单位表示在空气染毒浓度以mg/m^3为单位的情况下，暴露的时间有多少分钟。LD_{50}值的单位用mg/kg来表示，它主要与吸入、摄入或者吸收的剂量有关。后一种剂量指标在用于预测人员伤亡率时还需要补充其他一些信息，例如摄入途径和呼吸率(Breathing rate)等参数。在第五章中将会详细说明这些剂量的计算方法。

在这里将按顺序对表3.2中的化学毒剂逐个进行评价，以此加深对它们的毒害效应、使用方式和可检测性的认识。这些化学毒剂的军用代号大多由两个或三个字母组成。对于商业化学制剂的代号，如CAS号(Chemical Abstract Service Number,化学文摘索引登记号)和HAZMAT ID(Hazardous Material ID,危险物质标识)，请参见附录D。对于化学毒剂气溶胶的气味和外观，这里的描述主要依据参考文献中所作的介绍。在这些参考文献中所作的介绍，其前提通常是假定毒剂气溶胶已经达到了致死浓度，不过某些毒剂即便没有达到致死浓度也会具有某种气味。这些化学毒剂的气味，并非每个人都能明显的察觉到。有些人，特别是女性，对气味更加敏感，他(她)们或许可以察觉到其他人无法察觉的气味。

维埃克斯(VX)毒气是一种神经性毒剂。该毒剂被人体吸入后，将会出现呼吸困难、冒汗、流口水、虚弱无力、恶心、呕吐、痉挛、头痛、大小便失禁、抽搐、惊厥、意识丧失等症状。这时可注射常用的神经性毒剂的抗毒剂进行治疗。如果只是皮肤接触的话，其危险性相对较低。维埃克斯(VX)毒气比空气重，当处于液态时为类似于润滑油的液体，其颜色在无色到淡黄色之间。

环基沙林(GF)为神经性毒剂。它对皮肤和眼睛有很强的刺激作用，并可导致呕吐。该毒剂的常见形态为结晶粉末，其溶液颜色为咖啡色。它可以采用标准的神经性毒剂抗毒剂来进行治疗。该毒剂的蒸气密度大于空气，并且没有气味。

索曼(GD)为神经性毒剂。人体吸入高浓度索曼蒸气后，将出现呼吸困难、出汗、淌口水、恶心、呕吐、痉挛、头痛、大小便失禁、抽搐、惊厥、意识丧失等症状。可注射常用的神经性毒剂的抗毒剂进行治疗。纯净的索曼为无色液体，有微弱的水果香味。含有杂质的索曼，其颜色也可以在琥珀色到咖啡色之间，并具有樟脑气味。索曼蒸气的密度大于空气。

沙林(GB)为神经性毒剂。人体吸入高浓度沙林蒸气后，将导致呼吸困难、严重充血、出汗、流口水、呕吐、痉挛、抽搐、惊厥、意识丧失等症状。可注射常用的神经性毒剂的抗毒剂进行治疗，包括阿托品(Atropin)。它可以用各种漂白剂中和，如氢氧化钠(NaOH)溶液，或者乙醇。纯净的沙林为无色无味的液体。沙林蒸气的密度大于空气。

塔崩(GA)为神经性毒剂。被人体吸入后，将导致严重充血、出汗、抽搐、大小便失禁、惊厥和失去意识等症状。若仅仅是皮肤接触的话，其危险性相对较低。但如果皮肤暴露的时间超过1至2小时，也会导致死亡。塔崩可以用各种漂白剂进行中和，如氢氧化钠(NaOH)溶液、石炭酸

(Phenol)或者乙醇。塔崩通常呈液体状态，其颜色在无色到淡黄色之间。塔崩蒸气的密度大于空气，虽然它在纯净状态下没有气味，但是在含有杂质的情况下它也可能会有一些淡淡的水果香味。

精馏芥子气(HD)为糜烂性毒剂，它是芥子气的一种，包括工业芥子气(H)和硫芥(HS)。不论是吸入还是皮肤接触，精馏芥子气都将导致严重的症状。当该毒剂被人体吸入时，将会出现强烈刺激、咳嗽、打喷嚏、腹泻和发烧等症状。若是该毒剂与皮肤和眼睛发生接触，将会引起迅速起疱、产生红斑、刺痛、甚至失明等症状。这些中毒症状可能会延迟出现，主要取决于剂量的大小。精馏芥子气(HD)可以用常见的漂白剂中和，如氯胺(Chloramine)、氢氧化钠(NaOH)溶液。精馏芥子气比空气密度大，在纯净状态下无色无嗅。武器级精馏芥子气的颜色在黄色到咖啡色(或黑色)之间，并且具有淡淡的大蒜烧焦的气味。

氮芥(HN-3)是一种糜烂性毒剂，它与 HN-1 和 HN-2 的毒性相当。氮芥可以灼伤肺部、皮肤和眼睛，产生红斑。氮芥气在纯净状态下通常没有气味，不过也可能会有一些苦杏仁的气味。它的热稳定性比 HN-2 要好，蒸气密度为空气的 7 倍以上。

路易氏剂(L)是一种糜烂性毒剂，或者称为起疱剂，它仅仅通过皮肤吸收就可以导致人员中毒。如果被人体吸入的话，将会立即导致灼痛、流鼻涕、喷嚏、咳嗽以及肺水肿等症状。此外，还会刺痛皮肤和眼睛，导致起疱、灼伤、甚至失明。路易氏剂在纯净状态下为无色、无嗅的油状液体。未经提纯的路易氏剂液体，其颜色在琥珀色到咖啡色之间。它具有类似于天竺葵的强烈刺激性气味。路易氏剂有多种剂型，包括 L-1、L-2 和 L-3。可以采用一种叫“英国抗路易氏剂”(British anti-lewisite,BAL，二巯基丙醇，20 世纪 40 年代英国人首先研制的抗毒剂)的抗毒剂进行救治，这种抗毒剂可以在染毒局部进行涂抹来中和毒剂。

光气肟(CX)是一种糜烂性毒剂。可导致皮肤刺痛，吸入时可导致肺部灼痛。它会导致肺水肿，并且损伤接触毒剂的皮肤和眼球组织。它的蒸气状态密度大于空气，但常表现为黄褐色的液体。其纯态为结晶粉末状。

氮芥(HN-2)是一种糜烂性毒剂，可以通过呼吸系统和皮肤侵入人体。这种毒剂会灼烧肺部、皮肤和眼睛，引起红斑。氮芥为油状液体，其颜色在无色到黄色之间，并具有水果香味和肥皂气味。氮芥蒸气的密度为空气的 5 倍以上。HN-2 是 HN-1 的军用剂型，和 HN-3 类似，这些都是指氮芥气。

光气(CG)是一种窒息性毒剂，曾经在第一次世界大战中使用过。它对肺组织有损害作用、会导致灼热感、咳嗽、呼吸困难、咽喉疼痛等症状。皮肤和眼睛接触光气后，会导致发红、疼痛、视觉模糊等症状。光气比空气密度大，无色、有特殊气味。光气通常以压缩液体的形式贮存，在液态时，其颜色在无色到黄色之间。

氯化氰(CK)是一种血液性毒剂。该毒剂被人体吸入后，会导致咽喉疼痛、恶心、呕吐、嗜睡、精神错乱、意识丧失等症状。这些中毒症状可能会延迟出现，主要取决于剂量的大小。它还会导致皮肤和眼睛发红、疼痛。氯化氰气体密度大于空气，通常以压缩液体形式贮存。氯化氰为无色有刺激性气味的气体。

全氟异丁烯(PFIB) 是一种窒息性毒剂，它在损伤肺部组织的同时，还会导致皮肤和眼睛发红、疼痛的症状。该毒剂被人体吸入后，会导致咳嗽、气喘、咽喉疼痛等症状。这些中毒症状可能会延迟出现，主要取决于毒剂的剂量大小和染毒浓度。全氟异丁烯的常见形态为无色气体，密度大于空气。

氰化氢(AC)为血液性毒剂，也被称为氢氰酸。该毒剂被人体吸入后，会导致气喘、头痛、恶心、精神错乱、嗜睡、意识丧失等症状。氰化氢也可被皮肤少量吸收，并导致皮肤发红。它的密度比空气稍小一些，通常以液态贮存，为无色有特殊气味的气体或液体。

氯气(Cl_2)也被认为是一种窒息性毒剂。该毒剂被人体吸入后，会损伤肺部，导致咳嗽、头痛、呼吸困难、恶心等症状。这些中毒症状可能会延迟出现，取决于毒剂的剂量大小。氯气还会导致眼睛疼痛、视觉模糊等症状。它也会灼烧皮肤，但是不会被皮肤大量吸收。氯气常以液态或者溶液形式贮存，在气态时，其密度大于空气，颜色为黄绿色，具有刺激性气味。氯气有多种使用方式，包括家用清洗剂和工业用化学品。武器级的氯气相当危险，千万不可与普通的和商用的氯气相混淆。

附录 D 中列举的许多化学毒剂都可以由一些前体化合物来制取(Precursor chemicals),这些前体化合物可以从各种商业途径或者其他来源来获得(图 3.3)。用来制造这些化学毒剂的配方和方法很容易被公众获得，如果具备基本的化学应用知识和适用的设备，任何人都有可能合成这些毒剂。其中有些化学制剂在特定的行业中应用，它们的使用虽然受到限制，但仍然可能通过偷盗或非法渠道获得。按照化学毒剂的可获得性(Availability)对它们进行分类是很困难的，但是有理由相信它们的可获得性与毒性(Toxicity)大致成反比。也就是说，毒剂的杀伤力越大，就越不容易获得或者制取它们。在任何情况下，化学毒剂都比生物毒剂容易研制，因此，尽管生物毒剂要危

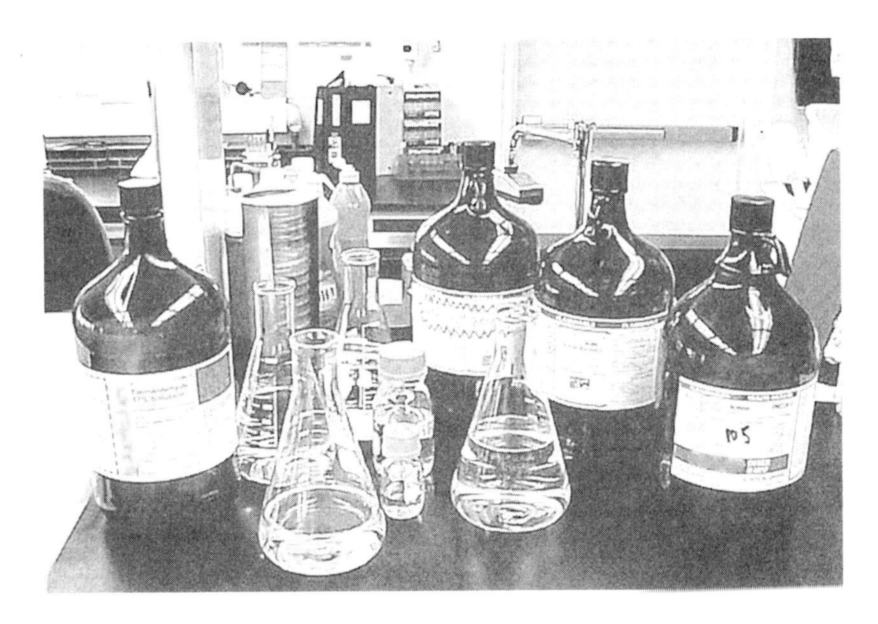

图 3.3 掌握正确技能的人可利用一些通用的化学品和设备来制造化学毒剂

险得多，恐怖分子采用化学毒剂的可能性还是很大的。

关于毒剂的剂量、暴露、释放方式和洗消(Decontamination)等方面的内容可参考接下来的相关章节和附录 D。

3.4 化学毒剂模拟剂

为了测试空气净化设备或者消毒设备的性能，可以采用各种对人体无害的化学品来模拟一种或者是多种化学毒剂的特性。这些无毒的化学品可称之为“模拟剂”(Simulants)。

表 3.3 对常用的一些模拟剂和它们可以模拟的化学毒剂进行了总结。除此之外，还有许多种其他的模拟剂，它们并不是完全无害或无毒的，但是出于测试的目的也可以采用。这些模拟剂的测试设备包括气溶胶发生器和气溶胶检测设备(例如，粒子探测器或者光度计)。

3.5 小结

总之，上述关于化学毒剂的信息有助于读者了解袭击者可能采用的毒剂类型和使用剂量，以及袭击可能造成的人员伤亡，这为分析在室内释放的化学毒剂的危害效应提供了依据。虽然本书的目的之一是帮助工程技术

主要的化学毒剂模拟剂(Simulants) 表3.3

化学毒剂模拟剂	化学毒剂
磷酸三甲酯(TMP)	沙林(GB)，索曼(GD)
甲基膦酸二异丙酯(DIMP)	沙林(GB)，索曼(GD)
甲基膦酸二甲酯(DMMP)	沙林(GB)，索曼(GD)
甲基膦酸二已酯(Dihexylmethyl phosphate)	沙林(GB)
水杨酸甲酯(Methyl salicylate)	维埃克斯(VX)，常见的化学毒剂
硫代二乙二醇(2′，2″ Thiodiethanol)	芥子气(HD)
甲基膦酸二已酯(Dihexylmethyl phosphate)	沙林(GB)，芥子气 (HD)
氯乙基乙基硫醚(Chloroethyl ethylsulfides)	芥子气(HD)
对-乙基-s-乙基苯基硫代硫酸 (0-ethyl-s-ethyl phenyl phosphonothioate)	维埃克斯(VX)
氯代亚膦酸二苯酯(Diphenyl chloro phosphite)	G类毒剂[索曼(GD)，沙林(GB)，塔崩(GA)]

人员设计建筑物的防护系统，使之能够应对各种使用化学毒剂的恐怖袭击，但是当前可采用的一些技术，如炭吸附和过滤技术，人们对于它们去除气流中化学毒剂的性能还缺乏了解。因此，尽管当前对化学毒剂及其危害效应已经有了足够多的认识，但遗憾的是，关于化学毒剂防护设备选型方面的资料还远远不够。另外，虽然总的来说生物袭击要危险的多，但是人们对于防护生物毒剂的各种技术已经有了相当充分的认识，所以能够为工程技术人员设计相应的生物毒剂防护系统提供更有效的帮助。这些问题将来以后的章节中进行详细阐述。

第 4 章

生化毒剂的剂量和流行病学

4.1 引言

为了评估在各种生化袭击情景下室内的感染、中毒和死亡人数，必须确定室内人员吸收的某种毒剂的剂量。当进入人体的传染性毒剂达到一定剂量时，还需要另外考虑毒剂所引发的疾病是否具有传染性，以及继发性感染将如何传播。关于疾病传播方面的研究就是通常所说的“流行病学”(Epidemiology)。

进入人体的生化毒剂的剂量取决于暴露的途径。对于出现在建筑物中的生化毒剂，室内人员有三种可能的暴露途径——吸入(Inhalation)、皮肤接触(Skin exposure)和摄入(Ingestion)。

下面将列举与剂量和流行病学研究相关的各种术语和指标，并给出它们的定义。一些额外的关于剂量的信息可以从参考文献中获得[例如，可查阅文献 Cookson and Nottingham(1969)，或者任何一本关于流行病学的教科书]。

ID_{50}：半数感染剂量(生物毒剂)。引起暴露人群中半数(50%)以上人员感染疾病的剂量或者微生物数量。仅仅适用于病原体。它的单位通常用微生物数量，或者更确切地用菌落形成单位(cfu，Colony-forming units)来表示。菌落形成单位 cfu 是指经过空气采样后，在平板或者培养皿上生长的微生物集落数。因为很少用其他的方法来确定空气中的微生物浓度，所以 cfu 和微生物数量可以看成是意义相同的两个术语。

ID_{50}：半数失能剂量(化学毒剂)。引起暴露人群中半数(50%)以上人员丧失战斗能力的化学毒剂的剂量。可适用于毒素或化学武器。为了方便使用，半数失能剂量和半数感染剂量采用了相同的缩写符号，这并不会产生符号的混乱，因为感染和失能的过程非常相似，而且ID_{50}并不是主要的参数——在大多数情况下，更加令人关注的主要参数是半数致死剂量。

LD_{50}：半数致死剂量。引起暴露人群中半数(50%)以上人员死亡的剂量或者微生物数量，适用于微生物、毒素或化学武器。对于微生物，所采用的单位是微生物数量(或者cfu)。对于毒素和化学毒剂，所采用的单位是mg/kg。它代表了单位体重的吸收、吸入、注射或摄入剂量。

LC_{50}：半数致死浓度。引起暴露人群中半数(50%)以上人员死亡的染毒空气中的化学毒剂的浓度。不适用于微生物和毒素。采用的单位是mg/m^3。

$L(Ct)_{50}$：半数致死浓时积。引起暴露人群中半数(50%)以上人员死亡的剂量或者染毒浓度(C)与暴露时间(t)的乘积。采用的单位是$mg\cdot min/m^3$。与用$mg\cdot min/m^3$来表示的半数致死剂量LD_{50}保持一致。

CD_{50}：半数中毒剂量。引起暴露人群中半数(50%)以上人员中毒的剂量。主要用于失能性化学毒剂，如催泪瓦斯。单位通常取$mg\cdot min/m^3$。这个指标与ID_{50}相重复，因此并不常用。

半数致死剂量LD_{50}的单位有几种变化形式，这主要是因为致死剂量可以根据实验动物单位体重的注射、摄入或者吸入剂量来确定。糜烂性毒剂的致死剂量只能根据导致死亡的染毒浓度来确定，而不能根据真实情况下人体通过皮肤或者其他途径吸收的剂量来确定。因为通过毒剂在空气中的浓度来确定LD_{50}值比较简便，所以这种单位经常被采用，甚至也用于神经性毒剂和血液性毒剂。

上面给出的这些剂量指标还有其他一些变化形式，如CD、LD、LD_{25}、LD_{75}等等。它们与前面定义的指标在实质上具有相同的含义，但它们是上述指标的变体或者说是不标准的术语。为了防止混乱，在本书中将不采用这些附加的术语和指标。

LD_{50}值有时是根据浓度和暴露时间来共同指定的。例如，芥子气的LD_{50}值被表述为实验大鼠(Rats)在$100mg/m^3$浓度下暴露10min的吸入剂量。这就意味着LD_{50}值为$100\times10=1000mg\cdot min/m^3$。在这些剂量指标(例如$CD_{Lo}$、$LD_{Lo}$、$LD_{25}$、$LD_{50}$和$LD_{75}$)被指定的情况下，它们可以用来确定剂量－反应曲线(Dose-response curve)的斜率。

图 4.1 对剂量指标及其单位进行了概括，并且指出了它们与生化毒剂类型之间的联系。图中的“cfu”表示“微生物的数量”，“bodywt”是“bodyweight”(体重)的缩写。

因为在室内释放的生化毒剂仅限于造成接触和吸入危险，所以不考虑毒剂的注射剂量，也不考虑那些只在血液中起作用的毒素(如，蛇毒等各种毒液)的剂量。需要考虑摄入剂量的毒剂只包括食物和水传播型毒剂，而不包括空气传播型毒剂。因此，这里采用的剂量只有三种类型：暴露剂量、吸入剂量和摄入剂量。

4.2 生物毒剂的剂量

空气传播型病原体进入人体的剂量用吸入剂量来表示，而食物传播型病原体进入人体的剂量则用摄入剂量来表示。生物毒剂在达到感染剂量时会导致人员感染疾病，但是不一定会引起人员死亡。致死剂量要高于感染剂量，但并不总是高出许多。许多微生物的感染剂量和致死剂量并没有得到确认，或者是基于动物实验所得到的结果。有时引起 50% 以上人员感染或者死亡的剂量处在某个范围之内，而且这个范围可能会很大。

当作用于暴露人群的毒剂剂量处在一定范围之内时，典型的结果是如图 4.2 所示的正态分布曲线或钟形曲线。暴露人群中的有些人可能在很小的剂量下就会感染，而另外一些人则可能需要在很大的剂量下才会感染。

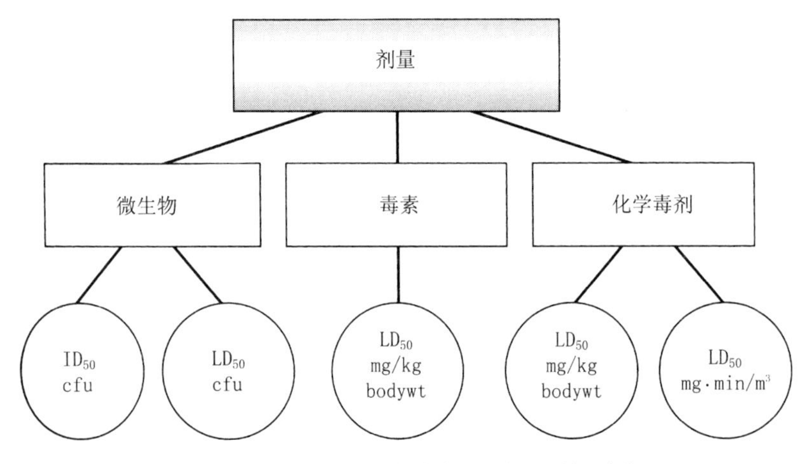

图 4.1 剂量的分类以及各类毒剂所采用的剂量单位

这是因为有些人可能是易受感染的，比如老年人或者患病者，而有些人则可能处于健康的状态或者有很强的免疫力。从图 4.2 中可以观察到 ID_{50}值是 20，并且它导致了大约 6.5%的新增感染。这些 6.5%的新增感染，如果累加上先前由于较低剂量导致的新增感染，那么总和将是 50%。通过另外一种方法，对曲线求积分，也可以观察到这一点。如果将 ID_{50}从 0 - 20 求积分，那么将会得到人群的总感染率为 50%。如果对整个曲线求积分，则会得到人群的总感染率为 100%。

如果某种空气传播型微生物的浓度近似于常数，这可能是在建筑物中持续释放污染物的袭击情景，那么作用于人群的剂量(Dose)是时间的线性函数。用符号 Dose 来表示吸收的剂量，E_t 来表示暴露时间，C_a 来表示空气中的毒剂浓度，则可以写出下列等式：

$$\text{Dose} = E_t C_a \tag{4.1}$$

如果空气中的毒剂浓度保持一定，并且经过 4 小时后剂量值达到 ID_{50}，那么在这时累积有 50%的室内人员受到感染。绘制出人员感染随时间的变化曲线，将会得到如图 4.3 所示的正态分布曲线，这与图 4.2 中所示的曲线保持一致。然而，由于真实情况下空气中的毒剂浓度需要经过一定时间之后才能够达到稳定状态，所以根据袭击情景模拟的实际结果所绘制的曲线则会与图 4.2 有所不同。

图 4.3 中标注的人员感染(Infections)代表的是每一个时刻所引起的人

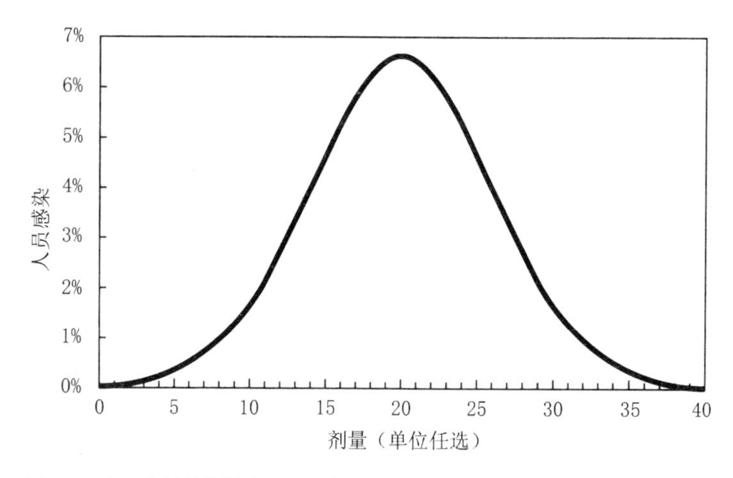

图 4.2　在一定剂量范围内，人群中的新增感染成正态分布。这里所示的人员感染对应于每一个剂量值所引起的新增感染。人员感染率的总和是 100%

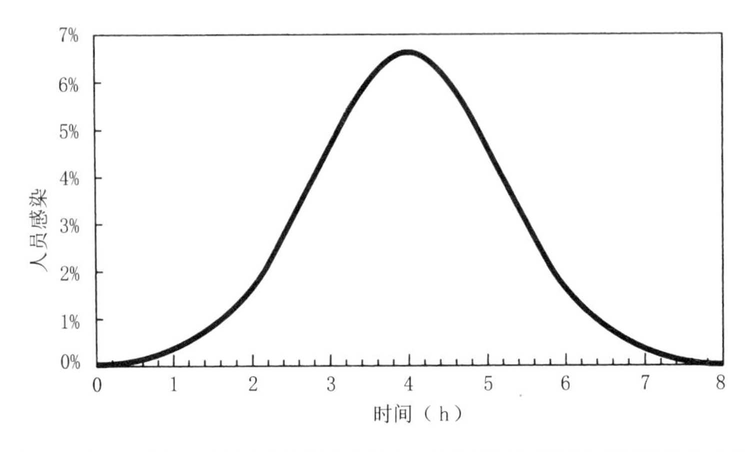

图 4.3 在一栋建筑中空气中病原体浓度保持一定的情况下的新增感染随时间的变化

员感染，或者可以说是“新增感染”（New infections）。对这些新增感染进行求和就可以得到起始时刻到任意时刻的总体感染（Total infections）。在图 4.4 中同时绘制了在某建筑中 8 小时内的新增感染和总体感染的曲线。在该情况下，总体感染在 8 小时之后达到了 100%。

在图 4.4 中标注的总体感染代表的是新增感染的总和。根据正态分布曲线的统计学定义，可以建立用来预测某个建筑中人员总体感染的数学关系式。如果 y 代表新增病例的数量，那么可以对正态分布曲线作出如下定义：

$$y = \frac{1}{\sigma\sqrt{2\pi}} e^{-0.5\frac{(x-\mu)^2}{\sigma^2}} \tag{4.2}$$

在公式(4.2)中，σ 为标准差，μ 是均数，x 是剂量，它的单位取决于 LD_{50}所采用的单位。

在公式(4.2)中，均数 μ 代表了 LD_{50}，公式可以改写如下：

$$y = \frac{1}{\sigma\sqrt{2\pi}} e^{-0.5\left(\frac{x-LD_{50}}{\sigma}\right)^2} \tag{4.3}$$

为了预测建筑物在遭受生物袭击情况下的人员感染，在应用公式(4.3)时必须确定出标准差。标准差是个未知数，并且其取值也可能会因为病原体的不同而各异。不过，可以选取一些标准差的代表值，如果它们能够比较合理地代表各种情况，那么这样做也许会更加方便。标准差 σ 可能是在

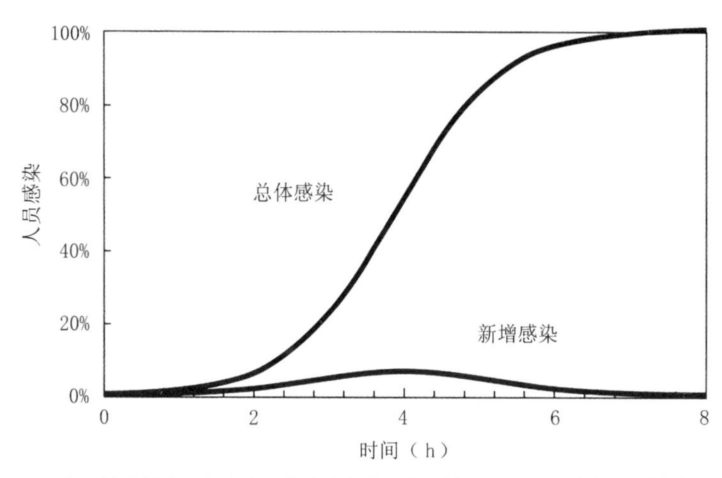

图 4.4　在一栋建筑中空气中病原体浓度保持一定的情况下的新增感染和总体感染情况

均数 μ 的很小的分数和很大的倍数之间的任意值。如果它的取值太小，那么所有的感染都将会在一个很窄的时间范围内同时发生，这是不符合实际的。如果它的取值太大，在初始时刻和峰值时刻的新增感染人数将会十分接近，这也是与疾病的流行病学观察结果相违背的。采用试错法得出的结论表明，为了得到合理又具有灵活性的结果，标准差必须在均数的 0.25 - 0.5 之间取值。

有些数据可以从参考文献 Haas(1983)中得到，在该文献中将各种病毒和细菌的剂量 - 反应数据制成了表格。标准差的取值范围是均值的 0.028 - 2 倍。其中有些数据对标准差的取值是存在局限或者是不正确的，如果不理会这些极端的数据，有些取值还是比较合理的，例如对于痢疾志贺氏菌(Shigella dysenteriae)和埃可病毒(Echovirus)的标准差的取值分别为均数的 0.527 和 0.431。基于这份参考文献，并根据上文的一些讨论和试错法，在本书中采用 0.5。也就是说，假定标准差为均数或者 LD_{50}值的 0.5。公式(4.3)可以改写如下：

$$y=\frac{2}{LD_{50}\sqrt{2\pi}}e^{-2\left(\frac{x-LD_{50}}{LD_{50}}\right)^2} \tag{4.4}$$

至此，公式(4.4)可用于预测任意剂量的空气传播型病原体作用于室内人群所造成的新增感染或者新增死亡人数。然而，在建筑物遭受袭击的情景模拟中，为了比较设备的性能，需要有一个能够预测死亡或者感染人员总数的公式。为了预测总体感染或者死亡人数，需要对公式(4.4)的计算结果进行求和。公式(4.4)能够直接用数学方法进行积分，但是积分得到的公式中含有误差函数——erf(x)，它并不是一个可以直接求解的简单函数，需要借助计算表格才能得到结果。此外，剂量可能也不是前面图例中所采用的线性函数，它将会经历一个瞬态变化过程，甚至可能会涉及到函数的变分问题。 因此，公式(4.4)并不能很好地解决上述问题。我们需要的是一个能够预测在任意给定剂量下的总体死亡人数的封闭型公式。

在工程技术领域，能够满足这一要求的最简单的公式被称为是“龚珀兹曲线”(Gompertz curve)。它具有下面的通用形式，在这里 y 是 x 的函数，参数 a 和 b 是任意常数：

$$y = a^{b^x} \tag{4.5}$$

公式(4.5)生成的曲线与图 4.4 中的总体感染曲线几乎保持一致。下面要做的就是找到合适的常数 a 和 b 来匹配公式(4.4)的积分形式。为了生成龚珀兹曲线，常数 a 和 b 必须取小数。另外，公式(4.5)必须是正规化的，这样在 x 取 LD_{50}值时，y 值等于 0.5(或者 50%)。因此，常数 a 应当取 0.5，并且指数 x 应当围绕着 LD_{50}值进行正规化。代入这些参数后，便得到以下公式：

$$y = 0.5^{b^{\left(\frac{x - LD_{50}}{LD_{50}}\right)}} \tag{4.6}$$

为了确定常数 b 的值，需要考虑到之前讨论过的剂量 - 反应曲线所应当符合的一些标准。就是说，人员死亡或者感染必须在一定的剂量范围内成正态分布，这样当剂量值较低时，人员感染不会等于零；同时，当剂量值处在中间区域时，曲线的斜率也不会过大。因为前面生成的曲线图是基于上述的这些标准而生成的，所以通过用公式(4.6)来拟合前面生成的曲线图，就可以确定出常数 b 的值。图 4.5 中显示了由公式(4.6)绘制的曲线和图 4.4 中的剂量 - 反应曲线的对比，其中常数 b 的值经过调整后取 0.1。虽然生成的曲线并不能做到完全拟合，而且拟合效果不好的剂量取值范围也并不确定。但是在 LD_{50}值附近，拟合的效果是相当确定的，这一点也反映出曲线的拟合效果是非常不错的。

确定出合适的常数之后，最终用于预测总体人员死亡的公式可以表述如下：

$$y = 0.5^{0.1^{\left(\frac{x - LD_{50}}{LD_{50}}\right)}} \tag{4.7}$$

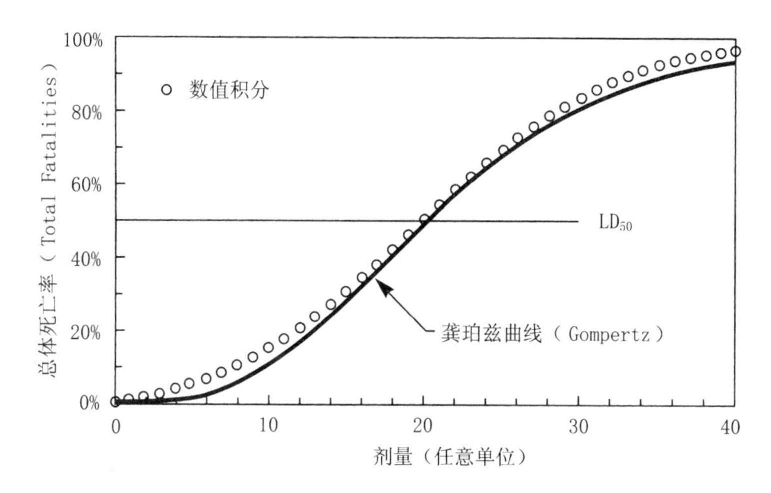

图 4.5　龚珀兹曲线与采用数值积分计算出的总体死亡率的拟合效果比较

公式(4.7)并不是为了用于流行病学研究，因为对于流行病学研究有满足要求的经典的流行病学模型，它是为了在建筑物受袭情景的模拟中用于预计室内人员的伤亡率，并以此来比较不同空气净化系统的性能。因为公式(4.7)是用于比较的目的，所以如果将其用作为流行病学模型，可能会因为模型本身的欠准确性而引起一些争论。无论如何，公式(4.7)的计算结果与其他文献(Druett et al.,1956; Hass,2002)中关于吸入炭疽的剂量－反应数据相比较，已经相当吻合了；另外，为了确定设备系统在降低死亡人数的过程中所体现出的性能优劣程度，公式(4.7)对于死亡人数所作的预测已经足够准确了。在第 9 章对于建筑受袭情景的模拟问题的讨论，将会有助于大家更加清楚地了解这个公式的实际应用。

总之，公式(4.7)提供了一个封闭的数学模型，在任何一次针对建筑物的袭击情景的模拟中，它可以用来确定的死亡或感染人数，并且对于生物毒剂浓度发生瞬态变化的情况也同样适用。它还可以用来预测由于化学毒剂造成的中毒或死亡人数，而且采用与上述公式相同的形式，这在下面的章节中将会进一步讨论。

在附录 B 中提供了各种剂量信息已知的病原体的疾病发展(Disease progression Curve)曲线和剂量曲线(Dose curve)。表 4.1 概括了用于绘制附录 B 中的剂量曲线的数据。

在表 4.1 中列出的数据代表了现有文献资料中所提供的最佳估计值。一些更为详细的信息或者是替代的数据，可以在附录 A 中关于每一种病原体的参考文献中查找。关于天花病毒的剂量现在还不是很确定，但是在参考文献(Zilmskas,1999b)中被假定为 10－100 个病毒颗粒(virion)。有些病原体的剂量还在争论之中，例如炭疽杆菌的剂量，有些人认为它的剂量取值可能会远远低于表中列出的数据。对于这种或者其他的一些微生物，如果有新的剂量数据被公布出来，那么可以利用公式(4.7)重新绘制附录 B 中的图线。

生物毒剂的剂量 **表 4.1**

病　原　体	感染剂量 ID_{50}(cfu)	致死剂量 LD_{50}(cfu)	未经治疗情况下的死亡率(%)	传染率(%)
炭疽杆菌(Bacillus anthracis)	10000	28000	5－20	无
皮炎芽生菌(Blastomyces dermatitidis)	11000	未知	—	无
百日咳杆菌(Bordetella pertussis)	(4)	(1314)	—	高
布鲁氏菌(Brucella)	1300	—	<2	—
鼻疽伯克霍尔德氏菌(Burkholderia mallei)	3200	—	—	无
产气荚膜梭状芽孢杆菌(Clostridium perfringens)	10 / g食物	—	—	无
厌酷球孢子菌(Coccidioides immitis)	1350	—	0.9	无
伯氏考克斯体(Coxiella burnetii)	10	—	<1	无
埃博拉病毒 (Ebola)	10	—	50－90	未知
土拉弗朗西斯菌(Francisella tularensis)	10	—	5－15	无
甲肝病毒(Hepatitis A)	10　100	—		
荚膜组织胞浆菌(Histoplasma capsulatum)	10	40000	—	无
甲型流感病毒(Influenza A virus)	20	—	低	0.2－0.83
胡宁病毒(Junin Virus)	未知	10－100000	10－50	低
拉沙热病毒(Lassa fever virus)	15	2－200000	10－50	高
嗜肺军团杆菌(Legionella pneumophila)	<129	140000	39－50	<0.01
淋巴细胞性脉络丛脑膜炎病毒(Lymphocytic choriomeningitis)	未知	<1000	<1	不可用
马丘波病毒 (Machupo)	未知	<1000	5－30	—
结核杆菌(Mycobacterium tuberculosis)	1－10	—	—	0.33
肺炎支原体(Mycoplasma pneumoniae)	100	—	—	—
巴西副球孢子菌(Paracoccidioides)	8000000	—	—	无
普氏立克次体(Rickettsia prowazeki)	10	—	10－40	—
立氏立克次体(Rickettsia rickettsii)	<10	—	15－20	—
伤寒沙门氏菌(Salmonella typhi)	100000	—	10－40	—
志贺氏痢疾杆菌(Shigella)	10－200	—	0.2	0.2－0.4
天花病毒(Variola(smallpox))	10－100(?)	—	30	—
委内瑞拉马脑炎病毒(VEE)	1	—	1－60	—
霍乱弧菌(Vibrio cholerae)	106－1011	—	0.5	—
西部，东部马脑炎病毒(WEE，EEE)	10－100	—	EEE 60，WEE 3	—
鼠疫耶尔森氏菌(Yersinia pestis)	100	—	0.5	不确定

4.3　化学毒剂的接触剂量

接触剂量主要用来表示各种化学制剂气溶胶通过皮肤和眼睛的吸收而进入人体的剂量。在相关数据已知的情况下，它还可以用来表示各种化学制剂气溶胶通过呼吸作用进入人体的剂量。表 4.2 概括了附录 D 中列出的所有接触剂量已知的各种化学毒剂。需要注意的是，这里提供的中毒剂量(Casualty dose，CD)或者失能剂量(Incapacitating dose，ID)主要是用于各种失能性毒剂。

关于半数致死接触剂量 LD_{50}的解释相当简单易懂。例如，对于氮芥气 HN－1 这种糜烂性毒剂来说，由于接触而导致的半数致死剂量 LD_{50}被表示成 1500 mg・min/m^3。这意味着在染毒浓度为 150mg/m^3 的情况下，经过 10min 之后将会导致暴露人群中有 50%的人员接触到了足以致命的剂量，即

化学毒剂的接触剂量　　表 4.2

化学毒剂	代号	类型	中毒剂量CD，(mg・min/m^3)	半数致死剂量LD_{50}，(mg・min/m^3)
亚当氏剂(Adamsite)	DM	呕吐性毒剂		30000
堪马特(Camite)	CA	催泪瓦斯		3500
氯气(Chlorine)	CL	窒息性毒剂		52740
苯氯乙酮(CN)	CN	催泪瓦斯	5	8500
西埃斯(CS)	CS	催泪瓦斯	43500	
氯化氰(Cyanogen chloride)	CK	血液性毒剂		3800
环基沙林(Cyclohexyl sarin)	GF	神经性毒剂	25	35
二苯氯胂(Diphenylchloroarsine)	DA	呕吐性毒剂		15000
二苯胂(Diphenylcyanoarsine)	DC	呕吐性毒剂		30
氰化氢(Hydrogen cyanide)	AC	血液性毒剂		5070
路易氏剂(Lewisite)	L	糜烂性毒剂		1200
芥子气(Mustard gas)	H	糜烂性毒剂		1500
氮芥气(Nitrogen mustard)	HN－1	糜烂性毒剂		1500
氮芥气(Nitrogen mustard)	HN－2	糜烂性毒剂		3000
氮芥气(Nitrogen mustard)	HN－3	糜烂性毒剂		1000
氧联芥子气(O－mustard)	T	糜烂性毒剂		400
全氟异丁烯(Perfluoroisobutylene)	PFIB	窒息性毒剂		5000
光气 (Phosgene)	CG	窒息性毒剂		3200
光气肟(Phosgene oxime)	CX	糜烂性毒剂		1500
沙林(Sarin)	GB	神经性毒剂	35	100
倍半芥子气(Sesqui mustard)	Q	糜烂性毒剂		300
索曼(Soman)	GD	神经性毒剂	35	70
硫芥(精馏)(Sulfur mustard(distilled))	HD	糜烂性毒剂	50	1000
塔崩(Tabun)	GA	神经性毒剂	300	135
维埃克斯(VX)	VX	神经性毒剂	5	10

有50%的人员中毒死亡。这里假设了染毒浓度和暴露时间成线性关系，这样做并不总是符合实际情况。但是如果在一定的时间内染毒浓度没有明显地偏离用于确定LD_{50}值的原始测试浓度的话，这种做法可以看作是对实际情况的一种合理的近似。

这种线性关系可以做如下的量化表示：

$$LD_{50} = E_t C_a \tag{4.8}$$

公式(4.8)被称为是剂量－反应关系(Dose－response relationship)，并且被简单地表述为半数致死剂量LD_{50}等于暴露时间乘以空气中的染毒浓度。该公式实际上是各种暴露剂量的标准定义形式，它还可以用来表示有毒物质、热辐射以及核辐射的暴露剂量。公式(4.8)经过重新整理之后，可以用来确定在任何染毒浓度的情况下达到半数致死剂量LD_{50}所需的暴露时间，如下所示：

$$E_t = \frac{LD_{50}}{C_a} \tag{4.9}$$

公式(4.9)和(4.8)都意味着在整个计算范围内剂量－反应关系是线性的。这也不完全正确，当剂量值很低的情况下，公式应当是非线性的(Heisohn,1991)。这也就是说，存在一个关于浓度或者剂量的下限值，只有在大丁下限值的情况下才可以应用这些线性公式。同样，也可能存在一个关于剂量的上限值，剂量－反应关系在超出这个上限值的时候也同样是非线性的，那么按照线性关系预测的人员伤亡(或者幸存者)的数据就会出现偏差。例如，光气在高浓度和低浓度情况下对人体肺部的伤害机理并不相同。剂量－反应关系当剂量值处在LD_{50}值附近时，可能会表现为线性的特征；但是当剂量值远远偏离(高于或者低于)中间区域时，可能就会表现出非常明显的非线性特征。

化学毒剂的LD_{50}值代表了正态分布曲线的中点，这和生物毒剂的情况是一样的。对于表4.2中所列举的各种化学毒剂，LD_{50}的取值都将是惟一的。图4.6显示了光气的剂量－反应曲线，它是利用公式(4.7)的预测结果绘制的，并且基于人体在吸入暴露的情况下LD_{50}值为3200mg·min/m^3(Clarke,1968)。

图4.7显示的是一个沙林毒气的剂量－反应曲线的例子，其中包括了中毒人数和死亡人数的反应曲线。其中半数致死剂量LD_{50}为1500mg·min/m^3[基于对猴子的试验数据(Richardson and Gangolli，1992)]，而半数失能剂量ID_{50}为20mg.min/m^3(Clarke，1968)。其他的一些公布的数据与上面采用的数

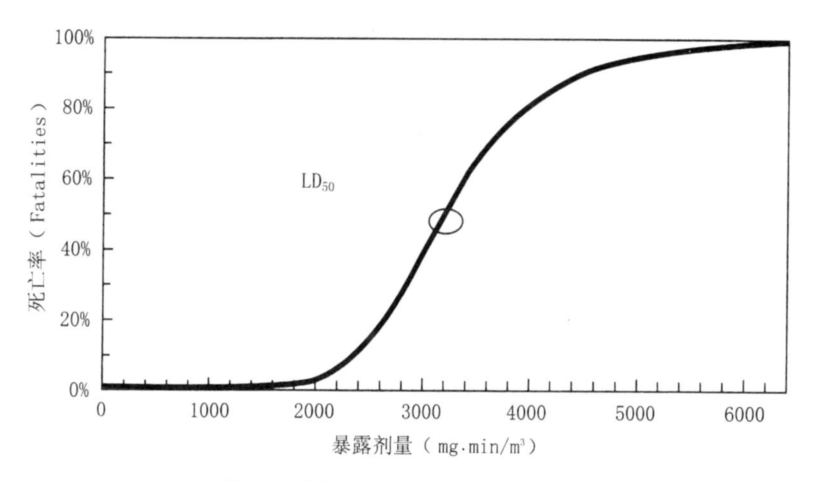

图 4.6　光气(Phosgene)的剂量 – 反应曲线

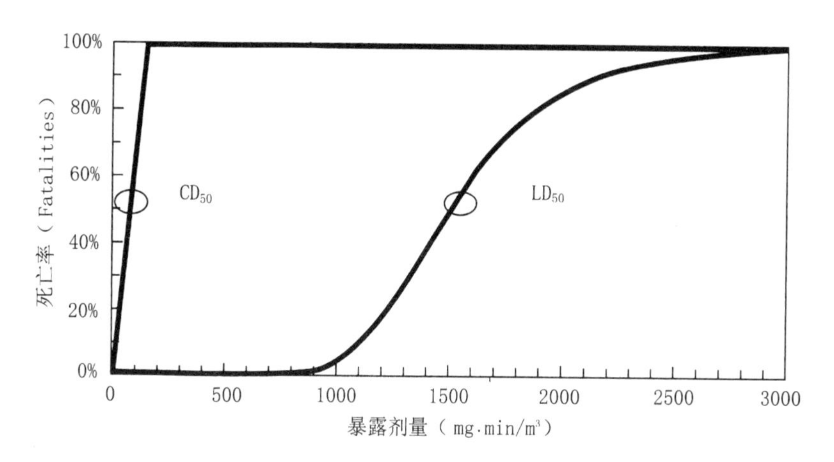

图 4.7　沙林(Sarin)的剂量 – 反应曲线

据相差很大。“失能”在这里用来表示化学毒剂引起的人员中毒情况。从图中可以观察到沙林在很低的剂量就能导致人员失能，而且其发生时间远远提前于出现人员死亡的时间。

在附录 D 中提供了一组完整的对于各种化学毒剂的剂量 – 反应曲线。因为报道的致死剂量数据会发生变更，而且这些变更可能会很大，所以这些曲线应当被看作是在当前具有代表性的。当一些比附录 D 中所提供的更为准确的，新的致死剂量值 LD_{50} 被确定后，那么可以应用公式(4.7)来生成新的曲线。

正如上文所述，大部分的致死剂量值 LD_{50} 都是从对实验动物的测试中得出的。各种不同的哺乳类动物，如大鼠(Rats)、小鼠(Mice)、兔子(Rabbits)或者天竺鼠(Guinea pigs)，对于化学毒剂的易感性(Susceptibiltiy)与人类有很大的区别。它的原因有很多，但主要是因为各种生物在生理上的区别。在吸入剂量和皮肤接触剂量之间也同样存在很大的区别。图4.8 显示了包括人在内的三个不同物种对糜烂性毒剂芥子气的皮肤暴露致死剂量的区别。虽然它们之间的区别看上去很大，但是值得注意的是它们都大致处在相同的数量级，同时兔子的 LD_{50} 值可能与人的 LD_{50} 值比较接近。需要说明的是，对于人的致死剂量在这里表示为 LD_{Lo} 而不是 LD_{50}，它表示引起暴露人群中有个别人员死亡的最低致死剂量，这种取值至少是比较保守的。

对于许多病原体，只知道它们的感染剂量 ID_{50}，而致死剂量 LD_{50} 则是未知的。在 ID_{50} 值的基础上还不能准确地估计出 LD_{50} 值，除非是我们知道了疾病的死亡率，但是在通常情况下死亡率是无法准确预知的。因为公式(4.7)中包含有 LD_{50}、x 和 y，所以从数学的角度来看，给出 LD_{50} 的估计值是可能的。尽管这样做在数学上可能是正确的，但是这不一定就能够得到正确的 LD_{50} 值，不过在没有新的准确数据之前，这样得到的结果可以作为粗略的估计值使用。

对公式(4.7)进行修改，即可写出预测感染人数的公式，如下所示：

$$y = 0.5^{0.1\left(\frac{x - ID_{50}}{ID_{50}}\right)} \tag{4.10}$$

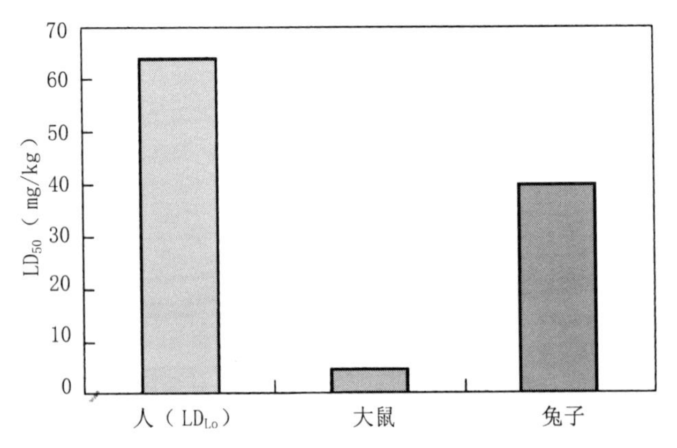

图 4.8 芥子气对于三个不同物种的皮肤暴露致死剂量比较

在公式(4.10)中 x 是剂量，ID_{50}是半数感染剂量。

4.4 生化毒剂的吸入剂量

吸入剂量是根据单位体重的剂量来确定的。因为吸入剂量同时取决于呼吸率(Breathing rate)和空气中的染毒浓度，所以在计算上更加复杂。首先需要确定空气中的染毒浓度，然后才能估计出人体因为呼吸作用而吸收的剂量。由于建筑室内人员的活动水平和生理状态的不同，人员的呼吸率会有很大的差别。

表 4.3 中显示了人体在不同活动水平下的呼吸率。在一般条件下，建筑物的室内人员通常都从事轻度的体力活动，具有代表性的呼吸率将会在 $0.032m^3/min$ 左右。室内人员的呼吸率可能还会取决于建筑的类型。在例如工厂或健身俱乐部一类的建筑中，更具有代表性的呼吸率可能会达到 $0.05m^3/min$ 或者更高。在紧急情况下，例如在表明发生化学袭击事件的迹象明显时，呼吸率将会显著地提高，这会增加人员接受到的剂量。

人体不同活动水平的呼吸率　　表 4.3

体力活动水平	呼吸率 (min^{-1})	吸入空气量	
		(L/min)	(m^3/min)
休息	13.6	11.6	0.0116
轻度劳动	23.3	32.2	0.0322
中等劳动	27.7	50	0.05
重度劳动	41.1	80.4	0.0804

当空气中的染毒浓度被指定时，吸入剂量就是呼吸率的函数。设 E_t = 暴露时间，C_a = 空气中的染毒浓度，B_r = 呼吸率，则吸入剂量 Dose 可以表示成：

$$\text{Dose} = E_t B_r C_a \tag{4.11}$$

在吸入的化学制剂蒸气中被人体实际吸收的部分所占的比例被称之为制剂的“吸收率”(Absorption efficiency)。吸收率的确定是非常复杂的，它不仅涉及到很多生理方面的特性，还与毒剂本身的特性有关，而且这些特性数据中有很多都是不确定的。公式(4.11)代表了对剂量的保守估计值，因为在公式中暗含的吸收率达到了 100%。如果某种化学制剂的吸收效率 η 被确知，那么公式可以表示成更准确的形式，如下所示：

$$\text{Dose} = \eta E_t B_r C_a \tag{4.12}$$

通过吸入途径引起人员中毒的化学毒剂的 LD_{50} 值通常表示为：mg/kg bodywt(毫克制剂/每公斤体重)。有些糜烂性毒剂也采用这种单位，这是考虑到它们也通过吸入途径侵入人体。这些 LD_{50} 值也可以通过假定体重为70kg 来转化成以 mg 为单位的剂量形式。此外，通过假定呼吸率和一个任意的暴露时间，还可以计算出代表 LD_{50} 剂量值的染毒浓度。

除了失能性毒剂和表 4.1中已经列举的各种生物制剂之外，在表 4.4 中对所有吸入剂量 LD_{50} 值已知的化学毒剂进行了概括，同时给出了以 mg · min/m^3 为单位的半数致死浓时积 $L(Ct)_{50}$ 的计算值。计算结果是通过以下假设得到的，即以 mg 为单位的剂量值 LD_{50} 分布在 8 小时(h)之内，其间人体吸入毒剂的呼吸率为 0.032m^3/ min。

表 4.4 中采用的呼吸率为 0.032m^3/ min。很明显，各种糜烂性毒剂通过皮肤或者眼睛所吸收的剂量是难以准确计量的，因此暴露剂量对于糜烂性毒剂来说可能不具有代表性。事实上，与一些主要的化学毒剂相比，如塔崩(GA)和维埃克斯(VX)，大部分毒剂剂量的计算结果都明显偏高。此外，这些计算结果还不能说明毒剂通过呼吸作用进入人体的真实吸收率。更确切的说，并不是所有吸入的毒剂都会被吸收并且进入血液。在表中还假设了这些毒剂是通过吸入途径导致人员死亡的，这一假设也未必完全符合实际，因为很多毒剂的 LD_{50} 值代表的是注射剂量。附录 D 中对表 4.4 中所列毒剂的剂量 - 反应曲线进行了概括。

正如上文所述，很多吸入剂量的 LD_{50} 值是在对实验动物进行测试的基

化学毒剂的吸入剂量　　表 4.4

化　学　毒　剂	半数致死剂量LD_{50} (mg/kg)	半数致死剂量LD_{50}(以体重70kg计)(mg)	8h暴露时间的浓度 (mg/m^3)	半数致死浓时积$L(Ct)_{50}$ (mg · min/m^3)
胺吸磷(Amiton)	0.5	35	2	1094
三氯化砷(Arsenic trichloride)	138	9660	629	301875
氯沙林(Chlorosarin)	4.5	315	21	9844
亚磷酸二乙酯(Diethyl phosphate)	3900	273000	17773	8531250
亚磷酸二甲酯(Dimethyl phosphate)	3050	213500	13900	6671875
甲基二乙醇胺(Methyldiethanolamine)	4780	334600	21784	10456250
异氟磷(Nerve gas DFP)	1	70	5	2188
三氯氧磷(Phosphorus oxychloride)	380	26600	1723	831250
三氯化磷(Phosphorus trichloride)	550	38500	2507	1203125
硫代二甘醇(Thiodiglycol)	4500	315000	20508	9843750
三乙醇胺(Triethanolamine)	7200	504000	32813	15750000
亚磷酸三乙酯(Triethyl phosphite)	3200	224000	14583	7000000
亚磷酸三甲酯(Trimethyl phosphite)	1600	112000	7292	3500000

础上得出的，如果将这些数据应用于人类则未必准确。我们也不能确信地说对于实验动物的 LD_{50} 值就一定是更加保守的，只能理解为这些数据趋向于出现在一个合理的范围之内。图 4.9 比较了三个不同物种的吸入剂量。其中对于人和猫的剂量没有采用 LD_{50} 值，而是采用了 LD_{Lo} 值，它表示引起个别实验对象死亡的最低致死剂量。从图中可以再一次发现，尽管这些剂量值之间有很大的差别，但是它们基本上在相同的数量级上。此外，动物的剂量趋向于提供保守的估计值。

图 4.10 作为附加的一个例子，显示了对于 4 种不同物种吸入蓖麻毒素的毒害效应的比较。其中没有特别指定暴露时间，只是给出了染毒浓度。和前面的比较结果一样，不同物种的吸入剂量会有所差别，但是无论怎样它们都是处在相同的数量级上。其中狗和大鼠暴露于毒剂中的柱形图指出

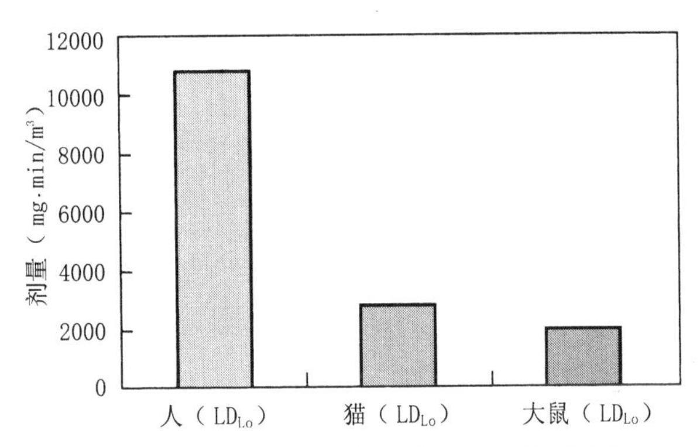

图 4.9　光气对于三个不同物种的吸入致死剂量比较

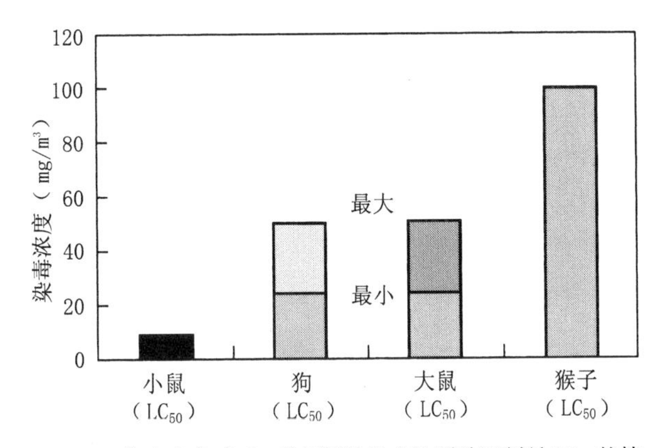

图 4.10　蓖麻毒素对于 4 种不同物种在达到致死剂量 LD_{50} 的情况下染毒浓度的比较

了引起它们中毒的最低和最高浓度的范围。

4.5 生化毒剂的摄入剂量

摄入剂量主要用于各种毒素和病原体。虽然关于摄入化学制剂的相关信息有很多，但是在这方面需要用到的信息并不多。毒剂的摄入剂量并不需要利用到公式或者图表来计算。利用公式(4.7)，附录A中提供的关于病原体的信息可以直接用来估算中毒或者死亡人数，或者还可以直接查询附录B中的剂量曲线。

图4.11提供了三种哺乳类物种在摄入氰化氢(Hydrogen cyanide)后所造成的毒害效应的比较。对于人和实验动物猪的剂量用LD_{Lo}来表示，它代表了引起个别的不确定数量的实验对象死亡的最低致死剂量。对于这三种不同物种的致死剂量都处在相同的数量级上，这与吸入和皮肤暴露的剂量结果是相似的。

通过水传播的化学毒剂的危险性可能会比设想的要低，因为在大部分情况下化学污染物是容易被察觉的。许多化学毒剂在水中会产生降解，在附录D中给出了它们降解的半衰期。还有一些化学毒剂仅仅是部分可溶的。利用食品来传播化学毒剂的问题或许同样是不太可能的，但是对于这个问题还没有做过深入的研究。

摄入生物毒剂的问题主要是针对各种利用食物传播或者水传播的病原体来说的。胃部对于各种通过吸入途径来引发感染的病原体有着天然的防御作用。大多数呼吸道病毒和细菌当它们被吞咽之后不太可能引发感染，

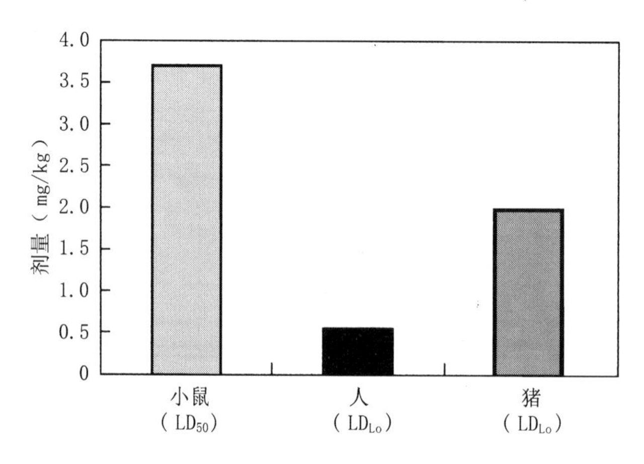

图4.11 氰化氢对于三种不同物种的摄入致死剂量比较

因为胃酸可以杀灭它们。但是它们在进入胃部之前可能不得不经过口腔，那么出现在口腔中的生物制剂也有可能会侵入鼻黏膜或者是肺部。毒素的摄入也是一种潜在的危险，这一问题将在后面的章节中进行讨论。

4.6 毒素的致死剂量曲线

毒素与其他毒剂的剂量–反应曲线是相同的。毒素可以通过吸入、摄入和皮肤吸收的方式侵入人体，但是它们的剂量总是指定为以“mg/kg bodywt”(毫克每公斤体重)为单位的LD_{50}值。生物调节剂作为一种生物武器，至少可以和毒素归为同一类毒剂，它和毒素的剂量–反应曲线也很可

毒素和生物调节剂的致死剂量　　表4.5

毒　素	类　型	半数致死剂量LD_{50} (mg/kgbodywt)
相思豆毒素(Abrin)	植物毒素	0.00004
乌头碱(Aconitine)	植物毒素	0.1
黄曲霉毒素(Aflatoxin)	真菌毒素	0.3
α–黑寡妇蜘蛛毒素(α–Latrotoxin)	神经毒素	0.01
去毒毒素A(Anatoxin A)	神经毒素	0.05
蜂毒神经毒素(Apamin)	动物毒液	3.8
箭毒蛙毒素(Batrachotoxin)	神经毒素	0.002
β–雨伞节蛇毒毒素(β–Bungarotoxin)	神经毒素	0.014
肉毒杆菌毒素(Botulinum)	神经毒素	0.000001
西加鱼毒素(Ciguatoxin)	神经毒素	0.0004
桔霉素(Citrinin)	真菌毒素	35
产气荚膜梭菌毒素(C.perfringens toxin)	肠毒素	0.0003
眼镜蛇毒素(Cobrotoxin)	细胞毒素	0.075
箭毒(箭毒马鞍子的毒素)(Curare)	植物毒素	0.5
白喉毒素(Diphtheria toxin)	外毒素	0.0001
刺尾鱼毒素(Maitotoxin)	神经毒素	0.0001
微囊藻毒素(Microcystin)	肽	0.05
水螅毒素(Palytoxin)	神经毒素	0.00015
蓖麻毒素(Ricin)	植物毒素	0.003
石房蛤毒素(Saxitoxin)	神经毒素	0.002
志贺氏毒素(Shiga toxin)	外毒素	0.000002
葡萄球菌肠毒素A(Staphylococcal enterotoxin A)	肠毒素	0.00005
葡萄球菌肠毒素B(Staphylococcal enterotoxin B)	肠毒素	0.027
P物质(Substance P)	生物调节剂	0.000014
T–2毒素(黄雨)(T–2 toxin)	真菌毒素	1.21
泰攀蛇毒素(Taipoxin)	神经毒素	0.005
破伤风毒素(Tetanus toxin)	神经毒素	0.000002
河豚毒素[Tetrodoxin(TTX)]	神经毒素	0.008
澳洲蛇毒(Textilotoxin)	神经毒素	0.0006

能是相似的。遗憾的是，目前所知的关于生物调节剂的 LD_{50}值的信息还很少，在附录 C 中它们和毒素列在一起，但是它们中有很多都没有剂量信息。

公式(4.7)可以用来确定任何毒素或者生物调节剂的剂量 - 反应曲线。对于我们所关心的，并且剂量信息已知的各类毒素和生物调节剂都绘制了相应的剂量 - 反应曲线，为了方便起见，在附录 C 中对这些曲线进行了概括。在表 4.5 中概括了所有剂量信息已知的毒素和生物调节剂。

4.7 疾病发展曲线

病原体与其他毒剂的剂量反应模式基本相同，不过在以下两个方面存在例外：首先，病原体可能具有传染性并且可能在它们被释放的原发感染区之外引起再生感染。其次，病原体感染通常具有典型的疾病发展曲线(Disease progression curve)。很多病原体都有着复杂的致病性，并且不一定能够对这些致病性加以概括，图 4.12 举例说明了典型的传染病发展过程。在疾病的初期可能没有明显的临床症状(Subclinical)，通常需要经过一些天以后症状才会逐渐表现出来，这主要取决于疾病潜伏期(Incubation period)的长短。在潜伏期之后将会是一段表现出明显症状的发病期，在这段时期内如果疾病具有传染性的话，疾病会通过宿主进行传播。在发病期之后可能会是一段很长的恢复期，疾病的传染性可能会在这段时间内消失，也有可能会一直持续到临床症状消失之后。图中显示的曲线具有一般的代表性，可以应用于附录 A 中指定的多种病原体，但并不能应用于全部。例如，肺结核杆菌在未经治疗的情况下其持续传染性是不确定的。

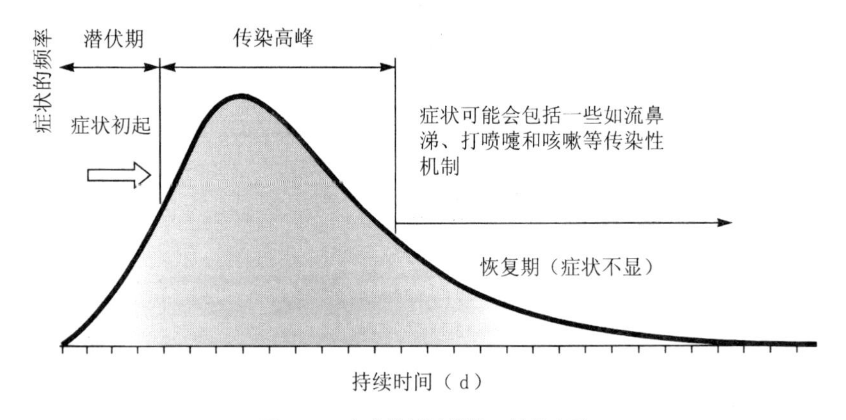

图 4.12 疾病发展过程的一般性表示

在图4.12中疾病症状的基本发展过程是根据症状占发病高峰时刻的最严重症状(Maximum Symptoms)的百分数来度量的。疾病的症状通常以指数形式迅速增长，随后因为机体免疫系统的恢复，症状又会随着时间迅速衰减。这种疾病发展的数学模型可以很容易地表示为两个竞争过程——一个指数递增函数和一个与之重叠的直属递减函数。可是，这个表示疾病发展的曲线类似于一个对数正态曲线，它可以提供一个更为简单的描述整个过程的数学模型。用正态曲线来建立疾病发展过程的模型，这将有助于预测疾病的平均持续时间(Average duration)和传染高峰期(Peak infection period)。传染高峰期对于流行病学研究有着重要的意义，因为它可以用来确定传染病具有传染性的时期。

在上文的公式(4.2)中用到的正态分布曲线，经过简单的修改之后就可以用来表示疾病的发展过程。首先，我们删除指数项的一些乘数，并且使经过标准化后的公式的最大值为1(或者100%)，这样就生成了以下的公式形式：

$$y = e^{-0.5\frac{(x-\mu)^2}{\sigma^2}} \tag{4.13}$$

在公式(4.13)中，x代表以天(d)为单位的时间，μ是均数，σ为标准差。将这个曲线对数正态化的下一个步骤就是用x的自然对数$\ln x$来替代x，并且用峰值的自然对数来替代均数μ。疾病的峰值大致对应于对数正态曲线的峰值，因此这种转换应当是比较容易掌握的。这样就生成了以下的中间形式：

$$y = e^{-0.5\left(\frac{\ln x - \ln \text{peak}}{\sigma}\right)^2} \tag{4.14}$$

下一步，标准差可以定义为疾病持续时间的一半(用符号D表示)，除以疾病的峰值(用符号peak表示)后再取自然对数。这样就利用峰值对持续时间进行了标准化，经过简化后可以将其表示成：

$$\sigma = \ln\left(\frac{D}{\text{peak}}\right) \tag{4.15}$$

然而，这种形式的公式的递减速度还不够快，需要将指数0.5乘以一个系数10，这样就可以生成符合大多数疾病特点的快速递减的公式形式。当然，这是一个简单化的通用模型，并且可能不会对于每一种疾病都是准确的，但是它可以满足工程设计的需要，同时有助于克服在生物毒剂数据库中列举的多种毒剂的实际疾病发展过程信息不足的限制。进一步简化，可以得到下面的公式，在公式中用症状的百分数 y 来定义疾病的发展：

$$y = e^{-5\left(\frac{\ln(x/\text{peak})}{\sigma}\right)^2} \tag{4.16}$$

在传染病的流行病学研究中，确定疾病的传染期(Infectious period)是比较重要的。通常在疾病的传染期都会表现出明显的症状。当然，这一点对于一些症状不显的疾病则需要个别考虑。但是，作为一般性的经验法则，传染期可以大致地定义为症状百分数达到或者超过37%的时间，这是基于在放射生物学中众所周知的 D_{37} 标准，该标准在这个研究领域中被用作为截止值或剂量限值(Casarett，1968；Harm，1980)。“37%”这个取值的意义在于它是自然指数 e 的倒数，并且根据放射生物学的经验，它是在放射疗法中所采用的最大剂量的安全系数。除此之外，它没有其他的意义，只不过是作为一个近似值来替代关于传染病的确切数据。因此，为了估计出传染期，我们可以将其定义为当公式(4.16)中的 y 值大于37%的时间，或者是：

$$\text{传染期：当 } y \geqslant 37\% \text{ 时} \tag{4.17}$$

为了可以根据模型来确定出传染期，我们可以将公式(4.16)转换为如下形式：

$$x = \text{peak} \cdot e^{\left(\frac{\sigma}{\sqrt{5}}\right)} \tag{4.18}$$

因为在指数项中的平方根可以为正也可以为负，所以公式(4.18)将会生成两个可能的值。如果将生成的值化为整数，其中较小的值将代表疾病具有传染性的第一天，同时较大的值也将代表疾病具有传染性的最后一天。这两个值，对应于疾病具有传染性的第一天和最后一天，分别被定义为 D_{37} 和 D_{37}'。此外，对于非传染性的疾病，在这两天之间的时间段可定义为平均患病期(Mean disease period，MDP)。这个术语与传染性疾病的平均传染期(Mean infectious period，MIP)具有相同的意义。这样，公式(4.18)可以写成如下的两个公式，在第一个公式中指数为负值：

$$D_{37} = \text{peak} \cdot e^{-\left(\frac{\sigma}{\sqrt{5}}\right)} \tag{4.19}$$

$$D_{37}' = \text{peak} \cdot e^{\left(\frac{\sigma}{\sqrt{5}}\right)} \tag{4.20}$$

疾病发展的均值估计 **表 4.6**

空气传播的病原体	是否传染?	平均峰值(d)	平均持续时间(d)	平均疾病期(d)
炭疽杆菌(Bacillus anthracis)	否	2.5	14	1.2
皮炎芽生菌(Blastomyces dermatitidis)	否	23.5	37	19.2
百日咳杆菌(Bordetella pertussis)	是	10.5	35	6.1
布鲁氏菌(Brucella)	否	32.5	35	31.4
鼻疽伯克霍尔德氏菌(Burkholderia mallei)	否	7.5	17.5	5.1
类鼻疽伯克霍尔德氏菌(Burknholderia pseudomallei)	否	8	14	6.2
基孔肯亚病毒(Chikungunya virus)	否	6.5	12	4.9
鹦鹉热衣原体(Chlamydia psittaci)	否	10	21	7.2
肉毒梭状芽孢杆菌(Clostridium botulinum)	否	1	1.5	0.8
产气荚膜梭状芽孢杆菌(Clostridium perfringens)	否	0.625	1	0.5
厌酷球孢子菌(Coccidioides immitis)	否	17.5	28	14.2
白喉杆菌(Corynebacterium diphtheriae)	是	3.5	10	2.2
伯氏考克斯体(Coxiella burnetii)	否	17.5	21	16.1
克里米亚-刚果出血热(Crimean-Congo hemorrhagic fever)	是	2	12	0.9
登革热病毒(Dengue fever virus)	否	8.5	14	6.8
埃博拉病毒(Ebola)	是	11.5	61	5.5
土拉弗朗西斯菌(Francisella tularensis)	否	7.5	31.5	3.9
汉坦病毒(Hantaan virus)	否	22	60	14.0
甲肝病毒(Hepatitis A)	是	30	75	19.9
荚膜组织胞浆菌(Histoplasma capsulatum)	否	13	49	7.2
甲型流感病毒 (Influenza A virus)	是	3.5	15.5	1.8
日本（乙型）脑炎病毒(Japanese encephalitis)	否	10	15	8.3
胡宁病毒(Junin Virus)	否	7	14	5.1
拉沙热病毒(Lassa fever virus)	是	10.5	17.5	8.4
嗜肺军团杆菌(Legionella pneumophila)	否	6	14	4.1
淋巴细胞性脉络丛脑膜炎病毒(Lymphocytic choriomeningitis)	否	5	21	2.6
马丘波病毒(Machupo)	否	11.5	28	7.7
马尔堡病毒(Marburg virus)	是	3	7	2.1
结核杆菌(Mycobacterium tuberculosis)	是	56	192	32.3
肺炎支原体(Mycoplasma pneumoniae)	是	14.5	56.5	7.9
星形诺卡菌(Nocardia asteroides)	否	13.5	45	7.9
巴西副球孢子菌(Paracoccidioides)	否	7	9	6.3
普氏立克次体(Rickettsia prowazeki)	否	10.5	14	9.2
立氏立克次体(Rickettsia rickettsii)	否	8	14	6.2
裂谷热病毒(Rift Valley fever)	否	3	14	1.5
伤寒沙门氏菌(Salmonella typhi)	否	2	35	0.6
志贺氏痢疾杆菌(Shigella)	否	4	7	3.1
黑霉菌(Stachybotrys chartarum)	否	未知	未知	未知
肺炎双球菌(Streptococcus pneumoniae)	是	3	17.5	1.4
天花病毒(Variola(smallpox))	是	13	23	10.1
委内瑞拉马脑炎病毒(VEE)	否	10	15	8.3
霍乱弧菌(Vibrio cholerae)	否	3	5	2.4
西部，东部马脑炎病毒(WEE，EEE)	否	3	10.5	1.7
黄热病病毒(Yellow fever virus)	否	4.5	6	4.0
鼠疫耶尔森氏菌(Yersinia pestis)	是	4	6	3.3

上面这两个公式的用处可能不仅仅局限于计算传染性疾病的平均传染期(MIP)。它们还可能用于估计治疗措施能够生效的平均时间。这也就是说，有些治疗措施，如疫苗和抗生素，可能只有在疾病的早期采用才会有效。公式(4.17)为疾病的发展情况提供了一个估计值，同时也可以作为判断在超出某个时间界限后治疗措施是否有效的指标。公式所提供的信息还可以用来预测检测时间的限值，即识别出室内空气中存在的病原体的最大检测时间，关于这个问题将在第10章中进行详细地讨论。因为对于各种疾病都有可能使用到参数MDP或者MIP，包括非传染性疾病，所以在数据库中对各种病原体都给出了这两个参数的定义。在附录B中对所有病原体的疾病发展图线和相关的参数进行了概括。

表4.6中对用来确定疾病发展过程的主要参数进行了概括，这里所指的疾病是由致病性的生物毒剂所引起的。对于每一种疾病的峰值都是取疾病达到峰值的时间的平均数或者取附录A中提供的潜伏期的平均数。持续时间也是用相同的方法来确定的。

图4.13显示了表4.6中各种病毒可能引发疾病的发展过程。这些图线所显示的是基于前面提到的计算方法所得出的疾病症状的百分数或者说症状的严重程度。这些图线之间的差异是非常明显的，有些疾病的持续时间很短而有些则很长。该图也同时表明，在大多数情况下可能都会有比较充足的时间来检测病原体并且对感染者实施治疗。

图4.14是从附录B中选出的一个例子。它显示了炭疽病的假定发展过

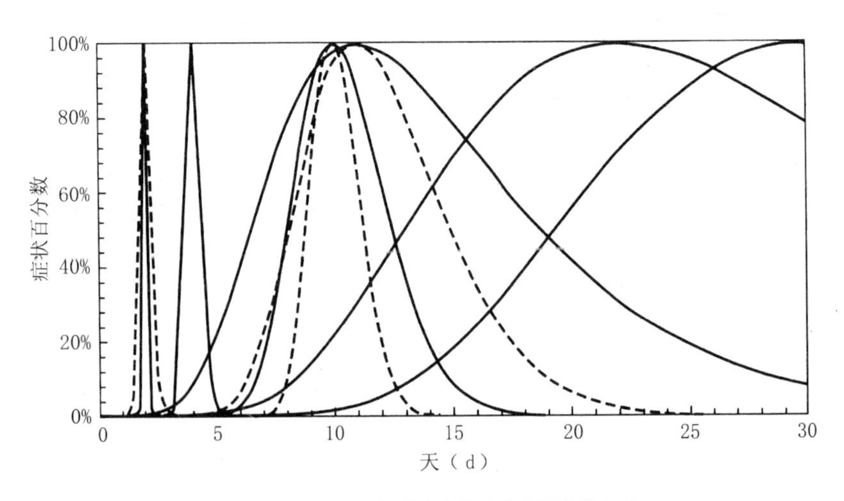

图4.13 表4.6中各种病毒的疾病发展曲线组合

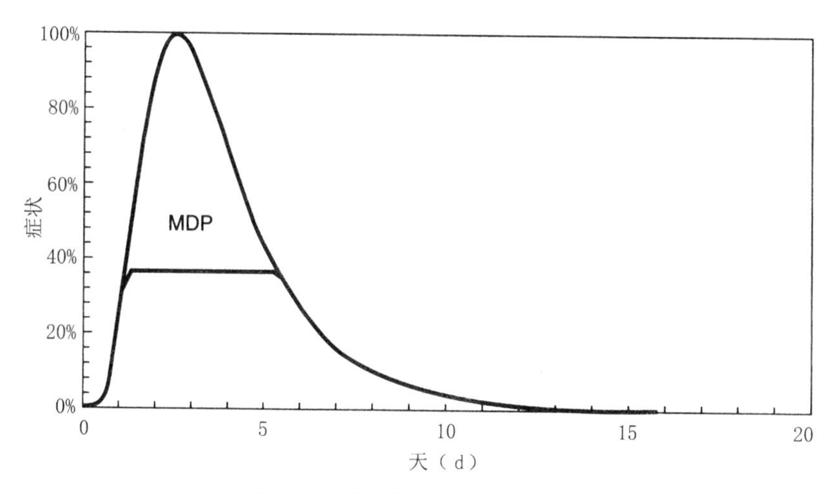

图 4.14　炭疽杆菌的平均疾病发展曲线

程。预计的 MDP 值由处在 37%疾病症状上的截止线来确定。在疾病开始的一两天可能是没有症状的，这取决于吸入的剂量。经过 D_{37}点之后，一般估计在 1.2 天左右，将会表现出伤风或者流感类似的症状，再经过不到一两天的时间，症状会进一步恶化。对于炭疽病来说，在做出诊断后必须马上采取治疗以保证病人能够康复。

在附录 B 中提供的每一种曲线和相关参数都可以用来估计各种传染性疾病的传染期。它们还可能用于确定检测疾病所允许的时间，这是在建筑物遭受生物毒剂袭击的情况下，为了治疗受到感染的室内人员所必需的时间。

4.8　小结

总之，本章提供了一些简单并且实用的数学方法，它们可以用来确定大多数的生化毒剂在一定的吸入或者摄入剂量下可能造成的死亡人数。对于死亡人数的估计，可以作为各种空气净化系统性能预测的基础，这在第 9 章中将会详细阐述。本章中的疾病发展曲线，也是在相对简单的数学模型基础上得出的。疾病发展曲线为确定响应时间提供了一种方法，响应时间是在第 11 章中所提到的控制系统设计中所必须的参数。疾病发展曲线同时也有助于识别和诊断人员感染情况，这一问题将会在第 12 章中的安全规程一节中进行讨论。

第5章

生化毒剂的释放方式

5.1 引言

化学和生物毒剂可以通过各种各样的方式来释放。在第一次大战期间，化学毒剂经常通过毒气炮弹发射到敌方阵地，爆炸和分散作用会产生毒气云团。有时在风吹向敌方阵地的情况下，也会直接释放毒剂烟雾。针对建筑物的生化袭击更有可能通过气溶胶(Aerosolization)或者泼洒(Spill)的方式在室内释放毒剂。

在恐怖分子对建筑物发动的各种可能的袭击方式中，在室外爆炸或者释放生化毒剂是危险性最小的一种方式，这是因为只有小部分的毒剂烟雾会进入室内。为了介绍的完整性，将室外与室内的各种释放和散布方式放在一起进行讨论。

5.2 室外释放方式

在室外用于释放生化毒剂的方式有很多种，包括爆炸释放(Explosive release)、采用喷雾机(Sprayer)或烟雾器(Aerosolizer)、泼洒(Spilling)或被动释放(Passive release)，以及采用飞机布撒(Crop-dusting plane)等方式(图5.1)。这些方式大多在第一次世界大战中用于散布化学毒剂，但是在有些时候它们的使用效果是无法预测的(Haber,1986)。罗得西亚(现在的津巴布韦)政府在平息叛乱的过程中，曾使用过飞机布撒的方式来散布生物武器(炭疽孢子)并取得了明显的成功，结果导致该国从1978年开始爆发了大规模的炭疽病(Nass,1992b)。在第二次世界大战爆发之前以及战争期间，日本帝国主义在对中国的侵略战争中也曾使用过飞机布撒生物毒剂的方式(Chang,1997;Harris,1994)。

图 5.1　飞机布撒也是室外释放生化毒剂的一种方法(原始图片征得 Basil Frasure 的许可)

这些释放方式固有的问题是风和气流会在大范围内迅速地稀释毒剂，毒剂在空气中可能无法达到致死浓度。例如，日本奥姆真理教教徒(Aum Shinryko cult)在东京曾多次试图通过喷雾器(Sprayer)散布炭疽杆菌孢子。在这些袭击事件中没有任何一例人员感染的报导，虽然在另外的一些袭击事件中通过这种方法散布其他类型的生化毒剂也造成了一些人员死亡。

化学毒剂的散布效果在第一次世界大战中很大程度上受到风向和地形的影响。图 5.2 显示了在假定的点源释放并且风向固定的情况下，空气染毒浓度的等值线分布。可以看出，致死剂量的浓度百分数朝着下风向迅速衰减。

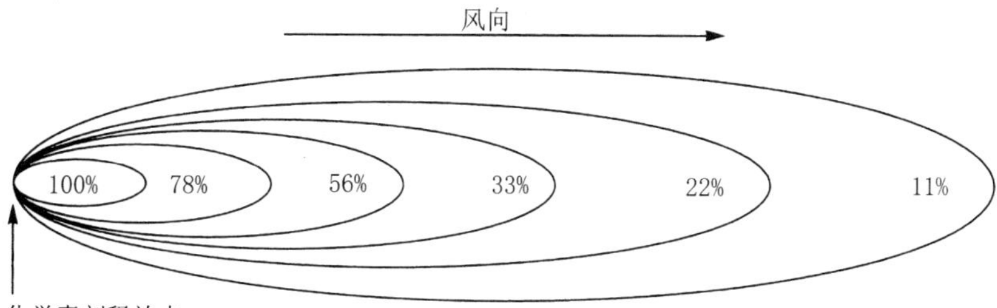

图 5.2　当风吹过处在地面高度的化学毒剂释放点时空气中污染物浓度的等值线分布。图中的数值代表致死剂量的百分比

第一次世界大战期间，化学毒剂经常采用线源释放方式，即利用多发毒剂炮弹，排成多列的毒气钢瓶，或者采用飞机沿着与敌军部队的平行线方向喷洒毒剂的方式来发动进攻。这些方式可以扩大染毒区的范围。然而，这些方式在针对建筑物的袭击中可能不会比在单个建筑的上风向采取单个点源的释放方式更为有效，虽然它们可能会同时使多个建筑遭受污染。

根据化学毒剂在室外开放空间中为达到一定的杀伤浓度所需的用量，表 5.1 概括了几种最具致命性的化学毒剂。这些毒剂的用量数据是基于文献 Calder(1957)的研究结果采用外推法得到的，文献中的原始结果为采用毒素所需的用量，这些结果被按比例的外推到较低毒性的化学毒剂。因为毒剂的半数致死剂量值(LD_{50})大多是在基于动物实验得到的，并且毒剂可以通过吸收、吸入或者摄入等不同途径危害人体，所以这些结果应当被认为仅仅是说明性的。

图 5.3 对表 5.1 中的结果进行了图示，图中显示了每一种化学毒剂在覆盖面积为 $100km^2$ 的室外区域并达到致命浓度的情况下所需的用量。很明显，对于室外的化学袭击来说，有些毒剂所需的用量是非常大的。

基于文献 Calder(1957)的研究结果，表 5.2 概括了几种最有名的毒素的气溶胶毒性。室外用量是指在理想的气象条件下，在面积为 $100km^2$ 的室外区域内，为达到半数致死浓度估计所需的毒素量。图 5.4 对这些毒素的用量范围进行了图示。

虽然在这种室外散布方式下大多数毒素所需的用量都相当大，但是对

化学毒剂在室外的气溶胶毒性 　　**表 5.1**

序号	化学毒剂	半数致死剂量LD_{50} (mg/kgbodywt)	半数致死剂量LD_{50} (mg)	室外用量(kg)
1	塔崩(Tabun)	0.01	0.7	19691
2	维埃克斯(VX)	0.015	1	28130
3	梭曼(Soman)	0.064	4.48	126022
4	沙林(Sarin)	0.1	7	196910
5	氮芥气(Nitrogen mustard)	2	140	3938200
6	氯化氢(Cyanogen chloride)	20	1400	39382000
7	光气肟(Phosgene oxime)	25	1750	49227500
8	路易氏剂(Lewisite)	38	2660	74825800
8	氰化氢(Hydrogen cyanide)	50	3500	98455000
10	全氟异丁烯(Perfluoroisobutylene)	50	3500	98455000
11	光气(Phosgene)	660	46200	1299606000

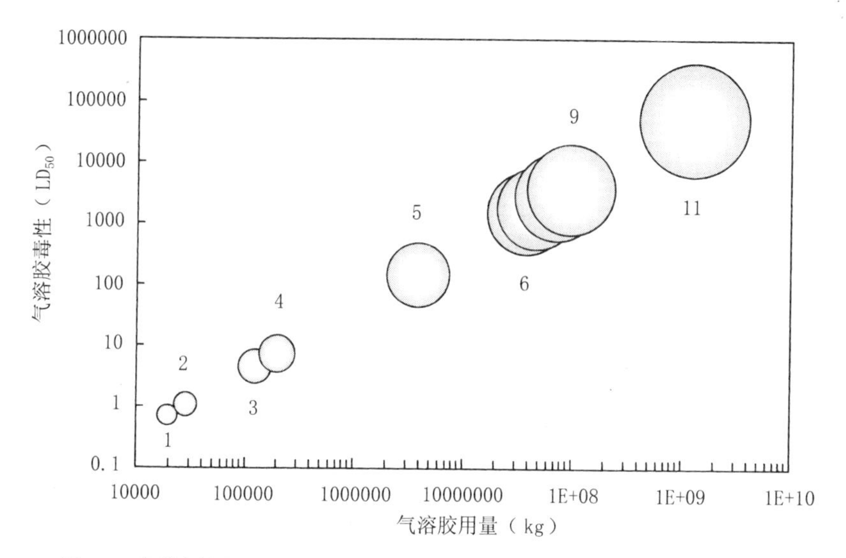

图5.3 化学毒剂在室外空气中的毒性和用量。根据Calder(1957)的研究结果外推

毒素在室外的气溶胶毒性 **表5.2**

毒素或毒剂	来源	半数致死剂量LD_{50} (μg/kgbodywt)	半数致死剂量 LD_{50} (μg)	室外用量(kg)
肉毒杆菌毒素(Botulinum)	细菌	0.001	0.07	2
P物质(Substance P)	生物调节剂	0.014	1	28
相思豆毒素(Abrin)	相思豆	0.04	2.8	79
葡萄球菌肠毒素A (Staphylococcal enterotoxin A)	细菌	0.05	3.5	98
白喉毒素(Diphtheria toxin)	细菌	0.1	7	197
水螅毒素(Palytoxin)	珊瑚虫	0.15	10.5	295
箭毒蛙毒素(Batrachotoxin A)	毒蛙	2	140	3938
石房蛤毒素(Saxitoxin)	腰鞭毛虫	2	140	3938
蓖麻毒素(Ricin)	蓖麻子	3	210	5907
葡萄球菌肠毒素B (Staphylococcal enterotoxin B(SEB))	细菌	27	1890	53166
黄曲霉毒素(Aflatoxin)	真菌	300	21000	590730
T-2毒素(T-2 mycotoxin)	真菌	1210	84700	2382611

注：LD_{50}值基于实验室动物。

于一些极具毒性的毒素(例如，肉毒杆菌毒素)在相同覆盖范围内为达到致死浓度所需的用量可能只有几十千克。对于一栋典型的大型建筑物所具有的体积来说，可能只需要非常小的毒素用量。

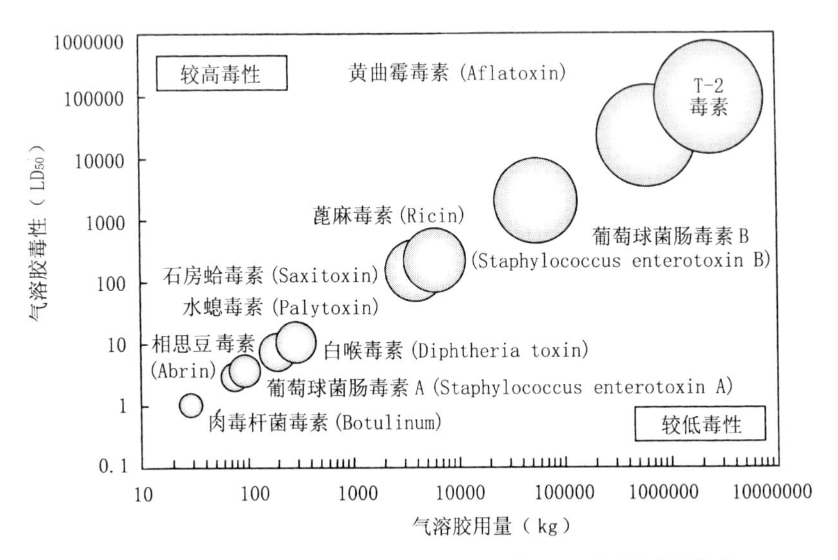

图 5.4 毒素在室外空气中的毒性和用量。根据 Calder 的研究结果外推

微生物在室外的气溶胶毒性 **表 5.3**

病 原 体	组	半数感染剂量ID_{50}	室外用量(μg)
甲型肝炎病毒(Hepatitis A)	病毒	55	3.73E-13
委内瑞拉(东部、西部)马脑炎病毒[VEE(EEE, WEE)]	病毒	105	4.40E-12
埃博拉病毒(Ebola)	病毒	10	1.10E-11
甲型流感病毒(Influenza A virus)	病毒	20	1.52E-11
肺炎支原体(Mycoplasma pneumoniae)	细菌	100	8.98E-11
土拉弗朗西斯菌(Francisella tularensis)	细菌	10	1.29E-10
伯氏考克斯体(Coxiella burnetii)	立克次氏体	10	3.67E-10
普氏立克次体(Rickettsia prowazeki)	立克次氏体	10	3.67E-10
布鲁氏菌(Brucella)	细菌	1300	2.93E-09
结核分支杆菌(Mycobacterium tuberculosis)	细菌	6	4.18E-09
鼻疽伯克霍尔德氏菌(Burkholderia mallei)	细菌	3200	4.96E-09
鼠疫耶尔森氏菌(Yersinia pestis)	细菌	3000	5.72E-09
炭疽杆菌孢子(Bacillus anthracis)	细菌孢子	10000	2.26E-08
荚膜组织胞浆菌(Histoplasma capsulatum)	真菌孢子	10	1.81E-07
厌酷球孢子菌(Coccidioides immitis)	真菌孢子	1350	6.73E-07

注：ID_{50}值基于实验室动物测试。

在室外为达到一定范围内的致死浓度，微生物病原体的用量将会远远低于即便是最具毒性的肉毒杆菌毒素。事实上，为了表示微生物病原体的

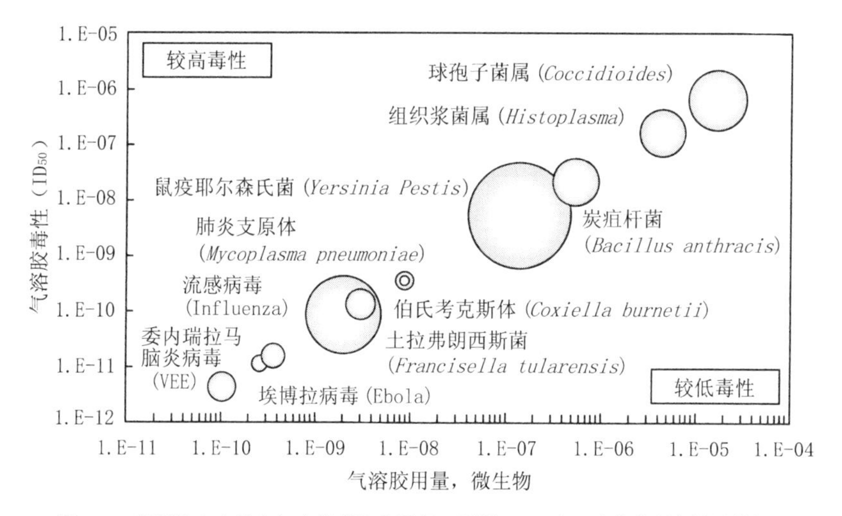

图 5.5　病原体在室外空气中的毒性和用量。根据 Calder(1957)中的研究结果外推

气溶胶毒性需要采用一个全新的标尺，如表 5.3 和图 5.5 所示。

5.3　室内释放方式

生化毒剂在室内有三种基本的释放方式，即利用各种烟雾器的气溶胶化释放，采用爆炸装置的爆炸释放，以及不采用外部动力装置的被动式释放。在图 5.6 中对这些释放方式进行了演示，并且在图 5.7 中对它们的释放机制进行了说明。对于恐怖分子来说，这些方式各有利弊。爆炸释放的方式通常会引起室内人员的警觉，并且为他们提供了足够的疏散时间。被动式释放的方式虽然不易察觉，但是可能需要经过相当长的时间才会奏效。不过这也取决于具体的情况，因为在奥姆真理教(Aum Shinryko)针对地铁的袭击事件中就通过被动泼洒的方式造成了数百人中毒和十余人死亡。

利用炸弹散布生化毒剂的驱动机制有两种：爆炸或压缩气体。对于生物毒剂来说，采用爆炸释放的主要问题是爆炸作用能够杀灭毒剂中的微生物。这种释放方式被伊拉克、前苏联和日本用于研制炭疽炸弹，不过他们采用的是缓慢引爆的方式，爆炸力并不是很强劲。如果在爆炸作用下仍然有足够多的微生物能够存活，那么这种释放方式就取得了成功。

恐怖分子有可能在建筑物中采用爆炸的方式来散布毒剂，但是这种方式会引起室内人员的迅速警觉，并降低危害效果。气溶胶化释放(Aerosolization)可能是最危险的一种散布方式，因为这种方式能够使生化毒剂迅速的散布于整个建筑，并且不易被察觉。

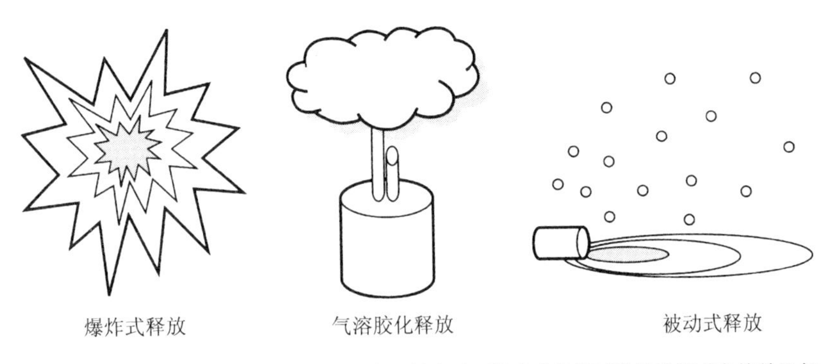

图 5.6 可能采用的三种基本的室内释放机制演示。被动式释放可以是泼洒或者简单地打开装有毒剂的容器

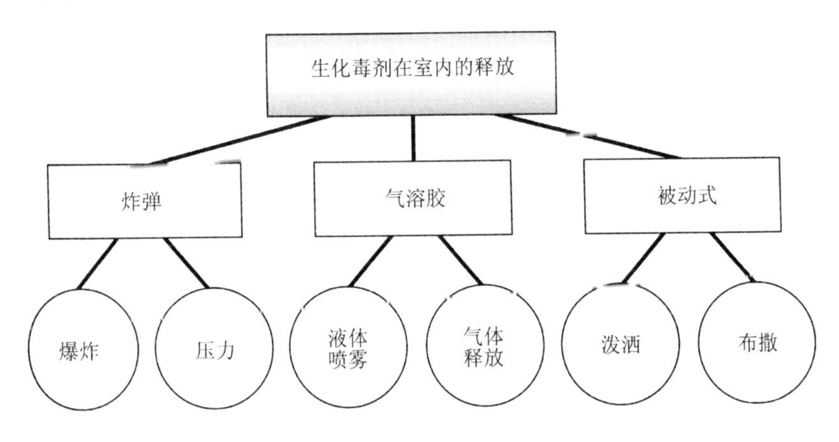

图 5.7 生化毒剂释放机制的分类说明

生化毒剂的三种类型——微生物，毒素和化学制剂，它们全都可以通过气溶胶化的方式来释放。液态的化学制剂可以通过这种机制形成毒剂气溶胶。气态的化学制剂可以从压缩容器直接释放到空气中。粉末状的毒素或者毒素溶液可以通过烟雾发生器(Aerosol generator)形成毒素气溶胶。微生物的释放可以通过所有的三种释放方式——爆炸释放、气溶胶化释放和被动式释放，特别是对于已经武器化的微生物毒剂则更是如此。

烟雾器(Aerosolizer)是一种喷洒设备，有多种形式，能够用于向空中喷洒液体或者粉末。烟雾器可以通过压缩气体驱动，使得液体通过喷嘴并产生蒸气。它们也可以采用超声波雾化器(Ultrasonic atomizer)或者旋转陀螺(Spinning tops)等技术来产生蒸气雾团。雾化器喷嘴或者文丘里喷嘴(Venturi-style nozzle)可以通过建筑物中的气压源(Pneumatic source)产生的压

气溶胶的发生方法　　表 5.4

• 过饱和蒸气凝结法
• 利用燃烧过程中的化学反应
• 采用物理方法分散液体
• 通过喷嘴的液压雾化（各种喷雾机）
• 气流冲击或者气动喷雾器（文丘里喷嘴）
• 旋转设备的离心力作用
• 静电雾化法
• 声波或者超声波雾化法
• 细微粉末的分散方法

缩空气来驱动，这和它们在实验室中的使用情况相同。

在表中 5.4 中对各种由液体或者粉末来生成气溶胶的技术方法进行了概括。第一种方法，过饱和蒸气凝结法，严格地说是一种在实验室里用来生成单分散气溶胶的技术。其余的各种方法也都可能被恐怖分子用于散布一种或多种类型的生化制剂——化学制剂、毒素或者是微生物制剂。

在第一次世界大战中曾经利用燃烧的方法释放气溶胶，但是这种方法不太可能被恐怖分子采用，因为这种方式产生的烟气、声响和可见的蒸气会引起室内人员的警觉。

最简单的烟雾器(Aerosolizer)是喷雾器(Sprayer)，例如各种气动的喷雾器，在这些装置中液体或者微小粉末在压力作用下经过喷嘴喷出。例如发胶喷雾罐(Hairspray can)、杀虫剂的喷雾器(Foggers for insecticides)、发烟器(Smoke generator)(图 5.8)和农用喷雾器(Crop duster)。这种方法算不上精细，它在生成蒸气的同时也经常会产生凝结的微小液滴。这种类型的烟雾器可用于散布化学制剂和毒素，因为存在物理作用力，可能会在产生气溶胶的过程中破坏大部分的细菌或者病毒。

很多烟雾器(Aerosolizer)使用文丘里喷嘴(Venturi nozzle)，压缩空气以高速喷入喷嘴中流出的液流中。油漆喷枪和一些用于哮喘的呼吸器就是这方面的例子。这些设备可能用于散布毒素或微生物，不过存在的作用力可能会破坏一些细菌和病毒。当然，孢子可能会在这个过程中大量存活。但总的来说，在这种气溶胶化的过程中仅仅会有少量的微生物可以存活。

雾化器(Atomizer)是一种高精度的设备，它常用于实验室的各种实验，或者用于室内或者其他环境的加湿和湿度控制。这类设备中通常采用旋转盘或者旋转陀螺发生器，经过精细控制的液流冲击到旋转表面后，在离心力的作用下会甩出微小的液滴。液滴的大小取决于设备的运行特性，可以很好地控制到微米范围，并且保持相当高的一致性。这种设备很可能被用

图 5.8 发烟气(左下角)在隧道中释放试验气溶胶(图片征得英国 Concept Smoke Systems 公司的许可)

来散布各种微生物，特别是因为它们采用的是一些相对柔和的气溶胶化方法，可以保证微生物在气溶胶化过程中具有高度的存活率。

对于如毒素一类的细小粉末，可利用空气动力或者其他作用力粉碎材料层的方式进行散布。如果这些粉末已经被碾磨到可以进行气溶胶化的尺寸范围内(例如，经过武器化的毒剂粉末)。此外，为了防止微小颗粒凝块或者附着在一起，可能会添加一些化合物以减少作用于这些微米尺度的微粒之间的粘结力和附着力。对于这种形式的粉末，几乎所有用来散布液体的方法都可以适用。

图 5.9 所示为一种采用压缩空气驱动的喷雾器(Nebulizer)。这种喷雾器通常使用文丘里喷嘴，根据喷嘴、喷雾液和压缩空气源的不同特性，可以生成各种粒径的气溶胶——从大的飞沫一直到纯蒸气。

压缩空气源可以是压缩空气或者压气装置，在许多实验室或工业设备中都可以找到它们。它也可以用压缩空气罐或者直接用压气机。在一些便携式的烟雾发生器、喷雾器或喷雾机中都带有压气机和压缩空气罐。图 5.10 所示为保证烟雾器或者喷雾器正常运行的必需设备。系统运行可以只

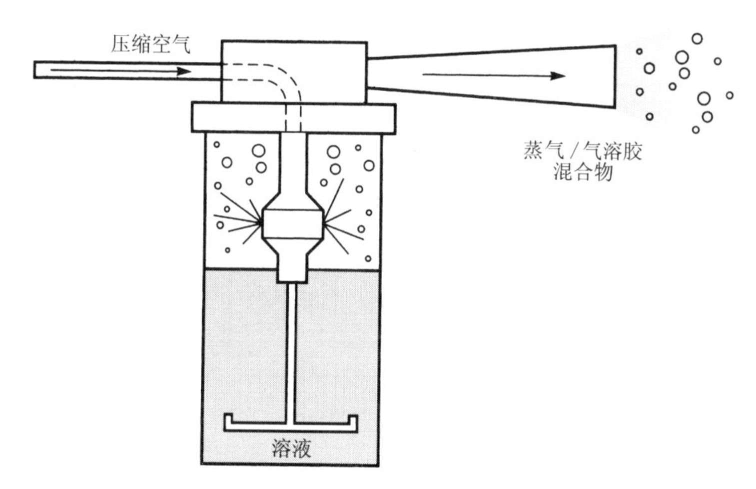

图 5.9　用于液体气溶胶化的典型喷雾器图示

图 5.10　用于气溶胶化液体或者粉末的假想设备

需要一个压缩空气罐，而不需要压气机或者电源。系统运行也可以只需要一个压气机，但是这样还需要有电源。

便携式烟雾发生装置可以在市场上买到，它们具有手提箱式的外形，并且配备有压气机或者压缩空气罐，或者同时配备两种压缩空气源(图 5.11)。这类装置中有些是紧凑型的，在使用时可以展开成更大的尺寸。

因为挥发性化学毒剂会自然蒸发，所以它们可以通过被动方式进行散布。对于微小剂量的毒素或者病原微生物的散布过程，只需要很小的能量输入。事实上，回风管和空气处理机组(AHU)中的负压就足以驱动这些毒剂的气溶胶化过程。

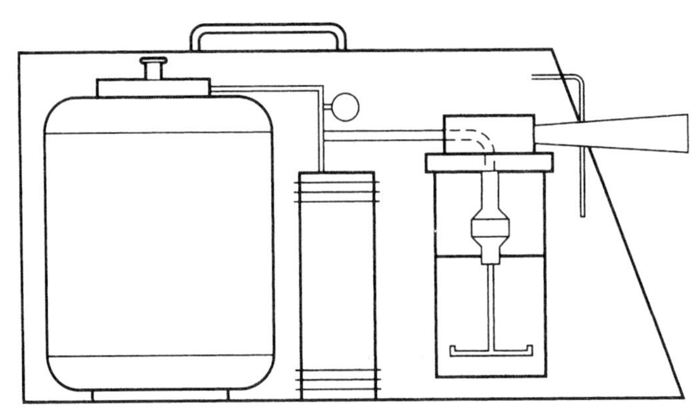

图 5.11 具有手提箱外形的便携式紧凑型烟雾发生器，同时配备有压气机和压缩空气罐

烟雾器(Aerosolizer)可以通过运动气流来驱动，例如在高速的通风管道中，以及空气处理机组或者风机的进出口。图 5.12 显示了这种方式是如何实现的。在图示的情况下，从风管开孔处引出的橡皮管可以连接在毒剂容器的喷嘴上，这将会导致毒剂被缓慢的释放到建筑物的通风系统中。这种被动式释放的袭击场景构成了一种独特的威胁，同时也突出了空气处理设备对于人为破坏的脆弱性。显然，对于空调机房的保护是非常重要的。

虽然在雾化过程中水可能会被分散成分子，微生物将会被分散成基本的细菌、病毒或者它们的凝块，但是细菌和病毒仍然能够在这种气溶胶化的过程中存活，存活率会因为微生物种类甚至是变体的不同而有所差别。

烟雾器(Aerosolizer)还可以用来散布化学制剂。大部分化学制剂都会在正常的室内温度和压力下蒸发，蒸发速度取决于它们的蒸发压力和在空气中的局部浓度。被动式释放和气溶胶化释放这两种方法奥姆真理教教徒们

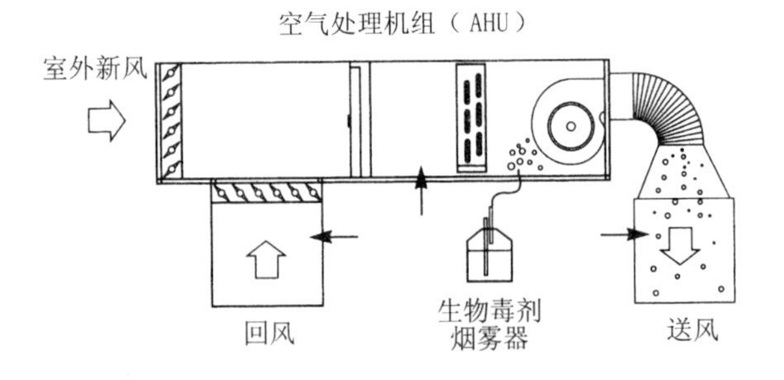

图 5.12 生物毒剂烟雾器采用文丘里喷嘴与空气处理机组(AHU)相连。箭头所指的是其他可实施攻击的位置

都曾经在日本使用过。采用这些方法存在的一个问题是恐怖分子本身也可能会受到污染，这种情况在日本的一起地铁袭击事件中就曾经发生过。

更快速的散布化学制剂的方法是使用炸弹。使用炸药来引爆充满化学制剂的罐式货车可能是一种引起大面积室外污染的方法。

被动式散布毒素和病原微生物也是一种可能的方法。生物制剂，例如炭疽杆菌可以撒在建筑物的内表面上(如地毯上)，正常的人流就可以引起制剂的空气中的传播扩散，结果会导致一些穿过染毒地带的行人被感染。

被动式散布毒素和病原微生物的方法可能会用在一些有大量人员通过的场合，如购物商场和封闭的体育场。生化制剂在这些场合会大范围的传播扩散并造成大量人员伤亡。在大型的商场或体育馆，恐怖分子可能会在经过人员密集区或走廊的时候连续释放粉末状的生化制剂，但是这种方式也会引起他们自己染毒。

一些场合特别容易受到这种被动式散布方式的攻击。例如，明尼阿波利斯或者蒙特利尔这些城市中相互连通的建筑设施，不仅室内的行人通道而且还包括与之连通的建筑物都会为恐怖团伙散布污染提供条件。虽然这些城市中的通道或者连接桥是气密的，但是进入到每个单独的建筑物中并污染它们的主要通道也并不困难(图 5.13)。

图 5.13　对于建筑物之间的通道和隧道可能特别容易受到生化毒剂被动式散布方式的袭击

在这种相互连通的建筑设施中，一群恐怖分子可以在一天的时间内释放大量的生化制剂，并使之遍布整个建筑空间。由此造成的死亡人数可能会超过以往所有恐怖袭击的总和。对于大型商场和其他一些室内公众集会设施也可能会遭受到类似方式的袭击。

一种更有可能的袭击方式是使用烟雾器在建筑物的通风管道或者公共区域内释放生化制剂。在单个楼层释放生物毒剂可能会使该楼层受到严重的污染，如图5.14所示，但是剩余楼层的污染浓度则可能会低出很多，这是因为毒剂会以较低的浓度从送风管进入其他楼层。室外新风混合与经过空气处理机组(AHU)的空气通道都将会降低送风的毒剂浓度。

在建筑物的送风管或回风管中直接以烟雾器缓慢释放毒剂的散布方式可能会产生更大的伤害效果。对于这种形式的袭击，可能在没有意识到袭击已经发生之前就会造成大量的人员染毒。

建筑通风系统的作用是再循环空气中的污染物并且随着时间不断地将它们清除。大部分建筑物会引入15%－25%的室外新风并将之与回风进行混合。除了滤尘网之外，大部分建筑物都不采用任何形式的过滤器或者是空气净化系统，这使得它们容易受到在通风系统中毒剂释放的攻击。

空气传播的孢子数量的减少通常会发生在空气处理机组(AHU)中，特别是在它们经过冷却盘管的时候。在一个典型的采用机械通风的建筑中，空气传播的孢子数量减少可能会达到40%(Fisk,1994; Seigel and Walker, 2001)。然而对于细菌和病毒，就算会减少的话，它们减少的比率也不会与孢子相同。

5.4 食物和水传播型毒剂的释放方式

食物和水传播型生化毒剂也可能被使用，它们构成了另外一种形式的威胁。如果建筑中存在贮水设备，比如一些老式的高层建筑，那么供水系统就容易受到大规模的污染(Hickman,1999)。生化毒剂污染可能会发生在贮水池、进水间、污水处理厂或者是配水系统中(Lancaster-Brooks,2000)。食品供应的污染可能仅仅对一些用于食物贮藏或生产的建筑，或者是一些餐馆和自助餐厅构成威胁。

对于食物或水传播型的恐怖袭击，不大可能使用化学毒剂，更有可能使用的是毒素和食物传播型病原体，例如志贺氏痢疾杆菌、霍乱弧菌和伤寒沙门菌等(Hickman,1999)。这些毒剂在使用方式上略有不同，毒素可能只需要简单地撒到食物上或者倒入饮水中；食物传播型病原体则需要在合适的条件下才能够存活和生长(Cliver,1990)。比较典型的条件是食物处在室温

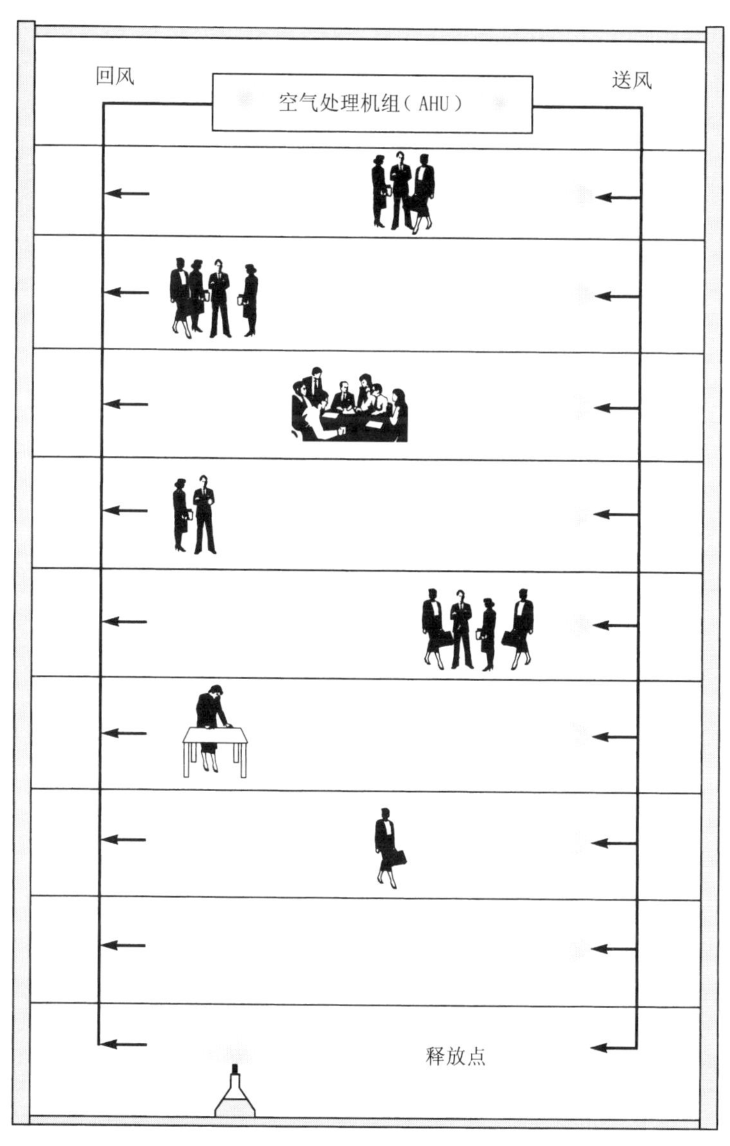

图 5.14　在建筑物的单个区域被动式释放生物毒剂可能会导致局部区域的严重污染，但是对其他楼层的影响相对较小

或者更加温热的环境中，在这种条件下食物成为了病原体的“放大器”，因为它们会持续地繁殖并且达到危险的浓度。水传播型病原体也需要有合适的条件，但是它们通常不会在水中繁殖。

在以前的一些生物恐怖袭击中就曾经使用过食物传播型病原体。在1985年，印度教拉希尼希教派的教徒们(Rajneesh cult)就在美国达拉斯市和俄勒冈州一带餐厅的沙拉自助柜散播了沙门氏菌，有750人因此而患病。南非的种族隔离政府也曾使用5ml药剂瓶中装有的霍乱病菌污染了起义地区的多处井水(Leitenberg,2001)。在1978年以色列的一起袭击事件中，柑橘中被注入了水银，由此造成了12人患病和一定的经济损失(Zilinskas,1999b)。最近在智利，恐怖分子在出口的葡萄中投入了氰化物(Zilinskas,1999b)。

在食品制造业中有各种技术可用于食品的消毒，包括加热灭活(Thermal inactivation)、脉冲电场和其他一些方法。在一些非生产性的设施中，除了采取安保措施和实施监控之外，用于保障食品供应安全的工程技术手段十分有限。

通过安保措施和控制接近贮水区域可以对贮存的供水提供防护。用于水消毒的技术包括紫外线消毒(UV)系统、活性炭吸附系统和滤水系统等，不过关于这些技术的实用性问题还需要结合使用场合进行逐个评价。水的过滤和蒸馏系统也同样采取防护措施(见图5.15)。

图5.15 有些建筑物采用如图所示的过滤或者蒸馏系统来处理饮用水，这些系统需要采取防护措施

5.5　小结

本章概述了可能用于在建筑物内部或者周围释放生化毒剂的各种方法和假想的设备。这些信息将在后续的章节中用于定义和分析各种袭击场景并且用于评价建筑物所存在的弱点，它们也将在第12章中为制定相关的安全规程提供基础。

第6章

建筑物及其受袭情景

6.1 引言

人们使用的各类建筑物都是生化袭击的潜在目标。这些袭击的目的或者是造成人员伤亡，或者是致使建筑物无法使用。袭击的方式则依赖于建筑物的类型。为了设计出一套适用的防护系统，就必须综合考虑建筑物的类型、大小、容纳人数以及存在的弱点(Vulnerability)。

现代社会，建筑物的形式层出不穷，分类方法也很多。通常可以根据建筑物的功能、实际大小或建筑面积、总容纳人数或单位面积的容纳人数(人员密度)、建筑物的相对重要程度、甚至是建筑物内人员的重要性对其进行分类。还可以根据其采用的通风空调系统类型，以及对生化恐怖袭击的“易感性”(Susceptibility)或者“免疫性”(Immunity)来进行分类。因为重要的城市更容易成为袭击的目标，所以建筑物处在什么地区也是分类时需要考虑的因素。例如，建造在波士顿这样重要城市中的大型建筑物(如图6.1所示)，就比处在市郊或者乡村地区的政府设施有更大的风险。在设计建筑物的防护系统时，上面提到的所有因素都需要给予考虑。

本章主要对建筑物及其遭受生化袭击的情景进行分类，并由此确定建筑物对于生化袭击所存在的相对风险。这里所采用的分类方法仅仅是代表性的，并不是每一个建筑物都能严格地划分为其中的某一类别。有些建筑不属于其中的任何一种类别，而有些建筑则同时属于几种类别。这里对大多数建筑物的规模都只是作了近似的规定，仍然会有一些建筑物比这里规定的要大一些或者小一些，或者是它们的容纳人数要超出规定的范围。这里所提出的建筑分类方法应当满足于以下两方面要求：首先，为了评估对于潜在的生化袭击建筑物所面临的威胁或风险，可以对大多数建筑进行分

图 6.1　波士顿的约翰·汉考克(John Hancock)大楼(图片征得宾夕法尼亚州 Art Anderson 的许可)

类；其次，可以为设计师选择合适的设计方法建立基准，以减少特定建筑物所存在的弱点，并使之对于大多数确定的生化袭击都具有一定的“免疫能力”。

6.2 建筑物的类型及相对风险

表6.1给出了依据类型和功能划分的建筑物分类。基于参考文献中对现代建筑的调查数据(Bell,2000;EIA,1989)，表中指定了各类建筑物的人员密度和平均建筑面积的代表范围。

根据这些建筑物遭受生化袭击的相对风险，我们也试图对它们作进一步的细化，但是相应的风险等级或目标价值却未必适用于特定建筑类型的每一栋建筑。例如，门诊部对于生化袭击事件来说，或许被认为是一类低风险的建筑，但是在过去有许多妇科诊所都曾经遭受国内恐怖分子的袭击。这些事件使得门诊部有可能成为袭击目标，但并不是所有的门诊部都

建筑物的类型、大小、人员密度和风险等级 **表 6.1**

类别	建筑类型	人员密度(人/1000ft²)		平均大小(ft²)		相对风险等级
		最小	最大	最小	最大	
商业建筑	商业办公建筑	7	13	2500	500000	高
	银行	7	20	2500	25000	低
	制造设施	3	10	2500	500000	中
	机场	10	20	10000	500000	高
政府建筑	法院	7	20	2500	100000	高
	市政大楼	7	20	2500	200000	中
	警察局	2	10	2500	100000	中
	邮局	2	10	2500	200000	高
	监狱	3	20	5000	250000	低
	军事设施	2	50	5000	250000	高
食品和娱乐设施	食品加工设施	3	10	2500	200000	中
	餐馆	20	67	2500	25000	中
	夜总会	20	67	2500	25000	高
医疗保健设施	医院	7	20	5000	250000	低
	门诊部	7	20	2500	10000	中
住宿设施	住宅	2	5	1000	10000	低
	公寓	3	10	5000	100000	中
	宾馆	5	10	5000	200000	高
教育设施	学校	33	50	5000	250000	低
	图书馆	10	33	5000	250000	低
	博物馆	10	33	5000	250000	低
商贸设施	百货商店	13	67	5000	250000	中
	超市	10	20	5000	100000	中
	购物中心	10	20	10000	500000	高
集会设施	礼堂	50	200	10000	100000	高
	体育场(馆)	50	200	10000	200000	高
	教堂	50	200	2500	10000	中

会受到同样的威胁。

某些建筑物，如核电站，由于其自身的特殊性，并没有列入表6.1中，这些建筑将在本节的结尾部分单独讨论。它们也没有被列入特定的建筑类型，具体原因将会在下文中进行解释。

在以下各节中将对表中所列的各种类别的建筑物进行讨论，并且对它们的相对风险和存在的弱点进行总体性的分析。关于通风系统的详细内容将在第7章中展开论述。

表6.1中所给出的风险等级只是粗略的估计，可能并不适用于所提到的建筑类型中的所有建筑。关于风险评估，以及对生化恐怖袭击进行概括性的风险评估是一项不很成熟的技术，它只是近来才被人们所重视(Clarke, 1999; Siegrist, 1999; Stern, 1999; Tucker, 1999)。对于生化恐怖袭击所构成的威胁，随后介绍的方法可以定量评估建筑物或者室内人员的相对风险。

生物恐怖袭击的风险可以被认为是危险度(或者是构成的威胁程度)和暴露人群乘积的函数(Zilinskas, 1999c)。对于建筑物而言，暴露人群指的是建筑物所容纳的人数，基本的函数关系如下所示：

$$\text{风险} = f(\text{危险度} \times \text{容纳人数}) \tag{6.1}$$

建筑物遭受袭击的风险还与建筑物外观的显著程度和建筑物的弱点有关。所以建筑物相对风险的一般函数形式可以重新定义如下：

$$\text{风险} = f(\text{危险度} \times \text{容纳人数} \times \text{建筑外观} \times \text{弱点}) \tag{6.2a}$$

毋庸置疑，尽管有些生化毒剂更为致命，但是也没有必要将它们按照危险性大小作进一步的细分，这是因为所有的生化毒剂都具有潜在的致命性，生化袭击都具有高度的危险性，总的来说它们的危险度都可以被认为等于1(或者100%)。任何一座建筑物的容纳人数(或者人员密度)都可以分为低、中、高三个等级，可以分别对这三个等级进行赋值，比方说，0.25(25%)、0.5(50%)和0.75(75%)。这样赋值从某种程度上说有些随意，但是对于一些特别的建筑还可以做进一步的细化。举例来说，对于一些人员高度密集的设施，比如正在比赛中的大型穹顶体育场(Superdome)，可能取值为0.99或99%；而对于只有单人居住的住宅来说就可能大致取值为1%。

类似地，建筑外观的显著程度从主观上也可以定义为低、中、高三个等级，这三个等级也可以同样分别赋值为0.25、0.50和0.75。当然，对于一些特殊的建筑还可以将取值进一步的细化。例如，华盛顿特区的国会大厦，从外观的显著程度上看就可能取值为99%。

和其他的因素一样，建筑物或者设施的弱点也可以用相同的方式来定义。对建筑物的弱点进行评估或许是难度最大的，但是对大多数的建筑都可以作近似的定义。虽然大多数军事设施的外观显著程度可能比较高，但是它们的弱点等级都比较低，这是因为它们通常都采取了严密的防范措施。任何安全等级高的建筑都可以认为它们的弱点等级较低，而任何对于公众开放的建筑则可以认为它们的弱点等级较高。

上述这些因素的数值可以用来计算出总的相对风险值，总的相对风险值于是又可以被重新解释为属于低、中、高三个风险等级。首先，为了便于数学表达可以定义以下一些风险变量：

- R——相对风险；
- H——危险度；
- O——容纳人数；
- P——建筑外观的显著程度，
- V——弱点。

式(6.2a)于是可以重新表示为如下形式：

$$R = f(H \times O \times P \times V) \tag{6.2b}$$

式中取 H、O、P、和 V4个变量的乘积作为风险函数的变量。毫无疑问，风险与概率具有相同的意义，对4个相互独立的概率乘积开4次方即可以得到标准化的总概率，这个总概率可以用来表示建筑物对于生化袭击危险的总体风险，如下所示：

$$R = \sqrt[4]{H \times O \times P \times V} \tag{6.3}$$

式(6.3)可以推广到包括多个附加因素的函数形式，这将可能用来定义任何一栋建筑物的各种风险因素，包括建筑物内的临时流动人数，或者甚至是恐怖分子已经声称的威胁。推广的一般函数形式如下所示：

$$R = \sqrt[n]{F_1 \times F_2 \times \cdots \times F_n} \tag{6.4}$$

式(6.4)中，n 代表了所有风险因素的个数，F 代表了每种风险因素的取值。这里需要说明的是风险值的计算还可能采用其他一些替代方法，例如可以对这些风险因素值求和然后再除以风险因素的个数。因此，总体风险的取值是与得到它们的计算方法相对应的。

下面通过一个具体的例子来说明一栋商业建筑风险值的计算过程，该栋建筑的外观显著，容纳人数多，并且对公众开放。各个风险因素的取值是：危险度 = 1，容纳人数 = 0.75，建筑外观 = 1，弱点 = 0.75。运用式(6.3)进行风险值计算，如下：

$$R = \sqrt[4]{1 \times 0.75 \times 0.75 \times 0.75} = 0.81 \tag{6.5}$$

从上面的计算结果可以看出该栋建筑的总体风险值为 81%，和预期的结果一致，因此该栋建筑可以被认为具有高度风险（计算结果的文字表述）。需要注意的是，由于危险度的取值为 1，使得总体风险超过了 75%。这也就是说，因为生化毒剂非常危险，所以就增加了这栋建筑物遭受该类袭击的风险。

在相同的建筑中，现在考虑采用一些可以减少了建筑物弱点的免疫建筑技术，那么，相对风险可以重新计算如下：

$$R = \sqrt[4]{1 \times 0.75 \times 0.75 \times 0.25} = 0.61 \tag{6.6}$$

结果显示，建筑物的相对风险从 85% 下降至 61%。当然，需要假设这些免疫建筑技术的运用将不会引起恐怖分子注意，或者至少不应当引起他们的注意，这样建筑物遭受袭击的风险或许保持不变，但是却降低了室内人员的相对风险。除此之外，采取一定的安保措施也能够降低建筑物遭受某种袭击的可能性。不过理想的做法应当是同时采取安保和免疫建筑技术措施，这样可以降低室内人员所受到的总体威胁。建筑物的弱点因素还可以进一步划分为：“安全性因素”，它代表的是建筑物可以察觉到的弱点，以及“免疫性因素”，它代表的是建筑物所采用的免疫建筑技术或者实际的弱点。不过目前给出的计算模型已经满足于大多数场合的风险分析，这种方法用来评估建筑物相对风险的灵活性也是显而易见的，因为对于恐怖袭击事件，它不仅仅定义了建筑物所受到的威胁，而且还定义了室内人员所受到的威胁。因此可以将建筑物的相对风险，或者式(6.3)中的变量 R，定义为在采用相同评价方法的前提下，相对于其他建筑来说，某一栋建筑的室内人员遭受生化恐怖袭击的风险。

为了便于对建筑物的相对风险进行快速的评估，表 6.2 根据建筑物的容纳人数、建筑外观和存在弱点这些因素的各种组合对相对风险的计算值进行了概括。正如前面所定义的，其中对低、中、高三个等级分别取值为 0.25、0.5、0.75；另外，相对风险并没有采用文字表述，而是利用公式(6.3)计算得到的百分数来表示，这使得相对风险的取值更加精细。这种方

建筑物相对风险的估计　　表 6.2

容纳人数	建筑外观	弱点	相对风险(%)
低	低	低	35
低	低	中	42
低	低	高	47
低	中	低	42
低	中	中	50
低	中	高	55
低	高	低	47
低	高	中	55
低	高	高	61
中	低	低	42
中	低	中	50
中	低	高	55
中	中	低	50
中	中	中	59
中	中	高	66
中	高	低	55
中	高	中	66
中	高	高	73
高	低	低	47
高	低	中	55
高	低	高	61
高	中	低	55
高	中	中	66
高	中	高	73
高	高	低	61
高	高	中	73
高	高	高	81

法或许并不是最好的，但是这是建筑管理者评估哪一栋建筑需要最先采用免疫技术，或者需要采用什么样的免疫技术的出发点。

还有许多其他因素会影响到建筑物遭受生化恐怖袭击的相对风险，例如室内人员的重要性，但是一般情况下这些因素有很多并不适用于大多数的建筑。在涉及到特殊建筑类型时，我们将对这些因素进行讨论。

6.2.1 商业建筑

在当今社会，商业建筑所包括的建筑类型最为多样。它们包括办公建筑、制造设施、以及各种类型的商用设施。机场设施也被归入商业建筑这种类别，这是因为它们在建筑实体和易受恐怖袭击的弱点方面与大型商业建筑相类似，尽管有些机场或许应该更准确地被列入市政或者政府设施一类。

商业办公建筑的外形和规模各异，并且所有类型的通风系统在该类建筑中都得到了应用。高大醒目的办公建筑是恐怖分子发动袭击的首选目标(如图6.2所示)。世贸中心双子塔楼(World Trade Center Towers)是世界上外观最为显著的建筑物，并且其所在地是世界上最大的城市之一。与之类似，一些著名的建筑都存在遭受生化袭击的风险。并不是所有的商业办公建筑都会成为袭击的目标，但是由于大型办公建筑通常也是现代都市景观

图6.2 对于生化恐怖袭击来说，商业办公建筑是单独的一类具有最大风险的建筑

的重要组成部分，因此这类建筑物存在较高的风险。小型办公建筑所面临的风险十分有限，但是这类建筑的工作性质以及工作人员的重要程度都是在进行风险评估时需要考虑的因素(如图 6.3 所示)。

办公建筑所采用的通风系统类型也是在评价建筑物的弱点时需要考虑

图 6.3 联邦政府机构的建筑物可能是惹人注目的目标(图片征得宾夕法尼亚州 Art Anderson 的许可)

的因素之一。大多数办公建筑的通风系统都采用标准化设计，并且在系统形式上采用定风量设计或者变风量设计，变风量系统可以根据系统负荷和室外空气条件来调节系统的新风比。现代办公建筑大多没有可以开启的窗户，密闭性很好。办公建筑的通风系统相互类似并且其规格大小与建筑面积成一定比例，另外这类建筑单位面积的容纳人数也相互类似。这类建筑物通常都缺少过滤系统或者其他空气质量控制系统。关于通风系统的问题，将在第7章中作更详细的论述。

几乎所有的办公建筑都设置有一个或多个位于建筑内部或外部的设备间，这些设备间的安全应当引起重视，并且需要采取一些适当的防护和(或)安保措施。应当限制人员进入设备间，并且设备间的房门应当上锁。

任何办公建筑通风系统最关键的部位是新风口。新风口通常设在设备间或在设备间附近，它们可能会安装在屋顶或者是地面。位于地面的新风口，如果从建筑外面可以接近的话，就特别容易遭受生化袭击。

尽管高大的办公建筑可能是生化袭击的主要目标，但是这类建筑通常都有先天的防御能力，这是因为它们一般具有多个通风系统和多个独立的设备间。例如，在芝加哥的西尔斯大楼(Sears Tower)拥有8个独立的设备间。尽管通风系统的服务区域可能无法实现完全独立，但是如果袭击仅限于其中的一个区域或者一个新风口的话，那么该建筑中的大部分人员都会得到较好的保护。如果建筑物具有多个独立并且严格隔离的通风分区，那么在分析时，每一个通风分区都可以看作是一个独立的建筑。

银行基本上属于小型办公建筑，办公建筑的很多安全考虑也同样适用于银行，只不过它们不大可能成为生化恐怖袭击的目标。尽管有一些银行建筑规模很大，但是外观醒目的银行建筑毕竟属于少数，所以该类建筑的目标价值并不高。银行的通风系统在系统形式和运行方式上与典型的小型办公建筑相同，所以也可以采用相同的防护措施。银行需要额外考虑的问题是恐怖分子(或犯罪分子)有可能使用失能性毒剂来实施抢劫，所以应当考虑到对这类化学制剂的防护。

制造设施的类型和大小各式各样，但是一般来说该类建筑不大可能成为生化恐怖袭击的主要目标。首先，这些设施的大部分建筑面积都被各种各样的生产设备所占据，因而建筑物的容纳人数相对较少。其次，像汽车制造厂、飞机制造厂、电子设备和其他各种五金器具制造厂一类的制造设施，其建筑外观很少会惹人注目，并且通常都坐落于市郊。另外，这类建筑的安保水平一般都比较高，并且通常会严格限制无关人员的进入。

为了容纳生产设备，通常制造设施一类的建筑不仅体积庞大，而且顶棚很高。这类建筑一般采用大风量的通风系统，在设计上主要考虑的是消除设备产生的负荷而不是人员负荷(如图 6.4 所示)。因此，在这类建筑中释放的任何生化制剂都会在很大程度上被消散和稀释。

一些特殊的制造设施也有可能成为其他类型恐怖袭击的潜在目标。对于试图采用食物传播型病原体进行攻击的恐怖分子来说，食品加工设施就是潜在的袭击目标，因此它们在表 6.1 中被归入食品和娱乐设施一类。军用设备的制造工厂也是潜在的袭击目标，它们在表 6.1 中被归入政府建筑中的军事设施一类。

机场，无论是私有的还是属于政府的，由于它们的建筑实体与大型办公建筑相类似，因此被归入商业建筑一类。机场也可以归入到购物中心(Mall)一类，它们之间也非常相似(如图 6.5 所示)。机场的容纳人数可以达到很高的水平，不过与购物中心相比机场的建筑体量更大，即便在非常拥挤的情况下，机场内单位体积的容纳人数仍然与购物中心相当。大型机场的外观明显，容易成为袭击目标；不过另一方面，因为它们的顶棚高、体积大，这使得它们在某种程度上不像办公建筑那样容易遭受生化袭击。机场是一类独特的建筑，不能简单地将它们归入到某个建筑类别，必须根据

图 6.4 制造设施的室内人数少而且建筑体积庞大，这使得它们不大可能成为生化袭击的目标

图 6.5　在机场和购物商场(Mall)的公共开放区域释放生化毒剂对室内人员安全构成威胁

它们面临的生化袭击风险和需要采取的防护措施对每一座建筑逐个进行分析。

6.2.2　政府建筑

由于政府建筑所具有的象征意义以及室内工作人员的重要性，该类别中的大多数建筑都可能成为袭击的目标。众所周知，美国的五角大楼和白宫就是具有显著建筑外观的袭击目标。以前法院、州议会大厦和警察局都曾经是各类恐怖袭击的目标，今后这种情况完全有可能会继续发生。然而，并不是所有的政府建筑都有可能成为生化恐怖袭击的目标，因此有必要对每一座建筑物的类型和弱点进行分析。

如图 6.6 所示的法院建筑，其遭受恐怖袭击的风险取决于它们的等级和外观显著程度。州最高法院建筑和联邦法庭建筑的外观通常都非常突出，它们当然也逃不出国内恐怖分子和那些认为自己受到不公正法律制裁的犯罪分子的视线。考虑到必要的安全性，法院建筑往往都采取高级别的安保措施，这些措施本身就可以降低遭受袭击的可能性。法院建筑中的某些建筑单元的安保措施，不能仅仅局限于建筑物内人员的防护，而且还需

图 6.6 一幢典型的县法院建筑(图片征得宾夕法尼亚州 Art Anderson 的许可)

要考虑空气处理设备的防护。

在形式和功能方面，大多数法院建筑都类似于办公建筑，并且具有相似的通风系统。一般情况下，法院建筑通风系统中所采用的防御生物或化学恐怖袭击的技术方法，也同样可以应用于办公建筑中类似的通风系统中。法院建筑内的特定区域，例如首席法官的办公室，可能需要采取特殊的防护措施。考虑到上述情况，这些特定区域应该能够与主体建筑相隔离，并且设置有单独的送风系统。

市政大楼包括城市和地方政府建筑，如图 6.7 所示。一般情况下，这些建筑不会成为生化恐怖袭击的主要目标，但是也有例外。一些坐落于大城市，其建筑外观十分突出的市政大楼可能会成为潜在的袭击目标。国内极端分子或是仇视政府当局的犯罪分子都有可能针对这类建筑发动生化袭击。和其他建筑一样，该类建筑需要逐个进行评估，以确定其相对风险。

警察局是极端分子、有不满情绪的市民、以及怀有复仇心理的犯罪分子传统的袭击目标，这不仅仅是因为它们所具有的象征意义，而且还因为警察常常处在打击各种形式的城市冲突及犯罪的第一线。另一方面，警察局本身具有很高的安全等级，因此即便它们的建筑外观非常突出，也很难遭受袭击。

警察局及消防局所采用的通风系统和容纳人数都类似于中小型办公建

图 6.7 波士顿市政厅(Boston City Hall)(图片征得宾夕法尼亚州 Art Anderson 的许可)

筑。针对生化袭击的防护措施也可以与办公建筑相类似，但是应该更加重视通风系统的防护。

如果不是因为有可能分发受到生化污染的邮件，例如发生在2001年的邮寄炭疽孢子的袭击事件，邮局似乎不大可能成为生化袭击的目标。尽管邮局不大可能成为恐怖袭击的直接目标，但结果却是一样的，因为在处理染毒邮件的过程中邮政设施也会受到污染。另外，不断有一些心怀不满的邮政工人为了发泄不满会对以前的雇主或是同事实施报复，这些都会增加该类建筑设施遭受恐怖袭击的风险。

美国邮政局近来在一些大型邮政设施中使用了一些高科技的邮件消毒技术，这些技术加强了这些建筑设施对染毒邮件的防护，但是这些昂贵的系统并不可能在所有的邮局中使用。因此，为了保护邮局的工作人员，对邮政类建筑通风系统的性能及相关弱点进行评估是非常重要的。大多数邮政建筑都有一个优点，即它们的顶棚很高因而内部空间大，有利于各种生化毒剂的稀释，表现出了一定的防护作用。

不难理解，监狱对于任何形式的生化袭击来说都是低风险的。而且，许多监狱都已经采用了空气消毒系统，这是为了避免如肺结核一类严重疾病的在监狱里流行。此外，监狱是除了军事设施之外安全等级最高的地方，因此这类建筑更不可能成为生化恐怖袭击的目标。

军事类建筑是生化恐怖袭击的重要目标，但是还要看军事建筑的具体类型。例如，国民警卫队的仓库和贮藏建筑就极不可能遭受生化恐怖袭击。五角大楼、军事指挥和控制中心以及大型军事基地等建筑则是高风险的攻击目标，但是这些军事区域通常也是高度安全的地方，因为这里防范严密，通常设置一些防护系统以保护建筑内人员免遭来自外部的生化袭击(即用于战时的防护措施)。然而，一般的军营和军事训练中心并不都有这类防护系统。大部分建筑设施的防护系统在设计上并没有考虑生化毒剂在室内释放的防护问题，特别是那些在室内以非常隐秘的方式释放的问题。因此，应当重新审视所有的军事建筑针对室内释放生化毒剂的防护能力。

6.2.3 食品和娱乐设施

应当特别关注对于食品和娱乐行业建筑物的生化恐怖袭击。首先，生化袭击的基本目标是人员密集场所，如这类建筑中的夜总会；其次，存在着利用食物传播型病原体和毒素造成大规模人员伤亡的恐怖袭击的可能，尽管这些毒剂并不一定会造成空气传播的危险。虽然工程技术手段在防御用食物或水传播型病原体的恐怖袭击方面所起的作用十分有限，我们还是把这两种形式的威胁放在一起进行讨论。

食品加工工厂的规模大小不一，既有小型的家庭作坊式的面包房，也有大型的自动化生产工厂。这类建筑与一般的制造业工厂一样，在其内部人员受到生化袭击的潜在威胁方面都被列入较低的相对风险等级。由于这类建筑的室内人员密度低，大型食品加工设施一般体积庞大，以及为了冷却生产设备通常都设置有大风量的通风系统，这些固有的特性使得这类建筑对于释放的空气传播型生化毒剂具有一定的防护能力。此外，为了防止食品污染或者霉变，许多食品加工建筑都设置有空气过滤器，有时甚至会采用紫外线杀菌照射(UVGI)技术。因此，在室内释放的生化毒剂浓度比较低的情况下，一些食品加工类建筑也都具备了一定的免疫能力。

对于食品加工设施，真正值得关注的问题并不是保护内部人员免受空气传播的生化毒剂的危害，而是应该防止加工的食品可能会受到毒素或者食物传播型病原体的污染。使用化学制剂污染食品实施恐怖袭击的可能性不大，因为要达此目的，化学制剂的使用剂量、味道和气味都会十分明显；但是病毒和病原体对于没有防备的消费者来说几乎是无法察觉的。不可否认的是，为了保证生产食品的质量和安全，在食品加工设施中已经设置了一些防护系统，但是恐怖分子为了造成人员伤亡事故，引起消费者恐慌，或者制造经济混乱，他们可能会绕过现有的这些安全措施。恐怖分子或许会袭击一些对于美国消费者非常知名的食品品牌(Stern,1999)。因此，食品加工行业的建筑物遭受生化恐怖袭击的风险等级应当考虑为中等。

餐馆和自助餐厅相对来说不大可能成为释放生化制剂的袭击目标，不过在过去至少有两次利用食物传播型病原体的袭击事件是以该类建筑为目标的(如图 6.8 所示)。在 1984 年，印度教拉希尼希教派的教徒们(Rajneesh cult)用鼠伤寒沙门氏菌(Salmonella typhimurium)污染了俄勒冈州一个市镇十家餐厅里的沙拉吧台，造成了 751 人患病(Torok et al., 1997; Tucker, 1999)。在 1996 年，由于食品被志贺氏痢疾杆菌(Shigella dysenteriae)污染，造成了得克萨斯州大规模疾病的流行(Kolavic et al., 1997)。由于这种袭击是在大范围内散播致命病原体，因此有可能会造成大量的人员伤亡。为了防范这种类型的袭击，惟一可能的途径就是在餐馆自选食品台周围增强安保和采取监控措施。正如前面所提到的，工程技术手段在防范食物受到病原体污染方面所起的作用非常有限，在这里提到这个问题主要是为了强调该类建筑存在着潜在的生化袭击威胁。

各种类型的夜总会在历史上一直是恐怖分子使用炸弹袭击的目标，这是因为这类建筑进出自由而且人群非常密集。出于同样的原因，夜总会也

图 6.8 餐馆不大可能成为空气传播的生化袭击目标，但是恐怖分子有可能在食物中投毒(图片征得宾夕法尼亚州 Art Anderson 的许可)

可能成为恐怖分子使用生化毒剂袭击的主要目标。夜总会的规模越大，其目标价值可能就越高。如贝弗利山(Beverly Hills)或是好莱坞(Hollywood)这样声名显赫地区的夜总会，就有可能成为该类袭击的牺牲品。一些招待特殊顾客群体的夜总会，由于一些特别的原因也可能会成为恐怖分子袭击的目标。军人俱乐部、同性恋俱乐部、或者其他一些俱乐部都可能成为恐怖分子或者宗教极端分子使用生化武器发动袭击的目标，他们以前就曾经利用常规武器袭击过上述目标。

夜总会与办公建筑相比，它们通常会采用更大风量的通风系统。通风系统的这一特点在某些袭击情景中可能会造成两种相互冲突的结果：一方面，它会加速任何毒剂在释放之后的传播和扩散；另一方面，它也会加速任何毒剂在释放之后的稀释和排出。生化制剂在该类建筑中实际的传播与消散程度，则取决于通风系统的具体情况和建筑物的容积，这些情况都必须结合具体的案例逐个进行分析。

6.2.4 医疗保健设施

如图 6.9 所示，医院及其他一些医疗保健设施可能是除了监狱之外目标价值最低的一类建筑。即便恐怖分子也需要划定袭击目标的界限，至少按照他们自己的观点他们不是完全卑鄙无耻的。考虑到这一点，以及迄今为止没有 所医院曾经遭受过蓄意的恐怖袭击的事实表明——该类建筑遭受生化恐怖袭击的潜在风险是较低的。虽然如此，还是不能完全排除个别的由于人和人之间，人和医疗机构之间的积怨导致的生化袭击事件。但是，医院通风系统在应对通过空气传播的疾病方面有较高水平的防护能力。医院建筑通常引入大量室外新风对室内空气进行持续的净化，将系统划分多个区域，以及设置过滤系统。许多医院在隔离病房和手术室中采用紫外线杀菌照射(UVGI)系统对空气进行杀菌照射。对于医院而言，最不利的袭击情景可能是在室外释放化学制剂。另外一种情景是大量感染未知病菌的患者进入医院救治，如果他们感染的是传染病，例如天花，医院则可能会被污染因而必须隔离。无论如何，为了确定需要增设的防护措施，在对医院的防护性能进行评估时，都必须考虑该类建筑的通风系统和建筑的特殊性。

门诊部实际上就是小型的医疗保健设施，通常提供特定的医疗保健服务。一般来说，门诊部不大可能成为生化恐怖袭击的目标，但也有例外，一些为妇女提供医疗服务的诊所(如堕胎诊所)就曾经遭受过宗教极端分子团伙的袭击，并且这种趋势并没有缓和的迹象。例如，国内的极端分子埃

图6.9　美国弗吉尼亚州斯坦顿市的医疗保健设施(图片征得宾夕法尼亚州 Art Anderson 的许可)

里克·鲁道夫(Eric Rudolph)，曾经制造了伯明翰的一所妇科诊所爆炸案和亚特兰大一家同性恋夜总会爆炸案，另外1996年亚特兰大奥运会期间他还在人群拥挤的世纪公园(Centennial Park)中制造了一起爆炸案，致使两人死亡和百余人受伤。因为通过这些事件可以看出，极端分子具有制造谋杀的企图，另外考虑到自9·11事件以来，发生了许多起以诊所为目标的炭疽恐吓事件，所以妇女诊所应当被认为是生化恐怖袭击的高风险建筑物。

门诊部的通风系统设计没有特定的标准，一些门诊部的通风系统是按照医院建筑标准设计的，还有一些门诊部则采用办公建筑标准，甚至是经过修改的住宅建筑标准。因此，无法对该类建筑提供一般性的建议，每一个门诊部都应当根据自身已有的通风系统的配置来实施改造。

6.2.5　住宿设施

公寓建筑遭受生化袭击的风险与一系列因素有关，包括建筑的大小及容纳人数，是否设置有集中通风系统，以及建筑外观是否引人注目等(如图 6.10 所示)。因为大多数公寓建筑，尤其是较老的建筑物，通常使用单元式或房间空调器并且窗户可以开启，所以这类建筑遭到室内释放生化毒剂袭击的风险较低。

住宅建筑由于内部的容纳人数较少，因此也属于遭受生化武器袭击可

图 6.10 采用集中空调系统的大型公寓建筑有可能受到生化袭击的威胁(图片征得宾夕法尼亚州 Art Anderson 的许可)

能性最小的建筑类型。尽管如此，生化恐怖袭击的随机行为还是无法准确预料的，例如1994年日本松本市就发生过室外释放沙林毒气事件，造成了数百人伤亡。

有些人因为其身份重要存在着被袭击的风险。有一些居民则由于其住所的位置存在着被袭击的风险。可想而知，位于主要袭击目标附近的房屋很可能会暴露在生化袭击的染毒范围之内。在这种情况下，该建筑遭受袭击的情景与室外释放生化毒剂的情景相类似。可供选择的防护设计方案只不过是对室外空气进行净化或消毒，或者采取与外界隔绝的措施。

宾馆建筑同公寓建筑基本相似，不同的是宾馆的建筑外观通常十分醒目，并且对公众开放。许多宾馆都设置有相互独立的空调器，没有集中通风系统，这使得它们在一定程度上对生化袭击具有较高程度的免疫能力。采用集中式空调系统的新式宾馆与办公建筑面临的风险是一样的。这类宾馆，可以采用空气净化技术和加强建筑物本身的安保措施来增强其防护能力，不过这些措施对于这类向公众开放的建筑未必有效，这也在一定程度上限制了安全规程(Security protocol)的作用(如图6.11所示)。

6.2.6 教育设施

学校建筑，无论是K-12教育设施(指从幼儿园至中小学的基础教育设施)、高中或是大学，都不大可能成为生化袭击的目标。这是因为即使恐怖分子也不赞成袭击青少年，除此之外，还由于学校看上去并不属于军工设施、政府部门、或者是任何社团建筑。

尽管如此，学校还是发生过一些恐怖袭击事件。例如，当地的新纳粹分子(Neo-Nazi)曾经在犹太人小学(Jewish grade school)制造过一起枪杀事件；由目前在押的罪犯，绰号为“炸弹怪客”(University and airline bomber，缩写为Unabomber，意为大学和航空公司的投弹手)的特德·卡克辛斯基(Ted Kaczynski)制造过一些大学的校园爆炸案。此外，学生中的危险分子制造的针对他们自己学校的枪杀及爆炸事件也连续不断地发生，这些事件也让人们联想到，他们也许会非常聪明地研制出一些毒药、有毒化学品、甚至是致命的病原体来攻击学校的建筑设施。

学院和大学的建筑物在结构和形式上与小型办公建筑或公寓建筑相似，如图6.12所示，所不同的是前一类建筑的人员密度更高。提高这类建筑对于生化袭击的“免疫能力”的技术方法与办公建筑非常相似，不过应当考虑到这类建筑遭受袭击后的人员伤亡总数会更高。也就是说，对于一栋容纳200人的办公建筑来说，8%的人员伤亡率可能是可以接受的，但是

图 6.11 大型宾馆因为对公众开放而容易受到袭击(图片征得宾夕法尼亚州 Art Anderson 的许可)

对于相当建筑大小却容纳有 1000 名学生的学院建筑来说，这个伤亡率可能就令人无法接受了。另外，在进行这类建筑的防护设计时还必须对每一栋建筑设计参数的独特性加以考虑。

图书馆遭受生化袭击的风险要比学院或是办公建筑小。尽管它们可能会存在周期性的人流高峰，但是它们的建筑外观通常极不显眼。如果这类建筑需要考虑采用免疫建筑技术，可以按照与办公建筑类似的方法来处理。

图6.12 典型的大学宿舍(图片征得宾夕法尼亚州 Art Anderson 的许可)

与图书馆相比，博物馆更不容易成为生化袭击的目标。不过，有些博物馆不仅存在周期性的人流高峰，而且由于它们通常陈列有珍贵的艺术品或者是作为民族骄傲的人工制品，这些陈列品使它们变得更加引人注目。虽然博物馆的陈列品并不一定会受到生化毒剂的损害，但是一些受欢迎的博物馆会迎来很多的参观者，并且建筑外观十分突出，这些使它们面临着较高的风险。博物馆采用免疫建筑技术还必须考虑到一些特殊的因素。博物馆中陈列的艺术品或人工制品对室内温度和相对湿度都有一定的限制要求。增设过滤器、紫外线杀菌照射(UVGI)系统、活性炭吸附器、或者其他一些设备都会影响到通风空调系统对于室内温、湿度环境的控制。当然，这些因素在任何空气净化系统的改造设计中都应当考虑到，不过对于博物馆建筑来说这些因素显得尤其重要。

6.2.7 商贸设施

商贸设施的规模有的非常大，有的则非常小，变化范围很大。从某种程度上来说，每座商贸设施的生化恐怖袭击的相对风险是其自身规模和容纳人数的函数。任何供应或者销售食物的商店都应当特别警惕食物可能被污染的情况，特别要保护好诸如食品杂货店中的新鲜蔬菜和沙拉柜台等开放式自选食品，避免受到污染。

百货商店属于中型的建筑物，有时会迎来人流高峰(如图 6.13 所示)。因为它们对公众开放，所以存在有遭受生化袭击的风险。这类建筑通常顶棚高而且内部空间大，这一特性能够起到一定的防护作用。另外，这类建筑采用与办公建筑相似的通风系统，可以采取一些标准的技术措施提高它们对生化袭击的免疫能力，包括对空气净化系统实施改造以及在设备间和

图 6.13 拥挤的百货商店和购物中心(Mall)是恐怖分子在开放区域释放生化毒剂的潜在目标(图片征得宾夕法尼亚州 Art Anderson 的许可)

空气处理设备中安装防护装置。制订的安全规程在商贸建筑中未必能收到好的效果，这是由于购物者不仅人数众多而且携带着各种包裹。

超市属于中小型的商贸建筑，容纳人数也相对适中或是较低。超市面临生化恐怖袭击(包括通过空气传播生化毒剂并试图造成大量人员伤亡的恐怖袭击)方面的风险比较低。不过，超市作为食品销售的最终环节，它们可能会成为利用毒药、毒素或是生物病原体污染食物的恐怖袭击的潜在目标。食品杂货店中的新鲜蔬菜和沙拉柜台等开放式自选食品被污染，将会造成大量的人员伤亡，曾经发生在俄勒冈州的沙门氏菌(Salmonella)袭击事件，就是这类事件。食物传播型病原体并不能通过通风系统来控制，因此只能采取其他一些措施，如监控及安保措施。

购物中心(Mall)是一种大型的商业综合体，内部有许多商店和通常可以容纳很多人的大型开放区域。因为向公众开放，所以它们也是恐怖袭击的潜在目标。购物中心与机场在形式以及通风系统的设计上都十分相似，它们为增强防护能力所采取的措施也基本相似。购物中心的空间容量非常大，有利于污染物在空间中的消散，因此高大空间为室内人员提供了一定程度的保护；但是，与此同时通风系统的空气再循环作用也可能会加剧污染物的扩散。在该类建筑中，应当采取一些安保措施以加强空气处理设备和新风口的防护。不过，由于购物中心是对公众开放的，许多人还可能携带包裹，因此一些安全规程在购物中心将难以实施。

6.2.8　集会设施

所有公众集会的场所，因为其人员非常密集，都具有很高的遭受生化袭击的风险。即使是小型的集会设施，比如剧院，都可能成为恐怖分子袭击的目标。中东地区的一些国家曾经发生过这类事件，例如宗教极端分子在人群拥挤的剧院引爆燃烧弹。尽管美国的剧院中还没有发生过这类袭击事件，但是国内的许多狂热分子极有可能这么做。

礼堂(Auditorium)是用于各种集会或娱乐的建筑物，剧院、公共大厅、音乐厅、学校礼堂等都属于这种建筑。这类建筑有时会十分拥挤并且向公众开放，因此它们有遭受生化恐怖袭击的风险。礼堂的通风系统一般都比较简单并且采用大风量设计，通过增加空气净化和空气消毒设备，对通风系统进行改造也并不困难。然而，问题是礼堂内部空间大而且人员密集，在礼堂内部释放生化毒剂的起初阶段，通风系统的净化和消毒等措施还没来得及发挥作用，伤亡就已经发生，待通风系统可以发挥作用时已经太迟了。对于大多数利用通风系统向室内释放生化毒剂的袭击，办公建筑都可以通过工程技术手段来进行防护。与办公建筑不同，恐怖分子在礼堂类建筑中可以实施不同方式的生化袭击，因此礼堂所能采取的防护措施在某种程度上是有限的。为了减少室内释放的生化毒剂的危害，该类建筑的主要区域可能需要考虑采用一些创新的技术方案，例如，与经常采用的大风量的上送风和侧送风系统不同，可以采用局部送风系统。另外，采用具有良好通风净化效果的地板送风系统也是一个可选的技术方案。

体育场(如图 6.14 所示)通常是为室外运动或其他活动提供场所的建筑。有些体育场加了顶盖，变成了封闭式的体育场，看起来更像一个大的礼堂。开敞式的体育场内部一般有步行街和商店，因此与购物中心或机场相似。许多体育场如旧的棒球场，其内部很少或者根本不设置通风系统。由于体育场人员容纳量大，因此它们是生化恐怖袭击潜在的高风险目标。

购物中心和办公建筑的通风系统为了应对生化恐怖袭击所采用的标准防护设计方法，包括设置空气净化系统和对空气处理设备的实体防护等，也同样可以应用于体育场。与那些公众可以自由出入的场所一样，在体育场中实施安全规程的难度很大，因为在这些地方要找出可疑的个人或包裹可能非常困难。对于体育场这种建筑而言，最安全有效的措施或许就是引导观众举报体育场中可疑的人和包裹。当然，生化制剂也许会藏在某个人

图 6.14 美国密歇根州庞蒂亚克白银穹顶(Silver Dome)体育场(图片征得宾夕法尼亚州 Art Anderson 的许可)

的口袋里，因此，即便是对包裹进行监控也不能保证安全。

基督教堂、犹太教堂、清真寺以及寺庙，同其他一些公共集会场所一样，根据其规模以及宗教的种类，都有可能成为生化袭击的潜在目标(如图6.15所示)。城市中许多的教堂在过去的几十年中都被诸如三K党(Ku Klux Klan，缩写为KKK)的种族主义分子炸毁或是烧毁了。这些团伙中有些人已经开始图谋使用诸如蓖麻毒素、鼠疫菌以及炭疽杆菌孢子等生化毒剂(Tucker,1999)。由此看来，如果不采取遏制手段，这些人终将会使用生化毒剂来袭击教堂。

图6.15 美国的教堂曾经是恐怖分子袭击的目标(图片征得宾夕法尼亚州Art Anderson的许可)

6.2.9 特殊建筑

有一些建筑不属于表 6.1 中定义的建筑类别，或者因为特殊的原因没有把某些建筑列入表中。但是无论是否在表中列出，大多数建筑都可以对照表中列出的类别用相同的方式进行分析。下面将提到一些特殊的建筑。

核电站(如图 6.16 所示)通常是由一组建筑构成，包括维修与生产设施、发电主厂房以及办公建筑。事实上，这些建筑不大可能成为生化袭击的目标，因为在设计过程中考虑到了对辐射泄漏的防护，所以这类建筑对生化毒剂具有一定的防护能力。控制辐射泄漏的技术与处理生化毒剂的方

图 6.16 核电站不大可能成为生化恐怖袭击的目标，不过处在任何位置的冷却塔也许都会被利用为毒剂的室外散布系统，因而可能容易受到攻击(图片征得宾夕法尼亚州 Art Anderson 的许可)

法相似(例如，使用过滤和活性炭吸附)。核电站在设计中通常要防护各种潜在的从周围建筑设施、铁路或是高速公路等释放的化学物质。并不是核电站内部的每一个建筑都要采取这样的防护措施，但是核电站的安全防护等级非常高，外来者任何渗入核电站的企图都不可能实现。当然，不能完全排除内部人员犯罪的可能性，而且在室外空气中释放生化毒剂的可能性也会构成一种较小的潜在威胁，因此核电站的办公建筑需要采用免疫建筑技术来实施防护。

冷却塔无论安装在核电站还是公寓建筑顶部，都存在一个容易被利用的弱点，因为它们有可能被用作为生化毒剂的散布系统。冷却塔可以传播嗜肺军团杆菌(Legionellla pneumophila)，这是一个众所周知的现象，但是其他制剂，包括放射性制剂，则有可能被倒入冷却水中并通过冷却塔在人员居住区以气溶胶的形式释放(Matson,2001)。

新闻媒体的建筑可想而知也是一类高风险的袭击目标，不过这些建筑物实际上都是一些大小不等的办公类建筑，因此如果需要在这类建筑中设置或者改进免疫建筑技术，则可以按照办公建筑的要求考虑。

国家历史文物(National monument，由国家保管的自然遗址或名胜古迹的构造和遗址译者注)是民族骄傲的象征，它们可能会遭受毁坏性的袭击，但不一定会遭受生化袭击。显而易见，生化毒剂不大可能毁坏历史文物本身，但是由于客流量大，可能会造成参观者大量伤亡。这类设施往往都是独一无二的，因此必须逐个进行评估。

6.3 针对建筑物的袭击方式

生化恐怖袭击针对建筑物并造成人员伤亡，可以选择适当的工程技术手段来防范这些恐怖袭击，如何选择与生化恐怖袭击的方式有关。针对建筑物的生化袭击有多种方式。军事上常见的是在室外释放毒剂，第一次世界大战中就有很多这样的战例。针对建筑物的袭击，则更多地采用在新风口或者是室内释放毒剂的方式。各种袭击方式在图6.17中进行了详细分类，并将在下面的各节中进行讨论。

6.3.1 室外释放

室外释放生化毒剂常常是军事作战采用的方式，针对建筑物的恐怖袭击不太可能采取这种方式。这是因为室外空气的扩散作用会降低染毒浓度，并且大多数建筑引入的新风只占总风量的一小部分，因此这些新风中的毒剂得到了进一步稀释。生化毒剂在室外释放受到风向和建筑物周围流

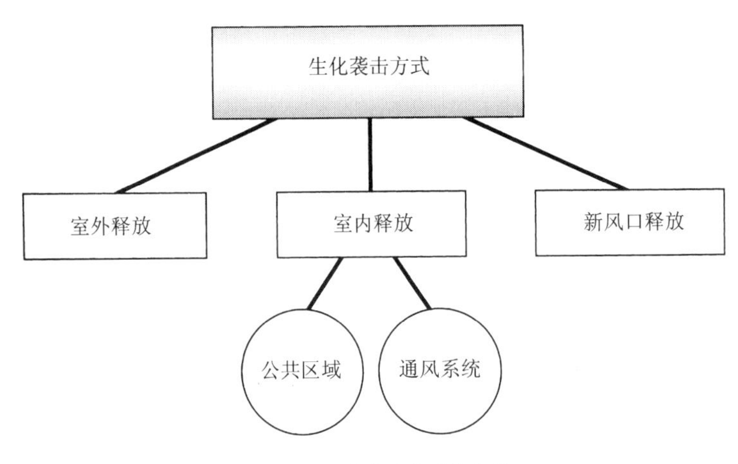

图 6.17 生化袭击方式的分类

场的影响。如果毒剂释放的地点与建筑物有一定距离，则企图通过新风口把毒剂引到建筑物内，未必会达到预想的效果。

1990 年至 1993 年，日本奥姆真理教教徒曾经多次在东京的议会和其他一些政府建筑周围释放肉毒杆菌毒素(Botulinum toxin)以及炭疽杆菌孢子(Anthrax spore)，他们主要通过驾驶装载有喷洒设备的卡车，或者直接从办公建筑的窗户向室外释放生化毒剂(Christopher et al.,1997; Olson,1999)。据报道，曾经出现过不明气味及动物死亡的现象，但是没有真正造成人员伤亡。1994 年 6 月 27 日，该教教徒在松本市的一处居民区驾驶一辆经过改装的卡车释放沙林毒气。这起袭击事件致使 7 人死亡并且造成 500 人中毒。显然，这种在室外释放毒剂的袭击方式使住宅建筑具有较高风险，不过这些风险可以通过应用免疫建筑技术来消除。

在人员密集的室外区域(如图 6.18 所示)释放生化毒剂，明显具有潜在的杀伤力，但是这种袭击方式在各种针对特定建筑物的生化袭击中，可能是危险性最小的一种。具体原因是(如图 6.19a 所示)只有一部分染毒的室外空气会被新风口吸入。最危险的袭击方式(如图 6.19b 所示)应当是在新风口处直接释放生化毒剂，在这种情况下大部分毒剂都将被吸入到送风气流中。对室外释放毒剂这种恐怖袭击方式的防护，工程技术方法是对通风系统引入的室外空气进行处理，或者是把内部空间与外部空间隔绝开来。

6.3.2 新风口释放

在建筑物的新风口释放生化毒剂也是一种可能的袭击方式。处于地面

图 6.18 室外袭击情景包括在人群拥挤的开放区域或者在市区释放毒剂，在后一种情况下污染物可能会通过新风口被吸入到室内

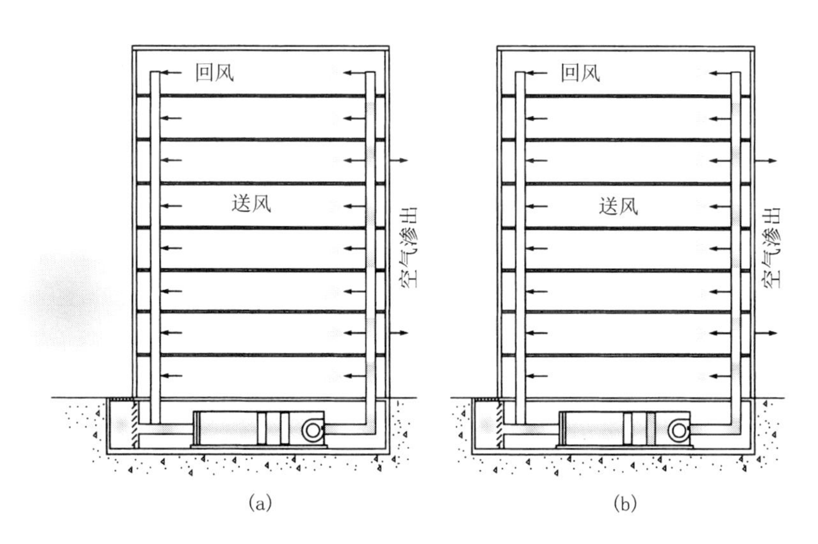

图 6.19 (a)室外释放的毒剂被新风口吸入;(b)在新风口内部释放毒剂

高度的新风口被认为是建筑物的一个弱点，在这里生化毒剂可以通过泼洒(Spill)、爆炸或者是放置烟雾发生装置的方式被释放(如图6.20所示)。另外，处在地面高度的新风口，也容易被公众接近。

典型建筑物通过新风口引入的室外新风占总风量的15%－25%，并且与建筑物的回风相混合。如果假设释放的生化毒剂全部都通过新风口吸入到通风系统中，那么其效果与在空气处理机组(AHU)中直接释放毒剂是相同的。因此，如果没有配置过滤器，对这种袭击方式的分析与在空气处理机组(AHU)内部释放毒剂的袭击方式的分析是一样的。

向建筑物的新风口内泼洒液体毒剂，或者在新风口处放置毒剂烟雾发生器，它们产生的效果类似，二者之间主要的不同之处在于，后者利用动力或压力驱动设备，毒剂的释放速率高。毒气通过加压罐释放和利用烟雾发生器(Aerosol generator)释放的效果相似，它们可以被视作为同一种释放方式。

利用爆炸装置在新风口释放毒剂，一部分毒剂向外飘散，没有全部进入新风口。因此最危险的袭击方式就是向新风口内泼洒毒剂或是在新风口处放置毒剂烟雾发生器(Aerosolizer)或类似装置。当多个建筑物同时遭受袭击的时候，采用这种袭击方式的可能性更高。如果恐怖分子拥有大量的生

图6.20 如上图所示，处于地面高度的新风口是一些大型建筑容易受到攻击的弱点

化毒剂，为了造成最大程度的人员伤亡，他们可能会连续在多个建筑物的新风口释放毒剂，而不仅仅是将袭击目标锁定在某一座大型建筑上。

6.3.3 室内爆炸释放

引爆军用生化武器作为一种作战手段，其概念源自战争，以前这种方式只用在军事斗争中，设计出这种袭击方式惟一目的也只是用于战争。尽管这种袭击方式也能用于袭击建筑物，但是存在着一定缺陷。首先，爆炸会引起建筑物内人员的警觉，会产生一些看得见的烟气(如图6.21所示)，这些都为建筑物内的人员能提供足够的预警时间，使得大多数人得以及时逃离避免伤亡。其次，露天地点采用这种释放方式，只能污染爆炸地点以及与之紧密相邻的周围区域。另外，爆炸可能会触发喷淋系统，虽然喷淋对气体的作用影响很小，但是可以抑制颗粒状气溶胶的产生。

采用爆炸方式释放生化毒剂，将对爆炸地点附近的区域造成严重污染，污染程度远远超过允许值。也就是说，染毒浓度可能会远远高出该种毒剂的半致死浓度 LD_{50}值。毒剂释放以后，起初，通风系统对这些污染起

图6.21 在建筑物的一般区域采用爆炸或者气溶胶化方式释放化学毒剂将会产生可见的烟雾。大部分生化毒剂将会以不可见的方式释放(图片征得英国Concept Smoke Systems公司的许可)

了传播作用，但后来因为连续引入室外空气也稀释了污染。图 6.22 描述了在任意一个地点释放的生化毒剂在建筑物中传播流动的效果。从恐怖分子的角度看，在典型的办公建筑中采用这种袭击方式可能不会造成严重的人员伤亡。然而，对于具有单个大型空间并且人员密集的建筑而言，爆炸释放方式是最危险的一种袭击方式。

如果毒剂是快速生效的(如某些化学毒剂)，释放地点是在一个大型的、人员拥挤的体育场内，这时采用爆炸释放则有可能会造成重大的人员伤亡。在这种情况下，爆炸的扩散作用将会使大范围的人员染毒。不过，爆炸同时

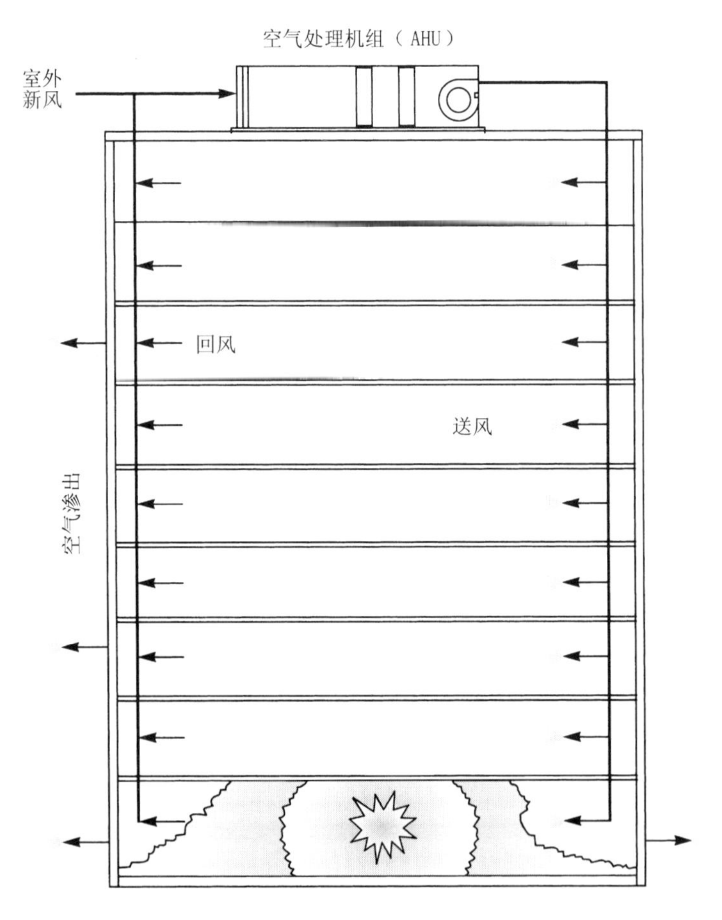

图 6.22 在一般区域采用爆炸方式释放毒剂将会导致该区域的受到高浓度污染并且会引起空气渗出。由于再循环通风气流的稀释作用，其他区域的污染浓度则相对较低

也引起人们的警觉，使许多人立即寻求安全的地点避难或者进行处置。

总的来说，爆炸释放是一种不太可能被采用的袭击方式，并且对于典型的大型建筑来说它也不是一种最危险的袭击方式。采用秘密释放的方式更有可能造成大量的人员伤亡，这是因为当人们意识到袭击已经发生或者当问题被诊断出来时，再采取有效的处理措施已经为时过晚。如袭击采用的是埃博拉病毒(Ebola)一类的特殊病毒，或者是其他一些如炭疽杆菌孢子一类的传染性制剂，就很可能出现上述情况。

6.3.4 室内被动释放

被动释放是指不借助设备实现气溶胶化过程的袭击方式，包括直接泼洒液态的化学制剂并让它们自然蒸发；或者将毒素和干缩的孢子撒在一些物体的表面，通过气流运动将这些表面上的毒剂气溶胶化，甚至只要直接接触就足以导致人员伤亡。邮寄炭疽杆菌孢子的袭击方式也被认为是一种被动释放，这是因为无论是直接接触或是打开邮件都完全有可能接触到致命剂量的孢子。

向风道中倾倒液体或者粉末状的制剂是被动释放的一种形式。气流逐渐使制剂气溶胶化，并将其散布到整个建筑。将毒剂粉末撒在建筑物人员流动量大的区域的地毯或是地板上也是被动释放的一种形式，人员的流动足以引起制剂的气溶胶化。液体制剂也可以采用这种方式散播，但是这可能会引起人们的注意，并且甚至可能产生气味。

将液体或者粉末状的制剂倒入风机出口处的高速气流中也是另外一种可能的袭击方式，但这时被动释放和强制气溶胶化释放之间的区别就比较模糊了。

对于袭击者来说，被动释放的优点是实施过程简单易行，缺点是这种释放方式不能保证制剂大范围的扩散，而且制剂的实际扩散情况完全不能预测。这种袭击方式在实施过程中，袭击者本身也有被污染的巨大风险，但是考虑到发生过像“9·11”这类的自杀式袭击，这种方式的可能性还在争论之中。

6.3.5 室内气溶胶化释放

把喷雾器(Sprayer)或者气溶胶发生装置放在建筑内部释放生化毒剂，是一种最可能被采用并且能够造成最大人员伤亡的袭击方式。在建筑物内部能够放置这些装置的地方有建筑物的一般区域(如，主楼层)、回风管道、回风口、送风管道、以及空气处理机组(AHU)内部。释放位置在新风口、回风管或者在空气处理机组(AHU)内部等这几种方式，造成的后果实质上是相同的。

烟雾器(Aerosolizer)在送风管道中的放置位置不同，将会导致不同的后果。将烟雾器放置在靠近空气处理机组(AHU)的送风管段，与放置在空气处理机组(AHU)内其效果实质上是相同的；将烟雾器放置在送风管道最远端的出口，其效果在实质上和放置在送风房间里是一样的；如果将烟雾器放置在这两种极端情况之间的任一位置，其效果也会介于二者之间。不论如何，把烟雾器放置在回风管道或者空气处理机组(AHU)中都是最危险的情况。即使在通风系统强制排出回风的这样一种例外情况下，把烟雾器放置在空气处理机组(AHU)中仍然是一种最危险的袭击方式。

要用气溶胶化的化学毒剂把一座大型的建筑物全部污染，则需要相当大剂量的气溶胶化的化学制剂，附录A中列出的大多数化学制剂需要量，大约在几个加仑或者更多。大部分剧毒毒素只需要较小的剂量，可以把它们藏在衣服或者是小型包裹中。致病病原体所需的剂量则更少，虽然它们必须装在密闭的容器中，但还是可以装在口袋里。

用于毒剂气溶胶化的装置不能小到不引起人们注意的程度。装有剧毒毒素或者病原体的锥形烧瓶可以通过一个小型加压罐(Pressurized tank)来驱动。加压罐的大小和用来混合饮料的小罐差不多。实际上，如果一个苏打水混合器可以承受足够压力的话，它可以应用于这种场合。加压罐也可以用一个小型的压气机来代替，不过需要电力驱动。

如果将这种装置放在某个房门打开的房间里，这个房间污染物的浓度很高，如图6.23所示，但是建筑物其他地方的污染物浓度会比较低，而且要低于将装置放在风道中的情况。这在一定程度上是由于房间内的空气混合得不完全，大部分毒剂可能残留在这个房间或周围的房间里。另外，通风系统引入室外新风，稀释了污染物的浓度，并将会置换掉一部分被污染的室内空气，这部分空气或者从室内排出或者被强制排出建筑物。不同的通风系统其新风口的位置不同，但是最终的效果都是一样的，即一部分污染物总会通过建筑物的各个通道和通风系统被排出。

在一个一般区域或者房间内以爆炸释放方式释放的毒剂，对于建筑物其他部分的影响类似于图6.22中所描述的情况。主要的不同之处是采用烟雾器释放毒剂可能不易被人们察觉，因此可能会造成更严重的人员伤亡。

6.3.6 风道内释放

从造成人员伤亡的程度看，最危险的袭击方式是将气溶胶化装置直接放置在空气处理机组(AHU)内。通常，回风要进入空气处理机组(AHU)进行处理。如果气溶胶化装置放在回风管道中，而回风又没有强制排出，其效果与气溶胶化装置放在空气处理机组(AHU)里的效果是相同的。

如果释放装置放在空气处理机组(AHU)或回风管道中(如图6.23所示)，则送风气流会受到污染，并且会逐渐污染整个建筑。因为这种方式把污染物更均匀地散布在整个建筑物中，因此可能造成最大程度的人员伤亡。

现在可以进行总体分析，上述装置的不同放置位置对室内人员构成的风险或者可能造成人员伤亡是不同的。图6.24所示的是一栋建筑物及其通风系统的示意图，通风系统有送风和回风管道，新风口设在建筑的顶层。

图6.24标出了生化毒剂释放装置可能的放置位置，表6.3则汇总了相应的可能造成的人员伤亡的相对风险值。通常空气处理机组(AHU)的入口段都设置了滤尘器(Dust filter)，该表认为这可以略微降低生物气溶胶的浓度。当然，上述假设并不适用于大多数的化学制剂，因为处于蒸气或者气体状态的化学制剂将会穿过过滤器，而且其浓度几乎不会降低。并不是所有建筑物的通风系统都设置有回风管道，对于没有设置回风管道的建筑，在图表中所列出的相应位置的释放点就不再适用了。

表6.3仅仅适用于商业建筑或是办公建筑，这些建筑的通风系统采用定风量设计，而且新风量较小。具有大空间的建筑物，如购物中心(Mall)、

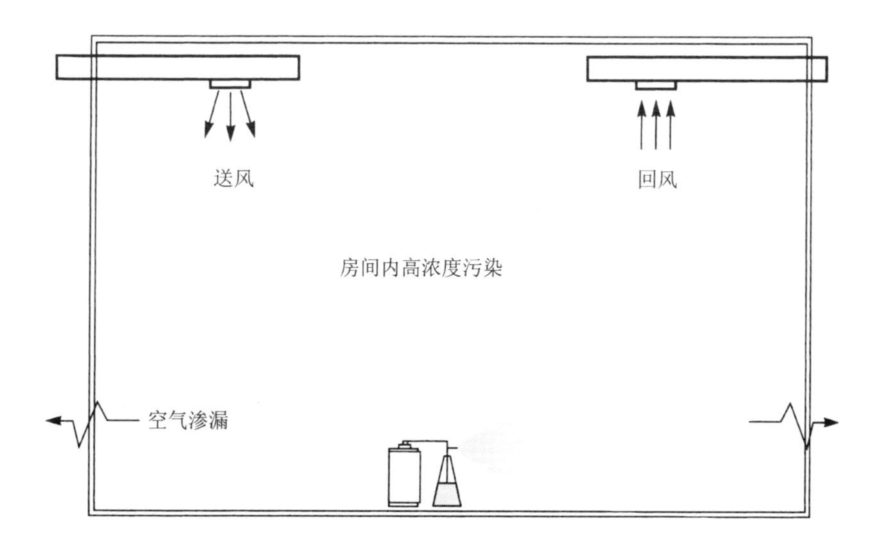

图6.23 放置在房间内的生化毒剂气溶胶发生装置将仅仅会使该房间受到高浓度的污染

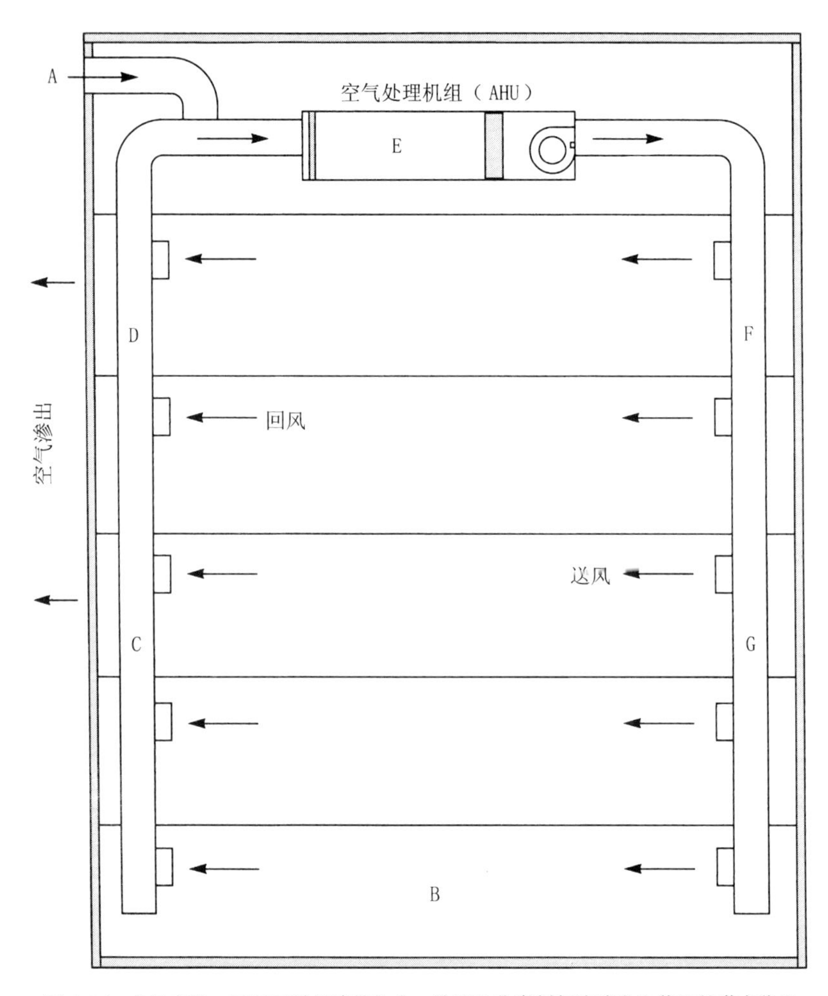

图 6.24 在具有送、回风风道的建筑物中，放置生化毒剂气溶胶发生装置的潜在位置

机场、体育场和礼堂(Auditorium)等，依据各自的建筑规模以及通风系统的类型，有着完全不同的空气扩散特性。前面所作的概括不适用于这些建筑，需要对它们进行专门分析才能确定最危险的袭击方式。

另外，表 6.3 也不适用于采用其他类型通风系统的建筑物。采用变风量(VAV)系统的建筑物，其新风量随着室外气象条件的变化而变化。因此，在变风量(VAV)系统中，C、D、F 和 G 点的相对风险会随时间发生变化。

采用全新风系统(100%采用室外新风)的建筑物不设置回风管道，因此

生物和化学毒剂释放点的相对风险 表6.3

释放点	释放位置	生物毒剂		化学毒剂	
		级别	相对风险	级别	相对风险
E	空气处理机组	1	伤亡率最高	1	伤亡率最高
A	新风口	2	伤亡率高	1	伤亡率最高
C	回风管道	2	伤亡率高	1	伤亡率最高
D	回风管道	2	伤亡率高	1	伤亡率最高
F	送风管道	3	伤亡率低	2	伤亡率低
G	送风管道	4	伤亡率较低	3	伤亡率较低
B	室内一般区域	5	伤亡率最低	4	伤亡率最低

图中的D点和C点将不存在，与定风量系统的建筑物相比，F、G和B点的相对风险可能会更低。然而，对于所有情况而言，空气处理机组(AHU)内处于过滤器下风侧的E点，相对风险最高。

6.4 小结

本章对各种类型的建筑物进行了描述，给出了各类建筑物对于生化恐怖袭击的相关弱点以及相对风险值。本章提出了一种可以对任何建筑物的相对风险进行评估的数学方法，管理人员可以使用这种方法，确定建筑物应对生化恐怖袭击的威胁需要采用的免疫建筑技术，同时还可以确定建筑物实施防护需要投入的资金。尽管如此，在采用免疫建筑技术对建筑物实施改造的过程中，根据建筑物存在的相对风险或许还不能确定所需的经济预算，这是因为建筑物和通风系统的特性将会限制或者决定空气消毒系统的规格大小。这一问题可能会引发一些争论，在后面的章节中我们将进一步讨论。

第 7 章

通风系统

7.1 引言

根据所服务建筑物的不同，通风系统的形式也会有所区别。现有通风系统的形式多样，并且其运行参数可能会在相当大的范围内变动。当生化毒剂在室内环境中释放时，通风系统实际上就成为了这些毒剂的输送系统，它们的类型将会对室内环境中释放的污染物的传播扩散过程产生重要影响。因此，为了对建筑物实施有效的防护以应对可能发生的生化袭击，很有必要对各种类型的通风系统进行讨论并理解它们的运行特性。本章概括了各类通风系统之间的区别以及共同之处，同时提供了一种通风系统的建模方法，对于其他一些可选的建模方法也进行了讨论。

7.2 通风系统的类型

虽然建筑物中可能会有各种各样的通风系统，但是它们大都是根据系统所采用的冷却或者加热方式来区分的。如果从这些系统对于释放的生化毒剂的影响来区分的话，那么就只有少数的几种系统类型，它们被列举在表 7.1 中。

自然通风在很多居住建筑和一些其他类型的老式建筑中被广泛采用。在气候温和地区，这种通风方式的应用更为普遍。除非是增设再循环的空气处理机组，这种通风方式对于建筑物提供的保护是非常有限的。

定风量系统包括了大多数的通风系统形式，并且作为模拟建筑物及其受袭情景的一种主要系统类型在这里加以讨论。

变风量系统(VAV)根据室外新风的温度或者焓值来调节引入的新风量。在室外条件合适的情况下，系统引入的新风量将达到最大。变风量系

通风系统的类型 表7.1

类 型	描 述
自然通风	没有强制通风，没有管道或风机
定风量系统	引入15% - 25%室外新风的再循环系统
变风量系统	变新风比的再循环系统
全新风系统	100%采用室外新风，没有空气再循环
独立新风系统(DOAS)	12% - 25%的最小新风量，没有空气再循环

统的设计思想是尽可能利用适宜的室外空气以达到节能的目的。通常，采用这些系统的建筑物会有一个固定的最小新风量，系统的最小新风比可能会在15% - 25%之间。在这种情况下，这种系统的运行方式几乎就等同于定风量系统。出于这个原因，并且由于系统的运行条件可能无法预测，对于在不同的袭击情景下采用变风量系统的建筑可能受到的影响在这里就不再作专门的分析。取而代之的是，这些建筑可以被认为是处在采用定风量系统和全新风系统这两种极端的情况之间。

全新风系统在医院、保健设施、门诊部和实验室等建筑中采用，它们通常适用于这样一些场合，即室内污染所带来的风险要更甚于在冬季或者是在夏季大量采用室外新风所带来的额外费用。

独立新风系统(DOAS, Dedicated outside air system)与全新风系统(也涉及到全空气系统)的区别在于前者只输送用于通风的最小新风量，或者说这种系统的总风量只有全空气系统的15% - 25%(Mumma,2001a)。典型情况下，这种系统的大部分冷热负荷是由水系统而不是空气系统来承担的。独立新风系统(DOAS)在美国还是一种比较新的系统形式，但是这种系统所具有的各种特性使它们能够为污染物的传播扩散提供预先的防护(Mumma, 2001b)。因为这种系统采用100%的新风，所以不存在污染物的再循环问题；同时因为系统的总风量更低，系统运行时被过滤的空气量只有传统的全空气系统的20%左右，这就会大大地降低运行费用(Mumma,2002)。不过随着系统总风量的减少，空气净化的效率可能也会因此而有所降低。

7.3 通风模型

大多数建筑物通常会引入一定量的室外空气用于供冷或者通风的目的。采用机械通风的建筑物，例如很多现代化的公寓住宅或者办公建筑(图7.1)，通常会引入至少占总送风量15%的室外新风量。采用自然通风的建筑物所引入的室外新风量会受到各种因素的影响，并因为建筑物的不同而异。引入建筑中的室外新风将会置换掉等量的室内空气，这些室内空气将

图 7.1 很多现代的公寓建筑都至少引入 15%的室外新风，这通常是由设置在屋顶的空气处理机组(AHU)来实现的

通过排风或渗透作用被排出。室外新风的作用在于清洗含有各种污染物的室内空气，不过因为新风通常会与回风混合并起到稀释作用，这种处理过程一般也会被称作为“稀释通风”。

阳光对室外空气有着天然的消毒作用；同时，温度的变化、相对湿度的变化以及包括室外污染在内的其他一些因素都会对室外空气产生影响；另外，室外空气总会携带有各种各样的环境微生物和污染物，包括花粉、真菌孢子、细菌和细菌孢子等。这些空气中的微生物大部分在自然发生的浓度下对于健康的人体来说是相对无害的，但是对于那些免疫系统缺失或者患有各种过敏症的个人来说却有可能构成威胁。

室外空气中极少会存在能够引发严重感染的致病微生物。因此，用于稀释通风的室外空气可以被当作是经过消毒的清洁空气。像病毒这样的致病微生物通常来自人体或者是动物，它们也可能被某些人故意释放出来并达到了危险的浓度。对于上述的这两种情况，采用室外新风来清洗室内空气是一种可行的方法，这种方法可以被用来控制任何致病微生物或者是化学污染物在室内的浓度。建筑物的新风口也有可能被污染，因此需要采取一定的防护措施，这将会在第 9 章中作进一步的讨论。

在典型的建筑物中，稀释通风的新风比处在 15% – 25%之间。这种级别的稀释通风对于释放的生化毒剂能够起到一定的防护作用。然而，实际的稀释率可能会因为房间或者楼层的不同而产生相当大的差别。稀释通风对于污染物的去除效果可以在简单的模型基础上进行估计；更为复杂的方法，例如计算流体动力学(CFD，Computational fluid dynamics)方法，可以用来研究气流在指定位置的复杂细节，这些方法将在本章的结尾部分进行讨论。

有些建筑物采用的是全新风系统，例如医院或实验室中的特定区域，因为新风的连续清洗作用，这种系统对于释放的生化毒剂具有很高的防护能力。如果新风口得到了有效的防护，即便在没有附加过滤器、紫外线杀菌照射系统或者是其他一些空气净化设备的情况下，全新风系统对于释放的生化毒剂都可能具有固有的防护能力。然而，将系统改造为全新风运行方式可能并不经济，因为在需要对建筑物供冷或者供热的气候条件下，由此将会带来很高的运行费用。

很多现代建筑都采用变风量系统，这种系统可以根据新风的温度、焓值或者室内冷负荷来调节引入的新风量，在有些情况下系统的新风量可以达到总风量的100%。经过改装的空气处理机组(AHU)，如图7.2所示，为

图7.2　大型商业建筑经常采用组合式的空气处理设备，在过滤器和冷却盘管段通常都设有能够进人的检修门

了便于维护通常都在冷却盘管周围设置有能够进人的检修门。

稀释通风在实质上能够以相同的效率去除各种生化毒剂，也就是说，稀释通风对于生化毒剂的去除效果并不会因为毒剂类型的不同而有所区别。当然，生化毒剂可能会因为其他一些机制被去除，例如被沉降或者吸附到建筑物的一些表面，但是在估算室外新风的清除效果时可以将这些因素保守的忽略掉。

室内空气污染物被清除的速度取决于新风量、总的送风量以及内部区域的空气混合情况。室内空气的混合程度完全取决于局部区域的具体情况，在没有真实测试数据的情况下很难进行估算。不过，可以近似的将室内空气假设为完全混合，这种完全混合的假设未必是出于保守的考虑，但是它对于大多数建筑物在大体上还是具有代表性的。

为了建立稀释通风的数学模型，还需要另外假设室外空气是无菌的。这个假设忽略了室外空气总是存在有各种环境微生物或者污染物这样一个事实。举例来说，室外空气中真菌孢子的浓度通常在 100 - 1000cfu/m^3 之间。在生化袭击事件中这些污染物对室内人员并不构成威胁，因此在数学模型中可以将它们忽略。另外，任何用于生化毒剂防护的空气净化系统都很有可能将这些室外空气中的污染物去除掉。

空气中的病原体、毒素或者化学制剂的去除率取决于两个因素，即换气次数(Air change rate, ACH)和通风效能系数(Ventilation Effectiveness)(或者空气的混合程度)。如果假设室内的气流组织形式为活塞流(Plug flow 或 Piston flow),在这种情况下只需一次换气就可以完全去除一开始出现在室内的所有病原体。然而，这种情况很少会出现，除非是室内气流组织形式是按照活塞流进行设计的(ASHRAE,1991)。

室内空气的完全混合会使得室内空气中病原体浓度呈指数方式降低。在一般的建筑物中这代表了一种极端的情况，在这种情况下可以建立简单的模型来评估空气中病原体的去除率。如果假设室内空气完全混合，那么决定空气中病原体去除率的主要因素就只是换气次数。

7.3.1 采用微积分方法建立通风模型

微积分方法可以用来评价稀释通风的作用效果，这类方法将放在更加详细的数值计算方法之前加以介绍。稀释通风的经典模型是线性一阶微分方程(Boyce and Diprima,1997;Heinsohn,1991)。图 7.3 显示了在单个房间的情况下，进入房间的室外新风的流量为 Q，并且存在一个排放速度为 S 的污染源。

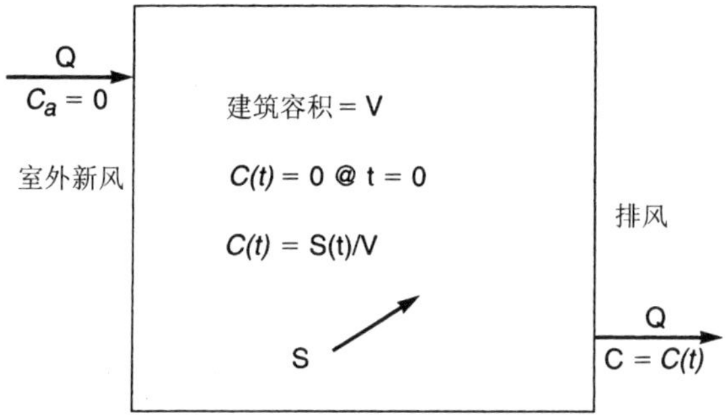

图 7.3　建筑物的单区模型，条件为具有污染源持续恒定并且初始浓度 $C(t)=0$

室内污染物浓度随时间的变化情况可以首先通过写出污染物浓度的质量流量平衡关系来建立。任意时刻室内和排风中的污染物浓度为 $C(t)$，室外新风的污染物浓度为 C_a，室内污染物量将会等于由室外空气进入室内的污染物量减去通过排风排出的污染物量再加上室内污染源的释放量，即有：

$$\frac{d(VC)}{dt} = QC_a - QC + S \tag{7.1}$$

式(7.1)中，V 是房间的容积，C 是室内污染物的浓度，C_a 是室外空气中污染物的浓度，Q 是通风量，S 是源项或污染物的释放量。如果将室外空气中的污染物浓度取值为零，即 $C_a = 0$，即有：

$$V\frac{dC}{dt} = -QC + S \tag{7.2}$$

式(7.2)在移项后对时间求积分，则得：

$$\int_0^{C(t)} \frac{dC}{S - QC} = \int_0^t \frac{1}{V}\,dt \tag{7.3}$$

由此得到的浓度的解为时间的函数，$C(t)$，如下：

$$C(t) = \frac{S}{Q}\left[1 - \exp\left(-\frac{Q}{V}t\right)\right] \tag{7.4}$$

式(7.4)中，S/Q 代表了污染物的稳态浓度。通过定义房间的每小时换气次数，式(7.4)还可以改写为更简化的形式。换气次数 N，即通风量 Q 除以房间的容积 V，如下：

$$N = \frac{Q}{V} \tag{7.5}$$

式(7.4)经过改写后的简化形式如下：

$$C(t) = \frac{S}{Q}\left[1 - \exp(-Nt)\right] \tag{7.6}$$

图 7.4 显示了在污染源释放量为常数，对于不同的换气次数室内污染物浓度的一般响应情况。

如果室内污染物的初始浓度为 C_0，在突然释放某种制剂的情况下，室内污染物浓度的变化可以用相同的方式得出，如下：

$$C(t) = C_0\left[\exp(-Nt)\right] \tag{7.7}$$

图 7.5 显示了在与图 7.4 的条件基本相同的情况下，由式(7.7)所得到的结果。

7.3.2 采用数值计算方法建立通风模型

对于有多个空间的更为复杂的建筑物，可以使用电子表格处理软件或程序通过数值计算的方法来确定室内污染物的浓度，这样做通常更为简便。室内空气中污染物浓度的计算可以通过时间步长序列来实现，在每个时间步长中有限容积的室外新风将会取代相同容积的室内空气，这种方法有时候也被称之为“数值积分”。时间步长的选取会影响到污染物浓度的计算值，但是对于一个持续数小时的通风过程来说，采用时间步长为 1 min 已经可以得到相对精确的近似值。

空气中微生物的去除率可以通过任意时刻的室内浓度 $C_i(t)$ 乘以新风量 OA 得到，新风量代表了进入和排出建筑物的空气体积。对于化学毒剂或者毒素，其质量单位可以取毫克或者是克，其浓度单位可以取 $\mu g/m^3$ 或 g/m^3，还可以取 $\mu g/L$ 或 g/L，只要是使用方便可以从这些单位中任取一种。对于微生物我们可以使用平皿落下菌数(cfu)，它可以用作孢子、细菌或者病毒粒子的数量单位，这样微生物的浓度单位可以取 cfu/m^3。后一种单位将会在随后对通用数值计算方法的描述中使用。

在进行数值分析的每分钟时间内，排出的微生物数量 N_{out} 由 t 时刻的

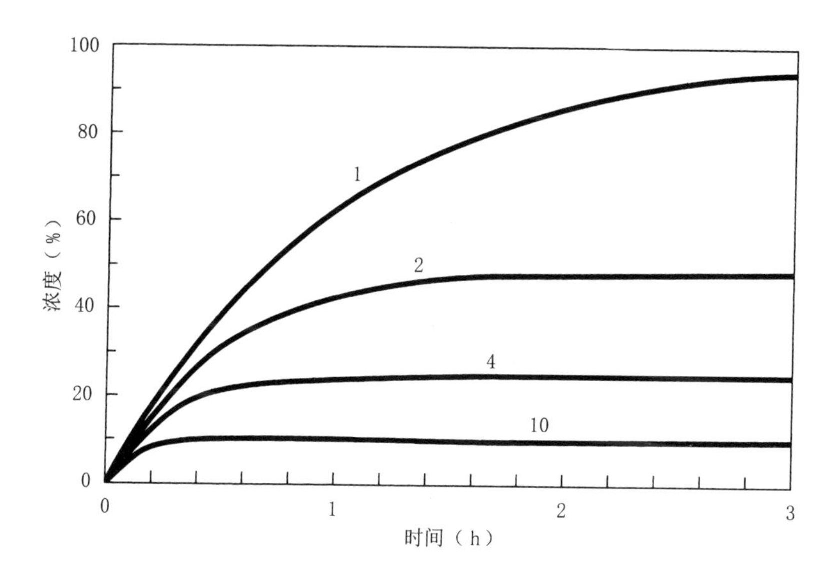

图7.4　在污染物以恒定速度释放的情况下，不同的换气次数对室内污染物浓度的影响

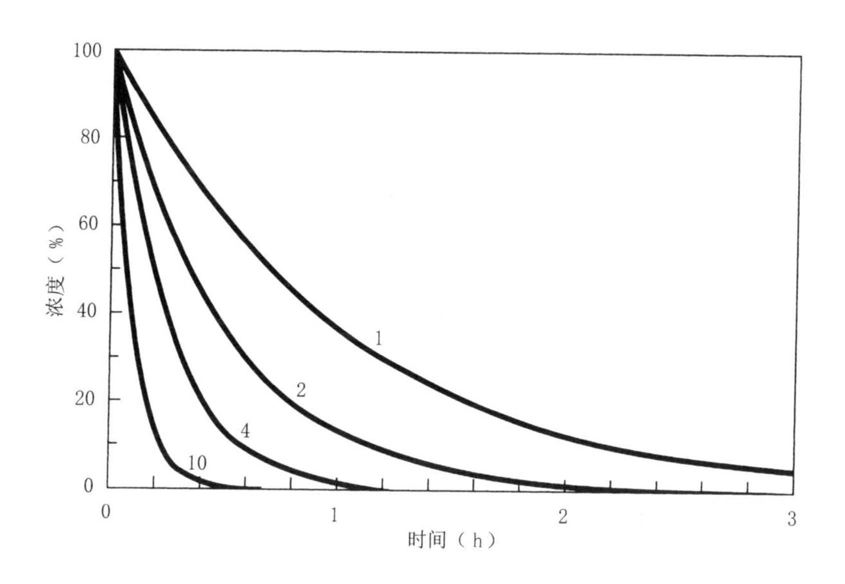

图7.5　在突然释放某种制剂情况下，室内制剂浓度在不同的换气次数条件下的衰减

微生物浓度的数值计算 **表 7.2**

时间 (min)	释放的微生物 (cfu)	微生物总数 (cfu)	微生物的体积浓度 (cfu/m^3)	排出的微生物 (cfu)
0	10000	0	0	0
1	10000	10000	2	1500
2	10000	18500	4	2775
3	10000	25725	5	3859
4	10000	31866	6	4780
5	10000	37086	7	5563
6	10000	41523	8	6229
7	10000	45295	9	6794
8	10000	48501	10	7275
9	10000	51226	10	7684
10	10000	53542	11	8031
11	10000	55510	11	8327
12	10000	57184	11	8578
13	10000	58606	12	8791
14	10000	59815	12	8972
15	10000	60843	12	9126
16	10000	61717	12	9257
17	10000	62459	12	9369
18	10000	63090	13	9464
19	10000	63627	13	9544
20	10000	64083	13	9612

室内浓度 $C(t)$ 乘以新风量 OA 来确定，如下：

$$N_{out} = C_i(t) \cdot \mathrm{OA} \tag{7.8}$$

由室外空气带入的微生物数量在这里假设为零。需要注意的是，对于在室外释放毒剂的袭击情景，室外空气的微生物浓度可能是某个不等于零的值，而室内污染源的释放量可能为零。对于这种情况在此不作特别的讨论，因为如同先前在第 6 章中解释过的这种袭击情景不大可能发生，不过对计算模型进行简单修改之后仍然可以适用于这种袭击情景。然而，当某种生物制剂被释放到新风口，这种情况就近似于制剂在风管内部释放，也同样可以采用下面的计算方法来建模。

微生物在室内的释放率以分钟计，并指定为 P_{in}。对于任意指定分钟 t 存在于室内的微生物总数 $N(t)$，它应当等于前一分钟的微生物总数加上当前分钟新增的微生物数，再减去排出室外的微生物数：

$$N(t) = N(t-1) - N_{out} + P_{in} \tag{7.9}$$

在模型中假设室内空气是完全混合的，因此对于任意指定分钟 t，室内的微生物浓度可以定义为室内微生物总数除以建筑的容积 V，如下：

$$C(t) = \frac{N(t)}{V} \tag{7.10}$$

式(7.10)中，V 指的是建筑容积，它的单位可以是 m^3，也可以是其他任意单位。每次采用式(7.10)计算出的室内浓度可以用来计算下一分钟的室内浓度。这种步进式的计算过程，从初始时刻一直执行到数小时后，是对连续通风过程室内浓度变化相对精确的近似。对于在某个初始浓度下的通风过程，这种计算方法也会得到和式(7.7)相一致的计算结果，即室内微生物浓度随时间呈指数关系减少。

例如，假定在一个容积 $V = 5000m^3$ 的建筑中，在 $t = 0$ 的初始时刻有一个突然释放的污染源；再假定微生物污染的初始浓度为 $0cfu/m^3$，并且在第1分钟结束时空气中的微生物总数为10000cfu；另外假定新风比为15%，则有排风量为 $0.15 \times 5000 = 750m^3/min$。因此，在第2分钟结束的时候，就可以计算出以下数值：

$$微生物浓度 = (10000cfu)/(5000m^3) = 2cfu/m^3 \tag{7.11}$$

$$排出的微生物 = (2cfu/m^3) \times (750m^3/min) = 1500cfu/min \tag{7.12}$$

那么在第2分钟建筑空间中的微生物总数可以这样来计算，即前一分钟和当前分钟进入建筑空间中的微生物数量之和再减去前一分钟排出的微生物数量，如下：

$$微生物总数 = 10000 + 10000 - 1500 = 18500cfu \tag{7.13}$$

表7.2列出了前20 min的计算结果，这些结果实际上与采用式(7.7)所得到的结果是一致的。表7.2中的计算结果被绘制成图7.6，需要注意的是微生物的浓度在相对较短的时间内就接近于稳定状态。这是因为在这个模型中建筑物的容积相对较小，这种假设也是为了更好地演示系统的响应过程。

前面描述的方法经过适当修改后可用于计算各种可能的袭击情景，包括突然释放毒剂、毒剂释放量随时间变化、以及具有多个区域、楼梯井和电梯井并且各区域风量不断变化的情况。为了处理多区域问题，需要单独计算每个区域的污染物浓度，然后将每个区域排出的污染物进行求和以计

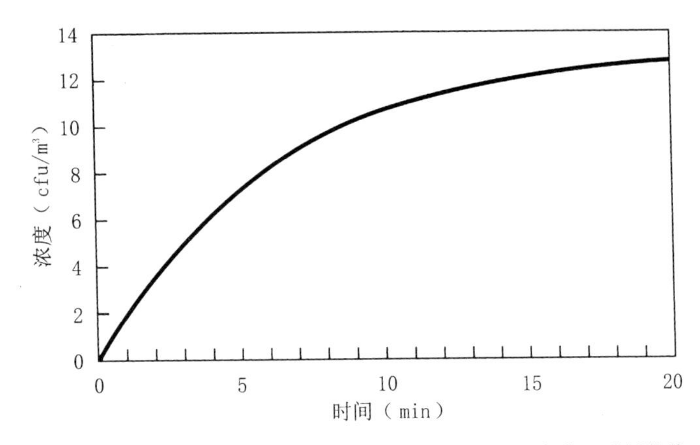

图 7.6 在持续恒定的污染源条件下室内浓度随时间的变化，采用数值积分方法计算

算出整个建筑排出污染物的总量。对于多区域问题的建模最好借助于 CONTAMW 之类的软件(NIST,2002)。

高层建筑中的电梯井和楼梯井会引起烟囱效应，这会使得处于局部区域的污染物在建筑物中重新分布。在图 7.7 演示的袭击情景中生化毒剂在建筑物的某一个楼层中释放，同时建筑物的电梯井存在空气渗漏。即便在通风系统不运行的情况下，污染物也会从电梯井或者楼梯井中渗出并遍布于整个建筑。气体或蒸气的运动方向，无论是向上还是向下或者是同时向两个方向运动；以及它们的渗漏量，无论是通过通风系统还是不通过通风系统，这些都将取决于空气温度、建筑空气渗漏和风压等因素。对于具有多个区域、楼梯井、电梯井，并且这些区域之间存在空气渗漏的复杂建筑物，可以通过更复杂的软件工具来计算，例如 CONTAMW 软件(NIST,2002)，这方面问题将在第 7.3.3 节中讨论。

过滤和紫外线杀菌照射(UVGI)系统也可以加入到上述基本的数值积分模型中，但必须首先知道上述系统对于所研究的特定微生物的杀灭率或者去除率。这两种系统对微生物的杀灭率和去除率的确定方法将在第 8 章中进行论述。

7.3.3 采用 CONTAMW 软件建立通风模型

前面讨论的方法在用于建筑物的建模时采用的都是单区模型，即将整个建筑作为一个大的区域来考虑。对于大多数建筑物中基本的袭击情景，例如在新风口或者是送、回风风管中释放生化污染物的情景，完全可以用

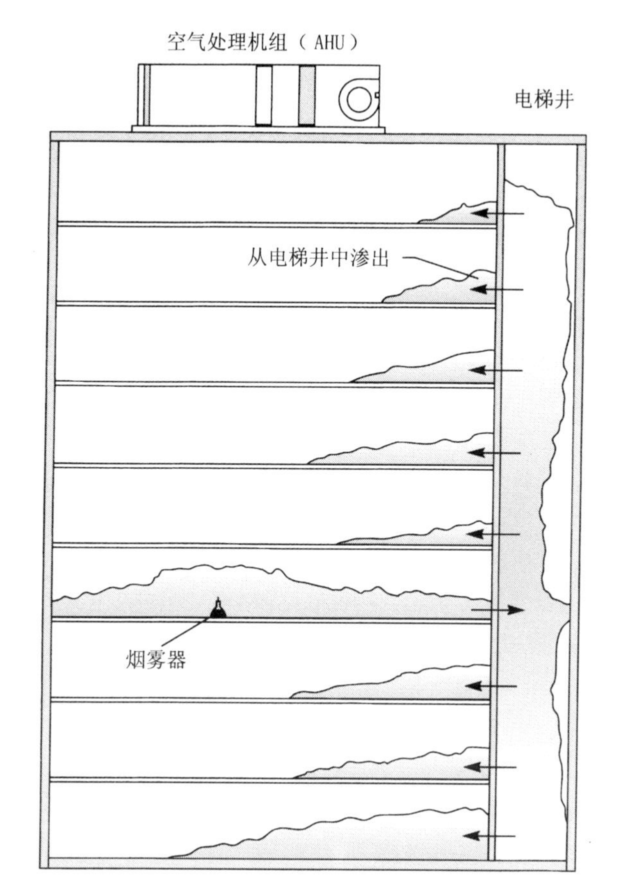

图 7.7　演示电梯井将会如何影响在高层建筑中局部区域释放的气溶胶烟雾

这种单区模型的方法来建模。为了提高建模的真实性，或者是建筑中存在多个风量和容积各不相同的内部区域，最好是采用多区模型的方法，例如在前面已经提到过的 CONTAMW 软件(NIST,2002)。还有其他的一些软件可以用于建立多区模型，但是 CONTAMW 软件不受版权限制，并且在许多正式出版的研究文献中都使用这种软件来分析建筑物中污染物的散布情况。

对于具有通风系统的建筑物，为了模拟污染物的释放和散布情况，CONTAMW 软件和前面描述过的数值积分或者电子表格处理软件有很多相似之处。不过 CONTAMW 软件有很多优点，包括能够建立多区域模型，改变空气渗入和渗出率，可以考虑风压或者浮力效应的影响等(NIST,2002)。它可以用于复杂建筑系统的建模，并且可以对正在研究的污染源进行简便的操作处理或者重新定位。

对于多区域建模方法可以从许多来源获取大量的相关文献(Musser, 2000, 2001; Musser et al., 2001; Walton, 1989; Yaghoubi et al., 1995)，特别是还可以通过NIST(National Institute of Standard Technology，美国国家标准技术研究所)的网站来获取，所以这方面的内容在这里就不作重复介绍，而是改在第9章的数值模拟部分提供相关的实例。

7.4 采用计算流体动力学方法(CFD)建模

计算流体动力学(CFD，Computational fluid dynamics)方法在气流模拟方面具有最好的真实性并且能够预测气流在经过建筑物的通道和室内物体时的运动形式。这些模拟结果可以帮助合理地布置送风和排风风管以使得区域中的空气得到最大程度的混合，另外，通过改进设计方案还可以更有效地将污染气流从区域中排放出去。CFD方法的计算量大并且费时，但是与前面所讨论的方法相比它可以更准确地预测气流的运动。这种建模方法对于任意指定的情况是否有效主要取决于问题的性质以及计算所需达到的详细程度。

例如，如果需要设计一个房间的送风和排风系统以做到能够快速的排出室内污染物，为了设计送风口、排风口以及风速，CFD方法可能是除了示踪气体测试之外惟一的替代方法。图7.8显示了一个例子，在这个例子中有两个房间都配置有家具和其他一些典型的设备，在两个房间之间的走

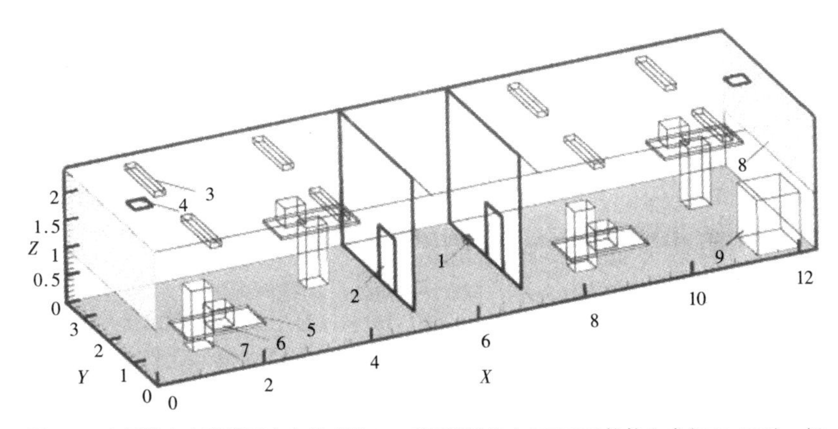

图7.8 中间设有走廊的两个办公室的CFD模型[图片由FLUENT软件生成(FDI, 1998)，征得宾夕法尼亚州Jelena Srebric的许可]

1. 被动式释放的污染源；2. 置换通风系统送风口；3. 荧光灯；4. 排风口；5. 桌子；6. 计算机；7. 工作人员；8. 窗户；9. 复印机

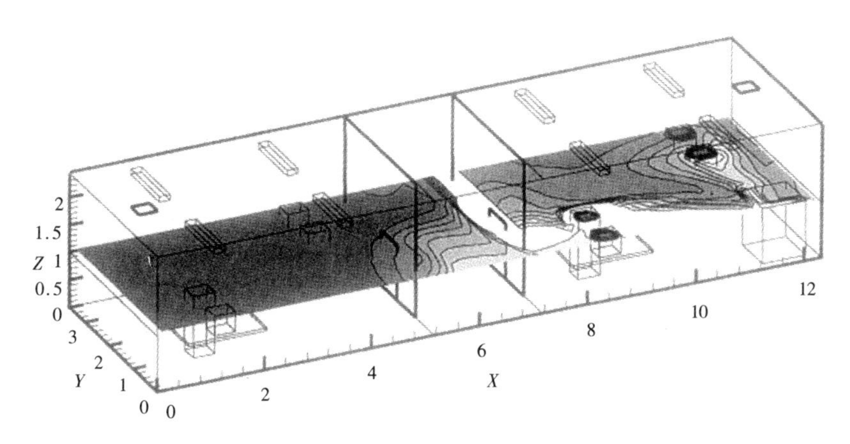

图7.9 由图7.8所示CFD模型的计算结果，显示了由于通风气流运动所引起的污染物分布[图片由FLUENT软件生成(FDI,1998)，征得宾夕法尼亚州Jelena Srebric的许可]

廊里有一个被动式释放的污染源，由置换通风系统送出的气流将携带着污染物通过两个房间，如图7.9所示。

7.5 小结

本章对现代建筑中各种类型的通风系统进行了描述，同时为了有效地防御生化袭击，本章详细讨论了建筑物通风系统的两种建模方法：1. 微积分方法；2. 数值积分方法或者电子表格处理模型。这些建模方法能够使工程师建立起单区系统的模型；对于多区建模的问题，可以采用CONTAMW软件；另外对于建立室内气流模型这类更为详细的问题，可以采用如FLUENT或者FIDAP(FDI,1998)一类的CFD软件。电子表格处理模型和CONTAMW软件在第9章中将会再次讨论，并且会将它们用于各种生化袭击情景的模拟。

第 8 章

空气净化与消毒系统

8.1 引言

空气净化与空气消毒技术是任何一个完整的免疫建筑系统的基本组成部分，这些技术通常与建筑物的围护结构、建筑通风系统以及各种生化毒剂检测系统结合在一起，协同运行。当吸入室外空气，并且将室内污染空气排出和渗出时，通风系统也能起到和空气净化部件相同的作用。除了在室外或者新风口内部释放毒剂这两种情况之外，在 100%采用室外新风并且具有足够风量的条件下，通风系统甚至可以独立完成空气净化的功能(Skistad,1994)。尽管如此，对于大多数建筑来说，仍然有必要设置附加的空气净化部件，以消除各种化学毒剂、生物毒剂或者是毒素。

除了通风冲洗或者稀释之外，目前还有几种技术在消除空气污染物方面也有一定的应用，这些技术的性能都已经得到了确认，它们包括：过滤、紫外线杀菌照射(UVGI)和炭吸附等。每一种技术都有其优势、不足和相应的成本。表 8.1 归纳总结了这些技术的主要应用，以及它们的优势与不足。

除了气相过滤技术之外，表 8.1 中的其他各项技术目前都已经得到了充分的认识，它们在实际运行中对于特定污染物的净化效率，都可以做出预测。关于化学制剂的去除率，现在还没有足够的信息，因此还不能对炭吸附或者其他形式的气相过滤器的实际性能进行准确的预测。

图 8.1 提供了 4 种空气净化技术的分类图示，以及这些技术对于生化毒剂的大致有效范围。

其他一些处在发展阶段的技术也可以应用于空气的净化与消毒过程，这些技术包括：光催化氧化(PCO)、电离、脉冲光、脉动电场、臭氧、微

常见的空气净化技术以及应用　　表 8.1

技　术	应　用	优　点	缺　点
稀释通风	冲刷室内污染物	对所有的生化毒剂都有效	为达到效果，需要高换气次数，因此成本高
过滤	清除空气中的颗粒物	对大颗粒较有效	有效性由过滤效率决定，采用高效过滤器时成本高
紫外线杀菌照射(UVGI)	杀灭空气中的病原体	对病毒和多数细菌有效	对于孢子需要高功率设备，因此成本高
炭吸附	清除气体和蒸气	对空气中的化学毒剂有效	对微生物效果不显著

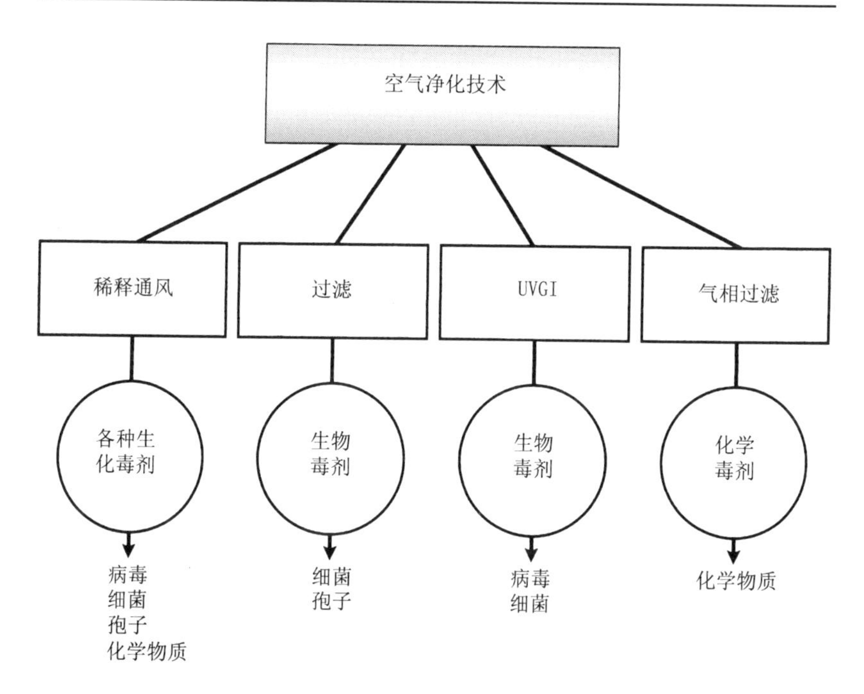

图 8.1　空气净化与消毒技术的分类

波、等离子场、伽马辐射、浸渍过滤器等等，但并不是所有的这些技术都得到了充分的认识，或者都能适用于商业或居住类建筑。这些处于发展中的技术将在第 14 章中进行讨论。稀释通风技术已经在第 7 章中进行了论述。本章将集中讨论三种最基本的、经济上可承受的技术，这些技术在建筑物防御生物和化学袭击方面的应用已经得到了充分的认识，它们是：过滤、紫外线杀菌照射(UVGI)和炭吸附。

8.2 过滤

过滤技术是工程技术人员控制室内空气污染最基本的方法之一(ASHRAE,1992)。如图 8.2 中所示的高效过滤器，它可以用来防御室内环境中种类繁多的空气传播型病原体。过滤作用也可以用于清除毒素，但是过滤器对于气态的化学制剂丝毫不起作用。不过，以液态气溶胶形式存在的化学制剂也许可以被部分过滤。在亚微米范围内，由于过滤器和空气中病原体所具有的独特性质，对于微生物的过滤是一个需要特别关注的话题。

本章将着重讨论关于过滤器分级的关键问题，并且给出过滤器对于空气中微生物和毒素的过滤性能的预测方法。在本章中，过滤器对病毒和细菌的过滤性能的测试结果将会与理论值进行比较；另外，还将对一些测试结果进行回顾，以阐明过滤器是如何过滤处于液态气溶胶状态的化学制剂的。

根据不同的试验标准与试验方法，过滤器可以分为不同类别，这些方法和标准为定义过滤器的性能提供了依据，它们包括：比色法(DSP)效率、

图 8.2 某高效无隔板(密褶式)过滤器图例(图片征得明尼苏达州明尼阿波利斯市 Donaldson 有限公司的许可)

计重法效率、以及欧洲效率标准(EU 标准)。高效过滤器(HEPA) 的测试采用单独的方法，即测试 0.3μm 的 DOP(邻苯二甲酸二辛酯)粒子的穿透率，这种测试方法源于高效过滤器在核工业中的应用。在 1999 年发布的美国标准 ASHRAE 52.2(ASHRAE——美国采暖、制冷与空调工程师学会)中，更加详尽地提出了测试过滤器以及确定过滤性能的统一方法(ASHRAE, 1999a)。这项标准根据最低试验效率(MERV)将过滤器重新分级。然而，基于现有公开的 MERV 数据，还不能充分地定义所有采用 MERV 分级的过滤器的一般性能。因此，这里提供的过滤器计算模型是在结合了更为常用的 DSP 效率和 MERV 效率分级的基础上提出的。对 DSP 分级的过滤器，本章还提供了与其大致相当的 MERV 分级。这里所使用的 MERV 分级的过滤器所基于的试验数据有限，对于各种具有相同 MERV 等级的过滤器，其性能指标未必相同，这是因为过滤器的性能会随着生产厂商或制造模型的不同而发生变化。HEPA 过滤器采用单独的试验标准，因此就不需要采用 MERV 分级来评价。

表格 8.2 列出了几种基本的过滤器，包括滤尘器(Dust filter)、高效过滤器(High-efficiency filter)、HEPA 过滤器，以及超高效过滤器(ULPA)

过滤器类型以及典型的效率分级　　表 8.2

过滤器类型	适用的粒径范围(μm)	比色效率(%)	计重效率(%)	MERV分级(估计值)
滤尘器(Dust filters)	> 10	< 20	< 65	1
		< 20	65 - 70	2
		< 20	70 - 75	3
		< 20	75 - 80	4
高效过滤器(High efficiency)	3 - 10	< 20	80 - 85	5
		< 20	85 - 90	6
		25 - 35	> 90	7 - 8
	1 - 3	40 - 45	> 90	9
		50 - 55	> 95	10
		60 - 65	> 95	11
		70 - 75	> 98	12
	0.3 - 1	80 - 90	> 98	13
		90 - 95	na	14
		> 95	na	15

* 注：na = not applicable(不适用)。

(ASHRAE,1999a)。表中也采用了大致的或者估计的MERV分级指标，对几种过滤器进行了比较。在本章中，我们选择了6种过滤器进行建模研究，它们分别是：MERV 6(比色效率大致为20%)，MERV 8（比色效率大致为40%)，MERV 11(比色效率为60%－65%)，MERV 13(比色效率大致为80%－85%)，以及MERV 14(比色效率大致为90%－95%)。这6种过滤器为空气净化设备的分级提供了依据。到目前为止，由于缺少有效的数据，还不能对所有类型的过滤器都建立相应的计算模型，但是这里所提供的任何一种模型都足可以达到预期的目的。

真菌孢子和细菌孢子的粒径基本上分布在1－20μm之间，所以能够轻易地穿透滤尘器。而高效过滤器(High-efficiency filter)，以及规格为MERV 7－15(比色效率为25%－95%)的过滤器则可以相对高效的过滤掉这些孢子。

对于粒径基本分布在0.2－2μm之间的细菌，采用规格为MERV 13－15（比色效率为80%－90%)的过滤器可以高效的将其去除。病毒是最小的一种微生物，其粒径分布于0.01－0.3μm之间。HEPA过滤器对病毒具有很高的过滤效率，即便是规格为MERV 11(比色效率为60%)的过滤器对于某些病毒的去除率也能达到50%。然而，我们不必仅仅依赖于过滤器来拦截空气中的病毒，因为紫外线杀菌照射(UVGI)能够更有效地杀灭病毒，并可以在运行中与过滤器起到互补的作用。

附录A 列出了100种以上空气传播型病原体以及过敏原(Allergens)的平均粒径。同时附录A也提供了在MERV 6－15范围内，5种类型的过滤器的过滤效率。

过滤器对空气中微生物的过滤效率主要取决于：过滤器的特性、空气流速、微粒直径，以及拦截的微生物类别。过滤器的特性会随着生产厂商或制造模型的不同而不同，因此，这里所得出的结果也必须被视作为概括性的。生产厂商的性能曲线，或者MERV的测试结果，这些资料如果有条件获知的话，应当将它们用于更进一步的详细分析。

对于微米尺度的粒子，由于过滤纤维的间距可能平均在20μm或更大一些(如图8.3所示)，所以过滤器不会像筛子一样过滤这些粒子，而是由概率决定其过滤效率——过滤器中大量的细纤维保证了粒子被过滤纤维所拦截的概率随着过滤器的厚度成指数增长。

对于任何特定生产厂商的过滤器模型，其性能曲线都定义了过滤效率及其对应的粒径。在过滤器厂商的产品目录中可以找到性能曲线，但是这些曲线在粒径降低至0.1－0.3μm时就没有数据了，因此，它们还不能用于对病毒和小颗粒细菌的过滤效率进行预测。为了将性能曲线扩展到病毒的

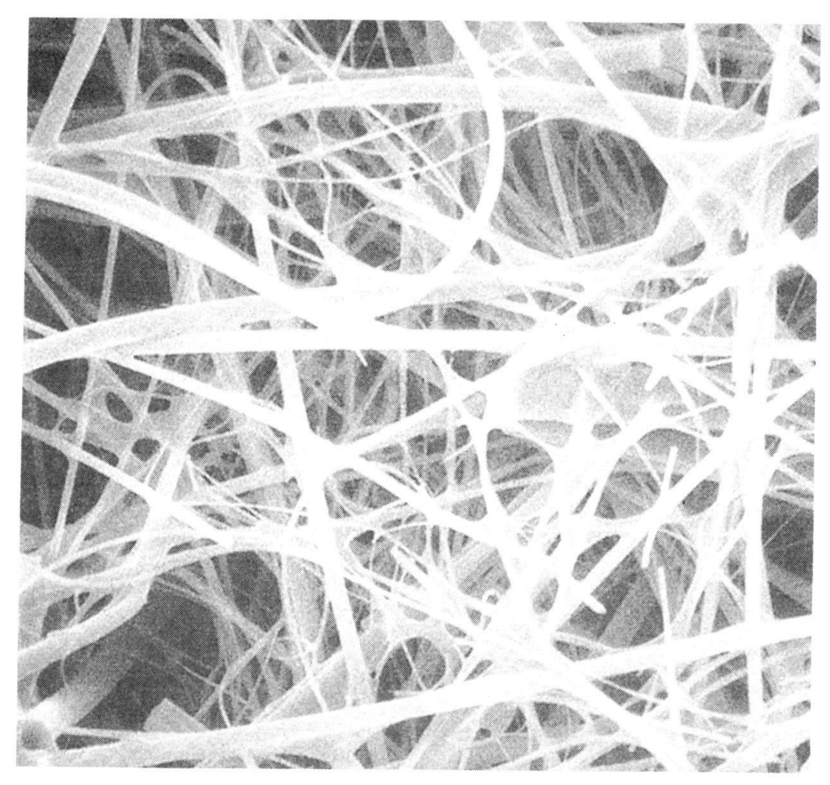

图 8.3 大多数空气过滤器是由细玻璃纤维组成，其直径在 1 - 20μm 之间，间距大于等于 20μm

粒径范围，这就有必要建立过滤器的数学模型。因为过滤器的运行风速经常会高于或低于额定风速，所以在非设计风速下，数学模型也同样可以用来预测微生物的过滤效率。

过滤器的性能是根据过滤效率及其相应的粒径来定义的，如图 8.4 所示，该图基于某个主要供应商的产品目录中的数据绘制。在过滤器的设计风速下，过滤性能曲线可以预测对粒径在 0.3μm 以上的微生物的过滤效率。在这些条件范围之外，该曲线毫无用处，这时只有求助于过滤器的数学模型。

在上个世纪中，人们已经发展了各种不同的数学模型来预测过滤器的性能。所有的模型都结合了经典的过滤理论，也即是人们通常描述的三种基本的过滤机理：拦截效应(Interception)、扩散效应(Diffusion)和惯性效应(Impaction)。图 8.5 列举了这三种机理起主导作用的粒径范围。从图中可以

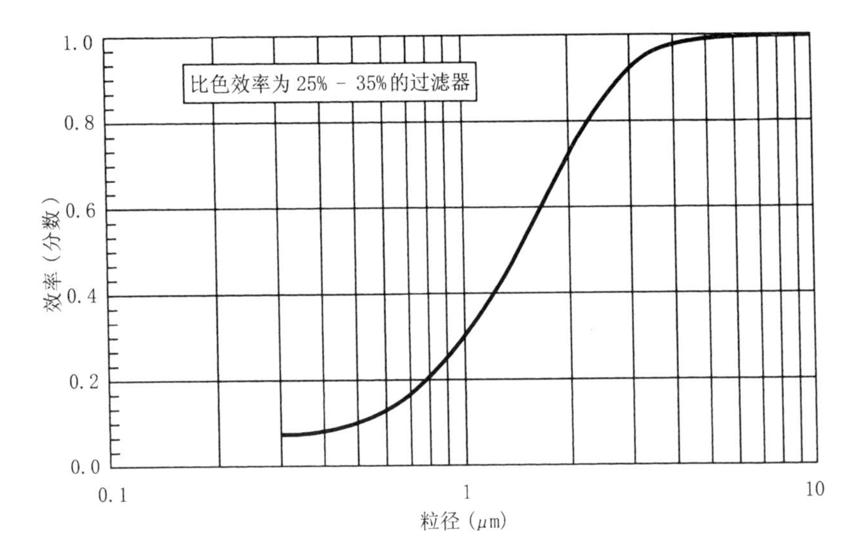

图 8.4 典型生产厂商产品目录中的过滤器性能曲线

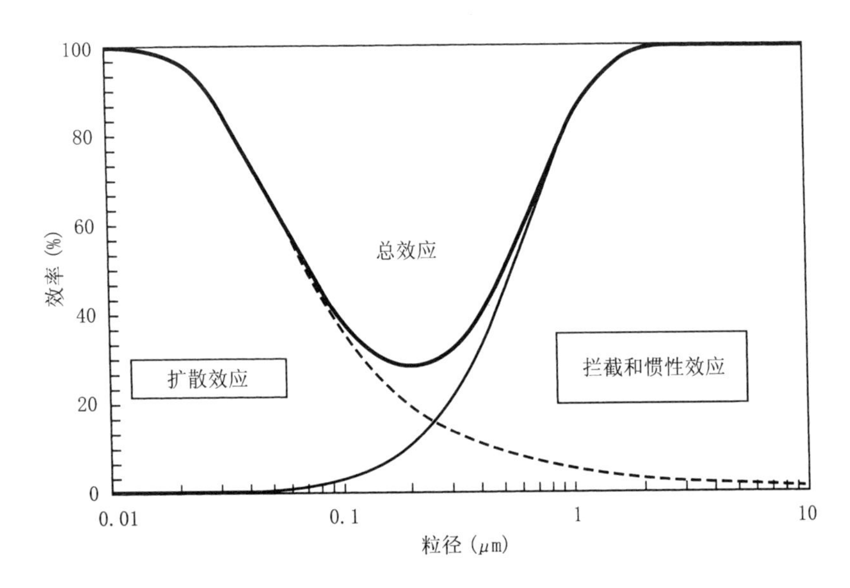

图 8.5 扩散效应、拦截效应和惯性效应是过滤器模型的主要组成部分，并且共同确定了过滤器的性能曲线

看出，曲线的倾角将会产生一个“最易穿透粒径区域”(Most penetrating particle size range)(Matteson et al.,1987)。

过滤的三种主要机理——拦截效应(Interception)、扩散效应(Diffusion)和惯性效应(Impaction)。惯性效应出现在微粒惯性足够大的情况下，这时微粒会穿过过滤纤维周围的气流流线，碰撞并附着在纤维上。这一过程仅对大颗粒具有明显作用，粒径通常在 5μm 或者更大些，并且该过程在许多过滤模型中往往都被忽略了，这是因为在模型中表示拦截效应的参数也能很好地解释惯性效应。(Brown and Wake,1991;Mtteson et al.,1987; Stafford and Ettinger,1972;Suneja and Lee,1974;VanOsdell,1994;Wake et al.,1995)

拦截效应发生在当微粒直径足够大的情况下，气流携带着微粒沿着正常的流线运动，并且微粒处在和纤维表面相接触的距离范围之内，如图 8.6 中所示。对于大于 1μm 的粒子，拦截效应几乎发生在所有的高性能过滤器(High-efficiency filter)中。大体上讲，任何微粒如果足够大并能够被惯性效应捕集，那么这一尺寸的微粒最终也足以被拦截效应捕集，至少在中等至高性能的过滤器(Medium-to high-efficiency filter)中情况是这样的。

扩散效应主要体现于粒径小于 1μm 的微粒的清除过程中(Brown,1993, Davies,1973)。因为这些微粒主要做布朗运动，无论气流流线是否会将这些微粒带入到距离纤维表面一个粒径的范围内，它们都将会碰撞并黏附在纤维表面上，这一过程如图 8.7 所示。就扩散效应来说，提高风速会削弱其作用效果，因为在这种情况下微粒扩散到纤维表面的时间会随之减少。

就惯性效应和拦截效应而论，如果微粒粒径超出最易穿透粒径区域的上限，增加风速将会提高对微粒的清除效率，这是因为惯性作用得到了增

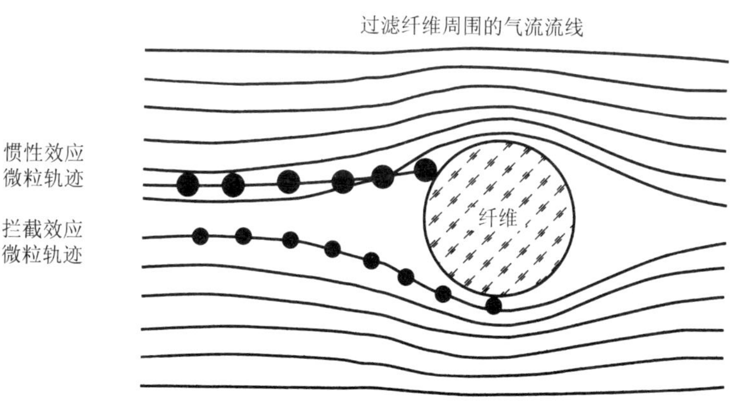

图 8.6　过滤纤维周围的惯性效应和拦截效应的作用过程演示

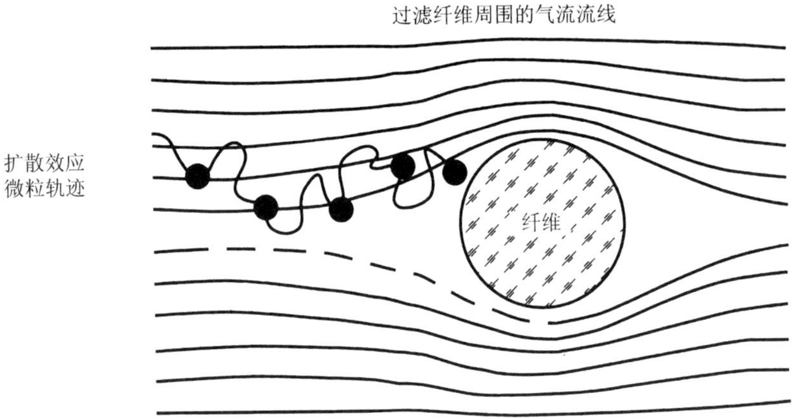

图 8.7 过滤纤维周围的扩散效应的作用过程演示

强。因为扩散效率在小粒径范围内达到最大，而拦截效率在大粒径范围内达到最大，所以最低效率或者最易穿透粒径 MPPS(Most penetrating particle size)将会出现在这些极值之间。

8.2.1 过滤的数学模型

过滤的数学模型很复杂，以至于不能用一个简单的方程来表示，并且需要对一些基本的关系做出详细的定义。纤维过滤器的效率是根据单纤维效率来确定的(Brown, 1993; Davies, 1973)，如下式：

$$E = 1 - e^{-E_S S} \tag{8.1}$$

式中 E_S——单纤维效率(分数)；

S ——纤维投影面积(无量纲数)。

纤维投影面积是一无量纲的常数，由三个决定过滤器效率的因素组成——过滤器厚度(沿气流方向上的长度)，过滤器填充密度，过滤纤维直径(Brown, 1993; Davies, 1973)。这一无量纲数可以用物理意义更直观的形式来表示，不过其数学定义可以简化为如下表达式：

$$S = \frac{4 \times 10^6 La}{\pi d_f} \tag{8.2}$$

式中 L——过滤介质沿气流方向上的长度(m)；

d_f——过滤纤维直径(μm)；

a——过滤介质的体积填充密度(m^3/m^3)。

利用这三个参数，几乎可以在任何风速和粒径范围内定义过滤器的性能。将单纤维的扩散效率和拦截效率加起来就可以得到总的单纤维效率，如下式：

$$E_s = E_R + E_D \tag{8.3}$$

式中 E_R——拦截效率(分数)；

E_D——扩散效率(分数)。

单纤维扩散效率由 Lee 和 Liu(Matteson et al., 1987)定义如下：

$$E_D = 1.6125\left(\frac{1-a}{F_K}\right)^{1/3}\mathrm{Pe}^{-2/3} \tag{8.4}$$

式中 F_K——桑原(Kuwabara)动力学因子(桑原，Kuwabara 的日文名字)；

Pe——贝克利(Peclet)数(无量纲数)。

贝克利数 Pe 可以描述扩散沉积作用的强度，并且提高贝克利数 Pe 会降低单纤维扩散效率。贝克利数 Pe 的定义如下：

$$\mathrm{Pe} = \frac{1\times10^{-6}\,Ud_f}{D_d} \tag{8.5}$$

式中 U——介质面风速(m/s)；

D_d——微粒扩散系数(m^2/s)。

桑原动力学因子(Matteson et al., 1987)定义如下：

$$F_K = a - \frac{a^2 + 2\ln a + 3}{4} \tag{8.6}$$

微粒扩散系数是微粒扩散运动剧烈程度的一种度量标准，它同分子扩散运动的系数相似，通过爱因斯坦方程可以将它定义为微粒迁移率的函数形式：

$$D_d = \mu kT \tag{8.7}$$

式中 μ——微粒迁移率(N.s/m)；

k——玻尔兹曼常数，1.3708×10^{-23}(J/K)；

T——温度(K)。

微粒迁移率的定义如下：

$$\mu = \frac{C_h}{3 \times 10^{-6} \pi \eta d_p} \tag{8.8}$$

式中 η——气体绝对黏度(N・s/m²)；

C_h——Cunningham 滑动系数(无量纲数)；

d_p——微粒直径(μm)。

Cunningham 滑动系数用于说明发生在微粒表面的空气动力学滑移，其定义式为：

$$C_h = 1 + \left(\frac{\lambda}{d_p}\right)(2.492 + 0.84\, e^{(-0.435 d_p/\lambda)}) \tag{8.9}$$

式中 λ——气体分子平均自由程(μm)。

空气中气体分子的平均自由程在标准条件下为 0.67μm(Heinsohn, 1991)。

单纤维拦截效率 E_R 为分数形式，它代表的是单根纤维在经过的气流中去除微粒的效率。Lee 和 Liu(Brown, 1993; Davies, 1973)在他们的计算模型中将其定义为：

$$E_R = \frac{1}{\varepsilon}\left(\frac{1-a}{F_K}\right)\left(\frac{N_r^2}{1+N_r}\right) \tag{8.10}$$

式中 N_r——拦截参数(无量纲数)；

F_K——桑原(Kuwabara)动力学因子(无量纲数)；

ε ——不均匀修正系数(无量纲数)。

拦截参数是：

$$N_r = \frac{d_p}{d_f} \tag{8.11}$$

在式(8.10)中，修正因子 $1/\varepsilon$ 是考虑到过滤介质的不均匀性，或者用于修正过滤纤维与数学模型在几何形状上的偏差。Yeh 和 Liu 等人(Raber, 1986)通过实验方法得出聚酯化纤过滤器的 ε 值接近于 1.6。对于玻璃纤维过滤器的不均匀修正系数值尚未可知，不过也可以取值为 1.6，所得到的结果与经验数据的一致程度是可以接受的。

如今，过滤器和过滤材料的生产厂家会混合采用多种直径的纤维，通过改变各种直径的纤维所占的比例，可以达到需要的过滤效率。过滤纤维的直径在0.65－6.5μm的范围内变化。对于多种直径的纤维，式(8.2)变为：

$$S_i = \frac{4 \times 10^6 La_i}{\pi d_{f_i}} \tag{8.12}$$

式中 d_{fi}——纤维i的直径；

a_i——纤维i的体积填充密度；

S_i——纤维i的过滤器投影面积。

体积填充密度，或者叫做填充率，对于多纤维模型的每种纤维取：

$$a = \sum a_i \text{frac}_i \tag{8.13}$$

式中 frac——每种直径的纤维所占分数或者百分比含量。

这时定义某种过滤器效率的最终方程变为：

$$E = 1 - e^{-\Sigma E_{S_i} S_i} \tag{8.14}$$

式中 E_{Si}——纤维i的单纤维效率。

对于每一种纤维的单纤维效率E_{Si}都是通过式(8.2)至式(8.12)计算得出，每一种纤维就似乎是一个单独的过滤器，并且这些计算结果可以通过式(8.14)进行综合。式(8.13)中的百分比含量frac可以作相应调整，以达到各种所需的过滤效率，而所有其他参数仍可保持不变，包括总填充率a以及过滤器的厚度L。然而，对于高效(HEPA)和超高效(ULPA)过滤器，为了提高过滤效率的数量级，则需要通过增加过滤器的厚度L来实现。

一些生产厂商定义了三种直径的纤维以及每种纤维相应的百分比含量。这样就可以对连续变化的纤维尺寸提供合理的近似，并且根据每种直径纤维的填充密度，可以将过滤器模型分成三个不同的组成部分。这种近似方法在上述模型中得到了应用，其结果与文献Ensor et al.(1991)中的数据进行了比较，如图8.8所示。

过滤器的性能是通过电子表格程序建模计算的，使用的参数如表8.3所示。虽然这些过滤器模型的结果并不能和文献中的数据完全匹配，但是它们已经很好的处于这些过滤器预期的精确度范围之内。

图8.9显示了普通的HEPA过滤器模型的预测性能曲线，并且与一些研究文献中对病毒过滤效果的测试数据进行了比较(Harstad and Filler, 1969; Jensen, 1967; Roelants et al., 1968; Thorne and Burrows, 1960; Washam, 1966)。注意到在小粒径范围内，HEPA过滤器模型曲线与测试结果非常一致。而对

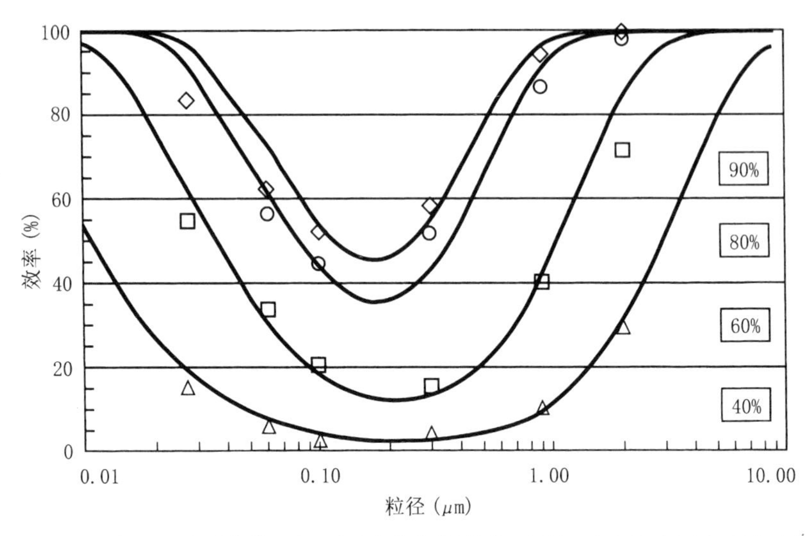

图 8.8 5种过滤器的计算模型所生成的性能曲线[曲线已扩展至病毒尺寸范围，并与文献 Ensor et al.(1991)中的数据进行了比较]

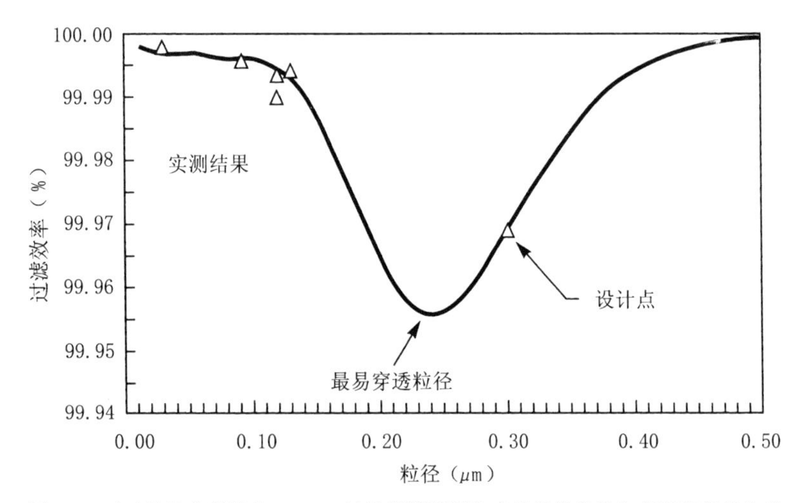

图 8.9 对于几种病毒微粒，HEPA 过滤器模型所生成的性能曲线与实测结果的比较(Kowalski et al.,1999)

于更大的病毒颗粒，其他类型的过滤器，或者速度超出设计范围的情况，目前还没有相应的测试数据。

过滤纤维直径以及它们相应的百分比含量，这些专用信息用于调整过滤器模型并且与文献 Ensor et al.(1991)中的过滤器性能数据进行比较。表

多纤维过滤器模型参数　　表 8.3

参　数		MERV 6	MERV 8	MERV 11	MERV 13	MERV 14	HEPA
	单位	20%	40%	60%	80%	90%	99.97%
迎风面积 (Face area)	m^2	0.3530	0.3530	0.3530	0.3530	0.3530	0.3502
	ft^2	3.8	3.8	3.8	3.8	3.8	3.77
过滤面积 (Media area)	m^2	2.6942	2.6942	5.3884	5.3884	5.3884	14.0284
	ft^2	29	29	58	58	58	151
介质厚度 (Media length)	m	0.015	0.015	0.015	0.015	0.015	0.017
	ft	0.0492	0.0492	0.0492	0.0492	0.0492	0.0558
额定风速 (Nominal face velocity)	m/s	3.81	3.81	3.302	2.54	5.54	1.27
	fpm	750	750	650	500	500	250
过滤速度 (Media velocity)	m/s	0.5253	0.5253	0.2276	0.1753	0.1753	0.0335
	fpm	103.4	103.4	44.8	34.5	34.5	6.6
总体积分数 (Total volume fraction)		0.002	0.002	0.002	0.002	0.002	0.0051
纤维1							
d_{f1}	μm	2.6	3.2	1.5	0.65	0.65	0.65
总体积分数		0.15	0.01	0.1	0.1	0.16	0.5
纤维2							
d_{f2}	μm	4	4	3.8	2.8	2.8	2.7
总体积分数		0.3	0.1	0.4	0.5	0.5	0.35
纤维3							
d_{f3}	μm	7	6.5	6.5	6.5	6.5	6.5
总体积分数		0.55	0.89	0.5	0.4	0.34	0.15

8.3中对5种过滤器模型相关参数的取值进行了汇总，同时还列出了其他一些起到约束作用的设计参数，例如：过滤器的迎风速度，介质面积与过滤器迎风面积的比值。

8.2.2　过滤器的应用

在现有通风系统中，改进过滤器可能会影响到风机性能以及系统风量。这些因素必须被提出并且在设计中加以考虑，以保证系统的整体性能不会受到不利的影响。

所有的过滤器都具有以下共同特性：

■ 随着风速的提高，过滤性能会降低；

■ 随着使用时间的延长以及过滤器负荷的增加，过滤性能会提高；

■ 当过滤器开始带负荷运行时，过滤器的压降会随着时间而升高；

■ 过滤器压降的增加会降低风量，或者在风量保持不变时会增加风机能耗。

以上几点特性并不一定会适用于某些类型的过滤器，例如驻极体过滤器(Electret filter)，因为这类过滤器的负载效应(Loading effect)并不十分显著(Tennal et al.,1991)。至今，对于大的粒径范围内的微粒(更确切地说，即0.1-100μm)的过滤性能已经有许多研究人员进行了研究(Ensor et al.,1991;Kemp et al.,1995)。通过对这些以及其他研究结果的回顾，可以证实：在这一粒径范围内，采用过滤器模型可以得到相当精确的预测(Kowalski et al.,1999)。

在实际应用中，过滤器的真实性能在很大程度上取决于对于扩散到房间内以及进入回风口的污染物的过滤效率。空气的混合程度也是一个重要因素。某些研究表明对于室内污染物的真实清除效率要远不如过滤器本身的分级效率(Offerman et al.,1992)。尽管如此，使用高效过滤器(High-efficiency filter)仍然可以大量地减少室内空气中的微粒数量(Burroughs,1998;Hicks et al.,1996)。

在使用HEPA过滤器时候，有必要增设预过滤器来延长过滤器的使用寿命；否则，相应的设备维护费用会很高。对于各种实验室，ASHRAE标准推荐使用比色法效率分别为25%和90%的过滤器以及HEPA过滤器构成多级过滤系统(ASHRAE,1991)。预过滤器也通常推荐使用比色法效率为80%和90%的过滤器(AIA,1993)。无论如何，为了保持高效过滤器(High-efficiency filter)的使用性能，至少需要设置有滤尘器(Dust filter)。

被过滤器阻留的病毒最终将会因脱水或者其他自然原因而死亡，但是孢子也许会在过滤介质中长期存活(Maus et al.,1997,2001)。抗菌过滤器(Antimicrobial filter)为防止过滤器在潮湿的环境下滋生微生物提供了新的选择(Foarde et al.,2000)。利用UVGI系统照射过滤器也可以防止微生物在过滤器的表面生长。

大多数的过滤介质都是由杂乱排布的纤维所构成，纤维直径分布于1-20μm之间(如图8.10所示)。伴随着过滤技术的最新发展，采用膨体聚四氟乙烯(ePTFE)的过滤介质(如图8.11所示)则是由相对有序的聚合体纤维(Polymer fiber)构成(Folmsbee and Ganatra,1996)。聚合体纤维更加纤细和致密，因此在达到更高过滤效率的同时还可以采用更薄的过滤介质，不过采用这种滤材的代价在于会产生更高的压降。

图 8.10　上图显示的是典型的过滤介质，纤维直径在 20μm 左右。图中用作参照的是粒径为 2μm 的孢子(图片征得马里兰州艾克顿市 W.L.Gore & Associates,Inc. 的许可)

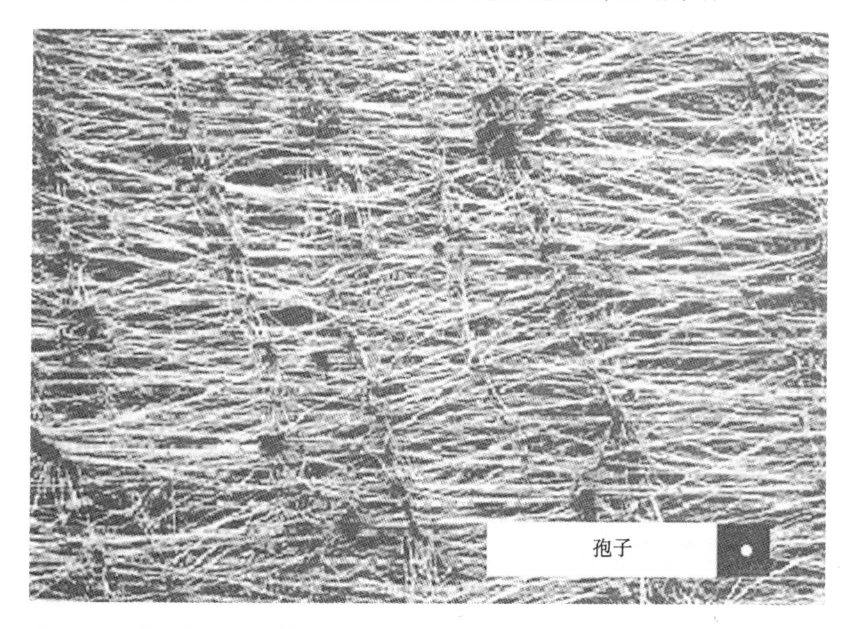

图 8.11　显微照片显示了膨体聚四氟乙烯(ePTFE)过滤介质的结构。图中用作参照的是粒径为 2μm 的孢子(图片征得马里兰州艾克顿市 W.L.Gore & Associates,Inc. 的许可)

过滤器的模型和典型的性能曲线相比有两个优点。第一，模型可以将性能曲线延伸至病毒的粒径范围。当然，这种延伸实际上采用的是外推法，所以模型应当仅仅适用于实际测试数据或其他的性能验证数据无法获得的情况。第二，对于实际运行风速超出或者低于设计风速的过滤器，使用模型可以使研究过程变得更加方便。当过滤器高于设计风速运行时，过滤效率会低于性能曲线上的数值。一台运行于迎面风速 500fpm(英尺/分钟)的 HEPA 过滤器，其微生物穿透率相当于另一台运行于正常设计迎面风速 250fpm 的过滤器的 10 倍。这些渗透物主要出现在最易穿透粒径区。不论是 HEPA 过滤器还是高性能过滤器，都需要考虑到通过过滤器的实际运行风速，而不是简单地选取生产厂家基于设计风速的性能曲线上的数值，这一点是很重要的。

为了确定过滤同稀释通风相比或相结合的效果，必须仔细检查过滤器对于特定生物毒剂的过滤性能。

正如第 2 章中讲述的那样，空气中的病原体的粒径成对数正态分布。确定对于某种微生物的过滤效率的最准确的方法是采用全粒径分布。可惜的是，现阶段人们还无法获知这些分布的细节，但是可以采用对数平均直径作为理想的近似。这些数据已经列入附录 A 的表格中，以备绘制过滤性能曲线之用。在文献中经常会看到各种微生物，尤其是病毒，会结块或粘结成大颗粒。但是这种大颗粒碰撞到过滤纤维之后很容易破裂，这也是关于过滤问题的一个未决的论断。并且，经过武器化的毒剂通常会含有一些阻止结块并促进气溶胶化过程的特殊成分。

过滤器的数学模型可以提供各种关于空气中微生物的过滤性能的有用信息，并且可以适用于各种不同的条件，如高风速系统和再循环系统。图 8.12 显示的是应用该模型所确定的对于 HEPA 过滤器最易穿透的生物毒剂。穿透 HEPA 过滤器的微生物数量可能并不会造成严重的后果，这将取决于微生物的危险级别及其在空气中的浓度。但是这个例子已经阐明了所有过滤器的一个共同特性，即某些微生物比其他微生物更容易穿透。

图 8.13 显示了在比色法效率为 60% 的过滤器中，微生物按照其粒径和过滤效率的排列情况。毒素和真菌孢子的粒径最大，它们会被 100% 的清除。而病毒的粒径最小，如马尔堡病毒和经过基因工程改造的埃博拉病毒，它们则只能被过滤掉 30%。最易穿透的微生物其粒径分布在 0.1 - 0.3μm 范围之内，其中包括天花病毒、土拉弗朗西斯菌和各种出血热病毒。

附录 A 中给出的对数平均直径可以与任何过滤性能曲线联合使用，来

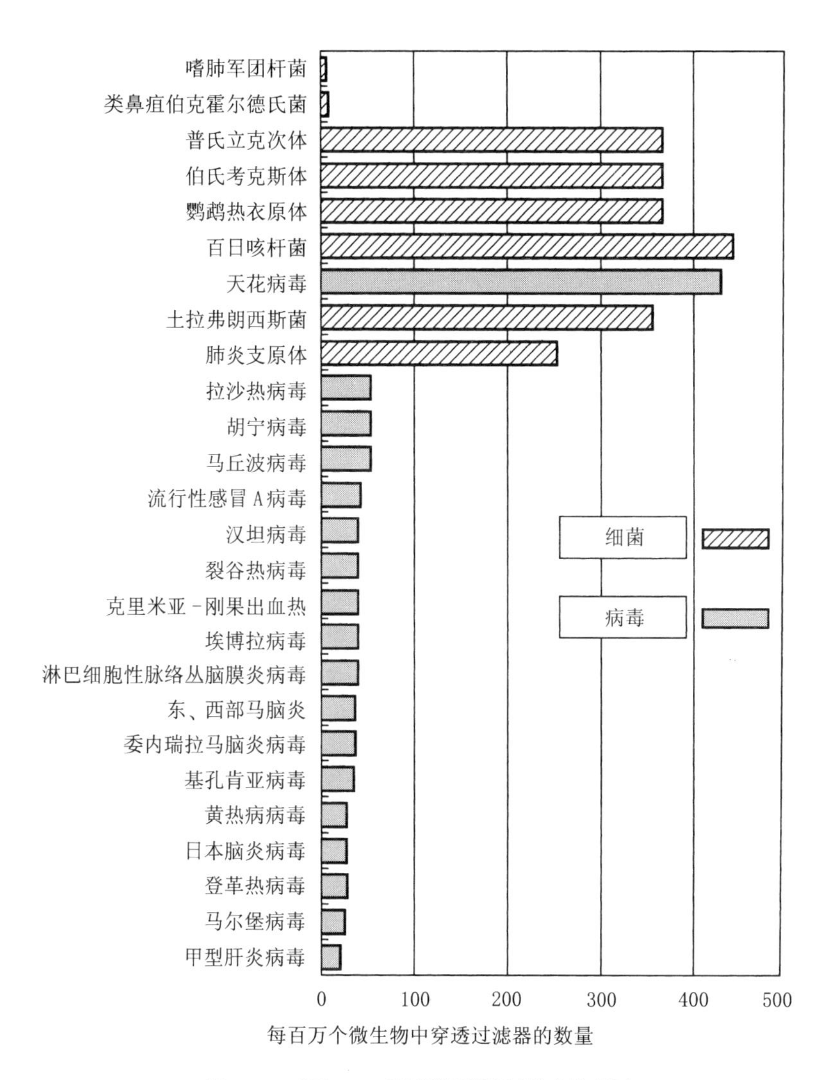

图 8.12　对于 HEPA 过滤器最易穿透的生物毒剂

决定最易穿透微生物的相似排列。但是如前所述，生产厂商产品目录中的大多数性能曲线并不能延伸到病毒的粒径范围。附录 A 中还包括了额定等级为 MERV 6、MERV 8、MERV 10、MERV 13 和 MERV 15 的过滤器的效率估计值。在必要的时候可以使用插值法来确定介于以上等级之间的过滤器的过滤效率，如在表格 8.2 中列举的采用 MERV 分级的过滤器。

过滤器如采用空气再循环的运行方式可以提高实际的过滤效率，并且

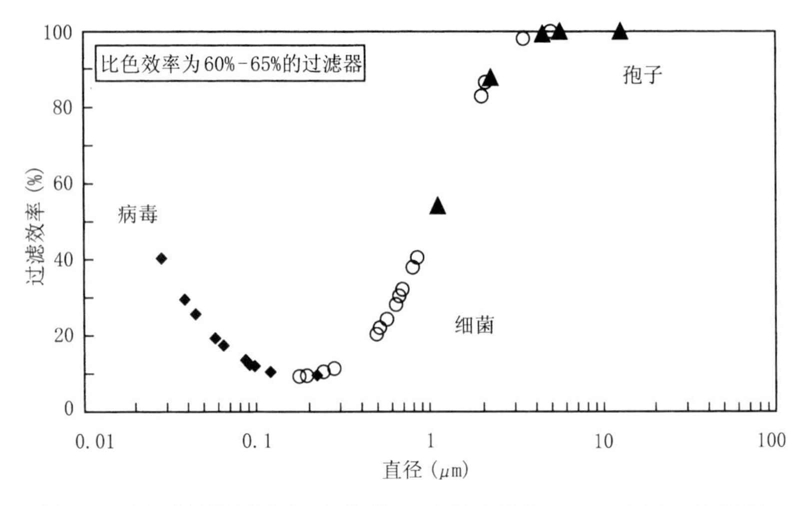

图 8.13 生化毒剂数据点与比色法效率 60%的过滤器(约 MERV 11)的性能曲线重叠

总的过滤效率会随着空气循环次数的增加而提高。在空气再循环次数很大时，比色法效率为 80%或 90%的过滤器也能够达到一台单次空气循环的 HEPA 过滤器的净化效率。图 8.14a、b 阐明了在模型房间中再循环过滤系统的这种效果，该系统无室外新风，并假设气流组织形式为理想的活塞流。因为通常情况下室内气流会出现混合，所以这些过滤器的性能并不能如此地接近 HEPA 过滤器。但是通过它们之间的比较可以发现过滤器在处理再循环空气时，整体性能仍具有潜在的提升空间。

HEPA 过滤器的穿透率几乎接近于零，在图 8.14 的数值范围内无法显示。我们会发现，比色法效率为 90%的过滤器在经过 6 次空气循环后，其性能与 HEPA 过滤器相比已经相当接近了。

图 8.15 显示了在各种过滤器与稀释通风系统相结合的情况下，空气中微生物的去除率。在模型中建筑通风系统的风量为 100000cfm($47.2m^3/s$)，系统在初始时刻($t=0$)即投入运行，并且假设室内空气充分混合。这些微生物包括等比例的病毒、细菌和真菌孢子，初始浓度为 $90000cfu/m^3$。在这个模型中，同时考虑到了内部产生的和室外空气带入的病毒、细菌和真菌孢子。本模型中，室内微生物浓度在几小时内达到稳态，而且对于不同的系统，最终的室内浓度也会有明显的区别。虽然在实际情况下，人们并不能如此迅速地净化室内空气，但重要的是无论系统应用于何种建筑物，过滤器的选择都将决定室内空气品质的最终等级。

这一分析结果表明，在并不十分需要迅速清除室内污染的情况下，使

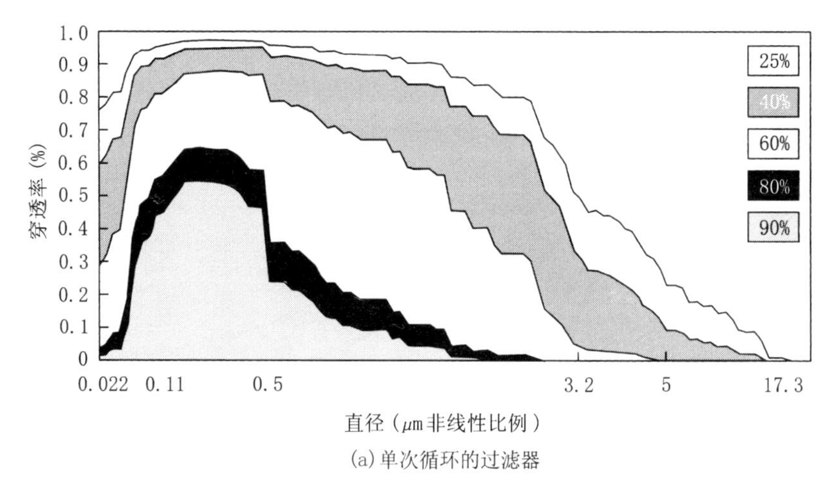

(a) 单次循环的过滤器

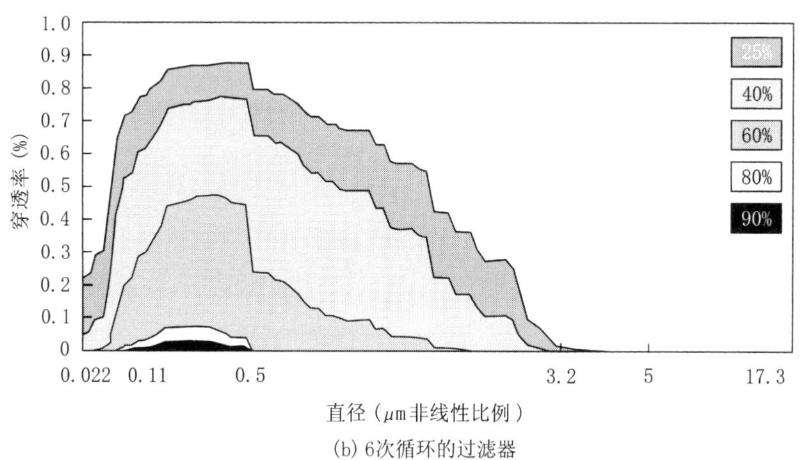

(b) 6次循环的过滤器

图 8.14　再循环过滤器的穿透率比较

用HEPA过滤器和使用比色法效率为80%或90%的过滤器相比，整体效果只有少许改进。但是HEPA过滤器的初投资和运行费用都会高出许多。上述分析结果仅仅适用于单个房间或建筑空间。对于多区域系统，必须考虑到微生物可能会再循环到其他区域，并且为了评价系统的整体性能将需要进行更为详细的分析。

8.2.3　微生物过滤的测试结果

对病毒的过滤已经进行了大量的测试，测试结果已在先前的图8.9中

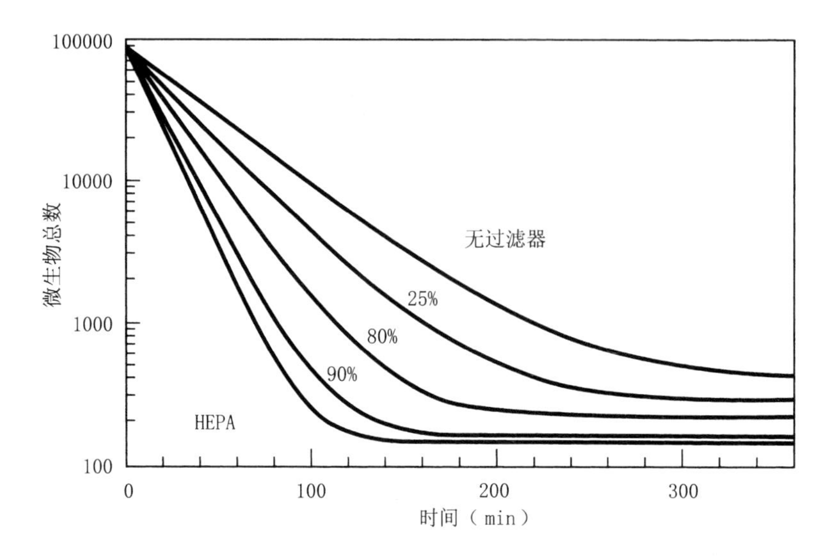

图 8.15 过滤器效率比较(过滤器安装在送风管中，与新风比为 25%的稀释通风相结合)

列出，详细结果见表 8.4。对于被测过滤器，这些实测数据同预期结果大体上保持一致。这些病毒的过滤效率表明它们在测试气溶胶中是以单个颗粒形式存在的。这些结果也能够证实被测过滤器对于病毒的预期过滤性能。

对于采用高效过滤器(High-efficiency filter)的再循环设备，通过一些有

对病毒过滤测试结果的归纳 **表 8.4**

研究者	过滤器类型	微生物	去除率(%)
Roelants et al.(1968)	HEPA	S1型S.virginiae菌的放线菌噬菌体 (Actinophage *S.virginiae* S1)	99.997
Washam (1966)	HEPA	B型大肠杆菌的温和噬菌体 (T phage *E.coli B*)	99.9915
Jensen (1967)	HEPA	B型大肠杆菌的温和噬菌体	99.99
Harstad et al.(1967)	HEPA	B型大肠杆菌的温和噬菌体	99.997
Thorne and Burrows (1960)	HEPA	口蹄疫病毒 (Foot-and-Mouth Disease virus)	99.998
Burmester and Wetter (1972)	40% - 45%	马立克氏病病毒 (MDV, Marek's disease virus)	0
	80% - 85%	马立克氏病病毒 (MDV)	100
	HEPA	马立克氏病病毒 (MDV)	100

限的数据可以反映它们的实际效率，这些数据主要来自农村的动物房舍中的测试结果(Carpenter et al.,1986a，1986b)。图8.16给出了使用再循环过滤器时，空气中细菌数量的减少情况。在第一次测试中，细菌数量减少至未过滤时的31%；而在第二次测试中，细菌数量减少到未过滤情况下的18%。在测试中过滤效率没有详细给出，但基本上已经达到比色法效率为60% - 90%的过滤器水平(相当于MERV11 - 14)。尽管空气中的细菌浓度已经明显降低，但是高性能过滤器的实际性能仍然比预期的稍低一些。这种性能的降低，很明显是由于设备所在区域气流分布不佳所致，从而也突出了气流组织对于高性能过滤设备的重要性。为了达到最佳的过滤性能，人们必须对再循环设备的布置予以足够重视。

8.2.4　液态气溶胶的过滤

化学毒剂通常被认为不能用常规过滤器进行过滤，不过化学毒剂以两种形式存在，即气态和液态气溶胶形式。气态化学毒剂只能通过气相过滤设备过滤，而不能通过常规过滤器过滤。然而，大多数的化学毒剂在常温下并不容易蒸发，因此它们在气溶胶化时，将以小液滴的形式存在(Somani，1992)。这些小液滴的过滤效率取决于其粒径大小，但是问题并不像过滤固态颗粒一样简单。小液滴会以一定的速度蒸发，这主要取决于其蒸气压力的大小(Heinsohn,1991)。在蒸发时小液滴会逐渐变小，如果完全蒸发还会变成蒸气。当液滴变成蒸气时，过滤器对它就不再有很高的去除效率了。

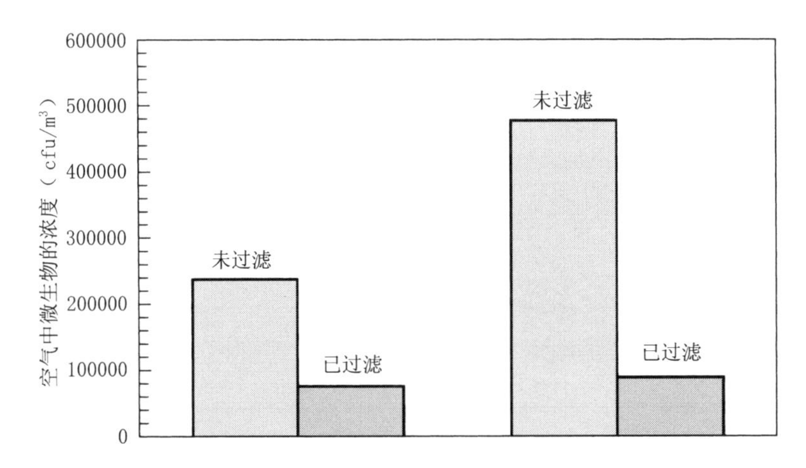

图8.16　再循环过滤器在去除空气中细菌方面的作用效果[数据来源于文献Carpenter et al.（1986a，1986b)]

化学毒剂的状态是气态或是液态，取决于其沸点和蒸气压力。如果化学毒剂沸点在24℃以上，这通常表明该化学毒剂在室温下转变为气溶胶时通常会以小液滴的形式存在。当然，这还将取决于所发生的化学毒剂气溶胶的精细程度。无论是处于溶液还是气溶胶状态，化学毒剂的蒸发率都是其分压力和周围空气饱和度的函数。毋庸置疑，即使在大气条件和气溶胶发生器的特性已知的情况下，这些因素都会使问题变得十分复杂，而且很难预测。

尽管预测过滤效率是很困难的，但是我们仍然可以认为过滤器能够过滤一部分液态气溶胶。除非雾化的十分充分，否则液态气溶胶一定会以不同大小的小液滴形式存在的，而且可能会黏附或吸附在过滤纤维上。然而这些小液滴也可能因为碰撞作用而分裂成更小的气溶胶颗粒，这一过程取决于它们的表面张力、密度、气流速度和其他一些因素，而且当气溶胶颗粒黏附于过滤纤维之后，它们仍然会继续蒸发(Raynor and Leith，1999，2000)。目前已经有一些实验数据能够反映过滤器对于液态气溶胶的过滤程度。事实上，尽管大多数实验是采用固态粉末来获得过滤器的性能，但还是有些实验是采用液态气溶胶进行测试，这些液态气溶胶包括临苯二甲酸二辛酯(DOP)和水杨酸甲酯(Methyl salicylate)等。

图8.17给出了两台商用再循环过滤设备去除水杨酸甲酯气溶胶的测试结果(Janney et al.，2000)。这些结果与再循环设备中没有采用过滤器情况下

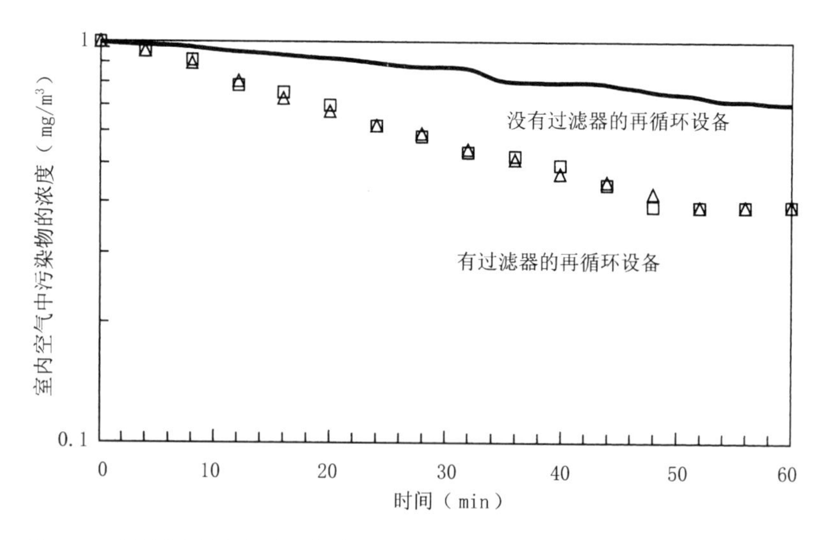

图8.17 再循环过滤器对室内水杨酸甲酯蒸气的去除作用[数据源于Janney et al.(2000)]

的过滤效率进行了比较。虽然相同的测试也表明如果增设炭吸附器会获得更高的过滤效率，但是在图中过滤器对于蒸气的过滤作用已经清晰可见了。

因此，我们可以认为普通过滤器能够在一定程度上防御化学气溶胶，尽管其效果很难提前进行预测。事实上，过滤器可能同时会将气溶胶转变成蒸气或者气体形式，但是这一过程需要较长的时间。实际上，最初过滤器可视为一个收集器，接下来随着化学制剂的蒸发它又会变成一个发散源。过滤器可以有效地减缓大多数化学毒剂的释放速度并因此减轻毒剂对室内人员的影响，不过这也取决于释放气溶胶的尺寸范围。

8.3 紫外线杀菌照射

只要设计、选型适当，紫外线杀菌照射(UVGI)系统可以高效地杀灭许多种细菌和病毒病原体。最近发展的一些选型方法(Kowalski and Bahnfleth, 2000a)，能够对 UVGI 系统的效率进行预测，并且比先前的方法更加准确，不过它们的计算量也比较大。本节将回顾基本的建模技术，并在 UVGI 系统的选型方面提供一些指导以消除生物毒剂的威胁。

UVGI 系统的选型应该从以下两个方面进行考虑：(1)微生物对紫外线照射的反应；(2)微生物所经过的密闭区域内紫外线强度场的平均场强。在第 2 章已给出了紫外线照射下微生物的存活曲线。在这里将对紫外线强度场的问题进行合理的简化处理，至于更为详细的处理方法可以查阅参考文献(Kowalski, 2001; Kowalski and Bahnfleth, 2000a, 2000b; Kowalski et al., 2002b)。

空气中微生物接受到的照射剂量的多少，主要取决于微生物所通过区域紫外灯的强度场。在一个如图 8.18 中所示的风管型 UVGI 系统中，紫外灯和密闭的反射表面共同作用产生一个强度场。这个强度场的确定对于任何系统的选型都是非常重要的。在第 8.3.1 节将会介绍建立数学模型的方法，这样整个强度场就可以用平均辐射强度这一个数值来简化表示。

通常采用平方反比定律(ISL, Inverse square law)计算距灯管任意距离处的光线强度。对于照明来讲这是准确的，但是对于杀菌系统却是不准确的，因为在紫外灯附近的强度场杀菌效果更加显著。平方反比定律一样适用于水系统中，但是水对于 UVGI 系统的削弱作用比紫外灯本身几何形状的影响更大(Qualls and Johnson, 1983, 1985; Severin et al., 1984)。在空气中可以忽略 UVGI 系统在传播过程中的削弱作用，由于平方反比定律没有考虑紫外灯本身的直径，因此也只能作为一种近似计算。即使通过平方反比定律

图 8.18 带有检修门的风管型 UVGI 系统(图片征得 Lumalier/Commercial Lighting Design 的许可)

的数值积分来得到一个线光源，也不能与紫外线的感光数据相一致(Kowalski et al.,2002b)。

辐射视角系数(Radiation view factor)代表某个表面的漫射辐射能量中被其他表面所吸收的比例。它定义了发射表面和吸收表面之间的几何关系。如果发射面强度恒定，而吸收面是一个微元，那么可以通过辐射视角系数来确定微元所在位置的辐射强度。如果吸收面是一个有限面积，或者发射面强度不均匀，那么可以对各个表面求积分来得到总的辐射吸收量。

8.3.1 UVGI 的数学建模

当平面微元垂直于圆柱形灯轴并且位于其某个末端时，UVGI 灯管外任意点的强度就可以通过平面微元到有限圆柱体的辐射视角系数来计算得出(Modest,1993)。

$$F_{d1-2}(x,l,r)=\frac{L}{\pi H}\left[\frac{1}{L}\operatorname{atan}\left(\frac{L}{\sqrt{H^2-1}}\right)-\operatorname{atan}\left(\sqrt{\frac{H-1}{H+1}}\right)+\frac{X-2H}{\sqrt{XY}}\operatorname{atan}\left(\sqrt{\frac{X(H-1)}{Y(H+1)}}\right)\right] \tag{8.15}$$

上面公式中的参数定义如下：

$$H = \frac{x}{r}$$

$$L = \frac{l}{r}$$

$$X = (1 + H)^2 + L^2$$

$$Y = (1 - H)^2 + L^2$$

式中 x——与灯管的距离(cm)；

l——某节灯管的长度(cm)；

r——灯管半径(cm)。

图8.19和图8.20是辐射视角系数模型与感光数据的比较结果。在这两张图中均有采用平方反比定律(ISL)得出的两条曲线。可以观察到在距离灯管较近或较远时，相对来说这两条曲线的准确性都不高，这说明计算模型的准确性将取决于它们的应用范围。

为了计算沿灯管轴线并且处于轴心外任一径向距离的辐射视角系数，必须将灯管沿长度方向分成两节，即 l_{g1}和 $l_{g2} = l_g - l_{g1}$，它们的和就是灯管的总长度 l_g，如图8.21所示。任一点的总辐射视角系数就可以写成：

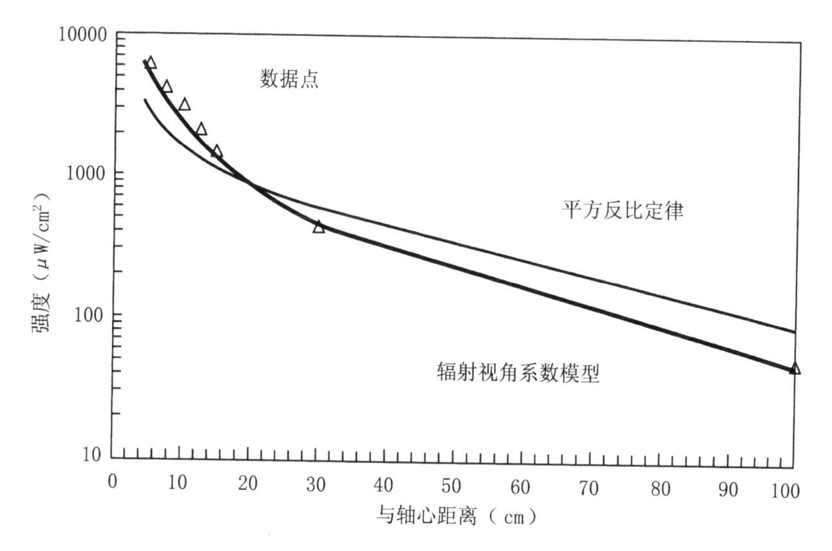

图8.19 辐射视角系数模型与实测数据以及平方反比定律的比较，紫外灯型号为 TUV36W PL-L ［数据来自于文献 UVDI(1999)］

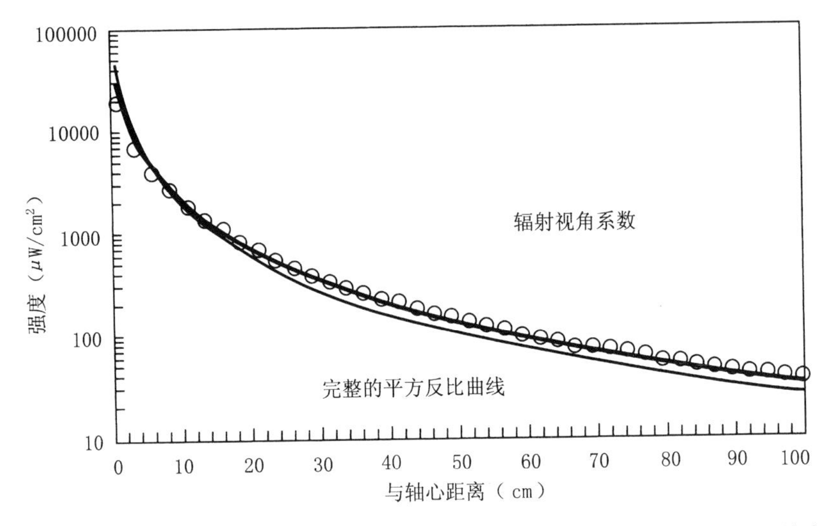

图 8.20 辐射视角系数模型与实测数据以及平方反比定律的比较，紫外灯型号为 GHO287T5L[数据来自于文献 UVDI(1999)]

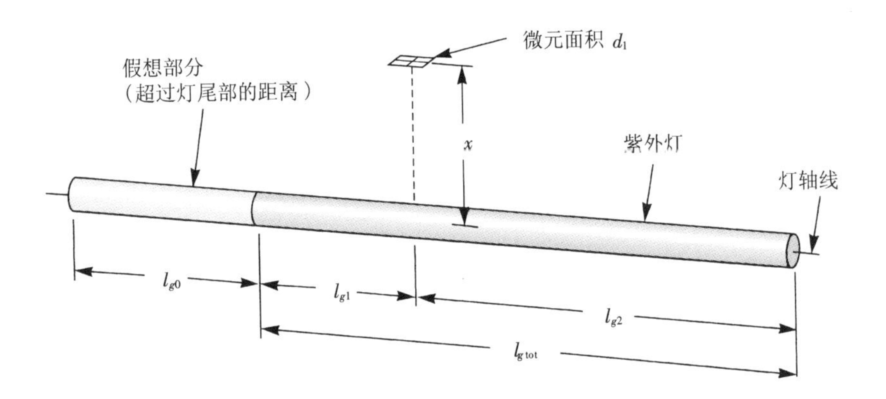

图 8.21 灯的辐射视角系数模型，显示了灯管由两部分 l_{g1}和 l_{g2} 组成，并标示了微分单元与灯轴线的距离。假想部分长度代表的是微分单元位置超过灯管尾部的距离

$$F_{\text{tot}}(x,l_1,l_g,r) = F_{d1-2}(x,l_1,r) + F_{d1-2}(x,l_g - l_1,r) \tag{8.16}$$

为了计算超过灯管末端某一点的辐射视角系数，可以假设在实际灯管长度 l_g 外存在一个假想灯管，并且假想灯管的长度等于某点在实际灯管之前或者之后的那部分长度，设为 l_b。最后，从总长度中减去假设灯管部分就可得到实际的辐射视角系数。公式如下：

$$F_{\text{tot}}(x,l_b+l_g,l_g,r)=F_{d1-2}(x,l_b+l_g,r)-F_{d1-2}(x,l_b,r) \tag{8.17}$$

图 8.22 是一个对上述模型、实测数据和平方反比定律模型进行比较的例子。辐射视角系数模型与实测数据在这里存在一定的偏差，这很明显是由于光敏元件读数的误差所引起的。

任一点的辐射强度都是由表面辐射强度 I_{sur} 以及总辐射视角系数 F_{tot} 所决定的。灯管的表面辐射强度是通过紫外灯的输出功率除以灯管的表面积所求得的。在任意坐标(x, y, z)处的辐射强度可以表示成：

$$I_s=\frac{E_{\text{uv}}F_{\text{tot}}}{2\pi rl} \tag{8.18}$$

式中　I_s ——任意点$(x,\ y,\ z)$处的紫外线强度(μW/cm^2)；

E_{uv}——紫外灯的输出功率(μW)。

通过使用多个圆柱来近似灯管的形状，可以将上述公式用于非圆柱形灯管的计算。例如图 8.23 中所示的双轴和 U 形灯管的使用越来越广泛，因为它们在使用时只需要连接灯管的一个末端即可。这些灯管可以近似成两根圆柱，当然也可以将它们近似成三根圆柱，只要在灯管的末端再定义一

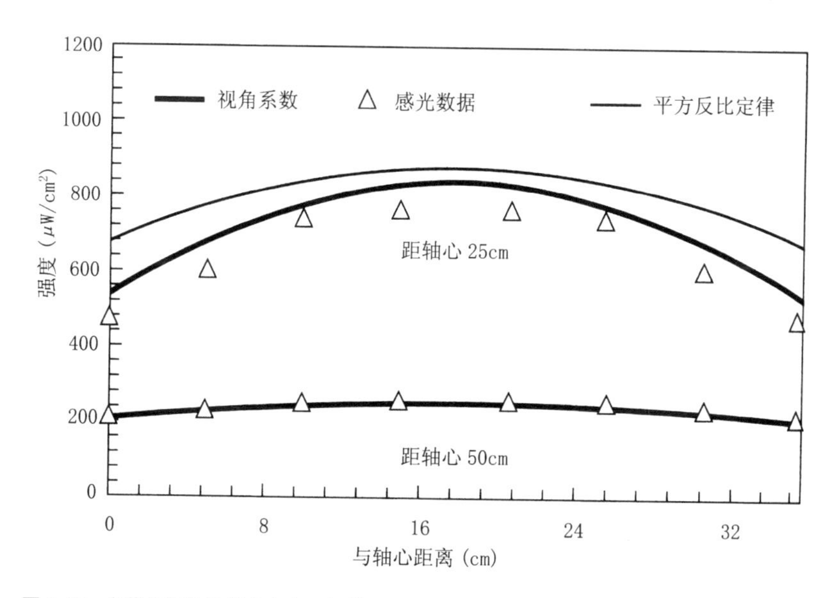

图 8.22　在紫外灯的长度方向上，辐射强度的实测数据与计算模型结果的比较，当与灯管轴线的距离为 50 cm 时，视角系数和平方反比曲线重合

节短圆柱即可。另一方面，还可以将每种灯管按照当量直径(即具有相同灯管表面积的直径)近似成单个圆柱，这样做也可以满足大多数计算要求。

如图 8.24 所示，利用公式(8.15)至公式(8.18)，可以建立一个定义灯管周围封闭空间内强度场的三维矩阵。可以用这个矩阵计算空气中微生物在通过该空间时的紫外线吸收剂量，这既可以通过求强度场的均值也可以通过沿气流流线对剂量求积分来确定。

铝或者膨体聚四氟乙烯(ePTFE)这种反射性材料可以通过直接反射和相

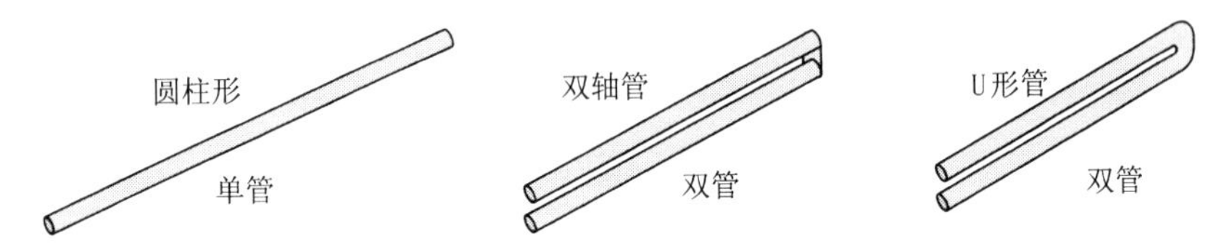

图 8.23 现阶段可以使用圆柱体视角系数模型进行模拟的紫外灯类型，双轴与 U 形灯管可以分解成两个或者更多个圆柱

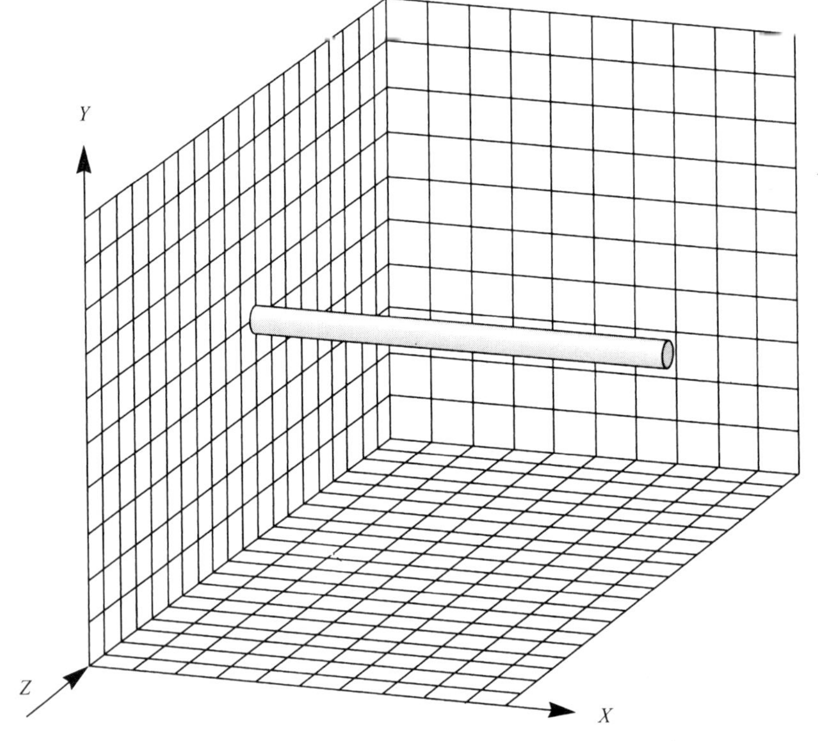

图 8.24 用来定义紫外灯反射强度场的 $10\times10\times20$ 方块矩阵

互反射来增强辐射场强度。光反射的强度场取决于反射材料表面的几何形状与灯管的布置。某些紫外灯本身就包括了具有反射表面的装置。

假设各表面都是纯粹的漫射表面，可以使用辐射视角系数计算第一次反射的辐射强度场。这个假设并非不合理，因为即使对于镜反射平面，所得到的强度场也是相对一致的[例如，在强度等高线上没有热点(Hot spot)]。

可以通过公式(8.18)计算每一表面的直射强度。如果壁面处的辐射强度相对均匀一致，那么使用表面强度平均值来简化计算也是可行的。否则，还需要将表面进一步细分为若干单元，在这些单元上满足辐射强度均匀分布的假设。

在 n 个表面中，每个表面的反射强度 I_{R_n} 可表示为：

$$I_{R_n} = I_{D_n}\rho \tag{8.19}$$

式中　I_{D_n}——表面 n 的直射强度($\mu W/cm^2$)；

ρ ——紫外线杀菌照射范围内的全光谱漫反射率。

当微元垂直于矩形平面并位于平面拐角处时，微元面到矩形平面的辐射视角系数可以由下式得出(Modest, 1993)：

$$F_{d1-2} = \frac{1}{2\pi}\left[\begin{array}{l}\dfrac{X}{\sqrt{1+X^2}}\ \mathrm{atan}\left(\dfrac{Y}{\sqrt{1+X^2}}\right)\\ + \dfrac{Y}{\sqrt{1+Y^2}}\ \mathrm{atan}\left(\dfrac{X}{1+Y^2}\right)\end{array}\right] \tag{8.20}$$

式中　X——高度/x；

Y——长度/x；

x——微元至平面拐角的垂直距离(cm)。

通过把大矩形分成 4 个小矩形，可以定义出相交于大矩形的垂线上任意一点的辐射强度。对于那些垂直投影超出矩形表面边界的点，必须采用假想矩形来代表矩形平面上并不存在的表面积，同时需要从总的辐射强度中减去由这部分假想矩形所产生的辐射强度。如果矩形表面的辐射强度分布不均匀，则不得不将表面划分成许多个更小的单元，这时可以应用辐射视角系数的代数理论。在文献 Modest(1993)和 Howell(1982)中提供了该理论的更多细节。

通过公式(8.20)可以用来计算出三维矩阵，并以此定义一次反射所产生的强度场。该矩阵也可以计算出平均辐射强度和总剂量，这方面内容将会在下面的章节中进行分析。

对于如图 8.25 所示的矩形风道，模型中包含有四个平面(顶部，底部，左侧和右侧)。不过该模型还可以一般性的应用于任意数量的表面。例如，圆形风管就可以用表面足够多的多面体来近似替代。这样，微生物在任意点(x，y，z)处的反射强度 I_R 就可以通过对各表面的反射辐射求代数和得出。

$$I_R = \sum_{i}^{n} I_{R_n} F_{d1-2,n} \tag{8.21}$$

式中 $F_{d1-2,n}$——对平面 n 的辐射视角系数。

上面的计算过程都假设反射面是漫反射表面。目前在 UVGI 系统中使用的反射面大多数是镜面，或者类似于镜面的平面。对镜面反射的分析过程比较复杂，不过仍然可以将反射面假设为漫反射平面，因为这样所得的结果接近于镜面反射模型的结果，而且在计算平均辐射强度时这两种方法的结果更加接近(Kowalski and Bahnfleth，2002b)。

对于有限数量的表面，有一种计算镜面反射的方法是应用公式(8.21)

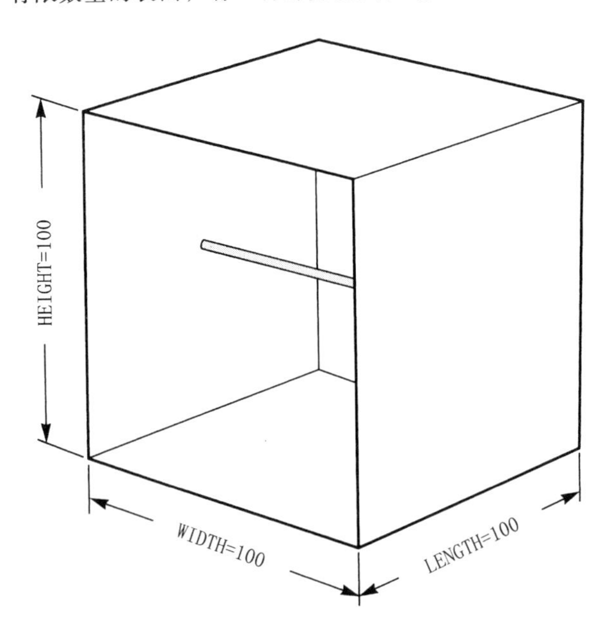

图 8.25 典型 UVGI 系统的配置，具有四个反射面，流场形式为交叉流

计算出灯管在每个面上的镜面反射强度。由于表面反射率的不同，灯管的反射强度会按照不同的比例衰减。相互反射强度也可以通过与一次反射相类似的计算方法求得，但是计算过程将会变得很复杂。然而，保守起见可以忽略掉相互反射的作用，尤其在反射率比较低的情况下。关于计算相互反射场的更多细节可以参照文献 Kowalski and Bahnfleth(2000b)以及 Kowalski(2001)。

照射时间和 UVGI 强度决定了辐射剂量的大小。二者都取决于速度场和气流混合程度。风道或房间内的速度场由所处环境所决定，只有通过 CFD 模拟才可以确定。无论如何，对于典型 UVGI 系统的设计风速接近于 2m/s(400fpm)，这一风速保证了气流能够充分混合，并且由速度场不一致所带来的影响也比较适中。

为了简单起见，反射强度场可以忽略不计，这样将会得到平均辐射强度的保守估计。计算直射强度场平均场强的源代码参照附录 F。虽然程序是用 C + + 编写的，但是程序中主要是数学公式，所以对于工程师来讲都很容易理解。这些公式以及函数几乎可以逐句翻译成 Fortain、Basic 或者 Pascal 语言。原代码中的输入输出函数(文件和打印操作)都需要由工程师来完成，因为对于不同的编程语言这些函数也各不相同。

源代码按顺序执行一些基本的功能。这些功能包括循环计算所有的灯管，随后循环计算 50×50×100 的强度矩阵中的所有点，计算出矩阵中每一点到灯管轴心的距离，以及计算出矩阵中每一点相对于灯管轴线的位置(相对于灯管首端的距离)，确定矩阵中的点是否超出或者在灯管轴线范围之内，接着计算出该点的辐射强度。当得到矩阵中每一点的强度之后，就可以计算出平均辐射强度值。图 8.26 给出了包括这些功能的流程图。

8.3.2 UVGI 系统的应用

目前有少量的指导手册和文献可以帮助设计师设计不同种类的 UVGI 系统(Bolton, 2001; Kowalski and Bahnflesh, 2000a, 2000b; Luciano, 1977; Luckiesh, 1946; Philips, 1985; Sylvania, 1981; Westinghouse, 1982)。根据系统的应用情况，在大多数情况下生产厂商能够协助工程师完成设计。图 8.27 显示的是美国霍尼韦尔(Honeywell)公司使用其专用软件包来定型和安装的 UVGI 系统(Honeywell, 2001)。除此以外，至少还有一家公司拥有自己的软件包来自行设计 UVGI 系统(UVDI 2001)。

为了精确设计一套系统来防御生物毒剂，必须确定性能标准或者编制经济预算。通常设计师必须两者都要兼顾。各种系统的性能可以使用第

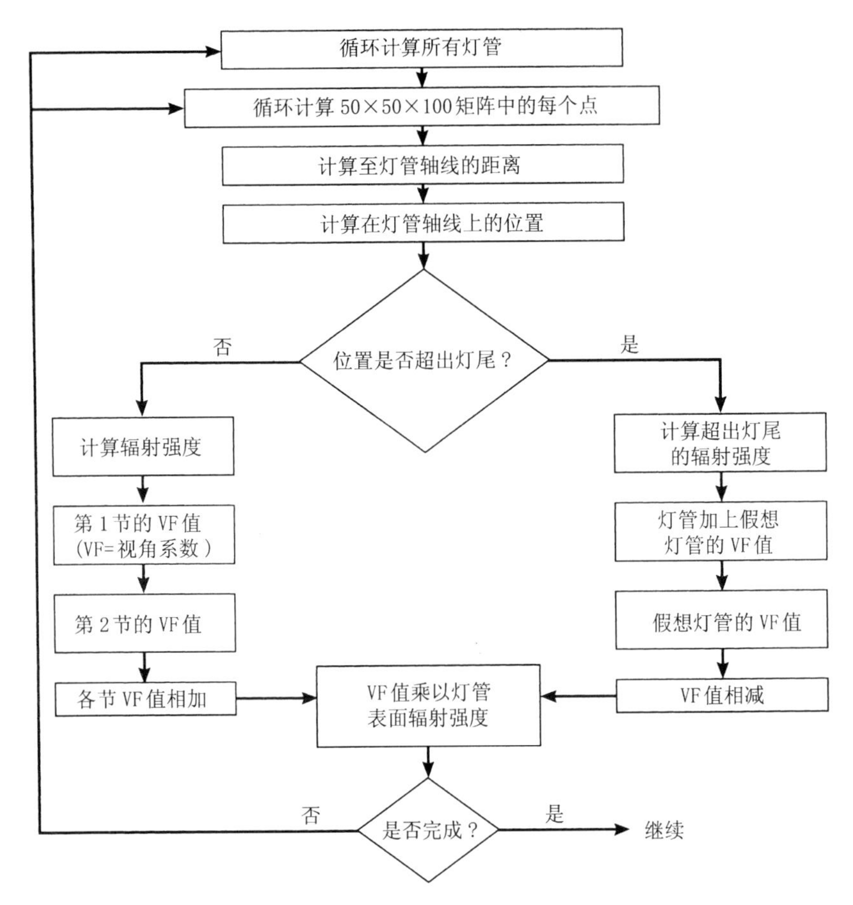

图 8.26 附录 F 中源程序的流程图，该程序可以计算出矩形围合体中任意数量灯管的直射平均辐射强度

8.3.1 节中给出的数学方法进行预测。这些方法可以预测任何矩形风管系统的平均辐射强度。平均辐射强度乘以照射时间就可以得出总辐射剂量。如第二章所述，在微生物的 UVGI 衰亡率常数为已知的情况下，辐射剂量可以用来预测任何微生物的杀灭率。所以平均辐射强度是定义 UVGI 系统的惟一特征属性。

在此介绍一下 UVGI 级别(简称为 URV)的概念，以此来定义典型的 UVGI 空气净化系统中平均辐射强度的取值范围。URV 与 ASHRAE52.2-1999 过滤器的 MERV 分级系统相类似，它可以作为辅助工具应用于 UVGI 和过滤器联合系统的设计。表 8.5 列出了一些被提议的 URV 等级以及它们所代表的平均

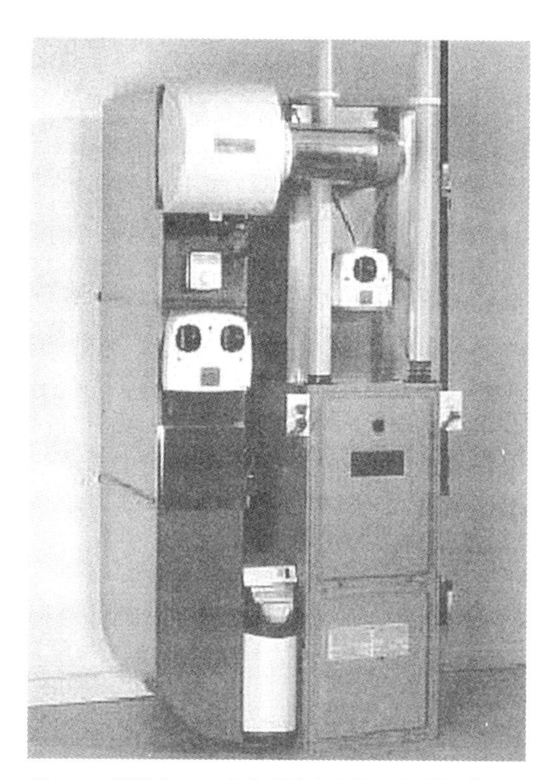

图 8.27 设置有 UVGI 设备的住宅建筑通风系统[紫外灯分别安装在盘管的上风侧(左侧方管上方的双管紫外灯)和下风侧(右侧立管之间的单管紫外灯)(图片征得 Honeywell 公司许可)]

辐射强度。目前对其余的 URV 等级还没有做出定义，因为像那些用于控制微生物生长(Levetin et al.,2001)，或者对上层空气进行消毒(Dumyahn and First,1999)的 UVGI 系统，其辐射强度可能远远低于 100μW/cm^2，另外对于某些高强度系统的辐射强度的上限至今还没有得到确定。

URV 分级系统的这种设计，使得相近 URV 和 MERV 等级的净化设备在联合使用时，对于所有空气传播型病原体来说，任何一种微生物群体的减少程度都相差无几。例如 MERV 13 过滤器去除炭疽杆菌孢子的能力同 URV 13 系统杀灭天花病毒的能力大致相同。MERV/URV 联合分级系统的这种“均等”的特性将在第 9 章进一步阐述。

UVGI 系统的平均辐射强度与照射时间可以用做选型的标准。通常的照射时间只有几分之一秒，它是通过管道或空气处理机组(AHU)中的有效空间以及空气流速来确定的。表8.5列出了多种典型UVGI系统的平均辐射强度和照射时间的示例。对于结核杆菌(TB)，或者其他已知衰亡率常数的病原体，可以在附录A中查找相应的UVGI衰亡率常数。微生物的存活率或杀灭率可以通过第2章中提供的方法计算得出。

可以看出平均辐射强度的分布范围仅仅相差一个数量级，没有出现极高或极低的强度值。然而，对微生物的杀灭率却从百分之几到接近90%(例如，在0.25s时)。在空气处理机组的空间范围内，表中所示的照射时间是具有代表性的。对于其他任何病原体，包括炭疽杆菌孢子和天花病毒，都可以建立像表8.5这样的表格。表中的结果可以显示出对于特定微生物可能达到的杀灭率以及所需的平均辐射强度。基本上，低功率的系统产生的场强均值为100μW/cm²；而高功率的系统产生的场强均值可达到4000μW/cm²。在不考虑实际管道尺寸的情况下，这一结论是基本正确的。就像熟悉过滤器的比色法效率和MERV分级一样，上述结论可以帮助工程师熟悉URV和平均UVGI强度的概念。

灯管可以通过支架安装在风管内侧，有时候也可以安装在风管外侧，但是要保证灯管能够伸入风管内部。尽管对于一组给定条件，灯管的安装和布置可以用来优化系统的性能，但这些因素并不总是至关重要的。这里强烈推荐使用抛光铝或其他紫外线反射材料制成的反射面板，因为这样做可以增强辐射强度场而且费用低廉。当UVGI系统的选型问题解决之后，其安装过程十分简单。关于UVGI系统性能优化方面的问题在其他文献中也有所涉及(Kowalski，2001)。

为了完成UVGI系统的选型，还不能忽视系统中所采用的过滤部件，这一问题在第8.4节中将会进一步阐述。与过滤器一样，UVGI系统也能够用

URV平均辐射强度以及对结核杆菌的杀灭率 **表8.5**

URV	平均辐射强度(μW/cm²)	照射时间(s)						
		0.1	0.2	0.25	0.35	0.5	0.75	1
		结核杆菌杆菌的杀灭率(%)						
8	125	3	5	6	9	12	18	23
9	250	5	10	12	17	23	33	41
10	500	10	19	23	31	41	55	66
11	1000	19	35	41	53	66	80	88
12	1500	27	47	55	67	80	91	96
13	2000	35	57	66	78	88	96	99
14	3000	47	72	80	89	96	99	100
15	4000	57	82	88	95	99	100	100

于设置在房间内的再循环机组。室内再循环机组的效率主要由气流流速、换气次数、空气混合的程度、机组的布置位置以及室内气流分布所决定。当室内增设 UVGI 再循环机组时一定要仔细考虑这些影响因素。图 8.28 举例说明了在封闭空间内使用 UVGI 再循环机组时，空气中结核杆菌(TB)的减少情况(Allegra et al.,1997)。虽然在高强度的紫外线照射下结核杆菌会受到破坏，但是只有流经机组的空气会得到消毒，所以室内空气的消毒效果，将取决于通过机组的空气流量以及其他一些因素。

8.4 UVGI 与过滤器联合使用

UVGI 与过滤是相互补充的两项技术。过滤器可以过滤掉大多数对于 UVGI 系统具有抵抗力的微生物，反之亦然。这是因为较大的微生物，例如孢子，具有较强的生存能力。图 8.29 给出了一组选定的生物毒剂在通过预滤器、过滤效率为 80% 的过滤器和 UVGI 系统时的衰减情况。可以看到在过滤器最易穿透粒径范围内的微生物都很容易被 UVGI 系统所杀灭。同样，类似于病毒的较小微生物，能够被 UVGI 系统杀灭，但是并不容易被过滤；而孢子虽然对于 UVGI 系统具有抵抗力，却很容易被过滤掉(Kowalski and Bahnfleth,2000a)。

并不是附录 A 中的所有微生物都适用于这个例子，因为大多数微生物的 UVGI 衰亡率常数仍然是未知的。然而，我们可以合理地假设大多数病毒容易被 UVGI 系统杀灭，同时大多数孢子可以用过滤器过滤掉。因此，UV-

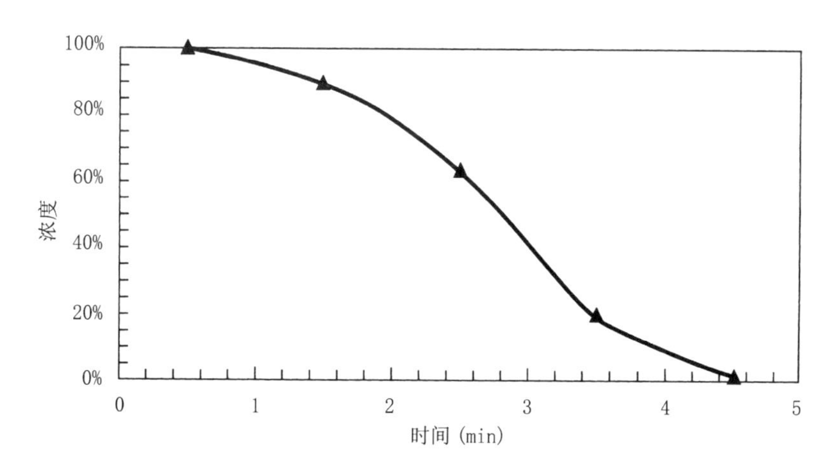

图 8.28 某再循环 UVGI 系统对空气中结核分枝杆菌的杀菌作用[基于文献 Allegra et al.(1997)的数据得出]

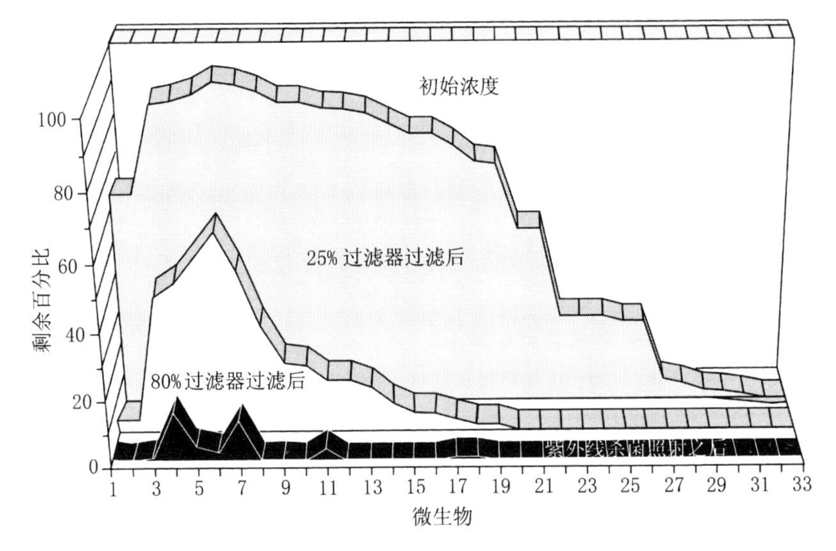

图 8.29 在过滤器和 UVGI 系统前后的微生物数量[此处只包括 UVGI 衰亡率常数为已知的微生物，粒径从最小(1)至最大(33)，其中包括了多种生物毒剂]

GI 系统与过滤器相结合是一套理想的解决方案。

在特定的建筑设施中，这种过滤与 UVGI 相结合的系统通过运行调节可以消除人们关注的目标微生物，并达到要求的杀菌和消毒等级。在该例中，可以通过以下步骤调节系统以彻底消除所有的微生物：(1)降低系统风量；(2)增加紫外灯的功率；(3)使用更高效率的过滤器。经济因素可能会决定选择和使用哪种方法，因此可以通过基本的经济最优化方法来寻找最合适的解决方案。

就像可以消除大多数病原体一样，过滤与 UVGI 的联合系统也可以消除生物毒剂。图 8.30 给出了生物毒剂相继通过预过滤器、过滤效率为 80% 的过滤器和 UVGI 系统后的衰减情况。图中所示病原体的 UVGI 衰亡率常数都已经确定或者有相应的估算值。

图 8.30 表明由 UVGI 设备和适当型号的过滤器所组成的基本系统，该系统能够有效去除大多数利用空气传播的生物毒剂。对于这种系统，只要给定进口浓度，就可能计算出出口浓度。然而，大多数致命性或传染性毒剂的具体剂量并不是很确定。在第 5 章中对各种毒剂的致死剂量进行了详细阐述，并在附录 B 中给出了相应的模型。

将过滤器的去除率与 UVGI 系统的杀灭率进行合成是一个简单的代数过程。一定比例的微生物会穿透过滤器，它们会进一步被 UVGI 系统按照一定

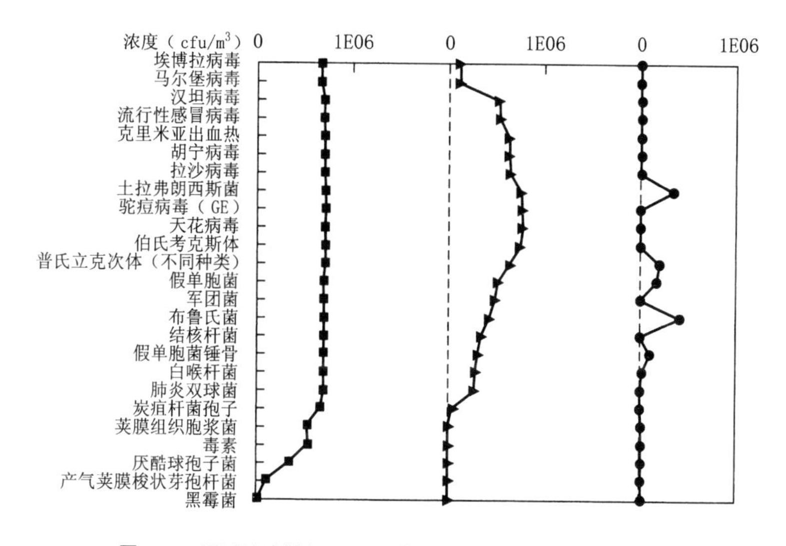

图 8.30　通过过滤器和 UVGI 系统后生物毒剂的减少量

的比例杀灭。图 8.31 阐述了这一过程，在图中为了便于说明过滤器与 UV-GI 系统起着同样的作用，把过滤器的去除率或者过滤效率也定义成“杀灭率”。微生物的初始群体定义为 S_0，而 S_n 代表每一级净化处理后存活的微生物群体。

合成的总杀灭率(KR_T)可以表示为：

$$KR_T = \frac{S_0 - S_2}{S_0} = \frac{1000 - 150}{1000} = 85\% \tag{8.22}$$

这样可以将例 8.31 中合成的总存活率表示成以下的数学形式：

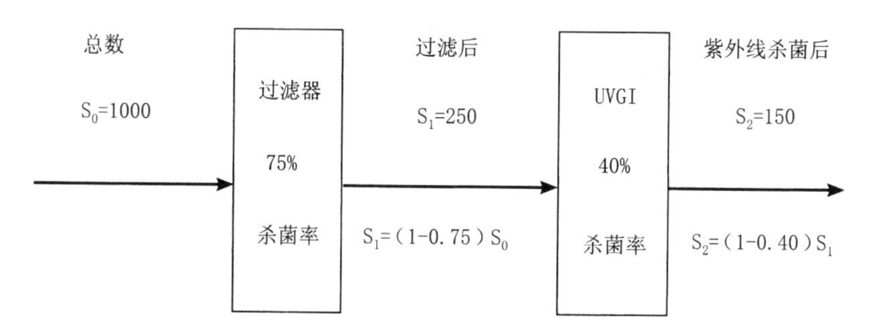

图 8.31　过滤器和 UVGI 系统联合运行时，计算总杀菌率的示意图

$$S_2 = (1 - KR_1)(1 - KR_2)S_0 \tag{8.23}$$

如果 $S_0 = 1$，那么三个系统串联的总存活率为：

$$S_3 = (1 - KR_1)(1 - KR_2)(1 - KR_3) \tag{8.24}$$

在有多个净化系统时，公式的形式只是上面公式的不断重复，这时合成的总杀灭率为：

$$KR_T = 1 - S_T \tag{8.25}$$

式中　S_T——总存活率。

8.5 气相过滤

气相过滤用于去除气体或蒸气，这种用途可以利用各种设备来实现。大多数气相过滤系统都采用活性炭作为吸附剂，或者采用浸渍有各种化合物的活性炭。有些化合物可以提高对气体或蒸气的吸附能力，有些则可以作为催化剂来破坏气体或蒸气。虽然炭吸附形式已经被成功运用了几十年，而且最近许多新型的气相过滤系统已经开发成功并可供选用；然而，这些技术用于去除生化毒剂的相关资料还很少，因此，这里仅仅讨论已经比较成熟的技术。

图 8.32 中对常用的气相过滤技术进行了分类。这些技术可以分为炭吸附型和非炭吸附型两大类。这种分类并不是面面俱到——目前很多正在发展中的技术在去除气态污染物方面具有巨大的潜力，但是现阶段对它们的

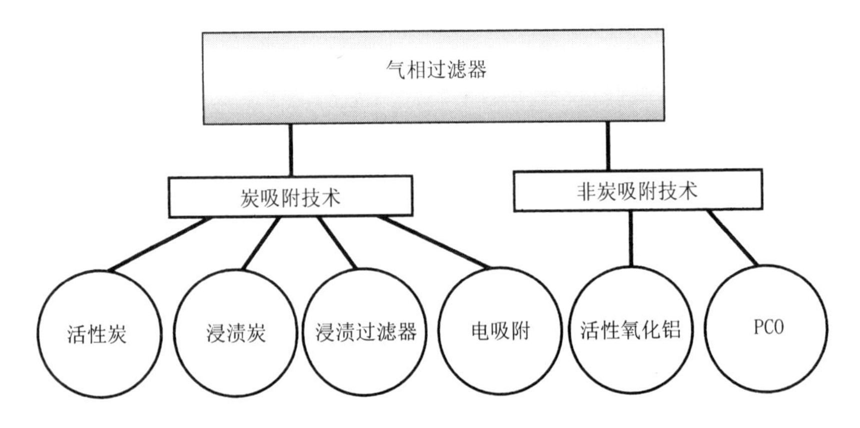

图 8.32　一些常见的气相过滤技术分类

实际性能还知之甚少。

炭吸附主要用于去除气体和蒸气。它可以有效地去除挥发性有机化合物(VOC)，但是不能用来控制空气中的灰尘或微生物。事实上，在存在颗粒污染的场合下，并不建议使用炭吸附技术，因为颗粒可能会阻塞吸附床。炭吸附取决于所使用的吸附材料，活性炭在单位质量具有很大的表面积，较大的表面积使气体分子通过分子间的引力作用粘附在活性炭表面(VanOsdell and Sparks，1995)。

引力作用能使气体分子吸附在固态的炭介质表面。范德华力很小，但是当总有效吸附面积很大的时候就可以达到较高的去除效率。应该注意的是表面积越大，通过吸附设备的压降就越高。因此在必要的情况下，可以通过扩大总的迎风面积来进行补偿，这与过滤器中采用的方法相同。

炭吸附器应用在暖通空调(HVAC)行业中来控制气味和VOC。活性炭最常见的形式是具有60%最小活性水平，其内表面积大约是1000-1100m^2/g。这种形式的活性炭，其规格为6/8目(Mesh)(3mm)大小的球状或者6/12目大小的粒状颗粒。这些球状或粒状活性炭通常填充在多孔的金属容器中。有些吸附器还将活性炭的球状颗粒处理成固体介质，如图8.33所示。

炭吸附器或许对直径接近0.01μm的小粒径病毒有一定作用，但是活性

图8.33 吸附器剖视图(炭介质填装在过滤介质之后)

炭微孔的标准尺寸是0.001μm，或者说比最小病毒的粒径还要小十倍，因此这些微孔并不能容纳病毒颗粒。如果微孔尺寸在0.05μm这个数量级，就有可能具有去除空气中病毒颗粒的作用，但是至今尚未对这个可能性进行过研究。

有报道指出，炭吸附器除了去除气态污染物之外，还可以去除肉毒杆菌毒素。而且，还可以通过加工处理控制活性炭的微孔尺寸，使之能够去除大的分子(Tamai et al.,1996)。另外，已经证明炭吸附器具有去除杀虫剂的能力，这些杀虫剂与很多化学毒剂具有相似的化学特性(Cheremisinoff and Ellerbusch,1978)。

目前有几种类型的气相过滤器可供选用，它们包括炭吸附器或颗粒状活性炭(GAC)(如图8.34所示)，采用高锰酸钾浸渍的活性氧化铝，以及为了提高对特殊污染物的吸附性能而经过其他化合物浸渍的炭(VanOsdell and Sparks,1995)。也有些过滤器通过浸渍活性炭或者其他化合物使之能够去除气态污染物。光触媒系统也具有气相过滤的能力，但是目前没有足够的数据能够量化其对生化毒剂的过滤能力。

另外，还有几种炭吸附器是利用电流来破坏吸附的化合物，并实现吸

图8.34 具有金属框架的组合式炭吸附器[圆形铝制部件中填充有活性炭，并具有允许气流通过的穿孔，背面(排风侧)组装有空气过滤器，图片征得明尼苏达州明尼阿波利斯市Donaldson有限公司的许可]

附材料的再生。最后还需提到的是使用非炭材料（如氧化铝）制成的吸附设备。虽然这些设备并不属于炭吸附器，但是其功能与炭吸附器相同。

商用炭吸附器的吸附层厚度在 1 - 8cm 之间，额定滞留时间为 0.025 - 0.1s。炭吸附过滤器通常用浓度为 400 - 4000mg/m^3 的污染物进行性能测试。虽然这个浓度高于通常情况下的室内污染物浓度，但是该浓度与室内释放化学毒剂之后所达到的浓度基本相同。

化学毒剂的炭吸附作用受到微孔尺寸、化学毒剂的分子尺寸、相对湿度、温度以及滞留时间的综合影响。炭吸附器可以通过计算机模型进行选型，但是对于特殊用途的过滤器通常利用产品目录进行选型。某种化学制剂的去除率与滞留时间大体上满足指数函数关系，图 8.35 所示为氯气的去除率随滞留时间的变化过程。

炭吸附器选型的基本程序是首先确定空气流速，然后确定需要去除的目标制剂。系统的空气流速通常可以预先得知，而需要去除的制剂决定了炭吸附器的具体类型。GAC 系统对于化学毒剂可能并不具备很高的过滤性能，但是典型炭吸附器能够达到的去除率也许足以缓和释放化学毒剂所造成的影响。

炭吸附器使用一段时间后会因为出现超载而需要再生或替换，在此之前炭吸附器能够持续运行的时间决定于它的穿透时间（Breakthrough time）。这一时间对于不同类型的炭吸附器没有统一的计算方法，但是在 ASHRAE 的应用手册（ASHRAE，1991）中介绍了确定标准 GAC 系统穿透时

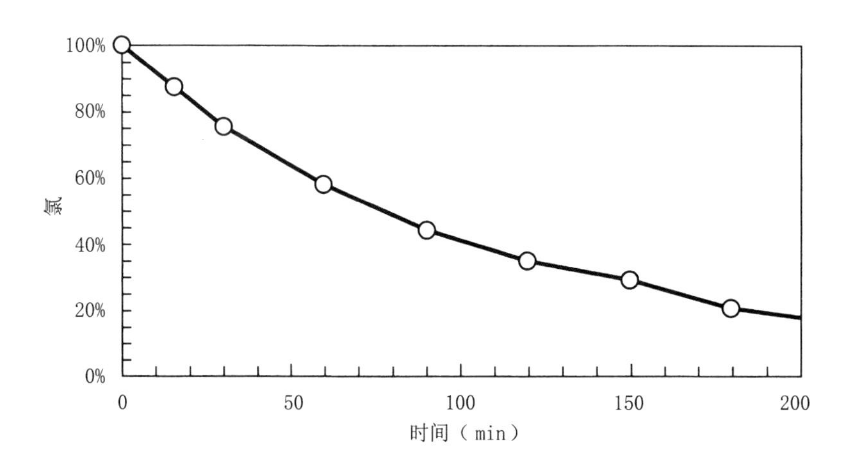

图 8.35 炭纤维过滤器对于水中所含氯气的去除曲线[数据来自文献 Martin and Shackleton（1990）]

间的基本过程。

因为至今只对少数化学毒剂进行过炭吸附器的过滤性能测试，所以目标制剂的选择受到一些限制。表 8.6 列出了一些已经通过测试并了解其特

可以被炭吸附器去除的一些化学毒剂　　表 8.6

化学毒剂或模拟剂	20℃干空气中的吸附率	参　考　文　献
氯气	10% - 25%	ASHRAE, 1991
氯化苦	20% - 40%	ASHRAE, 1991
光气	10% - 25%	ASHRAE, 1991
二氧化硫	15%	ASHRAE, 1991
三氧化硫	15%	Cheremisinoff and Ellerbusch, 1978
二氧化氮	10%	Cheremisinoff and Ellerbusch, 1978
胂	较低	ASHRAE, 1991
氯化氰	较低	ASHRAE, 1991
氯化氢	可忽略	ASHRAE, 1991

性的毒剂，同时还包括一些相关的化合物和模拟剂。

下面是炭吸附器在选型过程中必要的一些参数：

■ 空气流速；

■ 空气温度；

■ 被吸附的制剂；

■ 制剂的浓度；

■ 下风侧的最大允许浓度。

虽然炭吸附器在设计上是为了处理可能发生的某种化学袭击事件而设计的，但使用一段时间之后吸附器会因为吸附空气中的污染物而导致性能下降，所以为了保持吸附器的过滤能力需要获知关于过滤器再生的额外资料。通常采用通入热空气的方法使炭吸附器再生，热空气可以带走潮气并破坏吸附的污染物。还有一种炭吸附器，是在炭介质中通过电流获得再生(BioChem, 2002)的。在后一种吸附器中，填装的是固体炭介质，在通电再生过程中气流按相反方向通过。

炭吸附器的更多信息可查阅相关的参考资料。在炭吸附器或其他气相过滤设备的选型过程中，推荐联系设备的生产厂商提供必要的帮助。如图 8.36 所示的再循环炭吸附器可根据需处理房间的容积进行预选。只有当 GAC 系统处理化学毒剂的性能数据被获知，或者研发出更为有效的滤除技术时，才能提供有助于炭吸附器选型的更多、更有效的技术信息。因此，在气相过滤领域还需要进行更多、更深入的研究。

图 8.36　再循环式炭吸附装置(图片征得加利福尼亚 Electrocorp 公司的许可)

8.6　小结

综上所述，为了去除空气中的生物毒剂，本章介绍了过滤器和 UVGI 系统的具体选型方法。本章也提到了炭吸附等气相过滤技术，但由于目前关于 GAC 系统对化学毒剂过滤效率的认识非常有限，所以暂时不能提供具体的选型方法。GAC 系统可以根据生产厂商的建议进行选型和安装，但是对于系统处理化学毒剂的性能预测则有待于该研究领域的进一步发展。然而这并不一定会带来问题，因为：(1)GAC 系统可以或多或少地去除一些或者大多数化学毒剂；(2)过滤和稀释通风可能有助于去除部分液态气溶胶；(3)对于大型建筑物来说，化学毒剂的威胁可能要小于生物毒剂。

第9章

建筑物受袭情景的数值模拟

9.1 引言

对于特定的建筑物，为了设计合理的生化毒剂防护系统，必须建立一些用来确定系统性能的标准。这些标准将根据系统对生化毒剂的去除率来确定系统应当具备的最低性能。虽然人们希望设计的系统对于毒剂具有100%的杀灭率或者去除率，但是在大多数情况下这样做既不实用也不经济。其原因在于两个方面：首先，室内空气中污染物浓度的降低程度受制于通风空调系统的特性；其次，设计高性能的系统通常会带来非常高的成本。

为了确定系统的性能，更为实际的做法是以最大程度地保护室内人员为标准，而不是以100%的清除所有生化毒剂为标准。这种做法将在系统的风险和成本之间建立平衡，它可以通过对建筑物受袭情景的数值模拟来实现。关于稀释通风、过滤、紫外线杀菌照射(UVGI)和活性炭吸附系统的建模问题，已经在前面的章节中进行了详细的讨论。在模拟模型中可以将空气净化系统的各个部件与稀释通风系统结合在一起加以考虑，根据各个部件对生化毒剂的去除率，可以对建筑系统的总去除率做出评估。

在一个完整的建筑系统中，如果给出了生化毒剂的总去除率，就可以估计出在采用空气净化系统之前和之后的人员伤亡率及死亡率。数值模拟的基准条件是建筑物没有采用空气净化系统，或者是对于已经采用空气净化系统的建筑物并没有增设新的空气净化设备。这个基准条件于是就可以与建筑物中设置有空气净化设备的各种系统组合形式进行比较，以确定人员伤亡率或者死亡率的降低程度。如果人员伤亡率或者死亡率的降低程度达不到要求，那么就需要提高各个系统部件的性能，直到整个系统达到可接受的性能标准。这个过程是不断重复进行的，如图 9.1 所示。

当模拟模型建立之后，生化毒剂防护系统的规格大小和总成本都将取决于系统的性能标准，该性能标准也是决定人员伤亡率或死亡率的降低程度是否可以接受的依据。当然，需要对可察觉的风险做出判断和权衡后才能确定上述性能标准。事实上，最大程度的提高空气净化系统的性能和最大程度的降低室内人员的伤亡率相比，后者所增加的系统成本要远远小于前者。也就是说，保护 90% - 99% 的室内人员要比去除 90% - 99% 的生化毒剂容易得多。这是因为只需要将室内生化毒剂的浓度降低到安全水平就可以使室内人员免遭危害，所以为了保护 90% - 99% 的室内人员，并不需要从空气中去除 90% - 99% 的生化毒剂。这里讨论的用于模拟建筑物受袭情景的方法，能够帮助设计师和工程技术人员进行设备选型和系统优化，在此基础上降低系统的总成本，并为满足不同要求而提供各种级别的防护。

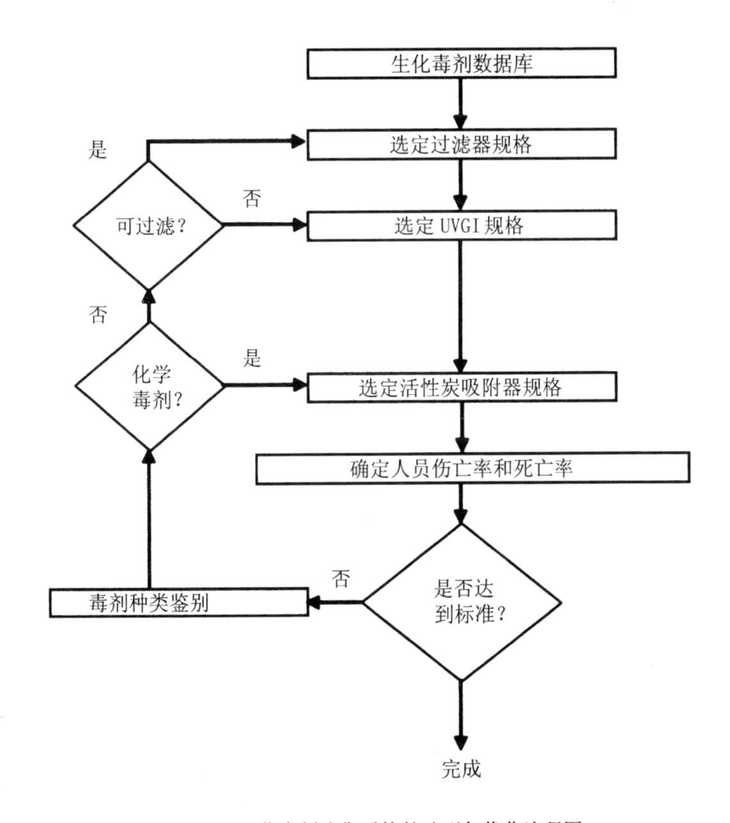

图 9.1　生化毒剂防御系统的选型与优化流程图

9.2 建筑物遭受袭击的基准情景

在第6章中概述了各种类型的建筑物及其通风系统，并且讨论了建筑物遭受生化袭击的一些基本情景。在这一节中将设定一些建筑物和袭击情景作为分析的基准，同时还将详细阐述用于模拟系统性能的各种技术方法。这里给出的模型经过修改后还可以适用于其他建筑物和袭击情景。

在这里用于分析的主要建筑类型是采用强制通风的多层办公建筑，如图9.2所示。建筑模型设有50层，建筑面积为1524m²，不过模型的层数或者建筑面积也可以根据需要任意增大或者缩小。通风系统由空气处理机组(AHU)、送风管、回风管和新风管组成。按体积百分数计算，系统的室外新风量占总送风量的15%。

在第6章中曾经讨论过对于办公楼来说最危险的一种袭击情景——在空气处理机组过滤器的下风侧，以隐蔽的方式逐渐释放生化毒剂。在本章中将以这种袭击情景作为分析的基准。在这种情景下，毒剂将被逐渐释放出来，其持续时间达8h之久。如果在其他类型的建筑物或者在风管中的不同位置释放毒剂，那么将会导致较少的人员伤亡，具体原因在前面的章节

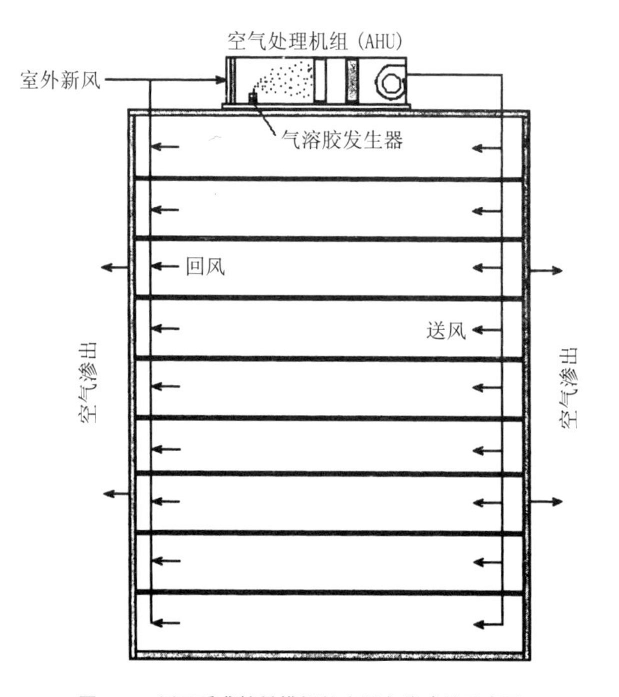

图 9.2 用于受袭情景模拟的多层办公建筑示意图

中已经讨论过。上述结论适用于大多数建筑物，但是体育场、大型商场和类似的建筑设施则有所例外，因为在这类建筑的一般区域通常聚集有大量的人员，在一般区域内释放的毒剂可能会造成和上述基准情景相当或者更高的人员伤亡。对于图中所示的建筑，可以对模型进行修改以检验各种可能发生的袭击情景，从而确定对于特定建筑物最危险的袭击情景。

在这里用于分析的基准微生物有三种，它们是炭疽杆菌孢子(Anthrax spore)、天花病毒(Smallpox)和结核杆菌(TB bacilli)。根据前面的介绍，在潜在生物毒剂的完整列表中，这三种微生物最具有代表性。如果需要专门研究其他病原体，或者希望分析所有潜在的病原体，只需要在确定空气净化部件的去除率时，简单地将这些病原体的特性也考虑在内。

对于释放化学毒剂的问题，由于气相过滤系统的性能通常还不能量化，在这里并没有根据这些系统的性能进行分析评价。不过，在这里提供了一个计算全新风系统对于化学毒剂的去除率的例子。在确知某种气相过滤器对于化学毒剂的去除率的情况下，只需对模型进行简单的修改就可以应用于这类分析。

由于许多原因，指定化学毒剂的设计基准要比生物毒剂困难得多。炭吸附装置对化学制剂的去除率可能会在相当大的范围内变动。在不止一次的实验案例中，取决于当时的实验条件，炭甚至有可能将一种化学毒剂转化为另一种危险的化学毒剂(Lewis,1993)。根据化学毒剂的可获得性，以及人们对它们的特性和致命性的了解程度，这里提供了三种化学毒剂作为设计基准——氯气(Chlorine)、沙林(Sarin)和光气(Phosgene)。

在开始模拟之前，必须首先确定毒剂的释放量。这里假设毒剂在8h内被逐渐释放出来，因为这种释放方式将会导致最大程度的人员伤亡；进一步假设在8h结束时，室内人员的死亡率将会达到99%。对于任意一种毒剂，可以手工调整毒剂在8h内的释放量，直到室内人员的死亡率达到99%的水平，由此得到的毒剂释放量将作为模拟的基准条件。在下文中，将对这个过程做进一步讨论。

9.3 生化袭击情景的模拟

为了模拟生化袭击的情景，既可以采用电子表格(Spreadsheet)软件进行逐分钟的计算，也可以采用计算软件这种程序化的方法。目前，有一些软件可以用于这种模拟工作，其中最著名的软件就是CONTAMW(NIST, 2002)。CONTAMW软件能够相当详细地建立建筑物及其通风系统的模型，模型中可包括墙体和门的空气渗漏以及室外风场等条件。采用电子表格软件建立的模型虽然有些简化，但是这种方法对于那些可以近似地看作是单个区域的建筑物来说也能够胜任。这两种方法都将在这里进行讨论，而且对于简单的生化毒剂防御系统，可以看出采用不同方法所得到的系统规格的大小并没有明显差别。对于一些复杂的系统，考虑到区域之间的空气渗漏、室外气象条件和电梯井等因素，就需要采用 CONTAMW 软件或者类似的计算模型了。

对于单个区域的建模，虽然 CONTAMW 模型能够相当细致地评价室内污染物的传播扩散过程并且已经得到了广泛的验证，但是电子表格处理软件提供了相当灵活简便的计算方法。在建立了电子表格模型(Spreadsheet model)之后，为了验证模型的计算结果，可以将其与 CONTAMW 模型的计算结果进行比较。

在第 7 章的稀释通风系统的建模中，曾经对电子表格方法(Spreadsheet method)作过详细的讨论，这种方法为建筑物和通风系统提供了基本的模型。这个模型可以进一步扩展，比如在模型中可以加入过滤器和紫外线杀菌照射(UVGI)系统，另外还可以加入炭吸附设备。

表 9.1 概括了对建筑物的受袭情景进行模拟所需要的输入数据。用来定义建筑物的基本参数有每层的面积、层高和层数，而用来定义通风系统

生化袭击模拟的输入参数　　表 9.1

输　入　参　数			
稀　释	新风量OA*	15	%
	总风量	8216	m^3/min
过　滤	过滤器类型(0-6)	2	0=没有
	1=25% 2=40% 3=60%	4=80% 5=90% 6=99.97%(HEPA)	
紫外线杀菌照射(UVGI)	强度	2000	μW/cm^2
	照射时间	0.25	S
建筑参数	每层面积	465	m^2
	层高	2.7	m
	层数	50	层
生物毒剂	制剂编号(1-3)	1	(炭疽杆菌孢子)
	过滤器过滤效率	13.6	%
	污染物释放率	18000000	cfu/min

*OA = 室外新风

的基本参数有系统总风量和新风百分比。在模拟中作为设计基准的生物毒剂可包括炭疽杆菌孢子(Anthrax)、天花病毒(Smallpox)和结核杆菌(TB bacilli)。空气净化技术包括过滤和UVGI，这两种技术分别通过额定比色法效率(DSP效率)，以及平均紫外线强度和照射时间来定义。

表9.1中列举了在输入过滤器类型和UVGI系统规格时的一些选项。在这个案例中，过滤器的类型选择了数字2，这代表了额定比色法效率为40%的过滤器，UVGI系统的参数选择了平均照射强度为2000μW/cm^2，照射时间为0.25s。

对于每一种毒剂，必须指定过滤器的过滤效率和UVGI系统的杀灭率，后一个参数可以通过先前在第2章和第8章中详细讨论过的方法来确定。对于每一种作为设计基准的病原体，表9.2概括了与它们相对应的UVGI常数和过滤效率。

以表9.1和表9.2中的输入参数为基础，可以计算出剩下的一些模拟参数。表9.3显示了回风量、UVGI杀灭率、基准死亡率和其他一些重要参数的计算值。

作为输入参数，生物毒剂的释放速率需要提前指定。这个参数不能提前获知，这是因为每一种毒剂的释放速率都必须根据设定的人员死亡率基准来确定。也就是说，在没有采用过滤或UVGI系统的情况下，导致人员死亡率接近于99%的释放速率可以作为设计基准。在死亡率达到基准值之前，必须不断调整以cfu/min为单位的毒剂释放速率。当这一步骤完成之后，就可以根据死亡率的降低程度对采用过滤器和UVGI系统的效果进行比较。显然，释放速率的基准值不能提前获知，它取决于建筑物和通风系统模型的完整性。

表9.4显示了一些模拟参数在前10min内每分钟的计算值。需要说明的

用于生物袭击模拟的病原体输入数据　　表9.2

病　原　体	炭疽杆菌孢子	结核杆菌	天　　花
平均粒径(μm)	1.118	0.637	0.224
UVGI常数(cm^2/μW·s)	0.000424	0.002132	0.001528
LD_{50}	28000	5	100000
40%过滤器的过滤效率	0.136	0.057	0.024
60%过滤器的过滤效率	0.543	0.286	0.120
80%过滤器的过滤效率	0.955	0.765	0.370
90%过滤器的过滤效率	0.986	0.864	0.470
HEPA过滤器的过滤效率	1.000	1.000	0.999

注：炭疽杆菌孢子在空气中的UVGI常数假定为4 × 附录A中的平板表面的UVGI常数。

生物袭击模拟的计算数据　　表 9.3

新风比OA*	0.15	
总风量	290148	cfm
	8217	m^3/min
新风量	43522	cfm
	1232	m^3/min
回风量	6984	m^3/min
UVGI剂量	500	μW·s/cm^2
生物毒剂	炭疽杆菌孢子(Bacillus anthracis spores)	
生物毒剂粒径	1.118	μm
生物毒剂UVGI K*	0.000292	cm^2/μW·s
UVGI 杀灭率	13.58	%
半数致死剂量(LD_{50})	28000	cfu
4h 剂量	7151	cfu
释放位置	AHU*	
每层面积	5005	ft^2
	465	m^2
层高	9	ft
	2.74	m
每层容积	44336	ft^3
	1256	m^3
估计人数	2176	人
呼吸率	0.012	m^3/min
建议风量(建筑面积的函数)	8216	m^3/min
	43523	cfm
新风换气次数ACH*	1.18	次/h
过滤效率	13.6	%
建筑总容积	62775	m^3
	2216797	ft^3
基准死亡率	99	%
生物毒剂死亡率	12.30	%
过滤效率	40	%

* OA = 室外空气；K = UVGI 常数；AHU = 空气处理机组；ACH = 换气次数；cfm = ft^3/min。

是，表中所有浓度的取值在第 0min 都为零。表中显示的微生物释放速率是 18000000cfu/min，这个数值是在没有采用过滤器或者 UVGI 系统，并造成室内人员死亡率接近 99%的条件下，采用试错法得出的。接下来的两列显示的是室内微生物的数量和浓度。再接下来一列显示的是排出的微生物，它表示的是在室外新风完全混合的情况下，由于清洗作用每分钟所去除的微生物数量。剩下的几列显示的是进入空气处理机组(AHU)的微生物数量和

表 9.4

基准情景模拟——部分 1

时间 (h)	时间 (min)	微生物释放量 (cfu)	室内微生物 (cfu)	室内微生物浓度 (cfu/m³)	排出微生物 (cfu)	剩余微生物 (cfu)	RA微生物 (cfu)	AHU入口微生物浓度 (cfu/m³)	AHU入口微生物 (cfu)
0.00	0	0	0	0.00	0	0	0	0	0
0.02	1	18000000	18000000	286.74	353376	17646624	2002466	244	2002466
0.03	2	18000000	35646624	567.85	699815	34946808	3965619	483	3965619
0.05	3	18000000	52946808	843.44	1039453	51907356	5890232	717	5890232
0.07	4	18000000	69907356	1113.62	1372423	68534933	7777061	947	7777061
0.08	5	18000000	86534933	1378.49	1698855	84836078	9626848	1172	9626848
0.10	6	18000000	102836078	1638.17	2018880	100817198	11440319	1392	11440319
0.12	7	18000000	118817198	1892.75	2332621	116484576	13218188	1609	13218188
0.13	8	18000000	134484576	2142.33	2640204	131844373	14961155	1821	14961155
0.15	9	18000000	149844373	2387.01	2941748	146902625	16669903	2029	16669903
0.17	10	18000000	164902625	2626.88	3237371	161665254	18345105	2233	18345105

RA = 回风；AHU = 空气处理机组。

浓度。在模拟中假设微生物是从房间里渗出或者是在空气处理机组的入口处被强制排出。在这个模拟模型中微生物随气流渗出的具体位置并不重要。

图 9.3 显示的是在前 10min 时间内室内微生物总数、排出的微生物数量和回风中的微生物数量每分钟的变化情况。对于微生物以固定速率释放的情况，室内微生物总数将呈线性增长。

对于任意时刻的室内微生物总数(MIB_i)，可以表示为：

$$MIB_{i+1} = MIB_i + MR_i - ME_i - MF_i - MU_i \tag{9.1}$$

式中 MR——每分钟释放的微生物(释放速率)；

ME——通风清洗排出的微生物；

MF——过滤的微生物；

MU——UVGI 系统杀灭的微生物。

(上述参数均为在每分钟或者时间间隔 i 内。)

式 9.1 中的单位可以任意选取，既可以采用“cfu”(孢子、细菌或者病毒粒子)也可以采用毒剂的浓度。在建模过程中对于炭疽一类的孢子除了采用“孢子/m³”或者“cfu/m³”为单位之外，同样还可以采用“μg/m³”为单位；对于化学制剂，则需要采用“μg/m³”为单位。

正如在先前第 5 章中讨论过的，每一分钟或者时间间隔 i 的吸入剂量是呼吸率的函数，如下：

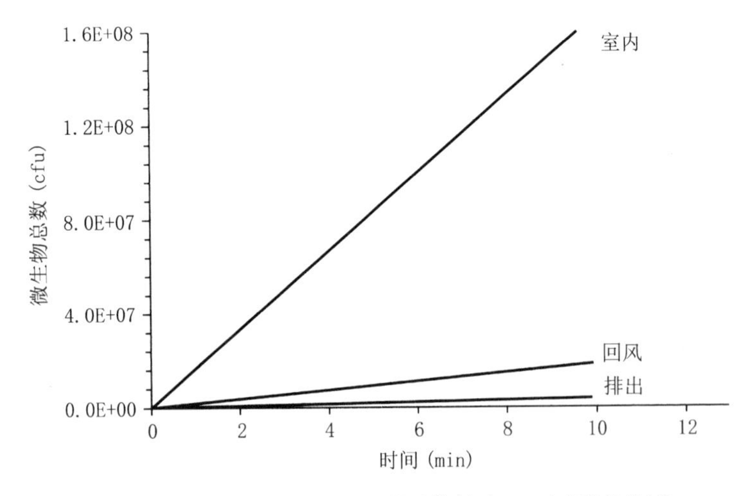

图 9.3 在系统中一些位置的微生物总数(由表 9.4 中的数据绘制)

$$\text{Dose}_i = \sum_{n=1}^{i} E_i B_r C_i \tag{9.2}$$

式中　E_i——暴露时间或时间间隔 i(s 或 min)；

B_r——呼吸率，典型取值 0.005 - 0.032(m^3/min)；

C_i——在时间间隔 i，空气中的微生物浓度(cfu/m^3 或 $\mu g/m^3$)。

表 9.5 中显示的是电子表格模型中的剩余列。这些列用来显示空气净化设备的作用效果和送风中的微生物浓度，并用来估计室内人员的死亡率。在这个例子中，由于是在设计基准条件下，系统并没有采用过滤器或者是 UVGI 系统，所以送风(SA)中的微生物浓度等于空气处理机组(AHU)入口处的浓度，如表 9.4 所示。在室内微生物总数中需要减去由于室外空气的净化作用而去除的微生物(表 9.5 中的第 4 列)。接下来，室内微生物的数量将用来计算室内空气中的微生物浓度(表 9.4 中的第 5 列)。前一分钟计算的浓度将会用于下一分钟的计算，这个过程不断重复进行。

每分钟吸入的孢子数，如表 9.5 所示，是通过给定浓度条件下的呼吸率计算得出的。孢子的总吸入剂量因而可以通过对每分钟吸入的孢子总数进行求和得出。最后，室内人员死亡率的百分数也可以通过在第 5 章中讨论的致死剂量方程来计算。

对于作为设计基准的建筑受袭情景的模拟，表 9.4 和表 9.5 代表了完

空气净化设备和死亡率的模拟——部分 2　　表 9.5

被过滤的微生物 (cfu)	UVGI入口的微生物 (cfu)	UVGI杀灭的微生物 (cfu)	UVGI出口的微生物 (cfu)	去除的微生物 (cfu)	SA微生物浓度 (cfu/m^3)	吸入孢子总数 (cfu)	总吸入剂量 (cfu)	总死亡率 (%)
0	0	0	0	0	0	0	0	0.1
0	2002466	0	2002466	353376	244	3	3	0.1
0	3965619	0	3965619	699815	483	7	10	0.1
0	5890232	0	5890232	1039453	717	10	20	0.1
0	7777061	0	7777061	1372423	947	13	34	0.1
0	9626848	0	9626848	1698855	1172	17	50	0.1
0	11440319	0	11440319	2018880	1392	20	70	0.1
0	13218188	0	13218188	2332621	1609	23	93	0.1
0	14961155	0	14961155	2640204	1821	26	118	0.1
0	16669903	0	16669903	2941748	2029	29	147	0.1
0	18345105	0	18345105	3237371	2233	32	179	0.1
0	19987420	0	19987420	3527192	2433	34	213	0.1

SA = 送风

整的计算过程。这个袭击情景的计算结果可以通过计算室内微生物的稳态浓度(SSC)来校核，如下所示：

$$SSC = \frac{RR}{OA} \tag{9.3}$$

式中 RR——微生物的释放速率(cfu/min 或 μg/min)；

OA——室外新风的体积流量(m^3/min 或 cfm)。

如果达到稳态，从计算数据的曲线图上可以明显地看出稳态浓度应当等于式(9.3)的计算值。

在上述作为设计基准的电子表格模型的细节被给定的情况下，可以通过试错法来搜寻造成室内人员死亡率达到99%的毒剂释放速率。释放速率还可以简单地通过单变量求解(Goal seeking)或者其他基于迭代法的电子表格处理函数来确定。在这些方法中，为了使死亡率达到指定的范围，只需要调整毒剂的释放速率。在单变量求解(Goal seeking)程序中，需要手工调整的变量是毒剂的释放速率，死亡率会随着释放速率的调整而发生变化，直至达到99%。

室内人员死亡率的设定值采用的是99%，而不是100%。如果采用逐渐逼近的方法将死亡率调整到100%，则可能会使计算结果产生很大的偏差，另外也可能会导致释放速率的取值过大。死亡率上限的设定有一定的任意性，它可以是98%或者99%，甚至还可以是99.9%。虽然死亡率的设定值偏高可能会导致毒剂释放速率的取值过大，但是这样做却可以为比较计算结果提供基准。

一旦确定了毒剂的释放速率，就可以对过滤器和UVGI这些系统部件进行模拟，这可以通过复制整个电子表格，并且在新的表格中增加一些表示净化部件对毒剂去除率的列来实现。复制整个电子表格是必需的步骤，这样新的计算结果可以和基准条件进行比较。通过其他方法也可以处理这一问题，但是创建两个单独的电子表格可以使整个模拟过程完全的自动化。也就是说，当两个电子表格之间相互链接时，只要某个变量被修改电子表格就会自动地对全部数据重新进行分析，这样就可以立刻对计算结果做出比较。

在前面表格中显示的基准条件的计算结果的基础上，表9.6中显示的是当系统采用过滤效率为80%的过滤器和杀灭率为8%(对炭疽杆菌孢子的杀灭率)UVGI设备时的计算结果。系统过滤掉的微生物数量是基于过滤效率来计算的，如果假设UVGI系统处在过滤器的下风侧，就可以得到进入

空气净化设备的模拟——部分 2　　表 9.6

被过滤的微生物(cfu)	UVGI入口的微生物(cfu)	UVGI杀灭的微生物(cfu)	UVGI出口的微生物(cfu)	去除的微生物(cfu)	SA微生物浓度(cfu/m³)	吸入孢子总数(cfu)	总吸入剂量(cfu)	总死亡率(%)
0	0	0	0	0	0	0	0	0.1
1601973	400493	54404	346089	2009753	42	3	3	0.1
3025081	756270	102733	653537	3795111	80	6	10	0.1
4289294	1072324	145667	926657	5381129	113	9	19	0.1
5412355	1353089	183807	1169282	6790063	142	12	31	0.1
6410022	1602506	217688	1384817	8041685	169	14	45	0.1
7296297	1824074	247786	1576288	9153561	192	16	60	0.1
8083617	2020904	274524	1746380	10141292	213	17	78	0.1
8783030	2195757	298277	1897481	11018740	231	19	96	0.1

SA = 送风

UVGI 系统的微生物数量(以 cfu/min 为单位)。接下来，UVGI 杀灭率可以用来确定经过 UVGI 系统之后剩余的微生物数量。新的室内微生物浓度(下一分钟)可以通过从总的室内微生物中减去通风稀释作用清除的微生物、过滤掉的微生物和 UVGI 系统杀灭的微生物来求得。和前面介绍的一样，这个计算过程是在每分钟不断重复的。

上面例子的计算结果在下图中进行了演示。图 9.4 显示的是在基准条件下和在系统采用了过滤器和 UVGI 设备之后，室内空气中炭疽杆菌孢子浓度的变化情况比较。很明显，在增加了空气净化设备之后，大大地降低了

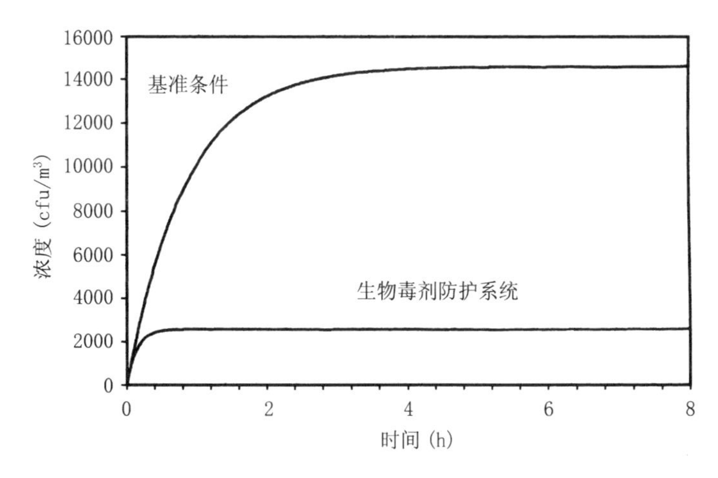

图 9.4　系统在增设空气净化设备之前(基准条件)和之后(生物毒剂防护系统)，建筑物受袭情景的模拟结果比较

室内微生物的浓度水平。

图 9.5 显示的是在基准条件下和在系统增设了空气净化设备之后，室内人员死亡率预测值的变化情况比较。它们之间同样存在相当大的差别。另外还可以看出，在这种袭击情景下系统中采用规格相对适中的净化设备——比色法效率为 40%的过滤器和低性能的 UVGI 系统，可以显著地提高室内人员的生存率。事实上，这似乎代表了一种普遍的情况——当相对廉价的空气净化设备与普通的建筑通风系统联合使用时，将会为室内人员提供高级别的防护。这方面问题，在下文中将作进一步讨论。

在上述袭击情景中，在一栋建筑通风系统的回风管道中，一定量的炭疽杆菌孢子在 8h 内持续地释放。该栋建筑共有 50 层，其通风系统的新风比为 15%。在这个例子中，因为我们预测的是室内人员感染的百分数，所以室内人员的数量对计算模型并没有影响。另外，对于办公人员的呼吸率取值为 0.032m^3/min。

这里需要重申的是，将建筑物处理成单个区域是一种理想化的分析方法。对于室内人员聚集在建筑物中的多个区域，同时毒剂在其中某个区域内释放的情况，室内人员死亡率的预测值将会产生相当大的变动。对于这类袭击情景最好还是采用更为细致的 CONTAMW 模型进行分析。

表 9.7 中概括了袭击情景的模拟结果。在没有采用空气净化设备的情况下，将可能会有 99%的室内人员吸入致命剂量的毒剂，同时将会有 100%的室内人员受到感染。当采用了过滤效率为 40%的过滤器之后，室内

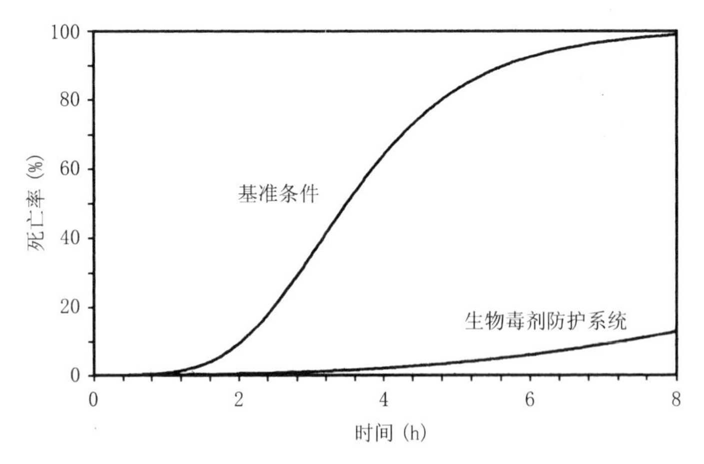

图 9.5 系统在增设空气净化设备之前（基准条件）和之后（生物毒剂防护系统），室内人员死亡率预测值的比较

预测炭疽杆菌孢子致死率的建筑模型　表 9.7

系　　统	吸入孢子总数(cfu)	感染率(%)	死亡率(%)
没有过滤器	75377	100	99
UVGI	44785	100	84
过滤器(比色效率40%)	14944	80	13
过滤器(40%) + UVGI	14547	78	12

SA = 送风

人员的死亡率降低到了 13%，同时人员感染率也降低到了 80%。在联合使用过滤器和 UVGI 系统的情况下，室内人员的死亡率降低到了 12%，同时感染率降低到了 78%。该例中，在 UVGI 系统与过滤器联合使用的情况下，虽然并没有显著地提高系统的防护性能，但是这在一定程度上是由于 UVGI 系统处在过滤器的下风侧，并且炭疽杆菌孢子对紫外线照射具有抵抗力所造成的。在下文中将会看到，对于天花病毒和结核杆菌这类毒剂，采用 UVGI 系统将会显著地降低室内人员的死亡率。在设计生物毒剂的防护系统时，三种基准微生物都需要加以考虑，这样就不会忽略过滤器或者 UVGI 设备对于整个列表中的各种病原体的防护性能。

很明显，通过增设过滤效率为 80% 甚至是 90% 的过滤器，或者更高性能的 UVGI 设备，系统的性能还可以进一步提高。选择增设什么样的设备取决于许多因素，但是对于一个商业办公建筑来说，在选择系统部件的过程中需要综合考虑到设备性能和经济性因素。举例来说，高效过滤器(HEPA)几乎能完全去除送风中的炭疽杆菌孢子，但是当空气处理机组(AHU)设置了高效过滤器之后，其运行费用将会高得惊人。因此，在设计建筑物的防护系统时需要对这些因素进行权衡。

通过增加室外新风量也同样可以提高建筑物的“免疫能力”，但是仍然需要解决另一方面的问题，即在每个应用案例中都需要对系统运行的经济性进行评价。如今，有各种各样的空气到空气的换热器和能量回收系统，它们的效率很高，甚至使采用 100% 室外新风的通风空调系统也成为了可能。因此，在一定的经费预算的前提下，选择最合适的系统配置形式已经是一个基本的工程技术问题。

为了描述毒剂浓度和致死率曲线之间的关系，一个简单的方法就是将它们占各自稳态值的百分数绘制在同一张曲线图上。室内人员的致死率已经用百分数的形式给出，达到稳态时的毒剂浓度可以通过式(9.3)计算得出。对于前面的例子，在图 9.6 中同时绘制有两条曲线。这两条曲线具有的特性是——死亡率预测值的变化总是会滞后于空气中毒剂浓度百分数的

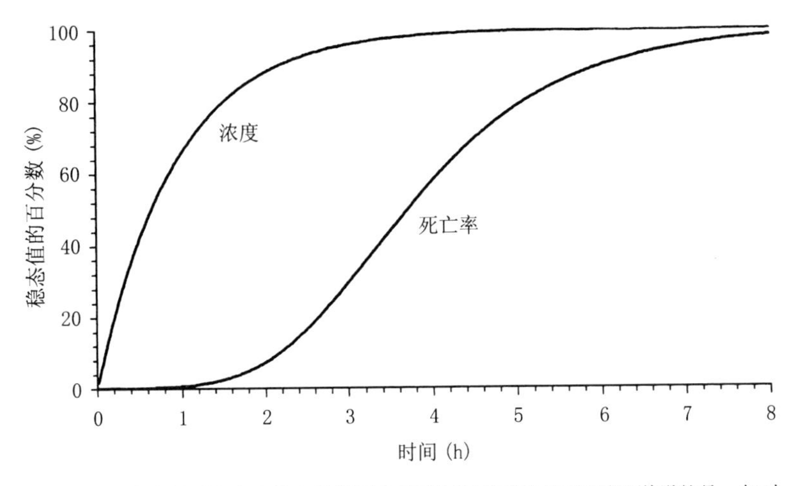

图 9.6 室内人员死亡率和稳态浓度百分数随时间的变化情况(需要说明的是，相对于毒剂浓度百分数的变化，死亡率的变化在时间上存在滞后，这也是所有袭击情景的一般特性)

变化。这种滞后的程度取决于各种因素，其中主要的因素是建筑物通风系统的运行参数和毒剂的毒性。在设计毒剂的检测系统时，可以简便地利用这种时间滞后来确定系统的响应时间。

9.4 采用 CONTAMW 软件模拟

在第 8 章中曾经介绍过 CONTAMW 软件，在这里将采用该软件对一栋 10 层高的建筑物进行分析，这一方面可以作为该软件的应用示例，同时还可以进一步验证前面介绍的电子表格模型。

图 9.7 显示的是建筑模型中某个楼层的布局。其中符号ⓒ表示的是污染源，由于在 CONTAMW 软件中无法将污染源放置在空气处理机组(AHU)中，所以只能将它放置在房间内。为了模拟在空气处理机组(AHU)中释放污染物的情况，在一个具有多个区域的建筑物中，每个房间都需要根据它的送风量按比例的设置一个污染源。图 9.7 的中心区域代表的是一个电梯竖井。图中带箭头的符号代表的是一个空气处理机组(AHU)，这里只使用了一个空气处理机组(AHU)，它可以放置在任意楼层中。剩下的一些符号代表的是区域编号(房间编号)、送风口和排风口。

在 CONTAMW 软件中能够建立电梯竖井的模型，这一功能对于提高模拟的真实性以及建立特定袭击情景的模型都有着重要的价值。电梯竖井直接连接着各个楼层，渗漏的竖井能够导致污染物由单个被污染的区域向更

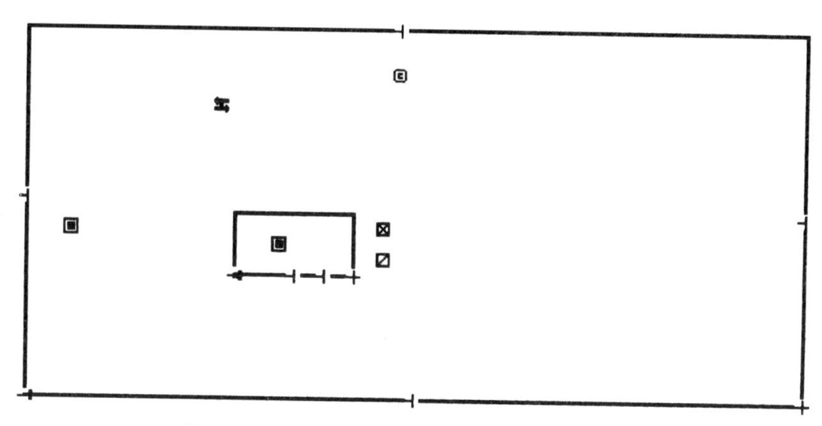

图 9.7　CONTAMW 软件中建筑模型某个楼层的布局

大的范围内传播扩散。此外，在电梯竖井中释放生化毒剂也是一种可能的袭击情景，这种情景对于任何高层建筑来说可能都是值得研究的。

CONTAMW 软件中建筑模型的所有参数都在表 9.8 中进行了说明，这一表格同时也是电子表格模型输入参数的控制面板。在这里的电子表格模型和 CONTAMW 软件模型之间存在一些微小的差别，例如墙体和电梯竖井部分的空气渗漏，但是这些差别对于它们的计算结果并没有显著的影响，这是因为计算模型本身是一个单区域模型(Single-zone model)，并没有考虑空气的渗透作用。这里用于分析的基准模型中不包括过滤器和 UVGI 系统。

关于 CONTAMW 软件的操作方法已经超出了本章的讨论范围，这方面的信息可以在其他地方找到，特别是可以在 CONTAMW 软件的帮助文件中找到。为了说明这里列举的例子，只需要对软件的输入和输出部分进行介绍。对于这样一个公共软件包(Public domain software)，读者可以从一些参考文献和出版物中获取更进一步的信息(NIST,2002)。

CONTAMW 软件的输出包括各种图表和数据，它们可以有选择地进行打印或者输出数据文件。通过输出污染物浓度的数据文件，不仅可以获得必要的数据，而且还可以将这些数据读入到电子表格软件中进行处理。软件的输出采用的是质量浓度单位，因此对于生物制剂可能需要进行单位转换。举例来说，表 9.9 中给出了炭疽杆菌孢子的计算值，其中孢子的密度取水的 1.1 倍(Bakken and Olsen,1983; Bratbak and Dundas,1984; Poindexter and Leadbetter,1985; van Veen and Paul,1979)，并且假设孢子的形状是理想的球形(图 9.8)。对于其他微生物的质量，即便它们是非球形的，也可以按照类似的方法进行计算。细菌的密度和孢子略有不同，但是也可以用水

针对建筑物的生化袭击模拟的控制面板　　　　**表 9.8**

	输　入			数　据		
通风稀释	OA	15	%	OA 小数	0.15	
	总风量	7068	m^3/min	总风量	249606	cfm
		117.8	m^3/s	每层总风量	11.78	m^3/s
	建议风量(楼层面积的函数)	7068	m^3/min	新风量	37441	cfm
		37439	cfm		1060	m^3/min
	ACH	1.06		回风量	6008	m^3/min
过滤	过滤器规格(0–6)	3		炭疽杆菌孢子去除率	0.544	小数
	名义过滤效率	60	%	天花病毒去除率	0.287	小数
	过滤器的去除率	0.54351	小数	结核杆菌去除率	0.12	小数
紫外线杀菌照射(UVGI)	UVGI规格(0–6)	4		辐射强度	1000	$\mu W/cm^2$
	暴露时间	0.5	s	UVGI剂量	500	$\mu W \cdot s/cm^2$
生物毒剂	生物毒剂编号(1–8)	1		生物毒剂	炭疽杆菌孢子	
	毒剂释放速率	55000000	cfu/min	生物毒剂粒径	1.118	μm
		44.267	μg/min	微生物质量	8.04853E–07	μg
	呼吸率	0.012	m^3/min	生物毒剂UVGI k	0.000424	$cm^2/\mu W \cdot s$
	基准死亡率	99.00	%	UVGI杀灭率	0.1910	小数
	袭击造成的死亡率	23.91	%	稳态浓度	51877	cfu/m^3
	半数致死剂量，LD_{50}	28000	cfu	稳态质量浓度	0.041753	$\mu g/m^3$
建筑参数	楼层面积	2000	m^2	楼层面积	21527	ft^2
	层高	3	m	层高	10	ft
	层数	10		每层体积	6000	m^3
	建筑总体积	60000	m^3		211880	ft^3
		2118803	ft^3	估计室内人数	1872	人

OA = 室外新风；ACH = 每小时换气次数；　k = UVGI 常数

炭疽杆菌孢子(Anthrax Spore)的质量　　　　**表 9.9**

孢子的平均直径	1.118	μm
	0.000001118	m
球形孢子的体积	7.31685E–19	m^3
孢子的密度	1100	kg/m^3
孢子的质量	8.04853E–16	kg
	8.04853E–13	g
	8.04853E–07	μg

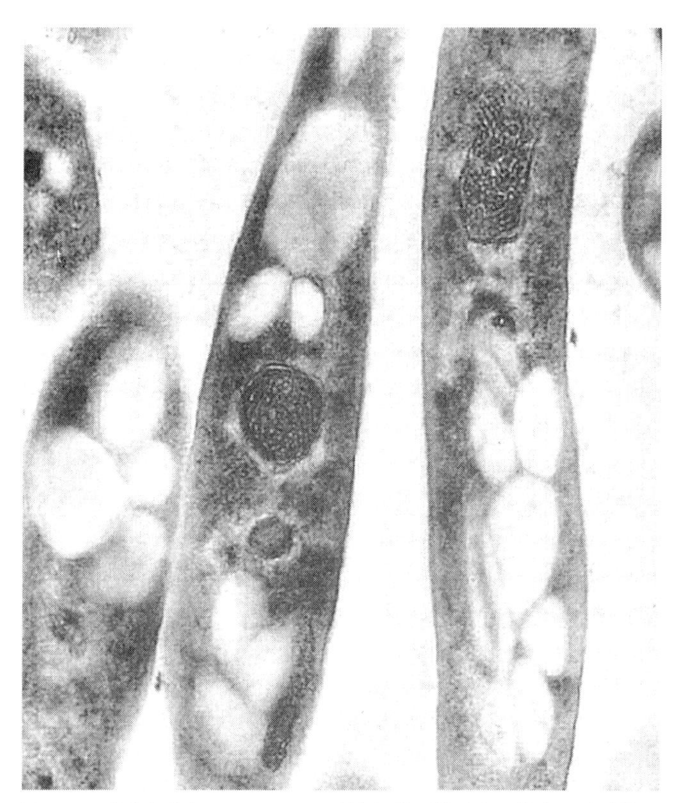

图 9.8　炭疽杆菌(Bacillus anthracis)的电子显微照片。其中显示了接近球形的孢子(位于杆菌中央的黑色球体)[图片转载征得 Centers for Disease Control 的许可(PHIL 1824，由 Dr.Sherif Zaki and Elizabeth White 提供)]

的密度的 1.1 倍来代表。

对于一栋 10 层的建筑，图 9.9 显示的是 CONTAMW 模型的输出结果。从中可以看出，从上午 6 时起毒剂开始释放，经过几个小时之后室内毒剂浓度达到稳定——大致在 0.000335μg/m³。该图还显示了在毒剂停止释放之后的几个小时中毒剂浓度的衰减情况。

表 9.10 显示的是 CONTAMW 软件前 10min 的模拟结果。表中的前 4 列是 CONTAMW 软件的输出结果。其他各列代表了人员死亡率的计算过程，包括将室内空气中炭疽杆菌孢子的浓度单位由 kg/kg(kg 炭疽杆菌孢子/kg 干空气)换算为 cfu/m³。同前面的例子一样，其中的室内人员死亡率也是通过致死剂量方程计算得出的，该方程在第 4 章中进行了详细的论述。

对于在一栋 10 层的建筑物中发生的炭疽袭击事件，图 9.10 显示的是

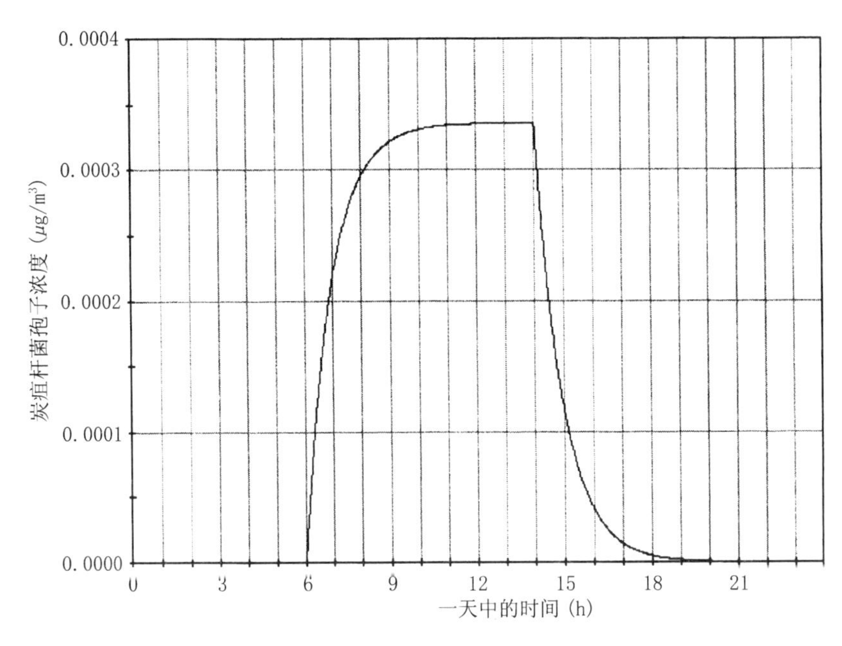

图 9.9 CONTAMW 软件的输出结果，显示了在一栋 10 层建筑物中炭疽杆菌孢子的浓度

CONTAMW 软件的模拟结果 **表 9.10**

CONTAMW输出				经过换算的结果和人员死亡率				
日期	时间(a.m.)	时间(s)	浓度(kg/kg)	吸入的孢子数	总共吸入的孢子数	总的人员死亡率(%)	室内污染物浓度($\mu g/m^3$)	室内污染物浓度(cfu/m^3)
1月1日	6：00：00	21600	0	0	0	0.10	0	0
1月1日	6：01：00	21660	4.89E－15	0	0	0.10	5.87E－06	907.4925
1月1日	6：02：00	21720	9.7E－15	0	0	0.10	1.17E－05	1800.139
1月1日	6：03：00	21780	1.44E－14	0	1	0.10	1.73E－05	2672.371
1月1日	6：04：00	21840	1.91E－14	0	1	0.10	2.29E－05	3544.603
1月1日	6：05：00	21900	2.36E－14	0	1	0.10	2.84E－05	4379.718
1月1日	6：06：00	21960	2.81E－14	1	2	0.10	3.38E－05	5214.834
1月1日	6：07：00	22020	3.25E－14	1	2	0.10	3.9E－05	6031.392
1月1日	6：08：00	22080	3.68E－14	1	3	0.10	4.42E－05	6829.391
1月1日	6：09：00	22140	4.11E－14	1	4	0.10	4.94E－05	7627.391
1月1日	6：10：00	22200	4.52E－14	1	5	0.10	5.43E－05	8388.274

分别采用电子表格模型和 CONTAMW 软件模型进行模拟所得到的结果。通过比较可以看出，两种模型的计算结果几乎是相同的。虽然前几个小时的计算结果存在着微小的差别，但除非是采用更大的比例尺，否则仅仅从它

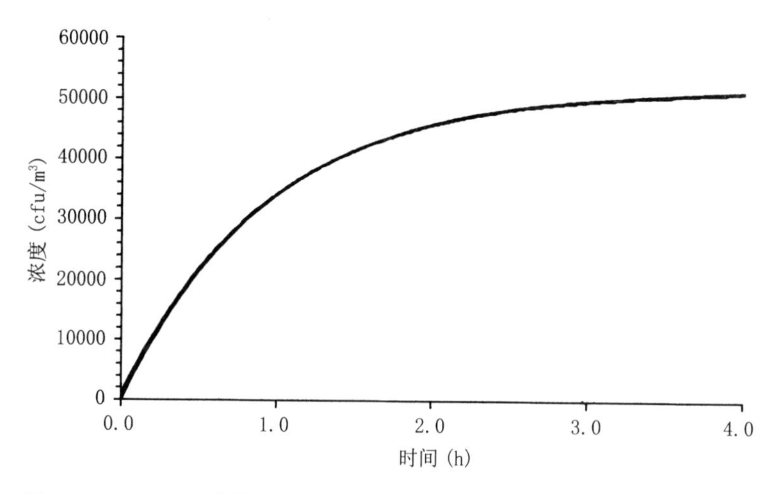

图 9.10 CONTAMW 软件和电子表格模型计算结果的比较。二者的偏差非常小，以至于两条图线几乎无法分辨

们的图线上还看不出有什么区别。这两种计算模型的计算结果如此接近，其原因是计算模型在实质上都是单区域模型。在 CONTAMW 软件模型中虽然包括了电梯竖井和墙体的空气渗漏，但这并没有对计算结果产生显著的影响。这些计算结果进一步证实了电子表格模型，现在可以将这两种模型用于进一步的模拟计算。

9.5 几个模型建筑的模拟

在前面章节中建立了电子表格模型，通过和 CONTAMW 模型的计算结果进行对比，对电子表格模型进行了验证。这一模型现在可以用来对各种规模的建筑物进行分析。这里用于分析的基本建筑类型有 6 种，其中包括具有单个建筑空间的礼堂(1 号建筑)和 50 层的办公建筑(6 号建筑)。对于每一栋建筑，都分别确立了炭疽杆菌孢子和天花病毒的基准释放速率。

以 99%作为人员死亡率的设计基准，可以分别计算采用 4 种级别的空气净化系统后人员死亡率的下降情况。表 9.11 显示了前三种建筑类型在采用上述 4 种空气净化系统后的模拟结果，它们可以与建筑物的基准袭击情景进行对比。在 4 种空气净化系统中，级别最低的系统由规格为 MERV9(比色效率为 40%)的过滤器和规格为 URV 10 的紫外线杀菌照射(UVGI)系统(辐射剂量为 250μW.s/cm²)联合组成。UVGI 系统的这种 URV 分级表示在暴露时间为 0.5s 的情况下可以产生 500μW · s/cm² 的平均辐射强度。可以认

中等规模的建筑物室内人员死亡率的预测　　表 9.11

建筑物类型	礼堂		公寓		政府建筑	
层数	1		5		10	
楼层面积(m^2)	8000		1000		2000	
总风量(m^3/min)	32000		410		16250	
新风比	15%		15%		15%	
室内人数	8611		538		4306	
基准死亡率	99%		99%		99%	
预测的死亡率	炭疽	天花	炭疽	天花	炭疽	天花
MERV9(比色效率40%)	84	95	87	96	85	95
URV10(500μW/cm^2)	97	52	98	57	98	54
联合使用	80	46	83	51	81	48
MERV11(比色效率60%)	25	57	30	62	27	59
URV10(1000μW/cm^2)	95	26	96	31	95	28
联合使用	23	17	27	21	25	19
MERV13(比色效率80%)	8	13	10	16	9	15
URV13(2000μW/cm^2)	88	13	89	16	88	14
联合使用	8	8	10	11	9	9
MERV15(比色效率90%)	8	10	10	13	9	11
URV15(4000μW/cm^2)	69	8	81	12	71	9
联合使用	8	8	10	10	9	8

为辐射剂量相同的 UVGI 系统都具有相同的杀灭率，而不去考虑其确切的辐射强度和暴露时间。这种考虑在一些极端的情况下未必正确，不过对于典型的系统，它是一种不错的近似。

相应地，可以按比例地提高另外三种级别空气净化系统的设备规格，性能最高的系统由规格为 MERV 15(比色效率为 90%)的过滤器和规格为 URV 15 的 UVGI 系统联合组成。表 9.11 显示了对于释放的炭疽杆菌孢子或者天花病毒，分别采用这 4 种系统之后室内人员伤亡率的变化。如果预测的伤亡率越低，就表明系统的性能越好。

在这些模拟结果中，涉及到的建筑类型包括礼堂、公寓建筑、政府建筑和商业建筑。不同类型的建筑物其室内人员容纳水平也有所区别，人员容纳水平进而决定了系统的总风量，这是因为风量是基于室内人数来确定的，大致的标准是 0.566m³/min · 人(相当于 20cfm)。

表 9.12 显示的是另外三种大型建筑的模拟结果。从表 9.12 和表9.11

高层建筑室内人员死亡率的预测　　**表 9.12**

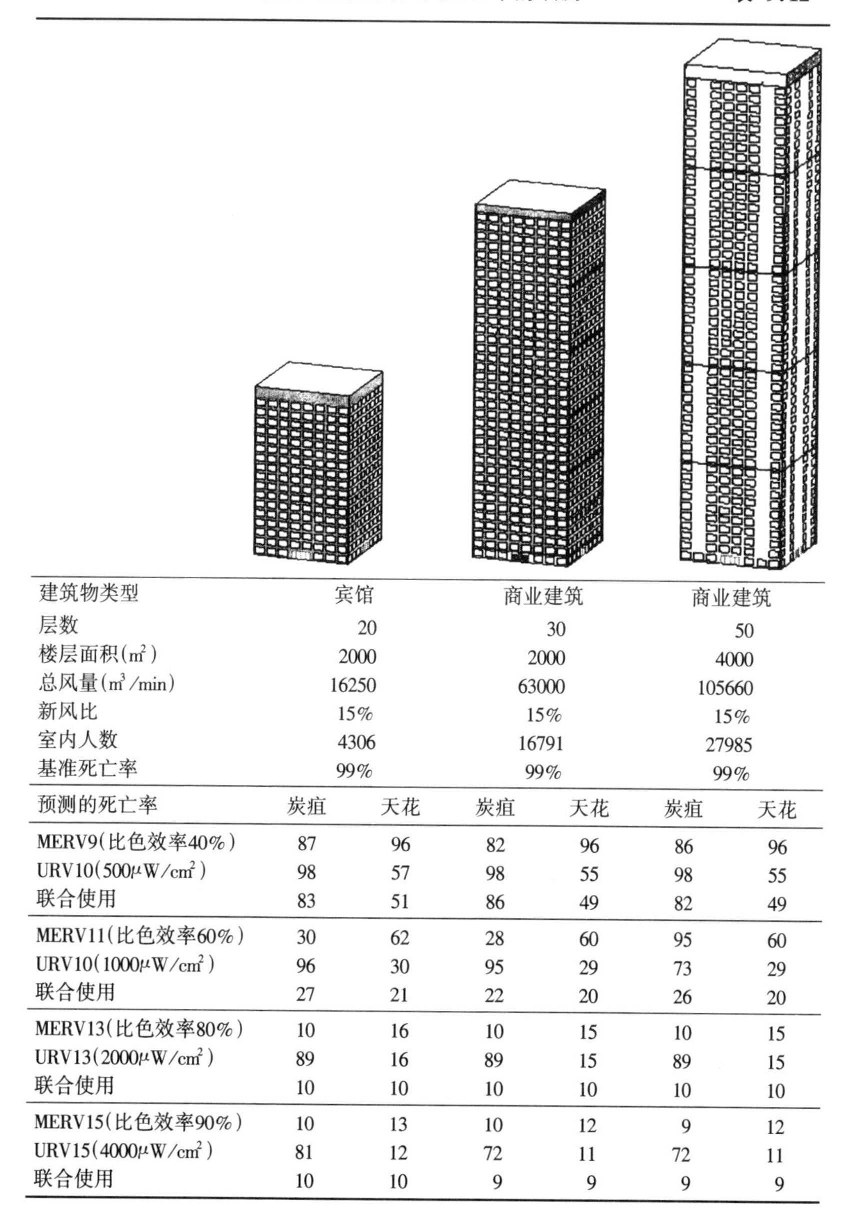

建筑物类型	宾馆		商业建筑		商业建筑	
层数	20		30		50	
楼层面积(m²)	2000		2000		4000	
总风量(m³/min)	16250		63000		105660	
新风比	15%		15%		15%	
室内人数	4306		16791		27985	
基准死亡率	99%		99%		99%	
预测的死亡率	炭疽	天花	炭疽	天花	炭疽	天花
MERV9(比色效率40%)	87	96	82	96	86	96
URV10(500μW/cm²)	98	57	98	55	98	55
联合使用	83	51	86	49	82	49
MERV11(比色效率60%)	30	62	28	60	95	60
URV10(1000μW/cm²)	96	30	95	29	73	29
联合使用	27	21	22	20	26	20
MERV13(比色效率80%)	10	16	10	15	10	15
URV13(2000μW/cm²)	89	16	89	15	89	15
联合使用	10	10	10	10	10	10
MERV15(比色效率90%)	10	13	10	12	9	12
URV15(4000μW/cm²)	81	12	72	11	72	11
联合使用	10	10	9	9	9	9

中都可以看出，在第三级和第四级空气净化系统之间，对应人员死亡率的下降速度开始变得平缓。也就是说，采用由规格为 MERV 15(比色效率为 90%)的过滤器和规格为 URV 15 的 UVGI 设备联合组成的第四级系统，与第三级系统相比，人员死亡率并没有显著下降。此外还可以看出，对于所有的三种建筑来说，如果采用同一级别的空气净化系统，对应的人员死亡率的预测值也是趋于近似的。这也并不奇怪，因为所有的系统都假设在设计风速条件下运行，所有的建筑都假设具有相同的新风比，而且室内人数也与楼层面积成一定比例。然而，在实际的建筑物中这些参数可能是不成比例的，并且系统对毒剂的杀灭率或去除率有可能会随着建筑物的不同而存在很大差别。

工程师在着手设计建筑物的空气净化系统时，可以根据前面表格中概括的人员死亡率预测值来确定系统的规格大小和范围。根据过滤器的 MERV 分级和 UVGI 设备的 URV 分级，可以用来确定空气净化系统的规格等级。利用这些系统分级可能足以确定对生物毒剂袭击的合理防护水平，但还是应当进行详细的分析以校核系统的性能，这是因为在实际应用过程中有许多因素都可能会影响到系统的运行方式。例如，增设过滤器可能会减少系统的总风量，并且甚至可能影响到系统的新风量。对于一个集成化的系统，系统运行参数的改变，可能会反过来影响人员死亡率的预测值。

图 9.11 描述了前面表格中的一些明显趋势。图中同时显示了释放炭疽杆菌孢子和天花病毒这两种毒剂的模拟结果，并且显示了随着建筑物中增设的过滤器和 UVGI 设备级别的提高，室内人员伤亡率预测值逐渐减少的情况。这张图也很清楚地说明了，在第三次增加系统级别之后，继续增加空气净化系统的级别已经不再具有明显优势了，这时的系统由规格为 MERV 13(比色效率为 80%)的过滤器和规格为 URV 13(2000$\mu W/cm^2$)的 UVGI 设备联合组成。由此得出的结论是，对于这里评估的建筑类型，采用的过滤器或者 UVGI 设备达到很高级别之后并没有真正的优势，这也被称之为“收益递减”(Diminishing returns)原理。造成“收益递减”的原因很简单，这是因为在任何时刻都只有一部分室内空气经过了过滤或者消毒。“收益递减效应”是建筑物通风系统所具有的一种特性，而不是因为空气净化技术的局限性所导致的结果。

“收益递减效应”还可以得出的一个推论是，可以通过增加系统的总风量来提高对污染物的去除率。对系统的这种改变将会对风机功率和系统其他方面的性能产生影响，并因此导致系统费用的增加。如果提高了经过空气处理机组(AHU)的空气速度，但没有增加迎风面积，那么过滤器和 UVGI

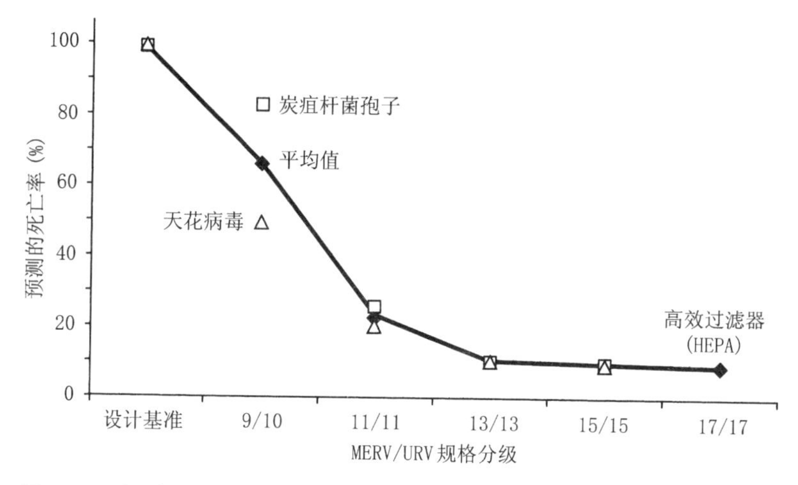

图 9.11 对于在空气处理机组(AHU)中释放毒剂的袭击情景(在图中表现出了“收益递减效应”。增加过滤器的效率和UVGI系统的功率仅仅在一定程度上会降低预测的室内人员死亡率)

设备的单位风量的性能都将会随之下降。然而，这些因素可以在经济评估中加以考虑，因为势必存在一个最优的性能级别。上述问题在某种程度上已经超出了当前的讨论范围，不过，这些也将是今后的一个研究课题。值得一提的是，尽管应急通风系统具有很大的风量，但是它们的过滤器和UVGI系统可以通过特殊的设计来增加系统对污染物的去除率，应急系统的性能也将远远超过普通的建筑通风系统。

前面模拟的袭击情景是在建筑物的空气处理机组(AHU)中释放生物毒剂，这是后果最严重的一种袭击情景，但这种情景或许并不是最有可能发生的。在新风口释放毒剂的袭击情景，无论在释放过程中是否采用了烟雾发生装置，因为新风口容易接近，所以这种袭击情景大概是最有可能发生的。对于在新风口释放毒剂的袭击情景可以使用和前面相同的方法进行分析，并且同样假设污染物在8h时间内连续的释放。不同的是，对于在新风口释放毒剂的袭击情景，还将分析另外两种生物毒剂，并且采用的过滤器模型是基于真实的MERV测试数据，其性能和前面按比色法效率分级的过滤器(前面采用的MERV分级仅仅是一种估计)略有差别。

对于4种作为设计基准的生物毒剂——炭疽杆菌孢子(Anthrax)、结核杆菌(TB bacilli)、天花病毒(Smallpox)和肉毒杆菌毒素(Botulinum toxin)，表9.13概括了过滤和紫外线照射系统(MERV/URV分级)的性能。联合使用过滤和紫外线照射(MERV/URV分级)的性能是通过前面在第8章中介绍的代

设计基准生物毒剂的去除率　　表 9.13

过滤器等级	MERV 6	MERV 8	MERV 11	MERV 13	MERV 15	MERV 16
炭疽杆菌孢子	21.7	39.2	56.7	95.6	98.6	100.0
结核杆菌	3.8	7.8	14.1	76.6	86.5	100.0
天花病毒	7.5	19.5	32.3	37.1	47.0	99.96
肉毒杆菌毒素	43.9	67.5	85.8	99.9	99.997	100.0
UVGI系统等级	URV 9	URV 10	URV 11	URV 13	URV 15	URV 17
平均强度(μW/cm²)	250	500	1000	2000	4000	6000
辐射剂量(t = 0.5s)(μW · s/cm²)	125	250	500	1000	2000	3000
炭疽杆菌孢子	2.1	4.1	8.0	15.4	28.4	39.4
结核杆菌	23.4	41.3	65.6	88.1	98.6	99.8
天花病毒	17.4	31.8	53.4	78.3	95.3	99.0
肉毒杆菌毒素	未知	未知	未知	未知	未知	未知
联合运行去除率(%)						
炭疽杆菌孢子	23.3	41.7	60.2	96.3	99.0	100.0000
结核杆菌	26.3	45.9	70.4	97.2	99.8	100.0000
天花病毒	23.6	45.1	68.5	86.4	97.5	99.9996
肉毒杆菌毒素	43.9	67.5	85.8	99.9	99.997	100.0000

数方法计算得出的。

对于结核杆菌(TB bacilli)，只能预测人员的感染情况，因此在表 9.11 和表 9.12 中需要用人员的伤亡率来代替人员死亡率。对于肉毒杆菌毒素(Botulinum toxin)，UVGI 常数是未知的，因此将其假设为零。

图 9.12 中概括了在新风口持续释放毒剂的各种袭击情景的分析结果，模拟的建筑对象是一幢 50 层的商业建筑。可以看出，在这个算例中同样出现了“收益递减效应”，只不过预测的人员死亡率大致趋向于零。此外，还可以明显地看出中等规格的空气净化系统，或者规格大致为 MERV 13/URV 13 的系统，就足以为室内人员提供几乎是百分之百的保护。其他的一些袭击情景，包括在新风口突然释放毒剂，以及在公共区域突然或持续释放毒剂，都会造成相似的后果。不过，这些后果并不会像前面提到的袭击情景那样严重。

行文至此，根据前面的分析结果，有必要确定空气净化系统中 MERV 部件和 URV 部件的相对性能。图 9.13 中概括了在上述袭击情景中，人员伤亡率在这两种部件单独运行时的减少情况。在这个算例中将规格为 MERV 11 的过滤器和规格为 URV 11 的 UVGI 设备进行了对比。可以看出，在图中列出的病原体范围内，这两种部件可以相互弥补各自的不足，起到了取长

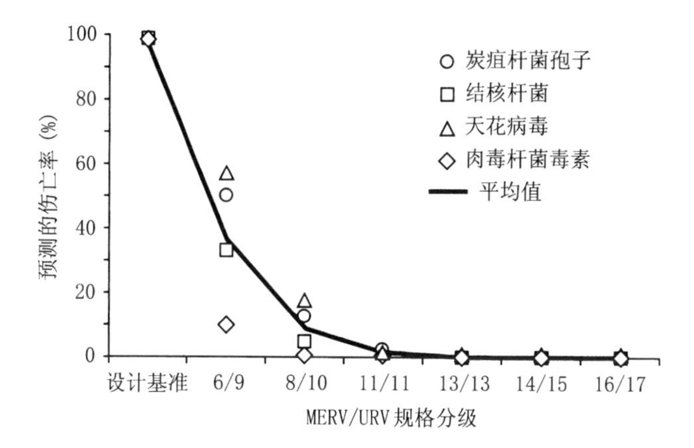

图 9.12　对于一栋 50 层的建筑，在新风口释放毒剂的袭击情景下，室内人员死亡率的预测值

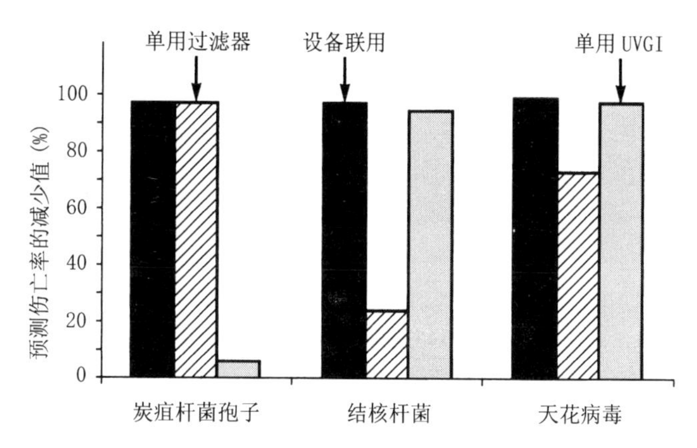

图 9.13　根据上文的分析，在单独运行的条件下，规格为 MERV 11 的过滤器和规格为 URV 11 的 UVGI 设备的性能比较

补短的作用。

9.6　采用 CONTAMW 软件进行多区域模拟

对于建筑物的建模和袭击情景的模拟，可以借助像 CONTAMW 这类的计算软件，这类软件不仅功能强大，而且作为分析工具十分灵活方便。采用 CONTAMW 软件，可以建立详细的建筑模型，在模型中可以通过真实的运行数据或者测试数据反映出建筑物的性能，并且可以考虑到门、窗、墙体的空气渗漏、浮力效应、以及建筑区域之间的压力不平衡等一些因素。

通过使用建筑物真实的运行数据，可以对模拟的结果进行确认，并且可以对一些在设计上采取的改进措施进行详细的分析。例如，大多数高层建筑都具有楼梯井和电梯竖井，这些垂直通道可以将毒剂散布到各个楼层。通常情况下，释放在主要楼层的毒剂将会聚集在释放地点附近的区域，但是由于这些垂直通道的作用，这些毒剂可能会均匀地扩散到其他楼层，甚至可能会首先进入最高的楼层。在火灾中也会出现这种现象——火焰和烟气会通过各种竖井输送到更高的楼层。

利用 CONTAMW 软件中的基本建筑模块，可以自动完成建模过程，在建立的模型中可以反映楼梯井的扩散作用和其他一些因素。图 9.14 显示的是在 CONTAMW 软件中，一栋 10 层高的建筑主楼层的布局图，图中有些符号在上文中已经介绍过。需要注意的是污染物符号在建筑物的北区(N)——这是图中惟一的污染物释放点。在这个算例中，采用的生物毒剂是炭疽杆菌孢子，它在图中所示的房间中持续释放达 8h。

在这个算例中，建筑模型的楼层面积是 2650m²/层，通风系统的总风量是 10000m³/min。表 9.14 中给出了其他相关数据，这张表格和电子表格模型(Spreadsheet model)中用到的基本输入数据表是一样的。电子表格模型提供了一种简便的方法，即以室内人员死亡率达到 99%为标准来估算污染物的释放速率；在增设空气净化系统之后，人员死亡率的降低幅度可以进一步以 99%为基准进行比较。在本算例中，造成室内人员死亡率达到 99%的毒剂释放速率，经过估算为 6.46μg/min。其他数据都列于表 9.14 中，它们和在上文的分析中所采用的数值相似，不过呼吸率在这里取 0.01m³/min(10L/min)。

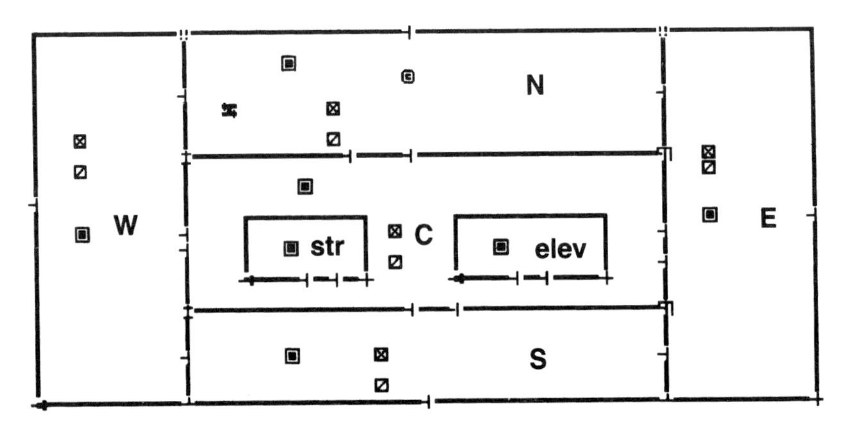

图 9.14 对于一栋 10 层的建筑物，在 CONTAMW 模型中主楼层的布局，模型中包括了贯穿各层的楼梯井(str)和电梯井(elev)(图中的字母标明了建筑分区情况)

CONTAMW 软件模型模拟生物袭击的输入选项和相关数据　　表 9.14

	输入			数据		
通风稀释	OA	15	%	OA 小数	0.15	
	总风量	10000	m^3/min	总风量	35150	cfm
		166.6666667	m^3/s	每层总风量	16.66666667	m^3/s
	建议风量(楼层面积的函数)	9365	m^3/min	新风量	52.973	cfm
		49606	cfm		1500	m^3/min
	ACH	1.13		回风量	8500	m^3/min
过滤	过滤器规格(0－6)	5		炭疽杆菌孢子去除率	0.986	小数
	名义过滤效率	90	%	天花病毒去除率	0.865	小数
	过滤器的去除率	0.98646	小数	结核杆菌去除率	0.470	小数
紫外线杀菌照射(UVGI)	UVGI规格(0－6)	6		辐射强度	3000	μW/cm^2
	暴露时间	0.5	s	UVGI剂量	1500	μW·s/cm^2
生物毒剂	生物毒剂编号(1－8)	1		生物毒剂	炭疽杆菌孢子	
	毒剂释放速率	32207569	cfu/min	生物毒剂粒径	1.118	μm
		2592236754	μg/min	微生物质量	8.04853E－07	μg
	呼吸率	0.01	m^3/min	生物毒剂UVGI k	0.000424	cm^2/μW·s
	基准死亡率	35.07	~98%－99%	UVGI杀灭率	0.47060	小数
	袭击造成的死亡率	0.64		稳态浓度	21472	cfu/m^3
	半数致死剂量，LD_{50}	28000	cfu	稳态质量浓度	0.017281578	μg/m^3
建筑参数	楼层面积	2650	m^2	楼层面积	28524	ft^2
	层高	3	m	层高	10	ft
	层数	10		每层体积	7950	m^3
	建筑总体积	79500	m^3		280741	ft^3
		2807414	ft^3	估计室内人数	2480	人

OA＝室外新风；ACH＝每小时换气次数； k＝UVGI 常数。

CONTAMW 软件模型以 12h 为计算周期，时间步长为 1min。炭疽杆菌孢子在主楼层北面的房间内释放。图 9.15 显示了毒剂在各个楼层，以及主楼层释放点周围的各个房间内的浓度变化情况。同预期的结果一样，释放点所在的房间内毒剂浓度最高。其他楼层以及释放点周围的房间，它们所接受到的毒剂剂量大致相同。这一结果也证实了先前的观点——在房间内释放毒剂所造成的后果，并不像在风管内释放毒剂那样严重。也就是说，在单个区域内释放的毒剂，通常情况下只对该区域产生最大影响，除非是一些外部因素使得区域间失去了压力平衡。

毒剂在8h之后停止释放，在图中可以看出，从该时刻起室内毒剂浓度开始下降。在通风系统的稀释作用以及过滤器和UVGI系统的空气净化作用的共同影响下，室内毒剂浓度呈指数方式衰减。为了建立空气净化过程的模型，同样可以采用CONTAMW软件或者上文介绍的电子表格模型。

图9.16显示了在模型建筑中的各个楼层，以及邻近释放点的房间内，室内人员死亡率预测值的变化情况。北区中的人员死亡率很快就达到100%，不过在邻近区域以及其他楼层中的人员死亡率则低出很多。由此可

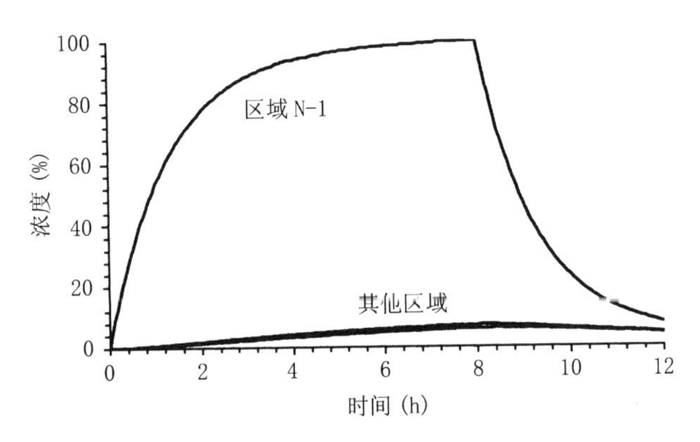

图 9.15 在CONTAMW模型中各楼层室内毒剂浓度的预测值（区域N-1是主楼层北面的区域，在该区域浓度曲线的下方，其他全部区域的浓度曲线几乎都重叠在一起）

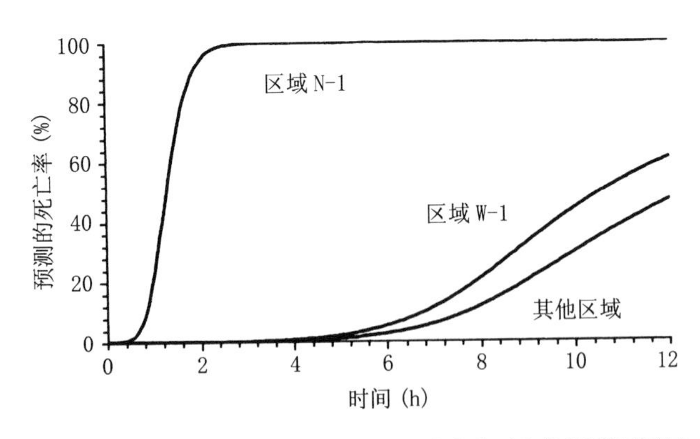

图 9.16 在CONTAMW模型中各楼层室内人员死亡率的预测值（区域N-1是主楼层的北(N)区，区域W-1是主楼层的西(W)区域，在这两个区域死亡率曲线的下方，其他区域对应的死亡率曲线几乎都重叠在一起）

以得出结论，对于这种炭疽杆菌孢子在单个房间内释放的特殊袭击情景，其造成的后果并不像在前面的例子中看到的那样严重，这一结论和前面的叙述是一致的。上述结论代表了通常的情况，不过这种情况也会受到毒剂的释放量和特定建筑内的气流特性的影响而改变。

9.7　过量袭击情景

如果以造成室内人员死亡率达到 99% 的毒剂释放速率作为基准速率，在有的袭击情景中炭疽杆菌孢子的释放速率会远远超出基准速率，这类问题在模拟过程中应当加以关注。下面还是对前例中的 10 层建筑进行分析，不过在这里生物毒剂的释放速率提高到基准速率的 4 倍。图 9.17 显示了除主楼层北区之外，其他所有区域内人员死亡率的预测值。结果是致死曲线明显的向左偏移，因此也缩短了事件的处置时间。

试图采用过量毒剂造成免疫建筑系统超载的这种袭击方式，由于多方面的原因不大可能会发生。首先，生物毒剂的制造不是一件简单的事情，其制造过程不仅耗时、昂贵，而且十分危险。对于一些国家发展的生物武器军工计划，比如伊拉克和前苏联，他们也许有生产数公斤炭疽毒剂的能力，但是这些生产设施已经停用了很多年。武器级的炭疽毒剂，无论它们是怎样贮存的，总会随着时间不断衰减；因此，尽管一些军工部门曾经声称遗失过大量的炭疽毒剂，但是这些毒剂可能最终也会变得毫无用处。

恐怖分子更有可能会利用已经获得的微生物样本，试图制取没有过期的“新鲜”的生物毒剂。当然，毒剂的制造过程不是轻而易举的，需要付出大量的劳动，另外如果是通过科研学术机构之外的途径购买微生物的培

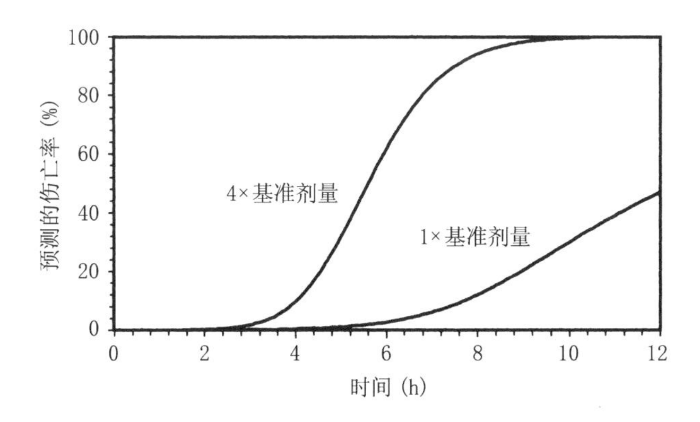

图 9.17　当生物毒剂的释放速率增加到基准释放速率的 4 倍时，对于室内人员死亡率预测值的影响

养设备的话，也势必会引起人们的注意。因此，即便恐怖分子有制造生物毒剂的企图，他们也只能利用有限的设备，进行小规模的生产。为了发动一次针对大型建筑的过量袭击，可能需要几周、几个月、或者甚至是几年的时间才能制造出足够用量的毒剂。更有可能的情况是，只要恐怖分子获取了一定量的毒剂，不管多少，他们都会使用这些毒剂。所以，对于一栋建筑物来说，更有可能发生的袭击情景是恐怖分子有限量地使用毒剂，而不是过量地使用毒剂。

为了防御这种释放过量毒剂的生物恐怖袭击，相应的对策不应当仅仅局限于改善空气净化部件的设计上，因为这些部件的性能将受限于通风系统的特性，这一点在上文中已经进行了说明。对于这种过量袭击，建筑物可以通过增加室外新风量，或者增加通风系统的总风量，并随之对空气净化部件的规格做相应调整来提高其防护能力。采取上述措施，可以为建筑物提供各种级别的防护，不过因此增加的费用也可能会高得惊人。过量袭击的问题也突出了这样一个问题，那就是不应当对建筑中安装的免疫建筑系统及其所能提供的防护级别进行宣传。这种免疫建筑系统的性能和规格的所有细节，以及是否设置有这些系统，都应当被视作为敏感信息加以控制。

再重新考虑如图 9.17 所示的例子，在该例中过量袭击所采用的毒剂用量是造成室内人员死亡率达到 99%所需用量的 4 倍。增加通风系统的总风量是解决该问题的一种方法。对于该例，假设系统总风量提高到原来的 2 倍，同时过滤器和 UVGI 系统的规格保持不变。计算结果如图 9.18 所示，

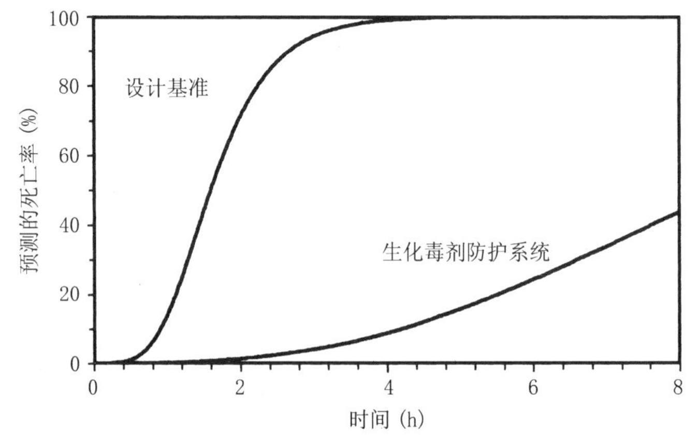

图 9.18 对于图 9.17 中表示的采用 4× 基准剂量的过量袭击情景，将系统总风量提高到原来两倍时的效果

尽管室内人员死亡率仅仅降低至44%的水平，但是已经有一定程度的降低了。这一结果表明，控制系统的总风量可以用来抵消过量袭击情景所造成的后果。其他可选措施还包括增加系统的新风量，以及进一步提高过滤器和UVGI系统的规格。尽管如此，为了应对这种释放过量毒剂的袭击情景，并不总是需要增加系统的总风量，在建筑物中增设一些再循环式的净化设备也将会起到类似的作用。也就是说，通过增设再循环式的净化设备对室内空气进行消毒，将会起到和增加系统总风量相同的作用，而且不会因此改变通风系统的特性。

9.8 突然释放的袭击情景

另外一种袭击情景是在建筑物的新风口突然释放大量毒剂，这种袭击情景在模拟过程中也应当加以关注。在上文中曾经指出，对于大多数建筑物来说，连续释放毒剂是一种最危险的袭击情景，在下文中将对这一观点作进一步说明。

在下面的例子中，假设毒剂的释放量和连续释放的袭击情景相同，比如说在前面的计算模型中8h内连续释放的天花病毒，现在突然在1min内释放于建筑物的新风口。可以假设这些毒剂是被倒入新风口或者是通过爆炸装置释放，并且这些毒剂在释放之后都变成了气溶胶状态。毒剂气溶胶经过新风口并与回风混合，随后会通过空气处理机组(AHU)。对于这种袭击情景的设计基准，假设在系统中没有采用空气净化设备，并且毒剂气溶胶会全部散布到建筑空间中。在本例中，仅考虑采用比色法效率为60%的过滤器和辐射强度为1000$\mu W/cm^2$的UVGI系统。当系统中设置了过滤器和U-VGI系统之后，所有毒剂气溶胶在进入建筑物之前，都要首先经过这些净化部件。

图9.19显示了在新风口突然释放毒剂的袭击情景的计算结果，图中同时表示了在基准条件下以及在采用过滤净化设备条件下的计算结果。室内毒剂浓度在初始阶段达到了峰值，其后又随着时间成指数关系下降。为了突出室内毒剂在初始阶段的瞬变效应，图中只显示了前40min的计算结果，不过在经过1h之后，从图中可以明显看出这种袭击情景所对应的室内毒剂浓度要低于缓慢或连续释放的袭击情景。

图9.20显示的是在上述突然释放的袭击情景以及连续释放的袭击情景下，室内人员死亡率预测值的比较。值得注意的是，虽然对于突然释放的袭击情景，预测的室内人员死亡率会较早达到峰值，但是这一预测值最终将会略低于在连续释放的袭击情景下的相应值。另外需要说明的是，在模

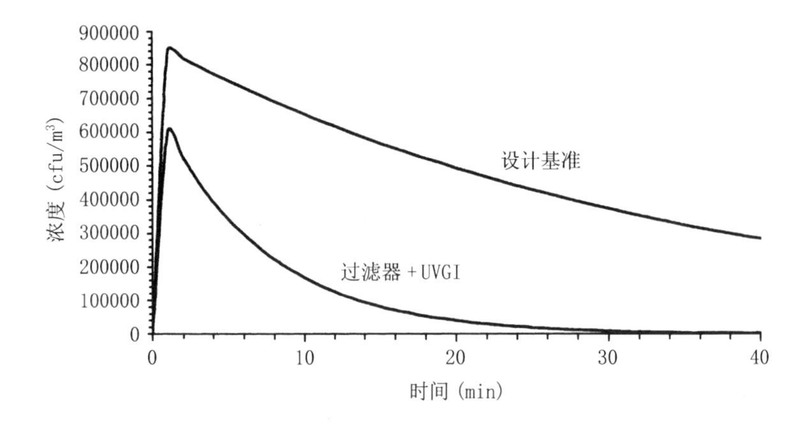

图 9.19 对于在新风口突然释放毒剂的袭击情景（对应于基准设置与采用空气净化设备这两种不同的系统设置形式，室内毒剂浓度变化过程的比较。过滤器的比色法效率为60%，UVGI系统的辐射强度为1000μW/cm^2）

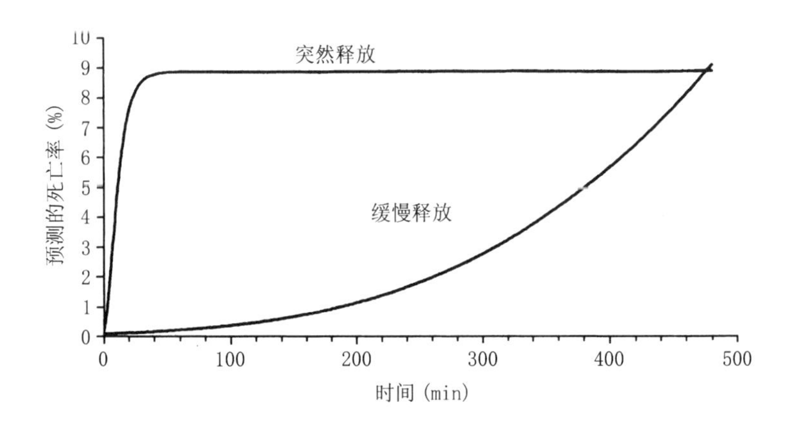

图 9.20 在突然释放和缓慢释放天花病毒的袭击情景下，室内人员死亡率预测值的比较（系统中采用了规格为MERV 11的过滤器和规格为URV 11的UVGI系统）

拟中一些细节的设定将会对最终的计算结果产生重要的影响。在上述袭击情景中，假设毒剂在建筑物的新风口处突然释放，但是还可以假设毒剂在上文中讨论的其他位置突然释放，包括在空气处理机组(AHU)内部以及过滤器或者风机的上风侧或下风侧突然释放。对于任何特定的建筑物，可以针对所有的这些情况，分别加以分析；然而，对于大多数的袭击情景来说，模拟得到的最危险结果都将趋向近似于缓慢释放的袭击情景下的模拟结果。无论如何，对于研究中的任何建筑物，在进行模拟之前都需要对假定的毒剂释放情景进行仔细的考虑和确认，这是因为某些建筑物可能具有一些独特的弱点，而不能一概用简单的单区域模型来模拟。如果对于单区域建筑模型的有效性存在任何疑问，则应当采用 CONTAMW 软件进行模拟，以替代或者验证单区域模型的计算结果。

9.9 利用室外新风清除化学毒剂

虽然对于气相过滤的建模，目前还没有相关的信息可供参考，但是可以利用稀释通风对建筑物进行清洗，以去除其中的气态或者蒸汽态的各种化学制剂。在这里的袭击情景中，建筑模型仍然为上文中讨论过的 50 层的建筑，在该栋建筑中化学毒剂沙林(Sarin)以不变的速率释放。沙林毒气的半数致死剂量 LD_{50}值为 100mg · min/m^3。首先，在通风系统引入占总送风量 15%的室外新风并且正常运行的条件下，以室内人员死亡率的预测值达到 99%为标准，可以确定出毒剂的释放速率。其次，在系统没有采用空气净化设备的条件下，对系统引入 50%和 100%的室外新风这两种情况分别加以分析。

图 9.21 显示了在三种不同的室外新风量情况下的分析结果。在 8h 结束时，如果系统的新风比为 50%，那么可以将室内人员死亡率的预测值降低至 42%；另外，如果系统的新风比提高至 100%，则可以进一步将室内人员死亡率的预测值降低至 9%。显然，采用 100%室外新风对于化学毒剂的作用，大致相当于采用最高级别的过滤和 UVGI 设备对于生物毒剂的作

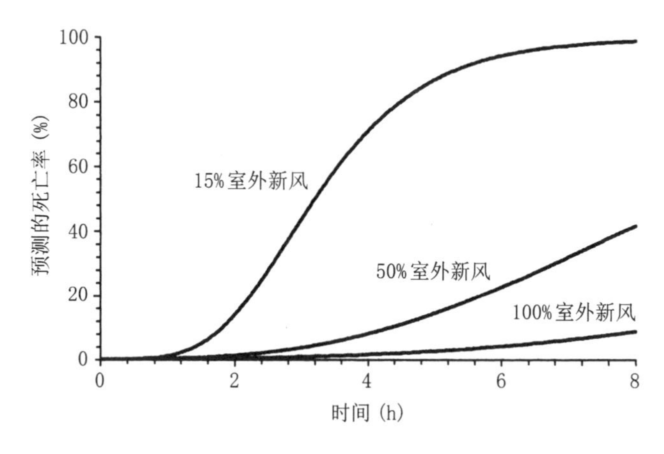

图 9.21 对于针对一栋 50 层建筑的沙林毒气袭击，增加用于清洗毒气的室外新风量对室内人员死亡率预测值的影响

用。当然，在平时正常运行的情况下，采用大量的室外新风持续地清洗室内空气并不是一种经济可行的方案。但是，如果在系统中安装有化学毒剂检测装置，那么只有在紧急情况下系统才转入清洗模式运行，这种方案用于应对潜在的化学袭击还是切实可行的。

9.10 小结

本章对建筑物遭受恐怖袭击的各种情景进行了模拟，并且对建模的细节问题进行了介绍，这些介绍将会帮助工程技术人员作进一步的模拟分析。本章给出的模型经过修改后可以适用于其他任何类型的建筑物和通风系统，并且通过调整这些模型还可以满足各种对精确度的要求。CONTAMW软件模型特别适合于一些复杂的模拟过程，关于这类模型本章还提供了附加的参考资料，其中包括这些资料在互联网上的一个下载站点(NIST, 2002)。在本章中，通过对一般建筑物的模拟，可以得出一个有用的结论：空气净化系统的性能取决于建筑物和通风系统的特性，而且为了给室内人员提供高级别的防护，只需要采用中等规格的过滤器和UVGI系统。这 结论有助于解决以下两方面问题：首先，空气净化系统在提供高级别防护的条件下，有可能同时满足经济性的要求，这一点将在第16章中进一步讨论；其次，在综合考虑系统性能和经济性的情况下，可以通过理论分析的方法来确定各个系统部件的规格。通过本章的论述也可以看出，有些袭击情景要比其他情景更加危险，为了应对这些更加危险的袭击情景，需要相应地提高系统的防护级别，这可以通过增加系统的总风量，或者增设实际上具有相同效果的内部再循环设备来实现。此外，本章的讨论表明，对于释放化学毒剂的恐怖袭击来说，采用室外新风进行清洗也许是一种切实可行的方法。

第10章

生化毒剂的检测

10.1 引言

在一个完整的免疫建筑系统中，生化毒剂的检测对系统控制起着重要的作用。危险制剂的快速检测能发出警报、关闭通风系统、隔绝区域、启动应急系统，这些能将室内人员所受的威胁降至最低。

近几十年来，虽然对包括生化毒剂在内的化学品和气溶胶的检测技术进行了积极研究，但目前生化检测技术的水平仍仅限于检测一些特定的制剂，还不能检测所有制剂。各种类型的检测仪器必须联合使用方能对多种制剂的威胁提供检测(图 10.1)。而且，这些检测系统通常反应速度较慢，限制了它们在要求反应迅速的情况下的应用。另外，很多检测系统的费用对一般商业建筑来说仍然过高。尽管有这些限制，在某些情况下生化检测的应用仍然是需要的，而且新的进展最终会使该项技术的应用更为可行。

本章回顾了生化检测技术的发展，介绍了这些技术在一个集成化的免疫建筑系统中的应用方法，对作为低成本生物检测替代技术的空气采样检测方法也做了讨论。因为本章主要是想让工程师和设计人员熟悉这些方法的选择取舍，所以就略去了和化学、微生物学密切相关的一些细节。和这些技术相关的文献很多，如果读者需要更详细的资料，可以自行查阅。

10.2 化学检测

悬浮在空气中的化学品的检测技术已经有较长历史了，其水平也比较先进。推动该领域研究取得进展的因素有两个：一是为了防止工人和其他个体受到有毒或易燃蒸气危害；二是测量二氧化碳浓度作为封闭空间中缺氧的指标(Cullis and Firth，1981)。因为包括矿井在内的工业环境中经常有

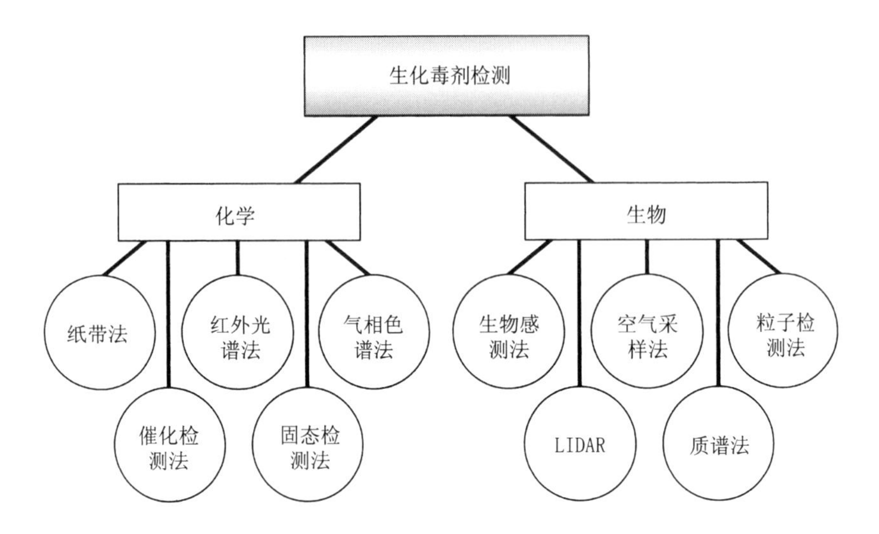

图 10.1　最常见的生化检测系统的分类(LIDAR = 激光雷达，一种发展中的军事技术；传感技术将在正文中叙述)

各种危险蒸气释放，所以早在 18 世纪的立法就已经开始促使人们研究微量有毒物质的检测方法，并确立可接受的人员暴露阈值。

由于化学毒剂具有高毒性，并且其中有很多毒剂因具有两用性而被应用于各种工业领域，所以与它们暴露阈值相关的资料有很多。如图 10.2 - 图 10.4 所示，有各种各样的化学传感器可用于检测有害气体和蒸汽，但目前还没有一种对任何有害化学品都普遍适用的传感器(Leonelli and Althouse, 1998; Paddle, 1996)。因此，很多化学检测系统只能检测一种特定的化学品或一组相关联的化学品。要检测多种化学品，检测系统通常需组合几种单项传感系统。这种组合式检测系统也通常是复杂和昂贵的。

用单一方法检测附录 D 中所列各种化学毒剂的问题在于这些制剂没有一致的物理性质，只有当它们具有一致的物理性质时才适合用单一方法检测。电化学技术(Electrochemical technique)可能是检测危险气体和蒸汽的最常用方法，这种技术虽然能检测许多种化学毒剂，但对于一些相对无害的化学品它们也可能会产生错误警报(Cullis and Firth, 1981)。

另一种方法是使用经过化学浸渍的纸带设备。这种方法利用有些化学品暴露于特定化学制剂时会变色的原理，通过比色传感器查明某种有毒化学制剂的存在(Brletich et al., 1995)。

气相色谱系统(Gas chromatography system)通过试管对空气采样并用仪器

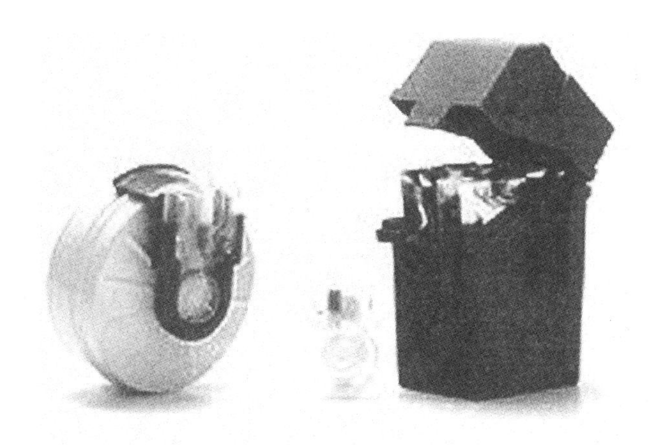

图 10.2　识别神经毒剂和疱疹毒剂的化学制剂检测箱(图片征得以色列生物研究学院 Dr. Amram Golombek 的许可)

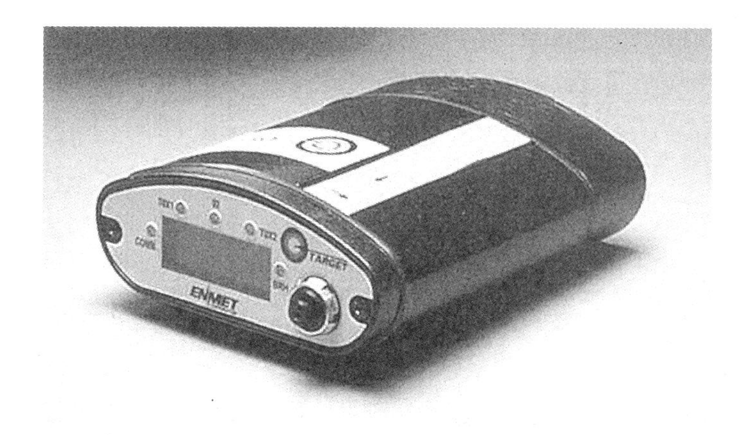

图 10.3　能检测 6 种气体的紧凑式气体检测仪，它包括多种毒气传感器(图片征得美国密歇根州安阿伯市 ENMET Corporation, Ann Arbor, MI. 的许可)

对之加以分析。另外，在一些检测系统中，某种材料吸收气体制剂后其导电性会发生变化，这种变化可以指示该种制剂是否存在或者浓度是多少。

也许应用得最成功且最广泛的检测设备是各种光谱分析设备(Spectroscopic device)。这些设备用诸如红外光谱(Infrarea spectroscopy)等技术来确定样品中是否存在有毒气体(Gardner, 2000; Mcloughlin et al., 1999; Morgan et al., 1999)。

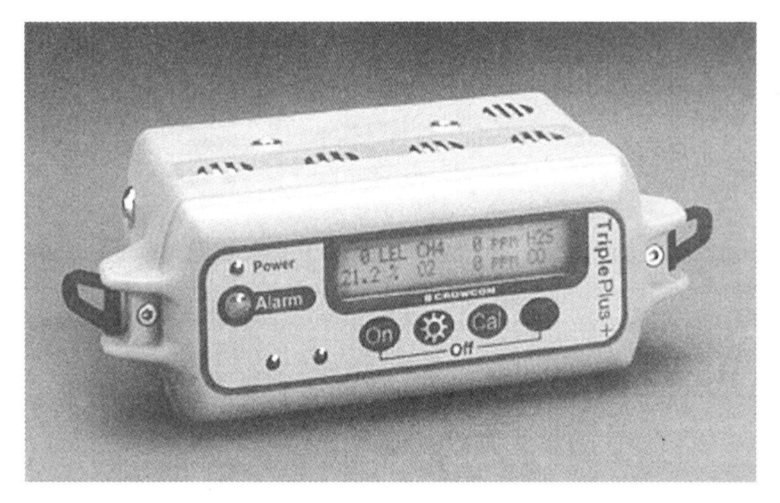

图 10.4 能检测多种毒气的便携式气体检测仪(图片征得英国阿宾顿 Crowcon Detection Instruments, Ltd., Abingdon, U.K. 的许可)

可燃气体和蒸汽的测试水平较为先进，这些测试系统经常通过打火花或其他点火方法测试微量气体样品的易燃性(Cullis and Firth,1998)。其他测试系统还有用催化型检测仪的，这种检测仪的原理是将采样蒸汽氧化，并测试传感元件的温度变化。因为大部分化学毒剂不可燃，所以这种检测仪的应用受到一定限制，但是它们可以作为多用途制剂检测系统(Multiagent detection system)的一部分。

光致电离检测器(Photoionization detectors)能够检测的有毒制剂十分广泛。这种仪器的原理是通过紫外线照射测试腔里的气体样本，使其中的化合物发生电离，产生的离子被吸引到集电极并放大电信号。

电子俘获检测器(Electron capture detectors)包括一个辐射源。该辐射源通常是氢或镍的同位素，能发射电子。其检测原理是：检测器的输出通常是一个连续的电流，当含有卤素的气体化合物进入测试腔并且吸收发射出的电子时，电流将被抑制。但是，附录 D 中的化学制剂几乎没有能用这种检测仪检测的，因为它们大部分不含卤素或相似的化合物。

固态检测器(Solid-state detectors)可分为两种类型。一种类型的检测原理是：气体在固体催化剂表面被氧化，释放出热量，通过测量这些热量来指示是否存在危险制剂。另一种类型的检测原理是：半导体材料遇到有毒气体，其导电率将发生变化，通过测量导电率的变化来确定是否存在有毒气体。假如气体是一种还原剂，它将改变半导体材料的导电率。其他气体可能吸附到半导体材料的表面并给其施加一个电荷。

很多如图10.5所示的便携式气体检测仪(Portable gas detector)能同时检测多种气体。这些检测仪一般被设计成能检测一些典型的危险气体如一氧化碳、硫化氢等。它们通常也能检测一些化学毒剂，如氯气、光气和氮氧化物等。

质谱分析法(Mass spectrometry, MS)，又称为“旋转－振动谱法”(Rotational-vibrational spectroscopy)，能通过识别化学制剂在空气中的质谱信号而确定某种化学制剂的存在。所有的质谱仪(Mass spectrometer)都包括采样系统、离子源、质量分析器(Mass analyzer)、检波器和信号处理系统。电荷被施加到气体样品上，产生的离子被质量分析器分离出来。气体的质谱在“质荷比－强度”图中将显示出该种气体具有的特定的波峰个数。每种化学物质或有机物都具有特定的质谱。质谱法通常和气相色谱法(GC)联合使用。虽然两者联合使用需要娴熟地操作设备和分析测试结果的技能，但却是识别生化制剂的最灵敏、识别力最强的方法之一(Brletich et al., 1995)。

离子迁移谱法(IMS)通常被军队应用于定点检测和报警。离子迁移谱法的检测原理是：通过辐射源激发化学物质的气相离子迁移，每种化学物质

图10.5　能检测氯气、氮氧化物的便携式气体检测仪(图片征得美国康涅狄格州米德尔顿市 Biosystems, Middletown, CT. 的许可)

都有其独特的气相离子迁移，所以可以据此来确定该种物质是否存在。离子迁移谱法是一项灵敏度很高的可靠技术(Brletich et al.,1995)。

在拉曼光谱学(Raman spectroscopy)中，当激光照射在空气样品上时，通过光谱分析，“拉曼散射”(Raman scattering)现象能提供一种识别特定化学制剂的检测方法。

火焰光度法(Flame photometry)的原理是：使空气样品在富氢火焰中燃烧，通过滤光片从火焰发出的光线中分离出每种燃烧物质的特征波长，据此光电倍增管(Photomultiplier tube)产生一个指示某种特定化学制剂存在的模拟信号(Brletich et al.,1995)。

表面声波检测技术(SAW)涉及一种压电晶片的使用，该压电晶片上设置多个电极以产生电场。任何物质和压电晶片表面接触所产生的扰动都将在电极之间产生表面雷利声波(Rayleigh wave)。覆盖在压电晶片表面的化学物质吸收任何气体当然也将产生声波的变化。不同的化学涂层能用于检测不同的化学制剂(Brletich et al.,1995)。

生物传感器(Biosensor)也被发展得能识别化学毒剂，如DFP(异氟磷)(Rogers et al.,1991)、氰化氢(Smit and Cass,1990)和索曼(Soman)(Lee and Hall,1992)。但因为检测时间为1-30min，所以它们与传统的化学检测方法相比不一定会有很多改进。

为了执行关闭或隔绝系统的功能，通常在建筑通风系统中集成有检测系统。在这样的检测系统中，定点监测(Fixed-station monitoring)是必要的。检测系统可能只监测一个点，例如空气处理机组(AHU)，这是因为建筑内的所有空气通过循环后最终都要经过空气处理机组。而且，如前几章所述空气处理机组可能是大部分建筑中最敏感的部位，因为在一般区域释放的化学制剂将会造成的人员伤亡较少。

定点气体检测系统将从气流中连续取样，通过能够采取的各种测试手段检测某种化学制剂的存在。然后，一个正信号被用于发出警报或隔绝通风系统。发现化学制剂后迅速关闭通风系统是很重要的，因为通风系统总是会将化学制剂散布于整个建筑。这种应对措施可能导致化学制剂在一些区域比其他区域的浓度更高，但还是应当遵循尽可能保护更多室内人员的原则，而不是侧重于某个区域，除非在设计之初就那样考虑。

大部分化学检测系统(图10.6)都需要一定的时间以发出一个正信号。这个时间可能是几十秒或者几分钟，它由化学检测的水平决定。假如在空气处理机组中检测到了化学毒剂，则应该在大量化学毒剂扩散到建筑物的一般区域之前隔绝并关闭通风系统，这就是所谓的“检测——隔绝”控制

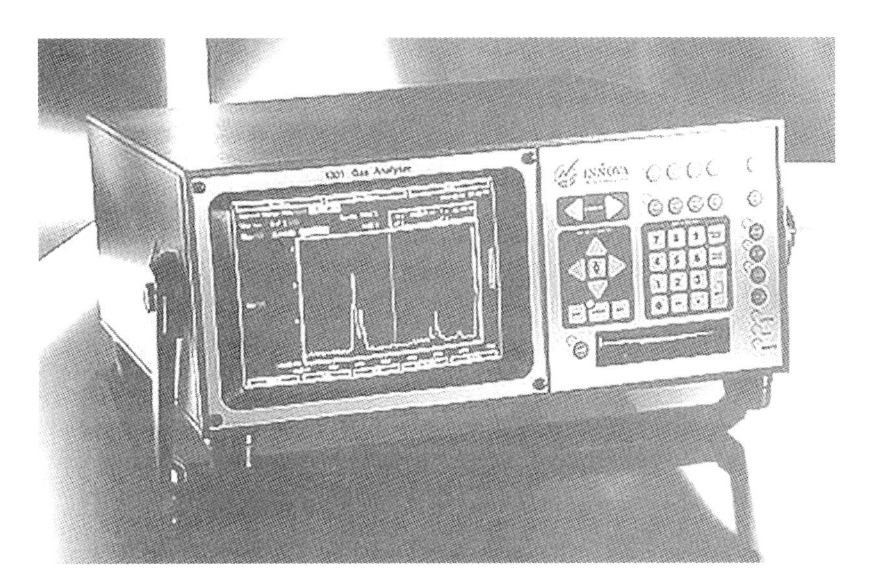

图 10.6　采用红外干涉测量法（Infrared interferometry）能够同时识别七种气体的光声气体分析仪（Photoacoustic gas analyzer）（图片征得 Innova AirTech Instruments 的许可）

策略。简单地说，基于这种控制策略，任何检测信号都将自动关闭通风系统并发出警报。附加的功能可能还包括辅助系统的启动、空气系统的清洗，或者应急避难区的隔离。

在第 11 章中还将进一步讨论“检测 – 隔绝”控制系统，不过采用这种检测系统时，为提供充足的响应时间以实现完全隔绝，在实际设计时可能需要考虑加长风管。

10.2.1　化学检测器的响应时间

大部分反应迅速、适用范围广的化学检测仪要求在 10—20s 或更长一点时间内对送风气流中出现的化学制剂做出响应。响应迟缓并不一定就会造成危险，应对这种情况的标准方法是加长风管并在管道末端加装隔断阀。风管的长度要使空气从检测点到最近出风口所需的时间大于或等于检测仪的响应时间与隔断阀的关闭时间之和。隔断阀的关闭时间是指隔断阀完全关闭所需时间，可能是几分之一秒或几秒。

图 10.7 是一个设计示例，在系统中空气从检测点输送到隔断阀将花去一定的时间。这个系统在空气处理机组内的采样点处设置了一个毒气检测仪。一旦在 A 点检测到有毒气体，则发出一个信号去关闭 B 点的隔断阀。

同时也发出一个信号去关闭风机。风管必须足够长以使空气从 A 点到 B 点的输送时间大于或等于系统的响应时间。

有隔断功能的风管的长度可由风管内风速 V 和系统响应时间 RT 确定，具体如下：

$$风管长度 = V \cdot RT \tag{10.1}$$

例如，假如风管内风速 V 为 5m/s(大约为 1000 fpm)，系统响应时间(包括检测仪的响应时间和隔断阀的关闭时间)RT 为 15s，那么要求的风管长度如下：

$$风管长度 = 5 \times 15 = 75m \tag{10.2}$$

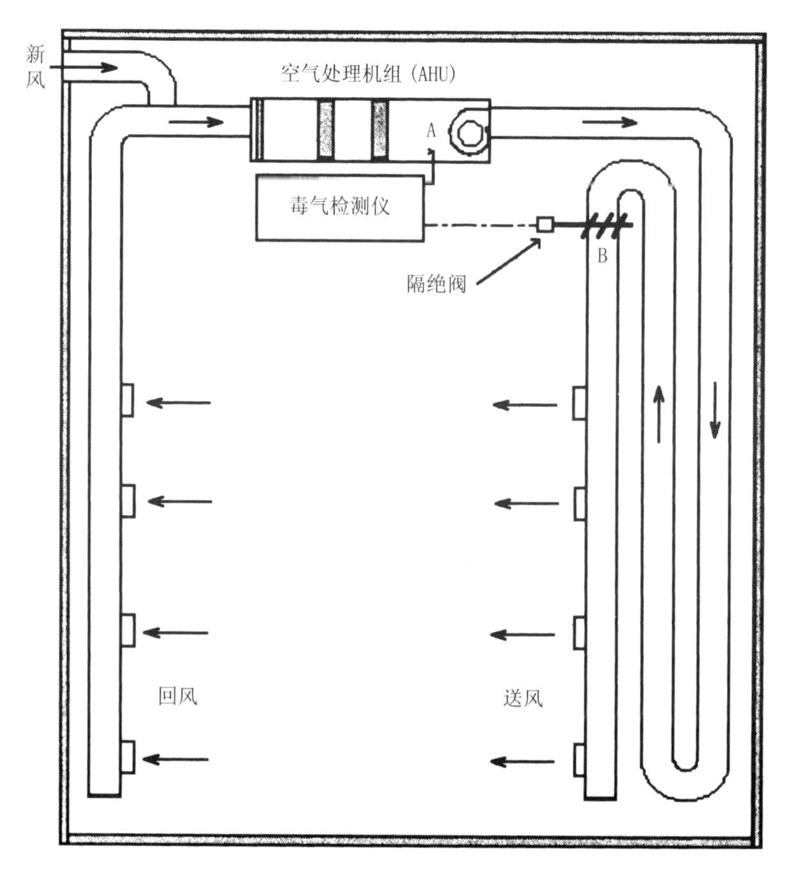

图 10.7 通风系统的送风管被加长，使 A 点的检测仪在毒气到达 B 点之前就能隔绝系统

如果在风管的不同管段风速是变化的，这种情况经常会出现，则可以计算出空气通过每一管段的时间，而后取它们之和以确定风管总长度。

通风系统经改造加装检测系统时，可能无法加长原风管以满足检测系统响应时间的要求，这样就必然有一部分污染物会进入建筑内部。假如检测仪的响应相当快，则室内人员实际吸入的污染物剂量可能不足以对人体构成危害。在任何情况下，隔断系统并且/或者关闭风机通常是最好的应对措施，不过这一结论是否成立还取决于建筑物的特点和污染物的释放位置(进一步讨论见第7章)。

10.3 生物检测

目前有各种各样的生物制剂检测技术，但可以被检测的制剂种类却十分有限。检测方法从人工采样和微生物培养到正在发展中的军用检测技术，如用于检测大气中生物气溶胶的激光雷达(Light detection and ranging, LIDAR)技术。与先进检测技术相关的费用也相当高。本节将概述适用于室内环境特别是风管中的一部分生物制剂检测技术，可检测的生物制剂包括各种毒素和病原体。

10.3.1 空气采样

对空气中或物体表面的微生物进行采样是一项有着百余年历史的技术，该项技术也是目前识别病原体的最可靠方法。空气采样技术通常应用于识别通过空气传播的微生物污染——比如说真菌，其目的是解决室内空气品质问题(Boss and Day, 2001)。表面采样技术也被应用于检测建筑中的污染物，但它主要是和修复或清洗行为相关。空气采样技术可能需要几小时到几天时间去确定某种空气传播型污染物的存在。虽然时间如此之长，但不一定会产生问题，因为这种检测仍可以为曾经暴露于污染物中的人员提供足够的医治时间。当以这种方式采样技术应用时，其控制系统的结构可以称为“检测-医治”(Detect-to-treat)，它与“检测-隔绝”(Detect-to-isolate)或“检测-报警”(Detect-to-alarm)的控制结构相对应。

空气采样通常是用如图10.8和图10.9所示的设备从气流或房间中提取样品，而后使它撞击到如图10.10所示的培养皿或采样皿上。胶状物质是培养基，它通常根据预期出现的特定微生物而选定。采样平皿在被测气流中暴露一定时间，通常是20min，而后被培养12-48h，这期间菌落将得以生长并逐渐显现。采样平皿中培养的菌落通常只需通过肉眼来辨别，不过只有通过显微镜检查或其他检测方法才能最终确定采集的是何种微生物

图 10.8 空气采样器(图片征得美国亚利桑那州菲尼克斯市 Aerotech Laboratories, Inc., Phoenix, AZ. 的许可)

(Aerotech,2001)。

目前，在自动采样系统和多用途微生物采样器的研究上已取得了一些进展(Hobson et al.,1996)。使用具有选择性培养介质的检测条、加速培养时间、以及将菌落分散至可以在显微镜下检查的飞沫大小，这些方法都可以用于缩短检测时间。

典型的空气采样器包括一个含培养基的培养皿，培养皿表面正对气流来向。目前有各种各样的空气采样器，它们在特性、用途和检测精度上不尽相同(Jensen et al.,1992)。空气采样器的使用和性能的详细资料可以参阅相关文献(Aerotech,2001; Bradley et al.,1992; Griffiths et al.,1993; Han et al.,1993; Li et al.,1999; Straja and Leonard,1996)。

空气采样器可以由一个抽气泵或一个内装式风扇来驱动。图 10.11 所示是一个独立式空气采样器，其中有一个小风扇把空气吹到入口附近的培养皿表面上。经过规定的采样时间后，取出培养皿，对微生物进行培养。

作为免疫建筑防护系统的一部分，空气采样器主要是对室内空气或风管内的气流进行定期采样。采样时间可能是 8h 或更长，每天取出样品并送至实验室培养和检验。一旦检验出病原体，将会对建筑实施检疫，并对所有室内人员进行医治，这体现了“检测－医治”的控制策略。这种情况下，警报可能发出得太晚以至不能及时阻止生物制剂的扩散，但在感染者有生命危险之前仍能有足够时间对他们进行医治。

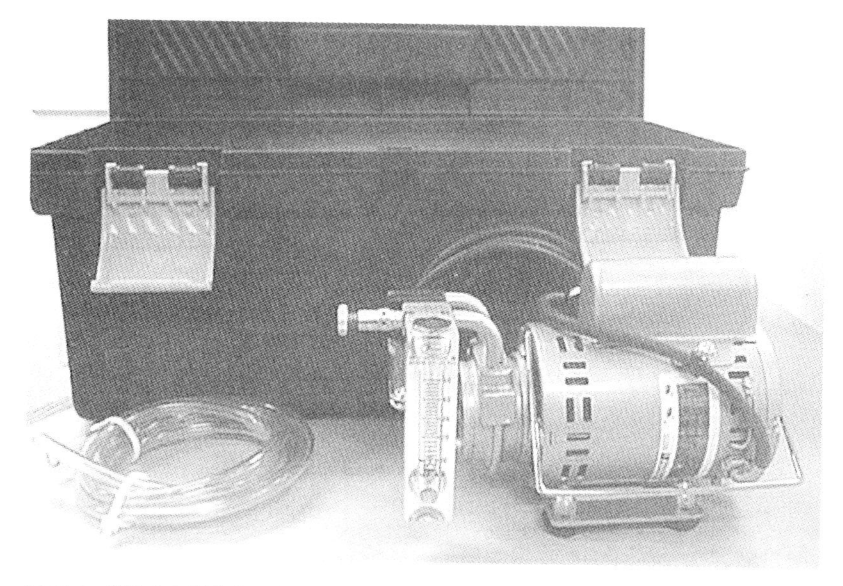

图 10.9　抽取空气样品的空气压缩机(图片征得美国亚利桑那州菲尼克斯市 Aerotech Laboratories，Inc.，Phoenix，AZ. 的许可)

在商业建筑应用“检测－医治”系统具有一定的经济性。低成本的空气采样器总是安装在空气处理机组内，由指定人员定期取出采样平皿，而后将其送至当地的实验室进行分析。当地实验室将以便捷的方式返回分析结果。当检测出危险病原体时，应急程序将指示应当采取何种应对措施。

空气采样方法的一个优点是一些常见的空气传播型微生物也能同时被检测出来，这将有助于建立一个室内空气品质或空气中微生物浓度的档案记录。当空气中的真菌或细菌数量变化超过正常水平时，特别是在具备空气净化系统的情况下，应当提醒建筑管理人员可能需要采取一些补救措施。

10.3.2　生物传感器

生物传感器可以是任何一种能够自动识别生物制剂并且响应迅速的检测系统。有些生物传感器是固态型设备(Solid-state device)，它们能以电信号输出检测结果。这类设备中有很多是将生物敏感材料或化合物固定于硬质表面上。一般来说，生物传感器只能检测一种制剂而且只能使用一次，因为检测过程会消耗敏感材料。目前，有些生物传感器也用于检测特定化合物(Gardner, 2000； Leonelli and Althouse, 1998；Paula, 1998)。还有些生物传

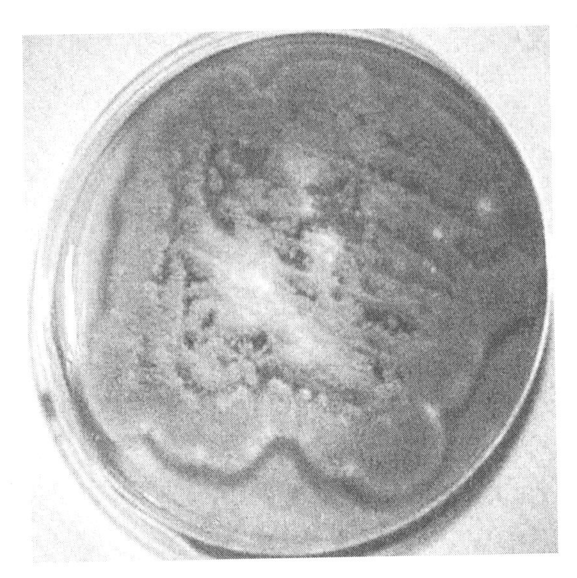

图 10.10 培养皿，其上已培养出了青霉菌的菌落(图片征得加拿大 BioChem Technologies，LLC，Canada. 的许可)

感器在食品工业中用于检测食品中的病原体(Hobson et al.,1996)。压电生物传感器(Piezoelectric biosensor)已经发展到可以识别水中的伤寒沙门菌的地步(Prusak-Sochaczewski et al.,1990)。

关于组合式传感器(Combined sensor)的研究也取得了一些进展。组合式传感器(图 10.12)能自动检测多种生物制剂(Belgrader et al.,1998;Donlon and Jackman,1999)，但目前这种技术仍处于发展阶段。

当宿主受到病原体侵害时，它会产生与特定病原体一一对应的抗原(Antigen)或表面分子(Surface molecule)，宿主的免疫系统通常能通过这些生成物来识别入侵者。随后，免疫系统可能会试图释放抗体(Antibody)来抑制病原体，或者用其他方式抑制其带来的危害。抗体和抗原之间有着特殊的亲合力，可用于确定是否存在特定的病原体。生物传感器的基本原理是将抗体固定于惰性表面(Inert surface)上，利用抗体的电化学反应产生信号。采用这项技术的生物传感器已经能检测出产气荚膜梭状芽孢杆菌(Clostridium perfingens)(Cardosi et al.,1991)、沙门氏菌(Salmonella)(Plomer et al.,1992)、土拉弗朗西斯菌(Francisella tularensis)(Thompson and Lee,1992)和鼠疫耶尔森氏菌(Yersinia pestis)(Cao et al.,1995)。利用生物传感器检测如蓖麻毒素(Ricin)一类的毒素也得到了证实(Cater et al.,1995)，并且光纤传感

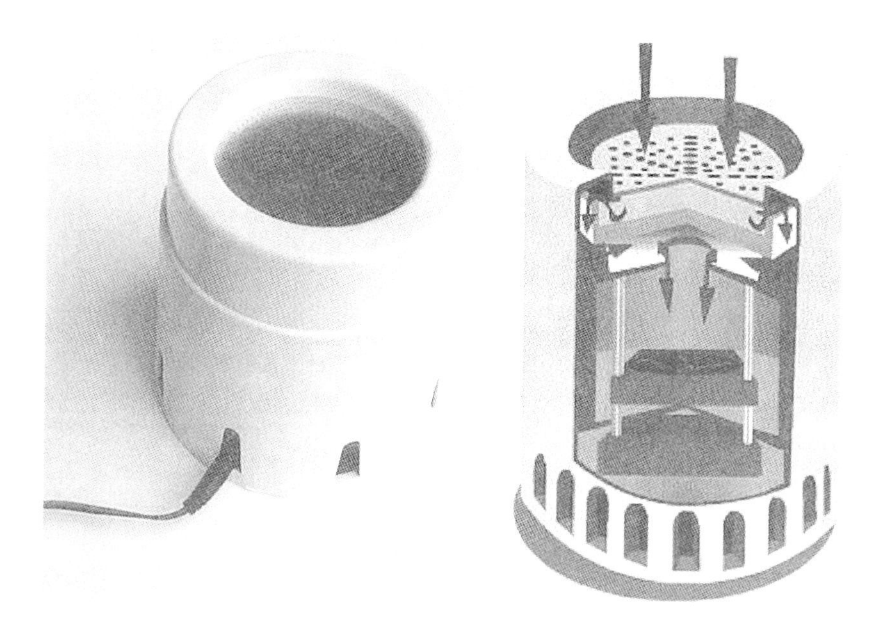

图 10.11　采用内装式风扇的空气采样器。右边的剖视图显示了气流方向。在空气采样器内，培养皿位于顶部，且在带采样孔的空气入口下方(图片征得加拿大 BioChem Technologies，LLC，Canada．的许可)

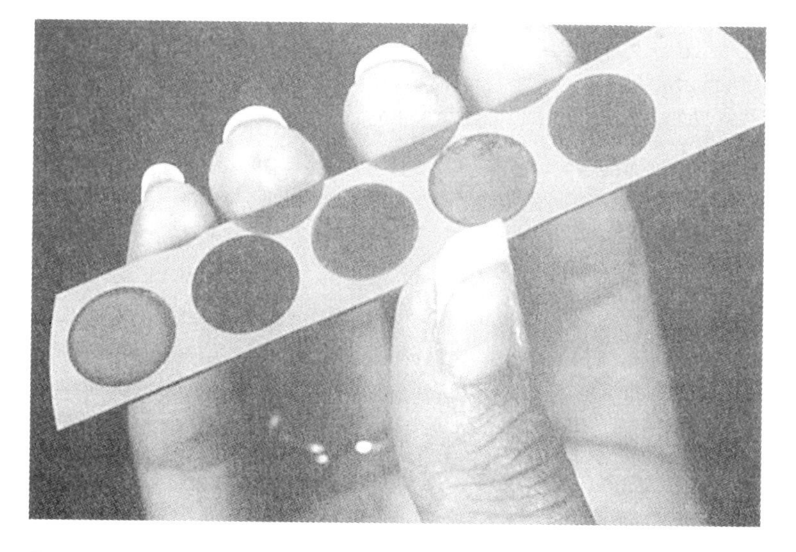

图 10.12　生物传感器检测条，带有五种可检测特定化合物的传感器(图片征得加州大学 Michael Sailor 的许可)

(Fiberoptic sensing)技术也已经用于检测肉毒杆菌毒素A(Botulinum A toxin)(Ogert et al.,1992)。

许多其他方法也能识别抗原与抗体之间的反应。其中一些方法采用了光学技术，例如表面等离子共振技术(Surface plasmon resonance，SPR)、渐逝波技术(Evanescent wave，EW)、发光技术(Luminescence)和荧光技术(Fluorescence)等。电化学方法(Electrochemical method)也被用于识别这种反应，例如电位计测量法、电流计测量法和电导率测量法。压电技术(Piezoelectric)可用于检测病毒和细菌(Konig and Gratzel,1993)。还有使用了压电设备(Piezoelectric device)的声学技术(Acoustic technique)，以及使用了电热调节器(Thermistor)或热电堆(Thermopile)的热量测定技术(Calorimetric technique)也可以用于检测这种反应(Paddle,1996)。此外，制剂的光电检测(Photoelectric detection)也是一种可能的技术(Arrieta and Huebner,2000)。目前，这些技术都处于发展阶段，能够检测的病原体种类还较少。也许有一天生物传感器能为检测空气中的病原体提供一种既理想又经济的解决方案，但在目前这项技术和商业免疫建筑系统的结合还不是十分可行。

目前，用于防御生物毒剂的生物传感器的发展所受到的主要限制是缺乏微生物表面的靶分子(Target molecule)信息。迄今为止，这些生物传感技术所必需的分子既不能被有效识别也不能被分离成稳定的形态。

生物传感器依靠对靶分子的选择性识别。生物传感器可以分为两类：催化型和非催化型。催化型生物传感器(Catalytic sensor)的制造材料包括酶、细菌细胞和组织细胞。非催化型生物传感器(Noncatalytic sensor)也叫做“亲合型生物传感器”(Affinity class biological sensor)，它们的制造材料包括抗体、外源凝集素(Lectin)、受体(Receptor)和核酸(Nucleic acid)，可以用于识别由微生物产生的毒素。

表10.1列出了各种生物制剂，用于检测这些制剂的生物传感器已经被研制出来或者已经得到报道。这个列表是根据文献Paddle(1996)概括得出的，每种生物传感器的源文件在该文献中都能找到。表中媒介那一列是指检测时含有生化制剂的介质，通常是液体或干空气。虽然在干空气媒介中也做了一些测试，但是无法获知其测试结果。生物传感器在检测时可能需要依靠液体媒介，这不一定是个问题，因为空气也能被采样到溶液中。

目前正在研究一种结合质谱分析技术(Mass spectrometry)和生物传感技术的系统以满足军事目的，这种系统能够同时应用于有毒气体和生物制剂的检测(Donlon and Jackman,1999)。这种系统用质谱仪识别各种毒剂气溶胶(Cornish and Bryden,1999；McLoughlin et al.,1999；Scholl et al.,1999)。在这

用于生物毒剂的生物传感器及其检验时间　　表 10.1

生物毒剂	生物传感器类型	媒介	检验时间	参考文献
α-雨伞节蛇毒毒素	光纤，渐逝波，荧光(受体)	液体	数分钟	Rogers et al.(1989)
α-雨伞节蛇毒毒素	LAPS* (受体-酶扩增)	液体	20-30 min	Rogers et al.(1992)
肉毒杆菌毒素A	光纤，渐逝波，荧光(受体)	液体	1 min	Ogert et al.(1992)
肉毒杆菌毒素A	LAPS (与生物素结合的能捕获酶标抗体-抗原联合体的膜)	液体	15 min	Menking and Goode(1993)
葡萄球菌肠毒素B	阻抗(Pt膜-抗体层)	液体	—	DiSilva et al.(1995)
蓖麻毒素	压电(QCM)*	液体	1h	Carter et al.(1995)
蓖麻毒素	光纤(渐逝波，荧光抗体)	液体	15 min	Ogert et al.(1994)
蓖麻毒素	LAPS (抗体捕获，酶标记)	液体	—	Dill et al.(1994)
炭疽杆菌孢子	光纤(渐逝波，荧光染色)	液体	35s	Wijesuriya et al.(1994)
鼠疫耶尔森氏菌	光纤(渐逝波，荧光抗体)	液体	30 min	Cao et al.(1995)
鼠疫耶尔森氏菌	声学(QCM)(抗体捕获)	液体	45 min	Konig and Gratzel(1993)
志贺氏痢疾杆菌	声学(QCM)(抗体捕获)	液体	46 min	Konig and Gratzel(1993)
土拉弗朗西斯菌	LAPS (抗原-抗体，酶标尿素酶)	液体	65 min	Thompson and Lee(1993)
伤寒沙门菌	声-压电(抗体-抗原)	液体	5h	Prusak-Sochaczewski et al.(1990)
伤寒沙门菌	光学(发光)(抗体捕获，膜-酶标记)	液体	30 min	Downs(1991)
羊布鲁氏杆菌	LAPS	液体	—	Lee et al.(1993)
伯氏考克斯体	LAPS	液体	—	Menking and Goode(1993)

* LAPS = 光寻址电位传感器，QCM = 石英晶体微量天平。

种组合式系统中，有毒气体只需用质谱仪就能检测(Hayek et al.,1999)，而毒素则需通过荧光生物传感器来检测(Carlson et al.,1999)。

10.3.3　粒子检测器

检测通过空气传播的病原体的一种可行的替代方法是使用粒子检测器(Particle detector)，它能识别空气中微生物尺度的粒子。理论上，每种病原体都有其特有的大小范围和形状，根据这个原理也许就可以识别很多种病原体，虽然这并不是根本的方法。粒径仪(Particle sizer)和粒子计数器(Particle counter)是采用了多种技术的科学仪器。可能最适合于实时空气采样的仪器是光学粒径仪(Optical particle sizer)，如图 10.13 所示。它用激光光谱去测量粒子在 0.3-20μm 范围内的粒径分布，这个粒径范围包括了大部分细菌和所有的孢子。粒径仪最小可以测量到粒径为 0.005μm 的粒子，这个粒径比最小的病毒(大约 0.03μm)还小。

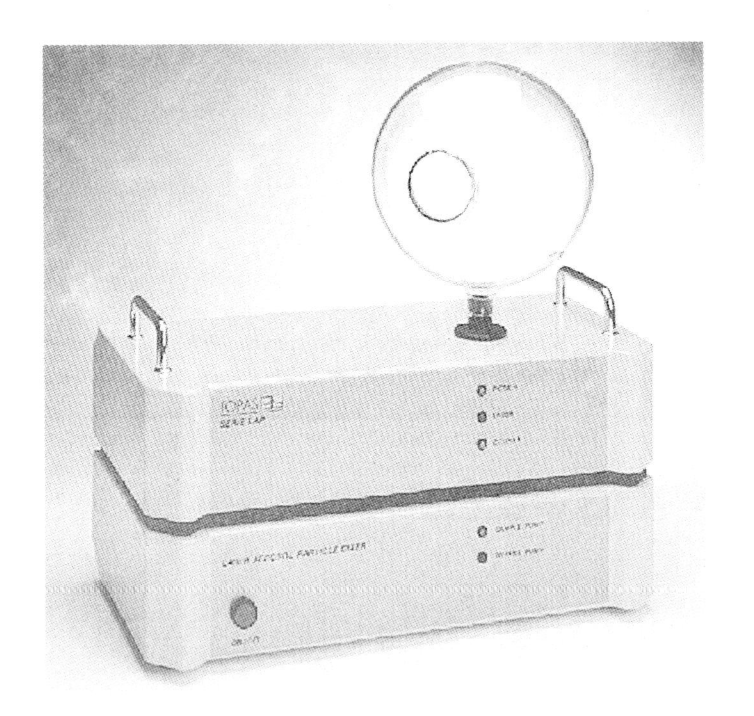

图 10.13 光学粒径仪，它可检测 0.3－20μm 范围内的生物毒剂(图片征得德国德累斯顿市 Topas GmbH，Dresden，Germany 的许可)

基于粒径分布的微生物识别有一定的局限。空气中微生物的粒径并不总是呈单峰分布，在任何样品中都可能有多种微生物和粒子，仪器也不可能灵敏到建立完整的粒径范围。这样，只是基于粒径分布的微生物识别方法就可能存在很大困难。

然而，如果不要求明确识别出空气中的污染物种类的话，则可用粒子检测器去检测粒子浓度是否异常。例如，假如在空气过滤器的下风侧检测微生物粒径范围内的粒子浓度，任何在下风侧出现高浓度粒子的情况都可能说明过滤器被穿透或在上风侧有高浓度粒子出现。也就是说，如果过滤器工作正常，在其下风侧不应该出现高浓度的粒子，除非在过滤器的上风侧或下风侧都有高浓度的粒子释放。上述情况一旦出现，无论如何都应当采取谨慎的应对措施，即发出警报或隔断系统，并等待查明原因。

目前市场上能看到的粒子计数器有些昂贵，但和生物传感技术相比，它在高端免疫建筑中的应用还是相当可行的。如果对灵敏度的要求不是太高，一些低端产品就足够了。可以开发一些低成本的粒子计数器，用于检测能穿透低、中效过滤器的生物毒剂。即使是基本的光学传感器也可能适用于检测风管中的高浓度粒子，特别是在较长的风管中。

很多低成本的仪器设计为可以在悬浮液中测量微粒的粒径，例如库尔特计数器(Coulter counter)。这些仪器先把空气采集到溶液中，而后对粒子进行分析。获得空气样品之后，也可利用离心法中的粒子沉降现象去识别是否有粒子出现以及测量其粒径范围，但是这种方法需花费 30min 或更长时间。

浊度测定法(Nephelometry)是一种测量在受控状态下悬浮液中微生物散射光的方法。这项技术会产生一个和微生物细胞质量直接成比例的信号(Koch 1961)。

动态光散射法(Dynamic light scattering)是测量空气中粒子粒径的主要方法之一。根据散射光强度的随机波动能检测服从布朗运动的亚微细粒。相关运算法则被用于分析波动从而得到粒子的粒径和密度。这些方法不仅十分精确，而且能迅速检测出微粒的平均粒径和粒径分布。

基于微生物的粒径分布，粒子计数器能识别出它们的一些种属，如图 10.14 所示。在图中，粒子计数器测出的空气动力学粒径分布曲线对每种细菌都是独特的。虽然不是每种细菌都能用这种方法识别，但它提供了把微生物分类的可能性，并缩小了潜在威胁的识别范围。

其他利用光散射技术的方法也在生物气溶胶的检测中得到了应用。高分辨率的二维角度光散射(Two-dimensional angular optical scattering，TAOS)技术已经显示出具有表示粒子群(包括孢子在内)特性的能力(Holler et al.，1998)。

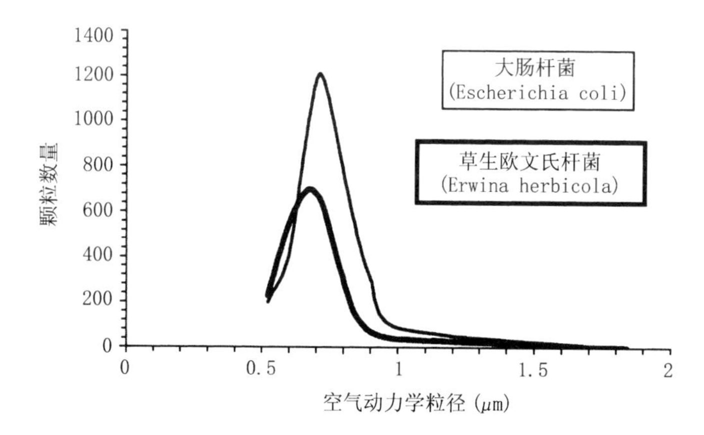

图 10.14 粒度仪测出的粒径分布。基于文献 Eversole et al.(1998)中的数据

10.3.4 质谱分析和激光雷达(LIDAR)技术

质谱分析(Mass spectrometry)用可变波长的光去测量化合物或有机化合物的光谱。虽然某种微生物的化学成分可能包含有几百或几千种化合物，但有几种化合物可能是主要的，或者某一组化合物将伴随着特定的微生物出现。各种光谱的快速分析为识别生物制剂提供了一种可能的检测方法。虽然这种方法比较复杂而且还处于研究阶段，但有希望根据这种方法研制出一种广谱的生物检测仪。

近红外短波光谱测定法(Short-wavelength spectrometry)能快速测定几百种微生物的光谱和单位面积或体积内微生物的数量(Singh et al.,1994)。一种与此相关的方法——紫外共振拉曼光谱测定法(UV resonance Raman spectroscopy)据报道也能检测细菌和孢子(Farquharson and Smith,1998)。作为一种检测空气传播型微粒的数量、密度和荧光发射的方法，紫外激光诱导荧光法(Ultraviolet laser-induced fluorescence, UVLIF)也处于研究之中(Eversole et al.,1998)。

激光雷达(LIDAR)系统是一种发展中的军用技术，它用于大气气溶胶的远距离生化检测。这种系统用各种波长的激光(包括紫外线)去检测几公里范围内的制剂，能区别生物和非生物气溶胶(Cannaliato et al.,2000)。这种系统被设计用于室外，虽然其效率不高，但可能有一天它会变得很完善，并能适用于免疫建筑系统。

10.4 小结

对于气体和生物检测这一复杂的研究领域，本章简要地介绍了其中与生化毒剂检测相关的内容。对当前能获得的一些设备进行了叙述，并就相关技术存在的限制展开了讨论。空气采样器和粒子检测器作为可行且具有高性价比的部件，均被推荐在免疫建筑系统中采用。在第11章中将进一步介绍在免疫建筑中检测系统如何构成自动控制系统的组成部分。

第 11 章

免疫建筑控制系统

11.1 引言

有生化制剂检测能力的免疫建筑的控制系统能够发挥至关重要的作用，如关闭空气处理机组(AHU)、对建筑围护结构实施隔绝、发出人员疏散警报等。此外，免疫建筑还可能设有与危险气体检测联动的应急系统，包括全新风冲洗(100% outside air purging)，启动备用空气净化设备以及隔绝应急避难区。整个免疫建筑的各种设施的调节和运行都可以通过数模控制系统来控制。有些建筑设施具有建筑设备自动化系统(Building automation system，BAS)或基于网络的建筑自动控制系统(BACnet)，通过编程它们可以控制不断翻新的各种空气净化系统或生化毒剂检测系统的运行。

通过设置基本的控制系统，可以对生化毒剂的检测信号做出必要的响应。本章对控制系统的组成结构进行了详细阐述，以此来指导工程师制定成功的控制策略。本章假定检测系统能够识别所有的威胁，虽然在第 10 章中曾介绍过当前的检测技术只能准确识别有限数量的生化毒剂。这种情况以后可能会改变，但不管检测系统的类型和数量如何变化，这里所述的控制系统的结构应该同样适用。

11.2 控制系统

很多控制系统都可以和生化毒剂传感器或检测系统连接。有些检测系统输出一个检测信号后，该信号能被直接发送至报警面板(Alarm Panel)或者用于控制设备运行。例如，从气体探测器发出的信号能用于关闭风机。更为复杂的系统，尤其是采用多个传感器并在多点采样的系统，则可能需要由一个控制单元来输送信号到合适的设备或者计算机，这些计算机可以通过编程对信号做出反应并执行适当的功能，如隔绝建筑或排烟等。

如果在一个控制系统中不只一个采样点的话，则有必要采取多点检测。采样点可能设在空气处理机组内、送风管中、回风管中、一般区域内或者新风口处。多点采样能够通过如图 11.1 所示的多点采样器来执行。一个多点采样器能够按时间顺序从不同地点采样，并且还可以通过控制系统识别毒剂释放在何处。

关于建筑控制、数字化控制、建筑设备自动化系统和 BACnet 的详细资料有很多，如需要进一步的信息可查阅这些资料(ASHRAE, 1995; Bushby, 1999; Hartman, 1993; McGowan, 1995; Newton, 1994; Stoecker and Stoecker, 1989)。从传感器、自动控制系统、BACnet 工具和软件的制造商处也可获得大量的信息和帮助。在把生化毒剂检测设备安装到现有系统中时，应该咨询这些设备的供应商。

11.3 控制系统结构

用于免疫建筑防护的控制系统至少可以分为三类：“检测 - 报警”(Detect-to-alarm)，“检测 - 隔绝”(Detect-to-isolate)和“检测 - 处置”(Detect-to-treat)。这些系统按它们所起的作用可以用图 11.2 来描述。不管对

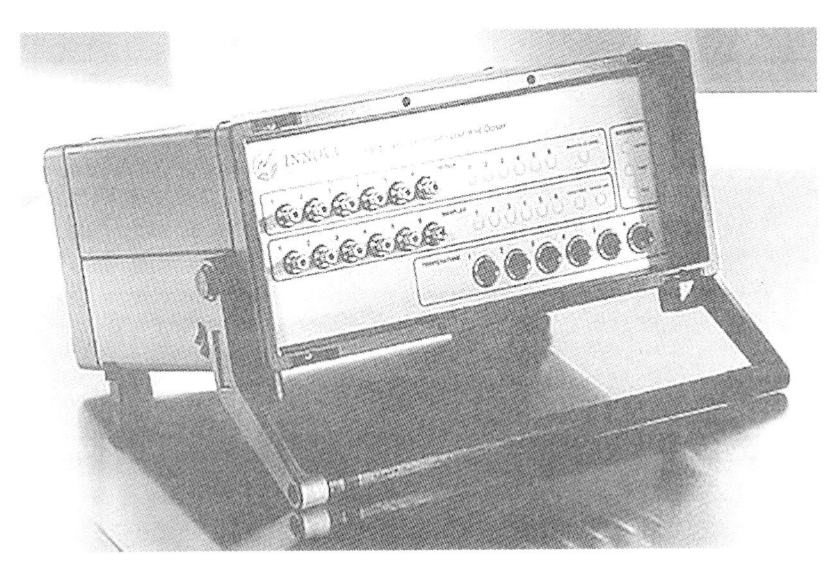

图 11.1 该多点空气采样器能被用于在几个不同风管内或建筑地点采样(图片征得 Innova AirTech Instruments 的许可)

哪种空气净化技术，甚至是替代技术，这些控制系统都可以组合使用。理想情况下，这些控制系统和建筑或通风控制系统充分集成，可以自动发挥作用，而不需要建筑的维护、安保或操作人员的干预；但实际上，这些控制系统可能在一定程度上需要人员涉入，特别是对于“检测－处置”系统。

“检测－报警”系统主要是为了人员疏散和应急处置。“检测－隔绝”系统主要是为了关闭通风系统和对建筑实行隔绝。“检测－处置”系统主要是检测是否发生生物袭击，并尽早对建筑内人员进行医疗救护以避免死亡。下面将详细介绍这些系统。

11.3.1 “检测－报警”系统

“检测－报警”系统的作用是警告室内人员在建筑物的一般区域或通风系统中可能出现危险制剂。报警信号可以被毒气检测器、生物传感器、粒子检测器启动。在怀疑受到生化毒剂攻击或认为攻击临近时，甚至可以人为启动。一般来说，报警的目的是对建筑内人员发出警告，开始人员疏散。通过应急程序，人员疏散到建筑外或进入应急避难区。应急程序应该恰当，并且应该训练人员正确参与应急程序。

“检测－报警”系统能够区分制剂的种类(例如，生物的或化学的)和危险程度(例如，浓度)。因此，不同类型的警报能够指示做出不同的应急反应。应急安全规程将会在第16章做更详细的说明。“检测－隔绝”系统也有“检测－报警”系统的功能，关联情况如图11.2所示。“检测－处

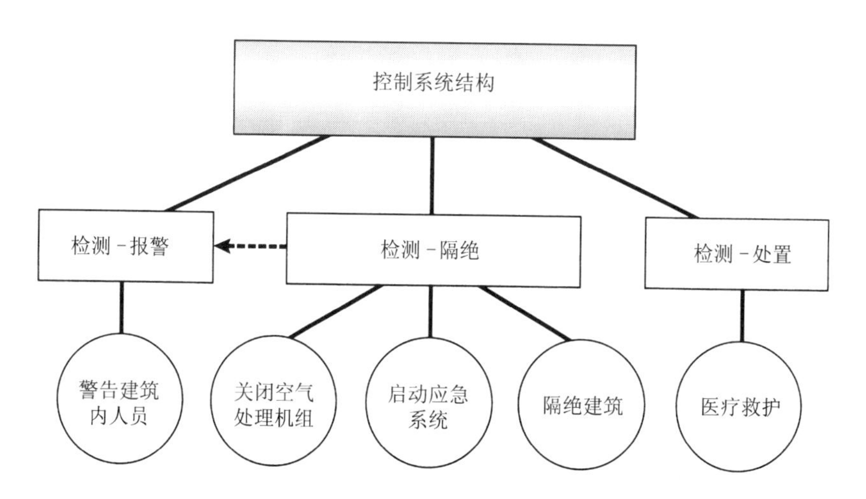

图11.2 控制系统结构的分类(这些系统在检测到生化毒剂的情况下将发挥特殊的功能)

置”系统可能要设置一个手动启动报警装置，因为这些检测装置(后面将会介绍)可能在生化袭击结束后才起作用。

图 11.3 描述了一个在空气处理机组中设有一个采样点的生化检测仪。这个空气处理机组设有过滤器、紫外线杀菌照射(UVGI)系统、活性炭吸附器，不过它也可能没有这些空气净化系统。如果有大量生化制剂穿透空气净化系统，警报就会拉响。此时，警报指示的不是有制剂释放就是空气净化设备失效。

检测系统也可以在空气处理机组的上风侧设置采样点，这样，即使空气净化系统能清除危险制剂，检测系统仍将会发出警报。当然，如果在空气处理机组的下风侧释放生化制剂，这就使空气处理机组更容易遭受袭击。如果选用单个采样点，且选用单个采样点没有不合理之处，则最好的采样位置是邻近风机的前后。

图 11.4 显示了“检测 - 报警”系统的基本控制逻辑。这种控制系统存

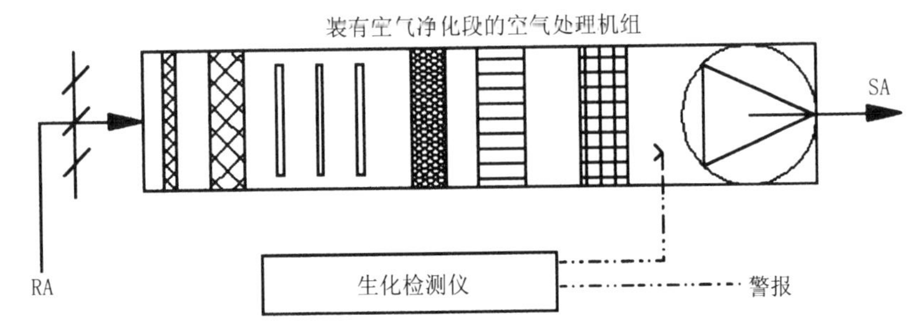

图 11.3 “检测 - 报警”系统，它在空气处理机组中设有一个采样点(RA 和 SA 分别指回风和送风)

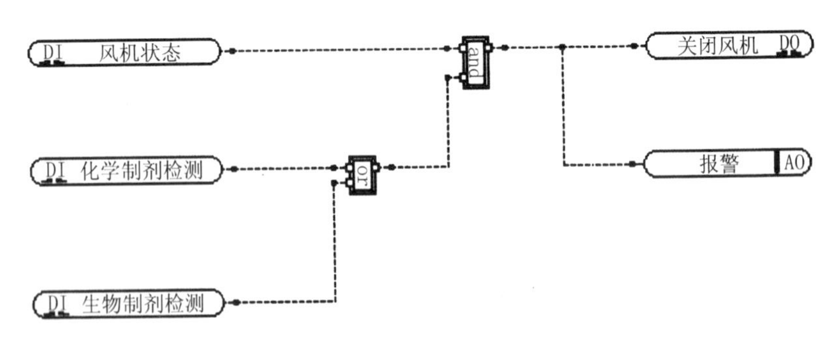

图 11.4 “检测 - 报警”系统的控制逻辑，该系统具有关闭风机的功能[DI = 数字输入，DO = 数字输出，AO = 模拟输出。图片由 Automated Logic 公司的 Eikon™ 软件绘制(AL 2002)]

在的问题是目前还没有普遍适用的生化检测仪。它至少需要两个单独的系统，一个用来检测生物制剂，另一个用来检测化学制剂。在任何情况下，两个或多个检测器连接到一个报警装置可以通过多路转接器(Multiplexer)来实现。

11.3.2　“检测-隔绝”系统

“检测-隔绝”系统在保护室内人员方面起着至关重要的作用，并且它能够执行多种控制功能。这种系统可能在设有毒气检测系统的同时还设有生物制剂检测系统，如图 11.5 所示。传感器可能设置在空气处理机组的过滤器后面，也可能设在其他位置，如回风管、送风管、新风口和一般区域。从毒气检测器或生物传感器得到的正信号能够启动不同的控制功能，该功能取决于被检测到的制剂种类和位置。这些功能可能包括发出警报和隔绝信号。如果设有新风冲洗装置和备用净化设备的话，也包括启动它们。

在图 11.5 中用粒子检测器取代了生物检测器。这是因为它能不加区分的检测到任何尺度微生物的制剂，并能在足够短的时间内启动系统。生物传感器如果能够检测到所有的生物制剂的话仍可以采用，但是目前这项技术发展得还不够充分。传感器设置的首选位置是空气净化部件的下风侧，这样被粒子检测器探测到的粒子将会指示在净化部件的上风侧可能有大量的制剂释放。这仅仅是一种可能的布置形式，其他形式也可以采用，这取决于传感器的类型，以及建筑物和通风系统的特性。

一旦检测到生化制剂，如果威胁的性质允许的话，首先执行的功能应

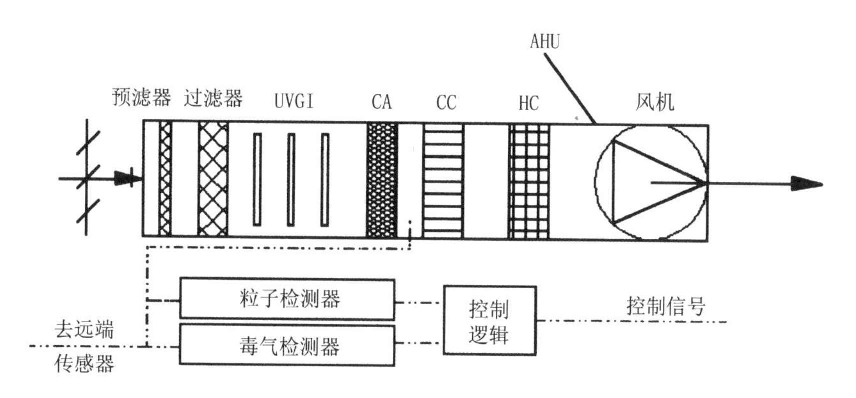

图 11.5　生化毒剂检测系统的基本组成(CA = 活性炭吸附器，CC = 冷却盘管，HC = 加热盘管)

当是关闭空气处理机组以制止污染物扩散。这不一定总是最好的选择，它取决于建筑物和具体情况，所以在选择合适的控制逻辑时要认真考虑。有些资料建议维持风机运行(ASHRAE,2002)，但这只是在特定的情况下才可行。例如，在礼堂，风机应该一直运行，除非它本身是污染物的散布源。而在办公建筑内，当污染物释放于某个室内一般区域时，关闭风机可以保护其他区域，但却不能净化有污染物释放的区域。在这种情况下，关闭风机对那些正好在污染物释放区域的人也许是一种不幸，但同时却在最大程度上保护了建筑内的多数人员。对于释放生化制剂的恐怖袭击，每栋建筑及其袭击情景都应加以具体分析，以确定最佳的应对措施。

一旦检测到内部有毒剂释放，风机就会自动关闭。同时，应该发出一个警报信号。空气处理系统应该关闭的原因是，对于大多数生化袭击情景，生化制剂都是依靠通风系统来传播的。在有机械通风的建筑中更是如此。不过，对于采用全新风系统的大礼堂或者使用全新风系统的其他建筑这就不一定正确了。在后一种情况下，关闭空气处理机组可能会起到相反的作用。因而需要重申的是，应当对系统的设计情况做出仔细的检查，并据此来确定关闭风机是不是一种恰当的应急反应。

图 11.6 表示了一个“检测 - 隔绝”系统的基本控制逻辑，该系统在回风管(RA)或空气处理机组，送风管(SA)或一般区域，以及新风口都设有生化毒剂传感器。系统运行时一旦检测到生物或者化学毒剂，系统将关闭风

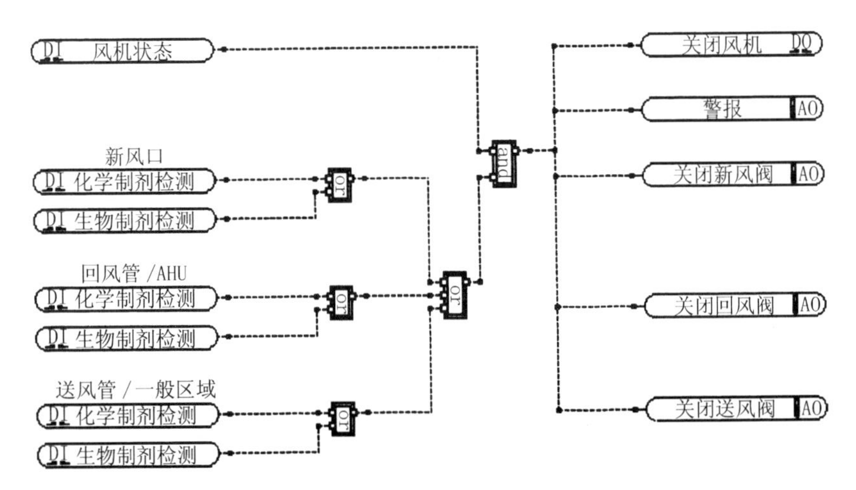

图 11.6 “检测 - 隔绝”系统的控制逻辑，系统在新风管、回风管和送风管处装有传感器，并且设置有相应的隔绝阀[DI = 数字输入，DO = 数字输出，AO = 模拟输出；图片由 Automated Logic 公司的 Eikon™ 软件绘制(AL 2002)]

机和所有的送风阀、回风阀和新风阀，并发出警报。

通风系统的关闭还应当包括关闭所有主要阀门以实现系统的隔绝。关闭阀门能起到隔绝作用，并防止污染物的再循环。新风阀是否需要关闭的问题取决于污染物是由室外、新风口内还是由其他地方释放的。

隔绝系统需要采用能迅速关闭的阀门。因为大部分阀门关闭较慢，所以可能需要评估由此渗漏的污染物所引起的危险。

11.3.3 “检测 – 处置”系统

目前，生物检测系统还不能检测所有的生物制剂，以至于无法及时实施隔绝或发出警报。然而，由于症状的延迟显现和大部分病原体具有潜伏期，快速的检测并不一定是绝对必要的。重要的是能留出足够的时间去救治建筑内曾暴露在制剂中的人员。因此，尽管可能需要数天时间去识别制剂，甚至需要人工识别，“检测 – 处置”的控制结构仍然可满足需要。

有的生物传感器能在几分钟或几小时内检测出某些生物制剂。生物传感器甚至能自动运行并发出信号以执行报警和隔绝功能。粒子检测器也能用于迅速检测微生物尺度的粒子并发出报警和隔绝信号，但它们不能分辨出病原体或制剂的种类。在自动控制系统中，生物气溶胶的检测也可以用气体采样方法来替代，这一方法在第 10 章中已经讨论过。

在采用气体采样方法的“检测 – 处置”系统中，气体采样应定期进行，以每天至每周为时间间隔均可。样品则被送到实验室或第三方去培养或识别。一旦检测到危险的病原体，应急程序就会被启动。应急程序可能会包括疏散人群、隔绝建筑和对先前采样周期内曾在建筑内停留的人群进行医治。对某些制剂，例如天花，在安全规程中甚至要求对整栋建筑进行隔绝检疫。

曾经暴露于病原体的室内人员，必须在限定的时间内进行医治，这一时间随病原体不同而不同。对患者进行及时救治的限期，可以用各种病原体的潜伏期来近似代表。这些病原体的潜伏期的估算值在附录 A 中进行了概括，另外在附录 B 中提供了相关的图示。

除了采用疾病发展曲线(Disease progression curve)和相关方程之外，还可以采用症状和潜伏期的图表来表示疾病的发展过程，图 11.7 所示的是炭疽热的症状和潜伏期图表。这种图表可以为医疗和其他相关人员提供估测某种疾病的救护时间限期，也可以用来确定毒剂的有效检测时间。为了获得关于疾病症状和诊断的更详细的信息，应当参阅相关的医疗救护资料(CDC,2000a,2000b；DOT,2000；Dept. of the Army,1989；ERG,2000；NRC,

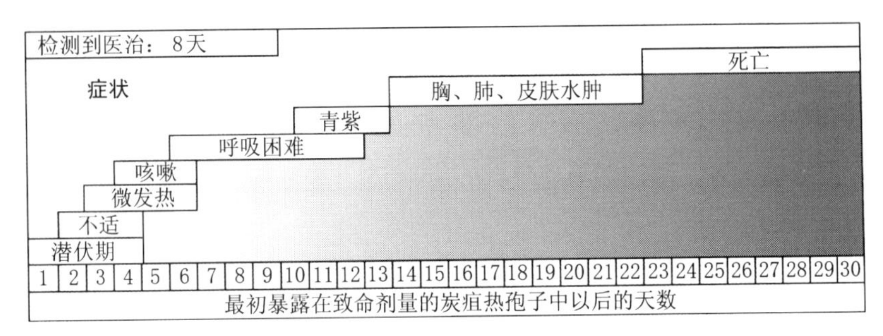

图 11.7 炭疽热的症状和潜伏期图表

1999；Sidell et al.,1997；USAMRIID,2001)。

11.4 应急系统(Emergency system)

应急系统能被生化检测器所发出的信号启动。应急系统可能是在另一种模式下运行的主通风系统(Main ventilation system)，例如在开大新风阀且无回风模式下运行的变风量系统(VAV)。应急系统也可能是一个能大量引入室外新风的单独的通风系统，该系统与排烟系统相类似。应急系统还可能是一系列的二级设备，它们用来大量净化空气。所有这些系统都能被一个检测信号或者手动开关来启动，并且采取直接的方式进行控制，这一问题将在以下章节详细阐述。

11.4.1 新风冲洗(Outside air purging)

虽然有的建筑能引入大量新风进行冲洗，如设置有全新风系统或某些变风量系统的建筑，但通常仍应谨慎地开始这种冲洗程序。在开始这种冲洗程序之前，应该判断污染源位置是否满足：(1)不在新风口；(2)不在空气处理机组内；(3)不在送风管中。只有满足这些条件方可开始冲洗。检测系统可能提供也可能不提供这些信息，但可以通过专门的设计使系统具备这项功能并能够确定污染源的位置。假如检测到生化毒剂的释放位置在一般区域或回风管中，则“检测－隔绝”系统将会立即隔断回风管并开始以最大的新风量冲洗整个建筑。

新风冲洗系统可能是单独设置的一系列风机，就像工业上为排除烟气和危险气体而设置的应急系统那样。这些系统一般包括能在应急信号指示下启动的大风量送风机和排风机，如图 11.8 所示。在“检测－隔绝”系统中，主要的通风系统将被关闭而开启应急冲洗系统。

图 11.9 显示的是二级冲洗系统(Secondary purge system)建议采用的一种

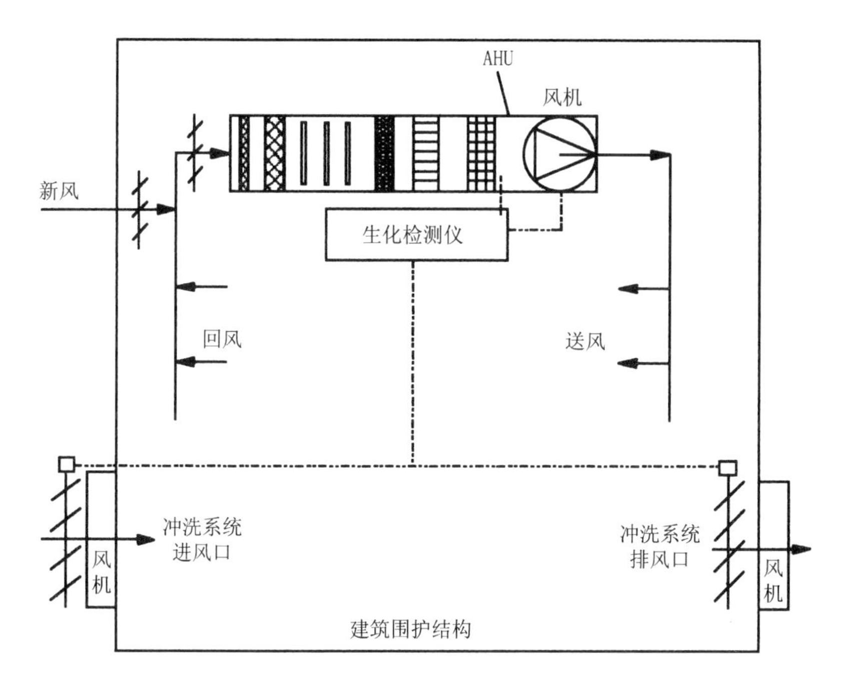

图 11.8 设有单独的全新风冲洗系统的建筑(在主通风系统或一般区域检测到生化制剂后，将关闭主风机并启动冲洗系统)

控制逻辑，该系统一旦检测到在建筑内存在生化制剂，将启用现有的通风管道和新风口去冲洗建筑。新风阀的控制可以从控制系统中分离出来。假如在生化毒剂检测信号指示下关闭了新风阀，系统将会再循环并处理室内空气。这只是一种推荐的方案，还可以采取其他一些方案。

11.4.2 二级系统(Secondary system)的运行

设有二级空气净化设备(有时也称为应急系统)的免疫建筑要求其控制系统能在检测到生化制剂时关闭主通风系统。这种系统可能包括大功率的 UVGI 系统，高性能过滤器(High - efficiency filter)或高效过滤器(HEPA filter)，以及能吸附各种化学毒气的活性炭吸附器。二级空气净化设备因不需要全部时间运行，所以可能会节省运行费用。不过它还需要设置有可靠的、反应迅速的检测系统，这在目前来说还不一定完全可行。

二级空气净化设备也可以设置于具备初级空气净化系统(Primary air - cleaning system)的建筑中，如图 11.10 所示。初级空气净化系统可以设计成全部时间运行模式，由中等规格的过滤器和 UVGI 系统组成。二级空气净化

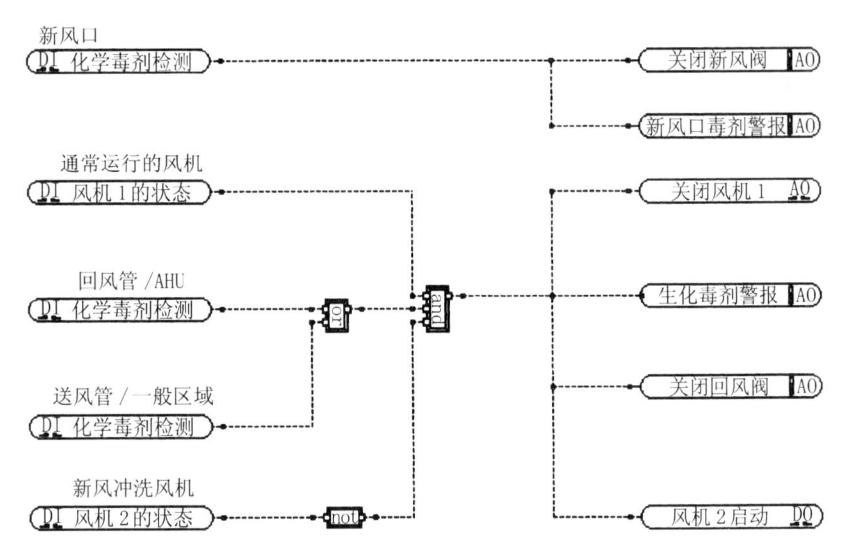

图 11.9 二级冲洗系统的控制逻辑，系统在新风管、回风管、送风管内都设置有传感器，并且设置了相应的隔绝阀[图片由 Automated Logic 公司的 Eikon™ 软件绘制(AL 2002)]

系统将包括大功率的 UVGI 系统、高性能过滤器或 HEPA 过滤器，以及活性炭吸附器。设置二级系统的目的在于系统能够在需要时为建筑及其室内人员提供额外的保护，而不需要付出全部时间运行的费用。初级空气净化系统能够在不高的运行费用下提供适度的保护。

除了不需要关闭回风阀以外，二级空气净化系统的控制逻辑与图 11.9 所示的基本类似，这是因为二级空气净化系统将对室内空气进行处理而不是将它们全部排至室外。这种系统和新风冲洗系统相比的优点是不怕污染物在新风口释放。当然，如按图 11.8 所示设置多个新风口也能解决这个问题。

11.4.3 避难区(Sheltering zone)的隔绝

避难区的概念是指在建筑内指定或隔离出的特定房间或区域，它们可用于紧急情况下的人员避难(Ellis,1999)。在高层建筑中就会遇到这种情况，因为在紧急情况下将人员全都疏散到室外可能并不现实。

最简单的避难区是一个没有送风和排风，且密封的房间。采用这种设置形式，房间内将保持中和压力(Neutral pressure)。如果房间(包括门)的气密性非常好的话，它将不会像建筑物的其他区域那样容易受到污染物的侵害。必须防止人员在进入房间时同时将污染物带入室内。双门通道、房间外的通风走廊、塑料窗帘、甚至吹风口都能起到阻挡作用。在高层建筑中

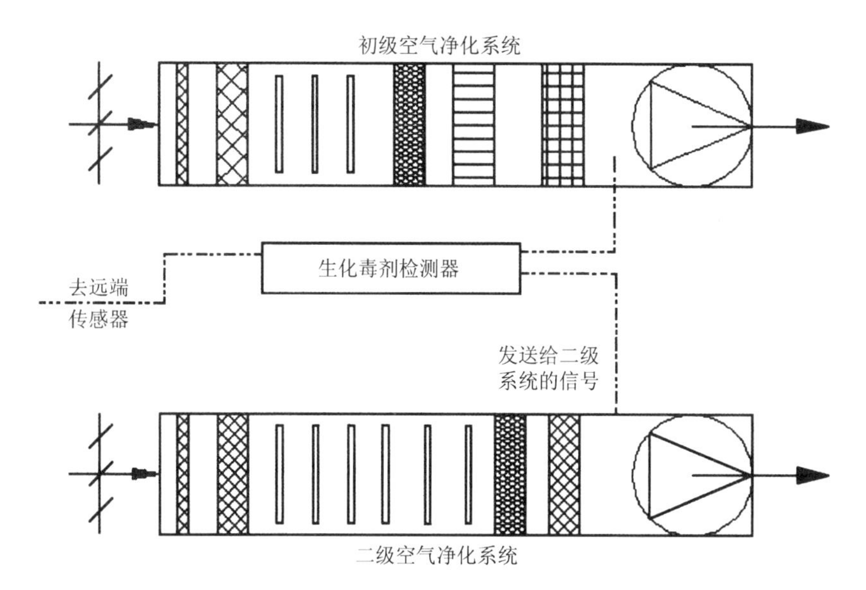

图 11.10　二级空气净化系统的例子，它由生化毒剂检测器发出的信号启动，该信号同时会关闭初级空气净化系统

可以将现有的房间改造成避难区，这可以通过密封房间的进风管、排风管以及包括门的四周在内所有漏风的地方。但是，因为这些房间没有通风，所以它们只能作为临时避难区。

通过设置单独的通风系统使房间或区域内保持正压，这种方法也能用来建立避难区，并且对建筑物中其他区域释放的生化毒剂具有高度的防护能力。图 11.11 所示是一个隔离房间，这种房间在医院很常见。房间内设有送风管和排风管，每个风管上都设有控制阀，这些控制阀能调节房间内外的压差。排风控制阀能自动调节排风量使其小于送风量，从而使房间内保持正压。正压将使房间内多余的空气通过墙体、门缝和其他开口向外渗漏，从而阻止生化毒剂进入房间。

避难区的送风和排风可能必须通过一个单独的通风系统完成，它也许是一个能提供 100% 室外新风的系统。因为它只是作为应急用，所以空调并不是至关重要的。这里可以设置加热器，也可以设置模块化的空气净化系统以增强防护能力。

11.5　免疫建筑的建筑设备自动化(Building automation)

由于通信协议和设备接口的标准化，近年来建筑设备自动化技术取得

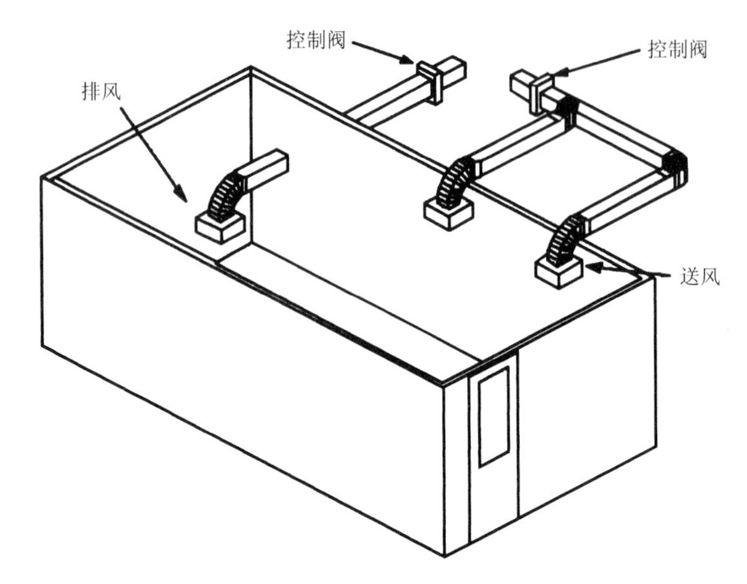

图 11.11 用控制阀控制室内压力的密闭房间或避难区

了很大进步。目前，大部分通风系统的控制设备都有能响应通用控制指令的标准接口。最新进展涉及到利用因特网(Internet)监控和联络建筑控制系统。

被广泛采用的一个接口标准是BACnet，它是“Building automation and controls via networks(基于网络的建筑自动控制系统)”的缩写。BACnet标准允许通过局域网(LANs)或因特网控制建筑设备自动化系统。联网的计算机能够对建筑系统进行远程控制，也可对多个建筑实施集中监控。当然这也带来了另一种危险，即恐怖分子在发动生化袭击之前，可能会通过网络来攻击自动化的建筑通风系统。

建筑设备自动化系统一般通过编程对火灾做出自动响应并控制烟气。这种系统也能通过改编程序对生化威胁做出响应。如果增加生化检测器并将它们与建筑设备自动化系统连接，则生化检测信号能启动烟控或消防系统。即便在没有检测仪的情况下，人工报警也能启动烟控系统或应急运行模式。如果建筑设有防火阀，可以优先对建筑区域采取隔绝措施以保护室内的多数人员，或者用其建立避难区。

把排烟系统转换为生化制剂的排除系统存在的问题之一便是：生化制剂几乎都比空气重，在通常的情况下它将下沉而不是上浮。烟控系统一般利用屋顶排风机来排除烟气，但是在高大开敞的建筑区域用它来排除生化制剂的效果并不好。在图 11.12 中，对一个高大开敞的中庭在排除烟气和生化制剂这两种不同的情况做了比较。较重气体沉降的程度取决于气体的分子量和气流情况。比空气轻或略重的气体能像烟气一样被现有的排烟系统有效地排出室外。大多数生物病原体的密度只比水大一点，其特性和蒸气团类似。但大部分化学制剂却要比空气重得多，因此它们可能会在室内下沉而不是上浮。

通过改造使排烟风机可以反向运转，则屋顶排烟系统可用于排除生化毒剂。此时，排烟风机驱动空气向下流入建筑，而后通过门、窗等空气入口或指定的风道排出。系统的控制逻辑可以通过编程以决定执行排除烟气还是毒剂的功能，也可以由操作人员通过单个控制开关或网络命令来选择合适的运行模式。图 11.13 所示是按前述方法排除中庭内生化毒剂的情况。但是把生化毒剂气溶胶强行从地面高度排出室外会对行人构成威胁，因此这样的选择应该仔细考虑。

建筑设备自动化系统还可以转变气流方向和对特定区域加压。在紧急情况下，采取这些措施可以控制遭受袭击的区域内生化毒剂的扩散，或者保护其他一些没有人员逃生通道的区域。污染物的性质和释放地点将决定相应的措施。在大多数情况下，这些都能通过预先编写程序来实现，不过由一个经验丰富的操作人员来控制局面也是很有价值的。

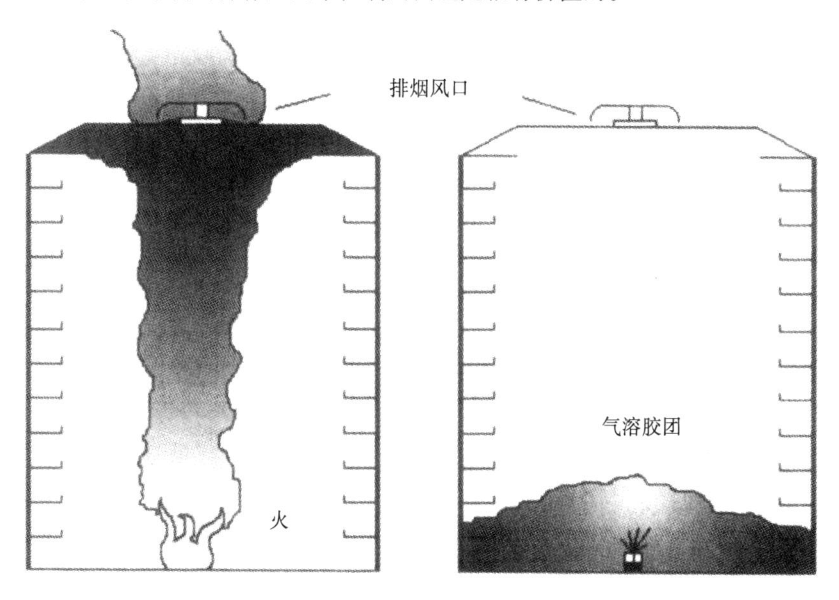

图 11.12　在高大开敞的中庭中，烟气扩散(左)和较重气体扩散(右)情况的比较

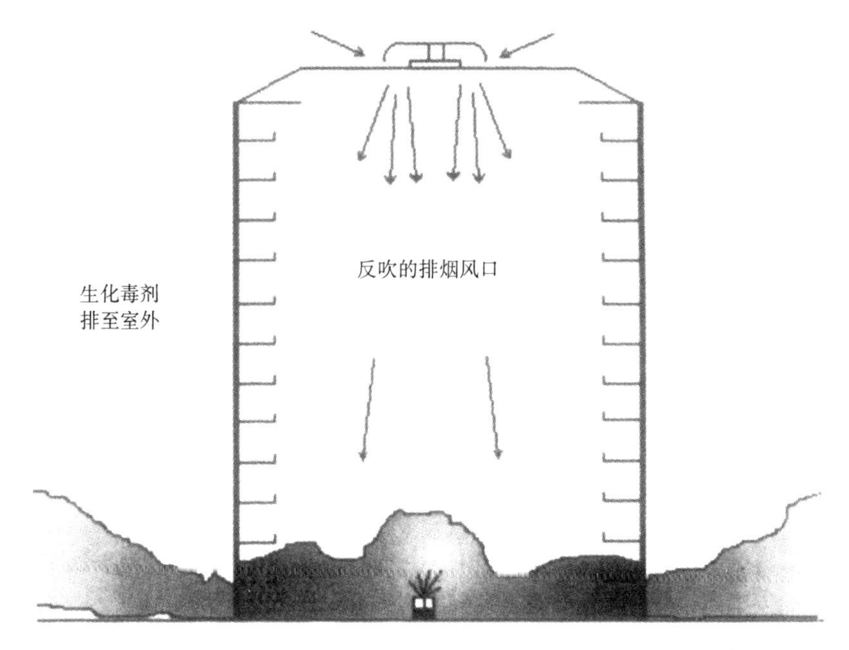

图 11.13 排烟风口反向运行，从高大开敞的中庭中向下吹出较重气体

对于普通的高层建筑，在设有生化毒剂检测系统的情况下，为实现建筑物的免疫功能，其高度集成化的建筑设备自动化系统一般可采用如图 11.14 所示的控制逻辑。尽管目前对各种可能的制剂进行检测也许并不可行或者在经济上不能承受，但随着未来的技术发展，将有可能提供用途广泛的检测系统并将其集成到智能化的建筑控制系统中。在生化制剂无法识别的情况下，默认的响应措施将是根据建筑物的情况对建筑进行隔离并关闭通风系统。这种措施在污染物的释放位置不能确定时也同样适用。

对于一些特殊的建筑设施，如大型会堂，其控制逻辑可能会包括备选功能，例如有选择性的对出口区域进行通风。我们应该研究这类建筑的特性将会如何影响系统的控制逻辑。

11.6 小结

总的来说，本章介绍了几种基本的综合免疫建筑系统以及如何控制它们对建筑内人员提供最大程度的保护。实际的系统控制可能会非常复杂，因为它涉及到多个采样点、多个隔断阀、基于检测水平和检测位置的决策逻辑、避难区的隔绝和加压，以及联接 BACnet 等多方面内容。就像对空气

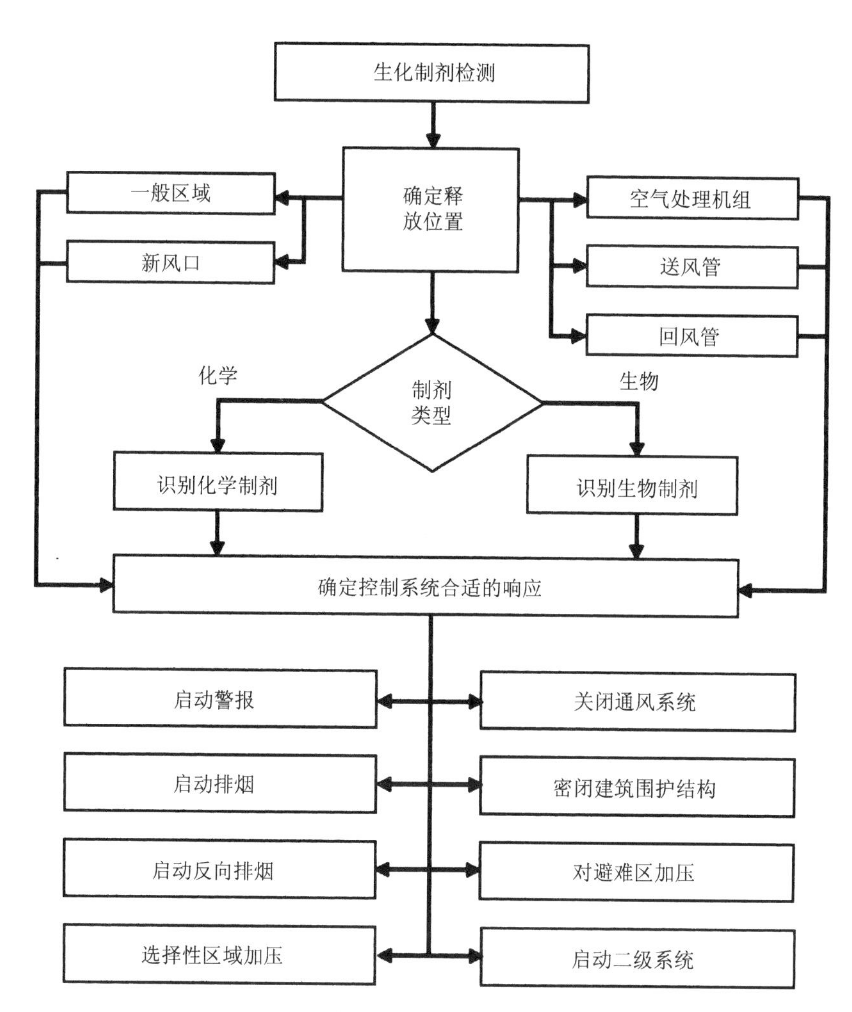

图 11.14　某高层建筑中，生化袭击的识别与响应过程的控制逻辑流程图

净化系统的控制一样，控制系统做出的理想选择将取决于所研究建筑物的特性。尽管如此，实际上所有的系统都将执行一项简单的功能——为保护室内人员，总是会默认一种恰当的运行工况或者失效保险模式。虽然检测技术还没有发展到能快速识别生化毒剂的地步，但至少可以将粒子检测器作为一种推荐的替代技术，作为启动免疫建筑系统的报警和隔绝功能的一种方法，它不仅有效而且十分经济。

第 12 章

安全和应急程序

12.1 引言

免疫建筑技术可以用来防御各种释放生化毒剂的恐怖袭击，但如果没有配套的安全措施和应急程序，则这种防护是不完善的。大型建筑和外观醒目的目标通常已经有了这些措施。本章讨论的关于生化制剂的内容将有益于加强已有安全措施或发展新的应急程序。

理想的情况是，试图释放生化毒剂的人无法进入建筑的敏感区域，任何释放的生化毒剂通过建筑系统都将会得到控制。但实际上，安全措施和工程技术手段都不能对建筑物提供彻底的保护。为了保护建筑物免受恐怖分子的袭击，采取各种安全措施是必要的，因为这些人企图带入有害物质或设备并避开一些已设置的系统。他们也企图躲过那些值班的安全人员(Security personnel)。对恐怖分子的防范措施包括设备和设备室的防护、限制进入敏感区域以及使用金属探测器(Metal detector personnel)和炸弹探测器(Bomb detector)。

图 12.1 是一个简化的适用于各类建筑物防御生化袭击的决策流程图(Decision tree)。建筑物应对生化袭击的防护措施可分为两类：对可能袭击的防范措施以及对已发生袭击的处置措施。值得注意的是处置生物袭击和化学袭击的方法有明显不同。

涉及到人的因素，免疫建筑系统必须主要依赖安全人员。安全运行措施不必完全自动化，因为任何恐怖分子总是会企图绕过防护系统(Protective system)。安全人员的警惕性是恐怖分子不能得逞的一个因素，一个典型例子就是在 1996 年亚特兰大奥林匹克世纪公园(Centennial Olympic Park)爆炸案中，一个警惕性高的安全人员——理查德·尤维尔(Richard Jewell)，由于

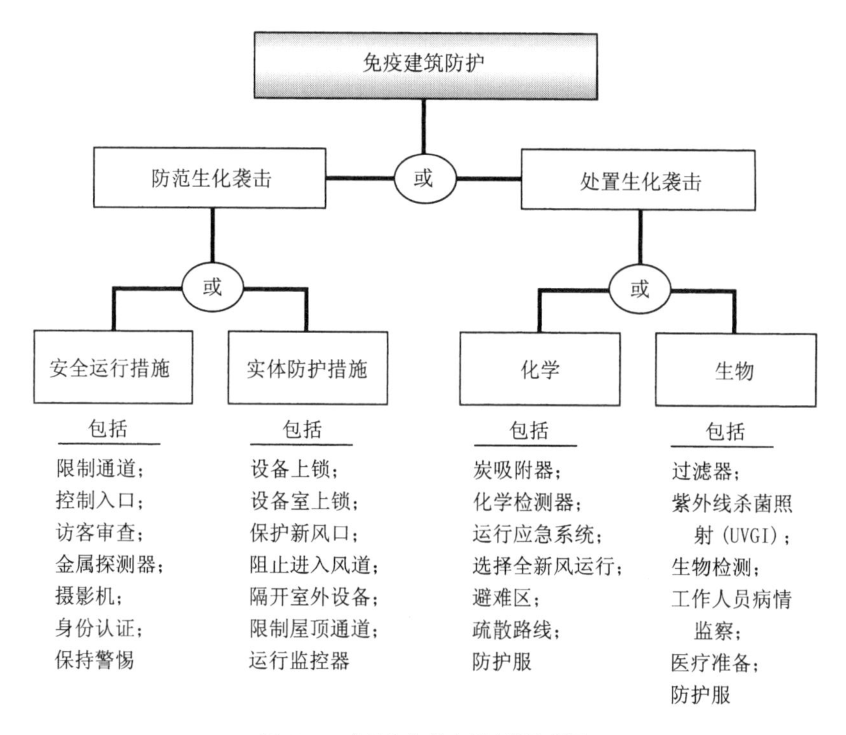

图12.1　应对生化袭击的决策流程图

他重视一个被弃的可疑背包而挽救了很多人的生命。

12.2　实体安全措施(Physical Security Measures)

实体安全措施包括用于保护供暖、通风和空调(HVAC)设备、设备室、建筑通道、饮用水供给或建筑控制系统的任何设备或方法，还包括安全人员使用的金属探测器、摄影机和其他设备。

HVAC设备间的通道应当严格加以限制(图12.2)。任何建筑物的空气处理机组(AHU)都是一个敏感部位，因为在其内部放置毒剂释放装置可能会造成最大程度的室内人员伤亡。设备室应当上锁，只允许相关工作人员拿钥匙。这些人包括维护人员、建筑管理人员以及安全人员。

屋顶通道如果不加以限制，便能轻易接近屋顶的空气处理机组(图12.3)。屋顶的设备容易受到生化袭击，应该锁起来并加以保护，只有通常需要进入的工作人员才有钥匙。如果由外面的承包商维护，应该安排仅限于该承包商有钥匙或只有在本建筑物的工作人员在场的情况下他们才被允

图 12.2 空气处理机组位于设备室(设备室应当上锁，并限制人员进入)

许进入。

应该将风道上的检修门锁住或密封。检修门通常设置在有通风设备的地方，这些设备包括空气处理机组的所有功能段、控制阀、防火阀和区域再热设备。

应该保护和/或锁住尺寸约大于 18 英寸 × 12 英寸(46cm × 30cm)的回风格栅或送风散流器，以防止人员进入(图 12.4、图 12.5)。实际上，所有送、回风格栅都应该加以保护以防止破坏或被投放危险装置。有多种方法可用来保护格栅，如上锁、正常维护后换上新的金属线标记以及和报警系统连接。除使用摄影机之外，焊接格栅也是一种可选的办法。

对新风口所存在的弱点应当进行检查。新风口特别易受攻击的原因是生化毒剂既能在新风口内部释放也可在靠近新风口的外部释放。最简单的攻击形式可能是把一种有害物或一个装有化学制剂的罐子直接投入建筑物的新风口。如果新风口位于上部楼层或楼顶，那么通过对这些区域进行实体保护和限制进入就能提供保护。

当新风口位于地面高度时(图 12.6)，有可能遭受恶意攻击。应对攻击的一种方法是加长风管，将进风口提高到一个不易接近的高度(如 10 - 15 英尺，即 3.05 - 4.58m)。进风口还可以用金属网罩起来并抬高一定的角度，使物体不能被投入。然而，任何这样的改动都会增加系统的压力损失。应该估算这种压力损失，因为它会减小风量或增加风机能耗(根据风机类型而定)。

图 12.3　如果不能控制屋顶通道，屋顶的空气处理机组易受到攻击

图 12.4　房间排风格栅，它可能易于放置烟雾发生装置，甚至可能允许进入到通风系统的关键部位

图 12.5 吊顶送风散流器可能不易于放置生化毒剂，但提供了到达通风系统重要区域的入口

使用摄像头是提高建筑安全性的一种方法。摄像头用于监视所有敏感设备区域和出入口。当它们能被人看见时，具有威慑作用。除此之外，它们还可对人员或人员活动进行记录，以作为生化袭击事件的调查资料。

应该保护建筑外部的饮用水管道。虽然它不是通风系统的一部分，但进入建筑的饮用水管道有可能受到通过水传播的病原体、化学品或毒素制剂的污染。应该保护管道连接处和安装有阀门的开口处，这些设备应该被屏蔽或用栅栏隔开以防止人员接近。保护市政供水管道的资料和建议可参考文献 Lancaster－Brooks（2000）。

如图 12.7 所示，建筑物主要入口处的金属探测器能防止生化毒剂被偷偷带入。事实上，几乎所有制剂在运输时都需要保存在一个密闭容器里，这通常涉及到使用某种金属。此外，带有电池驱动型压缩机或空气压缩罐的气溶胶发生装置也能引起金属探测器报警。

应当检查任何对建筑控制系统(包括对基于互联网的建筑设备自动化系统)的访问，以防受到攻击。具有建筑设备自动化系统或 BACnet 控制系统的建筑可能会遭到协同攻击(Coordinated attack)，即在释放生化毒剂的同时改变通风系统的重要功能。考虑到这种可能性，应该严肃对待破坏、改编程序或网络黑客入侵的迹象。

应该控制有关建筑机械和电气系统的资料。绘制有通风系统部件和管道的建筑图纸应该被归入敏感资料，只有那些正常需要使用它的人员才能

图 12.6　保护或控制位于地面的新风口可能需要栅栏或摄像头

接触到。这些人员包括建筑工程师、设备管理人员或维护人员。外来人员询问这些资料时，如果其要求没有正当的理由，则这种要求应该受到调查。有关免疫建筑系统的存在及其性能的信息应该被认为是特别敏感的资料。

宽度大于或等于 18 英寸(46cm)的管道应该加上安全栅栏(Security bar)，在高度安全或敏感的建筑设施中这是一种标准的安全措施，其目的是防止任何人随意地穿过通风管道。

12.3　事件识别(Incident Recognition)

对生化袭击做出快速反应对挽救生命来说是最基本的。建筑内可能没有安装检测和报警系统，也可能虽安装了但功能失灵。这时，可能只有通过其他方法来识别正在进行的攻击，以防止人员伤亡。某些制剂可能使人快速失去知觉以至于听不到警报。

生化毒剂的爆炸式释放装置可能只发生爆裂而不是爆炸，或虽发生爆炸，但爆炸所发出的声响比我们预想的要小。压力装置可能只发出嗞嗞声。在建筑物附近使用喷雾装置，特别是在夜间，应当引起怀疑。

某些症状可能说明有化学袭击发生，但对于使用病原体和大部分毒素

图 12.7 步行过道上的金属检测仪或 X 射线扫描设备能用于检测或识别生化毒剂的喷雾设备或容器

的袭击则不大会立刻产生症状。图 12.8 总结了不同种类化学制剂可能引发的症状。对于每一种化学制剂，并不是图中所列的所有症状都会显示出来，而且症状甚至可能会因人而异。但对于受害人群的反应的观察将为确定是何种化学制剂提供有力的线索。通过识别这些症状并结合气体的气味或外观，也同样可以为采取抢救措施提供依据。

有化学制剂释放的其他迹象还包括有烟雾出现在室内近地面高度，特别是出现在建筑标高最低的区域。有油滴、油膜出现或水面有油都可能表明有化学制剂释放。在室外，死去的昆虫、变色的或枯萎的植物也有同样的指示作用。不正常的金属碎片、弹药的爆炸残骸、带有油状残余物或液体的废弃液体容器、丢弃的喷雾装置或夜间行驶的车辆在进行喷洒都可能表明有化学制剂释放。

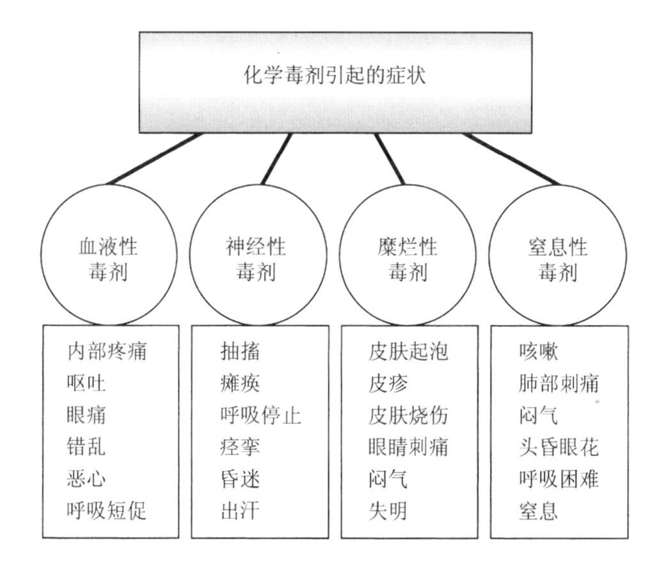

图 12.8 和四类化学毒剂相关的症状

在疏散时将所有暴露的身体部位包裹起来是一种可选的防护措施。当人们撤离某一区域或被困在上部楼层时，使用在漂白剂中浸泡过的毛巾或衣物也可以提供一定的保护。

由毒素和微生物病原体所导致的症状不会很迅速地出现。在袭击结束之前，建筑物内可能还没有开始疏散。根据空气中毒素的浓度不同，它所导致的症状可能是在几天、几小时甚至几分钟内死亡的重症。而病原体感染的症状可能几天后才会显现出来。安全人员或建筑内员工得到的第一个警告信号可能是生病或缺席人数多得反常。

从送风管道中散发出的微弱异常气味应予以报告或进行调查。大部分生化毒剂都没有气味，但也有一些具有微弱的气味。这种异味通常也会由正常的运行过程、安装作业、维护工作，包括清洁工作所产生。正常的维护和清洁工作的时间安排应该通知安全人员，这样他们就能区分出在安排时间段之外的异味。

从送风管道中散发出的可见的蒸汽、粉末甚至灰尘都可能表明生化毒剂正在释放。虽然大部分生化毒剂是不可见的，但有一些制剂可能在冷空气中凝结而形成可见的蒸汽。粉末状毒素在通常使用的剂量下可能是不可见的，但是当突然释放时，通过用强光照在黑色背景上可能观察到粉末或微粒。从送风口中突然释放出的灰尘或其他物质可能表明系统被干扰，或某种毒剂释放装置被安放在管道中。

系统性能的突然改变可能指示设备运行受到干扰。使用含有毒素、病原体、液态化学物的烟雾发生器可能对空气的温度或湿度产生影响。加热或冷却盘管性能的变化可能表明有液态物质进入或覆盖在盘管上。特别是化学制剂可能在冷却盘管上凝结，从而改变传热效率。进入加热盘管的化学制剂可能燃烧而产生额外的热量。只有当释放点在盘管的上风侧时，这些作用才可能发生。

如果通风系统被用来散布毒剂，那么室内人员的伤亡分布可能会与通风系统的设置有关。如果释放发生在某个区域，则人员伤亡可能分布在这一区域的四周。在大的办公区域或其他开阔区域，离送风口近的人可能先于离得远的人死亡。大部分化学制剂是快速作用的，离送风口近的人将比离得远的人更快接受到有害剂量的化学制剂。

对于化学制剂的作用，一般人可能还没有感觉到，而身体虚弱的、易受感染的人可能已经接近死亡了。例如，当空气中的化学制剂在达到影响健康人群的浓度之前，哮喘病患者或老年人就可能开始呼吸困难了。

动物和宠物能成为“哨兵”，因为它们可能比人类更早地死于低浓度的生化毒剂。在第一次世界大战中，德国人就曾使用狗来对毒气报警。一些宠物可能死于人类不能察觉到的化学污染。人类对多种可吸入有害物具有天生的抵御能力，而动物却没有。虽然动物有高度灵敏的嗅觉，甚至可能嗅出我们感觉不到的气味，但它们不会把化学品的气味认为是一种威胁，至少没有经过训练的不会。动物趋向于居住在地板附近的较低区域，这些区域往往是比空气重的化学毒剂最先流动到的地方。

在生物袭击中，动物甚至可能在人类染病之前就死亡。1993年奥姆真理教教徒(Aum Shinryko cult)在东京释放炭疽热孢子，没有造成人员死亡，却有一些动物死亡的报道(Olson,1999)。一旦观察到身边动物或宠物得重病或死亡，则应当警惕可能有生物毒剂释放。

大量人员集中在一两天或两三天内生病可能提示我们生物毒剂在先前已经释放。因为生物毒剂的潜伏期可能是几天或更长时间，所以直到释放后很长一段时间症状才会明显表现出来。所以，很有必要在治疗失效的期限到达之前尽可能早地认识到这种趋势。

任何工作人员突然且不明原因地生病应当立即与安全人员或大楼管理人员取得联系，而不是按通常的做法到下一个工作日才打电话报告生病。如果一栋建筑受到毒素或病原体的大范围污染，几个小时的差别对拯救生命可能是至关重要的。等到第二个工作日才报告病情可能造成许多生化毒剂的受害者无法及时得到医治。但是，如果大量人员在前一个晚上就报告生病，而不是次日，则可能引起警惕，并使应急方案得以实施。因此很有必要建立一个病情报告制度，以使员工能在白天或夜晚的任意时间报告病情。仅仅让部门主管们得到这些病情报告还不够，因为他们可能也不知道整个公司范围内的病情趋势。应当由一个责任人，例如常驻护士、安全负责人、或指定的流行病专家，此人应当一天 24 小时接听来自所有公司职员的病情报告，而且应当接受训练以辨认病情趋势和症状。

在怀疑有生化毒剂释放的紧急情况下，职员本身能成为应急安全计划中的关键角色。应当发展事件识别的训练计划，并将其纳入职员正常的训练计划中。职员们应当熟悉生化毒剂的基本类型及其所导致的症状，以便他们在不明原因患病时能够做出明智的决定。

12.4 应急反应(Emergency Response)

组织疏散是警察的责任，控制有害物是消防员或危险品处理小组(HAZMAT team)(图 12.9)的责任。然而，一旦建筑物遭到生化袭击，警察可能因为没有合适的防护装备而不能进入污染区去协助疏散。而且，在救援力量到来之前，室内工作人员会发现他们也可以展开一些营救行动。一般并不推荐由应急反应小组(Emergency response team)之外的人员来承担这些营救行动，但是在生化毒剂的释放过程中，也许可以通过一些主动的行动来减小危险。在大多数情况下，上述的袭击事件都是指化学袭击，因为释放的生物制剂可能在几天时间里都识别不出。

在生化袭击中，通风系统本身可能被用作散布制剂的工具。关闭风机是阻止制剂进一步扩散的一种方法，而且，在大多数情况下这样做也是减轻灾难后果的正确的第一步。但它并不总是正确的选择，例如，对使用全新风的建筑，如果毒剂的释放位置在室内，则应该维持风机继续运转。还有，在内部释放(Internal release)事件中，变风量系统(VAV)应能转换为全新风方式运行以清洗建筑。

图 12.10 所示是生化袭击应急反应的一种可能的决策顺序。熟悉建筑设备系统是做出适当反应的基础。大多数建筑没有全新风系统，关闭空气处理机组或风机常常是合适的行为，当然也要根据具体的情况和建筑物的特点而定。实际上，关闭空气处理机组就是防止建筑火灾中烟气扩散所推荐的传统方法 (ASHRAE,1999b)。

如果制剂在新风口释放，则室内人员的疏散方向必须是远离释放点，或朝向释放点的上风侧。如果释放发生在室外并同时污染了室内空气，若

图 12.9 HAZMAT 小组成员使用防化服和装备去处理释放的化学品（HAZMAT 是危险物的缩写）(图片征得 DuPont Tyvek 的许可)

能避开有毒气体，疏散是一个选择；而如果不能避开，则最好是留在建筑内并在污染程度轻的地方寻找避难所。通过前面的讨论可知室外释放的袭击情景其危险性最小，也是所有针对建筑物的袭击事件中可能性最小的。

应急小组要接受训练并准备处理危险物品，处理危险物品时他们要遵循各种指南和程序，其中包括美国交通部的应急反应指南(DOT,2000)。这个指南对附录 D 中所列的大部分化学毒剂都提供了相应的急救、补救，以及消毒措施的详细资料。

对防护服的特殊要求由联邦标准确定，例如美国职业安全与健康管理局（Occupational Safety and Health Administration，OSHA)的 29CFR 1910.134 和/或 29CFR 1910.156 (f)标准（OSHA,1999)。A 级是呼吸系统和身体防护的最高级。A 级防护服(Level A Protective Suits)也被称作为“蒸汽防护服”(Vapor Protective Suits)（NFPA 1991）或“全密封化学防护服”

(Totally-Encapsulating Chemical Protective Suits)(TECP)，由自带的呼吸器具(SCBA，Self-Contained Breathing Apparatus，)和全身不可渗透的服装组成。如果不清楚危险品的种类或是生物攻击，可以选用此种防护服。不过，B 级和 C 级防护服也能对大多数生化毒剂提供相当大的保护，因为除糜烂性毒剂之外，危险主要是吸入性的。B 级防护服也叫“液体飞溅防护服”(Liquid-Splash Protective Suits)(OSHA 29 CFR 1910.120，附录 A 和 B；OSHA,1999)。

大多数情况下，建筑管理人员和安全人员可能知道所安装的通风系统类型，图 12.10 显示的步骤可以被简化或改编以适用于特殊的建筑构造。工作人员要熟悉自己所在的建筑使用的通风系统类型，以便于在紧急情况下能正确决定应该做什么。对于每个建筑，制定应急计划并训练人员采取适当行动也很重要。

图 12.10 所示的最重要的功能是撤离建筑和关闭空气处理机组。在不能撤离时，可采取一些措施，如启动设置的排烟系统，或使生化毒剂释放装置失效。后者最好由应急反应小组完成，小组人员将装备齐全以接近这

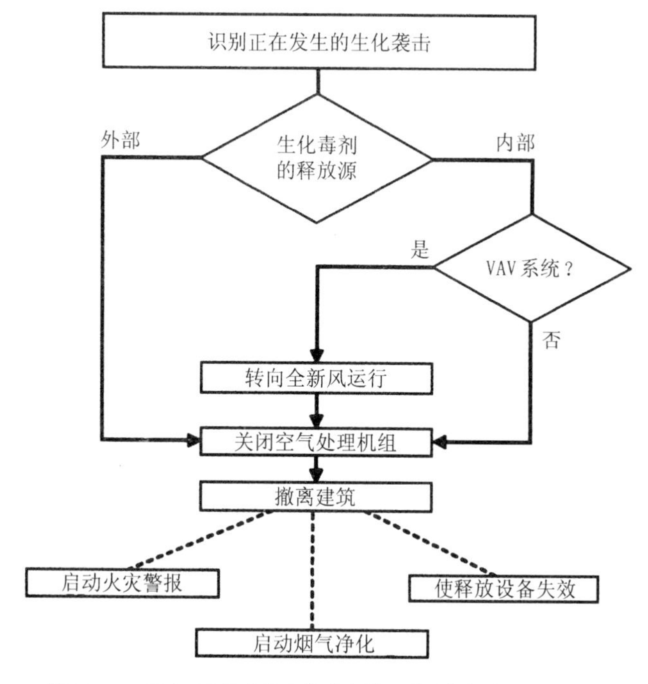

图 12.10　对于正在发生的生化袭击的一种可能的应急反应程序

些装置。

生化毒剂释放期间，被困于建筑中的人员可能会采取多种非常规的应急反应。如果毒剂释放是在高层建筑的主要楼层，则疏散比停留在原地不动更危险。打破窗户是一种选择，但要打破迎风面上的窗户以引入新鲜空气。由于烟囱效应，在高层建筑中空气趋于从上部楼层排出，所以这种方法也不见得能改善处境。

使用如图 12.11 所示的防毒面具是安全人员的一种选择，这种装备可以供他们在紧急情况下使用。但是，为所有的室内人员都贮存一套这样的设备是不切实际的。

化学制剂释放时，被困于建筑中的人员可以采取的另一种非常规的应急反应是用漂白剂浸湿毛巾，该方法曾在第一次世界大战中使用过。在漂白剂等清洁剂中浸泡过的毛巾能中和一些化学毒剂，把它覆盖在头部可以作为简易的防毒面具。在使用糜烂性毒剂的袭击事件中，所有裸露的皮肤应该用不透气的材料覆盖，或者用浸湿过漂白剂的毛巾包裹起来。对于一

图 12.11 每个人都使用防毒面具和防护服是不切合实际的

些制剂，淋浴可能会提供一些有限的防护作用，除非这些制剂是易溶于水或可与水发生反应的。如果建筑有喷淋系统，使用它们对降低空气中生化制剂的浓度也可能会起到微小的作用。

危险品处理小组(HAZMAT team)使用的一种技术是向毒剂蒸汽直接喷水雾。水雾实际上是通过影响水雾周围的气流而驱赶毒剂蒸汽的。这里必须强调的是，这些都是非常规的措施，不应该作为防护的首选措施，而只是在其他措施都用尽的情况下才可采取的冒险措施。如果不是应急反应小组的训练有素的成员，只能推荐他们撤离和等待救援。更多信息可从有关生化袭击应急反应的各种资料中获得（CDC,2002b；Dept. of the Army,1996；DOT,2000；Drielak and Brandon,2000；Fatah et al.,2001；Irvine,1998；NATO,1996；SBCCOM,2000）。

12.5 使装置失效(Disabling Devices)

应急反应小组一般包括第一反应员(First responder)、消防员和警察。在制剂释放事件中，他们可能需要使正在起作用的烟雾器或气体释放装置(图12.12)失效。建筑安全人员和维护人员也会发现他们需要在应急小组到来之前使这些装置失效。因为这些装置在结构和运行上基本都比较简单，所以使它们失效并不难，除非是爆炸性的或其他明显有反干预机械构造的装置。在任何情况下，没有合适的防护装置不应该接近这些烟雾发生装置。

如果正在释放毒气的是一个加压罐，应该关闭其阀门；如果阀门活动部件失效或已毁坏，应该用工具关闭阀门。如果不能关闭阀门，应该封闭其释放气体的喷嘴，但这时试图压扁喷嘴或将它焊起来可能是难以完成的。石油工业中处理该种情况的常用方法是在喷嘴出口上连接一个带阀的接头。在安装该接头后，关闭新的阀门。这是生化武器应急反应小组应该练习的一项技能。

如果释放装置由压缩空气源驱动，应该切断或关闭该空气源。可以关闭压缩空气罐的阀门，也可切断或破坏空气罐和释放装置之间的连接管道。图12.13所示是一个由压缩空气罐驱动的装置，可以用这些方法使该装置失效。

如果使用的是空气压缩机而不是罐子，可以关掉空气压缩机或切断电源。燃气驱动的压缩机可以像普通剪草机的发动机那样被关掉。电池驱动的压缩机可以取出电池或切断电线使之失效。

采用高技术的或者科学实验用的烟雾发生装置一般需要电力驱动，应

图 12.12 该压缩金属罐已去掉了阀门，因为没有外部部件，所以即便是受过训练的人也找不到合适的工具使之失效

该切断电源使之失效。也可以从装置中取出装有制剂的容器使之失效。

有些烟雾发生装置可能连接有爆炸物以防止任何人接近它。爆炸物的引爆可能会使生化毒剂在局部区域扩散。应该首先排除爆炸物。排除方法和排爆小组常用的方法相同。

如果装置正在释放蒸汽而不是气体，且不能使之停止，则用毛巾或吸收性材料将其覆盖就可能限制蒸汽甚至是使蒸汽凝结。用毛毯、盒子甚至是沙子掩埋装置虽不能阻止释放，但能减少雾化的制剂量。

有些装置在设计上是用爆炸方式散布生化毒剂的，而不是用烟雾器。这些装置上可能会使用定时器，而一些烟雾发生装置上也可能使用定时器，以使得施放者能够安全逃离。常用方法是使定时器失效，从而使这些装置失效。

二元化学品(Binary chemical)可以和混合装置或爆炸物配合使用。典型

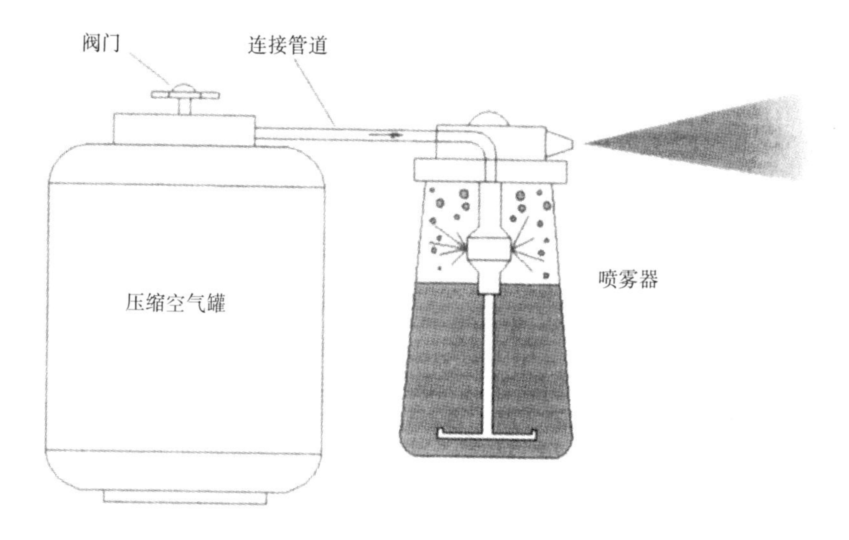

图 12.13 由压缩空气罐驱动的喷雾器有阀门和连接管道，可以分别用关闭和切断的方法使该装置失效

的二元化学品是两种前体制剂(Precursor agent)，当它们结合时会形成一种化学毒剂。这些前体制剂应该被分开或用其他方法阻止它们结合。

如果化学制剂是泼洒出来的(如在管道中)，则这些制剂最好由危险品处理小组、消防人员或其他受过训练的专业人员封装起来。紧急情况下，可以在它们上面倒上漂白剂、粉末甚至是水以限制其蒸发和扩散。如果在通风管道中发现有敞口容器，则应该把容器密封起来以防止其中制剂进一步蒸发。

12.6 紧急疏散(Emergency Evacuation)

生化袭击的紧急疏散程序与消防或其他应急措施基本相同。疏散路线和紧急出口应该像职业安全与健康管理局(OSHA)的指南和其他标准的火灾安全程序一样清楚地标出。从室内化学武器释放点疏散到室外的距离依赖于多个因素，但释放点到隔离区(Isolation zone)的推荐距离至少是60m，这个距离是基于氰化氢的小规模释放(DOT,2000)的情况。在一般袭击情景下，从释放点到人员防护区的距离，即防护作用距离(Protective action distance)，在白天是200m，在晚上是500m(DOT,2000)。

如果释放出现在某个房间内，疏散原则应该是远离这个区域。但在高层建筑中，如果毒剂释放在下部楼层，就无法疏散了。然而，一旦关闭通风系统，人员逃向上部楼层就可能得到安全。这是因为几乎所有的化学制剂都比空气重，没有机械通风它们不会轻易扩散到上部楼层。

如果化学制剂的释放发生在上部楼层，既使关闭风机，待在下部楼层也不是最安全的选择，这是因为较重的气体和蒸汽能在建筑内下沉，甚至在地下室聚集。

如果释放出现在室外，只要关闭通风系统的风机并隔绝建筑，留在室内是最安全的短期选择。疏散程序的细节见参考文献 SBCCOM(2000)，DOT (2000)，Ellis (1999)。关于保护事件现场以便于调查研究方面的信息见参考文献 Drielak and Brandon (2000)。

一旦释放的生物毒剂被确认是危险和有传染性的病原体，联邦法规要求进行隔离检疫。因为必须撤离发生释放毒剂事件的建筑，所以从内部疏散出来的人员可能不得不在其他地点进行隔离检疫。对于这样的事件，可使用移动式设施 (Fatah et al.,2001)处理，但是出于隔离检疫目的，撤离到其他建筑也是可能的。

12.7 就地避难(Sheltering in Place)

就地避难的概念一般包括撤离到指定的区域，这个区域是预先准备的防生化袭击的临时避难所。在隔绝和加压的区域或建筑里避难被认为是应对室外毒气释放的一种选择(ASHRAE,2002; Ellis,1999; Somani,1992)。如果室外空气被污染，则无法加压，此时最好是简单地关闭通风系统并密封门窗。

在理想情况下，避难区要有相对好的密闭性，有能提供大量新风的单独的通风系统，能无限期地维持居住条件(U.S. Army Corps of Engineers, 2001)。这种设计能在高层建筑的上部楼层实现，方法是对指定区域提供隔离阀，增设密闭门和防渗透密封条，以及安装风机(如在窗户的位置上)以送入新风。这样的系统可以用手动开关或自动信号开启，它将隔绝房间并启动风机。图 12.14 对这一概念进行了图解，图中高层建筑中间楼层的通风系统和主通风系统进行了隔离。

ASHRAE 推荐的一种就地避难方法是给避难区加压以防御内部和外部释放的毒剂(ASHRAE,2002)。这种方法的一个问题是用来加压的空气必须来自某个地方。在内部释放时，可以用室外空气给避难区加压；在外部释放时，不能从室外抽取空气，除非是它经过消毒或净化，这时也可能从建筑的其他区域抽取空气，但这种方法并不总是可行。对于外部释放，简单的关闭通风系统也许是最好的办法。

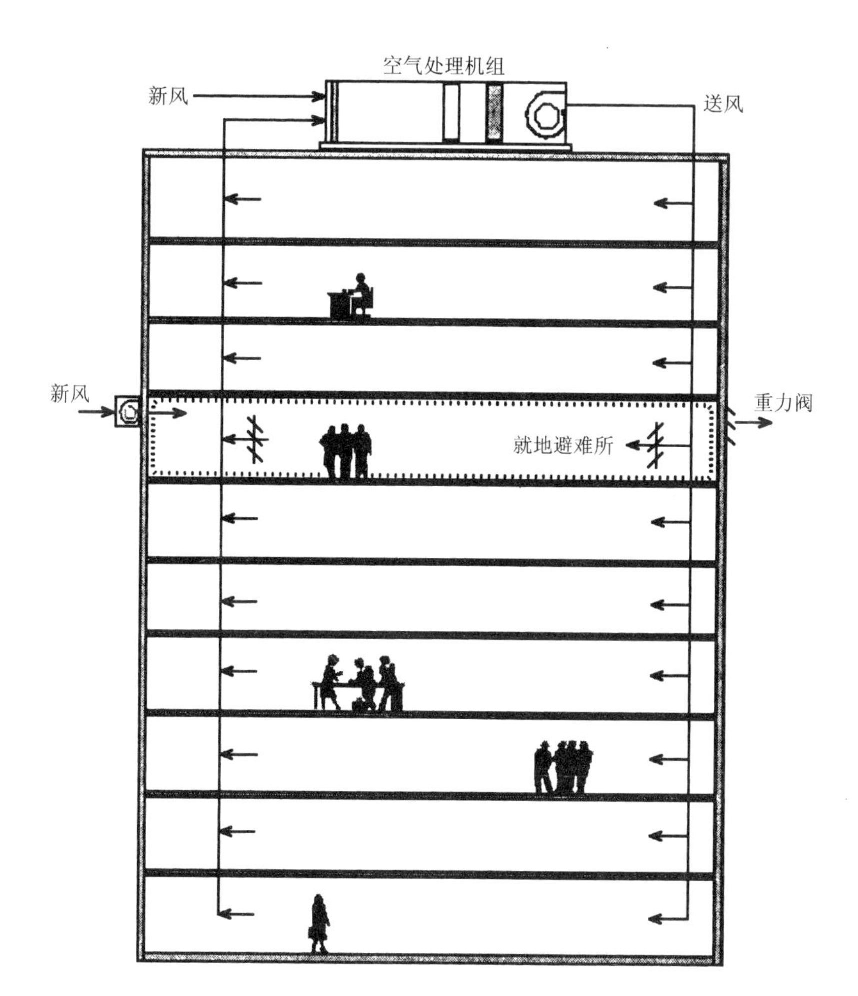

图 12.14　高层建筑中用来应对内部释放污染物的就地避难所(该避难区域和主系统隔离并引入新风加压)

不太理想但较简单的一种避难方式是隔绝一个房间，不给它送风，使它保持和周围区域相同的压力，形成一个中和压力区。仅仅使它保持气密就能形成这样的区域，方法包括密封所有可能产生空气渗漏的通道，如区域之间的风道阀门、门、窗，以及电气渗漏和管道渗漏等。

在制剂释放过程中，一个应急选择是密封某个房间以形成避难区。如果某个房间的送风和排风能被堵住，门和其他的渗漏点能被密封，制剂就不再会进入这个房间了。送风口和排风口处可能有可以关闭的阀门；风道可以用枕头、毛毯、管道胶带(Duct tape)或其他材料堵塞；门可以用管道胶带或湿毛巾密封。

在避难区应该备有基本的医疗用品、足够的用水，或许还有防毒面具。使用不透气的防护服和手套可能是一种廉价的应急方法。在房间内储备毛巾和漂白剂，特别是氢氧化钠漂白剂，是另一种廉价的应急方法。大量的应急用商品，包括去污液和防护服，可以从各种供应商那里得到，这些供应商也给军队提供同样的设备（Drielak and Brandon,2000; Fatah et al.,2001，vol.2；NBC,2002）。

12.8 医疗反应(Medical Response)

按类选法(Triage)进行治疗是急救医疗小组的主要责任，对受害者的急救应交给他们中的医疗专家。这些专业人员接受过处理危险化学品的培训，而且他们经常携带着装有解毒剂的急救箱。解毒剂包括亚硝酸异戊酯(Amylnitrite)、抗路易氏剂药(Anti - Lewisite)、阿托品(Atropine)、安定(Diazepam)和其他制剂。非专业人员因为没有这些解毒剂和识别症状的技能，除了让受害者呼吸新鲜空气，能给生化袭击受害者提供的帮助是很少的。

有些建筑管理人员希望得到急救箱，并且把它们放在避难区或急救室里。然而，没有经过正规训练或现场没有医疗专家，这种急救箱的用处可能并不大。医疗技能的训练不是简单的事情，没有医学背景的人可能无法掌握处理生化袭击的专门技能。相关文献对这一专题提供了全面的论述，如《生物和化学战争的医疗问题》(OMH,1997)、《应急反应指南》(DOT,2000)和《NATO 手册 FM8 - 9》（NATO,1996)，更详尽的信息可以参考它们。

典型的防生化武器的医疗急救箱包括 Mark Ⅰ神经性毒剂解毒注射包(Mark Ⅰ Nerve Agent Antidote Injector Kit)，如图 12.15 所示。军用消毒箱通常包括皮肤消毒包和手持式 DS2 消毒液喷雾罐，也包括 Mark Ⅰ神经性解毒剂预处理药品，这种药由溴吡斯的明(Pyridostigmine bromide)药片组成，它能增加 Mark Ⅰ神经性解毒剂注射器的效力。

参考文献《应急反应指南》(DOT,2000）提供了对附录 D 中大多数化学制剂的急救指南。许多建议很相似，包括：把受害者移到新鲜空气处；用水、肥皂或去污剂冲洗受害者；脱掉受害者衣服进一步用水冲洗。只有在脸部没有被污染的情况下，才能用口对口人工呼吸的方法抢救。其他程序需要医疗设备，例如，提供氧气帮助呼吸困难的人，使用神经性毒剂的解

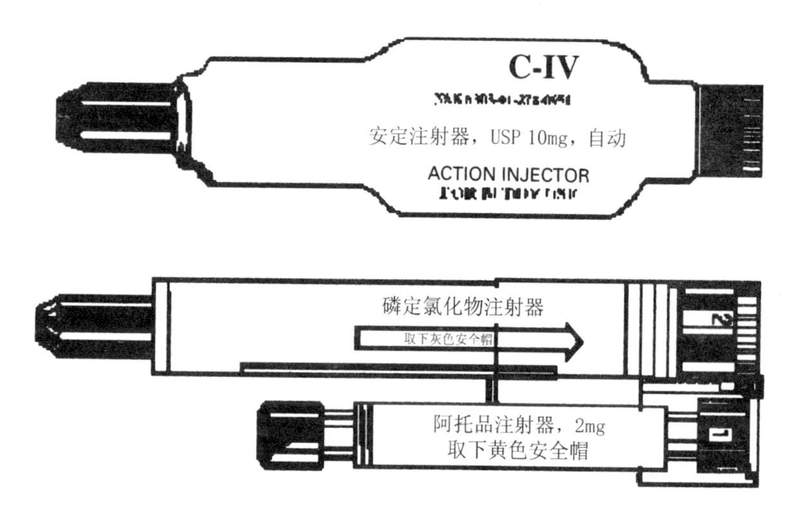

图 12.15　供医疗和军事人员使用的 Mark I 神经性毒剂解毒注射包的配件

毒剂。应对化学毒剂释放的急救措施应该留给医疗专家或受过培训的人去实施。更多的信息见参考文献 CDC(2000a, 2000b), Dept. of the Army (1989), DOT (2000), Drielak and Brandon (2000), NRC (1999), Sidell et al. (1997)和 USAMRIID (2001)。

12.9　安全规程(Security Protocol)

基于前面对释放情景、建筑物的弱点、制剂类型、释放装置类型、以及可能的释放位置的讨论，可以将建筑物对生化武器的防护职责以及与安全人员相关的各类事宜在这里进行概括并列举出来。

如下行动应该纳入安全人员的正常职责或予以强调：

■监视建筑的进、出口以发现可疑人物；

■入口处使用金属探测器；

■视频监视重要或敏感的建筑区域；

■例行检查空气处理设备以防受到破坏；

■例行检查设备室和空气处理机组的上锁情况。

如果下面类型的设备被用在建筑物周围或没有正当目的而被带入室内，应该引起注意并处理它们：

■喷雾器(Fogger)或烟雾发生器(Aerosol generator)；

■喷雾机(Sprayer)或喷雾装置(Spraying devices)；

■喷漆器(Paint sprayer)；

■ 哮喘病用呼吸装置(Asthma inhaler equipment);
■ 有喷嘴的装置;
■ 压缩空气罐(Compressed air tank);
■ 压力气体罐(Pressurized gas tank);
■ 空气压缩机(Compressor);
■ 装有粉末或液体的密封容器;
■ 便携式燃气驱动喷雾设备(Gas - powered spray equipment);
■ 明显装有喷嘴的公文包或手提箱;
■ 面罩和橡胶手套等防护装备。

此外,发现装有喷雾装置或外部被改装过的可疑交通工具应立即报告警察,这些改装内容包括安装喷嘴、做过蒸汽密封、设置有远程控制或计算机控制系统。在奥姆真理教教徒发动的炭疽热、肉毒杆菌和化学袭击中(Olson,1999),他们就使用了装有计算机控制的喷雾装置的改装过的车辆,以及装有喷雾装置的改装过的公文包。

通风和饮用水设备的定期检查能识别出遭到破坏的设备,应该被检查或监视的设备如下:

■ 空气处理机组(AHU);
■ 风道系统;
■ 风道上的检修门和检查孔;
■ 饮用水供水管道或水泵;
■ 灭火器。

通风设备的检查应该特别留意以下内容:

■ 在风机上风侧或下风侧的钻孔;
■ 进气格栅(Grille)或栅栏(Bar)被移动;
■ 过滤器等部件被移动和更换;
■ 饮用水管道系统的阀门被破坏或打开;
■ 紫外杀菌照射(UVGI)系统失效;
■ 检测系统失效;
■ 由于控制板损坏而产生的系统故障;
■ 基于网络入侵而产生的系统故障。

具有智能控制尤其是具有基于互联网的控制系统的建筑可能具有特殊的弱点(Vulnerability)。对一个自动化建筑的协同攻击可能是从更改建筑控制程序以利于释放生化毒剂开始的。新风阀可能被关闭使新风量减少为零或达到最小。通过远程互联网访问来调节多区系统的控制阀,以攻击建筑物的特定区域。雾化装置可能被精心放置并与被改动过的通风系统共同作用。建筑安全人员和管理人员应该对任何企图利用建筑控制系统进行生化袭击的迹象保持警惕。

12.10 人员培训

生化毒剂威胁的复杂性要求提高对其各方面问题的了解和认识。实际上，商业建筑内的每一个职员都必须接受一定程度的培训，并且对危险有一定的理解。建筑或商业管理人员应该安排职员的培训计划，给员工教授在生化毒剂释放事件中与他们的安全直接相关的知识。

建筑内的所有员工或住户最起码应该熟悉疏散路线，应该学会识别化学袭击所引发的症状。此外，应该建议员工在患病时能及时报告病情，而不是拖到第二天才报告。应该指定一个人，可能是安全人员或护士，在全天的任何时间都受理这些报告，这样就可以及时认识到病情趋势或异常情况。应给员工讲授一些基本的生物毒剂流行病学知识，这样能增强他们对生物制剂的威胁和症状的理解。

安全人员的培训计划和其他工作人员的有明显不同，当然这还要结合建筑的类型而定。负责培训的管理人员应该能对所有员工制定各自专门的培训计划，这些培训计划可以依据本书的资料和一些参考文献(ASD,2002; CDC,2000a; DOT,2000; Drielak and Brandon,2000; Harris,2002)。

12.11 小结

本章论述了和生化袭击相关的安全与应急程序，提供了一些信息和建议，并且概述了一些基本的安全与应急程序。这些内容将可能为那些在建筑物遭受生化袭击时被指定担负应急任务的安全或医疗人员提供帮助。本章提供的一些信息并不能满足专业应急人员的培训需要，它们只是想对一些官方的培训计划中所提供的信息做一点补充，而这些培训计划往往是由可信任的发起人或者政府及市政机构主办的。关于建筑设备、恐怖分子可能采用的装置以及应急设备的关闭程序等方面的信息可用来增强官方的培训计划，而不是为了取代它们。

第 13 章

洗消与修复

13.1 引言

在 9·11 事件之后的一系列恐怖袭击事件发生之前，受污染建筑物的修复处理是一项专门的技术，这项技术几乎仅局限于对生长过量霉菌的建筑物进行洗消(Decontamination)。1989 年，发生在弗吉尼亚州雷斯顿(Reston)的一起特殊事件中，当发现一种病毒已经在一些家庭饲养的猴子中蔓延开时，整幢建筑被塑料和胶带密封起来，现在知道此种病毒是埃博拉病毒的雷斯顿毒株(Reston strain)。与此同时，人们认为这种毒株对人类具有传染性，因此，整幢建筑被隔离起来，所有的猴子被杀死，紧接着，人们使用消毒剂对建筑物进行了洗消。

通常，受霉菌污染的建筑物可采取两种修复措施：用漂白剂或其他消毒剂清洗污染表面，或者将受污染的墙体拆除并重建。在一些霉菌污染的例子中，由于污染太严重或者修复的代价太高，不得不将建筑物焚毁或拆除，并进行重建(Kowalski and Burnett,2001)。由于在 9·11 事件之后发生了多起投递炭疽邮件的袭击事件，人们对受污染建筑的非破坏性修复技术(Nondestructive remediation)产生了浓厚的兴趣。虽然可用于洗消的液体、蒸气以及气体消毒剂有许多种，但是考虑到它们对建筑材料的破坏作用和对人体有毒，可以在建筑中使用的消毒剂只有少数几种。基于上述考虑，有数种适用的消毒剂被推荐采用或者已经进入市场，其中包括二氧化氯、SNL 泡沫(SNL foam)和臭氧。

本章所要讨论的修复措施仅仅是一些发展中的技术，并且在目前对这些措施仅仅能提供有限的工程指导或设计信息。因此，本章仅仅根据这些措施在目前或在假定条件下的用途对它们进行综述。如果将来开发出新的消毒剂可适用于上述用途，那么它们很可能和本章所讨论这些制剂采取相似的应用方法。由此可见，这些修复技术对于任何消毒剂都是适用的。另外，这些方法普遍适用于消除各种生化毒剂，无论它们是持久性的还是非持久性的毒剂。紫外线杀菌照射(UVGI)可作为一种表面消毒技术来使用，但是由于在第 2 章、第 8 章和第 16 章中已经有详细的介绍，所以在本章中也就不再讨论了。

图 13.1 对大多数基本的修复技术进行了分类，这些技术可用于洗消表面的生化毒剂，清除化学泄漏物，或者修复受污染的建筑物，每一项技术都将在下面的章节中加以介绍。

13.2 物理洗消方法

在处理生化污染的时候，人们通常首先用水清洗受污染的区域。虽然许多毒剂在水中具有一定的溶解性，但是对于去除大多数化学毒剂而言，如果在水中添加一些清洁剂的话，去除效果会更明显。一些毒剂在水中通过水解作用被中和而失去毒性。用水清洗污染物也存在一系列的问题，其中一个便是在清洗后会产生污水。为解决这个问题，污水在排放前必须加以妥善处理。

像硅藻土(Diatomaceous earth)、细砂这类的吸附剂，或者具有吸收性的毛巾和织物，都可以用来吸收一些泄漏物或者擦净污染表面。漂白土

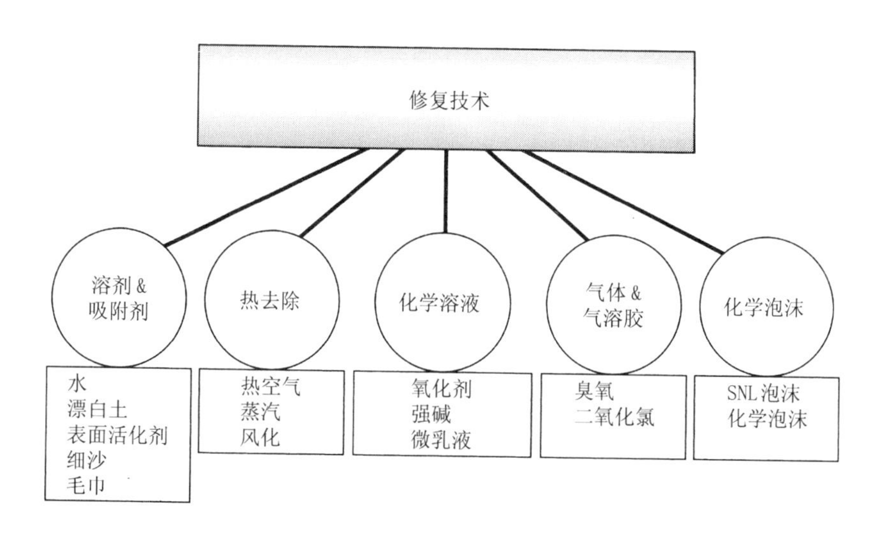

图 13.1 常见的洗消与修复技术分类

(Fuller's earth)就是在此目的下应运而生的一种商业化产品。漂白土是高岭土(Kaolin)的一种形式，它包含有铝镁硅酸盐(Aluminum－Magnesium Silicate)(Fatah et al.,2001)。任何作为吸附剂的材料残留下来对人都具有潜在的危险性，因此必须妥善处理。

风化(Weathering)是一种被动式洗消方法(Passive decontamination)，在自然状态下，任何污染物，包括生物毒剂，暴露在环境温度或日光下都将会被缓慢地破坏。日光是由广谱白光组成的，其中有紫外线、红外线，如果长时间暴露在日光下，这些光线将有助于分解许多种化合物(Koller,1952)。当然，日光也有杀菌的作用，它甚至能在一定时间内杀灭孢子(Beebe,1958; EI－Adhami et al.,1994; Futter and Richardson,1967)。在自然环境中，孢子通常存活在土壤或阴暗的地方，一旦暴露在日光中，它们最终将会死亡(Austin,1991)。

为了清除污染物，可以对建筑物内部进行日光照射，这样做可能很耗时，但是相对于使用消毒剂而言，这是一种没有毒副作用的替代方法。因为窗户对于紫外线具有一定的阻隔作用，所以开窗能够加强日光的杀菌作用，此外，还可以利用反光镜引导日光到达室内阴暗的区域。同时，开窗也会使室外空气进入建筑内部，此外，室内外气温的差异和相对湿度的变化也具有一定程度的杀菌作用(Wilkinson,1966)。根据病原体种类的不同，所有病原体都会有各自的自然衰亡率。病原体暴露在自然环境中，尤其是在有温差和干燥作用的影响时，其自然衰亡过程将会加速。虽然孢子能在土壤中存活几十年，但是在日光照射下甚至孢子也会以一定的速度衰亡。

加速孢子的生长，是一种消除孢子的可选方法。一旦孢子发育成熟，便会像其他任何细菌一样，对消毒剂只有很弱的抵抗力。加速孢子生长发育的途径是提供潮湿的环境、酶作用物以及较高的温度(Sakuma and Abe,1996)。在理想条件下，大约数小时之内孢子便会生长发育，随后再将其暴露在恶劣的环境中(例如在紫外线杀菌灯的照射下)，几分钟之内孢子便会死亡。

热空气或蒸汽能用于受污染表面的洗消，但是毒剂被清除到何种程度，则取决于毒剂的特征。在设备和污染表面消毒这方面，通常认为蒸汽比热空气更有效，并且对于大部分实验设备都选用蒸汽进行消毒(Morrissey and Phillips)。

表面活性剂(Surfactant)能溶解化学毒剂，并且把它们转化为一种可被消毒的溶液。现今使用的三种基本的表面活性剂为：阴离子活性剂(Anionic surfactant)、阳离子活性剂(Cationic surfactant)、非离子活性剂(Nonionic surfactant)。通常来说，阴离子活性剂在处理化学毒剂方面更有效些(Fathah et al.,2001)。

13.3 化学洗消方法

许多化学净化剂(Decontaminant)能有效处理化学毒剂和生物毒剂。这些化学净化剂有多种形态，包括液态、粉末状、泡沫状、蒸汽态和气态。某些净化剂对一些特殊的化学毒剂起作用。本章中所介绍的只是有代表性的净化剂，而不是它们的全部，这是因为净化剂的种类至少和生化毒剂一样多。专门用来对生物毒剂进行消毒的化学净化剂也被称之为“消毒剂”(Disinfectant)。因为消毒剂的种类很多，不能逐一介绍，所以在此仅涉及到最普通，最有代表性的消毒剂。

强氧化剂对许多化学毒剂起作用，例如次氯酸钙和次氯酸钠。当这些化学净化剂溶解在水中时，它们将会产生一种次氯酸盐离子，这种离子可以分解化学毒剂(Fatah et al.,2001)。

许多强碱物质的溶液中会具有高浓度的氢氧化物离子，例如氧化钙、氢氧化钙、氢氧化钠和氢氧化钾。这些溶液会对化学毒剂产生水解作用。

漂白粉最初研制于1798年，对于清除某种具有危害性的化学泄漏物而言，使用漂白粉是一种有效的方法。德国就曾在第一次世界大战中使用漂白粉来中和芥子气。20世纪50年代，一种改进的漂白粉(STB，Supertropical bleach)被研制出来，它是由93%的次氯酸钙和7%的次氯酸钠混合而成的，同时，这种漂白粉也可用来中和神经性毒剂，例如：索曼(Soman)、塔崩(Tabun)和沙林(Sarin)，另外还可以用中和芥子气(HD)和维埃克斯(VX)。

第二代净化剂溶液(DS2，Decontamination Solution 2)研制于1960年，它对于净化处理化学毒剂十分有效。它是一种非水性的液体，由70%的二亚乙基三胺(二乙撑三胺)(Diethylenetriamine)，28%的乙二醇甲醚(Ethylene glycol monomethyl ether)以及2%的氢氧化钠组成。DS2溶液对人体有毒，因此当使用它时，必须佩戴呼吸器和其他一些防护装备。目前，已可提供另一种形式的对人体毒性较小的DS2溶液，这就是所谓的DS2P溶液。这些化合物很可能破坏油漆、塑料以及皮革材料。在使用过程中，为了避免DS2溶液对材料的破坏，应当每隔30min用水冲洗一次。用DS2溶液完全清除毒剂，如芥子气、维埃克斯或索曼，所需的时间在10min到1h之间(Modec，2001)。DS2溶液可装入喷雾罐、带有动力装置的便携式刷洗系统，以及大容量的液体容器中以供使用。

氯胺 - B(Chloramine - B)是一种氧化剂，它通常被用作为抗菌剂。通过浸湿的毛巾，氯胺 - B 也可对化学毒剂进行消毒。不过，毛巾需要在 5%的氯化锌，45%的乙醇，以及 50%的水组成的水溶液中浸湿。氯胺 - B 对于芥子气和维埃克斯这两种毒剂有效，但是对于其他的神经性毒剂却不是很有效(Fatah et al.,2001)。

微乳液(Microemulsion)是由水、油、表面活性剂和助表面活性剂(Cosurfactant)组成的混合物，并具有均匀混合的特性。化学毒剂在微乳液中溶解，然后开始以一定的速度分解，这主要取决于微乳液颗粒的大小。颗粒越小，化学毒剂的分解速度越快。在市场上可以看到一种叫做 C8 的微乳液，它是一种多用途的净化剂(Fatah et al.,2001)。

表 13.1 中概括了一些化学毒剂，它们对应的净化剂已经得到确认并证实是有效的。同时，也说明了各种化学毒剂在哪些液体中是可溶解(Soluble)的或是可混溶(Miscible)的。“可混溶”意味着毒剂能够部分溶解在列举的液体中。如果化学毒剂能够溶解于某种液体，例如水，那么这种液体便能阻止化学毒剂的蒸发或者能吸收化学毒剂的泄漏物。

13.4 臭氧

利用臭氧对整个房间进行消毒的方法，是在文献 Masaoka et al.(1982)中最先提出的，但是在此之前就有一些研究人员将臭氧当作空气和表面的消毒剂进行研究(Elford and vanden Eude,1942; franklin,1914; Jordan and Carlson,1913; Olsen and Ulrich,1914)。

臭氧具有腐蚀性，是氧的另一种形式。当臭氧浓度超过 1 - 20ppm 的范围时就会对人体有害。臭氧达到上述浓度时，便能在数小时之内杀灭孢子。在密封的室内或建筑物中可利用更高浓度的臭氧，此时主要的副作用仅仅是对有机橡胶和少数对臭氧敏感的材料有破坏作用。

臭氧在空气中容易快速分解，尤其是在阳光下和高湿度环境中，因此臭氧使用后可以排放到大气中。利用炭吸附器可在一定程度上去除臭氧，或者通过像“Carulite”这样的催化材料使臭氧发生催化反应后生成氧气(Carus 1998)。

通过各种各样的臭氧发生器，如图 13.2 所示，很容易产生臭氧。一些在工业上用于水的消毒的臭氧发生器，能够产生浓度高于 1500 ppm 的臭氧。一些研究表明：采用 1 - 20 ppm 的低浓度臭氧就足以用于消毒的目的(Kowalski et al.,1998 and 2002a; Lee and Deininger,2000)。

对建筑物进行臭氧处理的程序如下：

化学毒剂的净化剂与溶解性 表13.1

化学毒剂	净化剂	溶解性
胺吸磷	SNL泡沫	—
三氯化砷	水、SNL泡沫	—
胂	—	溶于水
氯	—	微溶于冷水
三氯硝基甲	SNL泡沫	微溶于水
氯沙林	漂白粉、超热漂白粉、SNL泡沫	
氯索曼	漂白粉、超热漂白粉、SNL泡沫	
氯化氰	SNL泡沫	溶于水、酒精、乙醚
二苯氯胂	—	溶于四氯化碳
亚磷酸二乙酯	—	溶于水和大多数有机溶剂
亚磷酸二甲酯	—	溶于水和许多有机溶剂
双光气	受热、遇碱性物质和热水中发生分解	溶于碱、热水
氯化氢	—	易溶于水，溶于乙醚和酒精
氰化氢	—	溶于乙醚,可混溶于水、酒精
路易氏剂	可用抗路易氏剂药中和	
甲基二乙醇胺	—	混溶于苯和水
甲基磷酸二氯	SNL泡沫	
芥子气	氯或漂白粉	
芥子气与氧联芥子气混合剂	漂白粉、超耐热漂白粉	
氮芥气	漂白粉、超热漂白粉、SNL泡沫	
氧联芥子气	漂白粉、超热漂白粉、SNL泡沫	
光气	SNL泡沫	溶于苯和甲苯
光气肟	—	溶于水、酒精、乙醚、苯
三氯氧磷	SNL泡沫、在水和酒精中会分解	溶于热水和酒精
五氯化磷	SNL泡沫	溶于二硫化碳和五氯化碳
三氯化磷	SNL泡沫、在潮湿空气中会分解	溶于乙醚、苯、二硫化碳和五氯化碳
沙林	氢氧化钠漂白粉、DS2、苯酚，乙醇，SNL泡沫，漂白粉、超热漂白粉	
倍半芥子气	漂白粉、超热漂白粉、SNL泡沫	
索曼	漂白粉(次氯酸钠，次氯酸钙)、DS2、SNL泡沫、漂白粉、超热漂白粉	
二氧化硫	—	溶于水、酒精、乙醚
一氯化硫	SNL泡沫、与水接触发生分解	溶于水
三氧化硫	与水结合生成硫酸	溶于水
硫芥(精馏)	普通漂白剂、氯胺、SNL泡沫、漂白粉、超热漂白粉	
塔崩	漂白剂、DS2、苯酚、氢氧化钠水溶液、SNL泡沫、漂白粉、超热漂白粉	
硫代二甘醇	SNL泡沫	SNL泡沫，溶于丙酮、酒精、氯仿、水
亚硫酰二氯	SNL泡沫，在水中会发生分解	溶于苯、五氯化碳

续表

化学毒剂	净化剂	溶解性
四氯化钛	—	加热时可溶于水
三乙醇胺	—	溶于氯仿，混溶于水和酒精
三乙胺	—	溶于水和酒精
亚磷酸三乙酯	—	溶于酒精和乙醚
亚磷酸三甲酯	—	溶于己烷、苯、丙酮、乙醚
维埃克斯	漂白粉、超热漂白粉、SNL泡沫	

1. 隔绝建筑物的围护结构(密封出口和渗漏点)。

2. 在建筑内部设置臭氧传感器，并将其连接至室外的读数显示装置。

3. 将通风系统调整为在完全再循环模式下运行。

4. 将送风机与臭氧发生器连接，并通过管道和通风风道相连接。

5. 运行臭氧发生器并监测建筑物内臭氧浓度。

6. 系统在规定的时间内(如 1 - 2 天)连续运行。

7. 上述步骤完成之后，建筑物还要采用室外空气进行通风换气，这大约需要 1 天时间。

8. 进入建筑物之前，要确保建筑物内无臭氧残留。

图 13.2 为修复用途而设计的臭氧发生器(图片征得 Clarence Marden,Trio3 Industries, Inc. 许可)

图 13.3 说明了臭氧修复系统的设置情况。首先，必须关闭新风口和门窗。然后，通风系统在完全再循环模式下运行。臭氧发生器能把臭氧直接喷入到风管或空气处理机组中。如果不能将臭氧直接喷入风管，那么也可以将臭氧直接输送到建筑物的一般区域。在建筑物的各个主要位置都应该布置有臭氧传感器，这样做的目的是为了确保臭氧在任何位置都能达到足够的浓度。

用臭氧对建筑物进行修复之前，为了在特定时间内达到消毒效果，必须估计所需要达到的臭氧浓度。对于各种孢子，例如黑曲霉(Aspergillus niger)和蜡状芽孢杆菌(Bacillus cereus)的孢子，应用臭氧消毒的衰亡率常数可以查阅一些参考文献。这些文献中有许多关于衰亡率常数估计值的信息，它们可在计算模型中使用(Dyas et al.,1983, Ishizaki et al.,1986)。

监控臭氧浓度不需要昂贵的传感器。当臭氧浓度在 1 ppm 与 10 ppm 之

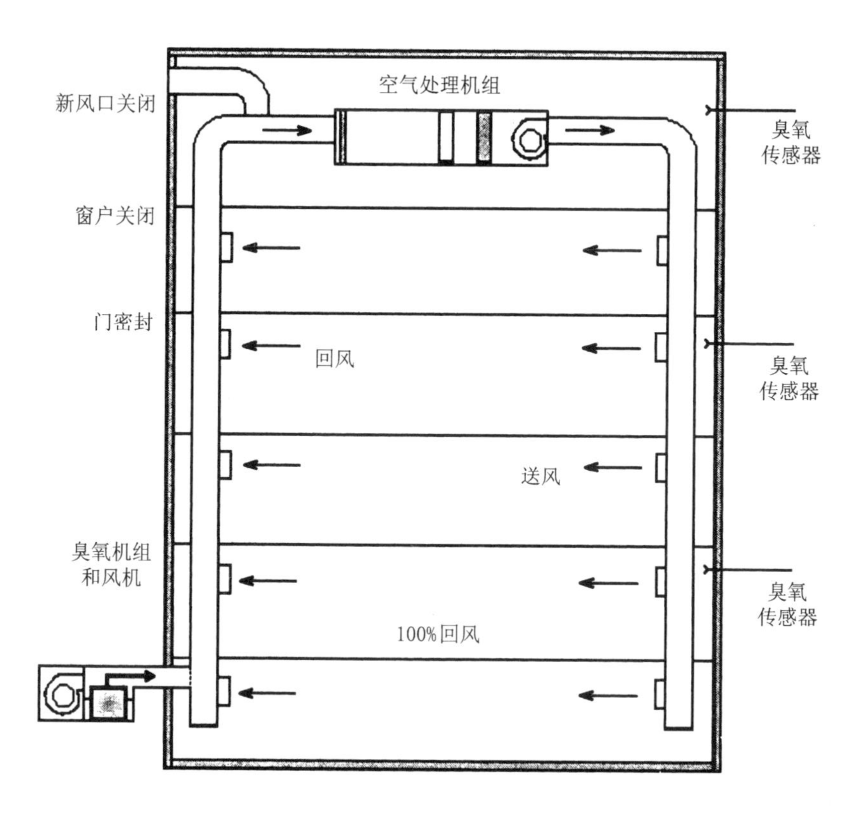

图 13.3　全回风模式下建筑物的示意图，臭氧通过外部风机注入到送风管道

间时，一些廉价的臭氧传感器，例如图 13.4 所示的传感器，就具备足够的精确度和灵敏度。其他一些廉价的传感器能用来探测浓度在 1 ppm 以下的低浓度臭氧(例如 0.02 ppm)。当修复完成之后，这些传感器将用于确定建筑物中是否已经不存在臭氧了。

图 13.5 显示了在各种相对湿度条件(RHs)下，蜡状芽孢杆菌孢子暴露在臭氧中的衰亡率变化曲线。蜡状芽孢杆菌在形态上与炭疽杆菌相同，同时，除了两个质粒不同外，它们的基因也基本相同。因此，蜡状芽孢杆菌孢子作为炭疽杆菌孢子的模拟模型是非常合适的。图 13.5 中所给出的臭氧剂量以 ppm・h 为单位，它表示以 ppm 为单位的浓度乘上暴露的小时数。原测试是在臭氧浓度为 3 ppm 的条件下进行的(Ishzaki et al., 1986)，因此利用该图示，当臭氧浓度在此范围之内或至少高于此范围时，可以很好的预测蜡状芽孢杆菌孢子的存活率。

臭氧剂量是按下式计算的：

$$\text{Dose} = C_a E_t \tag{13.1}$$

在公式(13.1)中 C_a 表示空气中的臭氧浓度；E_t 表示暴露时间。这个关系式与第 8 章中介绍的用于计算紫外线暴露剂量的关系式相似，也与第 4 章中用于计算化学毒剂暴露剂量的关系式相似。如果已知臭氧在空气中的 ppm 浓度，那么根据图 13.5 也能计算出对炭疽孢子进行消毒所需的时间。彻底消毒可定义为将孢子的存活率降低到 10^{-6}，即图 13.5 中的横轴或接近于横轴的坐标位置。

举例来说，如果臭氧浓度是 10 ppm，相对湿度为 70%，那么根据图 13.5 便得到所需的消毒剂量大约为 36 ppm・h，根据公式(13.1)可以得到暴露在臭氧中的时间，如下：

$$E_t = \frac{\text{dose}}{C_a} = \frac{36}{10} = 3.6\ \text{h} \tag{13.2}$$

必须注意：暴露在臭氧中的蜡状芽孢杆菌孢子的衰亡率随着相对湿度的增加而增加。因此，相对湿度可用来控制衰亡率。也就是说，如果建筑物通风系统能控制湿度，那么理想的状态应该是在进行臭氧处理的同时保持尽可能高的相对湿度。这样做可以将臭氧的使用浓度降低，因此也可以减少对建筑材料的破坏。

虽然图 13.5 基于的数据(Ishzaki et al., 1986)反映的是一个单阶段的衰亡过程，但是这并不能反映完整的衰亡曲线。许多种孢子暴露在臭氧中时

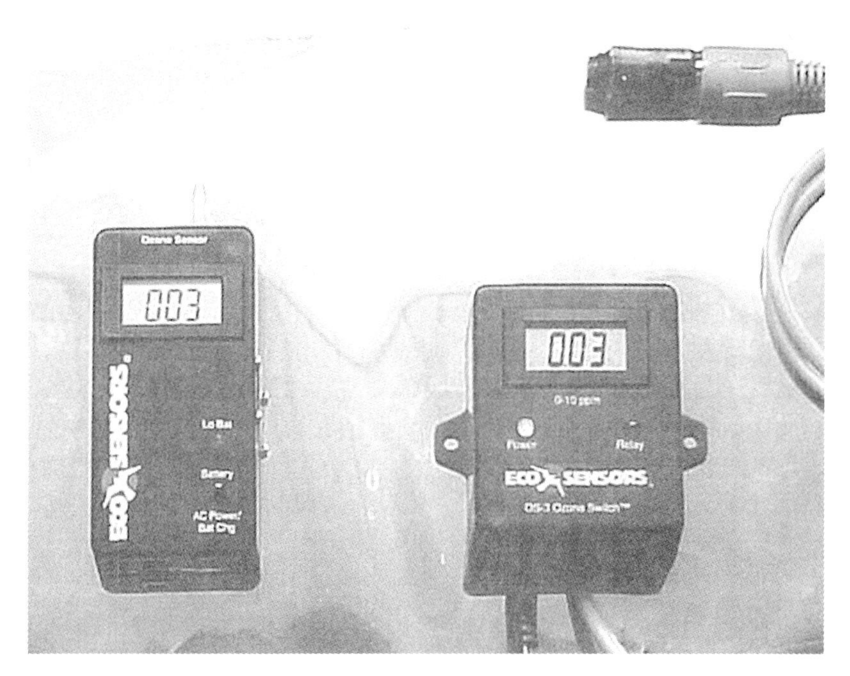

图 13.4　适合于监控建筑物修复过程的两种廉价的臭氧传感器示意图[左侧部件的臭氧检测范围为 0 - 10 ppm，而右侧部件的臭氧检测范围可超过 20 ppm 并带有一个遥感器，图片征得 Larry Kilham of Ecosensors, Santa Fe, NM. 许可]

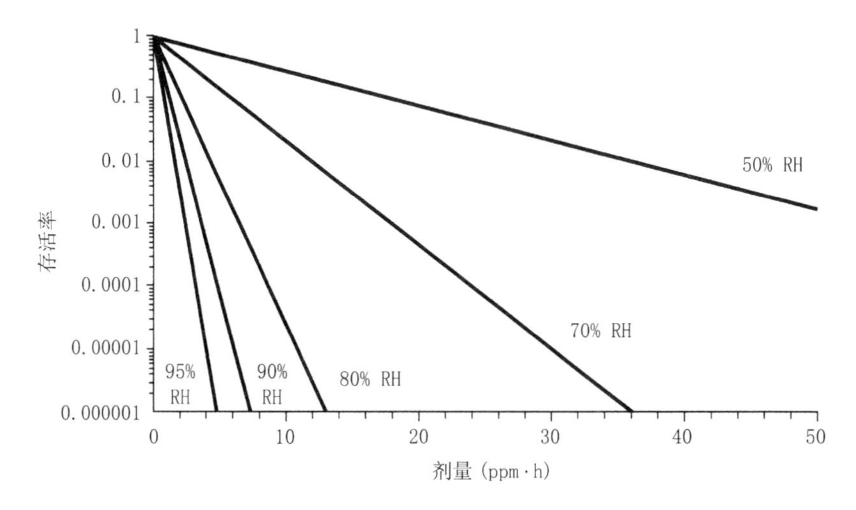

图 13.5　不同相对湿度下，暴露在臭氧中的炭疽杆菌孢子的存活率曲线图[数据来源于参考文献 Ishizaki et al. (1986)]

(Dyas et al.,1983)，正如它们暴露在紫外线照射中一样，衰亡曲线具有明显的两阶段特性。因此，建议用下面的公式来估计蜡状芽孢杆菌的衰亡率(这一公式实际上也可以用于估计炭疽杆菌的衰亡率)：

$$S(t) = 0.9991\,[1 - (1 - e^{-1.153t})^{65}] + 0.0009e^{-0.153t} \qquad (13.3)$$

在公式 13.3 中，假设第二阶段的衰亡常数为第一阶段的 13%，并且具有抵抗力的微生物占微生物总数的 0.01%。这些估计值是在其他一些孢子和细菌的测试数据基础上得到的，因此是有一定依据的(Kowalski et al.,2002a)。图 13.6 是由该公式生成的曲线，基本的条件是臭氧浓度为 3 ppm，相对湿度为 70%。通过调整衰亡率常数(指数项中的 1.153)，和先前描述的方法一样，公式 13.3 可以成比例的放大或缩小，以适用于不同臭氧浓度的计算模型。对于蜡状芽孢杆菌和炭疽杆菌而言，如果并不存在第二阶段，那么此公式的结果可以看作是保守的估计值。

正如前面所述，臭氧处理作为一种修复技术正处在发展阶段，目前还没有实际工程的现场数据可利用。臭氧对建筑材料的破坏程度尚不可知。虽然有机橡胶材料暴露在高浓度臭氧中是特别容易受到破坏的，但是目前还没有臭氧对其他有机材料，或电子和电脑部件造成一定破坏的相关数据。

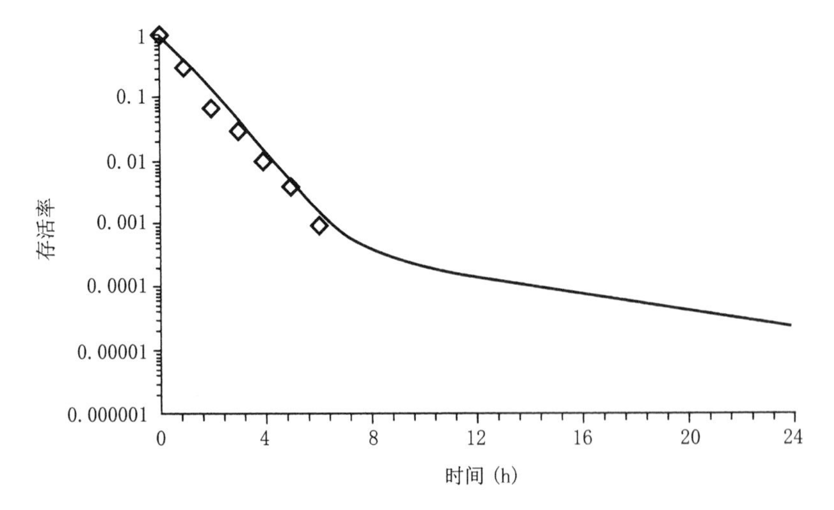

图 13.6 暴露在臭氧浓度为 3 ppm，相对湿度为 70%条线下，蜡状芽孢杆菌和炭疽杆菌的存活率曲线图[数据来源于参考文献 Ishizaki et al.(1986)]

13.5 二氧化氯

二氧化氯是一种消毒剂，这种消毒剂已经用于对华盛顿特区的哈特参议院大楼(Hart Senate Office Building)的消毒，消毒目标是针对炭疽杆菌孢子。在应用中，这项技术相对而言是新技术，目前还没有可用来预计其消毒率的参考数据。像臭氧一样，二氧化氯也是一种氧化剂，但是它既能以蒸汽的形式使用，又能以液体的形式使用，然而臭氧总是以气体的形式使用。

在供水系统中，二氧化氯用于控制水的气味。它也作为一种漂白剂使用。二氧化氯的沸点为11℃(51.87℉)，因此当保持低温或增压时，也能以液态储存。

对二氧化氯对人体的毒性还没有很好地研究过。美国的阈限值(短期暴露极限)[TLV (STEL)] 浓度规定为0.3 ppm，或者也可以选取和臭氧近似的安全浓度。在某个案例中，一个工人因暴露在二氧化氯浓度为19 ppm的环境中而死亡，但是持续暴露的时间并没有说明(Richardson and Gangolli, 1992)。

二氧化氯应用于建筑物的修复，和应用臭氧一样简单易行。不过，二氧化氯可能会是液态的，需要喷洒到空气中。液态的二氧化氯会在空气中蒸发变成气态，随后气态的二氧化氯将通过通风系统在建筑物中循环。在哈特参议院大楼的修复过程中，各种设备都安装在建筑物的外部，并且将其中的一个门道改作输送管道使用。

使用二氧化氯对哈特参议院大楼进行修复，并没有达到预期的效果。修复过程不得不进行了两次，并且持续了数天时间。一些报告指出二氧化氯和臭氧一样，在消毒过程中容易受到相对湿度的影响，然而目前还没有数据可以证实这一点。还有些传闻指出残留在家具上的二氧化氯会对家具造成一定程度的破坏。

13.6 SNL泡沫

在美国能源部编号为DOE - NN - 20 CBNP的洗消和修复研究项目(IITRI, 1999; Modec, 2001)支持下，位于美国新墨西哥州阿尔伯克基(Albuquerque)市的圣地亚国家实验室(Sandia National Laboratories)研制了一种泡沫，这种泡沫可作为气态臭氧或二氧化氯的替代物。这项研究的目的是研制泡沫、烟雾、液体、喷雾或气溶胶一类的物质，这些物质能用来中和化学毒剂，而且能像杀菌剂一样杀灭生物毒剂。

图13.7显示的是一大团SNL泡沫。SNL泡沫是由季铵盐(Quaternary

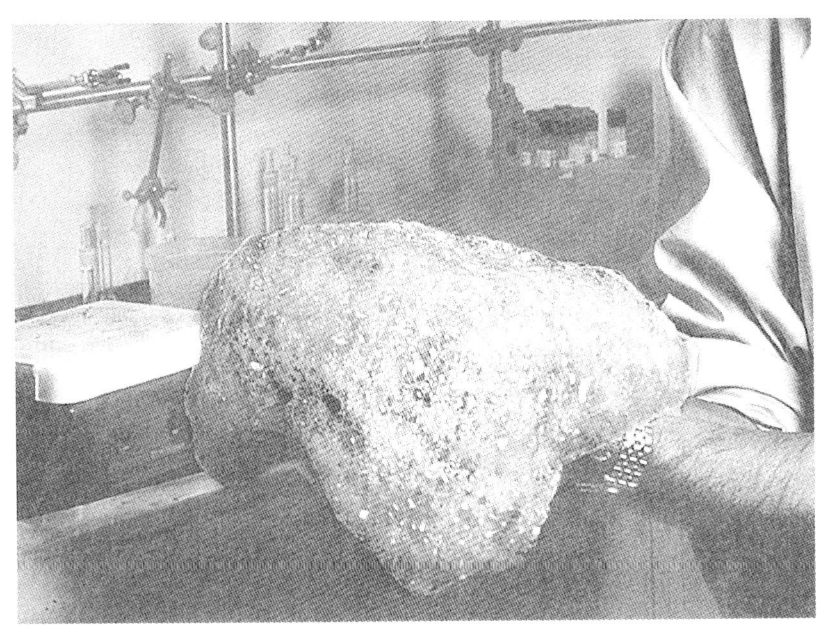

图 13.7 SNL 泡沫消毒剂(图片征得 John D.German，Sandia National laboratories，Albuquerque，NM 许可)

ammonium salts)、阳离子水溶液(Cationic hydrotopes)和过氧化氢(Hydrogen peroxide)共同组成。过氧化氢与重碳酸盐发生反应会产生有效的氧化剂。测试已经表明该种泡沫可以破坏化学毒剂的模拟剂，而且不会产生有毒副产品。

当以泡沫形式存在时，泡沫会保持稳定并具有更长的接触时间。泡沫的半衰期用于计量泡沫因为析水或蒸发而损失一半液体质量所经历的时间。SNL 泡沫的半衰期为数小时。

SNL 泡沫的 pH 值是可调的，这样它可以适用于特殊化学或生物毒剂的洗消。在使用 SNL 泡沫之前，可以使用粉末配方调和泡沫的碱性。通过选择这些袋装的粉末，可得到所需的 pH 值。对于沙林、索曼、塔崩、芥子气以及炭疽杆菌孢子的最佳 pH 值为 8.0；而对于维埃克斯毒气，最佳的 pH 值为 10.5(Modec,2001)。

图 13.8 反映了炭疽杆菌孢子(ANR－1 毒株)暴露在 SNL 泡沫中的衰亡过程。当暴露时间达到 1h 时，孢子的实际存活率已经低于检测的下限，不过图中根据前 30min 的存活率数据将曲线延伸，以获得彻底消毒所需的时间，这一时间大约为 78min。

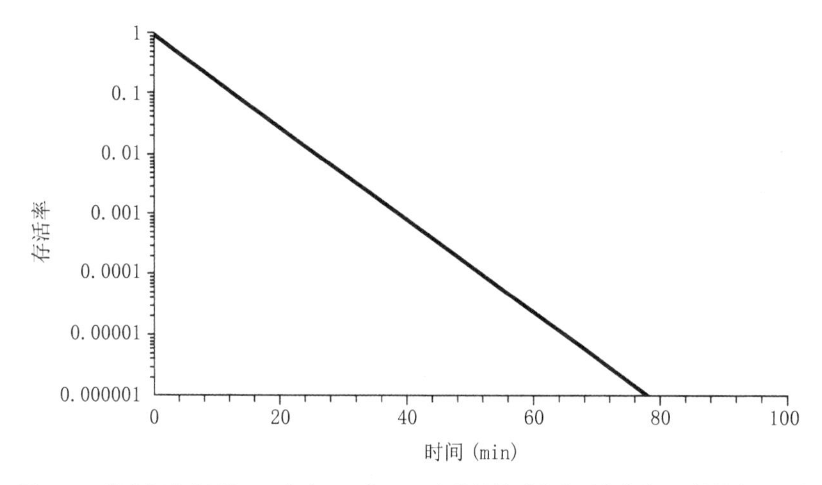

图 13.8　炭疽杆菌孢子与 pH 值为 8.0 的 SNL 泡沫接触时的存活率曲线图[数据来源于参考文献 IITRI(1999)]

SNL 泡沫的使用方法包括产生泡沫(与产生灭火泡沫相似)、喷洒液体或者释放蒸气。泡沫可以通过压缩空气喷射系统产生。在建筑物的修复过程中，SNL 泡沫将以蒸气或烟雾的形式产生，然后像先前描述的臭氧或二氧化氯一样，通过通风系统在室内循环。

13.7　小结

本章介绍了几种洗消技术，这些技术可以应用于建筑物遭受袭击的修复过程。工程师根据已经提供的信息，能够应用其中的某些技术对遭受化学或生物毒剂污染的整个建筑进行洗消。从各种关于应急洗消的参考文献中，可得到一些补充信息，这些信息还包括了净化剂和洗消设备的商品来源(Dept. of the Army, 1996; DOT, 2000; Fatah et al., 2001)。

第 14 章

替代技术

14.1 引言

前面章节中所介绍的免疫建筑的基本技术包括：稀释通风、过滤、紫外线杀菌照射(UVGI),以及炭吸附。还有其他一些消毒技术能应用于集成化的免疫建筑系统中，但是其中大部分技术不是仍处在研究阶段，就是应用于空气消毒的代价太高，或者是局限于高度专业化的应用。为了叙述的完整性，同时帮助研究新的解决方案，本章介绍了这些新出现的技术。读者应当注意的是，关于使用本章所介绍的各种设备进行系统设计的信息，目前具有一定局限性或者在大多数应用案例中尚未公开。事实上，人们对其中少数的新技术已经有充分的认识，然而这些新技术并没有得到广泛应用。读者可从每一章节中所涉及的参考文献中，查阅到额外的信息。

因为许多领域的研究成果尚未公开，而且在将来也肯定会出现一些新的技术，所以不应当认为本章中所介绍的技术已包含了所有的技术。在本章中不再讨论化学毒剂的消毒剂，因为在第 13 章中它们已经作为净化剂讨论过。这些技术按照由简单到复杂的顺序进行了大致的排序。表 14.1 中总结了每一种技术固有的优点和缺点。并不是所有的技术都必须被应用到化学和生物毒剂的防御中，但是它们却很可能成为整个免疫建筑系统的一部分。

14.2 加热消毒

加热能使微生物失去活性，但是需要长时间的持续高温。食品行业已经广泛研究了这个问题，同时食品消毒的步骤和程序已经得到普遍应用。目前，各种各样的加热系统可用于对医疗和实验设备的消毒以及消除生物

免疫建筑的替代技术　　**表 14.1**

技　术	应　用	优　点	缺　点
加热消毒	处理污染空气	简单、有效	费用高
低温冷冻	食物消毒	简单	费用高、抑制一些微生物
干燥	空气净化	干燥或除湿系统免费的副产品	作为一种单独的空气消毒技术并不划算
被动式日光照射	空气和表面消毒	无须费用	作用慢，并不总是实用
植物空气净化	改善空气品质	简单	仅部分有效，土壤会滋生真菌
抗菌涂层	可能会改善过滤器以及保护材料表面	抑制微生物生长，有利于修复	去除性能未知，担心涂层脱落
静电过滤器	空气净化	加强过滤、除尘	增加能耗，易受湿度影响
负离子化	除尘	简单、廉价	仅部分有效
超声波处理	水处理	可能会增强其他技术的效果	费用高、对空气消毒可能并不实用
光催化氧化(PCO)	空气净化	去除生化毒剂	性能在很大程度上未知，相对而言费用可能比较高
臭氧消毒	空气净化、消毒	简单、有效、廉价	可能发生臭氧泄漏
微波辐射	空气净化、消毒	简单、或许能节省成本	作用慢、性能未知
脉冲白光	空气净化	快速消毒、认识充分	空气消毒费用高
脉冲过滤光	空气净化、手术室、清洁皮肤	快速消毒、去除紫外辐射后对人体无害	空气消毒费用高
脉冲电场	空气净化，食物消毒	快速消毒、认识充分	空气消毒费用高
伽马射线辐射	空气净化、消毒	能有效防御生化毒剂	危险、费用高、需要控制管理
电子束	空气净化、消毒	能有效防御生化毒剂	费用高

污染。蒸汽加热、微波加热以及烘烤炉，它们普遍应用于消毒设备中，但是要完成对微生物的灭活作用，通常需要 20 - 30 min 的持续高温。这也排除了将它们应用于气流消毒的可能性。

废水、废渣处理设备有时用煤气火焰直接焚烧排出的气体，从而达到杀灭细菌和控制气味的目的(Waid, 1969)。若在建筑物中使用，这种系统并不可行，因为这种做法的能耗很高，而且事实上加热空气之后，又不得不把它冷却下来，这样会付出更高的代价。

14.3 低温冷冻

低温冷冻能使物体表面的病菌失去活性，这种技术已经成功应用于食品工业的某些领域(Andrews et al., 2000)。冷冻法对微生物产生的破坏作用取决于微生物的种类，某些微生物将仅仅转入休眠状态(Mitscherlich and Marth, 1984)。低温冷冻的费用，如同加热消毒的费用一样是非常昂贵的，低温冷冻用于气流消毒也是非常不实际的。不过作为修复建筑的一种手段，使用低温冷冻技术的一个优点在于，可以利用寒冷气候条件而不会损坏室内的家具。也就是说，当建筑物受到对于低温敏感的某种病菌污染时，在冬季可以让建筑物暴露在自然环境中。冷冻化学制剂将会使制剂变为液体或气体形式，这样它们便会从空气中沉淀出来并有利于建筑物的修复，但是这并不是一种实用或者有成本效益的方法。

14.4 干燥

脱水可以有效地杀灭微生物，但是其有效性相当程度上取决于微生物的种类，而且可能需要持续较长时间。孢子对于脱水的敏感性十分有限，某些类型的细菌在脱水作用下可能会进入休眠状态(Austin, 1991; Russell, 1982)。通常采用加热的方法来达到脱水目的，采用加热方法会导致能耗过高，这点在第 14.2 节的加热部分已经讨论过。

除湿系统经常会使用到除湿转轮，除湿转轮吸附空气中的水蒸气，然后将其释放到下一级气流中，最后排放到室外。除湿转轮可作为蒸发冷却系统的一部分。除湿冷却(Desiccant cooling)技术已经显示出具有减少室内微生物的作用，由于除湿是冷却过程的副产品，所以消毒过程并没有额外的费用。除湿冷却系统可能会使送风气流中的细菌浓度降低 10% - 80%，或者更多(Kovak et al., 1997)。在相同的测试中，空气中的真菌的浓度可减少 30% - 65%，或者更多。

除湿系统还显示出具有去除挥发性有机化合物(VOC)和其他室内气体

污染物的能力(Hine et al.,1992)。虽然除湿系统并非空气洁净系统，然而它们在通风系统中却能提供某种程度的潜在保护作用，可用来抵御空气中的污染物。

14.5　被动式日光照射

被动式日光照射中可作为杀灭空气中病原体的一种手段(如图 14.1 所示)，这是因为太阳光线中包括一些可以杀灭空气中病原体的紫外线辐射(Beebe,1958; EI – Adhami et al.,1994; Fernandez,1996)。例如，在太阳紫外线 B 波段光谱中，波长在 300nm 左右，太阳光的辐射强度大约为 1μW/cm^2 (Webb,1991)。甚至可见光也具有一定的杀菌效果(Futter and Richardson, 1967; Griego and Spence,1978)。太阳光线是导致室外空气中大多数人类致病微生物快速死亡的主要原因之一(Harper,1961; Mitscherlich and Marth, 1984)。

在一个建筑物的假想设计方案中，使用了被动日光照射来控制空气中的微生物。建筑物的窗户构成了回风静压箱，并且窗玻璃允许紫外线通过(Ehrt et al.,1994)。这种设计无需占用额外的建筑空间，但是可能会增加建筑冷负荷。另一种可供选择的方法就是使用光导管(Light pipe)，光导管能把日光辐射带到通常是阴暗的地方，如冷却盘管，同时可以通过长时间的照射来控制微生物的生长。

一种可能的增强被动式日光照射效果的方法是：在回风静压箱中联合使用二氧化钛 PCO(光催化氧化)部件。太阳光中的紫外线能激活二氧化钛，同时氧化静压箱表面的任何微生物，从而取得与抗菌涂层相同的效果。

被动式日光照射对生化袭击的防护作用十分有限，但是可以用在建筑物的后期修复过程中。

14.6　植物空气净化

植物由于各种原因能去除或减少空气中的微生物(Darlington et al., 1998)，因此许多活的植物能充当天然的生物过滤器(Biofilter)的作用(如图 14.1 所示)。大量植物表面能吸收或吸附微生物或灰尘。植物所产生的氧气对于微生物可能具有氧化作用。虽然增加湿度对于减少某些种类的微生物具有一定的作用，但是高湿度的环境也可能有利于其他一些微生物的生长。一些共生微生物的存在，如链霉菌属(Streptomyces)，能对空气产生一定的消毒作用。自然界能够抵御细菌的植物也可能对哺乳动物的病原体起

图 14.1 日光照射和植物在减少室内空气细菌负荷方面都有所贡献（图片征得宾夕法尼亚州 Art Anderson 的许可）

作用。在植物空气净化系统中，空气在进入通风系统之前，首先通过像温室一样的区域。在室内种植大量植物也有一个不利之处，即盆栽土壤可能会含有过敏性真菌。

14.7 抗菌涂层

抗菌涂层可用于各种各样的产品，包括过滤器。目前，可提供各种抗菌过滤器，但是它们的实际有效性仍在研究之中。大多数抗菌过滤器的主要目的是防止微生物在受潮的过滤介质上滋生。出于这一目的，抗菌剂涂层是有效的。公众所关心的问题是抗菌微粒是否会飞散到空气中，这一问题目前还没有得到实验证实(Foarde et al.,2000)。在一些文献中对这种技术的有效性进行了争论，各种过滤器抑制微生物生长的有效性的比较结果也并不一致(Fellman,1999)。

对于微生物在过滤器上滋生的现象，人们关注的主要问题是这种滋生，尤其是真菌的滋生，可能会穿透过滤器并且在下风侧释放孢子或其他微生物成分。另一个关注的问题是，受污染的过滤器对于维护人员可能存在一定的危害。抗菌过滤器对于解决上述问题可能是有效的，但这需要更进一步的研究来证实。

抗菌涂层已经应用在一些存在潮湿和生物污染问题的地方，例如在通风管道中。很久之前人们就认识到，像银和铜这类物质能抑制微生物的滋生，并且甚至能及时杀灭它们(Thurman and Gerba,1989)，由银离子做成的涂层可以粘结在金属或其他材料表面。抗菌涂层的使用寿命可能很长，当然这还要取决于磨损的情况。

建筑材料经常被刷上或涂上像胶乳一样的有机化合物，这类有机化合物容易受到滋生微生物的影响(Klens and Yoho,1984)。取代这些材料和使用抗菌剂能抵消这方面的影响(Kennedy,2002)。

目前，其他一些抗菌材料已经问世或者处在研发之中，它们包括抗菌材料，抗菌涂层钢制风管，以及抗菌风管材料等。这是一个具有发展潜力的新领域，研究工作也正在进行之中。在防御生化毒剂方面，抗菌风管的一个可能应用就是有利于建筑物的修复。

14.8　静电过滤器

静电过滤器通过外部电源产生并维持电荷，从而吸引微粒或者使它们沉淀在具有相反电荷的表面(McLean,1988)。这种过滤器通常应用在工业上需要控制灰尘和其他相对较大微粒的场合，不过如今在家用市场上它们也受到越来越多的欢迎(White,1997)。虽然一些小型的商业设备被设计用来吸收烟气微粒，但是它们对于小微粒的吸收效率并不高。

一些形式的静电过滤器，如驻极体过滤器，能够维持气流通道中的电荷，并且不需要供电(Tennal et al.,1991)。这些过滤器的性能在有限的范围内进行过研究，其结果并不总是会优于标准过滤器。此外，在相对湿度高的场合，这些过滤器可能会失去电荷。虽然对于这类设备在去除悬浮微粒方面的研究有很多(Cheng et al.,1981; Huang and Chen,2001)，但是对于它们去除空气中病原体的能力却知之甚少。有报告指出这种设备会产生一些臭氧，不过除非臭氧会不断积聚，否则其浓度还达不到对人体有害的程度(Boelter and Davidson,1997; Hautenen et al.,1986)。静电过滤器可以达到和高效空气过滤器(HEPA)相匹敌的性能(Jaisinghani and Bugli,1991)。图 14.2 显示的是一个应用于风管的静电空气过滤器。

一些形式的静电过滤器采取了一些改进措施，例如，对进入静电过滤器的空气进行电离。在一个称为“电增强型过滤器”(EEF，Electrically Enhanced Filter)的系统中，一系列的电离金属线用来产生高密度的电离场。空气中通过电离场仍然存活的细菌随后被接地的过滤器捕获。任何被过滤器捕获的细菌将会受到连续离子流的作用，并最终被杀灭(Jaisinghani,1999)。图 14.3 显示的是一个电增强型过滤器设备的例子。

14.9 负离子化

当原子失去或得到电子时，就会产生离子，此时处于短暂的电荷不平衡状态。这些带电的原子能促使微粒(如灰尘)聚成一团。空气负离子化对

图 14.2 电动式静电过滤器，应用于风管内部（图片征得 LakeAir International, Inc Racine WL 的许可）

图 14.3　电增强型杀菌过滤器（图片征得 Technovation System，Inc ，Midlothian，VA．的许可）

于减少呼吸系统疾病的传播具有一定的作用，不过这种作用某种程度上取决于疾病的类型，并且会受到空气相对湿度的影响(Estola et al.,1979；Happ et al.,1966)。虽然当前的研究具有一定的局限性，但是一些研究已经表明负离子化具有降低生物气溶胶浓度的潜力(Makela et al.,1979；Phillips et al.,1964)。

在一些灰尘可能携带有微生物的场合，例如禽舍，空气负离子化通过将空气中的灰尘沉淀出来，能够降低感染发生率。据报道，这种技术在烧伤病房、教室以及牙科医院都已经有成功的应用(Gabbay,1990；Makela et al.,1979)。

如图 14.4 所示的电离装置，可以从不同的生产厂商获得。在干燥的空气中，电离也能用来增强空气过滤器的效率，这主要是通过促使空气中的微粒发生凝聚，以及使微粒带有静电来实现的。这些技术与静电过滤器中所采用的技术具有相似之处(Chen and Huang,1998；Lee et al.,2001)。

图 14.4 室内使用的负离子发生器(图片征得 Elec troop, Cotati, CA 的许可)

14.10 超声波处理

超声波具有杀菌的作用(Hamre,1949; Scherba et al.,1991)。当对病毒和细菌施加足够的能量时,能像雾化液体一样将它们粉碎。超声波处理能通过两种方法实现:超声波喷嘴和声波发生器。

如果气流受压通过超声波喷嘴,那么在喷嘴出口处将会形成持续的冲击波。这种冲击波的能量在传递给气流的过程中不断消散,同时会引起气流突然和迅速地膨胀,最终导致气流中所有生物气溶胶被雾化,或者变为气体。虽然这项技术在超声波加湿器中的应用十分有效,但是要迫使大量气流通过超声波喷嘴将需要极高的费用。

通过调整声波发生器的频率使之在空腔中产生共振,这样也会产生持续的冲击波。当气流通过冲击波时,其中的生物气溶胶将会被粉碎。但是对于空气来说,这样做所需的能量级别非常高,更不要说产生噪声的问题。在液体中,产生微小的气泡可能具有杀菌作用,其作用机理是在气泡破裂时能够破坏细菌细胞(Vollmer et al.,1998)。

超声波的真正价值在于和其他一些技术联合使用时,例如和臭氧或紫外线杀菌照射(UVGI)技术，会产生增强的化学反应。特别是超声波处理能减少微生物的凝聚，使之丧失自然的保护作用(Harakeh and Butler, 1985)。分枝杆菌(Mycobacteria)在潮湿的环境下容易结块(Ryan, 1994)，这表明采用超声波处理减少结块，有可能增强其他技术的应用效果。超声波也能减少孢子的耐热性(Sanz et al., 1985)，而且还具有分解某些化合物的潜力(Hirai et al., 1996; Hoffman et al., 1996)。

14.11　光催化氧化

光催化氧化(PCO, Photocatalytic oxidation)是一项处在发展中的技术，这种技术使用一种半导体光催化剂——二氧化钛(TiO_2)为材料。当这种材料受到可见光或紫外线照射时，会迅速释放出电子，这些电子参与化学反应将会产生羟基和其他离子(Goswami et al., 1997; Jacoby et al., 1998)。羟基具有高度活性，将会使任何与催化剂表面相接触的挥发性有机化合物(VOC)发生氧化(Jacoby et al., 1996)。

羟基能够分解有机化合物，例如微生物表面的有机化合物，同时也可能分解一些生化毒剂。污染物，特别是 VOC，首先会吸附在催化剂表面，随后被氧化成大部分无害的化合物，如二氧化碳等。既然催化剂材料在整个过程中并没有被消耗，并且能够使化合物发生氧化，那么 PCO 的使用在实质上是一个自净过程。

目前，PCO 系统在日本作为一种独立再循环设备出售，它是由表面涂有二氧化钛的过滤材料组成，并采用紫外灯照射。图 14.5 是典型的 PCO 系统。

PCO 系统具有能耗低、服务寿命长和维修需求少的特点(Block and Goswami, 1995)。然而，有一项研究表明，这些系统应用于气相过滤时不如炭吸附器经济有效(Henschel, 1998)。虽然目前还没有足够的数据用来确定

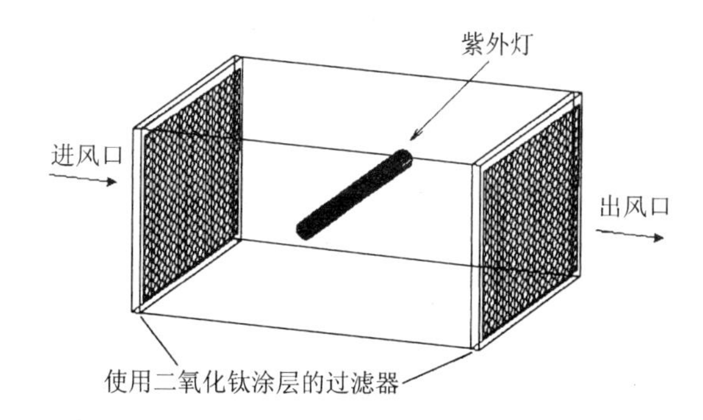

图 14.5　PCO 设备的典型设置，在进风口和出风口的过滤器使用了二氧化钛涂层

PCO系统消除生物毒剂的效率，但是由于过滤器和紫外灯在系统中的应用，所以可以预期这项技术能同时抵御微生物病原体和化学毒剂。

14.12 臭氧消毒

先前臭氧已经被研究用于空气消毒，但是结果并不确定(Elford and den Eude,1942; Hartman,1952)。虽然使用臭氧对整个房间进行消毒有一定前途(Masaoka et al.,1982)，但是关于臭氧用于空气消毒这方面的数据却很少。虽然臭氧对于人体的毒性成为这种应用的一个明显障碍，但是随着有效的臭氧过滤器和臭氧催化去除技术的发展(Oeurderni et al.,1996)，将会为发展出对人体无害的臭氧系统铺平道路。

低剂量的臭氧在水中具有很高的消毒效率，这一点已经得到证实(Betran1995; Chang et al.,1996; Hart et al.,1995; Katzenelson and Shuval,1973)。理论和经验都表明，消毒效果大部分源于臭氧所产生的基团，而并不是臭氧本身(Betran,1995;Glaze et al.,1980;Rice,1997)。通过采用紫外线照射和控制湿度，能加强臭氧在空气中的分解反应(NIST,1992)。研究表明臭氧在空气中的消毒效率与在水中相类似，而且表明了在这两种介质中，臭氧对于空气传播型病原体的消毒效率具有可比性(Kowalski et al.,1998)。

在水中使病毒和细菌失去活性的臭氧浓度阈值，相对而言是很低的。例如，杀灭埃希氏大肠杆菌(E.coil)的浓度阈值在0.1-0.4ppm之间(Fetner and Ingols,1956; Katzenelson and Shuval,1973)。美国职业安全与健康管理局(OSHA, Occupational Safety and Health Administration)所规定的人体暴露限值浓度为0.1 ppm。

微生物在臭氧和UVGI中暴露的衰亡特性在数学上具有相似性。图14.6表示了根据实验得到的一些微生物的衰亡率常数，实验针对埃希氏大肠杆菌(Escherichia coli)和金黄色葡萄球菌(Staphylococcus aureus)，同时将结果与其他一些在水中的细菌的实验结果作了比较(Kowalski et al.,1998)。图14.6中显示的是在前15-20 s暴露时间内的衰亡率常数。

人们已经发展了一套臭氧消毒系统，在这套系统中采用一种称为Carulite™的催化材料去除排风中的臭氧(Kowalski and Bahnfleth,2003)。Carulite是一类经过金属盐浸渍的像炭一样的材料，它作为众多催化剂的一种，被通称为浸渍金属盐(MSI)炭吸附剂。虽然只在试验室中测试了这套系统的表面消毒率，但是它能完全去除排风中的臭氧，因此能作为空气消毒系统的一部分。与UVGI和过滤器相比，这个系统在经济上是可行的，但是至今没有研制出系统的全尺寸模型。图14.7显示的是一个臭氧空气消毒系

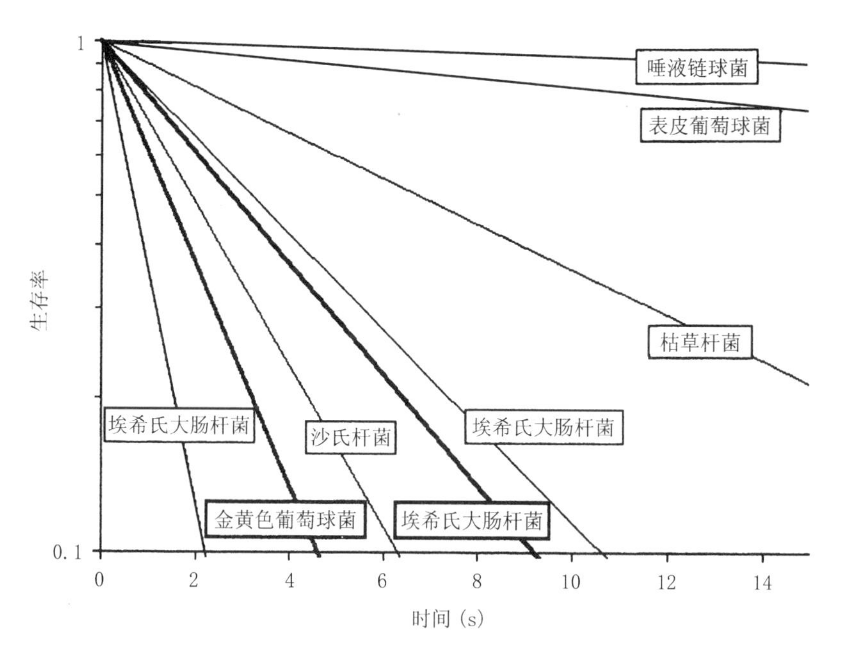

图 14.6　在空气中,臭氧对于一些细菌的消毒率(Kowalski et al., 1998)

统的样品。

臭氧在其他方面的应用是很成功的，这一点已经得到了证明，包括水消毒(AWWA,1971)、衣服清洗、以及冷却塔用水的消毒。对于单个商业建筑，如果采用集中臭氧发生器来提供所有这些功能，那么空气消毒系统所增加的费用在经济上是可行的，尤其是因为只有不到 90% 的臭氧会在对水消毒的过程中被消耗(Mayes and Ruisinger,1998)，剩余的臭氧还能用来对空气消毒。

在考虑系统的运行费用时，催化型臭氧去除部件的预期寿命也是需考虑的因素之一。实验结果表明，在效率下降之前，1kg 的 MSI 炭吸附剂能去除 0.11 - 0.40 kg 的臭氧。以这种比例计算的话，当气流中的臭氧浓度为 0.1ppm，且风量为 25000cfm(11.8m^3/s)的情况下，那么 5kg 的 MSI 炭吸附剂每 6 个月就需要更换一次。

14.13　微波辐射

通过前几十年的大量研究，微波用于消毒方面的效率已经得到很好的确认(Goldblith and Wang, 1967; Latimer and Matson,1977)。微波加热液体

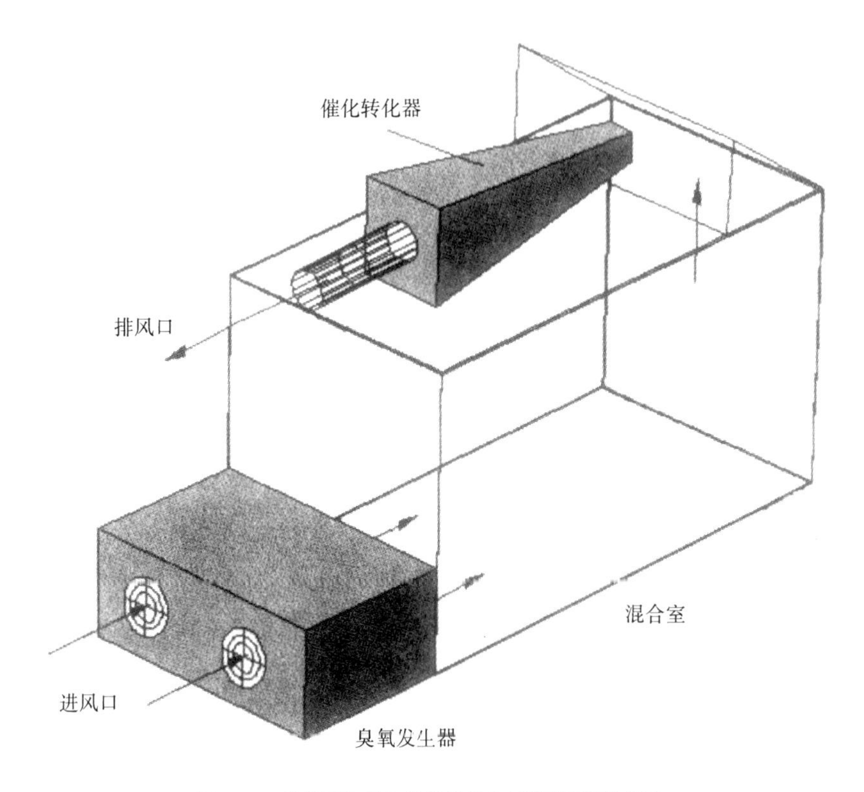

图 14.7 采用催化转化器的臭氧空气消毒系统的样品

以及由此产生的热效应，通常这被认为是导致微波消毒的惟一原因。然而很久以前，一些研究就已经表明存在“微波效应”，同时这些主张也引起了争议，并一直持续到今天。

微波由相互正交的电波和电磁波组成，它们联合作用于生物系统。这些电磁场的主要作用是导致一些具有偶极矩的分子发生旋转，例如水分子(Pethig, 1979)。自从 1912 年，人们就已经认识到极性分子的这种介电效应。极性分子拥有不均匀的电荷分布，通过旋转对电磁场作出反应，如图 14.8 所示。由这些分子旋转所产生的角动量，会导致相邻分子间的摩擦，接着转化为线性动量，这就是热力学上对液体和气体中热的定义。

微波加热并不完全等同于高温加热，或者由外界能量输入导致的加热。微波首先促使分子旋转，同时在吸收微波能量和产生随机的线性动量之间存在微小延迟。通过文献 Kakita et al.(1995) 以及 Rosaspina et al.(1993) 中的研究，已经发现了有高温加热理论并不能解释的效应存在，例

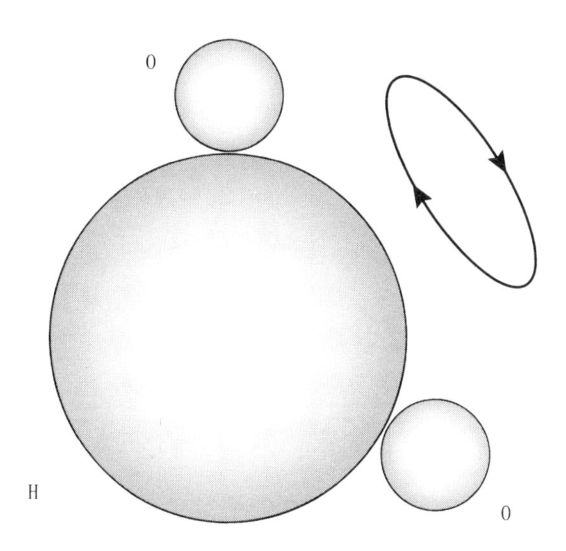

图 14.8　在水分子中，相对于通过氢原子(H)的轴线，两个氧原子(O)相互成 104.5°的夹角，在微波产生的电磁场下，由此产生的偶极矩会促使水分子旋转

如 DNA 分裂。在这方面需要更深入的研究，尤其是许多论断声称微波辐射(例如，来自输电线路和手机)可能对人体健康存在潜在的威胁。

不考虑这种技术杀灭微生物的机理，当遇到对邮件和包裹进行消毒的问题时，微波有一个优于 UVGI 和臭氧的优点——微波可穿透纸张，同时能对邮件和包裹内部进行消毒。基于对孢子进行消毒所做的研究(Cavalcante and Muchovej, 1993)，可以估计出对邮件进行消毒只需要 30min。与其他一些方法(例如伽马射线辐射)比较，这种方法是否更加经济，仍然是一个需要更深入研究的问题。此外，因为邮件中可能含有一些金属材料，例如光盘、信用卡、金属磁带等，采用微波辐射的方法对这些邮件进行消毒存在一定的危险性。

在微波技术方面的另一项进展是使用脉冲微波技术。脉冲微波在流体中能产生声波，同时可能具有杀菌作用(Kiel et al., 1999)。因为具有这种能力，它们可能用于对食品和水进行消毒。

14.14　脉冲白光

脉冲白光(PWL, Pulsed white light)也称为脉冲光，或者脉冲紫外线(PUV)。PWL 系统采用的是大功率的氙气灯，有些系统会发出 0.1 - 0.3ms

的脉冲(Johnson, 1982)，还有其他一些系统会发出大约在 100μs ~ 10ms 的脉冲(Wekhof, 2000)。虽然由脉冲白光产生的光谱与太阳光谱相似，但是瞬时强度却高于太阳光 2000 倍(Bushnell et al., 1997)。脉冲白光的光谱中包括了大量的紫外线成分，这可能是其具有杀菌作用的主要原因。图 14.9 显示的是一个脉冲白光设备。图 14.10 显示的是一个水冷式脉冲白光设备。

目前这项技术正在被应用于药品包装工业，在那里制造的半透明的瓶子和容器在通过单程白光处理柜时被消毒(Bushnell et al., 1998)。这些暴露在白光处理柜中的容器表面，大约会接受到强度为 $1.7J/cm^2$(或 $1.7W\cdot s/cm^2$)的照射。

仅仅需要二次或三次脉冲照射就能完全杀灭细菌和真菌孢子。以每次产生 $0.75\ J/cm^2$ 的能量进行两次脉冲照射，就足以对平皿中培养的金黄色葡萄球菌(Staphylococcus aureus)进行消毒，菌落形成单位会减少到原来的 10^{-7} (Dunn et al., 1997)。枯草杆菌(Bacillus subtilis)、短小芽胞杆菌(Bacillus pumilus)、芽胞杆菌(Bacillus stearothermophilus)和黑曲霉(Aspergillus niger)的孢子经过一到三次的脉冲照射后，便会完全失去活性，菌落形成单位会减少到原来的 10^{-6} - 10^{-8}(Bushnell et al., 1998)。培养的细菌经过脉冲白光照射后表现出令人吃惊的一面，就是这些细菌的生存曲线并没有表现

图 14.9 脉冲白光消毒系统。(图片征得德国 Alex Wekhof, Wektec Inc. 的许可)

图 14.10　脉冲白光消毒系统，图中显示有冷却水管(图片征得 PurePulse of California 的许可)

出尾部曲线，至少目前所有可利用的数据都表现出这样的特性(Dunn et al.,1997)。

图 14.11 显示了枯草杆菌孢子经过高强度白光少数次的脉冲照射之后的作用效果。注意孢子所表现的成坎效应(Cratering effect)。

图 14.12 是黑曲霉菌孢子暴露在脉冲光以及 UVGI 中的情形对比，图片来自文献 Dunn et al.(1997)。根据该文献中的研究，脉冲光的少数次脉冲的灭活作用已经大大超过 UVGI。和 UVGI 相比，脉冲光能在更短时间内提供更强的杀菌作用，并且微生物的衰亡曲线成单阶段衰减。微生物暴露在 UVGI 中的衰亡曲线是典型的两阶段曲线，伴随有显著的第二阶段。

一些研究报告提出，PWL 比 UVGI 更有效，但是这并没有经过测试结果的比较而得到证实。如果对微生物的暴露剂量进行计算，为达到相同的

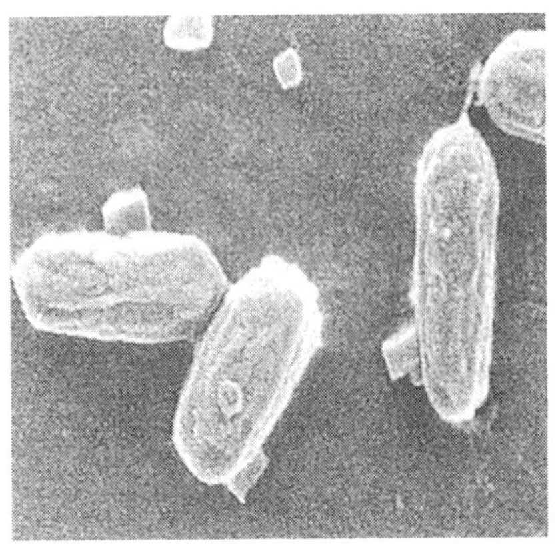

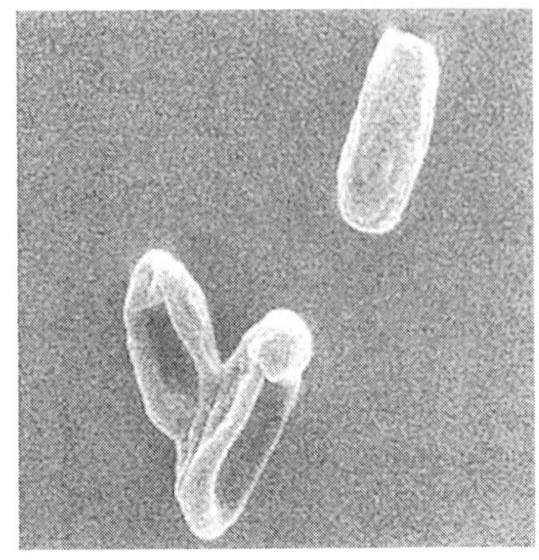

图 14.11 脉冲光作用于枯草杆菌孢子的效果，左边显示的是暴露之前的图片，右边显示的是暴露之后的图片（图片征得德国 Alex Wekhof，Wektec Inc. 的许可）

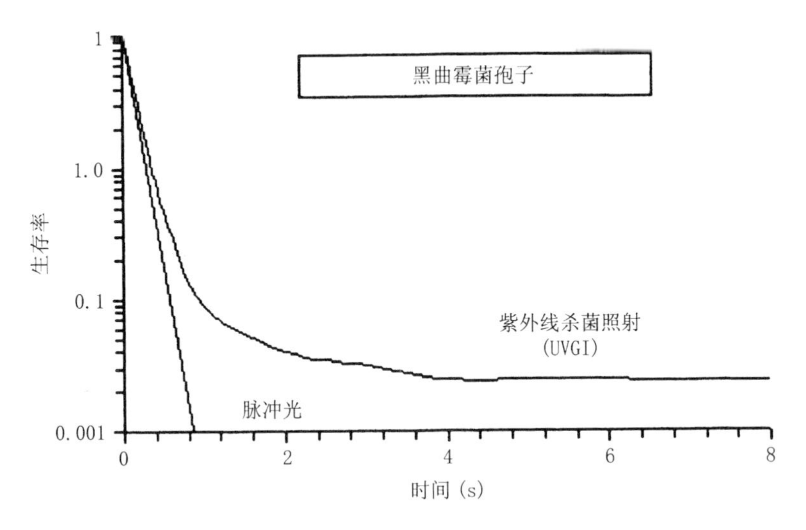

图 14.12 黑曲霉菌孢子在脉冲光和 UVGI 这两种灭活作用下的衰亡曲线对比

消毒效果，在 PWL 下所需的剂量将高于 UVGI。表 14.2 总结了从所示参考文献中得到的一些 PWL 衰亡率常数，同时把它们与已知的 UVGI 衰亡率常数进行了比较。PWL 衰亡率常数的计算值明显低于 UVGI。虽然 PWL 作用迅速，但是对微生物进行灭活需要的总能量更多，因此其效率并不比 UVGI 高。

PWL 衰亡率常数　　　　**表 14.2**

研究人员	微　生　物	PWL k* (m^2/J)	UVGI k (m^2/J)
Dunn 1997	肠炎沙门氏菌(*Salmonella enteritidis*)	0.000351	0.22300
	金黄色葡萄球菌(*Staphylococcus aureus*)	0.001075	0.08860
	枯草杆菌孢子(*Bacillus subtilis spores*)	0.000403	0.03240
Dunn 2000	黑曲霉菌孢子(*Aspergillus niger spores*)	0.000261	0.00170
	金黄色葡萄球菌(*Staphylococcus aureus*)	0.005263	0.08860
Bushnell et al. 1998	黑曲霉菌孢子(*Aspergillus niger spores*)	0.000307	0.00170
	枯草杆菌孢子(*Bacillus subtilis spores*)	0.000307	0.03240
Wekhof et al. 2001	黑曲霉菌孢子(*Aspergillus niger spores*)	0.000237	0.00170
	枯草杆菌孢子(*Bacillus subtilis spores*)	0.000184	0.03240
Wekhof	埃希氏大肠杆菌(*Escherichia coli*)	0.017270	0.07675
	枯草杆菌孢子(*Bacillus subtilis spores*)	0.001473	0.03240

* k = 衰亡率常数

14.15 脉冲过滤光

当脉冲光的能量增加到大于普通使用的程度时，将会产生次生效应，通常称作为“脉冲白光崩解效应”(Pulsed-light disintegration)。次生效应并不依赖于白光中的紫外线成分，即使滤去紫外线，仍会产生次生效应。滤除 PWL 的紫外线成分，同时增加产生脉冲白光的总能量，这样做未必会对人体有害，然而却能保持杀菌的特征(Wekhof et al.,2001)。无论是否存在 C 波段的紫外线，突然过热都会导致细菌的细胞壁发生破裂。过热主要是 A 波段的紫外线引起的，同时在高剂量下细菌的崩解效应十分显著。

图 14.13 表示黑曲霉菌孢子在脉冲过滤光照射之前的图像，以及在两种不同级别的脉冲过滤光照射之后的图像。由中间的图像可以看出，以每次脉冲强度为 5kW/cm^2，进行五次脉冲照射之后孢子就会发生破裂。在右边的图像中，每次脉冲强度为 33kW/cm^2，孢子经过两次脉冲照射之后就已经发生明显破裂。当照射强度达到何种水平时崩解效应将会成为主导因素，这一问题在目前尚不清楚。

利用脉冲白光的崩解效应能够杀灭皮肤表面的细菌细胞，而且不一定会危害皮肤细胞。这是因为皮肤细胞被细胞基质所包裹，细胞基质能够抵御超压，起到保护细胞的作用。即使皮肤细胞被破坏，最终它们也能通过自然的再生过程而得到恢复。

脉冲过滤光技术能够应用于医学行业，手术室就可以采用这项技术来控制在手术过程中发生的院内感染。因为被污染的皮肤表面在脉冲光照射下并不会出现任何危害，那么这项技术应用在人员洗消方面具有一定的发展潜力。

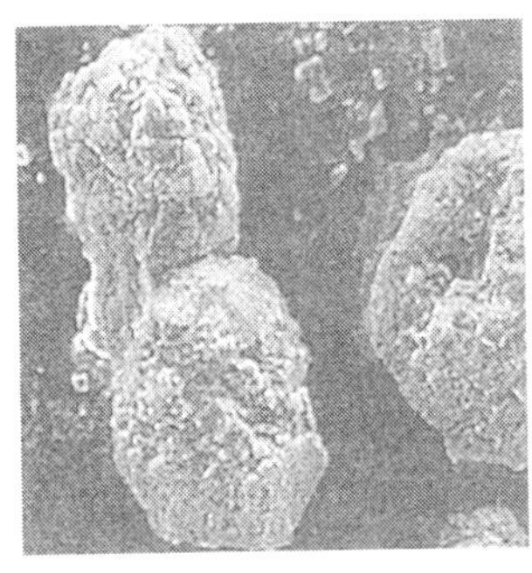
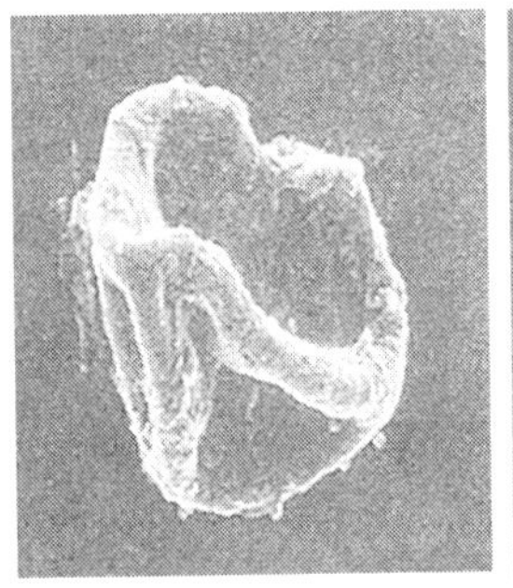
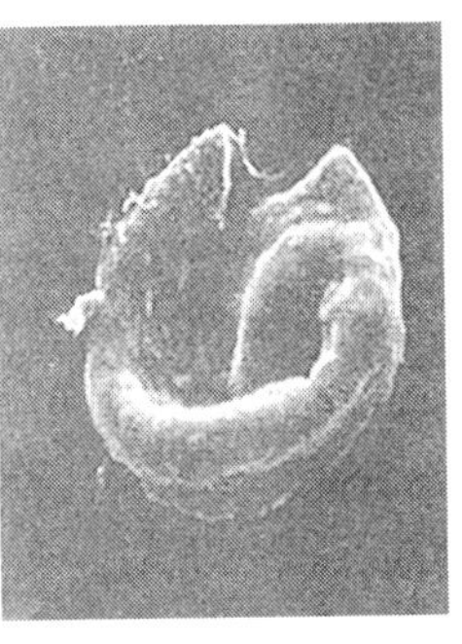

图 14.13 脉冲光作用于黑曲霉菌的效果图(最左边是孢子未暴露在脉冲光中的图片,中间是孢子暴露在普通型脉冲光中的图片,然而右边是孢子暴露在加强型脉冲光中，产生崩解效应的图片)(图片征得德国 Alex Wekhof, Wektec Inc. 的许可)

14.16 脉冲电场

脉冲电场(PEF, Pulsed electric fields)能够对流体进行消毒，基于这种用途目前该技术在食品工业得到了应用。脉冲光实际上是一种脉冲电场的一种变异形式。虽然由于电场导致微生物灭活的作用机理与脉冲光有着明显的不同，但是电场和光都属于电磁辐射。此外，孢子似乎对脉冲电场具有一定的抵抗能力。采用 PEF 消毒时，需要提供不低于 8kV/cm 的电场强度。微生物经过 PEF 辐射，和受到其他灭活作用一样，例如辐射、杀菌剂、以及加热，其衰亡曲线表现为具有尾部的特征曲线，同时符合标准的对数衰亡特性。

这项技术已经被用于水系统的消毒方面，例如用来杀灭水中的隐孢子虫(Cryptosporidium)。基于这样的应用要求，目前已经研制出一些 PEF 系统(Clark et al.,1997)。水可能会在一定程度上削弱 PEF 的作用，但是 PEF 可能更适合这方面的应用，这是因为 PEF 在水中的衰减作用要低于 PWL。

在液体介质中，PEF 会产生强度大约为 4 - 14 kV/cm 的电场脉冲。瞬间电场会在细菌的细胞壁施加 1.0V 以上的膜电位，这将足以彻底地溶解或破坏细胞。人们已经发现对于各种微生物的灭活作用取决于电场强度和处理时间，对于每一种微生物来说，包括埃希氏大肠杆菌(Escherichia coli)、短乳杆菌(Lactobacillus brevis)、荧光假单胞菌(Pseudomonas fluorescens)、仙人掌杆菌孢子(Bacillus cereus spores)和酿酒酵母菌(S.cerevisiae)，这些参数都是不同的。既然这种方法对于蛋白质、酶和维生素的破坏作用很小，那么它非常适用于食品的加工过程，可以对肉汤和牛奶等液体食品进行消毒处理。

在抵御生化毒剂的应用中，PEF 在水消毒方面具有潜在的应用价值，但是应用该技术对空气或物体表面进行消毒还存在一些固有的困难。

14.17 伽马射线辐射

伽马射线是电离辐射的一种形式，它能用于杀灭微生物以及对设备进行消毒(Smith et al.,2001)。伽马射线对各种形态的生物都具有独特的危害性，能够破坏细胞和基因。伽马射线由放射性物质发射出来，并且具有穿透液体和固体物质的能力。在对邮件和信封消毒时，这种性质使伽马射线技术具有得天独厚的优势。然而，伽马射线会损坏材料并且对健康有一定的危害，所以必须谨慎地使用。

在减少了微生物群体数量方面，伽马射线与UVGI具有相似的杀菌效果。在伽马射线辐射下微生物群体数量呈指数衰减，和UVGI一样，微生物对于伽马射线的反应能够用衰亡率常数来定义。伽马射线可用于对一些包装的食品进行消毒(Alimov et al.,2000)，同时已经被考虑作为对邮件进行消毒的一种方法。不过因为伽马射线费用昂贵，且对人体存在一定的危害，这些将限制它们作为免疫建筑系统的组成部分。图14.14是采取很强屏蔽

图14.14 来自J. L. Shepherd 的伽马辐射系统（图片征得Microelectronics Activity, U.S. Secretary of Defense的许可）

措施的伽马射线辐射装置的示意图。

14.18 电子束

随着技术的发展，电子束作为一种消毒技术已经变得越来越普遍了(Vanlancker and Bastiaansen,2000)。电子束技术与伽马射线以及X射线技术有一定联系，但是电子束技术并不依赖于放射源(Alimov et al.,2000)。与伽马射线一样，电子束具有基本的穿透物质的能力，同时它们也应用在设备和食品消毒方面。此外，对于该技术在受污染邮件消毒方面的应用潜力也进行了相关的测试。

14.19 小结

本章对各种替换技术进行了概述，这些技术已经得到了应用或者正在发展之中，它们有可能应用于抵御生化毒剂并保护室内人员。除了其中的某些技术，例如脉冲光技术，当前很少有信息可用来确定它们抵御生化毒剂的性能，但是随着研究的深入和技术的不断发展，这些信息最终是可以获得的。

第 15 章

经济性分析与系统优化

15.1 引言

任何免疫建筑系统都可以通过优化来改善其性能、经济性或者兼顾二者。如果给出一些确定的性能标准，并且给出一个限定的预算范围，就能够选择或设计一个适用的最佳系统。按照所付出的成本，可以将工程经济学的基本原理应用于任何系统，以获得对生化毒剂最高的去除率，或者使人员死亡率的估计值达到最低。去除率可作为系统性能评估的标准，而生命周期成本(Life cycle cost)则构成了经济性评估的基础。

15.2 选择系统性能标准

第 9 章的分析表明了中等规格的过滤器和紫外线杀菌照射(UGVI)系统可以为室内人员提供高级别的保护。研究结果同时表明，在额定过滤效率(比色法效率)超过 80%时，继续提高过滤器的等级并不能进一步显著降低室内人员的死亡率。图 15.1 举例说明了这一效果，对于释放炭疽杆菌孢子的恐怖袭击，图中供研究的 6 种建筑类型都显示了过滤效率在 60% - 80%之间的过滤器能有效降低炭疽热引发的人员死亡率，但是采用过滤效率超过 90%的过滤器并不能进一步显著降低人员死亡率。这种“收益递减效应”同样适用于 UGVI 系统和其他所有病原体。

通过第 9 章对袭击情景的模拟可以得出以下结论：投资于过高级别的过滤器和更大功率的 UVGI 系统并不能经济有效地降低预测的人员死亡率。这一结论在很大程度上是因为这样一个事实，即任何已安装的空气净化系统的效率将受到通风系统空气流量的限制。 当系统达到一定级别之后，只有增加系统的总风量或者新风量才会继续提高系统的性能。但是这在大多

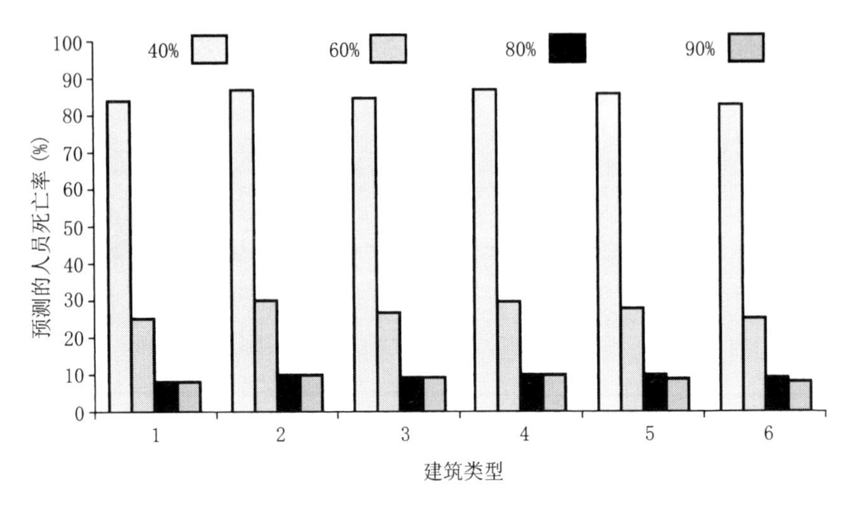

图 15.1 对于释放炭疽杆菌孢子的恐怖袭击，在系统中增设图中所示额定比色法效率的过滤器对减少人员死亡率的作用效果(图中各项所对应的建筑类型可参照表 9.14 和表 9.15)

数情况下，这种作法可能并不经济，设置于建筑物中的最为经济有效的系统可以定义为——在任何特定建筑中能够最大程度降低预测人员死亡率的系统。当然，这在很大程度上减少了在降低风险和系统投资之间寻求平衡的工作量，因为往往最有效的系统并不一定是最昂贵的。

建筑物防御生化袭击最切实可行的办法就是设计一个在经济上可接受的系统，同时该系统能够为大多数室内人员提供有效的保护。虽然不能对所有的建筑都提前指定人员死亡率预测值的特定界限或最低目标，但是在先前所做分析的基础上，表 15.1 提供了一些对生化毒剂防护系统进行选型的一般性指导。由于情况会根据建筑和通风系统的不同而有所改变，表中的这些指标也不是绝对的。不过这些指标可以作为一个起点，以便于确定对于每幢建筑来说哪些净化设备可能有效果，并且确定其基本的生命周期成本可能会是多少。

生化毒剂防护系统的建议指标 **表 15.1**

过滤器规格(最低)	60%	MERV 11
过滤器规格(最高)	80%	MERV 13
UVGI平均强度(最低)	1000	URV 11：μW/cm²
UVGI平均强度(最高)	2000	URV 13：μW/cm²

MERV = 最低试验效率，URV = UVGI 等级。参照 ASHARE 标准 52.2 - 1999(ASHRAE 1999a)。

15.3　过滤系统的经济性

过滤系统的经济性分析是相当简单的。生命周期成本主要取决于：过滤器和框架的初投资、过滤器的更换成本、年度维护成本以及由风机的电机功率可能升高所带来的能源成本。

通常情况下，通风系统都设置有除尘过滤器和/或预过滤器，因而对系统升级并采用高性能过滤器(High - efficiency filter)并不需要过多的初投资，其主要花费还是在能源成本和维护成本两部分上。因此在以下的例子中，只对年度能源成本和维护成本进行计算。然而，为了能够清楚地阐述这一概念，以下提供的是用于计算过滤系统总初投资(FC＄)的通用公式：

$$FC\$ = Frame\$ + Labor\$ + FilterFC\$ \tag{15.1}$$

在公式(15.1)中，Frame＄表示承载过滤器滤芯的框架的成本，Labor＄为设备安装成本， FilterFC＄是过滤器的初投资。

一个过滤器全年的使用和运行费用可以用年度能源和维护成本 ME＄来表示：

$$ME\$ = FP\$ + FR\$ + MAINT\$ \tag{15.2}$$

在公式(15.2)中，FP＄项指由于过滤器所引起的额外系统压降而造成的风机能耗成本。在理想状态下，FP＄由风机所受到的影响所决定，这种影响取决于制造厂商的风机性能曲线。不过在下面的例子中，则假设空气功率(Air horsepower)代表了增加的风机能耗，并由此得到 FP＄的估计值。虽然这种假设可能并不适用于所有类型的风机，但是可以对大多数常用风机的能耗成本进行保守估计。FR＄项代表了过滤器的更换成本，而 MAINT＄项表示维护成本。

公式(15.1)和(15.2)可以用作评价过滤系统经济性的起点，下面就举例说明实际的计算过程。表 15.2 总结了 4 种过滤器的生命周期成本，这 4 种过滤器分别是效率为 25%，80%，90% 的过滤器和高效空气过滤器(HEPA)。假设每立方米室外空气中含有 100 个孢子，系统的新风比为 25%，孢子的浓度保持不变并通过新风进入室内。另外假设在 6000 个室内人员中，有 2%的人员会以每小时 100 个微生物的速率产生利用空气传播的细菌和病毒。在该例中，室内环境条件接近于普通冬季状况，而且供测试的病原体在空气微生物学意义上构成了一个平衡阵列。这个例子还可以进行调整以适用于各种情形，如在住宅中抵御过敏原的侵袭，或是在医院中防止院内感染，以及商业建筑防御生物恐怖袭击等情形。

过滤器的生命周期成本 **表 15.2**

设计风量	100000	100000	100000	100000	100000	100000	cfm
型号	20% - 25%	40% - 45%	60% - 65%	80% - 85%	90% - 95%	HEPA	
高度	24	24	24	24	24	24	in
宽度	24	24	24	24	24	24	in
进深	1	2	4	6	12	11.5	in
迎风面积	4	4	4	4	4	4	ft^2
风速	350	500	500	500	500	250	fpm
过滤速度	1.023	1.100	0.750	0.350	0.097	0.025	m/s
在设计状态下的压力损失							
平均压力损失	0.56	0.62	0.78	0.955	0.975	1.25	in·w·g
空气功率	8.792	9.734	12.246	14.994	15.308	19.625	hp
风机效率	84.0	84.0	84.0	84.0	84.0	84.0	%
电机效率	95.0	95.0	95.0	95.0	95.0	95.0	%
联合效率	79.8	79.8	79.8	79.8	79.8	79.8	%
附加风机电机功率	11.02	12.20	15.35	18.79	19.18	24.59	hp
总能耗	14.77	16.36	20.58	25.20	25.72	32.98	kW
运行时间	3744	3744	3744	3744	3744	3744	h
风机总能耗	55316	61243	77047	94333	96309	123473	kW·h
能源成本比率	0.08	0.08	0.08	0.08	0.08	0.08	$/kW·h
全年能源成本	4425	4899	6164	7547	7705	9878	$
更换成本							
过滤器平均寿命	8760	8760	8760	8760	8760	8760	h
过滤器数目	72	50	50	50	50	100	
过滤器全年使用小时数	269568	187200	187200	187200	187200	374400	h
全年更换数量	31	21	21	21	21	43	
单个过滤器成本	13	23	38	49	62	75	$
全年能源成本	400	492	812	1047	1325	3205	$
预过滤器能源成本					400	800	
维护成本	200	200	200	200	200	300	$
能源和维护成本总和	600	692	1012	1247	1925	4306	$
全年总成本	5025	5591	7176	8794	9630	14183	$

从表中可注意到，虽然从25%的过滤器到HEPA过滤器的能源成本基本呈线性增长，但是全年成本却几乎是以指数形式增长的。导致这个结果的原因一部分是因为90%过滤器和HEPA过滤器都包含一个效率为25%的预过滤器，另一部分原因在于HEPA过滤器的额定风速是250fpm，而其余过滤器额定风速为500fpm。因此在总风量相同的条件下，所需的HEPA过滤器的数量是其他过滤器的两倍。

在用于经济分析的模型建筑中，假定系统的设计风量是100000cfm，风机效率为 84%，电机效率为 95%。在每个过滤器的生命周期中，过滤器从清洁到积尘的过程中所引起的压降改变已将被考虑在内，另外还假设风机处于连续运行状态。表中典型的过滤器成本来自主要制造厂商的报价。

制造厂商的产品目录中通常会提供过滤器在整个生命周期中的平均压力损失。应当结合系统的风机性能曲线来确定风机能耗的增加，以及系统总风量所受到的影响。空气功率可以用来估算风机能耗的变化，能够使设计风量的空气通过新投入使用的过滤器的空气功率可由以下公式计算：

$$\mathrm{hp}=\frac{hQ}{6350} \tag{15.3}$$

在公式(15.3)中，是指过滤器的压头损失，单位为 in・w・g(英寸水柱)。是以 cfm(立方英尺每分钟)为单位的总风量。在这种能耗估算方法中，假设总风量保持不变，但实际情况并不总是这样。

将公式(15.3)给定的 hp 值，除以风机效率和电机效率，可得到电机功率 P，计算公式如下：

$$P=\frac{\mathrm{hp}}{\eta_{\mathrm{fan}}\eta_{\mathrm{motor}}} \tag{15.4}$$

在(15.4)方程式中，η_{fan}指风机效率，η_{motor}是电机效率。总功率 ρ 乘以换算系数 1.341 可以转换到 kW。如果知道单位能源成本[$ /(kW・h)]，则可以计算出总成本。在表 15.1 中，假设单位能源成本为 0.08 $ /kW・h。但在实际情况下，这一取值会因为所在地区的不同而有所差异。举例来说，加利福尼亚州近年来的单位能源成本就很高。

为了完成对过滤器的经济性评价，在表 15.2 的最后一部分列出了过滤器的初投资、更换成本和维护成本。将这些成本与先前计算所得的全年能源和维护成本相加，在表 15.2 的最后一行可以看到各种类型过滤器的年度总运行成本，也可称为年度生命周期成本。

图 15.2 对表 15.2 中列出的 6 种过滤器的生命周期成本进行了图示。正如先前所显示的那样，如果按照人员死亡率预测值的降低程度来评价系统性能，那么采用 90% 的过滤器代替 80% 的过滤器并不能显著提高系统性能。从图中可看到 90% 的过滤器的成本更高，因此在一般的应用场合下 90% 的过滤器反而并不经济。对于 HEPA 滤器来说，就显得更不经济了。HEPA 过滤器只在有限的范围内应用，才能表现出其在经济方面的合理性

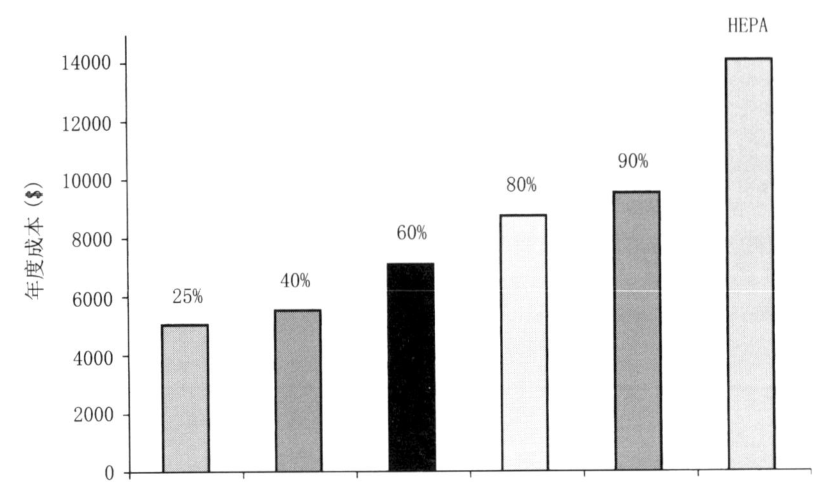

图 15.2 四种过滤器的生命周期成本比较(90%效率的过滤器和 HEPA 过滤器内置有预过滤器，柱状图建立在表 15.2 中数据的基础上)

(Kowalski and Bahnfleth，2002a)。在某些对系统性能有特殊要求的场合，使用 HEPA 过滤器是合理的；但是在普通的应用场合(例如在非医疗和非军事应用场合中)，使用 HEPA 过滤器在经济方面就有些浪费了。

15.4 紫外线杀菌照射(UGVI)系统的经济性

UVGI 系统主要有如下两种类型——风管型系统和独立再循环系统。用于控制微生物生长(MGC)的 UVGI 系统实质上等同于风管型系统，二者之间的区别仅仅在于紫外灯功率的大小和灯管的排列方式。如果指定消毒率(Disinfection rate)或者杀灭率(Kill rate)作为设计标准，则可以确定任何 UVGI 系统平均辐射强度的大小。若已知平均辐射强度，或者将它指定为设计标准，则可以直接计算出初投资和运行成本。

UVGI 系统的初投资包括材料和配件费用——紫外线灯组件、通风管道、反射材料、预过滤器和安装费用。对于改造的系统，可能不需要安装风管。

UVGI 系统的运行成本包括紫外灯能耗、风机能耗、冷却能源成本、维护成本、紫外线灯更换费用和预过滤器更换费用。通常，风机能耗可以忽略不计，同时在风管型系统中通常不需设置预过滤器，因为在这种系统中常常自备过滤器。

为了使 UVGI 系统的经济分析变得更加简便，有必要对各项成本之间的关系进行量化。通常可以建立一般关系的各项成本包括：紫外灯组件初投资和动力成本、反射材料成本、金属板风管成本、过滤器组件成本、风机和电动机成本以及 UVGI 系统组装或构造成本。各项成本的估价以各种渠道的报价为基础，包括制造厂商的产品目录、网上报价和供应商的报价。

在这些关系中，各项成本的估价值所选用的都是代表性的成本，由于能够提供完整信息的制造厂商极其有限，所以这种成本估价并不一定能反映最低的系统成本。这些分项成本主要是为了对系统成本进行估算，并用来阐明 UVGI 系统成本的分析方法。如果系统设计用于特定场合，则必须提供各组件的具体报价，从而能够尽可能精确地计算出系统的生命周期成本。

图 15.3 说明了典型 UVGI 系统的基本配置。基本尺寸的符号定义为：W——宽度，H——高度，L——长度。这种配置可称之为交叉流，在系统中空气流动方向垂直于灯管轴线，是最常见的一种配置。

系统的紫外线总功率取决于灯管的类型和数目。通过对 33 个商用系统进行的调查，图 15.4 对这些系统的初投资进行了概括。这些投资成本包括灯、镇流器和其他组件的成本，但是不包括过滤器和通风管道的成本，这是因为这些系统都是风管型系统，它们被设计成安装在现有通风系统中。

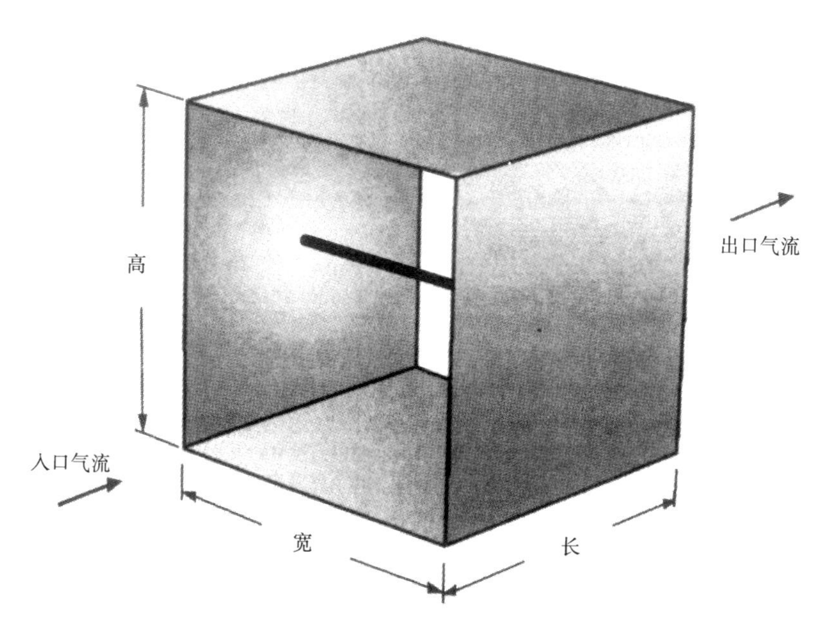

图 15.3 典型 UVGI 系统的配置(气流组织为交叉流，内部设有单个灯管)

事实上，所有这些风管型系统只需将紫外灯组件组装起来并提供运行所需电源即可。

在图 15.4 中的曲线是采用最小二乘法拟合数据得到的二次多项式曲线。定义 UVP＄项作为紫外灯的动力成本，它与紫外灯功率之间的关系可以表示如下：

$$\mathrm{UVP\$} = -0.0533P^2 + 24.915P + 157.12 \tag{15.5}$$

公式(15.5)很明显只是一种近似，在紫外线输出功率较低时，公式的计算结果可能会与实际数据相差一个数量级。这是由于低功率 UVGI 系统的成本相差很大所造成的。紫外灯中还包括一些特殊的类型，如无臭氧紫外灯，单端连接的二轴灯以及适用于低温或高温环境中运行的紫外灯。这些因素在公式(15.5)中或接下来的一些经济性分析中并没有考虑在内，但是在实际应用中则需要区别对待这些因素。

反射材料成本取决于总表面积和反射材料的类型。图 15.5 以少数信息来源的报价为基础，显示了反射材料成本的一组抽样值。图中反映了反射材料成本与反射率之间的关系，其中普通镀锌风管、铝板和抛光铝板这三种材料采用了实际成本，而镀铝板采用的是估计成本。这些材料的紫外线反射率分别近似于 54%、65%、75%和 85%。镀锌风管成本的取值为零，理由是现有系统本身就采用这种管道材料。因为这些反射材料通常只是少量购买而不是大量批发，所以价格可能有较大浮动，对于任何实际安装过程来说都需要获得具体的报价。

风管的代表性成本可通过对管道和金属板材制造厂商的调查得到。典型情况下，风管采用厚度为 16－20gauge(标准量度厚度——编者注)的镀锌金属板，其价格大约在每平方英尺 1.70＄。当然根据应用场合的不同，也可以采用其他厚度的金属板材。因为整个风管的面积等于周长乘以管道长度，则风管所需成本，用 Duct＄来表示，可以通过下列公式计算得到：

$$\mathrm{Duct\$} = 1.70\,(2W + 2H)\,L = 3.40L\,(W + H) \tag{15.6}$$

图 15.5 中的线性方程式表示的是图中数据的最小二乘拟合曲线，并且可以用 RF＄来表示每平方英尺反射材料的初投资：

$$\mathrm{RF\$/ft^2} = 0.0882\rho - 4.8286 \tag{15.7}$$

反射表面的面积与风管面积相同，因此我们也可用 W、H、L 尺寸来表示反射材料的初投资，如下所示：

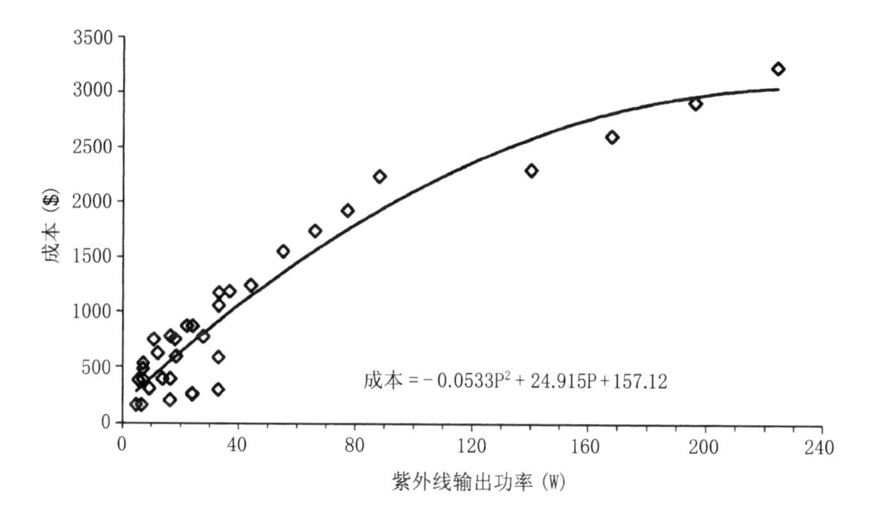

图 15.4 商用 UVGI 系统的成本（$）与紫外线功率（W）之间的关系（图中包括 33 种产品数据，系统风量是按照设计风速 500fpm 计算得出的）

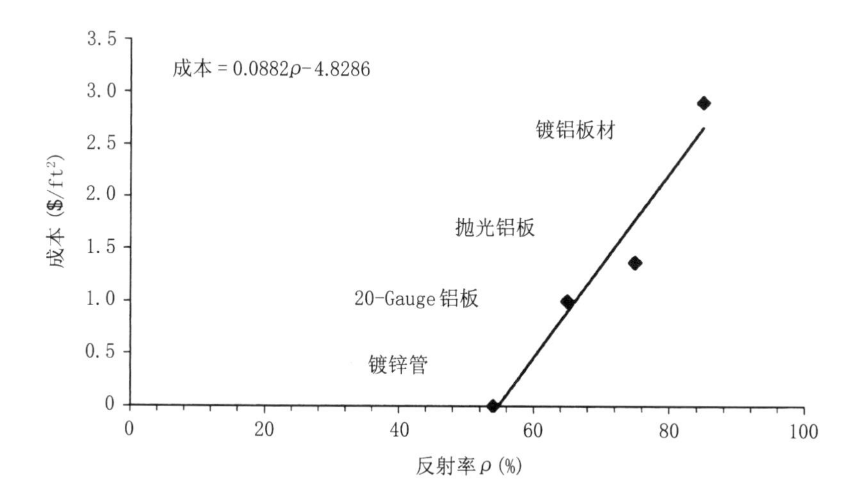

图 15.5 普通材料的成本和反射率之间的关系

$$\text{RF\$} = (0.1764\rho - 3.40)L(W+H) \tag{15.8}$$

人工的代表性成本可通过对管道装配方的调查得到。UVGI 系统的安装底价大约是 460＄，而人工成本则在这种安装底价的基础上，随着系统尺寸的增加而增加，其基准成本大约为 0.5＄/ft^2。人工成本以 Labor＄表示，可定义为以下关系式，其中包括了安装反射材料的费用：

$$\text{Labor\$} = 460 + 0.5[2L(W+H)] = 460 + L(W+H) \tag{15.9}$$

风机的初投资定义为 FanFC＄，主要取决于风机的功率、类型和风量。从各种制造厂家所提供的风机型号中可得到，每 cfm(立方英尺每分钟)风量的成本大约为 0.01452＄/cfm。UVGI 系统的风机初投资计算如下：

$$\text{FanFC\$} = 0.01452Q \tag{15.10}$$

在公式(15.10)中，空气流量 Q 的单位是 cfm。如果空气流量的单位是 m^3/min，则公式可改写为：

$$\text{FanFC\$} = 0.01452(35.315)Q = 0.5128Q \tag{15.11}$$

过滤器的初投资以 FilterFC＄来表示，可通过对商用过滤器的调查来确定。通过调查发现，该项初投资与过滤器的迎风面积近似成正比，大约是＄10/ft^2，因此过滤器的初投资可由下式表示：

$$\text{FilterFC\$} = 10WH \tag{15.12}$$

任何 UVGI 系统的总初投资 FC＄是所有组件初投资的总和：

$$\text{FC\$} = \text{UVP\$} + \text{Duct\$} + \text{RF\$} + \text{Labor\$} + \text{FanFC\$} + \text{FilterFC\$} \tag{15.13}$$

将公式(15.5)、(15.6)、(15.8)、(15.9)、(15.11)和(15.12)代入上式有：

$$\begin{aligned}\text{FC\$} = &-0.0533P^2 + 24.915P + 157.12 + 3.4L(W+H) \\ &+ (0.1764\rho - 9.66)L(W+H) + 460 + L(W+H) \\ &+ 0.5128Q + 10WH\end{aligned} \tag{15.14}$$

对公式(15.14)进行简化，同时将 L、W、H 的单位从英尺换算成厘米，得到 UVGI 系统初投资的如下表达式：

$$\mathrm{FC\$} = -0.0533P^2 + 24.915P + 617.12 + (0.0001899\rho - 0.001076)L(W+H) + 0.5128Q + 0.1076WH \tag{15.15}$$

初投资可以按年以 8%的利率进行结算(AFC，Annualize first cost)，资本回收因数(Capital recovery factor)也已考虑在内：

$$\mathrm{AFC\$} = \frac{0.08(1.08)^{20}}{(1.08)^{20}-1}\mathrm{FC\$} = 0.10185\mathrm{FC\$} \tag{15.16}$$

结合公式(15.15)和(15.16)，按年结算的初投资变为：

$$\mathrm{AFC\$} = -0.00543P^2 + 2.538P + 62.85 + (0.0000193\rho - 0.00011)L(W+H) + 0.0522Q + 0.01096WH \tag{15.17}$$

UVGI 系统的能源成本和维护成本也必须加以考虑。由于 UVGI 灯的总功耗所造成的能源成本称为 LP＄。另一种能源成本称为 LH＄，这是由灯在通风系统中所释放的余热所造成的。最后，还有紫外灯组件和风管共同形成的压力损失，不过通常情况下可以忽略这个损失。这里进一步假设为了保持系统清洁，在 UVGI 系统中配备预过滤器，或者在通风系统中已经设置了预过滤器。

紫外灯的能源成本 LP＄是通过计算总功耗得到的(设定效率为 76%)，它在全天运行情况下的单位成本为 0.08＄/kW・h。因此，紫外灯的能源成本可以表示为：

$$\mathrm{LP\$} = \frac{(0.08)(8760)P}{0.76} = 2.06118P \tag{15.18}$$

紫外灯的冷却成本 CP＄是以宾西法尼亚州的费城地区作为标准来进行计算的。根据 BLAST 软件(DOE,1994；Kowalski,1998)的分析，在这一地区冷负荷占全年负荷的 70%，在分析中假设紫外灯的功耗最终全部转化为热：

$$\mathrm{CP\$} = \frac{0.08(0.70)8760P}{0.34(1000)} = 1.443P \tag{15.19}$$

压力损失是由进口损失和出口损失共同组成的，其综合损失系数为 $C_o = 1.5$。紫外灯的压力损失大小取决于灯的横截面积。可以保守地假设灯的布置横穿整个管道，则进口、出口和紫外灯的压力损失系数可以表示为与半径有关的函数。在可供考虑的紫外灯的规格范围内，并且在所关心的空气流速范围内，紫外灯的压力损失系数可近似取值为 0.11，一般来说该取值适用于大多数情况(ASHRAE, 1985)。结合动压的定义，紫外灯的压力损失 dP_F 可由下式表示：

$$dP_L = 1.61\,(0.075)\,Pv = 0.12075\,Pv \tag{15.20}$$

UVGI 系统中由过滤器引起的压力损失也会产生相应的能源成本。额定比色法效率为 60% 的过滤器，当设计风速为 500 fpm 时，在其使用年限中的设计压降近似为 0.56 in · w · g。在这种情况下的压力损失系数为 C_o = 35.94，这个系数可用来计算风速改变时的压力损失。因此，过滤器的压力损失 dP_F 可表示如下：

$$dP_F = 35.94Pv \tag{15.21}$$

动压于是可以表示为：

$$Pv = 0.075\left(\frac{Q35.315/\ (10.764WH/10000)}{1097}\right)^2 = 67.0822\left(\frac{Q}{WH}\right)^2 \tag{15.22}$$

紫外灯和过滤器的总压力损失可表示为：

$$dP = (0.12075 + 35.94)\,Pv = 2419\left(\frac{Q}{WH}\right)^2 \tag{15.23}$$

由风管、紫外灯和过滤器的压降共同引起的总能耗定义为 P_F。该值可以通过空气功率计算得出，在计算过程中假设风机效率和电机效率的取值都为 0.75。将所有单位转换为公制单位之后，总能耗可由下式表示：

$$P_F = (2419)\left(\frac{Q}{WH}\right)^2 \frac{745.7\,(0.0001575)\,35.31Q}{(0.75)\,(0.75)\,(1000)} \tag{15.24}$$

上式中，尺寸 W、H、L 的单位是 cm，风量 Q 的单位是 m^3/min。对公式(5.24)进行简化，可得到由于压力损失所产生能耗的计算公式如下：

$$P_F = 17.837\,\frac{Q^3}{(WH)^2} \tag{15.25}$$

全年风机能耗成本用 FP $ 表示如下：

$$FP\$ = (0.08)\,(8760)\,17.837\,\frac{Q^3}{(WH)^2} = 12500\,\frac{Q^3}{(WH)^2} \tag{15.26}$$

在不考虑系统规格的情况下，维护成本的统一费率为 50＄/年。在紫外灯的平均寿命为 9000h、所有紫外线灯的年运行时间为 3744h 的前提下（假设运行时间为每天 12h，每周 6 天），紫外灯的更换率为 1.0274/年。进一步假设用于更换的紫外灯的功率为 5.33W，价格为 28.23＄。当然，不同类型紫外灯的价格会有所差别，在能够获得其实际价格的情况下，应当采用其实际价格。另外，假设在紫外灯的最小功率到最大功率的范围内，其更换成本与规格之间呈连续分布关系，于是紫外灯的更换成本 LR＄可表示如下：

$$\text{LR\$} = \frac{1.0274\,(28.23)\,P}{5.33} = 5.442P \tag{15.27}$$

过滤器的更换成本 FR＄，根据过滤器的表面积可估计为 4.09＄/ft^2（指的是效率为 60%的过滤器），或者 44.025＄/m^2。再次假设更换成本与规格之间呈连续分布关系，同时它们每年都会更换，则更换成本与规格之间的关系可以表示为：

$$\text{FR\$} = \frac{44.025\,(WH)}{10000} = \frac{WH}{227.14} \tag{15.28}$$

全年维护和能源总成本为：

$$\text{ME\$} = \text{LP\$} + \text{CP\$} + \text{FP\$} + \text{LR\$} + \text{FR\$} + 50 \tag{15.29}$$

将公式(15.18)、(15.19)、(15.26)、(15.27)和(15.28)代入上式，可得到以下公式：

$$\text{ME\$} = 2.06118P + 1.443P + 12500\,\frac{Q^3}{(WH)^2} + 5.442P + \frac{WH}{227.14} + 50 \tag{15.30}$$

对公式(15.30)进行简化，可得：

$$\text{ME\$} = 8.946P + 12500\,\frac{Q^3}{(WH)^2} + \frac{WH}{227.14} + 50 \tag{15.31}$$

将公式(15.17)和(15.31)相加，可得到 UVGI 系统的全年成本 AC＄：

$$
\begin{aligned}
AC\$ = & -0.00543P^2 + 2.538P + 62.85 + 0.0522Q + 0.01096WH \\
& + (0.0000193\rho - 0.00011)L(W+H) + 8.946P \\
& + 12500\frac{Q^3}{(WH)^2} + \frac{WH}{227.14} + 50
\end{aligned}
\tag{15.32}
$$

对公式(15.32)进行简化，可得：

$$
\begin{aligned}
AC\$ = & 11.48P - 0.00543P^2 + \frac{12500Q^3}{(WH)^2} + 0.0522Q + 112.5 \\
& + (0.0000193\rho - 0.00011)L(W+H) + 0.01536WH
\end{aligned}
\tag{15.33}
$$

在公式(15.33)中，采用公制单位。尺寸 W、H、L 的单位是 cm，风量 Q 的单位是 m^3/min，功率 P 的单位是 W。在计算中也可以采用国际单位制，那么功或功率的单位应当是 J 或者 J/s。不过紫外灯的额定单位是 $\mu W/cm^2$，这样使用公制单位会更方便些。

总之，根据 UVGI 系统的各项估计成本，上述的经济性评价方法举例说明了相应的计算过程。在不同的工程项目中，这些成本都会有所不同，但是这种方法可以在任何特定情况下确定系统的生命周期成本。结合在第 15.3 节中所阐述的过滤器的经济性评价方法，就能够确定过滤和 UVGI 联合系统的生命周期成本。

15.5 炭吸附器的经济性

对炭吸附器进行选型的前提是获知它们对各种可能生化毒剂的过滤性能。由于到目前为止只有为数不多的生化毒剂进行过炭吸附测试，再加上针对不同的目标毒剂，可供选用的炭吸附器有许多类型，因此在目前还无法根据炭吸附器去除生化毒剂的性能对其进行经济分析。这里只对炭吸附器的经济性问题进行概括性的讨论，展望该技术在未来的研究进展，希望这些讨论能够为设计者提供帮助。

炭吸附器的初投资随着系统规格和类型的不同会有相当大的浮动。可供选用的炭吸附器种类繁多，但最终的选择要视它们的应用范围而定。标准颗粒状活性炭(GAC)系统通常有两种类型，它们既可以充填到框架中使用，也可以采用与过滤器相似的固体炭滤芯。将 GAC 充填到金属框架中的成本相对比较低廉，但是可能会带来高额的维护成本。而带滤芯的炭吸附器虽然维护费用低，但是价格昂贵。鉴于有各种不同的系统可供选择，同时其成本变动范围很大，因此很难预先说明哪种类型更加经济实惠。

除了标准 GAC 系统，经过各种化合物浸渍的炭吸附器能够用于特定化学品的过滤。选择这些附加防护功能所带来的费用只有在得到制造厂商的报价之后才能进行评估。然而，基本上不可能根据这些系统的性能来确定它们的成本效益，原因在于缺乏必要的数据和信息来证实这些系统去除各种化学毒剂的效率到底有多高。

由于气相过滤设备及其性能的复杂性，在此无法提供该类设备生命周期成本的具体算例。不过类似于过滤器，可以写出 GAC 系统经济性的通用计算公式。任何 GAC 系统的总初投资 FC $ 是所有组件初投资的总和：

$$\mathbf{FC\$ = Frame\$ + Labor\$ + FilterFC\$} \tag{15.34}$$

在方程式(15.34)中，框架的初投资既可以代表充填式多孔金属外壳的成本，也可以代表用于安装 GAC 滤芯的框架的成本。这里假设 GAC 设备安装到现有的通风系统中，则可以不考虑风机的初投资。过滤器的初投资 FilterFC $ 是考虑到这些系统通常原先就配备有预过滤器和/或除尘过滤器。对于滤芯式 GAC 设备来说，过滤器通常被组装在设备中，因此只需要计算一项成本即可。

GAC 设备的全年维护和能源成本 ME $ 可用下式表示：

$$\mathbf{ME\$ = FP\$ + CR\$ + FR\$ + MAINT\$} \tag{15.35}$$

在公式(15.35)中，FP $ 是指风机能耗成本，这部分费用来自 GAC 设备所引起的附加压力损失。炭介质更换成本或滤芯更换成本用 CR $ 来表示。过滤器更换成本用 FR $ 来表示。维护成本用 MAINT $ 来表示。所有上述成本的数值大小都必须从制造商或供应商处获得，否则必须通过估计得出。

风机压力损失可以按照与先前所述的过滤器和 UVGI 系统相同的方法估计得出。炭吸附器所产生的压力损失与它们的类型和介质层的厚度有关。虽然压力损失一般在 0.01 – 1in · w · g 范围内，或者有时更高，但是该项数据应该从提供特定介质的制造商处获得，而不应该笼统的进行估计。同滞留时间一样，压力损失是风速的函数。在一般情况下，制造商会提供一份压力损失与风速关系的曲线图，结合曲线图与公式(15.24)和公式(15.25)，便可以得出风机的能耗。

一旦确定了初投资，全年初投资可以用公式(15.16)来计算。和先前过滤器的计算方法一样，炭吸附系统的生命周期成本可以用全年初投资 AFC $ 加上全年能源和维护成本得到。

对 GAC 系统进行优化是可行的。当风速降低时，会提高 GAC 系统的性能并减少风机能耗，这可以通过增加迎风面积来实现。当然，这样做也会增加初投资，因此改善炭吸附器经济性的任何优化措施都应当考虑到这些因素。

如果需要对炭吸附器进行选型的话，建议设计者与制造商共同商讨以确定所需设备的规格、性能特性和运行经济性等方面问题。这里需要注意的是，与过滤器和 UVGI 系统去除生物制剂的功能相比，GAC 系统所执行的是不同的功能，即去除化学制剂，因此在考虑去除生物制剂的问题时，没有必要将 GAC 系统包括在内并进行综合优化。然而，过滤器则有可能去除某些蒸气，因此在考虑去除化学制剂的问题时，尽管目前可供利用的相关实验数据还不够完善，在理论上仍然有可能对过滤器、UVGI 和 GAC 的联合系统进行三方面的综合优化。

15.6 能耗分析

在建筑物的供热、通风和空调系统(HVAC)中增设过滤器、UVGI 系统或炭吸附器这类设备将会对建筑总能耗产生一定的影响。正如前面所讨论的那样，过滤器和炭吸附器会加大系统的压力损失，这一损失进而会升高风机能耗或者降低风量。如果风机电机是由送风气流冷却的话，则升高的风机能耗可能会增加释放到送风气流中的热量。当风机电机是由外部空气冷却或设置在一个独立的通风设备间内，则可以忽略这部分额外的冷负荷。对于每一种情况，都需要对系统进行评估以确定建筑冷负荷是否受到影响。

如果风机电机通过它所输送的通风气流来冷却，则增加的那部分热量可以由风机效率和电机效率计算得出。如果可以得到风机性能曲线，那么由于增设过滤器和/或炭吸附器所增加的压力损失可以直接从曲线图上读出。另外，增加的风机能耗也可以由公式(15.3)所定义的空气功率进行估计。根据后一种方法，下面的公式定义了风机电机需要的总附加电能，以 kW 为单位：

$$P = 1.341\ \frac{\mathrm{hp}}{\eta_{\mathrm{fan}}\eta_{\mathrm{motor}}} \tag{15.36}$$

在公式(15.36)中，转化成热量的这部分能量简单说来就是无用功，或者称为余热。系统增加的这部分热量，可以由下式表示：

$$\Delta h = [1 - \eta_{\mathrm{fan}}\eta_{\mathrm{motor}}]\,P \tag{15.37}$$

风机和电机效率可以从制造厂商处获得。这些效率随着电机的规格和型号的不同而改变，并且通常会随着电机规格的增加而增加。一般建筑的电机和风机的效率在75%-90%之间。

虽然UVGI系统通常可以忽略压力损失，但它们仍然会向系统中散热。事实上，所有的电能都会转化成为热。典型情况下，紫外灯能够将25%-33%的总输入电能转化成为紫外线，但是紫外线经过吸收和反射后又会转化为长波红外线。可以做出这样一个既合理又相对保守的假设，即紫外灯的总功率(不仅仅是紫外线的功率)100%的转化为热。因此，紫外灯散发到通风系统中的热量可以用下式表示：

$$\Delta h = P_{lamp} \tag{15.38}$$

在公式(15.38)中，增加的热量 Δh 和紫外灯的总瓦数 P_{lamp} 的单位都是kW。

这些系统散发的热量会成为建筑冷负荷的一部分。在供冷季，这会对建筑物中特定的空调区域所需的制冷量产生影响，必须对这种影响进行评价。在供暖季节，这些热量可能会降低建筑物的热负荷并带来一定收益，当然这还要取决于许多因素，例如散热所处的位置，以及是否对湿度采取控制等。

这些系统对冷负荷、热负荷以及室内相对湿度的影响，应当通过人工评价来确定其显著程度。当这些影响十分显著时，最好采用目前业内常用的软件包进行详细的建筑能源分析。一些目前常用的软件包括BLAST(DOE，1994)和HAP(Carrier,1993 and 1994)。关于如何获得和使用这些软件的进一步信息可查阅相应的参考文献。

15.7 小结

本章介绍了过滤器和UVGI系统经济性分析的步骤和细节，定义了典型成本的范围，并总结了一些评价生命周期成本的方法。此外，讨论了对联合系统进行经济性优化的方法，以及空气净化技术对建筑能源产生影响的评价方法。最后，由于对炭吸附器的性能所掌握的信息较少，还无法对这类系统的选型建立合适或有效的标准，所以对于它们的经济性问题只是概括性地加以分析。

第 16 章

邮件收发室与生化毒剂

16.1 引言

对于邮件收发室所受到的生化袭击威胁需要特别对待，这是由于邮件收发室环境的特殊性，潜在的危险，以及对邮件进行消毒处理所存在的困难(图 16.1)所决定的。关于邮局如何消除污染以及在遭受袭击后如何进行修复在第 13 章中已经指出，这里就不再提及。本章主要讨论关于邮局及商业建筑中的邮件收发室对于生化袭击的防范技术和替代措施。

16.2 邮件收发室污染

9.11 袭击事件后，许多装有炭疽杆菌孢子的信件被寄往政府官员和其他要人的手中。尽管袭击目标是一些地位突出、声名显赫的人物，但主要的受害者却是邮局员工及无辜的收件人，原因是他们的信件在邮局的邮件分拣设备中受到了交叉感染。策划这些袭击事件的恐怖分子充分利用了邮局基础设施的特点及功能，使之成为了名副其实的“输送武器”。由于炭疽杆菌孢子能够渗透纸质的信封，每一个接触过邮件的人都有被感染的风险。此外，一旦打开信封，炭疽杆菌孢子也很容易散布到空气中并形成气溶胶，因此当被污染的邮件从某一建筑物经过时，建筑物内的每一个人也都存在被感染的风险。

除了被污染的邮件和空气传播的孢子外，处理邮件的设备也可能被污染，这就使得邮局员工也面临着接触感染的风险。由于邮件处理系统涉及多方面因素，决定了防止邮件收发室受到污染及保护邮政员工安全的问题具有相当大的难度和复杂性。以下是关于这些问题的几个主要方面，这些方面可能需要采取必要的防范措施：

图 16.1　当邮政设施被当作生化毒剂的输送工具时，邮局和邮政员工将会面临特殊的危险

- 建筑物的通风系统；
- 建筑物的一般区域；
- 邮件的人工处理；
- 被污染的信件及包裹；
- 邮件处理设备；
- 邮件运输车辆。

上述各方面问题都将在下文中作为单独的一节进行讨论。另外，邮件收发室的基本安全规程将在最后一节中进行回顾。

16.3　建筑物的通风系统

通过邮件散布的生化毒剂构成了独特的风险，它们在邮件处理过程中被释放出来。这种释放必然包括了气溶胶化过程。邮局或商业建筑中的邮件收发室与其他类似大小的设施所采用的通风系统没有什么区别。关于控制室内空气污染物的措施在前面的第 8 章中已经论述过，在第 14 章中对其他的替代技术也进行了讨论。空气净化的主要措施包括通风清洗、过滤、紫外线杀菌照射(UVGI)以及针对化学物质的活性炭吸附。

对于利用空气传播的污染物，邮局或是商业建筑中的邮件收发室的通风系统所提供的防护是有限的。这种有限的防护可以通过提高新风比来改进，但对于处理邮政建筑内的循环空气，采用空气过滤及UVGI技术则更为经济一些。过滤器对于各种潜在病原体的过滤性能在第8章中已经详细的描述过了。那些无法被过滤的病原体通常也可以采用UVGI技术将其杀灭。这里需要重点强调的是，炭疽杆菌孢子对紫外线有着很强的抵抗力，但这并不能掩盖UVGI技术对其他一些生物毒剂的有效性，如天花病毒。可以想像，许多其他的毒剂也可能通过邮件携带并在邮政建筑中通过空气传播，这一问题的完整解决方案应当结合过滤和UVGI这两种技术。

对于化学制剂而言，无论是过滤技术或是UVGI技术都没有什么明显的作用。只有像活性炭吸附器这样的气相过滤设备方能适用。然而，通过邮件传播化学制剂的可能性比传播生物制剂的可能性要小。首先，化学制剂不是液体就是气体，需要容器来存放。如果邮件收发室的工作人员接触到这些邮件，这些容器某种程度上为工作人员提供了一些保护。应当指出的是，存放化学毒剂的容器可能具备释放或爆炸机制，这将会使工作人员面临一定的危险。在任何情况下，应当将体积、重量较大的包裹限制在特定区域并予以特别处理。

16.4 建筑物的一般区域

除了通过空气传播的污染物，含有生物毒剂的信件将会污染操作台、办公桌、邮件处理设备、邮件槽(Mail slot)等设施表面。对于常用设施表面的消毒或净化工作，在目前只有少数技术可供选择，但在其中至少有一种已经投入使用，这一技术就是上层空气UVGI系统(Upper-air UVGI system)。

上层空气UVGI系统在顶棚附近产生一个紫外线照射区，由此来杀灭由于空气的自然循环而流入这一区域的微生物(Dumyahn and First, 1999; First et al., 1999; Nicas and Miller, 1999)。图16.2显示了在一栋商业办公建筑邮件收发室的后墙上装有上层空气UVGI系统，而图16.3则是一个单独的上层空气UVGI设备。这种系统被设计在工作人员的头顶形成一个微生物的死区。由于在这一高度之下的紫外线辐射水平可以被室内人员接受、并符合安全规定，使得这一系统可以连续运行。表16.1总结出了美国政府工业卫生专家协会(ACGIH)所规定的每天人们暴露在紫外线的允许范围(ACGIH, 1973)。

不仅房间上部流通的空气获得了恒定的紫外线照射，而且房间内的各

图 16.2　商业办公建筑的邮件收发室，设置有上层空气 UVGI 系统(照片的右上角，该系统由田纳西州孟菲斯市 Lumalier/Commercial Lighting Design，Inc. 安装)

个表面在一定程度上也受到了持续的紫外线照射。从长远来讲，恒定的照射剂量对于杀灭微生物将产生决定性的影响，但却不会对室内人员造成危害。

上层空气 UVGI 系统可以适用于各种各样的环境。如图 16.4 所示的办公区域紫外线照射水平不能超出 ACGIH 所规定的限定范围。然而，当建筑内部没有人员时，可以通过增加室内四周的紫外灯的开启数量来提高紫外线的照射强度，这些增设的 UVGI 系统与上层空气系统的安装方式是相同的。这些类型的系统被称为“非工作时间”UVGI 系统，并且可以加入定时器来控制。在非工作时间系统中可以使用高强度的紫外线照射来保证灭菌效果，经过一夜，甚至连炭疽杆菌孢子都可能无法存活。当有人进入时，非工作时间 UVGI 系统可以通过运动检测器(Motion detector)自动关闭，或者人工关闭。

除了上述方法外，基本上没有其他可以控制邮件收发室的表面污染的方法了。采用漂白剂或者消毒剂定期清洗物体表面也是一种替代方法。不采用紫外线的脉动光系统(Pulsed-light system)是另外一种具有发展潜力的替代技术，但目前它还是一种处在发展阶段的技术(见第 14 章)。臭氧可以通过通风系统在建筑内部循环，并且可以对包括信件在内的所有表面进行消

图 16.3 上层空气 UVGI 设备(图片转载征得田纳西州孟菲斯市 Lumalier/Commercial Lighting Design, Inc. 的许可)

人体可允许的紫外线照射量　　表 16.1

紫外线照射量(μW/cm²)	每天的暴露时间
0.2	8 h
0.4	4 h
0.8	2 h
1.6	1 h
3.4	30 min
6.6	15 min
10	10 min
20	5 min
100	1 min

图 16.4 邮件收发室的办公区域，在后墙接近吊顶处安装有两套上层 UVGI 系统

毒，但只能当建筑物内部没有人时(如夜晚)才能采用这种技术，并且必须在第二天清晨人们进入房间之前将臭氧清除。

16.5　邮件的人工处理

因为许多生物毒剂，包括炭疽杆菌孢子，有可能从普通的纸质信封中泄漏出来，所以那些直接处理受污染信件的邮政员工将面临着最大的危险。即使对邮件进行大规模的消毒处理，员工可能仍然不得不在这一过程之前接触邮件，而且消毒过程可能也并不完全。不过还是有一些措施可适用于邮政部门，这些措施即使不能对该部门的员工提供绝对的保护，也能发挥相当大的作用。

美国邮政总局(U.S. Post Office)的官员们指出了为邮政员工接种炭疽杆菌孢子疫苗的可行性，他们正在为面临感染风险的员工提供这种医疗服务(USPS 2002)。今后仍然可以为有需要的工作人员接种疫苗，但是能够获得的对生物毒剂有效的疫苗种类是有限的。预防炭疽热和天花的疫苗对埃博拉病和土拉菌病并不起作用，并且从经济的角度来看这一方案并不一定实用。

或许对处理邮件的员工而言最有效的防护措施就是使用外科手术用口罩(又称为过滤面罩或 FFPs)、佩戴乳胶手套、穿着能遮盖全身的工作服。那些在手术室内所使用的普通口罩，可以提供一定程度的针对气溶胶的防护而不需要过分的开支，也不会造成太多的不舒适感。戴乳胶手套和穿着能遮盖全身的工作服可以避免人员与毒剂的接触，对人员而言则不会有太大的负重，而且不会明显增加操作的开销。这些装备有一些已经提供给美

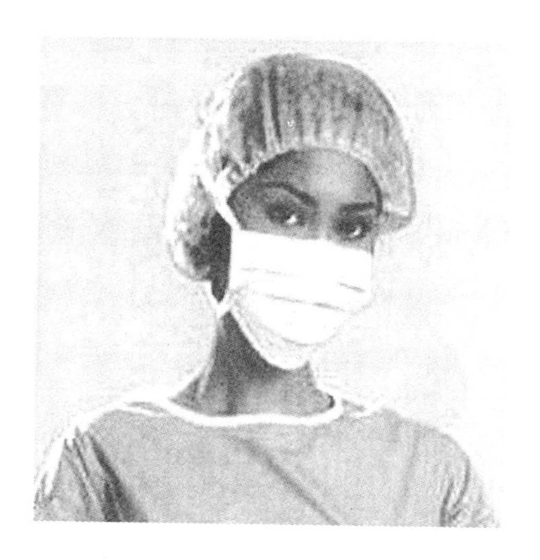

图 16.5　外科手术用口罩对于空气中的病原体具有一定的防护作用(图片转载征得泰国 Med-Con 有限公司的许可)

国邮政总局的员工，但是商业邮件收发室通常并不提供这些。

对于从事邮件处理的工作人员，另一种防护措施是在邮件分拣工作中采用实验室用的排气罩。这些排气罩从正面开口吸入空气并形成一个空气幕，它可以防止向室内漏出各种气溶胶。任何松散的颗粒都会被从员工身上吸入到这个装置，从而使员工获得保护。空气将会被排放到室外，或是由空气净化器处理后再循环。图 16.6 显示的是一个被设计用于在邮件收发室过滤和处理空气的排风罩。对于较大的建筑而言，比较经济实用的方法是使用足以满足数十、数百员工的工业规模的带风罩的排风系统。这种系统在布置上可以和通风管道成一直线，并且采用单独的大风量风机。为了节约能源、减少开销，也可以设计一种带过滤器和紫外线灭菌灯的再循环系统。

此外，还有其他一些技术可以采用，如光催化氧化技术(PCO)，或脉动

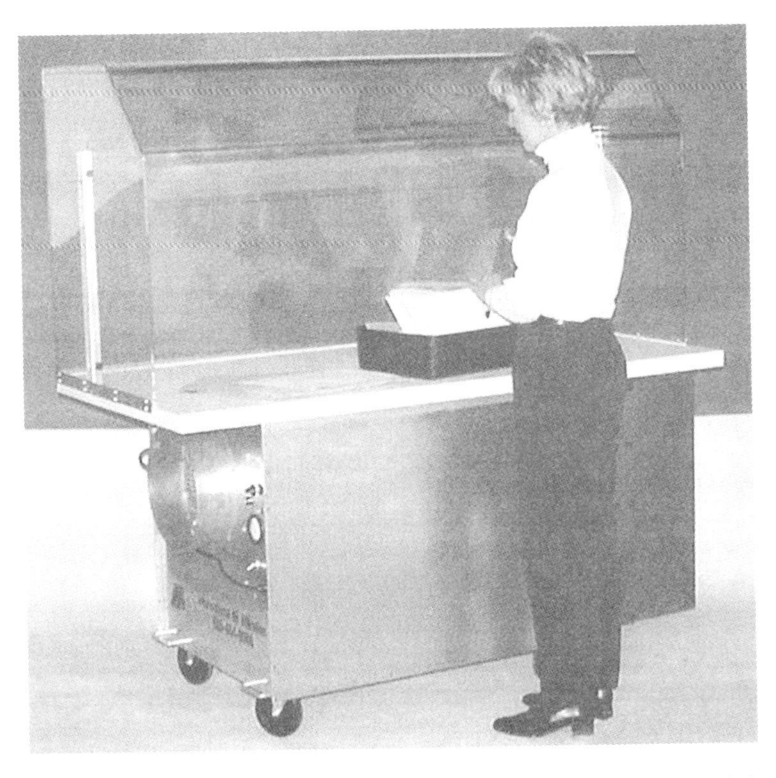

图 16.6 邮件收发室的生物安全系统(该系统具有过滤及活性炭吸附功能，以消除空气中来自污染邮件的生物毒剂或有毒物质的危险，本图片转载征得伊利诺伊州 Jerry Straily，International Air Filtration 的许可)

光技术，但是采用这些试验性的技术还需进一步的研究。邮局最终可能会采用带有空气密封技术的防泄漏邮包以彻底解决处理邮件的员工受到感染的问题，但完成这一改变还需要很多年。

16.6 污染的信件及包裹

美国邮政总局考虑了很多种针对大量邮件进行消毒或净化处理的技术，包括脉动光照射、脉动电场、伽马射线、UVGI系统、臭氧消毒、微波等。所有这些技术都是既有优点又有不足之处，至今为止，在实际应用中还没有一种技术是既有效又经济的。

UVGI技术可以对邮件及包裹的外表面进行消毒。这样可以有效地保护处理邮件的工作人员，但是在停止照射后邮件可能会继续泄漏生物毒剂，因此并不能确保这种方法的防护效果。然而，这却是一种可以减少危险的较为经济的技术。已经设计出邮件消毒设备，并且已经在有些地方投入了使用。图16.7所展示的就是这种采用UVGI技术的邮件消毒设备。

图16.7 采用高强度UVGI设备的邮件消毒系统(图片转载征得Charley Dunn，Lumalier/Commercial Lighting Design,Inc.的许可)

在邮政行业中人们经常提到的一个问题是：UVGI 技术对杀灭炭疽杆菌孢子是否有效。正如前面的章节中所解释的，紫外线灭菌技术对许多种病原体都是有效的，但是它的有效程度依赖于照射剂量(或紫外线灯的功率大小)和照射的时间。图 16.8 就是对炭疽杆菌孢子的测试结果。这些结果表明，在测试照射强度为 $90\mu W/cm^2$ 的条件下，孢子的存活率有可能在 50min 内降低至 0.001。邮件消毒设备在运行时，其照射强度大大高于上述数值，而且有 5 - 10min 的表面杀菌时间。由于孢子是对紫外线最具抵抗力的微生物，对其他的病原体则可获得更高的杀灭率。

对于炭疽菌孢子来说，UVGI 衰亡率常数为 $0.000031cm^2/\mu W\cdot s$。这一结论是基于文献 Knudson(1986)中的实验数据，对衰亡率常数进行单阶段曲线拟合所得到的。对同样的数据进行带有肩部的两阶段曲线拟合，与单阶段拟合的结果相比在第一阶段得到一个稍大的衰亡率常数值，但由这一结果所得的灭菌时间要长一些。当期望的杀灭率出现在第二阶段的相应区域时，就应当使用两阶段模型(见第 2 章)。对于炭疽杆菌孢子的一个完整的两阶段表面消毒方程表示如下：

$$\begin{aligned} S(t) = {} & 0.9984\,[1-(1-e^{-0.0000424It})^{2.6}] \\ & + 0.0016\,[1-(1-e^{-0.000006It})^{2.6}] \end{aligned} \tag{16.1}$$

其中的常数为：

■ 第一阶段衰亡率常数：$0.0000424cm^2/\mu W\cdot s$；

■ 第二阶段衰亡率常数：$0.000006cm^2/\mu W\cdot s$；

■ 抵抗系数(Resistant fraction)：0.0016(0.16%)；

■ 多击指数 n(Multihit exponent)：2.6。

图 16.9 提供了一些关于炭疽菌孢子在 UVGI 系统照射下的额外数据。这幅图用剂量代替时间作为自变量绘制，但这并不影响计算出来的衰亡率常数值。这些数据来源于参考文献 Dietz et al.(1980)，它们反映了使用三种不同表面进行测试所得到的综合结果。数据是分散的，尤其是远离图中所示的直线，这可能是由于不同的表面以不同的方式影响了存活率。有一种表面就使用了铝质材料，它对紫外线具有高反射率。对于所示的数据，平均衰亡率常数是 $0.0000261cm^2/\mu W\cdot s$，这与参考文献 Kundson(1986)中的数据所得到的衰亡率常数是一致的。

伽马光设备通过电离辐射来消除污染并破坏微生物组织。伽马光对微生物组织所产生的作用类似于紫外线照射，此外它还能够穿透信封和包

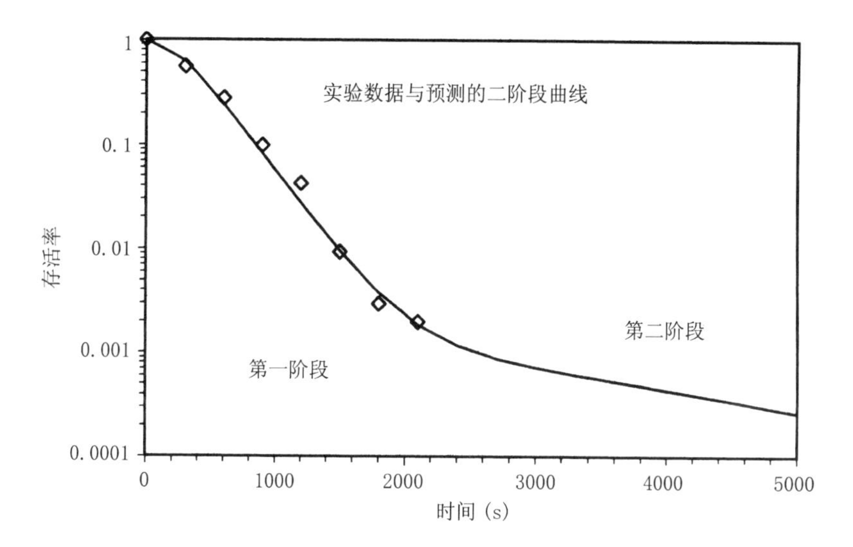

图 16.8 当紫外线强度为 90μW/cm^2 时，平板表面的炭疽杆菌孢子的存活率[数据来源于参考文献 Kundson(1986)]

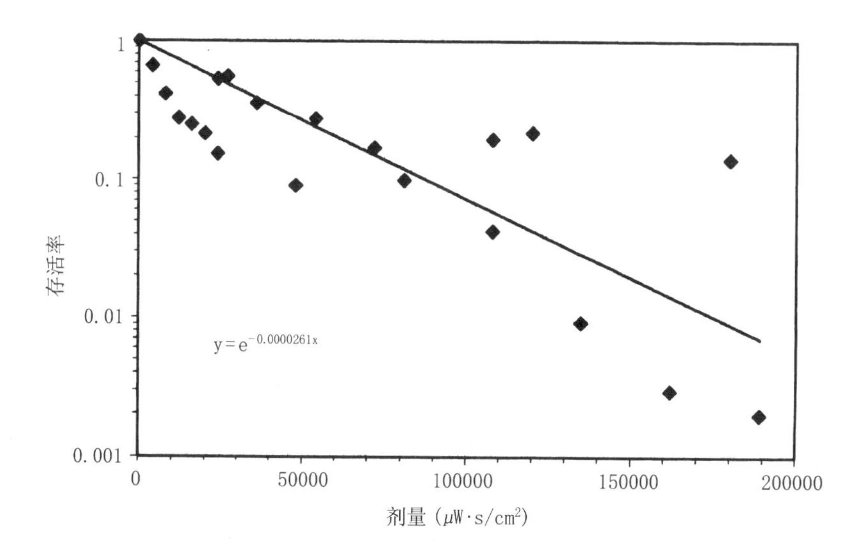

图 16.9 炭疽杆菌孢子的存活率与 UVGI 照射剂量曲线[基于参考文献 Dietz et al.(1980)中三种不同表面下的综合实验数据]

裹。同样，伽马光也对人体有害，因为它能造成细胞和基因的伤害(Alpen, 1990; Alper, 1979; Casarett, 1968; Coggle, 1971)。伽马光设备相对来说也比较昂贵，可能大部分的邮政设施都支付不起。因此仅有一部分邮局拥有或租借了这种设备，而且只是有针对性的对一些邮件使用这种设备(USPS, 2002)。早期关于使用伽马光照射邮件的报道指出，信封和包裹材料在照射下可能会损坏，而且可能丧失一些结构上的完整性。

脉动光的运行方式与紫外线灭菌设备类似，但是消毒速度却快得多。这种设备适合于流水线作业，此时仅有数秒钟或零点几秒可用来对材料消毒(Bushnell et al., 1998; Dunn, 1997; Wekhof, 1991)。脉动光的缺点是可能会比较贵重，而且可能仅仅适用于消除邮件表面的污染。不过这还是一项发展中的技术，今后应该能够证实该技术可以应用于邮件消毒这种场合。

脉动电场技术与脉动光类似，但它产生的是电场或电流，因此能够对材料的表面和内部同时消毒。它应用于食品工业，用来消灭食品中产生的病原体。它还没有被用来对邮件消毒，所以对于这种技术穿透邮件表面与消除纸张表面污染的能力还知之甚少。与脉动光类似，它是一种昂贵的替代方案，但目前仍然处在发展阶段。

对于上面提到的各种技术，臭氧是一种具有潜力的廉价替代方案。它能够消除孢子，而且消除速度大致与臭氧浓度成正比(Ishizaki et al., 1986; Kowalski and Bahnfleth, 1998)。它穿透纸质信封的能力或许有限，因此就像紫外线灭菌设备一样，它仅用于表面消毒。臭氧能够用于堆放大量邮件的大房间或封闭空间(例如卡车车厢)。关于消毒速度的相关细节可参见第13章的对蜡状芽胞杆菌(Bacillus cereus)进行臭氧消毒的实验数据。

微波照射技术提供了一种能够同时消除邮件内部与外部污染的方案，而且相对便宜。研究表明，对孢子的破坏作用可通过普通的微波炉在30-50 min内实现(Cavacante and Muchovej, 1993)。图16.10显示的是黑曲霉菌孢子(Aspergillus niger spore)在微波炉满功率运行下的测试结果。黑曲霉孢子与炭疽杆菌孢子有些类似，他们对于各种杀菌因素都具有抵抗力。目前还没有可用的关于采用微波照射杀灭炭疽杆菌孢子的数据。这一技术的一大优点是微波炉很普及，但它的一大缺点是如果被污染的邮件中有CD、信用卡或金属磁带(包含金属)就可能引起着火。

还有其他一些技术具备用于大量邮件消毒的潜力，其中包括一些在第14章中讨论过的技术，但是它们中的大多数都没有相应的实验数据。

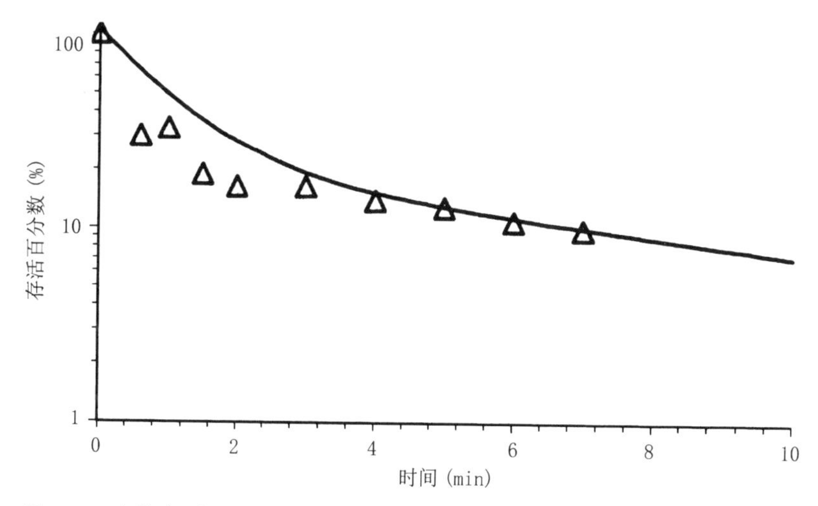

图 16.10　在微波照射下黑曲霉菌孢子的减少情况[图中显示的为数据点与拟合的二阶段指数衰减曲线，数据来源于参考文献 Cavalcant and Muchovej(1993)]

16.7　邮件处理设备

在处理受污染邮件的过程中存在这样一个问题——用来实现邮件分类、路由自动化的设备可能导致其他邮件的交叉感染。在邮件分类之前进行消毒处理是一种解决方案，但是正如前面提到的，这种作法也存在局限。

为了在分类和处理过程中对邮件进行消毒，需要将消毒技术集成到分类和处理设备中。前面所提到的一些技术，如脉动光技术，就具备应用的潜力。另外一种使交叉感染的风险降到最低的措施是采用强烈的向下气流或是活塞流持续不断地吹过正在处理的邮件。就像一个倒置的实验室用的排风罩，气流将带走任何离开信封表面的微小颗粒，并将他们吸入排风气流中，随后引导至过滤器。目前，这种方法的有效性还不得而知。

使用塑料或是密封的信封也许可以消除这一问题，但看起来这一改变在近期内还不会实现。对信封进行净化处理也曾有人提出过，但是这种做法是以牺牲个人隐私为代价的。采用生物检测器对信封表面的生物毒剂进行检测也是一种可选的方法，但是在检测速度以及所能够检测出的生化制剂的种类方面还有待于技术的提高。

16.8　邮件运输车辆

当邮件运输车辆运送包含任何生物毒剂的邮件时也会受到污染(图

16.11)。保护这些车辆的司机和搬运人员，这与保护邮政员工免受室内毒剂的危害是相似的问题，不同的是卡车通常除了自然通风之外没有其他的通风系统。

人们提出在邮车运输邮件的过程中使用臭氧进行消毒(Mardsden, 2001)。这一方法的确有它的优点，例如，运输时间将被作为消毒时间而得到有效利用，并且卡车内部也可以被看作封闭的消毒空间。这一方法可能仅适用于州际邮件运输车，因为州内运输车辆的工作时间没有规律，而且经常开关车门将会使司机受到臭氧的影响。向周围空气排放臭氧可能会有问题，但是目前已经有可供利用的臭氧消除技术(Kowalski et al., 2002a)。

正如邮件分类及处理设备那样，受到生化毒剂污染的邮车也可以用漂白剂和消毒剂清洗。

16.9 邮件收发室规程

通过对上述各方面问题以及消毒技术应用潜力的论述，可以归纳出一些针对邮件收发室的一般准则。其中的一些准则摘选自其他一些资料来源(Kroll, 2001)。总结如下：

个人防护(推荐的或可选的)：

- 建议分发信件的工作人员佩戴乳胶手套或其他防渗漏手套；

图 16.11 邮件运输车辆可能受到危险邮件的污染，但同时也使得在运输途中进行消毒成为可能

- 向直接处理邮件的工人提供外科手术用口罩或其他适用于气溶胶的防护用品；
- 建议处理信件的工作人员穿长袖上衣及长裤，以免皮肤与病原体发生接触；
- 可考虑向员工们提供在平时或在紧急情况下使用的由防渗透材料或抗菌纤维制成的制服；
- 可考虑提供在紧急情况下使用的呼吸器(Respirator)。

工作环境：

- 在所有邮件处理区保证足够的通风，人均通风量应达到或超过标准；
- 在所有邮件处理区的通风系统中考虑采用过滤器和风管型UVGI设备；
- 在所有邮件处理或存放区考虑采用上层空气UVGI系统；
- 在所有邮件处理或存放区考虑采用非工作时间消毒系统(如果没有安装上层空气UVGI系统)；
- 提供紧急情况下清洗各种设施的消毒剂，及可供员工使用的消毒剂喷射器。

监控与应急：

- 员工对可疑邮件保持警惕性，这些邮件包括：渗漏粉末或液体的信件或包裹，向外喷洒液体的包裹，装有烟雾发生装置的包裹，或是产生刺激性气味或气体的包裹；
- 将可疑的邮件就地放置，邮件处理设备停止工作，并且在该区域或建筑内实施疏散；
- 可疑邮件交由受过相关训练的个人或应急人员处理。此类邮件应放置在适当的容器内，覆盖、包装、或是封存；
- 员工遇到可疑邮件立即采用消毒剂对自身消毒，然后及时清洗并更换衣服；
- 在较小的邮件收发室内，邮件可分为两类：(1)预期的、可辨认的、或典型商业信件；(2)非预期的、外表陌生的、或可疑邮件。后一类还包括地址错误的邮件；
- 对于第二类邮件，如果是寄给个人的，应该在发送前由收件人确认是否为预期发件人的邮件；
- 将可疑邮件经过X光照射或通过金属探测器；
- 可疑邮件的开启应当在隔离区由佩戴防毒面具，全身防护的人员完成。

训练与职责：

- 任命一名事故应急反应管理人员，并进行训练，使之能够处理出现危险生化污染的紧急情况；
- 培训所有员工，使他们能够理解并辨认与生化毒剂相关的危险性；
- 员工患病应及时汇报，不拖延至第二个工作日。专门指定一名安全或管理人员。他(她)能在包括周末的任何时候，无论白天，黑夜，接听电话，或通过其他方式(例如电子邮件)取得联系。此人的职责是发现不正常的病情趋势，辨认普通员工可能由生化制剂所引起的疾病症状。此人必须掌握适当的信息并且受到相关培训，能够对这种流行病事件做出正确评估。

上面提出的只不过是一些基本的建议，除此之外，还可制定许多其他的规程来处理紧急情况或辨识危险。每一个邮政设施，无论它是由邮局还是商业建筑中的邮件收发室，都应当首先对其现有的应急程序与易受攻击的弱点进行检查，从而制定出适合于预期风险的最佳行动计划。

16.10 小结

本章阐述了难以解决的邮件收发室的生化污染问题，以期简化相关决策，采取措施保护邮件收发室的员工，并对邮件进行消毒。此外，本章还提供了一些建议，并对相关的设备进行了讨论。这一领域的问题还处在研究之中，今后可能会取得新的进展并出现新的解决方案。

第 17 章

结　　语

17.1　引言

本书详尽地阐述了如何保护建筑物免受生化恐怖袭击的威胁，以及如何通过空气净化技术实现建筑物的免疫。在附录的数据库中集中收录了大量的有用信息，这些信息将有助于工程师和其他专业人员设计有效的免疫建筑系统；同时，在各种可能的生化恐怖袭击情景下，这些信息还将有助于评价免疫建筑系统受到的威胁及其具备的防护能力。

第 2 章和第 3 章介绍了各种潜在的生物与化学武器，以及它们与过滤和紫外线杀菌照射(UVGI)技术相关的一些特性。第 4 章提出了一种简化的数学方法，通过该方法可以近似得出生化毒剂的致死剂量曲线以及生物毒剂的疾病发展曲线。

第 5 章介绍了各种假定的生物毒剂的释放方式，并且描述了恐怖分子在针对建筑物的袭击过程中可能采取的具体方式。第 6 章和第 7 章分别讨论了建筑物和通风系统所存在的弱点，并且第 6 章还提出了一种数学方法可用于近似计算单个建筑所存在的风险。

第 8 章介绍了过滤和 UVGI 系统选型的详细方法，并且概括了化学毒剂气相过滤技术的发展现状。遗憾的是，由于缺乏消除化学毒剂的相关资料，第 8 章所提供的关于气相过滤技术的设计信息，并不像通风、过滤和 UVGI 技术那样细致具体。因此，现阶段还不能模拟预测化学毒剂的去除率。另外，目前也无法准确获知炭吸附器所具备的防护能力，这些将有待于今后的研究。尽管如此，在一定程度上，传统用于控制室内空气品质的炭吸附器具有去除化学毒剂的能力，而且过滤器也具有去除液态气溶胶的能力，将二者结合在一起可能足以防御大多数的化学毒剂，因此可以将它们作为必要的防护措施在系统中加以采用。问题也仅仅在于它们的确切性能在目前还无法证实。

第9章对于生化袭击情景的模拟结果和第15章的经济性评价表明：免疫建筑系统能够提供有效的防护能力，同时不需要付出过高的成本。提高过滤和UVGI系统的级别可以降低室内人员的伤亡率或者死亡率，不过事实上这还要受到通风系统特性的限制。这种限制在本书中称之为“收益递减效应”，也就是说当通风系统的消毒率达到上限时，只有重新设计系统才可能继续提高其消毒率。即便如此，为了降低室内人员的死亡率，采用级别适中的过滤和UVGI系统可能就已经足够了，它们甚至可以保证90%的室内人员免遭危害。这种可能性使得人们在系统性能、系统成本和建筑物的相对风险之间有希望找到令人满意的平衡点。简而言之，根据书中的结果，强烈推荐采用比色法效率在60% - 80%之间的过滤器（对应于MERV 11 - 15级），并且结合平均辐射强度在500 - 1000$\mu W/cm^2$之间的UVGI系统。上述过滤与UVGI的联合系统足以保护大多数的室内人员，同时不会带来过高的成本。在实际应用中，过滤器和UVGI系统的具体级别将取决于建筑物及其通风系统的特性。当然，每栋建筑都具有其独特性，免疫建筑系统的精心设计是不可替代的。为此，对于各种不同的应用场合，本书将尽可能地体现出免疫建筑系统的最新技术发展水平。

在第10章和第11章中，提供了检测和控制方面的相关信息。这些信息包含有大量的细节和一些实例，如果需要的话，这些信息可以帮助工程师开发出生化毒剂的检测系统。当前，检测技术的局限在于其能够检测的制剂种类不多，不过如果经济预算允许的话，仍然可能设计出这样的系统。特别是将化学传感器和粒子检测器结合在一起，可用来实现控制系统的隔绝和报警功能。另外，廉价的空气采样系统也可以用来替代上述检测系统，或者还可以与上述检测系统联合使用。这种检测方法可以定期返回室内空气中微生物的含量及种类，因而可以用于生物毒剂的检测以获得足够的治疗时间并防止人员死亡。

第12章讨论了建筑物防范恐怖袭击的安全措施，并将这些措施作为免疫建筑系统的一部分加以考虑。这一章为安全人员提供了大量的有用信息，可以帮助他们保护建筑物，识别各种威胁或者处理真实事件。另外，这一章还提供了一些和就地避难相关的设计资料。第13章提供了在恐怖袭击事件之后对建筑物进行洗消和修复的相关资料。

第14章介绍了可能用于免疫建筑系统中的各种替代技术。第15章详细阐述并举例说明了免疫建筑技术的经济性分析和系统优化问题。第16章阐述了邮件收发室所面临的特殊问题，为了帮助设计人员和邮件收发室的管理人员确定如何对邮件进行消毒以及如何保护邮政员工，在这章中提供了一些具体的信息和建议。

虽然在本书中有些内容还可以阐述得更加详细，但是这里提供的信息已经足以帮助任何工程师或者建筑管理者设计实用的免疫建筑系统，这一系统将会在很大程度上为室内人员提供保护，同时也不一定会带来超额的成本。事实上，免疫建筑系统还具有其他一些间接的好处，它们甚至会带来一定的回报，这一问题我们随后就会进行讨论。在讨论这些好处之前，我们首先对生化恐怖主义在今后的发展状况进行简要的分析，虽然这一问题在某种程度上已经超出了工程技术的范畴，但是它将有助于建筑业主和政府规划人员做出正确的判断。

17.2 生化恐怖主义的今后发展

政府当局和专家们在当前所达成的共识是——最近几年发生的多起生物和化学恐怖袭击事件仅仅是新一轮灾难性恐怖主义(Catastrophic terrorism)活动的开始(Drell et al.,1999)。大规模杀伤性武器的使用开始于 18 世纪针对美洲印第安人的天花病毒袭击，这类活动将会在今后达到高潮并在无辜的平民中制造巨大的灾难。从最不为人所知的人类病原体到经过基因工程改造的令人难以想像的可怕病菌，这些都可能作为生物毒剂被恐怖分子加以利用。事实上，某些个人可能会制造出能够毁灭全人类的无法治愈的疾病，无论是自然界或者是科学界都无法排除这种可能性。

过去一些年中，发生在美国的恐怖主义活动大多数是由美国国内的恐怖分子制造的。今后的恐怖主义活动也很可能主要来自美国本土，并且可以预测一些企图发动生化袭击的恐怖组织将会把最容易获取的生化毒剂发展成生化武器(CSIS,1995; Stern,1999; Tucker,1999; Zilinskas,1999b)。正如生物战争的历史所显示的那样(参见第 1 章)，对于那些试图最大限度地灭绝目标群体的组织或个人，进攻性使用生物武器几乎成为了他们的偏好(Ellis,1999)。

当今有许多煽动仇恨或群体灭绝的组织，这些组织不仅限于海外狂热的极端分子。在美国就有数百个这样的种族仇恨群体(Hate group)，这些组织的势力在其国内不断地发展壮大。美国纳粹党(American Nazis)、新纳粹青少年光头党(neo-Nazi skinheads)、雅利安民族至上主义者(Aryan supremacists)、基督身份组织(Christian Identity)、三 K 党(Ku Klux Klan)、新法西斯主义者(neo-fascists)以及其他数不清的组织正在鼓动针对其他美国人的仇恨行动。这些组织经常被指认是实际的或者潜在的美国生化恐怖主义活动的源头(Cole,1996; CSIS,1995; Drell et al.,1999; Siegrist,1999; Stern,1999; Tucker,1999; Zilinskas,1999b,1999c; Zink,1999)。曾经有一些“白人雅利安抵抗组织”(White Aryan Resistance)的成员声称对世贸中心爆炸案负责，并散布传言称世贸中心是犹太人的财产(Cooke,2001)。虽然美国政府单方面向海外的恐怖分子宣战，但是与此同时政府却又能容忍其国内的恐怖组织以及由这些组织发动的一系列针对少数民族、外国人和宗教组织的恐怖活动。

仇恨群体经常是公然藐视其他美国人的生存、自由和追求幸福的权利，但却又声称他们应当具有保持并自由谈论上述观点的权利。这种似是而非的论断并不能掩饰他们的真实目的。对此我们可以通过与微生物世界的类比得到一些启示。在微生物世界里，可以在共生微生物与寄生微生物之间划分明显的界限，共生微生物与人体和谐相处并且有助于健康，而危险的寄生微生物则是以危害人体健康作为其惟一目的。人体的免疫系统将会运用一切可能的手段来消除这些病原体的威胁，那么人类社会对这些邪恶势力也应当采取相应的行动。

上述这些组织应当受到严格的审查，并且使他们无法接触到那些可用来发展大规模杀伤性武器的材料和信息。事实上，对于那些从事种族歧视、散布仇恨或者宗教狂热活动的个人，应当限制他们利用教育和研究设施从事危害活动的权利。高等教育的公共机构不应当像 9.11 事件中的航空公司那样，被这些组织用作为危害社会的武器。此外，应当严格控制可能有助于制造生化毒剂的信息和材料，防止它们被这些组织获取和占有。这些控制措施包括限制有不良企图的人进入大学图书馆并且防止一些不负责任的人利用互联网发布敏感信息。当然通过立法可以使这些控制措施得以实施，应当尽快并且非常谨慎地制定相关法律。

从长远观点来看，对于那些决意作对的恐怖分子，可能很难防止他们发动生化袭击，但是通过免疫建筑技术以及对潜在的恐怖分子进行制约，将有可能为国内大部分公民提供最大程度的保护。

17.3 间接有助于室内空气品质

先前各章都暗示了免疫建筑技术对于提高室内空气品质(IAQ)和减少自然发生的疾病具有潜在的好处。虽然很难将由于减少发病带来的经济收益进行量化，不过通过介绍一些通用信息和统计数据可以使人们进一步认识到免疫建筑技术将会带来多大的收益空间。

居住和工作环境中的微生物包括能够引起过敏和产生毒素的真菌、细菌和致病的病毒(Flannigan et al.,2001; Yang et al.,1993)。有些真菌和细菌会产生挥发性有机化合物(VOC),VOC 会导致不良的室内空气品质,并且经常与建筑相关病症(BRI)或者病态建筑综合症(SBS)具有某种联系。利用空气传播的微生物和在物体表面生长的微生物,即便数量很少也有可能引发各种人类健康问题(Haas,1983; Spendlove and Fannin,1983)。利用空气传播的微生物在建筑物中会维持生长,这是因为建筑内部通常保持一定的温度和湿度,这将有助于微生物传播到新的宿主,微生物通过建筑通风系统甚至会传播至远距离处的宿主(Zeterberg,1973)。有些建筑,特别是那些存在潮湿问题的建筑,它们仿佛就是真菌孢子的倍增器(Woods et al.,1997)。使用过滤、UVGI 和炭吸附技术将会减少室内空气中的微生物和 VOC,并且能够显著改进室内空气品质,这将有助于增进室内人员的健康并提高生产率(Dorgan et al.,1998)。

大约有 1/4 的医疗费用和接近 1/2 的收入损失是由于呼吸道疾病所引起的(Tolley et al.,1994)。在美国每年用于急性呼吸道感染的保健费用达 300 亿美元,另外由于人员生病造成误工和生产率下降所带来的损失则更大,每年高达 350 亿美元(Fisk and Rosenfeld,1997)。很明显,通过免疫建筑技术减少或消除利用空气传播的疾病将会带来很大的收益。

由于大型商业建筑很少会出于对室内空气进行消毒的目的而安装有空气净化系统,目前还没有相关的流行病学数据可用于估计采用这些系统之后,因病缺勤的时间在实际上会减少多少。虽然在商业建筑中对室内空气进行消毒并不能将发病率减少为零,这是因为有些疾病可能是在建筑外部发生的,但是这些措施仍然有希望大大地减少人员发病率。一旦将来拥有了这些流行病学数据,就有可能根据减少的误工时间、节省的健康保险和提高的生产率,计算出空气净化系统的投资回收期,这也将有助于管理人员决定在特定建筑中对免疫技术措施投入多少资金。在那时,第 9 章袭击情景模拟所确定的系统规格可以作为计算成本的初始条件。值得注意的是,先前有很多关于工作场所的心理学研究都表明,仅仅是有了改善工作环境的打算就足以提高员工的士气和工作效率。如果在建筑中安装有精心设计的空气净化和消毒系统,那么起到的作用一定会超出一般的心理安慰。

17.4　工程师与今后的疾病控制

在人类消灭各种利用空气传播的疾病的战斗中,工程师处在很特殊的一个位置上,虽然他们可能在分子生物学、医学病理学或者流行病学方面知之甚少，但是他们所提供的工程技术方案却能够有效地消除范围广泛的各种病原体。对于空气净化与消毒技术来说，微生物是被杀灭还是被清除这二者之间并没有什么区别。尽管这些技术在微生物的大小或者易感性方面可能存在某种程度的区别，但是一般来说，这些技术在设计上具有广泛的适用性，可以防御各种利用空气传播的病原体。

无论哪一种病原体可能会出现在建筑环境中，精心设计并且集成化的免疫建筑系统将会具有抑制疾病通过空气传播的功能。对于利用空气传播的疾病和产毒的真菌，建筑物的作用就像是带菌媒介或者是巨大的培养箱(图 17.1)，但是采用了空气净化和消毒技术之后就可以消除这种负面作用。任何设计用于微生物防护的系统都将有助于减少呼吸道疾病的传播。

在理论上，通过在商业办公建筑中安装空气净化和消毒系统将会减少城市居民伤风、流感甚至是结核病的发病率。不过在实际上，这些感染只有一部分，大概 1/3 左右，是在办公建筑内部发生的。剩余的感染，可能是大部分，通常是发生在住所、酒吧、餐馆、学校或者其他无法确定的场所。此外，有些呼吸道感染是通过直接接触传播的，这种传播方式取决于个人的行为和卫生习惯，在工程技术上还找不出有效的控制措施。

对于空气传播型疾病所带来的问题，现实的解决途径在于推广空气净化与消毒技术的应用。当足够数量的建筑采取了控制疾病传播的免疫措施之后，就会产生一种协同作用，这在流行病学中被称作为“群体免疫”(图 17.2)。这一微生物学术语指的是当群体或者人群中对某种传染性疾病具有免疫力的个体数量达到一定百分比时，疾病就不再继续传播并且任何将会发生的传染病也会停止流行。人群中需要采取免疫措施的真实百分数受到疾病传染率、感染率、人群易感性和其他一些次要因素的影响。为了控制疾病的传播，仅仅需要对有限百分数的人员进行免疫。换句话说，为了实现人群的免疫，并不一定每个人都需要进行免疫。

按照类似的方式，为了防止传染性疾病利用空气传播，也不需要在每一栋建筑中都采取免疫措施，而仅仅需要对一定百分比的建筑物采取免疫措施。计算出需要采取免疫措施的建筑物的临界百分数是一个具有挑战性的数学和流行病学问题，这一问题既取决于建筑物的特性也取决于每一种疾病的特性。虽然无法获知需要采取免疫措施的建筑物的百分数，但是应当确实存在这样一个临界值。

将群体免疫概念所带来的启示应用于建筑物，可以直接得出这样一个

图 17.1 现代建筑由于其受控的室内环境，它们对于空气传播型病原体的作用就像是一个巨大的短期培养箱(图片征得宾夕法尼亚州 Art Anderson 的许可)

值得注意的结论：对于很多在我们日常生活中认为是无法避免的利用空气传播的疾病，通过推广免疫建筑技术，这些疾病实际上是可以被消灭的。从某种程度上说，当一定数量的建筑物采取了免疫措施之后，这些疾病便开始消失。控制疾病的这一目标，在将来可能不再需要通过疫苗、药物或者是微生物学的研究来实现，而仅仅通过工程技术就能够达到。工程师在

图 17.2 根据群体免疫的概念，在一定百分数的建筑中采用免疫措施也许就能够消灭很多种呼吸道疾病

今后的疾病控制中所肩负的责任将不仅仅是保护建筑物防御生化恐怖袭击，而且还包括完全消除各种利用空气传播的疾病，这也许是当今世界最为重要的目标之一。

附录 A

生物毒剂数据库

序号	病原体	微生物类型	传染特性
1	炭疽杆菌孢子(*Bacillus anthracis*)	细菌孢子	非传染性
2	皮炎芽生菌(*Blastomyces dermatitidis*)	真菌孢子	非传染性
3	百日咳杆菌(*Bordetella pertussis*)	细菌	传染性
4	布鲁氏菌(*Brucella*)	细菌	非传染性
5	鼻疽伯克霍尔德氏菌(*Burknolderia mallei*)	细菌	非传染性
6	类鼻疽伯克霍尔德氏菌(*Burkholderia pseudomallei*)	细菌	非传染性
7	基孔肯亚病毒(Chikungunya·virus)	病毒	带病媒介传播
8	鹦鹉热衣原体(*Chlamydia psittaci*)	细菌	非传染性
9	肉毒梭状芽孢杆菌(*Clostridium botulinum*)	细菌	非传染性
10	产气荚膜梭状芽孢杆菌(*Clostridium perfringens*)	细菌	非传染性
11	厌酷球孢子菌(*Coccidioides immitis*)	真菌孢子	非传染性
12	白喉杆菌(*Corynebacterium diphtheriae*)	细菌	传染性
13	伯氏考克斯体(*Coxiella burnetii*)	细菌/立克次体	非传染性
14	克里米亚-刚果出血热病毒(Crimean-Congo hemorrhagic fever)	病毒	传染性
15	登革热病毒(Dengue fever virus)	病毒	带病媒介传播
16	埃博拉病毒(Ebola)	病毒	传染性
17	土拉弗朗西斯菌(*Francisella tularensis*)	细菌	非传染性
18	汉坦病毒(Hantaan virus)	病毒	非传染性
19	甲型肝炎病毒(Hepatitis A)	病毒	传染性
20	荚膜组织胞浆菌(*Histoplasma capsulatum*)	真菌孢子	非传染性
21	甲型流感病毒(Influenza A virus)	病毒	传染性

续表

序号	病原体	微生物类型	传染特性
22	日本(乙型)脑炎病毒(Japanese encephalitis)	病毒	带病媒介传播
23	胡宁病毒(Junin virus)	病毒	非传染性
24	拉沙热病毒(Lassa fever virus)	病毒	传染性
25	嗜肺军团杆菌(*Legionella pneumophila*)	细菌	非传染性
26	淋巴细胞性脉络丛脑膜炎病毒(Lymphocytic choriomeningitis)	病毒	非传染性
27	马丘波病毒(Machupo virus)	病毒	非传染性
28	马尔堡病毒(Marburg virus)	病毒	传染性
29	结核分支杆菌(*Mycobacterium tuberculosis*)	细菌	传染性
30	肺炎支原体(*Mycoplasma pneumoniae*)	细菌	内生性
31	星形诺卡菌(*Nocardia asteroides*)	细菌孢子	非传染性
32	巴西副球孢子菌(*Paracoccidioides*)	真菌孢子	非传染性
33	普氏立克次体(*Rickettsia prowazeki*)	细菌/立克次体	带病媒介传播
34	立氏立克次体(*Rickettsia rickettsii*)	病毒	带病媒介传播
35	裂谷热病毒(Rift valley fever)	病毒	带病媒介传播
36	伤寒沙门菌(*Salmonella typhi*)	细菌	食物传播型
37	志贺氏痢疾杆菌(*Shigella*)	细菌	食物传播型
38	黑霉菌(*Stachybotrys chartarum*)	真菌孢子	非传染性
39	肺炎双球菌(*Streptococcus pneumoniae*)	细菌	传染性
40	天花病毒(Variola(smallpox))	病毒	传染性
41	委内瑞拉马脑炎病毒(VEE)	病毒	带病媒介传播
42	霍乱弧菌(*Vibrio cholerae*)	细菌	食物传播型
43	西、东部马脑炎病毒(WEE,EEE)	病毒	带病媒介传播
44	黄热病病毒(Yellow fever virus)	病毒	带病媒介传播
45	鼠疫耶尔森氏菌(*Yersinia pestis*)	细菌	传染性

炭疽杆菌(Bacillus anthracis)

组	细菌孢子
类型	革兰阳性(Gram +)
属	芽孢杆菌属(Bacillus)
科	芽孢杆菌科(Bacillaceae)
传染特性	非传染性
生物安全等级	第2至3级危险群
感染剂量(ID_{50})	10000
致死剂量(LD_{50})	28000
感染率	无
潜伏期	2 – 3d
感染高峰期	不详
每年病例数	极少
每年死亡人数	极少

炭疽热病是一种低等动物的疾病，人类通过直接接触或吸入该菌的孢子会被传染上该病。肺炭疽(Pulmonary anthrax)也就是通常所说的“羊毛工病”。该病将迅速地从肺部发展到其他器官，如果不加以治疗的话，该病将是致命的。美国、日本、伊拉克、前苏联都曾将它作为生物武器来研究。将炭疽杆菌作为恐怖袭击的武器，这种威胁仍将存在

<table>
<tr><td>疾病或感染</td><td colspan="5">炭疽热病、羊毛工病(Woolsorter's Disease)</td></tr>
<tr><td>自然病源</td><td colspan="5">牛、绵羊、其他动物、土壤</td></tr>
<tr><td>产生毒素</td><td colspan="5">无</td></tr>
<tr><td>感染部位</td><td colspan="5">上呼吸道</td></tr>
<tr><td>症状</td><td colspan="5">吸入性炭疽热：呼吸困难、发烧、抽搐，随后不久将导致死亡</td></tr>
<tr><td>治疗方法及药物</td><td colspan="5">环丙沙星、脱氧羟四环霉素、四环素、红霉素、氯霉素</td></tr>
<tr><td>未经治疗死亡率</td><td colspan="5">5% – 20%　　预防：抗生素　　疫苗：可得</td></tr>
<tr><td>形状</td><td colspan="5">球型孢子</td></tr>
<tr><td>平均粒径(μm)</td><td colspan="5">1.118　　粒径范围：1 – 1.25μm</td></tr>
<tr><td>生长环境温度</td><td colspan="5">37℃　　外部存活时间：几年</td></tr>
<tr><td>灭活方法</td><td colspan="5">湿热环境：在121℃的环境下放置30min</td></tr>
<tr><td>消毒剂</td><td colspan="5">5%浓度的福尔马林，2%浓度的戊二醛或甲醛</td></tr>
<tr><td>额定过滤等级</td><td>MERV 6</td><td>MERV 8</td><td>MERV 11</td><td>MERV 13</td><td>MERV 15</td></tr>
<tr><td>去除率估计值(%)</td><td>18.8</td><td>40.4</td><td>57.1</td><td>92.5</td><td>100.0</td></tr>
<tr><td>UVGI衰亡率常数</td><td colspan="5">0.000031　　$cm^2/\mu W \cdot s$　　媒介：平板表面</td></tr>
<tr><td>90%杀灭剂量</td><td colspan="5">74277　　$\mu W \cdot s/cm^2$　　数据来源：Knudson 1986</td></tr>
<tr><td>建议室内浓度限值</td><td colspan="5">0 cfu/m^3</td></tr>
<tr><td>基因组碱基对</td><td colspan="5"></td></tr>
<tr><td>相关种属</td><td colspan="5">蜡状芽孢杆菌(B. Cereus)，种类：枯草芽孢杆菌[B. subtilis (B.globigii)]</td></tr>
<tr><td>备注</td><td colspan="5">疾病控制中心(CDC)有报告</td></tr>
<tr><td>图片来源</td><td colspan="5">疾病控制中心(CDC)PHIL # 1823, Dr. Sharif Zaki, Elizabeth White</td></tr>
<tr><td>参考文献</td><td colspan="5">Brachman 1966, Braude 1981, Freeman1985, Inglesby 1999, Mitscherlich 1984, Murray 1999, Prescott 1996, Ryan 1994, Canada 2001</td></tr>
</table>

皮炎芽生菌(Blastomyces dermatitidis)	
组	真菌孢子
类型	丝孢纲(Hyphomycetes)
属	丛梗孢属(Moniliales)
科	
传染特性	非传染性
生物安全等级	第2至3级危险群
感染剂量(ID_{50})	11000
致死剂量(LD_{50})	未知
感染率	无
潜伏期	几周
感染高峰期	不详
每年病例数	极少
每年死亡人数	—

类似于肺结核杆菌(TB)能在肺部以外的部位传播，主要发现于美国中北部和东部。能引起芽生菌病，也被称为Gilchrist病和芝加哥病。通过上呼吸道传入体内，并能向其他部位扩散。通常男性比女性更易受感染。与其他真菌病原体一样，存在二种形态：存在于自然界时的一种形态和引起感染时的一种形态

疾病或感染	芽生菌病(Blastomycosis)、Gilchrist病(Cilchrist's Disease)、芝加哥病(Chicago disease)				
自然病源	自然环境、医院				
产生毒素	无				
感染部位	上呼吸道、皮肤				
症状	肺部或皮肤的急性或慢性肉芽肿霉菌病(Granulomatous mycosis)、缓慢发作会演变为慢性肺部感染				
治疗方法及药物	两性霉素B、伊曲康唑、苯并二氢呋喃酮、羟基芪				
未经治疗死亡率	— 预防：无 疫苗：无				
形状	球型孢子				
平均粒径(μm)	12.649 粒径范围：8-20μm				
生长环境温度	37℃ 外部存活时间：几年				
灭活方法	湿热环境：在121℃的环境下放置15min				
消毒剂	1%浓度的次氯酸钠溶液、酚醛、甲醛、10%浓度的福尔马林				
额定过滤等级	MERV 6	MERV 8	MERV 11	MERV 13	MERV 15
去除率估计值(%)	50.0	77.2	94.0	96.0	100.0
UVGI衰亡率常数	0.000247 $cm^2/\mu W \cdot s$ 媒介：平板表面(估计)				
90%杀灭剂量	9322 $\mu W \cdot s/cm^2$ 数据来源：Chick 1963				
建议室内浓度限值	150-500 cfu/m^3				
基因组碱基对					
相关种属					
备注	疾病控制中心(CDC)有报告				
图片来源	疾病控制中心(CDC)，PHIL # 493				
参考文献	Collins 1993，Freeman 1985，Howard 1983，Lacey 1988，Murray 1999，Ryan 1994，Smith 1989，Mlyaji 1987，Sorensen 1999，DiSalvo 1983，Canada 2001				

百日咳杆菌(Bordetella pertussis)

组	细菌
类型	革兰阴性(Gram -)
属	博尔德氏杆菌属(Bordetella)
科	
传染特性	传染性
生物安全等级	第2级危险群
感染剂量(ID_{50})	(4)
致死剂量(LD_{50})	(1314)
感染率	高
潜伏期	7 - 10d
感染高峰期	7 - 14d
每年病例数	6564
每年死亡人数	15

百日咳杆菌是百日咳的病因。它会产生细菌毒素，并由毒素产生主要症状。在全球范围都有病例，儿童为该病的主要感染群，患有该病的人中有2/3为1岁以下儿童，并常表现为无症状。它具有高的传染性，既能通过生物气溶胶的空气传播，也能通过与带菌污染物的直接接触传播

疾病或感染	百日咳、中毒反应				
自然病源	人群、医院				
产生毒素	无				
感染部位	上呼吸道、气管				
症状	分三个阶段：咳嗽(1至2周),剧烈的咳嗽(2至6周),康复(数周)				
治疗方法及药物	采用红霉素或TMP - SMX抗生素治疗14天，吸氧、水合电解质平衡(Hydration & electrolyte balance)				
未经治疗死亡率	— 预防：抗生素 疫苗：有				
形状	球杆菌				
平均粒径(μm)	0.245 粒径范围：0.2 - 0.3 × 0.5 - 1μm				
生长环境温度	35 - 37℃ 外部存活时间：1h - 7d				
灭活方法	湿热环境：在121℃下放置15min；干热环境：在170℃下放置1h				
消毒剂	1%浓度的次氯酸钠溶液、70%浓度的乙醇、碘酒、酚醛、戊二醛、甲醛				
额定过滤等级	MERV 6	MERV 8	MERV 11	MERV 13	MERV 15
去除率估计值(%)	4.3	8.7	14.5	39.4	70.4
UVGI衰亡率常数	未知 $cm^2/\mu W \cdot s$ 媒介：				
90%杀灭剂量	— $\mu W \cdot s/cm^2$ 数据来源：				
建议室内浓度限值	0 cfu/m^3				
基因组碱基对					
相关种属					
备注	疾病控制中心(CDC)有报告				
图片来源	疾病控制中心(CDC)PHIL # 254，Janice Carr.				
参考文献	Braude 1981，Freeman 1985，Mitscherlich 1984，Murray 1999，Prescott 1996，Ryan 1994，Castle 1987，Weinstein 1991，Canada 2001				

<table>
<tr><td colspan="6">布鲁氏菌(Brucella)</td></tr>
<tr><td rowspan="13"></td><td>组</td><td colspan="4">细菌</td></tr>
<tr><td>类型</td><td colspan="4">革兰阴性(Gram－)</td></tr>
<tr><td>属</td><td colspan="4">布鲁氏菌属(Brucella)</td></tr>
<tr><td>科</td><td colspan="4">布鲁氏菌科(Brucellaceae)</td></tr>
<tr><td>传染特性</td><td colspan="4">非传染性</td></tr>
<tr><td>生物安全等级</td><td colspan="4">第2至3级危险群</td></tr>
<tr><td>感染剂量(ID_{50})</td><td colspan="4">1300</td></tr>
<tr><td>致死剂量(LD_{50})</td><td colspan="4">—</td></tr>
<tr><td>感染率</td><td colspan="4">—</td></tr>
<tr><td>潜伏期</td><td colspan="4">5－60d</td></tr>
<tr><td>感染高峰期</td><td colspan="4">—</td></tr>
<tr><td>每年病例数</td><td colspan="4">98</td></tr>
<tr><td>每年死亡人数</td><td colspan="4">极少</td></tr>
<tr><td colspan="6">与动物直接接触而感染为常见的感染途径，不过也曾出现通过空气感染的病例。该病可能成为慢性的。通常是那些工作与感染动物有关的人易受感染。感染的途径有摄入、擦伤的皮肤，或黏膜</td></tr>
<tr><td>疾病或感染</td><td colspan="5">布鲁氏菌病，波状热(Undulant fever)</td></tr>
<tr><td>自然病源</td><td colspan="5">山羊、牛、猪、狗、绵羊、驯鹿、麋鹿、郊狼、骆驼</td></tr>
<tr><td>产生毒素</td><td colspan="5">无</td></tr>
<tr><td>感染部位</td><td colspan="5">上呼吸道、皮肤</td></tr>
<tr><td>症状</td><td colspan="5">急性间歇性发热、疲劳、头痛、大量出汗、打冷战、关节痛、局部感染</td></tr>
<tr><td>治疗方法及药物</td><td colspan="5">四环素、链霉素通常与脱氧羟四环霉素联用，TMP－SMX抗生素与氨基糖苷类抗生素联用</td></tr>
<tr><td>未经治疗死亡率</td><td colspan="5"><2%　　预防：无　　疫苗：无</td></tr>
<tr><td>形状</td><td colspan="5">短棒形</td></tr>
<tr><td>平均粒径(μm)</td><td colspan="5">0.566　　粒径范围：0.4－0.8×0.4－1.5μm</td></tr>
<tr><td>生长环境温度</td><td colspan="5">10－40℃　　外部存活时间：32－135d</td></tr>
<tr><td>灭活方法</td><td colspan="5">湿热环境：在121℃下放置15min；干热环境：在170℃下放置1h</td></tr>
<tr><td>消毒剂</td><td colspan="5">1%浓度的次氯酸钠溶液、70%浓度的乙醇、碘酒、戊二醛、甲醛</td></tr>
<tr><td>额定过滤等级</td><td>MERV 6</td><td>MERV 8</td><td>MERV 11</td><td>MERV 13</td><td>MERV 15</td></tr>
<tr><td>去除率估计值(%)</td><td>8.0</td><td>17.8</td><td>29.2</td><td>70.2</td><td>96.4</td></tr>
<tr><td>UVGI衰亡率常数</td><td colspan="5">未知　　$cm^2/\mu W \cdot s$　　媒介：</td></tr>
<tr><td>90%杀灭剂量</td><td colspan="5">—　　$\mu W \cdot s/cm^2$　　数据来源：</td></tr>
<tr><td>建议室内浓度限值</td><td colspan="5">0 cfu/m^3</td></tr>
<tr><td>基因组碱基对</td><td colspan="5"></td></tr>
<tr><td>相关种属</td><td colspan="5">羊布鲁氏杆菌(B.melitensis)、猪布鲁氏杆菌(B.suis)、牛布鲁氏杆菌(B.abortus)、犬布鲁氏杆菌(B.canis)</td></tr>
<tr><td>备注</td><td colspan="5">疾病控制中心(CDC)有报告</td></tr>
<tr><td>图片来源</td><td colspan="5">疾病控制中心(CDC) PHIL # 734，Dr. Marshall Fox</td></tr>
<tr><td>参考文献</td><td colspan="5">Braude 1981，Murray 1999，Mitscherlich 1984，Prescott 1996，Ryan 1994，Canada 2001，Franz 1997，NATO 1996，Mandell 2000，Ellison 2000</td></tr>
</table>

鼻疽伯克霍尔德氏菌(Burknolderia mallei)	
组	细菌
类型	革兰阴性(Gram－)
属	伯克霍尔德氏菌属(Burkholderia)
科	
传染特性	非传染性
生物安全等级	第3级危险群
感染剂量(ID_{50})	3200
致死剂量(LD_{50})	—
感染率	无
潜伏期	1－14d
感染高峰期	不详
每年病例数	—
每年死亡人数	无

鼻疽伯克霍尔德氏菌(B.mallei)以前也称作为鼻疽假单孢菌(Pseudomonas mallei)，它会引起鼻疽病，这是一种马和骡子所患的病。该病很少可能会传染给人类，但目前在西方国家已经被根除了。传染途径主要是通过擦伤的皮肤侵入

疾病或感染	鼻疽病、发热、机会性感染(Opportunistic infections)				
自然病源	环境、马、骡子、医院				
产生毒素	无				
感染部位	皮肤				
症状	慢性症状：咳嗽、分泌黏液；败血病症状：发热、打冷战、7－10天内死亡				
治疗方法及药物	头孢他啶、亚胺培南、脱氧羟四环霉素、二甲胺四环素、环丙沙星、庆大霉素				
未经治疗死亡率	预防：无		疫苗：无		
形状	棒形				
平均粒径(μm)	0.674		粒径范围：0.3－0.8×1.4－4μm		
生长环境温度	20－42℃		外部存活时间：30d(在水中)		
灭活方法	湿热环境：在55℃下放置10min				
消毒剂	1%浓度的次氯酸钠溶液、70%浓度的乙醇、2%浓度的戊二醛				
额定过滤等级	MERV 6	MERV 8	MERV 11	MERV 13	MERV 15
去除率估计值(%)	9.9	22.2	35.2	77.8	98.5
UVGI衰亡率常数	未知	$cm^2/\mu W \cdot s$		媒介：	
90%杀灭剂量	—	$\mu W \cdot s/cm^2$		数据来源：	
建议室内浓度限值	50 cfu/m^3				
基因组碱基对					
相关种属	(先前提到的鼻疽假单孢菌 (Pseudomonas mallei))				
备注					
图片来源	图片显示的是洋葱伯克霍尔德氏菌(B.cepacia)。疾病控制中心(CDC)PHIL#255，Janice Carr				
参考文献	Braude 1981，Freeman 1985，Mitscherlich 1984，Murray 1999，Prescott 1996，Ryan 1994，Castle 1987，Weinstein 1991，Canada 2001				

类鼻疽伯克霍尔德氏菌(Burkholderia pseudomallei)

组	细菌
类型	革兰阴性(Gram－)
属	伯克霍尔德氏菌属(Burkholderia)
科	
传染特性	非传染性
生物安全等级	第3级危险群
感染剂量(ID_{50})	—
致死剂量(LD_{50})	—
感染率	无
潜伏期	至少2d
感染高峰期	不详
每年病例数	极少
每年死亡人数	极少

类鼻疽伯克霍尔德氏菌(B.pseudomallei)以前也称作为类鼻疽假单孢菌(Pseudomonas pseudomallei)，它主要出现于南太平洋地区的啮齿类动物和其他动物。在这些地区，该病为地方病并且人会受其感染，然而这种病在西方却很少见。作为动物呼吸性疾病，像普鲁氏菌病，类鼻疽伯克霍尔德氏菌病能通过直接接触或吸入的途径使人感染。它也能在潮湿的土壤和温暖的水中被发现，通过它们感染伤口

疾病或感染	类鼻疽病、偶而性感染				
自然病源	环境、啮齿类动物、土壤、水、医院				
产生毒素	无				
感染部位	上呼吸道				
症状	伤寒性发热、肺结核。可能是慢性感染，也可能是急性致命的败血病				
治疗方法及药物	TMP－SMX、头孢他啶、脱氧羟四环霉素、环丙沙星、磺胺、四环素、氯霉素				
未经治疗死亡率	—	预防：无	疫苗：无		
形状	棒形				
平均粒径(μm)	0.494	粒径范围：$0.3-0.8\times1-3\mu m$			
生长环境温度	5－42℃	外部存活时间：几年(在土壤或水中)			
灭活方法	湿热环境：在121℃下放置15min；干热环境：在170℃下放置1h				
消毒剂	1%浓度的次氯酸钠溶液、70%浓度的乙醇、戊二醛				
额定过滤等级	MERV 6	MERV 8	MERV 11	MERV 13	MERV 15
去除率估计值(%)	6.8	15.1	25.2	63.9	93.6
UVGI衰亡率常数	未知	$cm^2/\mu W\cdot s$	媒介：		
90%杀灭剂量	—	$\mu W\cdot s/cm^2$	数据来源：		
建议室内浓度限值	50 cfu/m^3				
基因组碱基对					
相关种属	(先前提到的类鼻疽假单孢菌(Pseudomonas pseudomallei))				
备注					
图片来源	Donald Woods of the Canadian Bacterial Diseases Network, University of Calgary, Alberra.				
参考文献	Braude 1981, Freeman 1985, Mitscherlich 1984, Murray 1999, Prescott 1996, Ryan 1994, Canada 2001				

基孔肯亚病毒(Chikungunya virus)	
组	病毒
类型	核糖核酸(RNA)
属	α病毒属(Alphavirus)
科	披盖病毒科(Togaviridae)
传染特性	带病媒介传播型
生物安全等级	第2级危险群
感染剂量(ID_{50})	未知
致死剂量(LD_{50})	未知
感染率	无
潜伏期	1–12d
感染高峰期	不详
每年病例数	极少
每年死亡人数	极少

非呼吸性、非空气传播型疾病。通过带病蚊虫叮咬传播，没有证据证明可以在人群中相互传播。可能源于灵长类动物。可能出现出血热症状。该病可能需要1–10d内的发展期，且恢复过程可能比较缓慢。流行于非洲和亚洲，与VEE、WEE和EEE密切相关

疾病或感染	基孔肯亚热、多发性关节炎和流行性皮疹、CHIK				
自然病源	灵长类动物、人、鸟				
产生毒素	无				
感染部位	蚊虫叮咬处				
症状	高烧、小关节处的关节痛和关节炎、斑丘皮疹、口腔黏膜疹、恶心呕吐				
治疗方法及药物	没有抗该病毒的药剂，只能进行辅助性恢复治疗				
未经治疗死亡率	—	预防：无	疫苗：无		
形状	球形病毒体				
平均粒径(μm)	0.06	粒径范围：0.05–0.07μm			
生长环境温度	不详	外部存活时间：37℃下至少1d			
灭活方法	湿热或干热环境：在60℃下持续放置				
消毒剂	70%浓度的乙醇、1%浓度的次氯酸钠溶液、2%浓度的戊二醛				
额定过滤等级	MERV 6	MERV 8	MERV 11	MERV 13	MERV 15
去除率估计值(%)	10.9	19.5	28.7	58.9	84.0
UVGI衰亡率常数	未知	$cm^2/\mu W \cdot s$	媒介：		
90%杀灭剂量	—	$\mu W \cdot s/cm^2$	数据来源：		
建议室内浓度限值	不详				
基因组碱基对	9700–11800nt，11700bp				
相关种属					
备注	疾病控制中心(CDC)有报告				
图片来源	图片显示的是库京α病毒(Kunjin alphavirus)。图片征得Ed Westaway of SASVRC, The Royal Children's Hospital, Australia的许可				
参考文献	Fraenkel-Conrat 1982, Braude 1981, Freeman 1985, Canada 2001, Ellison 2000				

鹦鹉热衣原体(Chlamydia psittaci)		
	组	细菌
	类型	革兰阴性(Gram－)
	属	衣原体属(Chlamydia)
	科	衣原体科(Chlamydiaceae)
	传染特性	非传染性
	生物安全等级	第2至3级危险群
	感染剂量(ID_{50})	—
	致死剂量(LD_{50})	—
	感染率	无
	潜伏期	5－15d
	感染高峰期	不详
	每年病例数	33
	每年死亡人数	极少

通常寄生于野生动物和鸟类。当人与带病鸟类或家禽接触后，也会被感染，成为该细菌的宿主。人受感染的情况非常小，且程度适中。该细菌寄生在宿主的细胞内，消耗宿主细胞产生的三磷酸腺苷(ATP)，因此它们也被称为“能量寄生者”

疾病或感染	鹦鹉热病、局部急性肺炎(Pneumonitis)				
自然病源	鸟、家禽				
产生毒素	无				
感染部位	上呼吸道				
症状	发热、肌痛、头痛、打冷战、呼吸困难、肺炎、疲劳、食欲减退、脑炎				
治疗方法及药物	青霉素、四环素、红霉素				
未经治疗死亡率	<6%　　预防：抗生素　　疫苗：无				
形状	球形				
平均粒径(μm)	0.28　　粒径范围：0.2－0.4×0.4－1μm				
生长环境温度	33－41℃　　外部存活时间：2－20d				
灭活方法	湿热环境：在121℃下放置15min；干热环境：在170℃下放置1h				
消毒剂	1%浓度的次氯酸钠溶液、70%浓度的乙醇、戊二醛				
额定过滤等级	MERV 6	MERV 8	MERV 11	MERV 13	MERV 15
去除率估计值(%)	4.4	9.2	15.5	42.6	74.9
UVGI衰亡率常数	未知　　$cm^2/\mu W \cdot s$　　媒介：				
90%杀灭剂量	—　　$\mu W \cdot s/cm^2$　　数据来源：				
建议室内浓度限值	0 cfu/m^3				
基因组碱基对					
相关种属	种类：砂眼衣原体(C. trachomatis)				
备注	疾病控制中心(CDC)有报告				
图片来源	疾病控制中心(CDC) PHIL # 1351, Dr. Martin Hicklin				
参考文献	Braude 1981, Freeman 1985, Mitscherlich 1984, Murray 1999, Prescott 1996, Ryan 1994, Storz 1971, Zhang 1993, Canada 2001, Mandell 2000				

肉毒梭状芽孢杆菌(Clostridium botulinum)	
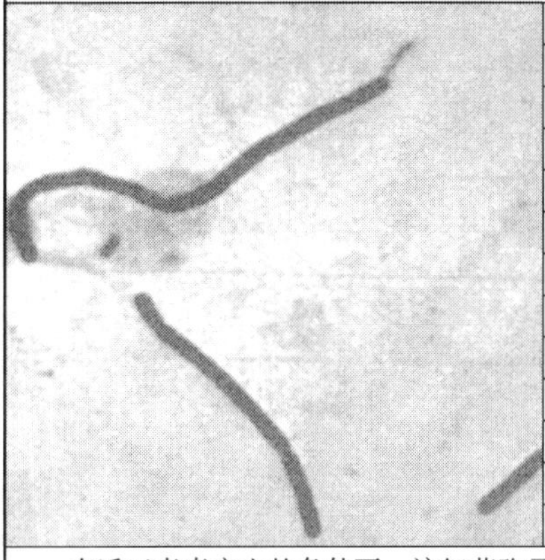 组	细菌
类型	革兰阳性(Gram +)
属	梭菌属(Clostridium)
科	
传染特性	非传染性
生物安全等级	第2至4级危险群
感染剂量(ID_{50})	—
致死剂量(LD_{50})	—
感染率	—
潜伏期	12 - 36h
感染高峰期	—
每年病例数	—
每年死亡人数	—

在适于毒素产生的条件下，该细菌孢子能引起食物中毒。该细菌能在食物上生长，也能在敞开性伤口上生长，引起伤口感染型肉毒中毒(Wound botulism)。当1岁以下的婴儿摄入了该细菌孢子后会引起婴儿肉毒中毒。该细菌能在厌氧性环境下和微酸食物上产生一种神经毒素

疾病或感染	肉毒中毒(Botulism)、毒素型食物中毒(Toxic poisoning)
自然病源	环境中
产生毒素	肉毒杆菌毒素
感染部位	摄入处
症状	急性肌肉瘫痪（包括脸部、头部和咽部、喉部），呼吸困难
治疗方法及药物	抗生素的治疗通常没有效果。三价抗毒素(抗A、B、E型毒素)(Trivalent equine antitoxin)。有时采用青霉素G
未经治疗死亡率	— 预防：抗毒素 疫苗：类毒素B
形状	棒形
平均粒径(μm)	1.97 粒径范围：1.3 - 3μm
生长环境温度	100℃ 外部存活时间：视土壤和水的情况而定
灭活方法	煮沸10min 湿热环境：在120℃下放置15min;
消毒剂	1%浓度的次氯酸钠溶液、70%浓度的乙醇

额定过滤等级	MERV 6	MERV 8	MERV 11	MERV 13	MERV 15
去除率估计值(%)	33.2	63.9	80.8	95.9	100

UVGI衰亡率常数	未知 $cm^2/\mu W \cdot s$ 媒介:
90%杀灭剂量	— $\mu W \cdot s/cm^2$ 数据来源:
建议室内浓度限值	
基因组碱基对	
相关种属	
备注	
图片来源	图片征得Upjohn Company，Scope monograph的许可
参考文献	Braude 1981，Freeman 1985，Mitscherlich 1984，Murray 1999，Prescott 1996，Ryan 1994，Canada 2001，Mandell 2000

产气荚膜梭状芽孢杆菌(Clostridium perfringens)

组	细菌
类型	革兰阳性(Gram+)
属	梭菌属(Clostridium)
科	
传染特性	非传染性
生物安全等级	第2级危险群
感染剂量(ID_{50})	每克食物10个
致死剂量(LD_{50})	—
感染率	无
潜伏期	6-24h
感染高峰期	不详
每年病例数	10000
每年死亡人数	10

非空气传播型细菌，但能落在食物上。是一种能产生肠毒素(Enterotoxin)的食物传播型病原体。能在肉类食物上生长。能在肠道和粪便中找到该细菌。该细菌也能引起伤口感染

疾病或感染	脓毒病(Sepsis)、毒素反应、食物中毒				
自然病源	环境中、人、动物、土壤 属类：诺维氏芽胞梭菌(C.novyi)，坏疽抗毒素(Septicum)				
产生毒素	无				
感染部位	肠道				
症状	急性绞痛、腹泻、恶心、短时间晕厥				
治疗方法及药物	青霉素				
未经治疗死亡率	— 预防：无 疫苗：无				
形状	球形孢子，“Box-car”营养细胞				
平均粒径(μm)	5 粒径范围：2.5-10μm				
生长环境温度	6-47℃ 外部存活时间：几年				
灭活方法	湿热环境：在121℃下放置大于15min;				
消毒剂	1%浓度的次氯酸钠溶液、戊二醛(长时间接触)				
额定过滤等级	MERV 6	MERV 8	MERV 11	MERV 13	MERV 15
去除率估计值(%)	48.8	77.3	93.8	96.0	100
UVGI衰亡率常数	0.00017 $cm^2/\mu W \cdot s$ 媒介：				
90%杀灭剂量	13545 $\mu W \cdot s/cm^2$ 数据来源：				
建议室内浓度限值	0 cfu/m^3				
基因组碱基对					
相关种属	种类：丁酸梭菌(C.butyricum)				
备注					
图片来源	图片显示的是诺维氏芽胞梭菌(Clostridium novyi)，疾病控制中心(CDC)PHIL#1033，Dr. William A. Clark				
参考文献	Braude 1981，Freeman 1985，Mitscherlich 1984，Murray 1999，Prescott 1996，Ryan 1994，Canada 2001，Mandell 2000				

<table>
<tr><td colspan="6">厌酷球孢子菌(Coccidioides immitis)</td></tr>
<tr><td rowspan="13" colspan="2">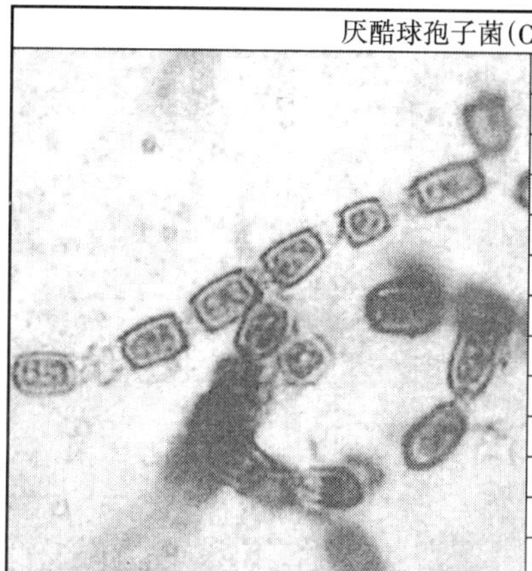</td><td colspan="2">组</td><td colspan="2">真菌孢子</td></tr>
<tr><td colspan="2">类型</td><td colspan="2">丝孢纲(Hyphomycetes)</td></tr>
<tr><td colspan="2">属</td><td colspan="2">丝孢属(Hyphomycetales)</td></tr>
<tr><td colspan="2">科</td><td colspan="2"></td></tr>
<tr><td colspan="2">传染特性</td><td colspan="2">非传染性</td></tr>
<tr><td colspan="2">生物安全等级</td><td colspan="2">第3级危险群</td></tr>
<tr><td colspan="2">感染剂量(ID_{50})</td><td colspan="2">1350</td></tr>
<tr><td colspan="2">致死剂量(LD_{50})</td><td colspan="2">—</td></tr>
<tr><td colspan="2">感染率</td><td colspan="2">无</td></tr>
<tr><td colspan="2">潜伏期</td><td colspan="2">1-4周</td></tr>
<tr><td colspan="2">感染高峰期</td><td colspan="2">不详</td></tr>
<tr><td colspan="2">每年病例数</td><td colspan="2">不常见</td></tr>
<tr><td colspan="2">每年死亡人数</td><td colspan="2">—</td></tr>
<tr><td colspan="6">是最具威胁的真菌感染，也是球孢子菌病的病因，估计西南地区有2000万-4000万人患有球孢子菌病，其中仅40%的患者是有症状的，5%的患者接受过诊所治疗。感染通常是处在一种自抑制的状态，会引起山谷热和沙漠风湿病。该病通过吸入传播，并不会通过动物直接传播。土壤是其自然的病源</td></tr>
<tr><td>疾病或感染</td><td colspan="5">球孢子菌病(Coccidioidomycosis)、山谷热(Valley fever)、沙漠风湿病(Desert rheumatism)</td></tr>
<tr><td>自然病源</td><td colspan="5">环境中、土壤、医院</td></tr>
<tr><td>产生毒素</td><td colspan="5">无</td></tr>
<tr><td>感染部位</td><td colspan="5">上呼吸道</td></tr>
<tr><td>症状</td><td colspan="5">流感感染症状、20%病例会产生红斑、可能引起肺部损伤。60%的感染者无症状</td></tr>
<tr><td>治疗方法及药物</td><td colspan="5">两性霉素B、苯并二氢呋喃酮、适朴诺胶囊、脑膜感染用氟康唑</td></tr>
<tr><td>未经治疗死亡率</td><td colspan="5">0.9　　预防：无　　疫苗：无</td></tr>
<tr><td>形状</td><td colspan="5">桶形</td></tr>
<tr><td>平均粒径(μm)</td><td colspan="5">3.46　　粒径范围：2-6μm</td></tr>
<tr><td>生长环境温度</td><td colspan="5">外部存活时间：几年</td></tr>
<tr><td>灭活方法</td><td colspan="5">湿热环境：在121℃下放置大于15min;</td></tr>
<tr><td>消毒剂</td><td colspan="5">1%浓度的次氯酸钠溶液、酚醛、戊二醛、甲醛</td></tr>
<tr><td>额定过滤等级</td><td>MERV 6</td><td>MERV 8</td><td>MERV 11</td><td>MERV 13</td><td>MERV 15</td></tr>
<tr><td>去除率估计值(%)</td><td>45.2</td><td>75.8</td><td>92.1</td><td>96.0</td><td>100</td></tr>
<tr><td>UVGI衰亡率常数</td><td colspan="5">未知　　$cm^2/\mu W \cdot s$　　媒介：</td></tr>
<tr><td>90%杀灭剂量</td><td colspan="5">—　　$\mu W \cdot s/cm^2$　　数据来源：</td></tr>
<tr><td>建议室内浓度限值</td><td colspan="5">150-500 cfu/m^3</td></tr>
<tr><td>基因组碱基对</td><td colspan="5"></td></tr>
<tr><td>相关种属</td><td colspan="5"></td></tr>
<tr><td>备注</td><td colspan="5">疾病控制中心(CDC)有报告</td></tr>
<tr><td>图片来源</td><td colspan="5">疾病控制中心(CDC)PHIL # 476,Dr. Hardin</td></tr>
<tr><td>参考文献</td><td colspan="5">Freeman 1985, Howard 1983, Lacey 1988, Murray 1999, Ryan 1994, Smith 1989, Sorensen 1999, Miyaji 1987, Canada 2001</td></tr>
</table>

白喉杆菌(Corynebacterium diphtheriae)

组	细菌
类型	革兰阳性(Gram +)
属	棒状杆菌属(Corynebacterium)
科	
传染特性	传染性
生物安全等级	第2级危险群
感染剂量(ID_{50})	—
致死剂量(LD_{50})	—
感染率	变化
潜伏期	2 - 5d
感染高峰期	—
每年病例数	10
每年死亡人数	—

感染对象主要为儿童，但现已经被基本消除。它主要存在于健康携带者的上呼吸道。白喉杆菌为白喉病的致病病因，在历史上白喉病为一种儿童疾病。在当今该病已基本被消除，但在老年人中有发展的趋势。健康携带者的喉部可能有这种细菌，但是不表现出任何症状

疾病或感染	白喉病(Diphtheria)、毒素中毒、机会性感染(opportunistic)				
自然病源	人、医院				
产生毒素	白喉毒素				
感染部位	上呼吸道				
症状	咽炎、发热、脖子肿大、头痛、组织缺氧、神经系统中毒				
治疗方法及药物	抗毒素和红霉素共用、青霉素				
未经治疗死亡率	5% - 10%	预防：白喉、百日咳、破伤风混合疫苗(DTP) 疫苗：有			
形状	棒形				
平均粒径(μm)	0.70	粒径范围：0.3 - 0.8 × 1 - 6μm			
生长环境温度	34 - 36℃	外部存活时间：空气中2.5h、土壤中小于1年			
灭活方法	湿热环境：在121℃下放置15min；干热环境：在170℃下放置1h				
消毒剂	1%浓度的次氯酸钠溶液、酚醛、戊二醛、甲醛、碘酒				
额定过滤等级	MERV 6	MERV 8	MERV 11	MERV 13	MERV 15
去除率估计值(%)	10.4	23.2	36.6	79.3	98.8
UVGI衰亡率常数	0.000701	$cm^2/\mu W \cdot s$	媒介：水		
90%杀灭剂量	3285	$\mu W \cdot s/cm^2$	数据来源：Westinghouse		
建议室内浓度限值	0 cfu/m^3				
基因组碱基对					
相关种属					
备注	疾病控制中心(CDC)有报告				
图片来源	图片显示为血液琼脂培养。疾病控制中心(CDC) PHIL # 4566，W.A.Clark博士				
参考文献	Braude 1981，Freeman 1985，Mitscherlich 1984，Murray 1999，Prescott 1996，Ryan 1994，Canada 2001，Mandell 2000				

<table>
<tr><td colspan="6">伯氏考克斯体(Coxiella burnetii)</td></tr>
<tr><td colspan="2" rowspan="13"></td><td colspan="2">组</td><td colspan="2">细菌/立克次氏体</td></tr>
<tr><td colspan="2">类型</td><td colspan="2">革兰阴性(Gram -)</td></tr>
<tr><td colspan="2">属</td><td colspan="2">考克斯体属(Coxiella)</td></tr>
<tr><td colspan="2">科</td><td colspan="2">立克次氏体科(Rickettsiae)</td></tr>
<tr><td colspan="2">传染特性</td><td colspan="2">非传染性</td></tr>
<tr><td colspan="2">生物安全等级</td><td colspan="2">第2至3级危险群</td></tr>
<tr><td colspan="2">感染剂量(ID_{50})</td><td colspan="2">10</td></tr>
<tr><td colspan="2">致死剂量(LD_{50})</td><td colspan="2">—</td></tr>
<tr><td colspan="2">感染率</td><td colspan="2">无</td></tr>
<tr><td colspan="2">潜伏期</td><td colspan="2">9 - 18d</td></tr>
<tr><td colspan="2">感染高峰期</td><td colspan="2">不详</td></tr>
<tr><td colspan="2">每年病例数</td><td colspan="2">极少</td></tr>
<tr><td colspan="2">每年死亡人数</td><td colspan="2">—</td></tr>
<tr><td colspan="6">立克次氏体是一种近似于细菌的微生物，它是通过吸入途径由动物传染给人的。它能在污染物中存活几年。在屠宰畜牧和进行动物研究的过程中非常有可能被它感染。这种微生物引起的疾病在很多地方流行。由于其抗热、抗干，所以能成为潜在的生物武器</td></tr>
<tr><td>疾病或感染</td><td colspan="5">寇热(Q fever)</td></tr>
<tr><td>自然病源</td><td colspan="5">牛、绵羊、山羊</td></tr>
<tr><td>产生毒素</td><td colspan="5">无</td></tr>
<tr><td>感染部位</td><td colspan="5">上呼吸道</td></tr>
<tr><td>症状</td><td colspan="5">急性高烧、打冷战、头痛、疲劳、出汗、肺炎、心包炎、肝炎</td></tr>
<tr><td>治疗方法及药物</td><td colspan="5">四环素、氯霉素、利福平(抗结核药)</td></tr>
<tr><td>未经治疗死亡率</td><td colspan="5">< 1%　　预防：无效　　疫苗：有</td></tr>
<tr><td>形状</td><td colspan="5">短棒形、多种形态</td></tr>
<tr><td>平均粒径(μm)</td><td colspan="5">0.283　　粒径范围：0.2 - 0.4 × 0.4 - 1μm</td></tr>
<tr><td>生长环境温度</td><td colspan="5">32 - 35℃　　外部存活时间：几年</td></tr>
<tr><td>灭活方法</td><td colspan="5">湿热环境：在130℃下放置1h</td></tr>
<tr><td>消毒剂</td><td colspan="5">乙醇、戊二醛、甲醛蒸汽[B1]</td></tr>
<tr><td>额定过滤等级</td><td>MERV 6</td><td>MERV 8</td><td>MERV 11</td><td>MERV 13</td><td>MERV 15</td></tr>
<tr><td>去除率估计值(%)</td><td>4.4</td><td>9.2</td><td>15.5</td><td>42.6</td><td>74.9</td></tr>
<tr><td>UVGI衰亡率常数</td><td colspan="5">0.001535　　$cm^2/\mu W \cdot s$　　媒介：水</td></tr>
<tr><td>90%杀灭剂量</td><td colspan="5">1500　　$\mu W \cdot s/cm^2$　　数据来源：Little 1980</td></tr>
<tr><td>建议室内浓度限值</td><td colspan="5">0 cfu/m^3</td></tr>
<tr><td>基因组碱基对</td><td colspan="5"></td></tr>
<tr><td>相关种属</td><td colspan="5"></td></tr>
<tr><td>备注</td><td colspan="5">疾病控制中心(CDC)有报告</td></tr>
<tr><td>图片来源</td><td colspan="5">图片显示的是在内皮细胞中的立克次氏体。疾病控制中心(CDC) PHIL # 1349, Martin Hicklin</td></tr>
<tr><td>参考文献</td><td colspan="5">Braude 1981, Freeman 1985, McCaul 1981, Murray 1999, Prescott 1996, Ryan 1994, Walker 1988, Canada 2001, NATO 1996, Mandell 2000</td></tr>
</table>

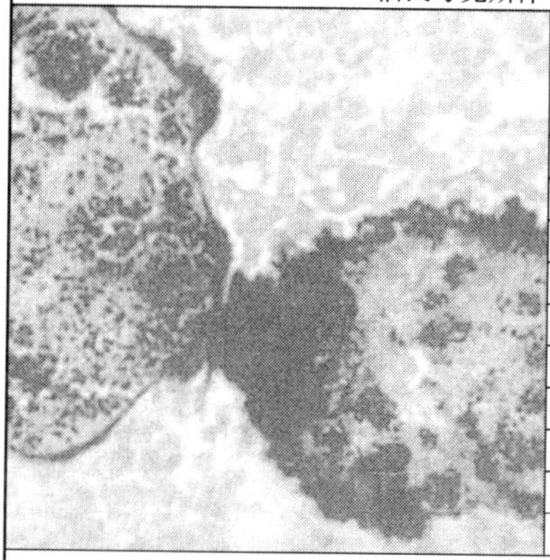

克里米亚－刚果出血热病毒(Crimean－Congo hemorrhagic fever)	
组	病毒
类型	核糖核酸(RNA)
属	内罗病毒属(Nairovirus)
科	布尼亚病毒科(Bunyaviridae)
传染特性	传染性
生物安全等级	第4级危险群
感染剂量(ID_{50})	未知
致死剂量(LD_{50})	未知
感染率	未知
潜伏期	1－3d
感染高峰期	—
每年病例数	极少
每年死亡人数	—

通常为带病媒介传播型病毒，流行于克里米亚西部、刚果和中国西部等地区。通常由扁虱传播，但曾在医院中爆发过该病毒的大规模传染，接触到带病动物的血液和分泌物都会被感染。已经被作为潜在的生物武器研究

疾病或感染	克里米亚－刚果出血热(CCHF)、出血热、中亚出血热				
自然病源	鸟类、扁虱、家畜、啮齿动物、蚊子				
产生毒素	无				
感染部位	上呼吸道				
症状	发热，疲劳，易怒，头痛，腰痛，食欲减退，呕吐，腹泻，鼻、肺、子宫出血				
治疗方法及药物	病毒唑(利巴韦林)				
未经治疗死亡率	2%－50%　　预防：可能　　疫苗：无				
形状	球形，具有外壳的病毒颗粒				
平均粒径(μm)	0.09　　粒径范围：0.085－0.1μm				
生长环境温度	不详　　外部存活时间：在血液中小于10天				
灭活方法	湿热环境：在56℃下放置30min;				
消毒剂	1%浓度的次氯酸钠溶液、2%浓度的戊二醛				
额定过滤等级	MERV 6	MERV 8	MERV 11	MERV 13	MERV 15
去除率估计值(%)	7.5	13.6	20.4	45.9	72.2
UVGI衰亡率常数	未知　　$cm^2/\mu W \cdot s$　　媒介：				
90%杀灭剂量	—　　$\mu W \cdot s/cm^2$　　数据来源：				
建议室内浓度限值	0 cfu/m^3				
基因组碱基对	10500－22700				
相关种属					
备注	疾病控制中心(CDC)有报告				
图片来源	图片显示的是布尼亚病毒科的番茄斑萎病毒(Tospovirus)，由哥伦比亚大学的Cornelia Buchen－Osmond，国际病毒研究学会的Roy Woods、Phil Jones、Sheila Roberts和Adrian Bell提供				
参考文献	Dalton 1973，Fraenkel-Conrat 1985，Freeman 1985，Mahy 1975，Murray 1999，Ryan 1994，Canada 2001				

登革热病毒(Dengue fever virus)

组	病毒
类型	核糖核酸(RNA)
属	黄病毒属(Flavivirus)
科	黄病毒科(Flaviviridae)
传染特性	带病媒介传播型
生物安全等级	第2级危险群
感染剂量(ID_{50})	未知
致死剂量(LD_{50})	未知
感染率	不详
潜伏期	3-14d
感染高峰期	不详
每年病例数	极少
每年死亡人数	极少

该病毒为非吸入型和非空气传播型病毒，而是通过带病的蚊子叮咬传播。蚊子在成为该病毒宿主后3-5天后对其他蚊子具有感染性。近距离接触可能引起二次感染。该病为亚洲、非洲、美洲热带地区的传染病

疾病或感染	登革热(Dengue fever, Breakbone fever)，登革出血热(Dengue hemorrhagic fever)				
自然病源	灵长类动物、人、蚊子				
产生毒素	无				
感染部位	被叮咬处				
症状	发热、剧烈头痛、肌痛、关节痛、食欲减退、皮疹、有骨骼破裂感				
治疗方法及药物	避免抗滤过性病原体、保持水合性、避免水杨酸盐				
未经治疗死亡率	40%-50% 预防：无 疫苗：无				
形状	球形，具有外壳的病毒颗粒				
平均粒径(μm)	0.04472136 粒径范围：0.04-0.05μm				
生长环境温度	不详 外部存活时间：几天				
灭活方法	—				
消毒剂	1%浓度的次氯酸钠溶液、2%浓度的戊二醛、70%浓度的乙醇				
额定过滤等级	MERV 6	MERV 8	MERV 11	MERV 13	MERV 15
去除率估计值(%)	13.5	24.0	35.0	67.5	90.3
UVGI衰亡率常数	未知 $cm^2/\mu W\cdot s$ 媒介：				
90%杀灭剂量	— $\mu W\cdot s/cm^2$ 数据来源：				
建议室内浓度限值	不详				
基因组碱基对	9500-12500nt, 10500bp				
相关种属					
备注	疾病控制中心(CDC)有报告				
图片来源	疾病控制中心(CDC),亚特兰大				
参考文献	Dalton 1973, Fraenkel-Conrat 1985, Freeman 1985, Mahy 1975, Ryan 1995, Canada 2001				

埃博拉病毒(Ebola)

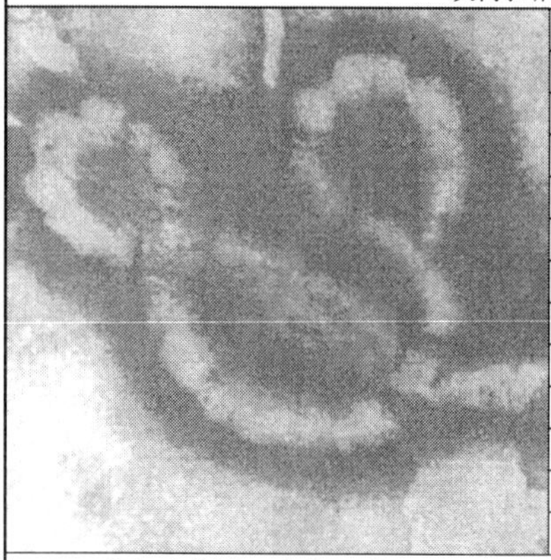

组	病毒
类型	单链核糖核酸(ssRNA)
属	
科	丝状病毒科(Filoviridae)
传染特性	传染性
生物安全等级	第4级危险群
感染剂量(ID_{50})	10
致死剂量(LD_{50})	—
感染率	未知
潜伏期	2-21d
感染高峰期	—
每年病例数	极少
每年死亡人数	—

一种血液传播型病毒，并可能具有潜在的空气传播性。该病毒引起非洲中部地区周期性的流行病。该病毒可分为若干亚型，包括不会感染人的Reston埃博拉病毒。据报道，前苏联科学家曾该将病毒通过基因改造使其具有空气传播性，但对其是否能真正成为空气传播型病毒仍没有充分的证据

疾病或感染	非洲出血热(African hemorrhagic fever)、埃博拉出血热(EHF, EBO, EBOV)、埃博拉病				
自然病源	猴子、黑猩猩，病毒真正的源头未知				
产生毒素	无				
感染部位	上呼吸道、嘴				
症状	高烧、疲劳、腹痛、肌痛、腹泻、呕吐、皮疹、内组织器官出血				
治疗方法及药物	没有有效的治疗方法来维持肾功能和电解液平衡				
未经治疗死亡率	50%-90% 预防：无 疫苗：无				
形状	多种形态				
平均粒径(μm)	0.09 粒径范围：0.080-0.097μm				
生长环境温度	不详 外部存活时间：几周(在血液样本中)				
灭活方法	湿热环境：在60℃下放置1h				
消毒剂	2%浓度次氯酸钠、2%浓度戊二醛、5%浓度过氧乙酸、1%浓度福尔马林				
额定过滤等级	MERV 6	MERV 8	MERV 11	MERV 13	MERV 15
去除率估计值(%)	7.8	14.1	21.1	47.1	73.4
UVGI衰亡率常数	未知 $cm^2/\mu W \cdot s$ 媒介：				
90%杀灭剂量	— $\mu W \cdot s/cm^2$ 数据来源：				
建议室内浓度限值	0 cfu/m^3				
基因组碱基对					
相关种属	马尔堡病毒(Marburg)、Reston埃博拉病毒				
备注	疾病控制中心(CDC)有报告				
图片来源	疾病控制中心(CDC) PHIL # 1181, C.Goldsmith				
参考文献	Dalton 1973, Fraenkel-Conrat 1985, Freeman 1985, Mahy 1975, Murray 1999, Ryan 1994, Salvato 1993, Malherbe 1980, Canada 2001				

土拉弗朗西斯菌(Francisella tularensis)	
组	细菌
类型	革兰阴性(Gram－)
属	弗朗西斯菌属(Francisella)
科	
传染特性	非传染性
生物安全等级	第2至3级危险群
感染剂量(ID_{50})	10
致死剂量(LD_{50})	—
感染率	无
潜伏期	1－14d
感染高峰期	不详
每年病例数	极少
每年死亡人数	—

与兔子或其他野生动物接触后会引起血液感染(土拉菌病)，有时也可能是因昆虫传染的。该菌也具有空气传播性，但其发生的可能性极小。通常全年发生在北美、欧洲大陆(英国除外)和亚洲

疾病或感染	土拉菌病(Tularemia)、肺炎(Pneumonia)、发热				
自然病源	野生动物、自然水体				
产生毒素	无				
感染部位	上呼吸道、皮肤				
症状	感染处有溃疡、淋巴肿大、疼痛、发热，可能引起肺炎				
治疗方法及药物	庆大霉素、胺基配糖体、链霉素、托普霉素、卡那霉素、四环素、氯霉素				
未经治疗死亡率	5%－15%　预防：抗生素　疫苗：可得				
形状	多种形态的球杆菌				
平均粒径(μm)	0.2　粒径范围：0.2×0.2－0.7μm				
生长环境温度	37℃　外部存活时间：31－133d				
灭活方法	湿热环境：在121℃下放置15min；干热环境：在170℃下放置1h				
消毒剂	1%浓度次氯酸钠、70%浓度的乙醇、戊二醛、福尔马林				
额定过滤等级	MERV 6	MERV 8	MERV 11	MERV 13	MERV 15
去除率估计值(%)	4.4	8.7	14.0	36.9	65.8
UVGI衰亡率常数	未知　$cm^2/\mu W\cdot s$　媒介：				
90%杀灭剂量	—　$\mu W\cdot s/cm^2$　数据来源：				
建议室内浓度限值	0 cfu/m^3				
基因组碱基对					
相关种属					
备注	疾病控制中心（CDC）有报告				
图片来源	图片为肺部土拉菌病感染。摘自于Baskerville and Hambleton (1976), Brit J. Exp Path. 57, p339得到了Blackwell Publishing的许可				
参考文献	Braude 1981，Freeman 1985，Mitscherlich 1984，Murray 1999，Prescott 1996，Ryan 1994，Canada 2001，NATO 1996，Mandell 2000				

汉坦病毒(Hantaan virus)	
组	病毒
类型	核糖核酸(RNA)
属	汉坦病毒属(Hantavirus)
科	布尼亚病毒科(Bunyaviridae)
传染特性	非传染性
生物安全等级	第2至3级危险群
感染剂量(ID_{50})	—
致死剂量(LD_{50})	—
感染率	无
潜伏期	14 - 30d
感染高峰期	不详
每年病例数	44
每年死亡人数	22

由吸入受带病啮齿动物的粪便而感染。如果不进行治疗将迅速致残和使人死亡。20世纪80年代该病原体在西南地区肆虐，使很多人丧命，并被视为具有致命性的病原体。它在啮齿动物中逐步被发现。在干燥的气候中，带病老鼠的粪便干燥后可能使病毒具有空气传播性。该病毒为潜在的生物武器

疾病或感染	朝鲜出血热(Korean hemorrhagic fever)、汉坦病毒病(Hantavirus)、肾综合征出血热(HFRS)、肝肺综合征(HPS)				
自然病源	啮齿动物、鼠				
产生毒素	无				
感染部位	上呼吸道				
症状	持续3 - 8d突然性发热、背下部痛、头痛、腹痛、食欲减退、呕吐、呼吸困难				
治疗方法及药物	在HFRS的早期使用病毒唑(IV)				
未经治疗死亡率	5% - 15%　　预防：无　　疫苗：无				
形状	球形				
平均粒径(μm)	0.095　　粒径范围：0.08 - 0.115μm				
生长环境温度	不详　　外部存活时间：2 - 8年				
灭活方法	湿热环境：在60℃下放置1h				
消毒剂	1%浓度次氯酸钠、70%浓度的乙醇、2%浓度的戊二醛				
额定过滤等级	MERV 6	MERV 8	MERV 11	MERV 13	MERV 15
去除率估计值(%)	7.3	13.2	19.9	45.1	71.4
UVGI衰亡率常数	未知　　$cm^2/\mu W \cdot s$　　媒介：				
90%杀灭剂量	—　　$\mu W \cdot s/cm^2$　　数据来源：				
建议室内浓度限值	0 cfu/m^3				
基因组碱基对	10500 - 22700				
相关种属	Dobrova-Belgrade病毒、辛诺柏病毒(Sin Nombre virus)、汉城病毒(Seoul virus)				
备注	疾病控制中心(CDC)有报告				
图片来源	疾病控制中心(CDC) PHIL # 1137, Cynthia Goldsmith				
参考文献	Dalton 1973, Fraenkel-Conrat 1985, Freeman 1985, Mahy 1975, Murray 1999, Ryan 1994, Canada 2001				

甲型肝炎病毒(Hepatitis A)

组	病毒
类型	单链核糖核酸(ssRNA)
属	肝炎病毒属(Hepatovirus)
科	小核糖核酸病毒科(Picornaviridae)
传染特性	传染性
生物安全等级	第2级危险群
感染剂量(ID_{50})	10－100
致死剂量(LD_{50})	—
感染率	—
潜伏期	10－50d
感染高峰期	
每年病例数	—
每年死亡人数	—

该病毒不具有非呼吸性和非空气传播性，是由唾液、摄入食物或水、人与人的直接接触而传播的，因此该病毒既被视为食物传播型病原体，也被认为是具有传染性的疾病。在卫生状况差的地区，该病毒引起的病将成为当地的流行病。年轻人为其主要感染对象。15%的感染者能在1年内恢复

疾病或感染	HAV、VHA、传染性肝炎、黄疸、甲型肝炎、HA、MS－1
自然病源	人、灵长类动物
产生毒素	无
感染部位	口腔
症状	经常表现为无症状，但有时会发热、不舒服、恶心、食欲减退、腹部不适、黄疸，需要一个很长的恢复过程
治疗方法及药物	无抗生素，只有依靠休息
未经治疗死亡率	— 预防：接种疫苗 疫苗：可得
形状	非封闭的球形
平均粒径(μm)	0.03 粒径范围：0.027－0.030μm
生长环境温度	不详 外部存活时间：在分泌物中存活7d
灭活方法	在85℃的盐溶液中放置，或在70℃的条件下放置4min
消毒剂	1%浓度次氯酸钠、福尔马林、2%浓度的戊二醛

额定过滤等级	MERV 6	MERV 8	MERV 11	MERV 13	MERV 15
去除率估计值(%)	18.3	32.0	45.9	79.2	96.4

UVGI衰亡率常数	未知 $cm^2/\mu W \cdot s$ 媒介：
90%杀灭剂量	— $\mu W \cdot s/cm^2$ 数据来源：
建议室内浓度限值	—
基因组碱基对	
相关种属	乙、丙、丁、戊型肝炎
图片来源	疾病控制中心(CDC)，图中所示为乙型肝炎病毒，PHIL #270，Dr. Erskine Palmer
参考文献	Dalton 1973，Fraenkel-Conrat 1985，Freeman 1985，Mahy 1975，Murray 1999，Ryan 1994，Canada 2001

荚膜组织胞浆菌(Histoplasma capsulatum)		
	组	真菌孢子
	类型	子囊菌类(Ascomycetes)
	属	丛梗孢属(Moniliales)
	科	
	传染特性	非传染性
	生物安全等级	第3级危险群
	感染剂量(ID_{50})	10
	致死剂量(LD_{50})	40000
	感染率	无
	潜伏期	4-22d
	感染高峰期	不详
	每年病例数	常见
	每年死亡人数	—

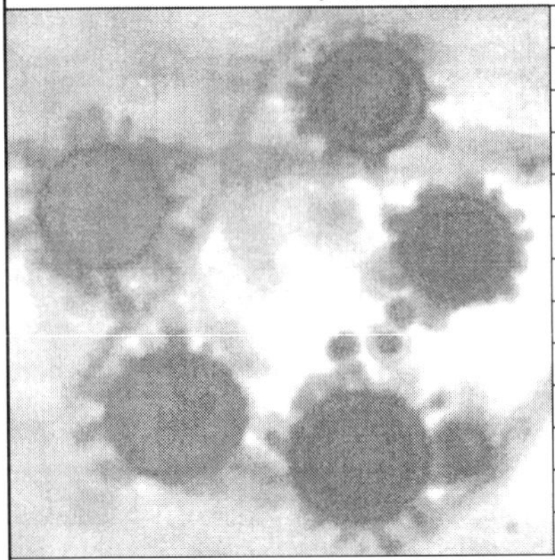

荚膜组织胞浆菌会引起组织胞浆菌病，该病正折磨着4000万美国人，大部分在美国东南部。通常该病会引起轻度的发热和不舒服，但有0.1%-0.2%的病例的症状会变得相当严重。感染是通过空气传播的，并能进入肺部。该菌最可能存在于鸽子或蝙蝠的栖息地，或是老房子内。有时该感染可能是致命的

疾病或感染	组织胞浆菌病(Histoplasmosis)、发热、不适				
自然病源	环境、医院、鸽子栖息地、蝙蝠洞、老房子				
产生毒素	无				
感染部位	上呼吸道				
症状	呼吸道感染、轻微的感冒症状、轻微发热和咳嗽。严重的将引起打冷战、胸痛				
治疗方法及药物	两性霉素B				
未经治疗死亡率	— 预防：无 疫苗：无				
形状	球形孢子				
平均粒径(μm)	2.236 粒径范围：1-5μm				
生长环境温度	37℃ 外部存活时间：不确定				
灭活方法	湿热环境：在121℃下放置15min				
消毒剂	1%浓度次氯酸钠、酚醛、福尔马林、戊二醛				
额定过滤等级	MERV 6	MERV 8	MERV 11	MERV 13	MERV 15
去除率估计值(%)	36.4	67.9	84.5	96.0	100.0
UVGI衰亡率常数	0.000247 $cm^2/\mu W \cdot s$ 媒介：平板表面(估计的)				
90%杀灭剂量	9322 $\mu W \cdot s/cm^2$ 数据来源：Chick 1963				
建议室内浓度限值	150-500 cfu/m^3				
基因组碱基对					
相关种属					
备注	疾病控制中心(CDC)有报告				
图片来源	疾病控制中心(CDC) PHIL # 299				
参考文献	Freeman 1985, Howard 1983, Lacey 1988, Murray 1999, Ryan 1994, Smith 1989, Ashford 1999, Fuortes 1988, Sorensen 1999, Miyaji 1987, Canada 2001				

<table>
<tr><td colspan="6">甲型流感病毒(Influenza A virus)</td></tr>
<tr><td colspan="6">组：病毒
类型：核糖核酸(RNA)
属：流感病毒属(Influenza virus A,B)
科：正粘病毒科(Orthomyxoviridae)
传染特性：传染性
生物安全等级：第2级危险群
感染剂量(ID_{50})：20
致死剂量(LD_{50})：—
感染率：0.2 - 0.83
潜伏期：2 - 3d
感染高峰期：3 - 4d
每年病例数：2000000
每年死亡人数：20000</td></tr>
<tr><td colspan="6">能引起全国性的流感并能引起大范围的死亡现象，有时可导致几百万人死亡。几种主要类型的流感病毒其抗原体经常会发生变异。人体很少有可能对甲型和乙型流感病毒建立起免疫体系。继发性细菌感染也可能导致肺炎(通常为葡萄状球菌或链球菌)。近期有理论说明该类病毒源于并传播于亚洲农业地区的人类、猪和鸟类，在这些地区他们之间近距离接触的可能性很大</td></tr>
<tr><td>疾病或感染</td><td colspan="5">流感、继发性肺炎(Secondary pneumonia)</td></tr>
<tr><td>自然病源</td><td colspan="5">人、鸟、猪、医院</td></tr>
<tr><td>产生毒素</td><td colspan="5">无</td></tr>
<tr><td>感染部位</td><td colspan="5">上呼吸道</td></tr>
<tr><td>症状</td><td colspan="5">急性发热、打冷战、头痛、肌痛、虚弱、喉咙痛、咳嗽、流鼻涕</td></tr>
<tr><td>治疗方法及药物</td><td colspan="5">无抗生素治疗方法，休息</td></tr>
<tr><td>未经治疗死亡率</td><td colspan="5">低　　预防：可能　　疫苗：可得</td></tr>
<tr><td>形状</td><td colspan="5">闭式螺旋状</td></tr>
<tr><td>平均粒径(μm)</td><td colspan="5">0.098　　粒径范围：0.08 - 0.12μm</td></tr>
<tr><td>生长环境温度</td><td colspan="5">不详　　外部存活时间：黏液中存活几小时</td></tr>
<tr><td>灭活方法</td><td colspan="5">湿热环境：在56℃下放置30min</td></tr>
<tr><td>消毒剂</td><td colspan="5">1%浓度次氯酸钠、70%浓度的乙醇、戊二醛、福尔马林</td></tr>
<tr><td>额定过滤等级</td><td>MERV 6</td><td>MERV 8</td><td>MERV 11</td><td>MERV 13</td><td>MERV 15</td></tr>
<tr><td>去除率估计值(%)</td><td>7.1</td><td>12.9</td><td>19.5</td><td>44.4</td><td>70.7</td></tr>
<tr><td>UVGI衰亡率常数</td><td colspan="5">0.00119　$cm^2/\mu W \cdot s$　媒介：空气</td></tr>
<tr><td>90%杀灭剂量</td><td colspan="5">1935　$\mu W \cdot s/cm^2$　数据来源：Jensen 1963</td></tr>
<tr><td>建议室内浓度限值</td><td colspan="5">0 cfu/m^3</td></tr>
<tr><td>基因组碱基对</td><td colspan="5">13588</td></tr>
<tr><td>相关种属</td><td colspan="5">甲型、乙型流感</td></tr>
<tr><td>备注</td><td colspan="5">疾病控制中心(CDC)有报告</td></tr>
<tr><td>图片来源</td><td colspan="5">疾病控制中心(CDC) PHIL # 279</td></tr>
<tr><td>参考文献</td><td colspan="5">Dalton 1973, Fraenkel-Conrat 1985, Freeman 1985, Gorman 1990, Mahy 1975, Murray 1999, Ryan 1994, Malherbe 1980, Canada 2001</td></tr>
</table>

日本脑炎病毒(Japanese encephalitis)					
组	病毒				
类型	核糖核酸(RNA)				
属					
科	黄病毒科(Flaviviridae)				
传染特性	带病媒介传播型				
生物安全等级	第3级危险群				
感染剂量(ID_{50})	未知				
致死剂量(LD_{50})	—				
感染率	—				
潜伏期	5－15d				
感染高峰期	不详				
每年病例数	极少				
每年死亡人数	—				
非呼吸性、非空气传播型病原体。通过被带病蚊虫叮咬而传播。该病毒引起的病为亚洲多个地区的地方性流行病，常发病于夏季和早秋季，并受限于气温高低和蚊子的数量。一些家畜可能成为该病毒发展的扩大源					
疾病或感染	JE、JEV、JBE、日本乙型脑炎、蚊子传播型脑炎				
自然病源	人、鸟、猪、马、蝙蝠、爬行动物				
产生毒素	无				
感染部位	叮咬处				
症状	急性高烧、打冷战、头痛、恶心呕吐、畏光、昏迷、战栗、痉挛				
治疗方法及药物	无治疗方法				
未经治疗死亡率	5%－40%　　预防：可能　　疫苗：无				
形状	闭式球形				
平均粒径(μm)	0.04472136　　粒径范围：0.04－0.05μm				
生长环境温度	不详　　外部存活时间：蚊子卵中存活一个冬季				
灭活方法	湿热环境：在56℃下放置30min				
消毒剂	1%浓度次氯酸钠、70%浓度的乙醇、2%浓度的戊二醛、碘酒、苯酚、福尔马林				
额定过滤等级	MERV 6	MERV 8	MERV 11	MERV 13	MERV 15
去除率估计值(%)	13.5	24.0	35.0	67.5	90.3
UVGI衰亡率常数	未知　　$cm^2/\mu W \cdot s$　　媒介：				
90%杀灭剂量	—　　$\mu W \cdot s/cm^2$　　数据来源：				
建议室内浓度限值	不详				
基因组碱基对	10000－11000				
相关种属	西尼罗河病毒(West Nile virus)				
备注	疾病控制中心(CDC)有报告				
图片来源	图片显示的是库京α病毒(Kunjin alphavirus)。图片征得Ed Westaway of SASVRC, The Royal Children's Hospital, Australia的许可				
参考文献	Dalton 1973, Fraenkel-Conrat 1985, Freeman 1985, Mahy 1975, Murray 1999, Ryan 1994, Malherbe 1980, Canada 2001				

胡宁病毒(Junin virus)	
组	病毒
类型	核糖核酸(RNA)
属	沙粒病毒属(Arenavirus)
科	沙粒病毒科(Arenaviridae)
传染特性	非传染性
生物安全等级	第4级危险群
感染剂量(ID_{50})	未知
致死剂量(LD_{50})	10 - 100000
感染率	低
潜伏期	2 - 14d
感染高峰期	7d
每年病例数	2000
每年死亡人数	极少

主要发生在美国南部农场工人之间，发病时间在夏末和秋季，感染者主要是因吸入了啮齿动物的分泌物。致死率在3% - 15%之间。与其他的一些沙粒病毒一样，它能引起出血热。该病在美国南部以外地区不常见，它随着夏末和秋季啮齿动物的繁殖而蔓延。啮齿动物的排泄物带有病毒，并通过吸入或摄入传播

疾病或感染	阿根廷出血热(Argentinean hemorrhagic fever)
自然病源	啮齿动物
产生毒素	无
感染部位	上呼吸道
症状	慢性发热，疲劳，头痛，肌痛，鼻、齿龈、肠等部位出血
治疗方法及药物	利巴韦林、人体血浆治疗
未经治疗死亡率	10% - 50%　　预防：无　　疫苗：可得
形状	闭式螺旋状
平均粒径(μm)	0.12　　粒径范围：0.05 - 0.3μm
生长环境温度	不详　　外部存活时间：
灭活方法	—
消毒剂	1%浓度次氯酸钠、2%浓度的戊二醛

额定过滤等级	MERV 6	MERV 8	MERV 11	MERV 13	MERV 15
去除率估计值(%)	6.0	11.1	16.9	40.1	66.5

UVGI衰亡率常数	未知　　$cm^2/\mu W \cdot s$　　媒介：
90%杀灭剂量	—　　$\mu W \cdot s/cm^2$　　数据来源：
建议室内浓度限值	0 cfu/m^3
基因组碱基对	5000 - 7400nt
相关种属	马丘波病毒(Machupo)、拉沙热病毒(Lassa)
备注	疾病控制中心(CDC)有报告
图片来源	图片显示的是细胞感染了一种沙粒病毒，Cupixi病毒。图片由亚特兰大疾病控制中心(CDC) Cynthia Goldsmith & Michael Bowen提供
参考文献	Dalton 1973, Fraenkel-Conrat 1985, Freeman 1985, Mahy 1975, Murray 1999, Ryan 1994, Salvato 1993, Kenyon 1988, Malherbe 1980, Canada 2001

拉沙热病毒(Lassa fever virus)	
组	病毒
类型	
属	沙粒病毒属(Arbovirus)
科	沙粒病毒科(Arenaviridae)
传染特性	传染性
生物安全等级	第4级危险群
感染剂量(ID_{50})	15
致死剂量(LD_{50})	2－200000
感染率	高
潜伏期	7－14d
感染高峰期	—
每年病例数	—
每年死亡人数	—

该病毒引起出血热，为非洲西部地区的地方性疾病，其与胡宁病毒和马丘波病毒相似。能通过体液在人与人之间传播，不过也存在空气传播的证据

疾病或感染	拉沙热(Lassa fever)				
自然病源	啮齿动物				
产生毒素					
感染部位	上呼吸道				
症状	伴有出血症状的发烧、易受惊、神经性烦躁、心搏徐缓				
治疗方法及药物	在6d内静脉注射利巴韦林				
未经治疗死亡率	10%－50%　预防：无　疫苗：无				
形状	螺旋状，带有外壳				
平均粒径(μm)	0.12　粒径范围：0.05－0.3μm				
生长环境温度	不详　外部存活时间：—				
灭活方法	—				
消毒剂	—				
额定过滤等级	MERV 6	MERV 8	MERV 11	MERV 13	MERV 15
去除率估计值(%)	6.0	11.1	16.9	40.1	66.5
UVGI衰亡率常数	未知　$cm^2/\mu W \cdot s$　媒介：				
90%杀灭剂量	—　$\mu W \cdot s/cm^2$　数据来源：				
建议室内浓度限值	0 cfu/m^3				
基因组碱基对	3400－4800nt				
相关种属	马丘波病毒（Machupo）、马尔堡病毒（Marburg）				
备注	疾病控制中心（CDC）有报告				
图片来源	非洲绿猴肾细胞(Vero Cell)中的拉沙热病毒。由Malherbe and Strickland提供，Viral Cytopathology，CRC出版社，Boca Raton FL版权所有				
参考文献	Dalton 1973，Fraenkel-Conrat 1985，Freeman 1985，Mahy 1975，McCormick 1987，Ryan 1994，Schaal 1979，Peters 1987，Malherbe 1980，Franz 1997				

嗜肺军团杆菌(Legionella pneumophila)	
组	细菌
类型	革兰阴性(Gram－)
属	军团杆菌属(Legionella)
科	军团杆菌科(Legionellaceae)
传染特性	非传染性
生物安全等级	第2级危险群
感染剂量(ID_{50})	<129
致死剂量(LD_{50})	140000
感染率	<0.01
潜伏期	2－10d
感染高峰期	不详
每年病例数	1163
每年死亡人数	10

自然存在于温暖的室外水池中，并能在室内温暖的水中繁殖。该菌为军团菌病的起因。该菌只是自然存在于室外温暖的水池中，只是在某种情况下会被空调设备加强，并通过通风系统扩散

疾病或感染	军团菌病(Legionnaire's disease)、庞提阿克热(Pontiac fever)、机会性感染(Opportunistic infections)				
自然病源	环境，生长于冷却塔水中，饮用水中，医院				
产生毒素	无				
感染部位	上呼吸道				
症状	急性肺炎、肌痛、食欲减退、头痛、发热、打冷战、干咳、腹痛、腹泻				
治疗方法及药物	红霉素、利福平、环丙沙星				
未经治疗死亡率	39%－50%	预防：抗生素		疫苗：无	
形状	棒状				
平均粒径(μm)	0.52	粒径范围：0.3－0.9×0.6－2μm			
生长环境温度	25－35℃	外部存活时间：在水中几个月			
灭活方法	湿热环境：在121℃下放置15min；干热环境：在160℃下放置1h				
消毒剂	1%浓度次氯酸钠、70%浓度的乙醇、戊二醛、福尔马林				
额定过滤等级	MERV 6	MERV 8	MERV 11	MERV 13	MERV 15
去除率估计值(%)	7.2	16.1	26.7	66.3	94.8
UVGI衰亡率常数	0.00182	$cm^2/\mu W \cdot s$	媒介：表面		
90%杀灭剂量	1265	$\mu W \cdot s/cm^2$	数据来源：Antopol 1979		
建议室内浓度限值	0 cfu/m^3				
基因组碱基对					
相关种属	L.parisiensis(疑似的)				
备注	疾病控制中心(CDC)有报告				
图片来源	疾病控制中心(CDC) PHIL # 1187				
参考文献	Braude 1981, Freeman 1985, Gilpin 1984, Murray 1999, Prescott 1996, Ryan 1994, Thornsberry 1984, Berendt 1980, Canada 2001, Mandell 2000				

淋巴细胞性脉络丛脑膜炎病毒(Lymphocytic choriomeningitis)	
组	病毒
类型	单链核糖核酸(ssRNA)
属	
科	沙粒病毒科(Arenaviridae)
传染特性	非传染性
生物安全等级	第2至3级危险群
感染剂量(ID_{50})	<1000
致死剂量(LD_{50})	不详
感染率	<0.01
潜伏期	8－13d
感染高峰期	3－7d
每年病例数	极少
每年死亡人数	—

该病毒可能通过吸入或摄入带病啮齿动物的粪便而进入体内。在人群中的感染率达到2%－10%。该病经常爆发于欧洲、美国、澳大利亚和日本，有时是由于饲养的鼠类或实验室动物引起的。啮齿动物可能终生成为该病毒的宿主，并将病毒传给下一代

疾病或感染	淋巴细胞脉络丛脑膜炎(LCM)、淋巴细胞脑膜炎(Lymphocytic meningitis)				
自然病源	家鼠、猪、狗、仓鼠、天竺鼠				
产生毒素	无				
感染部位	呼吸道或口腔				
症状	轻微的流感症状，有1/3病例无症状，可能发展成各种炎症：如脊髓炎、睾丸炎				
治疗方法及药物	无治疗方法，利巴韦林和抗诱发性药物可能有效				
未经治疗死亡率	<1%　　预防：无　　疫苗：无				
形状	带壳				
平均粒径(μm)	0.08660254　　粒径范围：0.05－15μm				
生长环境温度	不详　　外部存活时间：存活于老鼠分泌物中				
灭活方法	—				
消毒剂	1%浓度次氯酸钠、70%浓度的乙醇、2%浓度的戊二醛、福尔马林				
额定过滤等级	MERV 6	MERV 8	MERV 11	MERV 13	MERV 15
去除率估计值(%)	7.9	14.3	21.4	47.6	73.8
UVGI衰亡率常数	未知　　$cm^2/\mu W \cdot s$　　媒介：				
90%杀灭剂量	—　　$\mu W \cdot s/cm^2$　　数据来源：				
建议室内浓度限值	不详				
基因组碱基对	3400－4800nt				
相关种属					
备注					
图片来源	图片显示了淋巴细胞脉络丛脑膜炎病毒在细胞中出芽。图片转载得到了M.S.Salvato的许可，The Arenaviridae Plenum Press，New York，1993.				
参考文献	Dalton 1973，Fraenkel-Conrat 1985，Freeman 1985，Mahy 1975，Murray 1999，Ryan 1994，Schaal 1979，Peters 1987，Malherbe 1980，Canada 2001				

马丘波病毒(Machupo)

组	病毒
类型	核糖核酸(RNA)
属	沙粒病毒属(Arenavirus)
科	沙粒病毒科(Arenaviridae)
传染特性	非传染性
生物安全等级	第4级危险群
感染剂量(ID_{50})	未知
致死剂量(LD_{50})	< 1000
感染率	—
潜伏期	7 - 16d
感染高峰期	—
每年病例数	—
每年死亡人数	—

与胡宁病毒相似。通过吸入啮齿动物粪便而感染。致死率为3% - 15%。该病毒能引起出血热，在美国南部以外地区并不常见。其常发生在夏末和秋季，并与啮齿动物数量有关。啮齿动物的排泄物中含有该病毒

疾病或感染	玻利维亚出血热(Bolivian hemorrhagic fever)				
自然病源	啮齿动物				
产生毒素	无				
感染部位	上呼吸道				
症状	慢性发热，疲劳，头痛，肌痛，鼻、齿龈、肠出血				
治疗方法及药物	利巴韦林、人体血浆治疗				
未经治疗死亡率	5% - 30% 预防：无 疫苗：无				
形状	多晶体形				
平均粒径(μm)	0.12 粒径范围：0.110 - 0.13μm				
生长环境温度	不详 外部存活时间：				
灭活方法	—				
消毒剂	1%浓度次氯酸钠、2%浓度的戊二醛				
额定过滤等级	MERV 6	MERV 8	MERV 11	MERV 13	MERV 15
去除率估计值(%)	6.0	11.1	16.9	40.2	66.5
UVGI衰亡率常数	未知 $cm^2/\mu W \cdot s$ 媒介：				
90%杀灭剂量	— $\mu W \cdot s/cm^2$ 数据来源：				
建议室内浓度限值	0 cfu/m^3				
基因组碱基对	3400 - 4800nt				
相关种属	胡宁病毒(Junin)、拉沙热病毒(Lassa)				
备注	疾病控制中心(CDC)有报告				
图片来源	图片显示了属于沙粒病毒的Tacaribe。图片转载得到了M.S.Salvato的许可，The Arenaviridae Plenum Press，New York，1993.				
参考文献	Dalton 1973，Fraenkel-Conrat 1985，Freeman 1985，Mahy 1975，Murray 1999，Ryan 1994，Salvato 1993，Wagner 1977，Franz 1997				

马尔堡病毒(Marburg virus)	
组	病毒
类型	核糖核酸(RNA)
属	黄病毒属(Filovirus)
科	黄病毒科(Filoviridae)
传染特性	传染性
生物安全等级	第4级危险群
感染剂量(ID_{50})	—
致死剂量(LD_{50})	—
感染率	—
潜伏期	7d
感染高峰期	—
每年病例数	极少
每年死亡人数	极少

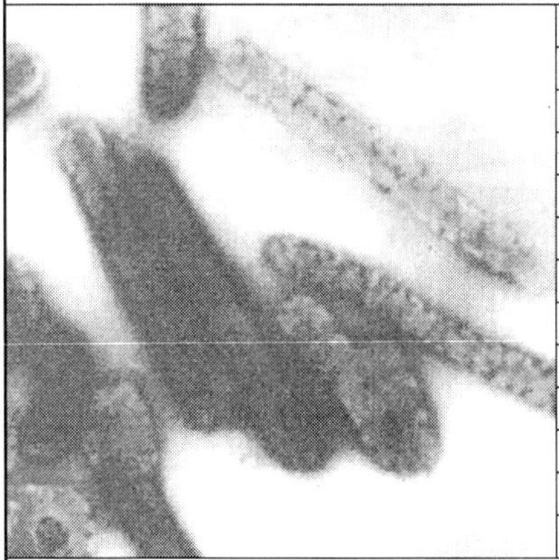

病性与拉沙热相似，形态与埃博拉病毒相同。主要通过接触传播。首次发现感染马尔堡病毒的原因是由于与乌干达绿猴接触而引起的。它能引起出血热，造成的致死率为22% - 88%。感染最终源于啮齿动物或其他动物，主要通过人之间的直接接触、吸入和血液接触而造成传播

疾病或感染	出血热(Hemorrhagic fever)				
自然病源	人、猴				
产生毒素	无				
感染部位	上呼吸道				
症状	急性高烧、虚弱、疲劳、呕吐、痢疾、斑丘疹、白血球减少症				
治疗方法及药物	没有有效的治疗方法来维持肾功能，电解质平衡，输液				
未经治疗死亡率	25%　　预防：无　　疫苗：无				
形状	螺旋状，带壳的				
平均粒径(μm)	0.039　　粒径范围：0.05 - 0.3μm				
生长环境温度	不详　　外部存活时间：在温暖的血液中存活2周				
灭活方法	—				
消毒剂	1%浓度次氯酸钠、2%浓度的戊二醛、福尔马林				
额定过滤等级	MERV 6	MERV 8	MERV 11	MERV 13	MERV 15
去除率估计值(%)	14.9	26.4	38.3	71.4	92.6
UVGI衰亡率常数	未知　　$cm^2/\mu W \cdot s$　　媒介：				
90%杀灭剂量	—　　$\mu W \cdot s/cm^2$　　数据来源：				
建议室内浓度限值	0 cfu/m^3				
基因组碱基对	19112				
相关种属	与埃博拉病毒(非空气传播型)有关				
备注	疾病控制中心(CDC)有报告				
图片来源	疾病控制中心(CDC) PHIL # 275 , Dr. Erskine Palmer				
参考文献	Dalton 1973, Fraenkel-Conrat 1985, Freeman 1985, Johnson 1995, Mahy 1975, Murray 1999, Ryan 1994, Malherbe 1980, Canada 2001, Franz 1997, Martini 1971				

结核分支杆菌(Mycobacterium tuberculosis)

组	细菌
类型	革兰阳性(抗酸)(Gram+(Acid fast))
属	分支杆菌属(Mycobacterium)
科	分支杆菌科(Mycobacteriaceae)
传染特性	传染性
生物安全等级	第2至3级危险群
感染剂量(ID_{50})	1-10
致死剂量(LD_{50})	—
感染率	0.33
潜伏期	4-12周
感染高峰期	不同
每年病例数	20000
每年死亡人数	—

肺结核感染着超过世界人口总数1/3的人。该细菌是肺结核(TB)的病因，它曾被认为会耗尽一个人直至他死亡，该病早在古埃及时期就存在了。现已有15000年的历史，该菌已成为当前人类健康的第一大危害，这是由于目前形成该菌的抗药性而引起的。该菌为高度可传染的单个细菌能引起一个实验室动物的感染

疾病或感染	肺结核(Tuberculosis, TB)
自然病源	人、污水、医院
产生毒素	无
感染部位	上呼吸道
症状	慢性肺部感染、疲乏、发热、咳嗽、胸痛、咳血
治疗方法及药物	异烟肼、利福平、链霉素、乙胺丁醇、吡嗪酰胺
未经治疗死亡率	— 预防：可能 疫苗：有
形状	棒状
平均粒径(μm)	0.637 粒径范围：0.2-0.6×1-5μm
生长环境温度	30-38℃ 外部存活时间：40-100d
灭活方法	湿热环境：在121℃下放置15min;
消毒剂	5%浓度的苯酚、1%浓度次氯酸钠、碘酒、戊二醛、福尔马林

额定过滤等级	MERV 6	MERV 8	MERV 11	MERV 13	MERV 15
去除率估计值(%)	9.3	20.7	33.2	75.5	98.0

UVGI衰亡率常数	0.002132 $cm^2/\mu W \cdot s$ 媒介：平板表面
90%杀灭剂量	1080 $\mu W \cdot s/cm^2$ 数据来源：David 1973
建议室内浓度限值	0 cfu/m^3
基因组碱基对	4411529
相关种属	
备注	疾病控制中心(CDC)有报告
图片来源	疾病控制中心(CDC) PHIL # 837, Dr. Edwin P. Ewing. Jr.
参考文献	Braude 1981, David 1973, Freeman 1985, Kapur 1994, Higgins 1975, Murray 1999, Prescott 1996, Ryan 1994, Youmans 1979, Canada 2001, Mandell 2000

肺炎支原体(Mycoplasma pneumoniae)	
组	细菌
类型	无细胞壁(No wall)
属	支原体属(Mycoplasma)
科	支原体科(Mycoplasmataceae)
传染特性	内生性
生物安全等级	第2级危险群
感染剂量(ID_{50})	100
致死剂量(LD_{50})	—
感染率	—
潜伏期	6－23d
感染高峰期	不详
每年病例数	不常见
每年死亡人数	极少

对于人来说肺炎支原体为弱小的病原体，通常以共生物的形式被发现。免疫缺陷者易受感染。肺炎支原体是柔膜体(Mollicutes)中的一族，它们被认为与细菌有所不同，因为它们没有细胞壁。感染该病原体往往需要由另一种疾病破坏免疫系统后才能实现。仅3%－10%的感染才会引起肺炎。能够通过基因转变从而成为生物武器

疾病或感染	肺炎、胸膜肺炎(PPLO)、能行走的肺炎(Walking pneumonia)、海湾战争综合症				
自然病源	人				
产生毒素	无				
感染部位	上呼吸道				
症状	不适、头痛、咳嗽、胸骨以下部位疼痛、白血球增多、肺炎				
治疗方法及药物	四环素、庆大霉素、脱氧羟四环霉素、大环内酯物				
未经治疗死亡率	— 预防：抗生素 疫苗：无				
形状	多种形态				
平均粒径(μm)	0.177 粒径范围：0.125－0.25μm				
生长环境温度	36－37℃ 外部存活时间：在空气中10－50h				
灭活方法	湿热环境：在121℃下放置15min；干热环境：在170℃下放置1h				
消毒剂	1%浓度次氯酸钠、70%浓度的乙醇、戊二醛、福尔马林				
额定过滤等级	MERV 6	MERV 8	MERV 11	MERV 13	MERV 15
去除率估计值(%)	4.6	8.9	14.2	36.5	64.3
UVGI衰亡率常数	未知 $cm^2/\mu W \cdot s$ 媒介：				
90%杀灭剂量	低 $\mu W \cdot s/cm^2$ 数据来源：Kundsin 1968				
建议室内浓度限值	0 cfu/m^3				
基因组碱基对	816394				
相关种属					
备注	疾病控制中心(CDC)有报告				
图片来源	疾病控制中心(CDC) PHIL # 1351，Dr. Martin Hicklin				
参考文献	Braude 1981，Freeman 1985，Kundsin 1968，Maniloff 1992，Mitscherlich 1984，Murray 1999，Prescott 1996，Ryan 1994，Canada 2001，Madoff 1971，Mandell 2000				

星形诺卡菌(Nocardia asteroides)	
组	细菌孢子
类型	诺卡氏菌(Nocardiaceae)
属	诺卡氏菌属(Nocardia)
科	放线菌科(Actinomycetes)
传染特性	非传染性
生物安全等级	第2级危险群
感染剂量(ID_{50})	—
致死剂量(LD_{50})	—
感染率	无
潜伏期	—
感染高峰期	不详
每年病例数	不常见
每年死亡人数	极少

被认为是一种具有革兰阳性的细菌，并被归为放线菌类病原体，这种微生物很难与真菌相区别。能在一些土壤中被发现。该菌主要影响那些有着其他疾病的人群，特别是那些免疫缺陷者

疾病或感染	诺卡氏菌病(Nocardiosis)、肺炎
自然病源	环境、土壤、污水、医院
产生毒素	无
感染部位	上呼吸道
症状	发热、咳嗽、胸痛、中枢神经系统(CNS)疾病、头痛、无精神、昏沉
治疗方法及药物	通过外科手术排除、磺胺(甲氧苄胺嘧啶/磺胺甲噁唑,磺胺索嘧啶,磺胺嘧啶)Sulfanilamides((TMP - SMX,Sulfisoxazole, sulfadiazine))
未经治疗死亡率	10%　预防：无　疫苗：无
形状	卵形体
平均粒径(μm)	1.118　粒径范围：1 - 1.25 × 3 - 5μm
生长环境温度	20 - 30℃　外部存活时间：存活在土壤中、水中
灭活方法	湿热环境：在121℃下放置15min；干热环境：在170℃下放置1h
消毒剂	1%浓度次氯酸钠、2%浓度的戊二醛、福尔马林

额定过滤等级	MERV 6	MERV 8	MERV 11	MERV 13	MERV 15
去除率估计值(%)	18.8	40.4	57.1	92.5	100.0

UVGI衰亡率常数	0.000123　$cm^2/\mu W \cdot s$　媒介：平面
90%杀灭剂量	18720　$\mu W \cdot s/cm^2$　数据来源：Chick 1963
建议室内浓度限值	0 cfu/m^3
基因组碱基对	
相关种属	革兰阳性细菌，豚鼠诺卡菌(N.caviae)，巴西诺卡菌(N.brasiliensis)
备注	疾病控制中心(CDC)有报告
图片来源	图片征得Littleton/Englewood Wastewater Treatment Plant的许可
参考文献	Austin 1991，Freeman 1985，Lacey 1988，Murray 1999，Slack 1975，Ryan 1994，Schaal 1979，Sikes 1973，Grigoriu 1987，Al-Doory 1987，Miyaji 1987，Canada 2001

巴西副球孢子菌(Paracoccidioides brasiliensis)					
组	真菌孢子				
类型	丝孢纲(Hyphomycetes)				
属	丝孢属(Hyphomycetales)				
科					
传染特性	非传染性				
生物安全等级	第2级危险群				
感染剂量(ID_{50})	8000000				
致死剂量(LD_{50})	—				
感染率	无				
潜伏期	—				
感染高峰期	不详				
每年病例数	极少				
每年死亡人数	—				
该菌在南美地区最为常见，估计有1000万人受该菌感染。男性比女性更易受影响，占了总数的90%。该菌为仅有的能引起人真正感染的4大真菌之一，能传播给淋巴腺、嘴唇和鼻子					
疾病或感染	巴西副球孢子菌病(Paracoccidioidomycosis)、肉芽瘤(Paracoccidioidal granuloma)、Lutz病、南美芽生菌病(South American blastomycosis)				
自然病源	环境				
产生毒素	无				
感染部位	上呼吸道				
症状	慢性皮肤黏膜溃烂、脖子淋巴系统受感染				
治疗方法及药物	Sulfonilamides、两性霉素B、一氮二烯伍圜化合物				
未经治疗死亡率	— 预防：无 疫苗：无				
形状	球形孢子				
平均粒径(μm)	4.472 粒径范围：2－10μm				
生长环境温度	37℃ 外部存活时间：存活在土壤中、水中				
灭活方法	—				
消毒剂	—				
额定过滤等级	MERV 6	MERV 8	MERV 11	MERV 13	MERV 15
去除率估计值(%)	48.1	77.1	93.5	96.0	100.0
UVGI衰亡率常数	未知 $cm^2/\mu W \cdot s$ 媒介：				
90%杀灭剂量	— $\mu W \cdot s/cm^2$ 数据来源：				
建议室内浓度限值	150－500 cfu/m^3				
基因组碱基对					
相关种属	巴西芽生菌(P.brasiliensis)				
备注	疾病控制中心(CDC)有报告				
图片来源	疾病控制中心(CDC) PHIL # 527，Dr. Lucille K.Georg				
参考文献	Collins 1973，Freeman 1985，Howard 1983，Lacey 1988，Murray 1999，Ryan 1994，Smith 1989，Tuder 1985，Kashino 1985，Miyaji 1987				

普氏立克次体(Rickettsia prowazeki)	
组	细菌
类型	革兰阴性(Gram -)
属	立克次体属(Rickettsiae)
科	立克次体科(Rickettsiaceae)
传染特性	带病媒介传播型
生物安全等级	第2至3级危险群
感染剂量(ID_{50})	10
致死剂量(LD_{50})	—
感染率	—
潜伏期	1 - 2周
感染高峰期	—
每年病例数	—
每年死亡人数	—

为细胞内细菌，生长在寄生虫肆孽的地区。虱子通过它们的排泄物分泌立克次体，并能感染叮咬或破损处。吸入带感染物的虱子的排泄物和受松鼠跳蚤的叮咬都会受感染。其为流行性斑疹伤寒症的病因。流行于中南美洲的山部地区、非洲和亚洲

疾病或感染	流行性斑疹伤寒、虱传斑疹伤寒热、Brill - Zinsser病				
自然病源	虱子、人、松鼠、松鼠跳蚤				
产生毒素	无				
感染部位	皮肤				
症状	急性发热、打冷战、头痛、浑身疼痛、肌肉出疹、血毒症				
治疗方法及药物	四环素、氯霉素、脱氧羟四环霉素				
未经治疗死亡率	10% - 40%　　预防：无　　疫苗：可能				
形状	多晶体形				
平均粒径(μm)	0.283　　粒径范围：0.3 - 1.2μm				
生长环境温度	32 - 35℃　　外部存活时间：几周				
灭活方法	湿热环境：在121℃下放置15min；干热环境：在170℃下放置1h				
消毒剂	1%浓度次氯酸钠、70%浓度的乙醇、戊二醛、福尔马林				
额定过滤等级	MERV 6	MERV 8	MERV 11	MERV 13	MERV 15
去除率估计值(%)	4.4	9.2	15.5	42.6	74.9
UVGI衰亡率常数	0.000292　　$cm^2/\mu W \cdot s$　　媒介：平板表面				
90%杀灭剂量	7886　　$\mu W \cdot s/cm^2$　　数据来源：Allen 1954				
建议室内浓度限值	不详				
基因组碱基对					
相关种属	加拿大立克次体(R.canadensis)，立氏立克次体(R. rickettsi)，恙虫病立克次体(R.tsutsugamushi)				
备注	疾病控制中心(CDC)有报告				
图片来源	图片显示的是恙虫病立克次体，疾病控制中心(CDC) PHIL # 929，Dr. Edwin P. Ewing				
参考文献	Braude 1981，Freeman 1985，McCaul 1981，Mitscherlich 1984，Murray 1999，Prescott 1996，Ryan 1994，Canada 2001，Mandell 2000				

立氏立克次体(Rickettsia rickettsii)	
组	细菌
类型	革兰阴性(Gram-)
属	立克次体属(Rickettsiae)
科	立克次体科(Rickettsiaceae)
传染特性	带病媒介传播型
生物安全等级	第2至3级危险群
感染剂量(ID_{50})	<10
致死剂量(LD_{50})	—
感染率	—
潜伏期	2-14d
感染高峰期	—
每年病例数	—
每年死亡人数	—

非空气传播型、非吸入性。扁虱传播型细菌。是洛基山斑点热的病因。在春、夏、秋季出现在美国。可能与风疹相混淆。狗扁虱、树扁虱和长星扁虱都可能成为带病媒介。传染给人、狗、啮齿动物和其他动物

疾病或感染	洛基山斑点热、新世界斑点热、虱传斑疹伤寒症、圣保罗热
自然病源	人、狗、啮齿动物
产生毒素	无
感染部位	皮肤
症状	2-3周的高烧，严重的肌肉疼痛和头疼、打冷战、皮疹、可能出现出血症状
治疗方法及药物	四环素、氯霉素
未经治疗死亡率	15%-20%　　预防：抗生素　　疫苗：可得
形状	多晶体形
平均粒径(μm)	0.85　　粒径范围：0.6-1.2μm
生长环境温度	32-35℃　　外部存活时间：高达1年
灭活方法	湿热环境：在121℃下放置15min；干热环境：在170℃下放置1h
消毒剂	1%浓度次氯酸钠、70%浓度的乙醇、戊二醛、福尔马林

额定过滤等级	MERV 6	MERV 8	MERV 11	MERV 13	MERV 15
去除率估计值(%)	13.4	29.6	44.6	86.2	99.7

UVGI衰亡率常数	0.000292　　$cm^2/\mu W \cdot s$　　媒介：平板表面
90%杀灭剂量	7886　　$\mu W \cdot s/cm^2$　　数据来源：Allen 1954
建议室内浓度限值	不详
基因组碱基对	
相关种属	加拿大立克次体(R.canadensis)，普氏立克次体(R. prowazeki)，恙虫病立克次体(R.tsutsugamushi)
备注	疾病控制中心(CDC)有报告
图片来源	图片显示的是恙虫病立克次体，疾病控制中心(CDC) PHIL # 929, Dr. Edwin P. Ewing
参考文献	Braude 1981, Freeman 1985, McCaul 1981, Walker 1988, Murray 1999, Prescott 1996, Salvato 1993, Canada 2001, Mandell 2000

裂谷热病毒(Rift valley fever)	
组	病毒
类型	核糖核酸(RNA)
属	
科	布尼亚病毒科(Bunyaviridae)
传染特性	带病媒介传播型
生物安全等级	第4级危险群
感染剂量(ID_{50})	未知
致死剂量(LD_{50})	未知
感染率	不详
潜伏期	2-4d
感染高峰期	—
每年病例数	极少
每年死亡人数	—

非空气传播型、非吸入性。裂谷热病毒是一种带病媒介传播型病原体，在非洲一些地区由蚊子传播该病毒，特别是在裂谷地区。它是引起羊、牛疾病的主要病因。它是一种虫媒病毒，并且有很多文献都把它作为潜在的生物武器

疾病或感染	裂谷热				
自然病源	蚊子、牛、绵羊、人				
产生毒素	无				
感染部位	血液				
症状	发热				
治疗方法及药物	利巴韦林				
未经治疗死亡率	未知 预防： 疫苗：				
形状	带壳的球形病毒粒子				
平均粒径(μm)	0.0922 粒径范围：0.095-0.105μm				
生长环境温度	不详 外部存活时间：				
灭活方法	湿热环境：在56℃下放置30min；				
消毒剂	1%浓度次氯酸钠、2%浓度的戊二醛				
额定过滤等级	MERV 6	MERV 8	MERV 11	MERV 13	MERV 15
去除率估计值(%)	7.5	13.6	20.4	45.9	72.2
UVGI衰亡率常数	未知 $cm^2/\mu W \cdot s$ 媒介：				
90%杀灭剂量	— $\mu W \cdot s/cm^2$ 数据来源：				
建议室内浓度限值	不详				
基因组碱基对	10500-22700				
相关种属	克里米亚-刚果出血热病毒				
备注	疾病控制中心(CDC)有报告				
图片来源	非洲小猴细胞中的裂谷热病毒，图片转载征得Malherbe and Strickland 1980许可，Viral Cytopathology，CRC出版社，Boca Raton FL版权所有				
参考文献	Dalton 1973，Fraenkel-Conrat 1985，Freeman 1985，Mahy 1975，Murray 1999，Ryan 1994，WHO 1982，Malherbe 1980				

伤寒沙门菌(Salmonella typhi)	
组	细菌
类型	革兰阴性(Gram－)
属	沙门菌属(Salmonella)
科	肠杆菌科(Enterobacteriaceae)
传染特性	食物传播型
生物安全等级	第2级危险群
感染剂量(ID_{50})	100000
致死剂量(LD_{50})	—
感染率	—
潜伏期	5 – 21d
感染高峰期	—
每年病例数	2000000
每年死亡人数	—

非空气传播型、非吸入性。一种食物传播型和摄入型病原体，其为伤寒热的病因。能在人群中传播，并能通过感染者接触过的食物传播。带病苍蝇可能污染未遮盖的食物。一旦该细菌存在于食物之上，就能够成倍增长直到达到感染剂量。该细菌流行于世界各地。无伤寒症型沙门氏菌的潜伏期很短(6 – 48h)，而伤寒热的潜伏期较长(5 – 21d)

疾病或感染	伤寒热(Typhoid fever)、肠热(Enteric fever)、斑疹伤寒症(Typhus abdominalis)
自然病源	人
产生毒素	肠毒素
感染部位	摄入
症状	肠热、头痛、疲劳、食欲减退、脾肥大、便秘、恶心呕吐、痢疾、脱水
治疗方法及药物	氯霉素、氨苄西林、羟氨苄青霉素、TMP－SMX、氟硅酮
未经治疗死亡率	10%－40%　　预防：抗生素　　疫苗：可得
形状	棒形
平均粒径(μm)	0.81　　粒径范围：
生长环境温度	37℃　　外部存活时间：17－130d
灭活方法	湿热环境：在121℃下放置15min；干热环境：在170℃下放置1h。
消毒剂	1%浓度次氯酸钠、2%浓度的戊二醛、福尔马林、碘酒、酚醛、70%浓度的乙醇

额定过滤等级	MERV 6	MERV 8	MERV 11	MERV 13	MERV 15
去除率估计值(%)	12.5	27.8	42.4	84.6	99.6

UVGI衰亡率常数	0.00223　　$cm^2/\mu W \cdot s$　　媒介：平板表面
90%杀灭剂量	1033　　$\mu W \cdot s/cm^2$　　数据来源：Collins 1971
基因组碱基对	
相关种属	猪霍乱沙门氏菌(S.choleraesuis)，肠炎沙门氏菌(S.enterica)，副伤寒沙门氏菌(S.paratyphi)
备注	疾病控制中心(CDC)有报告
图片来源	图片征得Journal of Food Protection(Liao and Sapers 2000,U.S. Dept. of Agriculture)的许可，International Association for Food Protection,Des Moines,IA,U.S.A.版权所有
参考文献	Braude 1981,Freeman 1985,Mitscherlich 1984,Murray 1999,Prescott 1996,Ryan 1994,Canada 2001,Mandell 2000,Fatah 2001

志贺氏痢疾杆菌(Shigella)	
组	细菌
类型	革兰阴性(Gram－)
属	志贺氏菌属(Shigella)
科	肠杆菌科(Enterobacteriaceae)
传染特性	食物传播型
生物安全等级	第2级危险群
感染剂量(ID_{50})	10－200
致死剂量(LD_{50})	—
感染率	0.2－0.4
潜伏期	1－7d
感染高峰期	—
每年病例数	
每年死亡人数	

非空气传播型、非吸入性。一种食物传播型病原体。存在4个血清组：A、B、C和D。其为痢疾的病因。存在于世界各地，大部分因该病而死亡的人为10岁以下的儿童。在卫生条件差、人口密度大地区时常爆发该疾病。流行于热带地区

疾病或感染	痢疾(Dysentery)、志贺氏痢疾(Shigellosis)、细菌性痢疾(Bacillary dysentery)
自然病源	人、灵长类动物
产生毒素	志贺氏毒素(Shiga toxin)
感染部位	摄入
症状	痢疾、恶心、发热、有时会出现血毒症、呕吐、腹部绞痛、里急后重、血便
治疗方法及药物	TMP－SMX、氨苄西林、氯霉素、环丙沙星、氧氟沙星
未经治疗死亡率	20%　　预防：抗生素　　疫苗：无
形状	棒形
平均粒径(μm)	0.80　　粒径范围：
生长环境温度	37℃　　外部存活时间：2－11d
灭活方法	湿热环境：在121℃下放置15min；干热环境：在170℃下放置1h
消毒剂	1%浓度次氯酸钠、2%浓度的戊二醛、福尔马林、碘酒、酚醛、70%浓度的乙醇

额定过滤等级	MERV 6	MERV 8	MERV 11	MERV 13	MERV 15
去除率估计值(%)	12.4	27.6	42.1	84.3	99.5

UVGI衰亡率常数	0.000688　　$cm^2/\mu W \cdot s$　　媒介：水
90%杀灭剂量	3347　　$\mu W \cdot s/cm^2$　　数据来源：Sharp 1940
建议室内浓度限值	不详
基因组碱基对	
相关种属	志贺痢疾杆菌(S.dysenteriae)、弗氏志贺菌(S.flexneri)、鲍氏痢疾杆菌(S.boydii)、宋内痢疾杆菌(S.sonnei)
备注	疾病控制中心(CDC)有报告
图片来源	图片摘自K. Niebuhr & P.J. Sansonetti，2000，Subcellular Biochemistry33－251－287，Kluwer Academic/Plenum Press版权所有
参考文献	Braude 1981，Freeman 1985，Mitscherlich 1984，Murray 1999，Prescott 1996，Ryan 1994，Canada 2001

黑霉菌(Stachybotrys chartarum)

组	真菌孢子
类型	丝孢纲(Hyphomycetes)
属	穗霉菌属(Stachybotris)
科	丝孢科(Hyphomycetes)
传染特性	非传染性
生物安全等级	第1至2级危险群
感染剂量(ID_{50})	—
致死剂量(LD_{50})	—
感染率	无
潜伏期	—
感染高峰期	不详
每年病例数	—
每年死亡人数	—

能产生一种使婴儿致死的毒素。有时生长于室内。最近其被定义为真菌过敏原，并被认为是产生病态建筑综合症的一因素

疾病或感染	肺部出血、过敏反应、穗霉菌中毒(Stachybotritoxicosis)、易怒、中毒反应
自然病源	环境、在室内生长于建筑材料上和加湿器中
产生毒素	单端孢霉烯，J型疣孢菌素，E型杆孢菌素，黑色葡萄状穗霉毒素(Satratoxin)F型、G型、H型，G型葚孢菌素，环孢霉素，穗霉菌素
感染部位	上呼吸道
症状	肺部真菌中毒、咳嗽、鼻炎、口腔和鼻道的炙热感、婴儿肺部出血病
治疗方法及药物	
未经治疗死亡率	— 预防：无 疫苗： 无
形状	球形孢子
平均粒径(μm)	5.623 粒径范围： 5.1－6.2μm
生长环境温度	37℃ 外部存活时间：不确定
灭活方法	
消毒剂	—

额定过滤等级	MERV 6	MERV 8	MERV 11	MERV 13	MERV 15
去除率估计值(%)	49.3	77.4	93.9	96.0	100.0

UVGI衰亡率常数	未知 cm^2/μW·s 媒介：
90%杀灭剂量	— μW·s/cm^2 数据来源：
建议室内浓度限值	0 cfu/m^3
基因组碱基对	
相关种属	黑色葡萄状穗霉(S.atra)
备注	
图片来源	明尼苏达大学，环境健康和安全学院
参考文献	Freeman 1985, Howard 1983, Lacey 1988, Montana 1988, Murray 1999, Nikulin 1996, Ryan 1994, Smith 1989

肺炎双球菌(Streptococcus pneumoniae)		
	组	细菌
	类型	革兰阳性(Gram+)
	属	链球菌属(Streptococcus)
	科	
	传染特性	传染性
	生物安全等级	第2级危险群
	感染剂量(ID_{50})	—
	致死剂量(LD_{50})	—
	感染率	0.1-0.3
	潜伏期	1-5d
	感染高峰期	2-10d
	每年病例数	500000
	每年死亡人数	50000

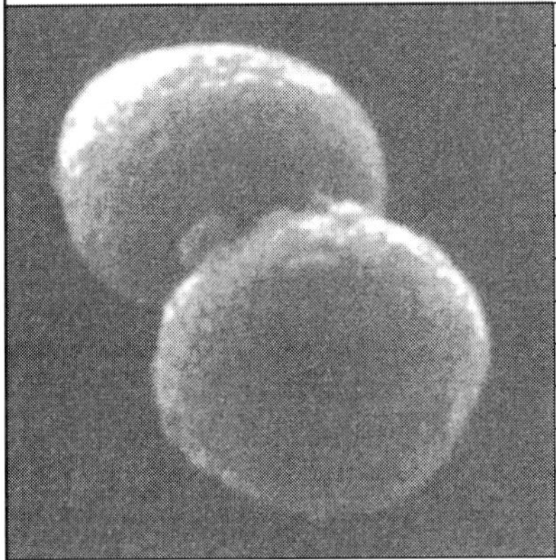

目前世上致死的主要原因之一。该微生物也就是通常所说的肺炎球菌，是肺叶病的主要病因，主要感染儿童。对于健康的人体来说，该病常表现为无症状。少儿的患病率很高，大约为30%为儿童，10%为青少年

疾病或感染	肺叶病、窦炎、脑膜炎、中耳炎、毒素反应				
自然病源	人、医院				
产生毒素	无				
感染部位	上呼吸道				
症状	急性发热、打冷战、胸膜痛、呼吸困难、咳嗽、白血球增多、肺炎、菌血症、脑膜炎				
治疗方法及药物	青霉素、红霉素				
未经治疗死亡率	5%-40% 预防：抗生素 疫苗：可得				
形状	球菌状				
平均粒径(μm)	0.707 粒径范围：0.5-1μm				
生长环境温度	25-42℃ 外部存活时间：1-25d				
灭活方法	湿热环境：在121℃下放置15min；干热环境：在170℃下放置1h				
消毒剂	1%浓度次氯酸钠、2%浓度的戊二醛、福尔马林、碘酒、70%浓度的乙醇				
额定过滤等级	MERV 6	MERV 8	MERV 11	MERV 13	MERV 15
去除率估计值(%)	10.6	23.6	37.1	79.8	98.9
UVGI衰亡率常数	0.006161 $cm^2/\mu W \cdot s$ 媒介：空气				
90%杀灭剂量	374 $\mu W \cdot s/cm^2$ 数据来源：Lidwell 1950				
建议室内浓度限值	0 cfu/m^3				
基因组碱基对					
相关种属	也称作为肺炎链球菌(pnemococcus)				
备注	疾病控制中心(CDC)有报告				
图片来源	疾病控制中心(CDC) PHIL#263，Dr. Richard Facklam				
参考文献	Braude 1981，Freeman 1985，Austin 1991，Mitscherlich 1984，Murray 1999，Prescott 1996，Ryan 1994，Canada 2001，Mandell 2000				

天花病毒(Variola(smallpox))	
组	病毒
类型	脱氧核糖核酸(DNA)
属	天花病毒属(Variola)
科	痘病毒科(Poxviridae)
传染特性	传染性
生物安全等级	第4级危险群
感染剂量(ID_{50})	10 - 100
致死剂量(LD_{50})	—
感染率	—
潜伏期	12 - 14d
感染高峰期	14 - 17d
每年病例数	无
每年死亡人数	无

天花的病因，在其根除之前曾在全世界范围内流行。现在仅有存在于实验室的样本，但没有其被作为生物武器的报道。其相关的属种：驼花(Camelpox)，可能被武器化

疾病或感染	天花				
自然病源	人				
产生毒素	无				
感染部位	上呼吸道				
症状	皮肤脓疱疹				
治疗方法及药物	利福霉素、吲哚满二酮B缩氨基硫脲				
未经治疗死亡率	10% - 40% 预防：— 疫苗：可得				
形状	具有复杂的衣壳				
平均粒径(μm)	0.224 粒径范围：0.23 - 0.40μm				
生长环境温度	不详 外部存活时间：5℃下18个月				
灭活方法	湿热环境：在121℃下放置15min;				
消毒剂	1%浓度次氯酸钠、2%浓度的戊二醛、福尔马林				
额定过滤等级	MERV 6	MERV 8	MERV 11	MERV 13	MERV 15
去除率估计值(%)	4.3	8.6	14.1	38.0	68.0
UVGI衰亡率常数	0.001528 $cm^2/\mu W \cdot s$ 媒介：空气				
90%杀灭剂量	1507 $\mu W \cdot s/cm^2$ 数据来源：Collier 1950				
建议室内浓度限值	0 cfu/m^3				
基因组碱基对	130000 - 375000nt				
相关种属	猴疹、骆驼疹、鼠疹、牛痘				
备注	疾病控制中心(CDC)有报告				
图片来源	猴细胞中少量的天花病毒。图片转载征得Malherbe and Strickland 1980许可，Viral Cytopathology ，CRC出版社，Boca Raton FL版权所有				
参考文献	Dalton 1973，Fraenkel-Conrat 1985，Freeman 1985，Mahy 1975，Murray 1999，Ryan 1994，Henderson 1999，Malherbe 1980，Canada 2001，Franz 1997，Breman 1998				

委内瑞拉马脑炎病毒(VEE)

组	病毒
类型	单链核糖核酸(ssRNA)
属	α 病毒属(Alphavirus)
科	披盖病毒科(Togaviridae)
传染特性	带病媒介传播型
生物安全等级	第3级危险群
感染剂量(ID_{50})	1
致死剂量(LD_{50})	—
感染率	—
潜伏期	1－15d
感染高峰期	—
每年病例数	—
每年死亡人数	—

非呼吸性、非空气传播型病原体。东部马脑炎是一种病毒通过蚊子叮咬传播给马。委内瑞拉马脑炎病毒出现在南美，病毒寄生在鸟类中过冬。有报告其被成功武器化并通过空气传播

疾病或感染	脑炎(Encephalitis)、脑膜炎(Meningitis)
自然病源	鸟、马、啮齿动物、人
产生毒素	无
感染部位	血液
症状	急性病、高烧、头痛、迷惑、昏迷、痉挛、瘫痪
治疗方法及药物	无
未经治疗死亡率	1%－60%　　预防：可能　　疫苗：可得
形状	闭式病毒
平均粒径(μm)	0.06　　粒径范围：0.06－0.07μm
生长环境温度	不详　　外部存活时间：在宿体外即死
灭活方法	—
消毒剂	1%浓度次氯酸钠、2%浓度的戊二醛、福尔马林、70%浓度的乙醇

额定过滤等级	MERV 6	MERV 8	MERV 11	MERV 13	MERV 15
去除率估计值(%)	10.1	18.1	26.8	56.1	81.7

UVGI衰亡率常数	未知　$cm^2/\mu W \cdot s$　　媒介：
90%杀灭剂量	$\mu W \cdot s/cm^2$　　数据来源：
建议室内浓度限值	
基因组碱基对	9700－11800nt，11700bp
相关种属	日本脑炎病毒、俄罗斯春夏脑炎病毒、西部马脑炎病毒、东部马脑炎病毒
备注	疾病控制中心(CDC)有报告
图片来源	图片显示的是细胞感染了披盖病毒科的丙型肝炎病毒(Hepatitus C)。图片转载得到了V.Agnello，G.Abel，M.Elfahal，G.B.Knight and Q.－X.Zhang的许可，版权属于美国国家科学院，1999
参考文献	Dalton 1973，Fraenkel-Conrat 1985，Freeman 1985，Mahy 1975，Murray 1999，Fatah 2000，NATO 1996，Malherbe 1980，Canada 2001，Franz 1997

霍乱弧菌(Vibrio cholerae)	
组	细菌
类型	革兰阴性(Gram -)
属	弧菌属(Vibrio)
科	
传染特性	食物传播型
生物安全等级	第2级危险群
感染剂量(ID_{50})	106 - 1011
致死剂量(LD_{50})	—
感染率	—
潜伏期	1 - 5d
感染高峰期	—
每年病例数	常见
每年死亡人数	极少

非呼吸性、非空气传播型病原体。霍乱的病因，一度成为印度全国流行的疾病。现在被证明为在全世界各地区具有周期振发性。并有报道，其曾被作为生物武器

疾病或感染	霍乱				
自然病源	人、环境				
产生毒素	肠毒素				
感染部位	摄入				
症状	水泻、呕吐、脱水、酸液过多、虚脱				
治疗方法及药物	四环素、其他抗生素、水疗				
未经治疗死亡率	50%	预防：抗生素		疫苗：可得	
形状	棒状				
平均粒径(μm)	2.12	粒径范围：1.5 - 3 × 0.5μm			
生长环境温度	37℃	外部存活时间：3 - 50d			
灭活方法	湿热环境：在121℃下放置15min；干热环境：在170℃下放置1h				
消毒剂	70%浓度的乙醇、碘酒、2%浓度的戊二醛、8%浓度的福尔马林				
额定过滤等级	MERV 6	MERV 8	MERV 11	MERV 13	MERV 15
去除率估计值(%)	35.1	66.3	83.1	95.9	100.0
UVGI衰亡率常数	—	$cm^2/\mu W \cdot s$		媒介：	
90%杀灭剂量	—	$\mu W \cdot s/cm^2$		数据来源：	
建议室内浓度限值	不详				
基因组碱基对					
相关种属					
备注	疾病控制中心(CDC)有报告				
图片来源	疾病控制中心(CDC) PHIL # 1034，Dr. William A. Clark				
参考文献	Braude 1981，Freeman 1985，Mitscherlich 1984，Murray 1999，Prescott 1996，Ryan 1994，Canada 2001，NATO 1996，Mandell 2000				

西部马脑炎、东部马脑炎(WEE EEE)

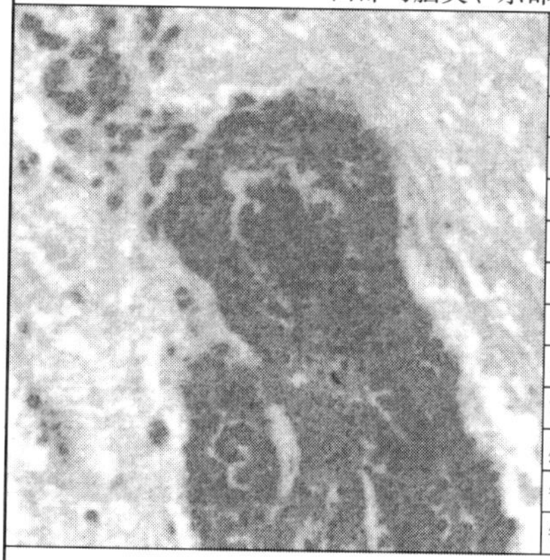

组	病毒
类型	单链核糖核酸(ssRNA)
属	α 病毒属(Alphavirus)
科	披盖病毒科(Togaviridae)
传染特性	带病媒介传播型
生物安全等级	第3级危险群
感染剂量(ID_{50})	10 – 100
致死剂量(LD_{50})	—
感染率	—
潜伏期	1 – 5d
感染高峰期	—
每年病例数	—
每年死亡人数	—

非呼吸性、非空气传播型病原体。东部马脑炎是一种通过蚊子叮咬传播给马的一种病毒。西部马脑炎发生在美国西部和中部地区。病毒寄生于鸟类而过冬。具有被武器化的潜在危险性

疾病或感染	脑炎、脑膜炎				
自然病源	鸟、马、啮齿动物、人				
产生毒素	无				
感染部位	血液				
症状	急性病、高烧、头痛、迷惑、昏迷、痉挛、瘫痪				
治疗方法及药物	无				
未经治疗死亡率	EEE 60%，WEE 3%	预防：可能		疫苗：可得	
形状	闭式病毒				
平均粒径(μm)	0.07	粒径范围：0.06 – 0.07μm			
生长环境温度	不详	外部存活时间：在宿体外即死			
灭活方法	—				
消毒剂	1%浓度次氯酸钠、2%浓度的戊二醛、福尔马林、70%浓度的乙醇				
额定过滤等级	MERV 6	MERV 8	MERV 11	MERV 13	MERV 15
去除率估计值(%)	10.1	18.1	26.7	56.0	81.6
UVGI衰亡率常数	未知	$cm^2/\mu W \cdot s$		媒介：	
90%杀灭剂量	—	$\mu W \cdot s/cm^2$		数据来源：	
建议室内浓度限值					
基因组碱基对	9700 – 1800nt．11700bp				
相关种属	日本脑炎病毒、俄罗斯春夏脑炎病毒、委内瑞拉马脑炎病毒				
备注	疾病控制中心(CDC)有报告				
图片来源	图片显示EEE穿过细胞壁。图片转载得到William等的同意，2000，Avian Diseases v44(4):1012 – 16				
参考文献	Dalton 1973，Fraenkel-Conrat 1985，Freeman 1985，Mahy 1975，Murray 1999，Ryan 1994，Canada 2001，Franz 1997				

黄热病病毒(Yellow fever virus)	
组	病毒
类型	单链核糖核酸(ssRNA)
属	虫媒病毒属(Arbovirus)
科	黄病毒科(Flaviviridae)
传染特性	带病媒介传播型
生物安全等级	第3级危险群
感染剂量(ID_{50})	未知
致死剂量(LD_{50})	—
感染率	—
潜伏期	3－6d
感染高峰期	—
每年病例数	极少
每年死亡人数	极少

非呼吸性、非空气传播型病原体。通过蚊子叮咬传播。对蚊子来说，宿主在得病前3－5天内为具有感染性的。该病为南美地区地方性动物病。是否存在于亚洲地区仍未知，并且该病毒已经有几十年未出现于美国了。猴子为该病毒的病毒源，其他动物可能成为宿主

疾病或感染	黄热病(Yellow fever, YF)、虫媒病(Arbovirus)				
自然病源	人、猴、其他灵长类动物				
产生毒素	无				
感染部位	蚊虫叮咬处				
症状	急性发热、痛、恶心,、呕吐、白血球减少症、脉搏虚弱、蛋白尿、无尿症、出血				
治疗方法及药物	无治疗方法				
未经治疗死亡率	<5%　　预防：疫苗　　疫苗：可得				
形状	闭式				
平均粒径(μm)	0.04472136　　粒径范围：0.04－0.05μm				
生长环境温度	不详　　外部存活时间：不能存活				
灭活方法	湿热环境：在60℃下放置10min				
消毒剂	70%浓度的乙醇、2%浓度的戊二醛、8%浓度的福尔马林、3%浓度的过氧化氢、1%浓度的碘酒				
额定过滤等级	MERV 6	MERV 8	MERV 11	MERV 13	MERV 15
去除率估计值(%)	13.5	24.0	35.0	67.5	90.3
UVGI衰亡率常数	—　　$cm^2/\mu W \cdot s$　　媒介：				
90%杀灭剂量	—　　$\mu W \cdot s/cm^2$　　数据来源：				
建议室内浓度限值	不详				
基因组碱基对	9500－12500nt 10500 bp				
相关种属					
备注	疾病控制中心（CDC）有报告				
图片来源	图片显示的是细胞中的黄病毒科的病毒。疾病控制中心(CDC)，亚特兰大				
参考文献	Dalton 1973, Fraenkel-Conrat 1985, Freeman 1985, Mahy 1975, Murray 1999, Ryan 1994, WHO 1982, Malherbe 1980, Canada 2001, Franz 1997				

鼠疫耶尔森氏菌(Yersinia pestis)		
	组	细菌
	类型	革兰阴性(Gram-)
	属	耶尔森氏鼠疫杆菌(Yersinia)
	科	肠细菌(Enterobacteriaceae)
	传染特性	传染性
	生物安全等级	第2至3级危险群
	感染剂量(ID_{50})	100
	致死剂量(LD_{50})	—
	感染率	不同
	潜伏期	2-6d
	感染高峰期	—
	每年病例数	4
	每年死亡人数	—

古代瘟疫的病因。通常通过跳蚤叮咬传播。通过气溶胶化后传播可能具有流行性。主要为一种动物传染病，啮齿动物为其自然的病源。通常该病发生于美洲、非洲、东亚、中亚和印度尼西亚。在缅甸和越南该病十分常见

疾病或感染	鼠疫(Plague)、淋巴腺鼠疫(Bubonic plague)、肺炎性鼠疫(Pneumonic plague)、野生啮齿动物鼠疫(Sylvatic plague)				
自然病源	啮齿动物、跳蚤、人				
产生毒素	无				
感染部位	上呼吸道、皮肤上被跳蚤叮咬处				
症状	淋巴腺鼠疫：在跳蚤叮咬附近出现淋巴结炎，发热。肺炎性鼠疫：导致肺炎、纵膈腔炎、胸膜积液				
治疗方法及药物	感染后8-24h内服用链霉素、四环素、氯霉素、卡那霉素				
未经治疗死亡率	50% 预防：抗生素 疫苗：可得				
形状	棒形				
平均粒径(μm)	0.707 粒径范围：0.5-1×1-2μm				
生长环境温度	25-30℃ 外部存活时间：在体内存活100-270d				
灭活方法	湿热环境：在121℃下放置15min；干热环境：在170℃下放置1h				
消毒剂	1%浓度次氯酸钠、2%浓度的戊二醛、福尔马林、70%浓度的乙醇				
额定过滤等级	MERV 6	MERV 8	MERV 11	MERV 13	MERV 15
去除率估计值(%)	10.6	23.6	37.1	79.8	98.9
UVGI衰亡率常数	未知 $cm^2/\mu W \cdot s$ 媒介：				
90%杀灭剂量	— $\mu W \cdot s/cm^2$ 数据来源：				
建议室内浓度限值	0 cfu/m^3				
基因组碱基对					
相关种属					
备注	疾病控制中心(CDC)有报告				
图片来源	疾病控制中心(CDC) PHIL # 741, Dr. Marshall Fox.				
参考文献	Braude 1981, Ewald 1994, Freeman 1985, Linton 1982, Mitscherlich 1984, Murray 1999, Prescott 1996, Ryan 1994, Canada 2001, NATO 1996, Mandell 2000				

治疗方法及药物(Treatment)中英文对照表*	
英文	**中文**
Aminoglycoside	氨基糖苷类抗生素
Amoxicillin	羟氨苄青霉素
Amphotericin B	两性霉素B
Ampicillin	氨苄西林
Azole compounds	一氮二烯伍圜化合物
Ceftazidime	头孢他啶
Chloramphenicol	氯霉素
Ciprofloxacin	环丙沙星
Ciprofoxacinsulphas	磺胺
Doxycycline	脱氧羟四环霉素
Erythromycin	红霉素
Ethambutol	乙胺丁醇
Fluoconazole	氟康唑
Fluoroquinolones	氟硅酮
Gentamicin	庆大霉素
Human plasma treatment	人体血浆治疗
Hydration therapy	水疗
Hydroxystilbamidine	羟基芪
Iaatin B – thiosemicarbazone	吲哚满二酮B缩氨基硫脲
Imipenem	亚胺培南
Isoniazid	异烟肼
Itraconazole	伊曲康唑
Kanamycin	卡那霉素
Ketoconazole	苯并二氢呋喃酮
Macrolides	大环内酯物
Minocycline	二甲胺四环素
Ofloxacin	氧氟沙星
Penicillin	青霉素
Pyrazinamide	吡嗪酰胺
Ribavarin	利巴韦林
Rifampin	利福平
Rifamycin	利福霉素
Salicylate	水杨酸盐
Streptomycin	链霉素
Tetracyclines	四环素
TMP – SMX	TMP – SMX抗生素,甲氧苄胺嘧啶/磺胺甲噁唑
Tobramicin	托普霉素
Trivalent equine antitoxin	三价抗毒素

消毒剂(Disinfectants)中英文对照表*	
英文	**中文**
Enthanol	乙醇
Formaldehyde	甲醛
Formalin	福尔马林
Glutaraldehyde	戊二醛
Hydrogen peroxide	过氧化氢
Iodines	碘酒
Peracetic acid	过氧乙酸
Phenolics	酚醛
Sodium hypochlorite	次氯酸钠溶液

* 此两表为译者所加。——编者注

附录 B

病原体的疾病发展和致死剂量曲线数据库

病原体(pathogen)	疾病类别	疾病发展曲线	剂量曲线
炭疽杆菌(*Bacillus anthracis*)	非传染性	有	有
皮炎芽生菌(*Blastomyces dermatitidis*)	非传染性	有	有
百日咳杆菌(*Bordetella pertussis*)	传染性	有	有
布鲁氏菌(*Brucella*)	非传染性	有	有
鼻疽伯克霍尔德氏菌(*Burknolderia mallei*)	非传染性	有	有
类鼻疽伯克霍尔德氏菌(*Burkholderia pseudomallei*)	非传染性	有	无
基孔肯亚病毒(Chikungunya virus)	媒介传播	有	无
鹦鹉热衣原体(*Chlamydia psittaci*)	非传染性	有	无
肉毒梭状芽孢杆菌(*Clostridium botulinum*)	非传染性	有	无
产气荚膜梭状芽孢杆菌(*Clostridium perfringens*)	非传染性	有	有
厌酷球孢子菌(*Coccidioides immitis*)	非传染性	有	有
白喉杆菌(*Corynebacterium diphtheriae*)	传染性	有	无
伯氏考克斯体(*Coxiella burnetii*)	非传染性	有	有
克里米亚－刚果出血热病毒(Crimean－Congo hemorrhagic fever)	传染性	有	无
登革热病毒(Dengue fever virus)	媒介传播	有	无
埃博拉病毒(Ebola(GE))	传染性	有	有
土拉弗朗西斯菌(*Francisella tularensis*)	非传染性	有	有
汉坦病毒(Hantaan virus)	非传染性	有	无
甲型肝炎病毒(Hepatitis A)	传染性	有	有
荚膜组织胞浆菌(*Histoplasma capsulatum*)	非传染性	有	有

续表

病原体(pathogen)	疾病类别	疾病发展曲线	剂量曲线
甲型流感病毒(Influenza A virus)	传染性	有	有
日本(乙型)脑炎病毒(Japanese encephalitis)	媒介传播	有	无
胡宁病毒(Junin virus)	非传染性	有	有
拉沙热病毒(Lassa fever virus)	传染性	有	有
嗜肺军团杆菌(*Legionella pneumophila*)	非传染性	有	有
淋巴细胞性脉络丛脑膜炎病毒(Lymphocytic choriomeningitis)	非传染性	有	有
马丘波病毒(Machupo)	非传染性	有	有
马尔堡病毒(Marburg virus)	传染性	有	无
结核杆菌(*Mycobacterium tuberculosis*)	传染性	有	有
肺炎支原体(*Mycoplasma pneumoniae*)	内生性	有	有
星形诺卡菌(*Nocardia asteroids*)	非传染性	有	无
巴西副球孢子菌(*Paracoccidioides*)	非传染性	有	有
普氏立克次体(*Rickettsia prowazeki*)	媒介传播	有	有
立氏立克次体(*Rickettsia rickettsii*)	媒介传播	有	有
裂谷热病毒(Rift valley fever)	媒介传播	有	无
伤寒沙门氏菌(*Salmonella typhi*)	食物传播	有	有
志贺氏痢疾杆菌(*Shigella*)	食物传播	有	有
黑霉菌(*Stachybotrys chartarum*)	非传染性	无	无
肺炎双球菌(*Streptococcus pneumoniae*)	传染性	有	无
天花病毒(Variola(smallpox))	传染性	有	无
委内瑞拉马脑炎病毒(VEE)	媒介传播	有	有
霍乱弧菌(*Vibrio cholerae*)	食物传播	有	有
西部马脑炎，东部马脑炎病毒 (WEE,EEE)	媒介传播	有	有
黄热病病毒(Yellow fever virus)	媒介传播	有	无
鼠疫耶尔森氏菌(*Yersinia pestis*)	传染性	有	有

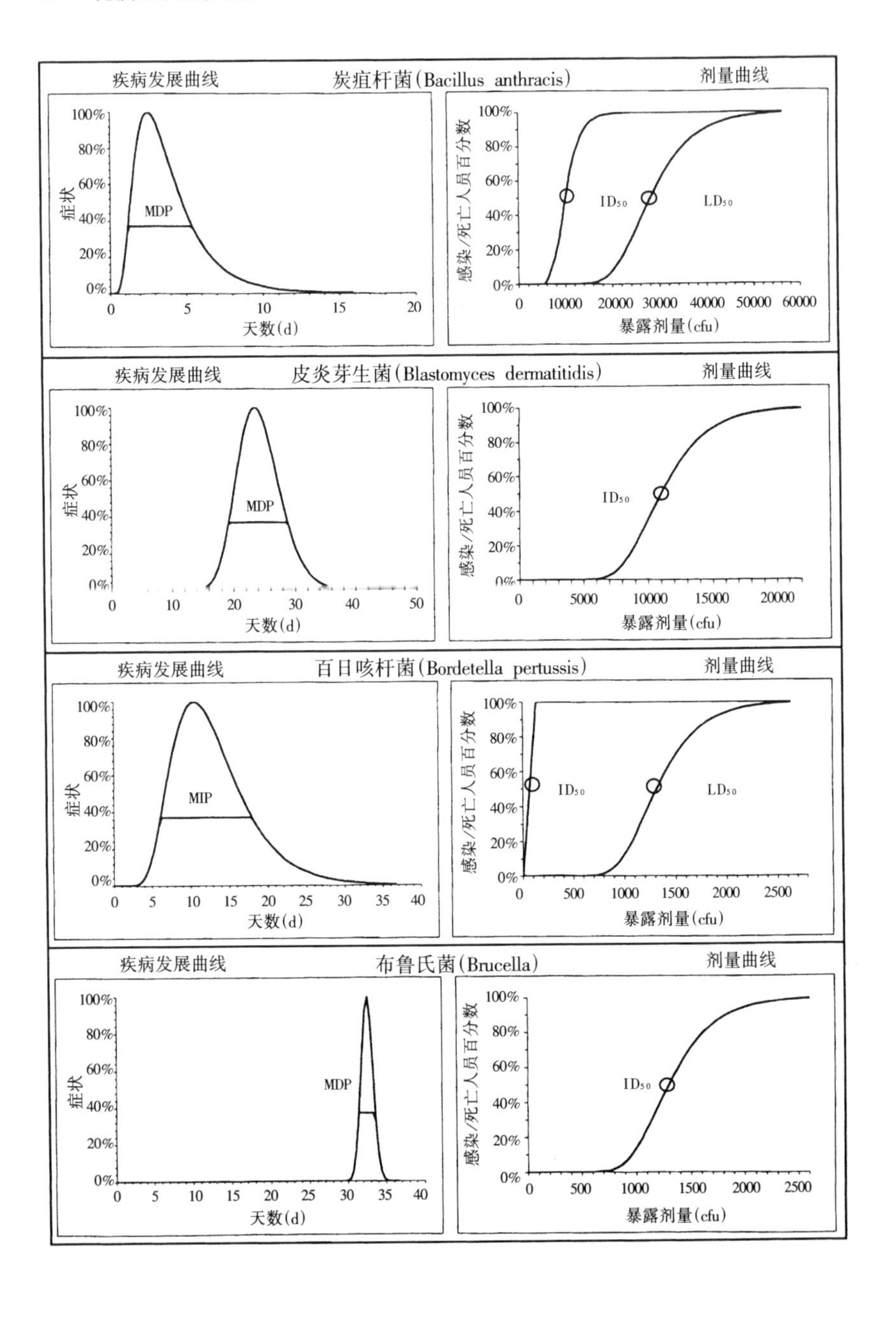

疾病发展曲线
炭疽杆菌(Bacillus anthracis)
剂量曲线
症状
MDP
天数(d)
感染/死亡人员百分数
ID50
LD50
暴露剂量(cfu)
疾病发展曲线
皮炎芽生菌(Blastomyces dermatitidis)
剂量曲线
症状
MDP
天数(d)
感染/死亡人员百分数
ID50
暴露剂量(cfu)
疾病发展曲线
百日咳杆菌(Bordetella pertussis)
剂量曲线
症状
MIP
天数(d)
感染/死亡人员百分数
ID50
LD50
暴露剂量(cfu)
疾病发展曲线
布鲁氏菌(Brucella)
剂量曲线
症状
MDP
天数(d)
感染/死亡人员百分数
ID50
暴露剂量(cfu)

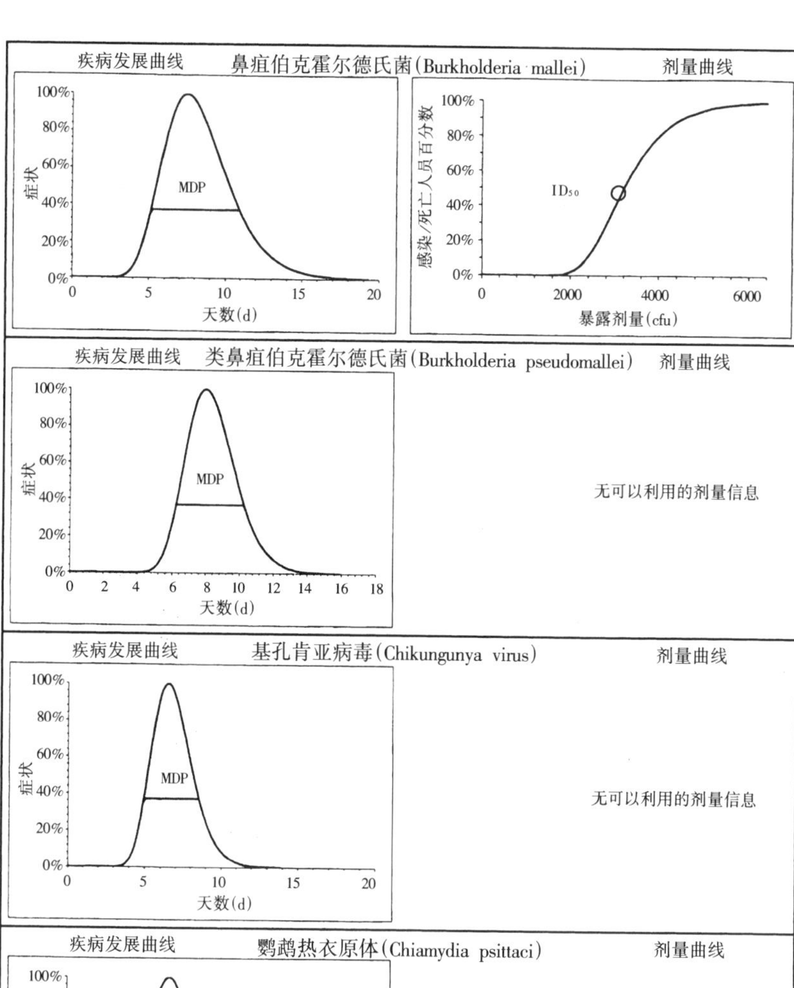
疾病发展曲线
鼻疽伯克霍尔德氏菌(Burkholderia mallei)
剂量曲线
100%
80%
60%
40%
20%
0%
症状
MDP
0
5
10
15
20
天数(d)
感染/死亡人员百分数
ID50
0
2000
4000
6000
暴露剂量(cfu)
疾病发展曲线
类鼻疽伯克霍尔德氏菌(Burkholderia pseudomallei)
剂量曲线
100%
80%
60%
40%
20%
0%
症状
MDP
0
2
4
6
8
10
12
14
16
18
天数(d)
无可以利用的剂量信息
疾病发展曲线
基孔肯亚病毒(Chikungunya virus)
剂量曲线
100%
80%
60%
40%
20%
0%
症状
MDP
0
5
10
15
20
天数(d)
无可以利用的剂量信息

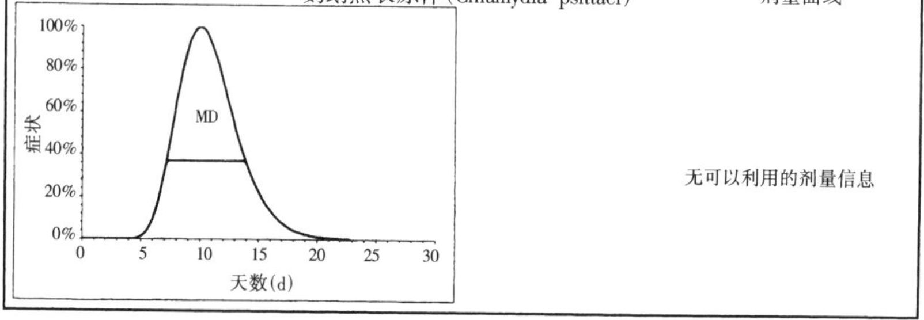
疾病发展曲线
鹦鹉热衣原体(Chiamydia psittaci)
剂量曲线
100%
80%
60%
40%
20%
0%
症状
MD
0
5
10
15
20
25
30
天数(d)
无可以利用的剂量信息

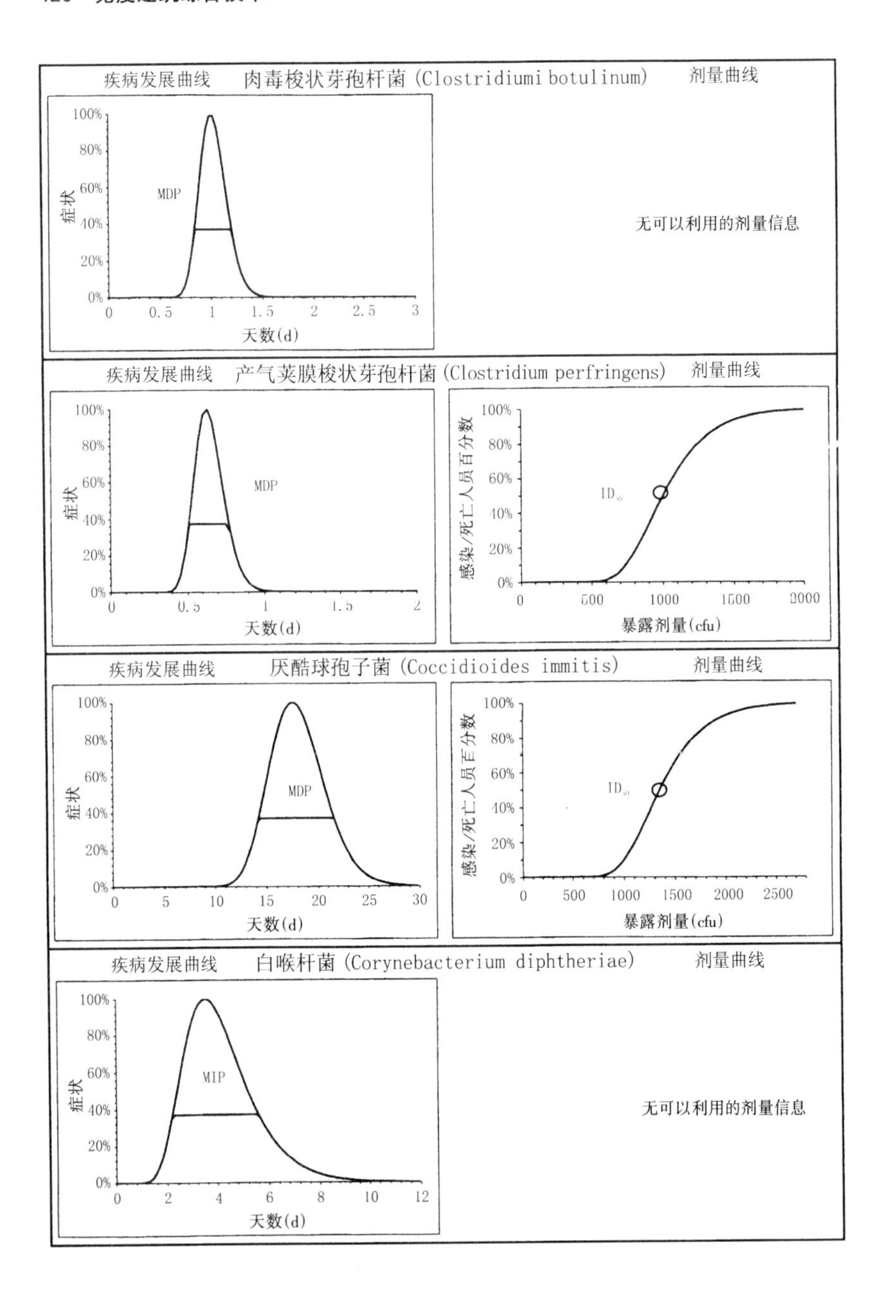
疾病发展曲线 肉毒梭状芽孢杆菌(Clostridiumi botulinum) 剂量曲线
100%
80%
60%
40%
20%
0%
症状
MDP
0
0.5
1
1.5
2
2.5
3
天数(d)
无可以利用的剂量信息
疾病发展曲线 产气荚膜梭状芽孢杆菌(Clostridium perfringens) 剂量曲线
症状
MDP
0
0.5
1
1.5
2
天数(d)
感染/死亡人员百分数
ID_{50}
0
500
1000
1500
2000
暴露剂量(cfu)
疾病发展曲线 厌酷球孢子菌(Coccidioides immitis) 剂量曲线
症状
MDP
0
5
10
15
20
25
30
天数(d)
感染/死亡人员百分数
ID_{50}
0
500
1000
1500
2000
2500
暴露剂量(cfu)
疾病发展曲线 白喉杆菌(Corynebacterium diphtheriae) 剂量曲线
症状
MIP
0
2
4
6
8
10
12
天数(d)
无可以利用的剂量信息

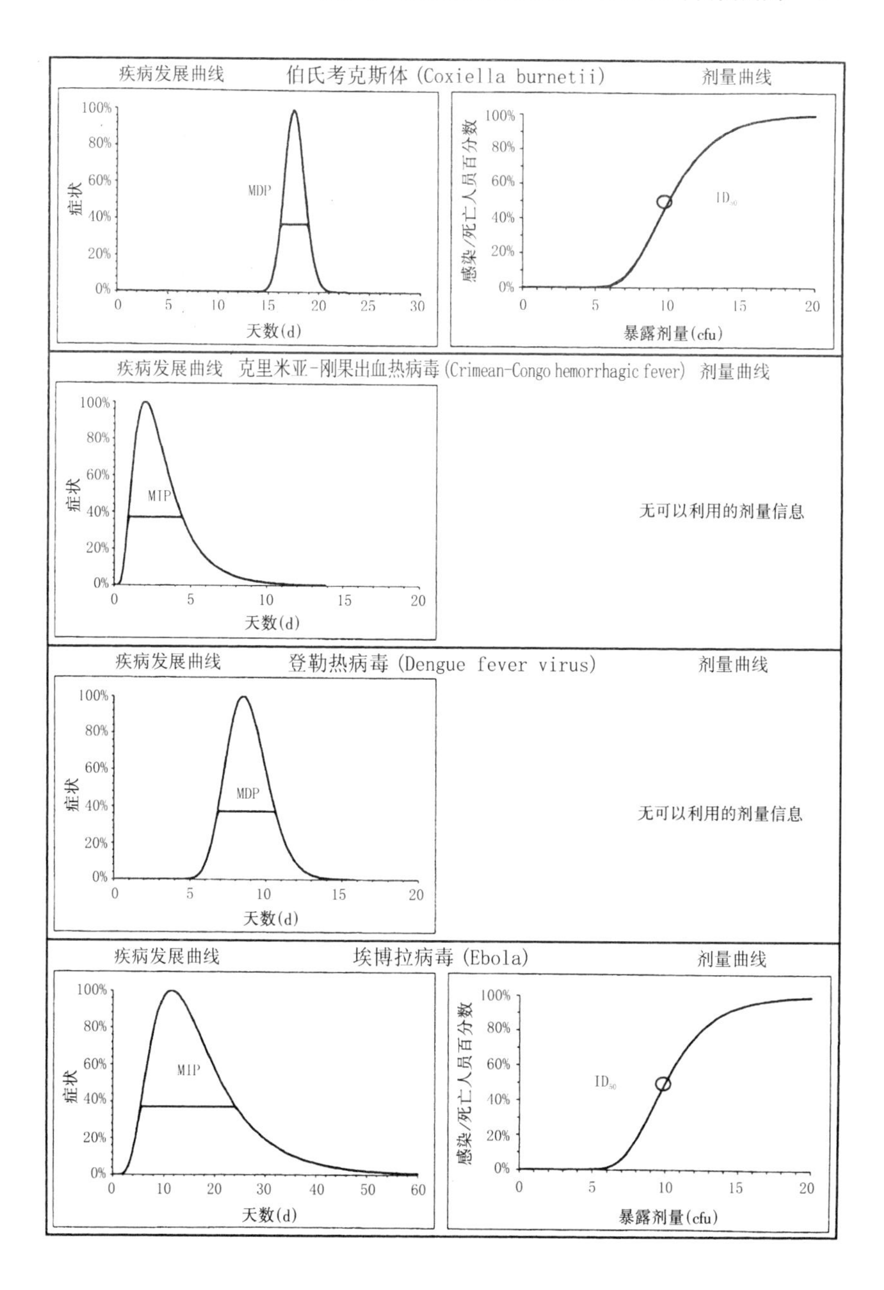

疾病发展曲线
伯氏考克斯体(Coxiella burnetii)
剂量曲线
症状
MDP
天数(d)
感染/死亡人员百分数
ID50
暴露剂量(cfu)
疾病发展曲线 克里米亚-刚果出血热病毒(Crimean-Congo hemorrhagic fever) 剂量曲线
MIP
无可以利用的剂量信息
疾病发展曲线
登勒热病毒(Dengue fever virus)
剂量曲线
无可以利用的剂量信息
疾病发展曲线
埃博拉病毒(Ebola)
剂量曲线

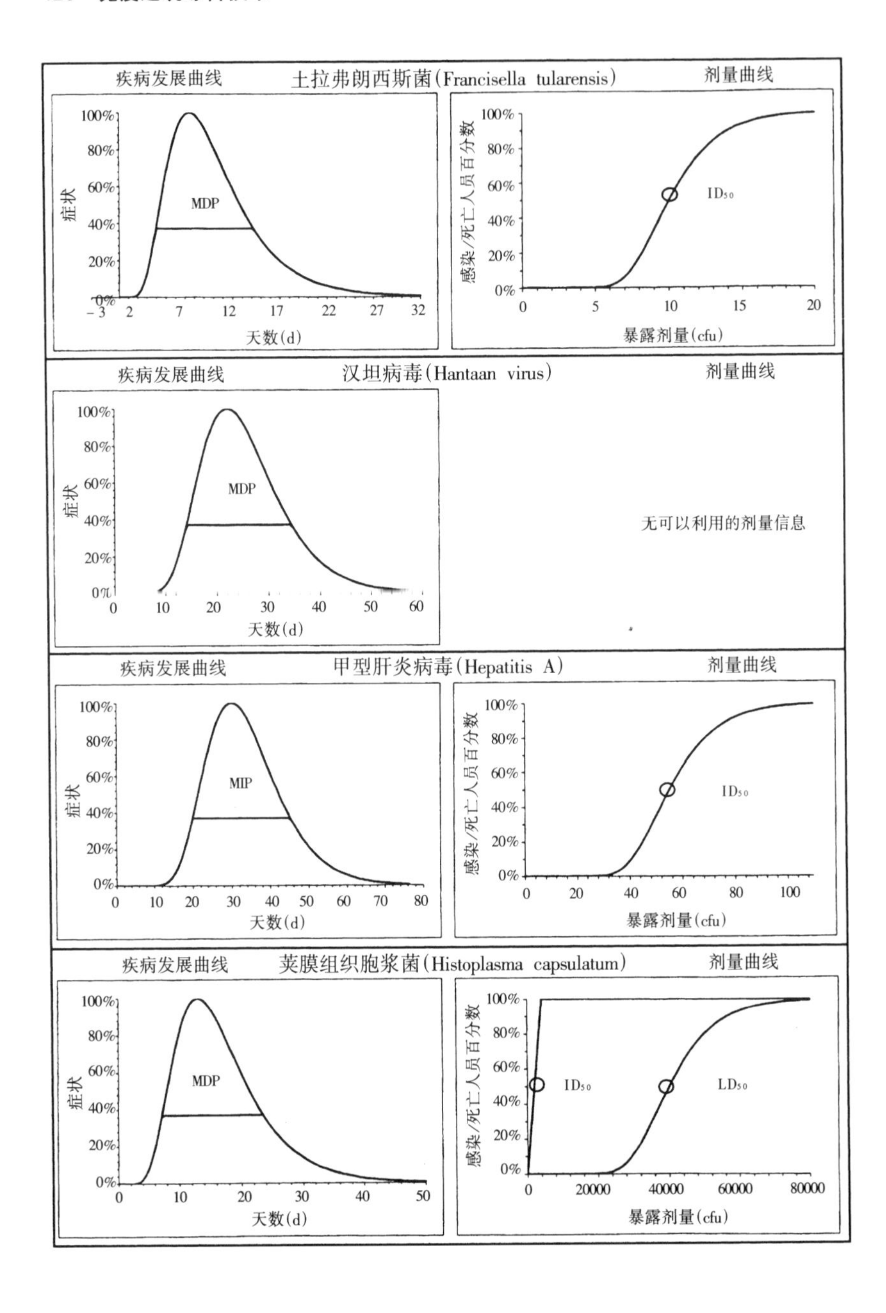

疾病发展曲线
土拉弗朗西斯菌(Francisella tularensis)
剂量曲线
症状
MDP
天数(d)
感染/死亡人员百分数
ID50
暴露剂量(cfu)
疾病发展曲线
汉坦病毒(Hantaan virus)
剂量曲线
症状
MDP
天数(d)
无可以利用的剂量信息
疾病发展曲线
甲型肝炎病毒(Hepatitis A)
剂量曲线
症状
MIP
天数(d)
感染/死亡人员百分数
ID50
暴露剂量(cfu)
疾病发展曲线
荚膜组织胞浆菌(Histoplasma capsulatum)
剂量曲线
症状
MDP
天数(d)
感染/死亡人员百分数
ID50
LD50
暴露剂量(cfu)

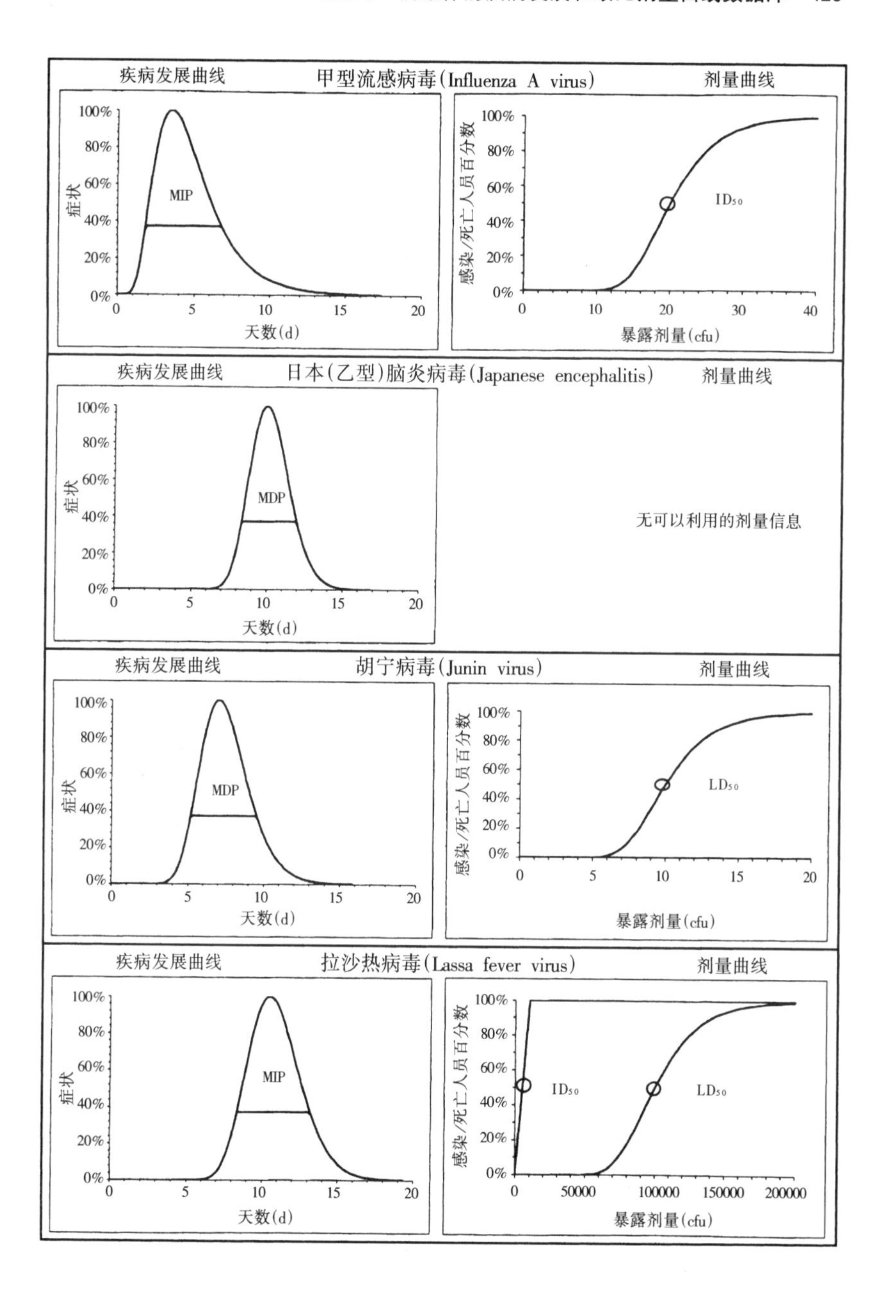
疾病发展曲线
甲型流感病毒(Influenza A virus)
剂量曲线
100%
80%
60%
40%
20%
0%
症状
MIP
0
5
10
15
20
天数(d)
感染/死亡人员百分数
ID50
0
10
20
30
40
暴露剂量(cfu)
疾病发展曲线
日本(乙型)脑炎病毒(Japanese encephalitis)
剂量曲线
MDP
无可以利用的剂量信息
疾病发展曲线
胡宁病毒(Junin virus)
剂量曲线
MDP
LD50
疾病发展曲线
拉沙热病毒(Lassa fever virus)
剂量曲线
MIP
ID50
LD50
0
50000
100000
150000
200000

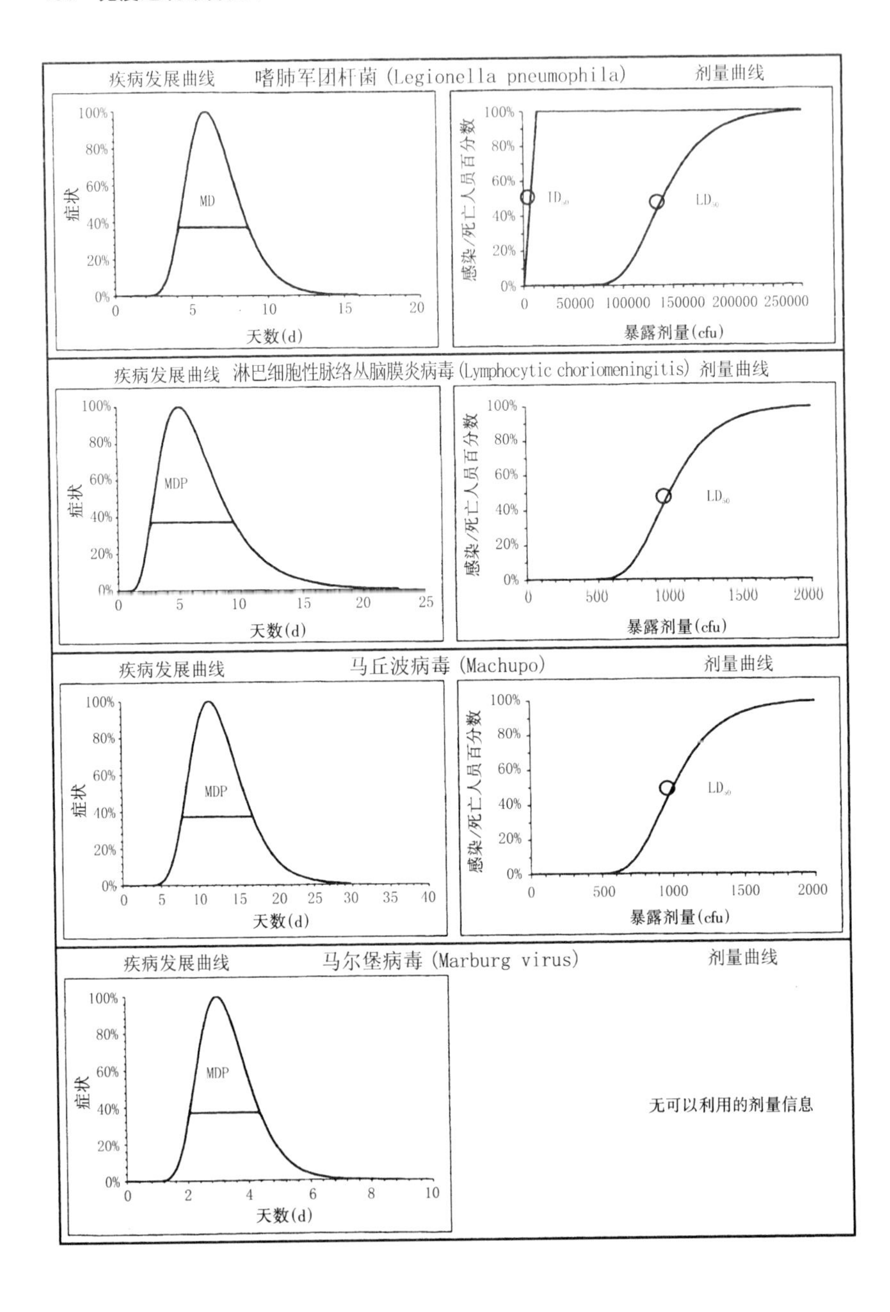
疾病发展曲线
嗜肺军团杆菌 (Legionella pneumophila)
剂量曲线
症状
MD
天数(d)
感染/死亡人员百分数
ID50
LD50
暴露剂量(cfu)
疾病发展曲线
淋巴细胞性脉络丛脑膜炎病毒(Lymphocytic choriomeningitis)
剂量曲线
MDP
马丘波病毒 (Machupo)
马尔堡病毒 (Marburg virus)
无可以利用的剂量信息

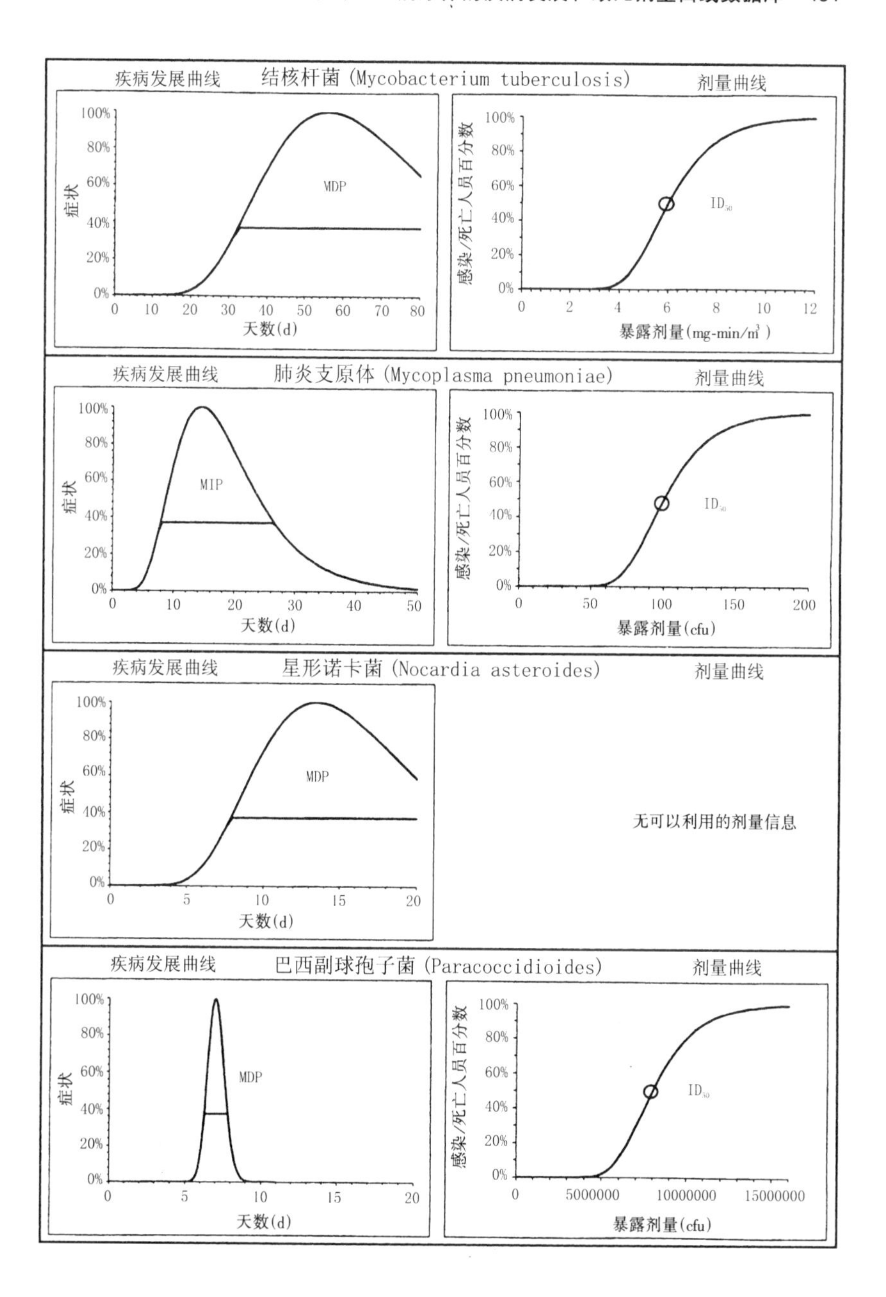
疾病发展曲线
结核杆菌(Mycobacterium tuberculosis)
剂量曲线
100%
80%
60%
40%
20%
0%
症状
MDP
0 10 20 30 40 50 60 70 80
天数(d)
感染/死亡人员百分数
ID50
0 2 4 6 8 10 12
暴露剂量(mg-min/m³)
疾病发展曲线
肺炎支原体(Mycoplasma pneumoniae)
剂量曲线
MIP
0 10 20 30 40 50
天数(d)
0 50 100 150 200
暴露剂量(cfu)
疾病发展曲线
星形诺卡菌(Nocardia asteroides)
剂量曲线
0 5 10 15 20
天数(d)
无可以利用的剂量信息
疾病发展曲线
巴西副球孢子菌(Paracoccidioides)
剂量曲线
0 5000000 10000000 15000000
暴露剂量(cfu)

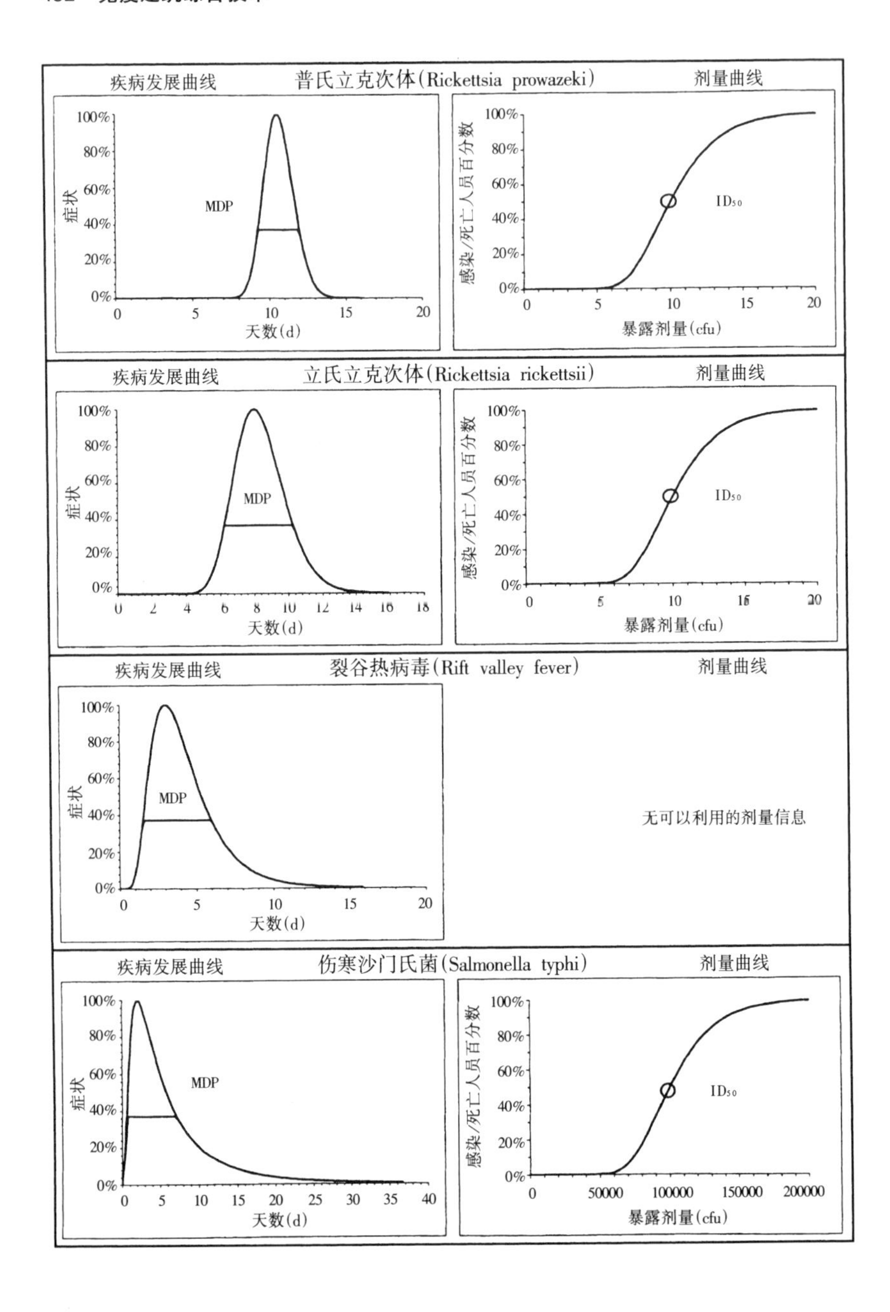
疾病发展曲线
普氏立克次体(Rickettsia prowazeki)
剂量曲线
100%
80%
60%
40%
20%
0%
症状
MDP
0 5 10 15 20
天数(d)
感染/死亡人员百分数
ID50
暴露剂量(cfu)
疾病发展曲线
立氏立克次体(Rickettsia rickettsii)
剂量曲线
0 2 4 6 8 10 12 14 16 18
天数(d)
MDP
ID50
暴露剂量(cfu)
疾病发展曲线
裂谷热病毒(Rift valley fever)
剂量曲线
MDP
天数(d)
无可以利用的剂量信息
疾病发展曲线
伤寒沙门氏菌(Salmonella typhi)
剂量曲线
MDP
0 5 10 15 20 25 30 35 40
天数(d)
ID50
0 50000 100000 150000 200000
暴露剂量(cfu)

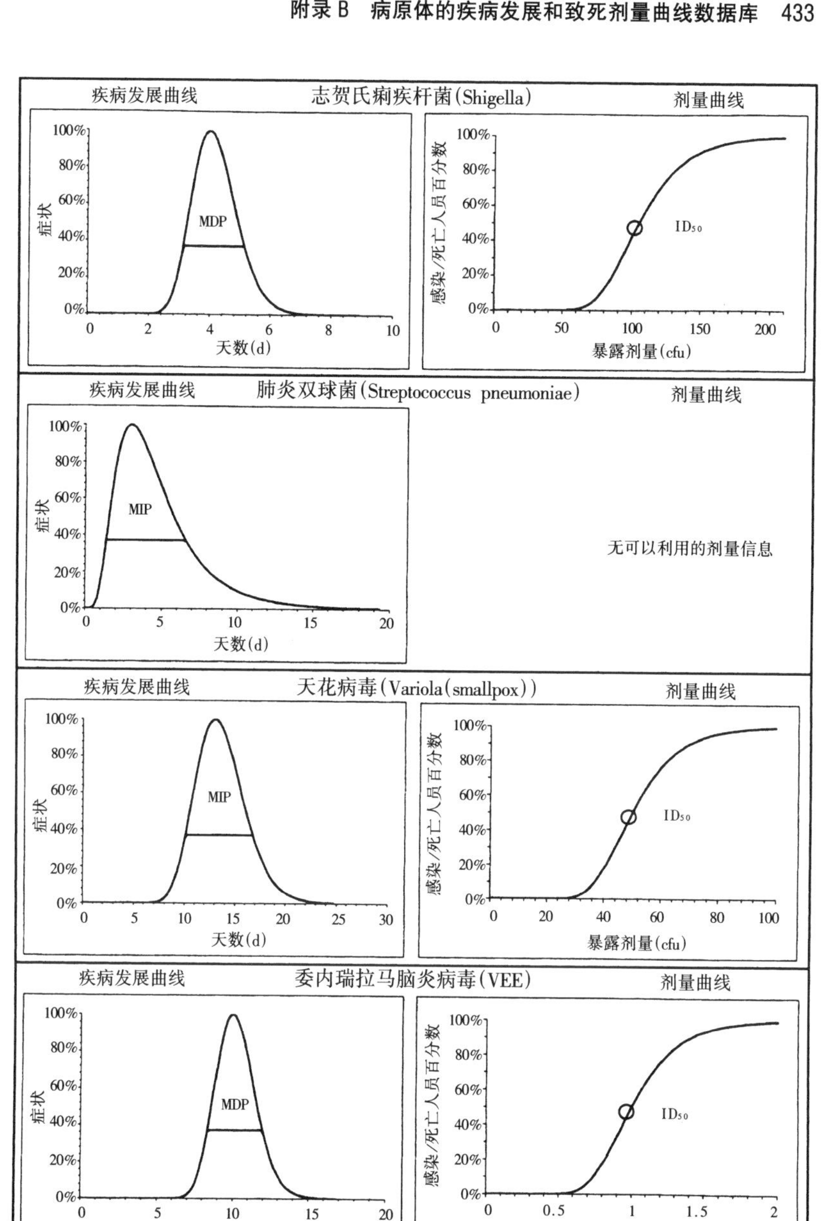
疾病发展曲线
志贺氏痢疾杆菌(Shigella)
剂量曲线
100%
80%
60%
40%
20%
0%
症状
MDP
0 2 4 6 8 10
天数(d)
感染/死亡人员百分数
ID50
0 50 100 150 200
暴露剂量(cfu)
疾病发展曲线
肺炎双球菌(Streptococcus pneumoniae)
剂量曲线
MIP
0 5 10 15 20
天数(d)
无可以利用的剂量信息
疾病发展曲线
天花病毒(Variola(smallpox))
剂量曲线
MIP
0 5 10 15 20 25 30
天数(d)
0 20 40 60 80 100
暴露剂量(cfu)
疾病发展曲线
委内瑞拉马脑炎病毒(VEE)
剂量曲线
MDP
0 5 10 15 20
天数(d)
0 0.5 1 1.5 2
暴露剂量(cfu)

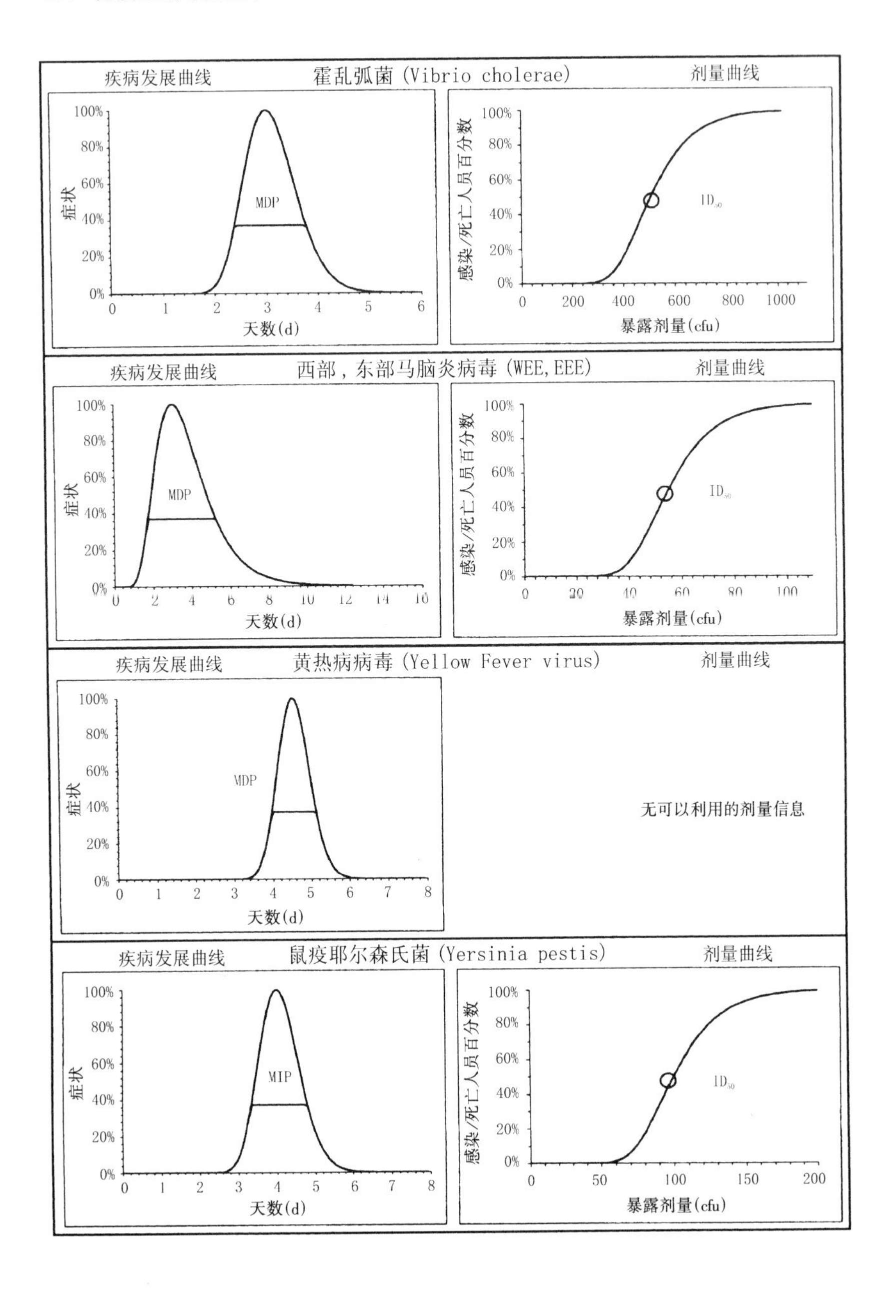

疾病发展曲线
霍乱弧菌(Vibrio cholerae)
剂量曲线
症状
MDP
天数(d)
感染/死亡人员百分数
ID50
暴露剂量(cfu)
疾病发展曲线
西部，东部马脑炎病毒(WEE,EEE)
剂量曲线
症状
MDP
天数(d)
感染/死亡人员百分数
ID50
暴露剂量(cfu)
疾病发展曲线
黄热病病毒(Yellow Fever virus)
剂量曲线
症状
MDP
天数(d)
无可以利用的剂量信息
疾病发展曲线
鼠疫耶尔森氏菌(Yersinia pestis)
剂量曲线
症状
MIP
天数(d)
感染/死亡人员百分数
ID50
暴露剂量(cfu)

附录C

毒素和剂量曲线数据库

毒素名称	类型	毒素名称	类型
相思豆毒素(Abrin)	植物毒素	促性腺激素释放素(Gonadoliberin(LRF))	生物调节剂
乌头碱(Aconitine)	植物毒素	刺尾鱼毒素(Maitotoxin)	神经毒素
黄曲霉毒素(Aflatoxin)	真菌毒素	微囊藻毒素(Microcystin)	肽
α-黑寡妇蜘蛛毒素(α-Latrotoxin)	神经毒素	神经肽(Neuropeptide)	生物调节剂
鱼腥藻毒素A(Anatoxin A)	神经毒素	神经降压素(Neurotensin(NT))	生物调节剂
血管紧张素(Angiotensin)	生物调节剂	虎蛇毒素(Notexin)	毒液
蜂毒神经毒素(Apamin)	毒液	氧毒素(Oxytocin)	激素
心钠肽(Atrial natriuretic peptide(ANP))	生物调节剂	水螅毒素(Palytoxin)	神经毒素
箭毒蛙毒素(Batrachatoxin)	神经毒素	蓖麻毒素(Ricin)	植物毒素
雨伞节蛇毒毒素(β-Bungarotoxin)	神经毒素	角蝰毒素(Sarafotoxin)	毒液
铃蟾肽(Bombesin(BOM))	生物调节剂	石房蛤毒素(Saxitoxin)	神经毒素
肉毒杆菌毒素(Botulinum)	神经毒素	海黄蜂毒素(Sea wasp toxin)	毒液
血管舒缓激肽(Bradykinin)	生物调节剂	志贺氏毒素(Shiga toxin)	外毒素
短裸甲藻毒素(Brevetoxin)	神经毒素	生长抑制素(Somatostatin(SS))	生物调节剂
缩胆囊素(Cholecystokinin)	生物调节剂	葡萄球菌肠毒素A(Staphylococcal enterotoxin A)	肠毒素
西加鱼毒素(Ciguatoxin)	神经毒素	葡萄球菌肠毒素B(Staphylococcal enterotoxin B)	肠毒素
桔霉素(Citrinin)	真菌毒素	P物质(Substance P)	生物调节剂
产气荚膜梭状芽孢杆菌毒素(*C. perfringens* toxin)	肠毒素	T-2毒素(T-2 toxin)	真菌毒素

续表

毒素名称	类　型	毒素名称	类　型
眼镜蛇毒素(Cobrotoxin)	细胞毒素	泰攀蛇毒素(Taipoxin)	神经毒素
海蜗牛毒素(Conotoxin)	毒液	破伤风毒素(Tetanus toxin)	神经毒素
箭毒(Curare)	植物毒素	河豚毒素(Tetrodoxin(TTX))	神经毒素
双安福毒素(Diamphotoxin)	毒液	澳洲蛇毒(Textilotoxin)	神经毒素
白喉毒素(Diphtheria toxin)	外毒素	促甲状腺素释放素(Thyroliberin(TRF))	生物调节剂
强啡肽(Dynorphin)	生物调节剂	单端孢霉烯类毒素(Trichothecene toxins)	真菌毒素
内皮素(Endothelin)	生物调节剂	血管加压素(Vasopressin)	生物调节剂
脑啡肽(Enkephalin)	生物调节剂	华法林(Warfarin)	抗凝血素
胃泌素(Gastrin)	生物调节剂		

毒剂名称	相思豆毒素(Abrin)
类型	植物毒素
来源	相思子(Rosary Pea)
LD_{50} (mg/kg)	0.00004
作用机理	穿透细胞膜
化学式	
说明	一种有毒的植物血凝素
参考文献	NATO 1996, Stephen 1981, Harris 1986

毒剂名称	乌头碱(Aconitine)
类型	植物毒素
来源	附子之类植物(Monkshod)
LD_{50} (mg/kg)	0.1
作用机理	剧毒生物碱
化学式	$C_{34}H_{49}NO_{11}$
说明	CAS # 302-27-2,乙酰苯偶姻顺乌头酸酶(acetyl benzoyl aconine)
参考文献	NATO 1996, Lewis 1993

毒剂名称	黄曲霉毒素(Aflatoxin)
类型	真菌毒素
来源	曲霉属(Aspergillus spp.)
LD_{50} (mg/kg)	0.3
作用机理	致癌
化学式	
说明	一组多核霉菌，主要来源于曲霉菌
参考文献	Lewis 1993, Kurata 1984

毒剂名称	α-黑寡妇蜘蛛毒素(α-Latrotoxin)
类型	神经毒素
来源	黑寡妇蜘蛛
LD_{50} (mg/kg)	0.01
作用机理	导致各种神经键释放神经递质
化学式	
说明	毒蛛产生毒素
参考文献	Middlebrook 1986, Lackie 1995

毒剂名称	鱼腥藻毒素A(Anatoxin A)
类型	神经毒素
来源	蓝藻细菌(Cyanobacteria)
LD50(mg/kg)	0.05
作用机理	呼吸肌麻痹
化学式	
说明	水华鱼腥藻(Anabaena flos－aquae)大量生长繁殖产生
参考文献	NATO 1996

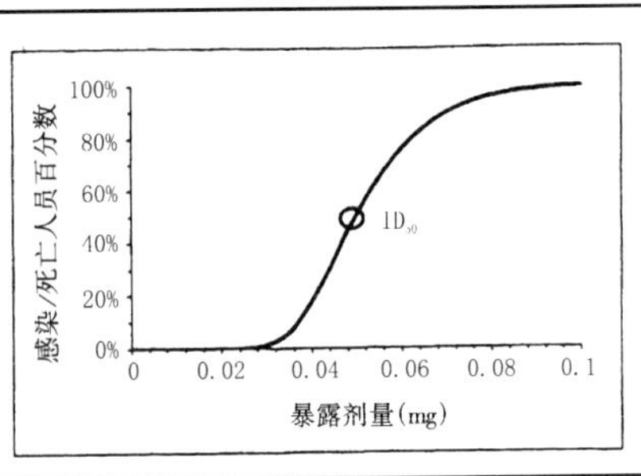

毒剂名称	血管紧张素(Angiotensin)
类型	生物调节剂
来源	生物，血液
LD50(mg/kg)	—
作用机理	肽，影响血压
化学式	
说明	血管紧张素，血管紧张肽，已知的有十肽和八肽
参考文献	Lewis 1993，Canada 1991

无剂量信息

毒剂名称	蜂毒神经毒素(Apamin)
类型	毒液
来源	蜂毒(bee venom)
LD50(mg/kg)	3.8
作用机理	造成脑障碍，导致痉挛
化学式	
说明	多肽，来自意大利蜜蜂
参考文献	Moczydlowski 1988，

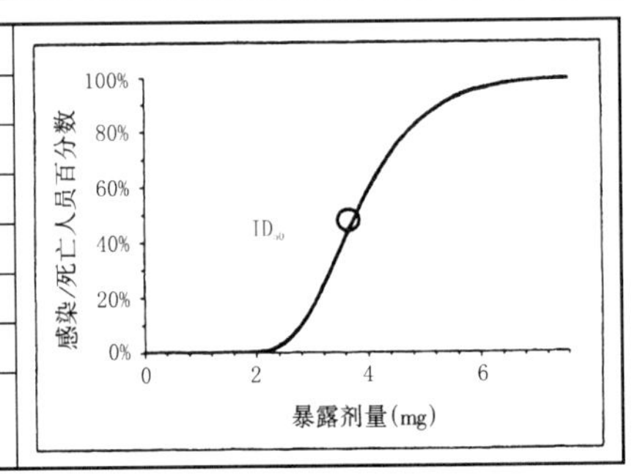

毒剂名称	心钠肽(Atrial natriuretic peptide(ANP))
类型	生物调节剂
来源	生物毒剂
LD50(mg/kg)	—
作用机理	减少血流量，导致血管舒张，作用于脑部和肾上腺
化学式	
说明	多肽激素，存在于很多脊椎动物的心房中
参考文献	Lackie 1995

无剂量信息

毒剂名称	箭毒蛙毒素(Batrachatoxin)
类型	神经毒剂
来源	爬叶蛙(Phyllobates),箭毒蛙
LD_{50}(mg/kg)	0.002
作用机理	毒液中毒性最强的神经毒剂
化学式	$C_{24}H_{35}NO_5$
说明	箭毒蛙毒素A是一种同质异构的甾族生物碱(Steroidal alkaloid),与马钱子碱(Strychnine)毒性相当
参考文献	NATO 1996,Wright 1990,Middlebrook 1986,Lewis 1993

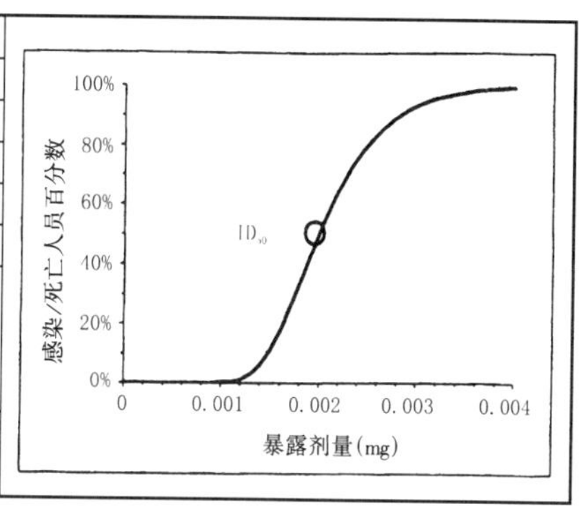

毒剂名称	雨伞节蛇毒毒素(β-Bungarotoxin)
类型	神经毒素
来源	毒液
LD_{50}(mg/kg)	0.014
作用机理	抑制神经肌肉接点释放肾上腺皮质激素,阻塞钾通道
化学式	
说明	银环蛇属的毒液中含有此毒素
参考文献	Middlebrook 1986,Lackie 1995

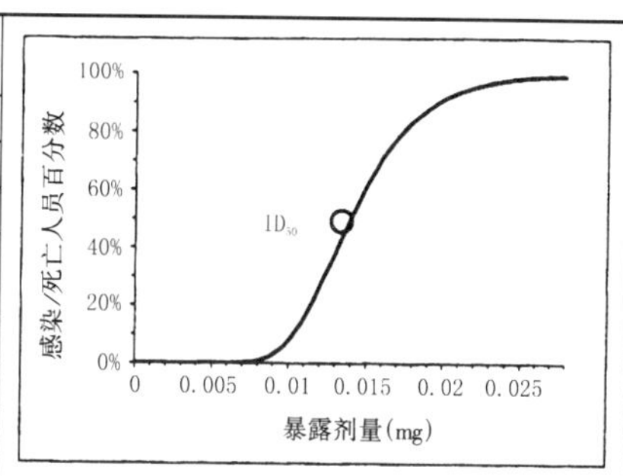

毒剂名称	铃蟾肽(Bombesin(BN))
类型	生物调节剂
来源	生物毒剂
LD_{50}(mg/kg)	—
作用机理	与胃泌素释放肽起交叉反应
化学式	
说明	具有副分泌和自分泌作用的十四肽神经激素
参考文献	Lackie 1995, Canada 1991

无剂量信息

毒剂名称	肉毒杆菌毒素(Botulinum)
类型	神经毒素
来源	肉毒杆菌
LD_{50}(mg/kg)	0.000001
作用机理	阻止乙酰胆碱(Acetylcholine)释放,导致呼吸麻痹
化学式	
说明	加热到80℃,在半小时内来销毁
参考文献	NATO 1996,Wright 1990,Middlebrook 1986,Lewis 1993

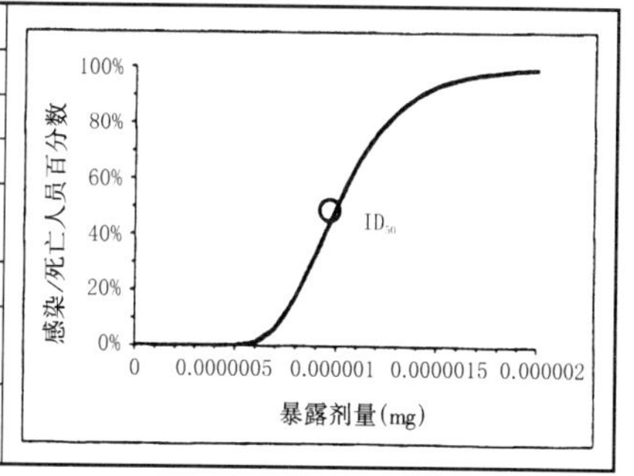

毒剂名称	血管舒缓激肽(Bradykinin)	无剂量信息
类型	生物调节剂	
来源	生物	
LD_{50}(mg/kg)	—	
作用机理	有效的导致血管扩张，引起一些平滑肌的痉挛	
化学式		
说明	具有血管活性的九肽(Vasoactive nonapeptide)	
参考文献	Lackie 1995	

毒剂名称	短裸甲藻毒素(Brevetoxin)	无剂量信息
类型	神经毒素	
来源	甲藻类赤潮	
LD_{50}(mg/kg)	35nM*	
作用机理	刺激钠通道，具有胚胎毒性(Embryotoxic)	
化学式	$C_{50}H_{74}O_{15}$	
说明	由赤潮藻(Ptychodiscus brevis Davis)或短裸甲藻(Gymnodinium breve Davis)产生	
参考文献	Harris 1986	

毒剂名称	缩胆囊素(Cholecystokinin)	无剂量信息
类型	生物调节剂	
来源	生物毒剂	
LD_{50}(mg/kg)	—	
作用机理	胰岛素对胰腺的间接作用	
化学式		
说明	一种激素	
参考文献	Harris 1986，Canada 1991	

毒剂名称	西加鱼毒素(Ciguatoxin) 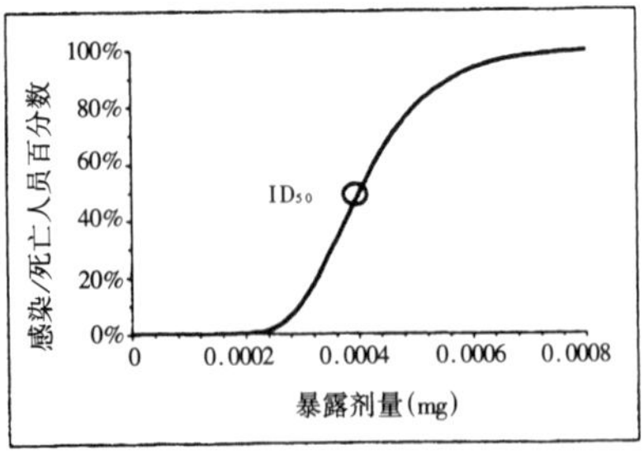
类型	神经毒素
来源	双鞭毛藻，甲藻类
LD_{50}(mg/kg)	0.0004
作用机理	开启钠通道
化学式	$C_{28}H_{52}NO_5Cl$
说明	一种季铵化合物，抗胆碱酯酶的一部分
参考文献	NATO 1996，Lewis 1993

感染/死亡人员百分数 100% 80% 60% 40% 20% 0%；ID_{50}；暴露剂量(mg) 0 0.0002 0.0004 0.0006 0.0008

毒剂名称	桔霉素(Citrinin)
类型	真菌毒素
来源	青霉菌属
LD_{50} (mg/kg)	35
作用机理	致癌作用
化学式	
说明	
参考文献	Kurata 1984

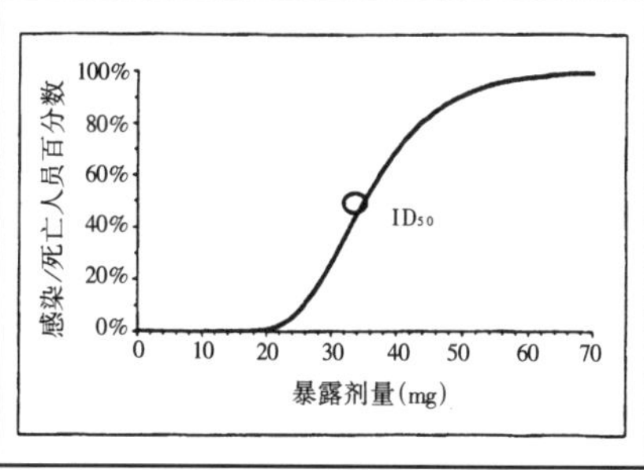

毒剂名称	产气荚膜梭状芽孢杆菌毒素(C.perfringens toxin)
类型	肠毒素
来源	产气荚膜杆菌
LD_{50} (mg/kg)	0.0003
作用机理	黏膜破坏,加速感染
化学式	
说明	
参考文献	NATO 1996, Stephen 1981, Cliver 1990

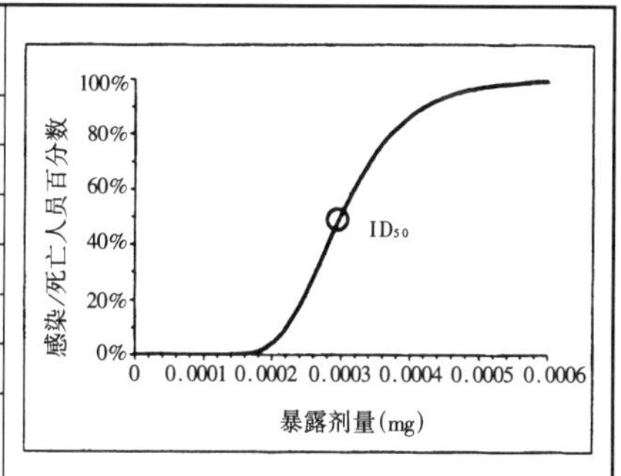

毒剂名称	眼镜蛇毒素(Cobrotoxin)
类型	细胞毒素
来源	中华眼镜蛇
LD_{50} (mg/kg)	0.075
作用机理	阻塞烟碱受体(Nicotinic receptors)
化学式	
说明	
参考文献	Middlebrook 1986

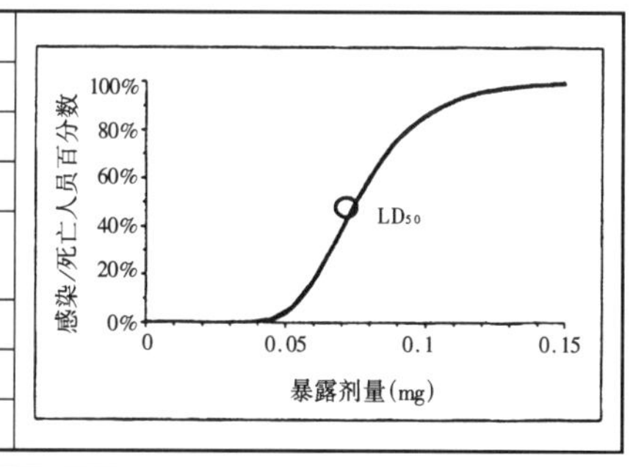

毒剂名称	海蜗牛毒素(Conotoxin)
类型	毒液
来源	海蜗牛(marine cone snail)
LD_{50} (mg/kg)	—
作用机理	阻塞钙离子通道和钠通道，导致麻痹瘫痪
化学式	
说明	来自芋螺（芋螺属）
参考文献	Middlebrook 1986, Lackie 1995

无剂量信息

毒剂名称	箭毒(curare)	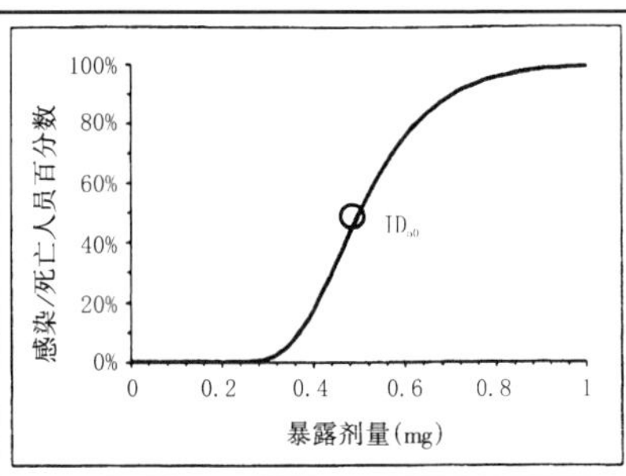
类型	植物毒素	
来源	南美树种	
LD_{50}(mg/kg)	0.5	
作用机理	作用于中枢神经系统	
化学式		
说明	CAS # 8063 - 06 - 7,多种有毒生物碱的混合物	
参考文献	Middlebrook 1986, Lewis 1993	

毒剂名称	双安福毒素(Diamphotoxin)	无剂量信息
类型	毒液	
来源	非洲甲虫的蛹(African beetle pupa)	
LD_{50}(mg/kg)	—	
作用机理	通过薄膜的离子转移	
化学式		
说明	一种离子载体，被非洲康族人(Kung)用来打猎	
参考文献	BWC 1995	

毒剂名称	白喉毒素(Diphtheria toxin)	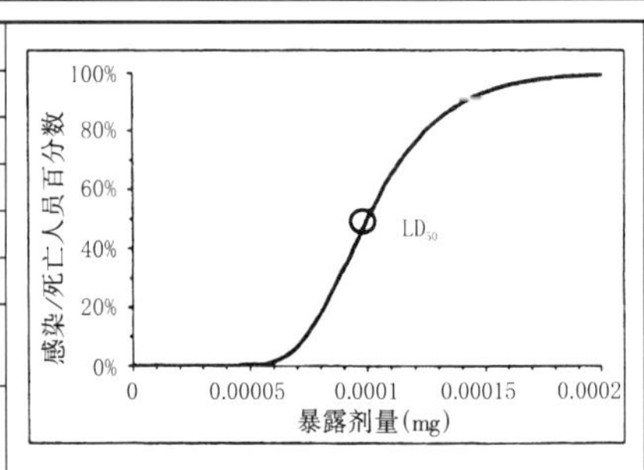
类型	外毒素	
来源		
LD_{50}(mg/kg)	0.0001	
作用机理	细胞内损伤	
化学式		
说明	使细胞内分子失活的一种酶(enzyme)	
参考文献	NATO 1996, Middlebrook 1986, Stephen 1981, Cliver 1990	

毒剂名称	强啡肽(Dynorphin)	无剂量信息
类型	生物调节剂	
来源	生物	
LD_{50}(mg/kg)	—	
作用机理	鸦片肽(Opiate peptide)	
化学式		
说明	一种肽，由下丘脑前体的强啡肽原获得	
参考文献	Lackie 1995, Canada 1991	

毒剂名称	内皮素(Endothelin)	无剂量信息
类型	生物调节剂	
来源	生物	
LD_{50}(mg/kg)	—	
作用机理	强效的缩血管激素	
说明	由内皮细胞释放出的肽激素	
参考文献	Lackie 1995	

毒剂名称	脑啡肽(Enkephalin)	无剂量信息
类型	生物调节剂	
来源	生物	
LD_{50}(mg/kg)	—	
作用机理	与d型鸦片受体(Opiate receptor)结合	
说明	天然鸦片五肽(Opiate pentapeptides)	
参考文献	Lackie 1995, Canada 1991	

毒剂名称	胃泌素(Gastrin)	无剂量信息
类型	生物调节剂	
来源	生物制剂	
LD_{50}(mg/kg)	—	
作用机理	看起来像氢核始基的分泌物和胰腺酶	
说明	通过哺乳动物的肠黏膜传染	
参考文献	Lackie 1995, Canada 1991	

毒剂名称	促性腺激素释放素(Gonadoliberin(LRF))	无剂量信息
类型	生物调节剂	
来源	生物	
LD_{50}(mg/kg)	—	
作用机理	激素刺激	
说明	一种蛋白质激素，或者神经肽（GnRH）	
参考文献	Canada 1991	

毒剂名称	刺尾鱼毒素(Maitotoxin)
类型	神经毒素
来源	草食性热带鱼
LD_{50}(mg/kg)	0.0001
作用机理	刺激钙离子通道，使细胞内储存的钙离子发生迁移
化学式	
说明	作用于L型电压敏感性钙离子通道
参考文献	NATO 1996, Harris 1986, Lackie 1995

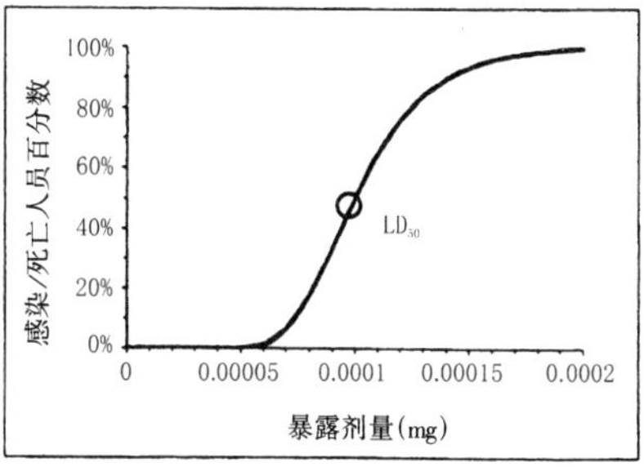

毒剂名称	微囊藻毒素(Microcystin) 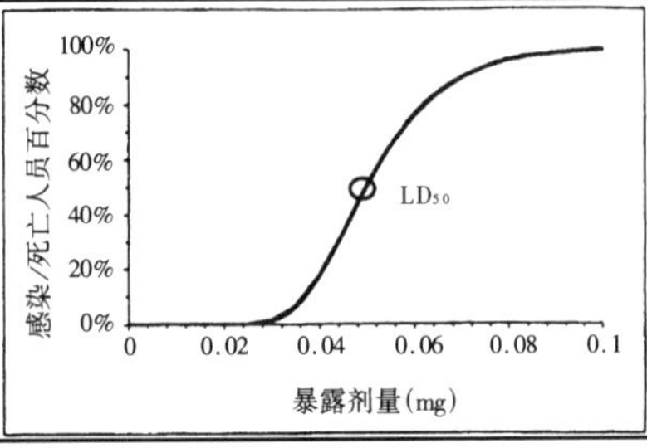
类型	肽
来源	蓝绿藻类
LD_{50}(mg/kg)	0.05
作用机理	具有肝毒性
说明	由蓝藻菌在水中大量生长繁殖产生
参考文献	NATO 1996

感染/死亡人员百分数
100%
80%
60%
40%
20%
0%
0 0.02 0.04 0.06 0.08 0.1
LD_{50}
暴露剂量(mg)

毒剂名称	神经肽(Neuropeptide(NT))
类型	生物调节剂
来源	生物
LD_{50}(mg/kg)	—
作用机理	间接调整神经系统
说明	神经递质肽
参考文献	Lackie 1995

无剂量信息

毒剂名称	神经降压素(Neurotensin)
类型	生物调节剂
来源	生物
LD_{50}(mg/kg)	—
作用机理	血管和神经内分泌的综合作用
化学式	
说明	胃肠道的十三肽激素
参考文献	Lackie 1995, Canada 1991

无剂量信息

毒剂名称	虎蛇毒素(Notexin)
类型	毒液
来源	澳洲蛇
LD_{50}(mg/kg)	—
作用机理	对神经键(synapses)的酶促作用
说明	大多澳洲蛇的前沟牙中含有此毒素
参考文献	Harris 1986

无剂量信息

毒剂名称	氧毒素，催产素(Oxytocin)
类型	激素(hormone)
来源	人类，脑下垂体
LD_{50}(mg/kg)	—
作用机理	刺激子宫肌肉
化学式	$C_{43}H_{66}N_{12}O_{12}S_2$
说明	CAS # 50 - 56 - 6, (α - hypophamine), 包含8个氨基酸
参考文献	Lewis 1993, Canada 1991

无剂量信息

毒剂名称	水螅毒素(Palytoxin)
类型	神经毒素
来源	海中软珊瑚(Soft coral)
LD_{50}(mg/kg)	0.00015
作用机理	激活钠通道
化学式	
说明	黄钮扣珊瑚(Palythoa spp.)的直线型肽
参考文献	NATO 1996, Lackie 1995

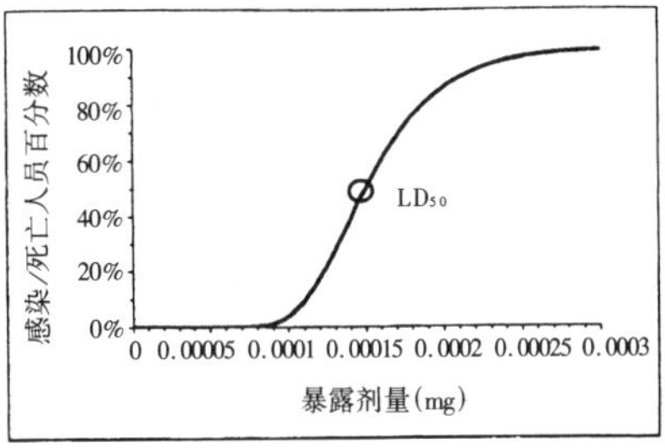

毒剂名称	蓖麻毒素(Ricin)
类型	植物杀伤剂
来源	蓖麻油中的清蛋白
LD_{50}(mg/kg)	0.003
作用机理	摄食或进入眼睛和鼻子会产生剧毒作用
化学式	
说明	外观为白色粉末
参考文献	NATO 1996, Wright 1990, Middlebrook 1986, Richardson 1992, Lewis 1993

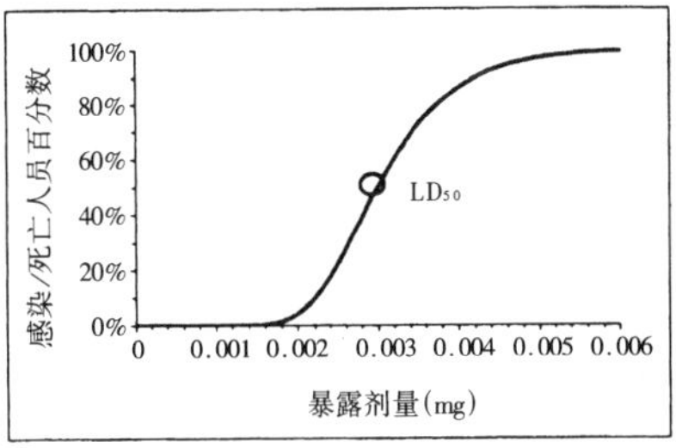

毒剂名称	角蝰毒素(Sarafotoxin)
类型	毒液
来源	蛇
LD_{50}(mg/kg)	—
作用机理	引起心脏中毒
化学式	
说明	与各种内皮素(endothelins)有关
参考文献	Lackie 1995

无剂量信息

毒剂名称	石房蛤毒素(Saxitoxin)
类型	神经毒素
来源	甲藻(Dinoflagellate), 贝类
LD_{50}(mg/kg)	0.002
作用机理	阻塞钠通道
化学式	$C_{10}H_{17}N_7O_4$ 2HCL
说明	CAS # 35523-89-8,侵袭中枢神经系统, 肌肉神经阻塞
参考文献	NATO 1996, Wright 1990, Middlebrook 1986, Lewis 1993

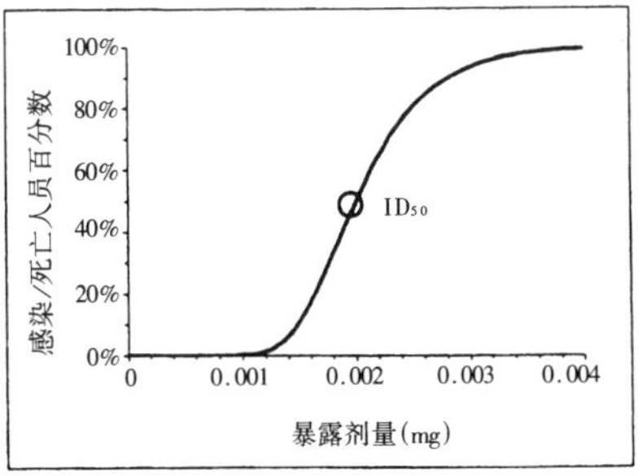

毒剂名称	海黄蜂毒素 (Sea wasp toxin)
类型	毒液
来源	水母
LD_{50}(mg/kg)	-
作用机理	引起中枢神经瘫痪
说明	由海黄蜂或其他类水母产生
参考文献	

无剂量信息

毒剂名称	志贺氏毒素(Shiga toxin)
类型	外毒素
来源	志贺氏杆菌
LD_{50}(mg/kg)	0.000002
作用机理	引起结肠黏膜发炎坏死
化学式	
说明	
参考文献	NATO 1996, Clivor 1990

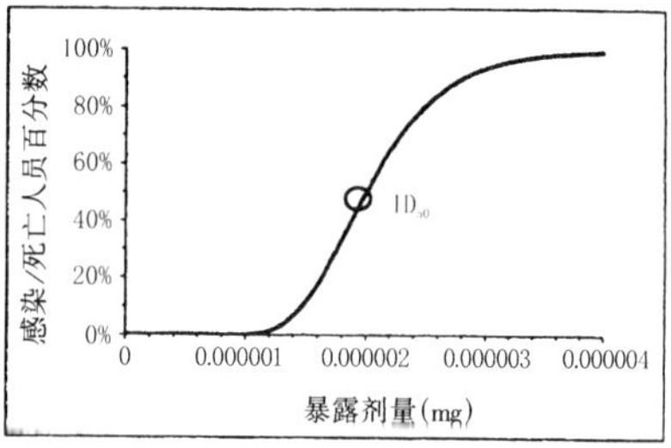

毒剂名称	生长抑制素 (Somatostatin(SS))
类型	生物调节剂
来源	生物
LD_{50}(mg/kg)	—
作用机理	抑制胃分泌，抑制生长激素的释放
化学式	
说明	胃肠和下丘脑的肽激素
参考文献	Lackie 1995, Canada 1991

无剂量信息

毒剂名称	葡萄球菌肠毒素A (Staphylococcal enterotoxin A)
类型	肠毒素
来源	金黄色葡萄球菌
LD_{50}(mg/kg)	0.00005
作用机理	与膜相结合，引起呕吐
化学式	
说明	SEA，包括许多氨基酸
参考文献	Wright 1990, Stephen 1981, Cliver 1990

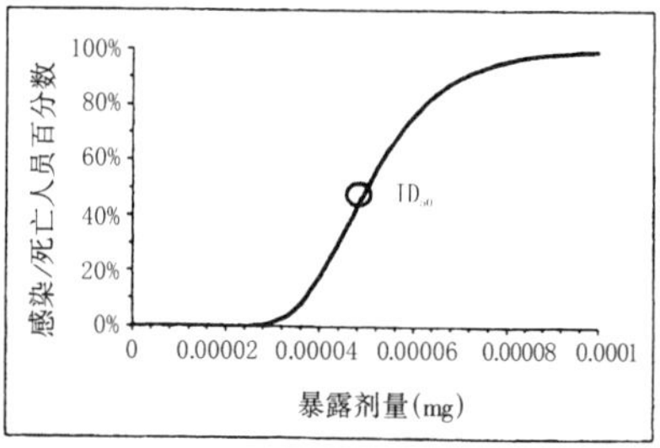

毒剂名称	葡萄球菌肠毒素B (Staphylococcal enterotoxin B)
类型	肠毒素
来源	金黄色葡萄球菌
LD_{50} (mg/kg)	0.027
作用机理	作用于肠道，引起呕吐
化学式	
说明	SEB,包括许多氨基酸
参考文献	NATO 1996， Wright 1990, Cliver 1990

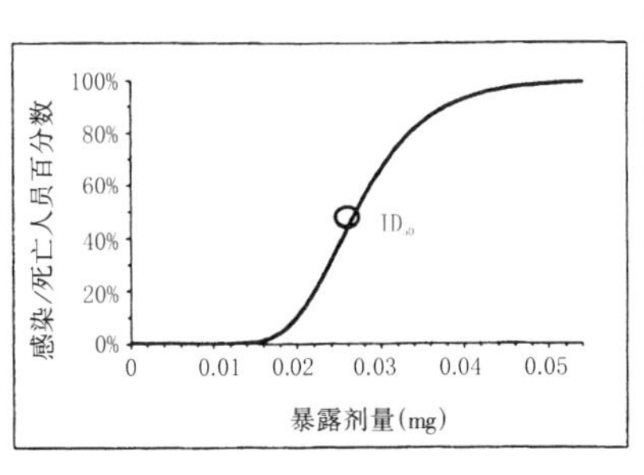

毒剂名称	P物质(Substance P(SP))
类型	生物调节剂
来源	生物
LD_{50} (mg/kg)	0.000014
作用机理	导致血管舒张和流涎症，增强微血管渗透性
化学式	
说明	血管活性肠肽
参考文献	Lackie 1995, Canada 1991

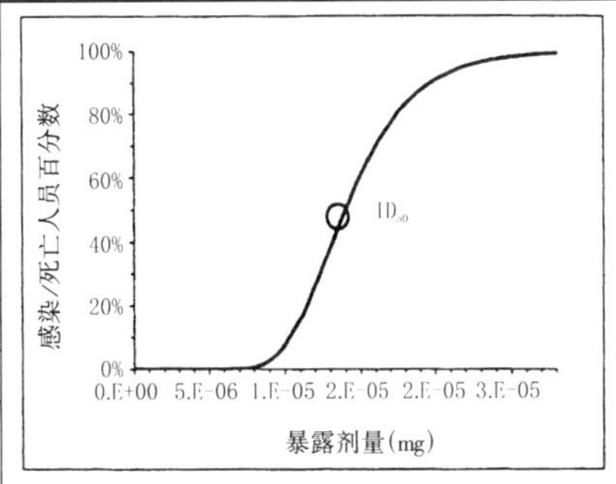

毒剂名称	T-2毒素(T-2 toxin)
类型	真菌毒素
来源	镰刀菌属(Fusarium spp.)
LD_{50} (mg/kg)	1.21
作用机理	引起消化功能紊乱，胃、心脏、肠道出血
化学式	
说明	一种单端孢霉烯(Trichothecene)
参考文献	NATO 1996, CAST 1989

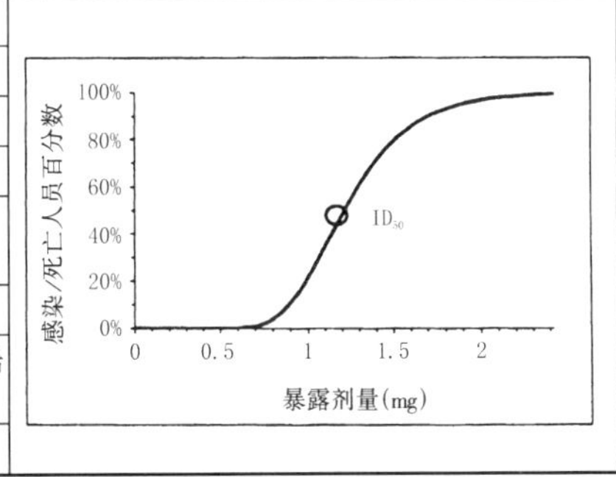

毒剂名称	泰攀蛇毒素(Taipoxin)
类型	神经毒素
来源	泰攀(Taipin)蛇
LD_{50} (mg/kg)	0.005
作用机理	阻塞神经-肌接头传输
化学式	
说明	由泰攀蛇(Oxyuranus scutelatus scutelatus)产生的异源三聚体毒素(Heterotrimeric toxin)
参考文献	NATO 1996, Middlebrook 1986, Harris 1986, Lackie 1995

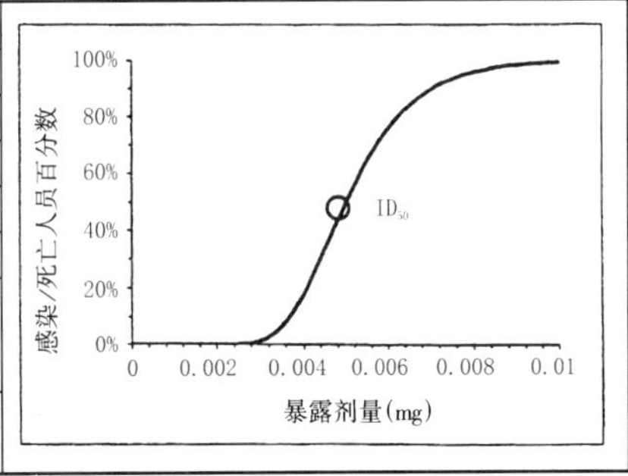

毒剂名称	破伤风毒素(Tetanus toxin)
类型	神经毒素
来源	破伤风梭菌
LD_{50}(mg/kg)	0.000002
作用机理	作用于脊髓的中枢反应组织
说明	破伤风痉挛毒素(Tetanospasmin)
参考文献	NATO 1996, Wright 1990, Middlebrook 1986, Stephen 1993

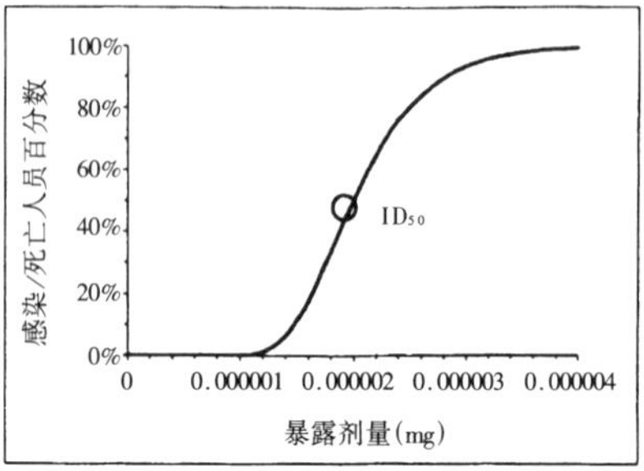

感染/死亡人员百分数
100%
80%
60%
40%
20%
0%
0 0.000001 0.000002 0.000003 0.000004
ID_{50}
暴露剂量(mg)

毒剂名称	河豚毒素(Tetrodoxin(TTX))
类型	神经毒素
来源	日本河豚
LD_{50}(mg/kg)	0.008
作用机理	阻塞钠通道
说明	与钠通道相结合，阻塞动作电位(Action potential)的通道
参考文献	NATO 1996, Middlebrook 1986, Harris 1986

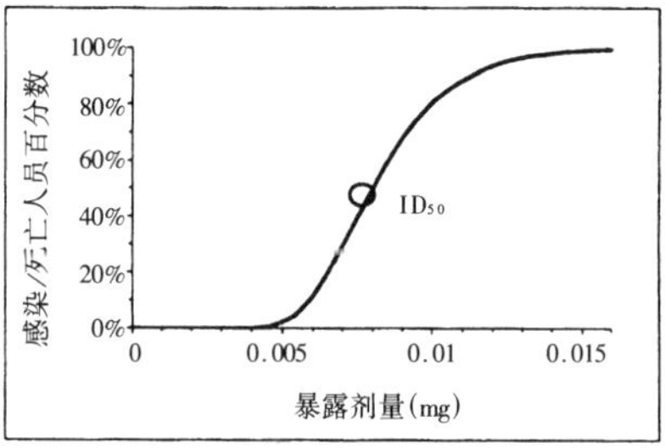

感染/死亡人员百分数
100%
80%
60%
40%
20%
0%
0 0.005 0.01 0.015
ID_{50}
暴露剂量(mg)

毒剂名称	澳洲蛇毒(Textilotoxin)
类型	神经毒素
来源	毒蛇，澳洲棕蛇(Aus. brown snake)
LD_{50}(mg/kg)	0.0006
作用机理	阻止乙酰胆碱的释放
化学式	
说明	由东部拟眼镜蛇(Pseudonaja textilis textilis)的毒液中获得
参考文献	NATO 1996, Lackie 1995

感染/死亡人员百分数
100%
80%
60%
40%
20%
0%
0 0.0002 0.0004 0.0006 0.0008 0.001 0.0012
ID_{50}
暴露剂量(mg)

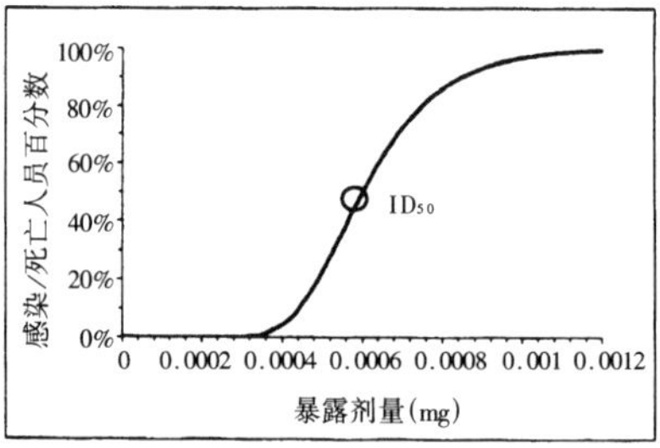

毒剂名称	促甲状腺素释放素(Thyroliberin(TRF))
类型	生物调节剂
来源	生物
LD_{50}(mg/kg)	—
作用机理	从垂体前叶(Anterior pituitary)中释放促甲状腺素
说明	促甲状腺释放激素
参考文献	Lackie 1995, Canada 1991

无剂量信息

毒剂名称	单端孢霉烯类毒素(Trichothecene toxins)	对不同的单端孢霉烯类毒素,剂量会有所不同
类型	真菌毒素	
来源	各种真菌	
LD_{50}(mg/kg)	变化	
作用机理	阻止蛋白质转译(Protein translation)	
说明	在单端孢霉烯类中T-2毒素(黄雨)是最强效的	
参考文献	CAST 1989	

毒剂名称	血管加压素(Vasopressin)	无剂量信息
类型	生物调节剂	
来源	生物,脑下垂体	
LD_{50}(mg/kg)	—	
作用机理	升高血压,肾积水	
说明	具有8胺的八肽	
参考文献	Lewis 1993,Canada 1991	

毒剂名称	华法林(Warfarin)	无剂量信息
类型	抗凝血素	
来源	生物	
LD_{50}(mg/kg)	—	
作用机理	抑制血液凝结	
化学式		
说明	凝血酶原活化剂(Prothrombin activation)的合成抑制剂	
参考文献	Lackie 1995	

在生化武器(CBW)文献中引用的其他毒剂

这些毒剂作为生物武器使用存在局限和不确定性，或者在相关疾病的传播中发挥的作用很小，因此在这里没有列出更多的相关信息。

序号	毒素名称	参考文献
1	产气菌(Aerolysin)毒素	BWC 1995
2	Amagassa毒液(Amagassa venom)	Ellis 1995
3	胰淀素(Amilyn)	BWC 1995
4	安莫迪毒素 [一种蛇毒] (ammodytoxin)	BWC 1995
5	血管紧张素形成酶(生物调节剂) (Angiotensin - forming enzyme(bioregulator))	Canada 1991
6	卡律蟹毒素(Charybdotoxin)	BWC 1995
7	霍乱毒素(Cholera toxin)	BWC 1995
8	δ - 睡眠诱导肽(生物调节剂) (Delta sleep - inducing peptide(DSIP)(bioregulator))	BWC 1995
9	蛙皮啡肽(Dermophin)	BWC 1995
10	二乙酰藨草镰刀烯醇毒素(DAS) (Diacetoxyscirpenol (DAS))	BWC 1995
11	埃拉布毒素(扁尾蛇毒素)(Erabutoxin)	BWC 1995
12	响尾蛇蛇毒(Habu venom)	Ellis 1995
13	莫迪素(Modeccin)	BWC 1995
14	雪腐镰刀菌烯醇(Nivalenol)	BWC 1995
15	诺克休斯毒素(Noxiustoxin)	BWC 1995
16	百日咳菌抗原(Pertussigen)	BWC 1995
17	肾素(生物调节剂)(Renin(bioregulator))	Canada 1991
18	杆孢菌素(Roridin)	BWC 1995
19	Trikabuto毒剂(trikabuto poison)	Ellis 1995
20	血管活性肠肽(生物调节剂) (Vasoactive intestinal polypeptide(VIP)(bioregulator))	Canada 1991
21	志贺样毒素(Verotoxin)	BWC 1995
22	疣孢漆斑菌原(Verrucologen)	BWC 1995

附录 D

化学毒剂数据库

化学毒剂名称	代号	剂量信息	化学毒剂名称	代号	剂量信息
亚膦酸烷基胺基乙酯(0 – Alkyl aminoethyl alkyl phosphonites)		无	亚磷酸二甲酯(Dimethyl phosphate)		有
氯膦酸烷基酯(0 – Alkyl Phosphonochloridates)		无	二苯氯胂(Diphenylchloroarsine)	DA	有
亚当氏剂(Adamsite)	DM	有	二苯氰胂(Diphenylcyanoarsine)	DC	有
胺基氰膦酸基烷(Alkyl phosphoramidocyanidates)		无	双光气(Diphosgene)	DP	无
氟膦酸基烷(Alkyl alkylphosphonofluorodates)		无	乙基二乙醇胺(Ethyldiethanolamine)		无
硫磷酸基烷(Alkyl phosphonothiolates)		无	氯化氢(Hydrogen chloride)	HCL	无
烷基膦醯二氟(Alkyl phosponyldifluorides)		无	氰化氢(Hydrogen cyanide)	AC	有
胺吸磷(Amiton)		有	路易氏剂(Lewisite)	L	有
三氯化砷(Arsenic trichloride)		有	甲基二乙醇胺(Methyldiethanolamine)		有
胂(Arsine)	SA	无	甲基磷酸二氯(Methylphosphonyl dichloride)	DF	无
二苯乙醇酸(Benzilic acid)		无	工业芥子气(Mustard gas)	H	有
毕兹(BZ)	BZ	无	芥子气与氧联芥子气混合剂(Mustard T – mixture)	HT	无
堪马特(Camite)	CA	有	N,N二烷基胺基 – 2 – 氯乙烷(N,N,N – dialkylaminoethyl – 2 – chlorides)		无
氯气(Chlorine)	CL	有	异氟磷(Nerve gas DFP)	DFP	有
氯化苦(Chloropicrin)	PS	无	二氧化氮(Nitrogen dioxide)	NO_2	无

续表

化学毒剂名称	代号	剂量信息	化学毒剂名称	代号	剂量信息
氯沙林(Chlorosarin)		有	氮芥气(Nitrogen mustard)	HN-1	有
氯索曼(Chlorosoman)		有	氧联芥子气(O-mustard)	T	有
苯氯乙酮(CN)	CN	有	全氟异丁烯(Perfluoroisobutylene)	PFIB	有
西埃斯(CS)	CS	有	光气(Phosgene)	CG	有
氯化氰(Cyanogen chloride)	CK	有	光气肟(Phosgene oxime)	CX	有
环基沙林(Cyclohexyl sarin)	GF	有	三氯氧磷(Phosphorus oxychloride)		有
DC		无	五氯化磷(Phosphorus pentachloride)		有
胺基膦酸二烷基酯(Dialkyl phosphoramidates)		无	三氯化磷(Phosphorus trichloride)		有
亚磷酸二乙酯(Diethyl phosphite)		有	频哪基醇(Pinacolyl alcohol)		无
甲膦酸二甲酯(Dimethyl methylphosphonate)		无	甲基亚膦酸乙基-2-二异丙氨基乙酯(QL)	QL	无
3-羟基奎宁环(Quinuclidine-3-OL)		无	塔崩(Tabun)	GA	有
沙林(Sarin)	GB	有	硫代二甘醇(Thiodiglycol)		有
倍半芥子气(Sesqui mustard)	Q	有	亚硫酰二氯(Thionyl chloride)		无
索曼(Soman)	GD	有	四氯化钛(Titanium tetrachloride)	FM	无
二氧化硫(Sulfur dioxide)	SO_2	无	三乙醇胺(Triethanolamine)	TEA	有
硫芥(精馏)(Sulfur mustard(distilled))	HD	有	亚磷酸三乙酯(Triethyl phosphate)		有
二氯化硫(Sulphur dichloride)		无	三乙胺(Triethylamine)		无
一氯化硫(Sulphur monochloride)		无	亚磷酸三甲酯(Trimethyl phosphate)		有
三氧化硫(Sulphur trioxide)	FS	无	维埃克斯(VX)	VX	有

化学毒剂数据库

注：在以下各表中，CWC表示联合国禁止化学武器公约；CAS #表示化学文摘索引登记号：HAZMATID表示危险物品标识号。

化学毒剂	亚当氏剂(Adamsite)	代号	DM
类型	呕吐性毒剂	CWC列表清单	
化学式	$C_6H_4(AsCl)(NH)C_6H_4$	分子量	277
化学名称	二苯基胺氯胂 (Diphenylamine chloroarsine)	HAZMAT ID #	1698
CAS #	578－94－9	沸点(℃)	410
LC_{50}	mg/L	参考文献	
CD_{50}	mg·min/m³	参考文献	
$L(Ct)_{50}$	30000 mg·min/m³	参考文献	Cookson 1969
LD_{50}	mg/kg	参考文献	
外观	黄色或褐色的晶体、液态或粉末，气态密度大于空气		
气味	无味		
症状	刺激身体，头痛，打喷嚏，咳嗽，胸痛，恶心，呕吐		
解毒剂			
洗消措施			
可溶性			
清除措施	用高性能过滤器(High efficiency filter)可少量或部分清除		
急救措施	只为暂时症状，在几分钟或数小时内即可消失，无须特殊的急救措施		
修复措施	用沙子或惰性吸收剂来控制或吸收毒剂溢出物，用喷水雾来控制蒸汽云		
注释	不燃物		
参考文献	Hersh 1968, Cookson 1969, Wright 1990, Lewis 1993, Clarke 1968, Somani 1992. DOT 2000		
剂量曲线 (Dose Curve)	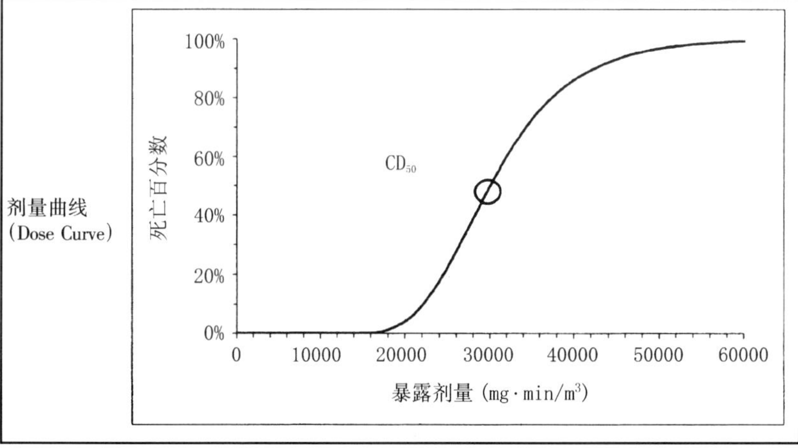		

化学毒剂	胺吸磷(阿米吨)(Amiton)	代号	
类型		CWC列表清单	乙类(Ⅱ)
化学式	$C_{10}H_{24}NO_3PS$	分子量	269
化学名称	硫磷酸(Phosphorothoic acid)	HAZMAT ID #	
CAS #	78-53-5	沸点(℃)	160-165
LC_{50}	mg/L	参考文献	
CD_{50}	mg·min/m³	参考文献	
$L(Ct)_{50}$	mg·min/m³	参考文献	
LD_{50}	0.5 mg/kg	参考文献	
外观	气态密度大于空气		
气味			
症状			
解毒剂			
洗消措施	SNL 泡沫		
可溶性			
清除措施			
急救措施			
修复措施	用沙子或惰性吸收剂来控制或吸收毒剂溢出物，用喷水雾来控制蒸汽云		
注释			
参考文献	Canada 1993, Thomas 1970, Canada 1992, OPCW 1997		
剂量曲线 (Dose Curve)	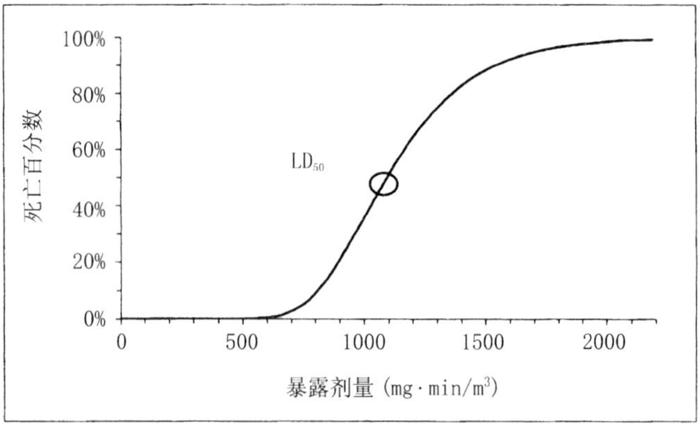		

化学毒剂	三氯化砷(Arsenic trichloride)	代号	DM
类型	糜烂性毒剂	CWC列表清单	乙类(Ⅱ)
化学式	$AsCl_3$	分子量	181.28
化学名称	氯化亚砷(Arsennic chloride)	HAZMAT ID #	1560
CAS #	7784-34-1	沸点(℃)	130.5
LC_{50}	30 mg/L	参考文献	
CD_{50}	mg·min/m³	参考文献	
$L(Ct)_{50}$	mg·min/m³	参考文献	
LD_{50}	138 mg/kg	参考文献	Richardson 1992
外观	无色或浅黄色油状液体，气态密度大于空气		
气味			
症状	刺激眼睛和皮肤		
解毒剂	二巯基丙醇(抗路易氏剂药(BAL))药膏		
洗消措施	水，SNL泡沫		
可溶性			
清除措施	用高性能过滤器(High efficiency filter)可少量或部分清除		
急救措施	把中毒患者移到新鲜空气环境中，若呼吸困难，应补给氧气，用清水浸泡和冲洗皮肤和眼睛20min		
修复措施	用沙子或惰性吸收剂来控制或吸收毒剂溢出物，用喷水雾来控制蒸汽云		
注释	不燃物		
参考文献	Richardson 1992， Canada 1993, Lewis 1993, SIPRI 1971, Canada 1992, OPCW 1997, DOT 2000, Ellison 2000		
剂量曲线 (Dose Curve)	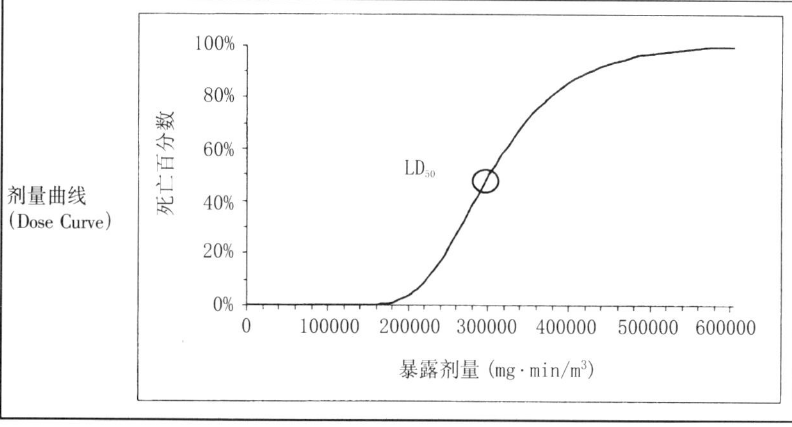		

化学毒剂	堪马特(Camite)	代号	CA
类型	催泪瓦斯	CWC列表清单	
化学式	$C_6H_5CHBrCN$	分子量	196.05
化学名称	氰溴甲苯 (Brombenzyl cyanide)	HAZMAT ID #	2188
CAS #	16532－79－9	沸点(℃)	225
LC_{50}	mg/L	参考文献	
CD_{50}	3500 mg·min/m³	参考文献	Clarke 1968
$L(Ct)_{50}$	3500 mg·min/m³	参考文献	Clarke 1968
LD_{50}	100 mg/kg	参考文献	
外观	粉红色晶体，黄色液体，气态密度大于空气		
气味	酸味或者腐烂水果味		
症状	喉咙灼痛		
解毒剂			
洗消措施			
可溶性			
清除措施	用高性能过滤器(High efficiency filter)可少量或部分清除		
急救措施	只为暂时症状，在几分钟或数小时内即可消失，无须特殊的急救措施		
修复措施	用干土、沙子或者其他不可燃物质来吸收或覆盖，并转移到安全容器中		
注释			
参考文献	Richardson 1992，Cookson 1969, Clarke 1968, Somani 1992, CDC 2001, DOT 2000, Ellison 2000		
剂量曲线 (Dose Curve)	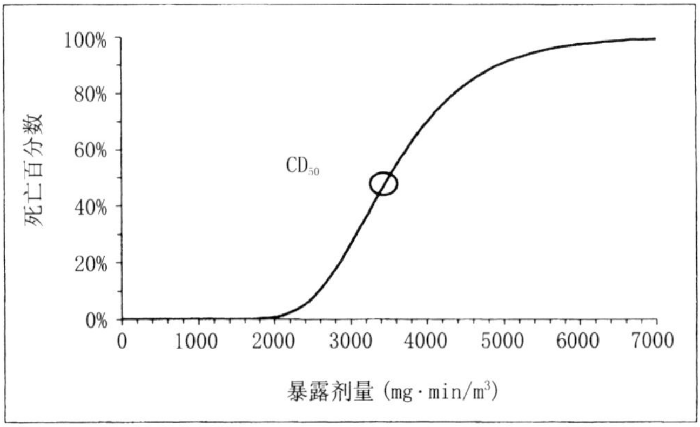		

化学毒剂	氯气(Chlorine)	代号	CL
类型	窒息性毒剂	CWC列表清单	
化学式	Cl_2	分子量	70.91
化学名称	氯气(chlorine)	HAZMAT ID #	1017
CAS #	7782-50-5	沸点(℃)	
LC_{50}	5600 mg/L	参考文献	
CD_{50}	mg·min/m³	参考文献	
$L(Ct)_{50}$	52740 mg·min/m³	参考文献	Richardson 1992
LD_{50}	mg/kg	参考文献	
外观	黄绿色气体，气态密度大于空气		
气味	刺激性气味		
症状	灼伤皮肤，疼痛，咳嗽		
解毒剂			
洗消措施			
可溶性	在冷水中溶解度很小		
清除措施	用颗粒状活性炭(Granular Activated Carbon(GAC))清除效率可达10%-25%		
急救措施	吸入暴露：若呼吸困难，应供给氧气；若呼吸已经停止，应进行人工呼吸；仅当面部没有被污染时可以进行人工呼吸急救。皮肤接触暴露：应立即用清水冲洗皮肤和衣物，脱掉衣服，用清水冲洗皮肤和眼睛		
修复措施	用沙子或惰性吸收剂来控制或吸收毒剂溢出物，用喷水雾来控制蒸汽云		
注释	不可燃		
参考文献	Richardson 1992, CDC 2001, Lewis 1993, Haber 1986, Wright 1990, Miller 1999, DOT 2000		
剂量曲线(Dose Curve)	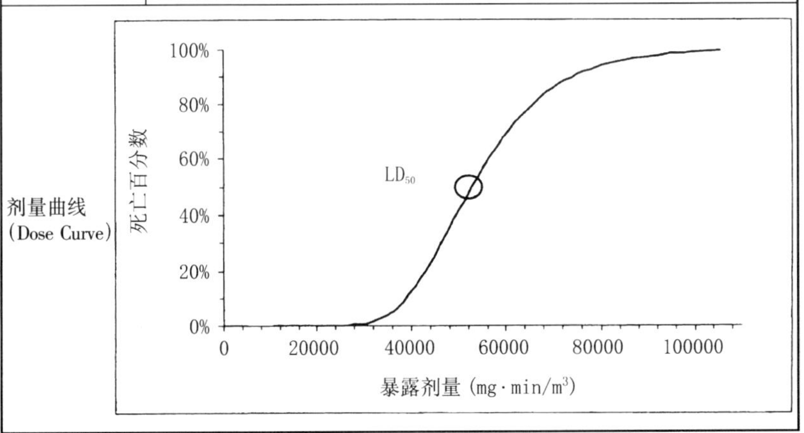		

化学毒剂	氯沙林（Chlorosarin）	代号	
类型		CWC 列管清单	甲类（Ⅰ）
化学式	$C_4H_{10}ClO_2P$	分子量	156.5
化学名称		HAZMAT ID	
CAS #	1445－76－7	沸点(℃)	
$L(Ct)_{50}$	4.5 mg · min/m³	参考文献	
LD_{50}	mg/kg	参考文献	
外观	气态密度大于空气		
气味			
症状			
解毒剂	阿托品(Atropine)，安定(Diazepam(CANA))，氯解磷定(Pralidoxime chloride(2 PAM Cl))		
洗消措施	漂白粉(Bleaching powder)，超热漂白剂(Supertropical bleach，STB)，SNL泡沫		
可溶性			
清除措施			
急救措施	若症状严重，三种神经性毒剂的解毒剂急救箱均需采用。采用Mark I注射器或者阿托品。若症状进一步恶化，需每间隔5－20min进行一次注射(最多注射三次)。若呼吸已经停止，应进行人工呼吸。若面部也被污染或者呼吸困难，应进行输氧。皮肤暴露：应立即用5%的次氯酸钠(Sodium hypochlorite)溶液或者家庭常用的液体漂白剂来清洗皮肤和衣物。脱去衣服，并用同样的溶液清洗皮肤，然后用肥皂和水清洗相关的部位。用清水冲洗眼睛10－15min		
修复措施	用细砂、硅藻土(Diatomaceous earth)、海绵、纸巾、布料、蛭石(Vermiculite)或者黏土覆盖溢出毒剂。用大量的浓度为5.25%的次氯酸钠溶液进行中和。把所有材料都置于合适的密封容器中。对容器外表面进行除污净化。按照相关的规定贴上标签后安置处理。备用溶液：次氯酸钙(Calcium hypochlorite)、DS2、超热漂白粉浆液(Supertropical Bleach，STB)，按此顺序		
注释	化学毒剂前体化合物（Precursor agent）		
参考文献	Canada 1993，OPCW 1997		
剂量曲线 (Dose Curve)	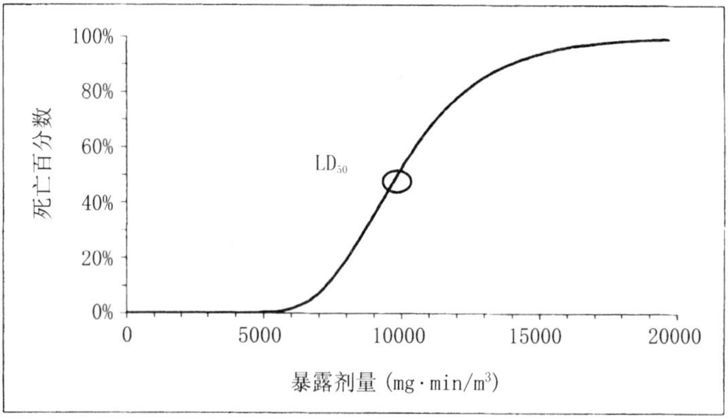 死亡百分数：0%，20%，40%，60%，80%，100%；LD_{50}；暴露剂量（mg·min/m³）：0，5000，10000，15000，20000		

化学毒剂	苯氯乙酮(CN)	代号	CN
类型	催泪瓦斯	CWC列表清单	
化学式	多种多样	分子量	154.6
化学名称	苯氯乙酮 (Chloroacetophenone)	HAZMAT ID #	1697
CAS #	532-27-4，78-92-2，57-55-6，5989-27-5，34590-94-8		
LC_{50}	1400 mg/L	沸点(℃)	247
CD_{50}	5 mg·min/m³	参考文献	
$L(Ct)_{50}$	8500 mg·min/m³	参考文献	Clarke 1968
LD_{50}	mg/kg	参考文献	
外观	白色晶体，液体，透明琥珀色液体		
气味	苹果花香味，气味芬芳		
症状	灼伤皮肤，刺激疼痛(Irritation)，头昏眼花(Dizziness)		
解毒剂			
洗消措施	CO_2/喷洒水雾		
可溶性	微溶于水		
清除措施	用高性能过滤器(High efficiency filter)可少量或部分清除		
急救措施	只为暂时症状，在几分钟或数小时内即可消失。供给新鲜空气，若呼吸困难，应进行输氧		
修复措施	用干土、沙子或者其他不可燃物质来吸收或覆盖，并转移到安全容器中		
注释			
参考文献	Hersh 1968, Cookson 1969, Wright 1990, Clarke 1968, Somani 1992, Wright 1990, Miller 1999, CDC 2001, DOT 2000, Ellison 2000		
剂量曲线 (Dose Curve)	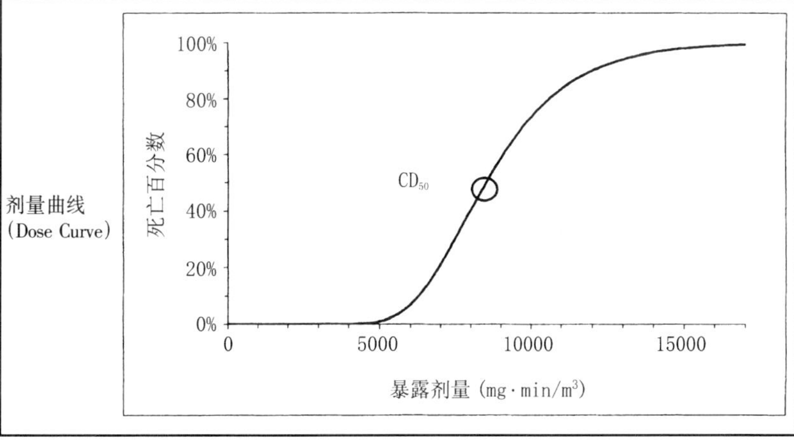		

化学毒剂	西埃斯(CS)	代号	CS
类型	催泪瓦斯	CWC列表清单	
化学式	$ClC_6H_4CH=C(CN)_2$	分子量	189
化学名称	邻－氯代苯亚甲基丙二腈(O－chlorbenzylidene malononitrile)	HAZMAT ID #	2810
化学文摘索引登记号(CAS)	2698－41－1	沸点(℃)	500
LC_{50}	mg/L	参考文献	
CD_{50}	43500 mg·min/m³	参考文献	
$L(Ct)_{50}$	mg·min/m³	参考文献	
LD_{50}	8 mg/kg	参考文献	
外观	白色晶体，液体，气态密度大于空气		
气味	有辛辣气味		
症状	皮肤刺痛		
解毒剂			
洗消措施			
可溶性	不溶于水		
清除措施	用高性能过滤器(High efficiency filter)可少量或部分清除		
急救措施	只为暂时症状，在几分钟或数小时内即可消失，无须特殊的急救措施		
修复措施	用干土、沙子或者其他不可燃物质来吸收或覆盖，并转移到安全容器中		
注释			
参考文献	Hersh 1968，Cookson 1969，Wright 1990，Lewis 1993，Clarke 1968，Miller 1999，DOT 2000		
剂量曲线(Dose Curve)	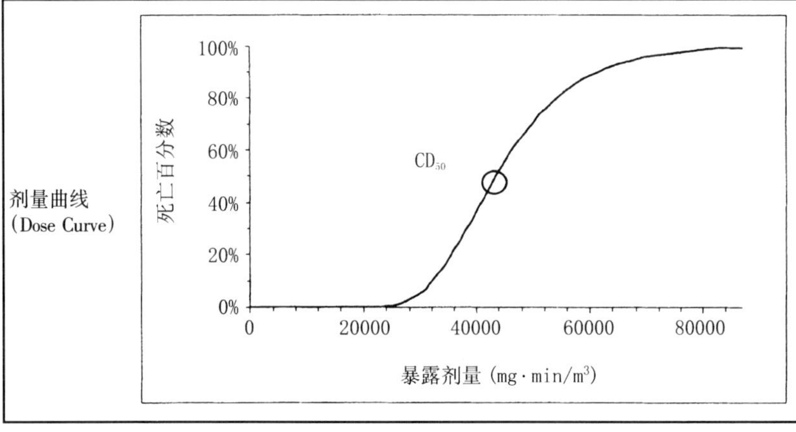		

化学毒剂	氯化氰(Cyanogen chloride)	代号	CK
类型	血液性毒剂	CWC列表清单	丙类(Ⅲ)
化学式	CNCl	分子量	61.47
化学名称	氯化氰(Chlorine cyanide),毛勾炸药(Mauguinite)	HAZMAT ID #	1589
CAS #	506-77-4	沸点(℃)	12.5
LC_{50}	mg/L	参考文献	
CD_{50}	mg·min/m³	参考文献	
$L(Ct)_{50}$	3800 mg·min/m³	参考文献	Richardson 1992
LD_{50}	20 mg/kg	参考文献	Richardson 1992
外观	无色压缩气体，气态密度大于空气		
气味	有刺激性气味		
症状	眼睛刺激		
解毒剂	亚硝戊酯(Amyl Nitrite),亚硝酸钠(Sodium nitrite),硫代硫酸钠(Sodium Thiosulfate)		
洗消措施	SNL泡沫(SNL foam)		
可溶性	可溶于水，酒精和醚(Ether)		
清除措施	用颗粒状活性炭(Granular Activated Carbon(GAC))清除,效率未知		
急救措施	吸入毒气：应提供新鲜空气，把受毒害者置于半卧位置。皮肤接触暴露：应用大量清水冲洗皮肤，或者对受害者进行淋浴。用清水冲洗眼睛数分钟		
修复措施	用沙子或惰性吸收剂来控制或吸收毒剂溢出物，用喷水雾来控制蒸汽云		
注释	与氧化剂发生剧烈反应形成有毒的氯气(Chlorine gas)		
参考文献	Richardson 1992, CDC 2001, Lewis 1993, Paddle 1996, Miller 1999, Canada 1992, OPCW 1997, DOT 2000		
剂量曲线(Dose Curve)	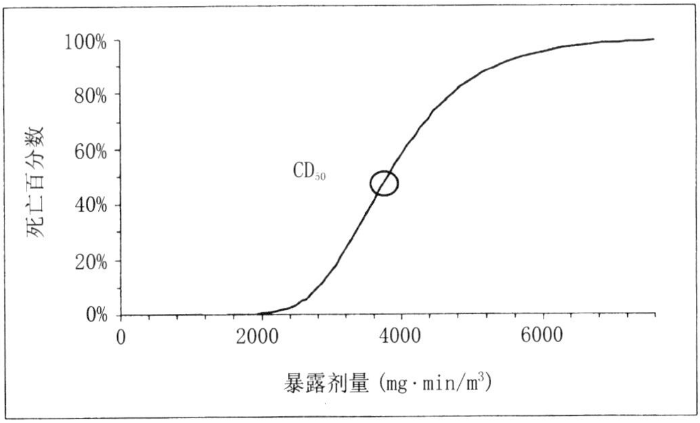		

化学毒剂	环基沙林(Cyclohexyl sarin)	代号	GF
类型	神经性毒剂	CWC列表清单	
化学式	$C_7H_{14}FO_2P$	分子量	180.16
化学名称	甲氟膦酸环己酯(Cyclohexyl methylphosphonofluoridate)	危险物质标识号 HAZMAT ID #	2810
CAS #		沸点(℃)	
LC_{50}	mg/L	参考文献	
CD_{50}	mg · min/m³	参考文献	
$L(Ct)_{50}$	35 mg · min/m³	参考文献	NAS 1997
LD_{50}	5 mg/kg	参考文献	NAS 1997
外观	无色液体，气态密度大于空气		
气味	无色		
症状	呼吸困难，痉挛，昏迷		
解毒剂	阿托品(atropine),安定(diazepam(CANA)),氯解磷定(Pralidoxime Chloride(2 PAM Cl))		
洗消措施	氢氧化钠漂白剂(NaOH bleach)，DS2,石碳酸(phenol)，SNL泡沫(SNL foam),漂白粉，超热漂白剂(supertropical bleach,STB),C8		
可溶性			
清除措施			
急救措施	若症状严重，三种神经性毒剂的解毒剂急救箱均需采用。采用Mark I注射器或者阿托品。若症状进一步恶化，需每间隔5-20min进行一次注射(最多注射三次)。若呼吸已经停止，应进行人工呼吸。若面部也被污染或者呼吸困难，应进行输氧。皮肤暴露：应立即用5%的次氯酸钠(Sodium hypochlorite)溶液或者家庭常用的液体漂白剂来清洗皮肤和衣物。脱去衣服，并用同样的溶液清洗皮肤，然后用肥皂和水清洗相关的部位。用清水冲洗眼睛10-15min		
修复措施	用细砂、硅藻土(Diatomaceous earth)、蛭石(Vermiculite)或者黏土覆盖溢出毒剂。用大量的浓度为5.25%次氯酸钠溶液进行中和。把所有材料都置于合适的密封容器中。对容器外表面进行除污净化。按照相关的规定贴上标签后安置处理。备用溶液：次氯酸钙、DS2、超热漂白粉浆液(Supertropical Bleach,STB),按此顺序		
注释	也称作 CMPF		
参考文献	CDC 2001,Cookson 1969,Miller 1999,Clarke 1968,DOT 2000		
剂量曲线(Dose Curve)	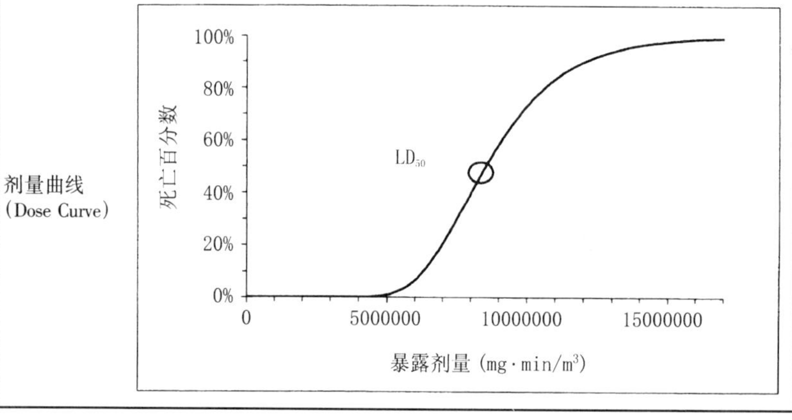		

化学毒剂	亚磷酸二乙酯 (Diethyl phosphite)	代号	
类型		CWC列表清单	丙类(Ⅲ)
化学式	$(C_2H_5O)_2HPO$	分子量	138.12
化学名称		HAZMAT ID #	
CAS #	762-04-9	沸点(℃)	187-188
LC_{50}	mg/L	参考文献	
CD_{50}	mg·min/m³	参考文献	
$L(Ct)_{50}$	mg·min/m³	参考文献	
LD_{50}	3900 mg/kg	参考文献	Canada 1993
外观	无色透明液体，气态密度大于空气		
气味			
症状			
解毒剂			
洗消措施			
可溶性	溶于水和大多数有机溶剂		
清除措施	用高性能过滤器(High efficiency filter)可少量或部分清除		
急救措施			
修复措施	用沙子或惰性吸收剂来控制或吸收毒剂溢出物，用喷水雾来控制蒸汽云		
注释	可燃，是一种化学毒剂前体化合物(Precursor agent)		
参考文献	Canada 1993, Lewis 1993, Canada 1992, OPCW 1997		
剂量曲线 (Dose Curve)	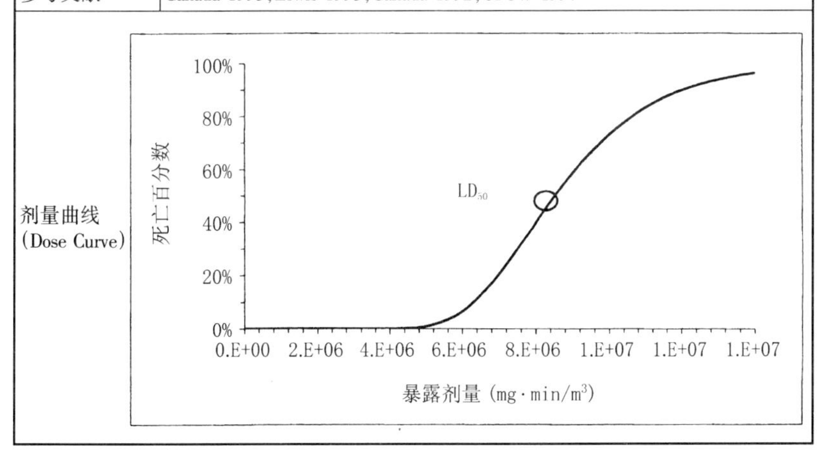		

化学毒剂	亚磷酸二甲酯 (Dimethyl phosphite)	代号	DM
类型		CWC列表清单	丙类(Ⅲ)
化学式	$(CH_3O)_2P(O)H$	分子量	110.05
化学名称		HAZMAT ID #	
CAS #	868-85-9	沸点(℃)	170-171
LC_{50}	mg/L	参考文献	
CD_{50}	mg · min/m³	参考文献	
$L(Ct)_{50}$	mg · min/m³	参考文献	
LD_{50}	3050 mg/kg	参考文献	
外观	无色液体，气态密度大于空气		
气味	气味微弱		
症状			
解毒剂			
洗消措施			
可溶性	溶于水和大多数有机溶剂(organic solvent)		
清除措施	用高性能过滤器(High efficiency filter)可少量或部分清除		
急救措施			
修复措施	用沙子或惰性吸收剂来控制或吸收毒剂溢出物，用喷水雾来控制蒸汽云		
注释	可燃，是一种化学毒剂前体化合物(Precursor agent)		
参考文献	Canada 1993, Canada 1992, OPCW 1997		
剂量曲线 (Dose Curve)	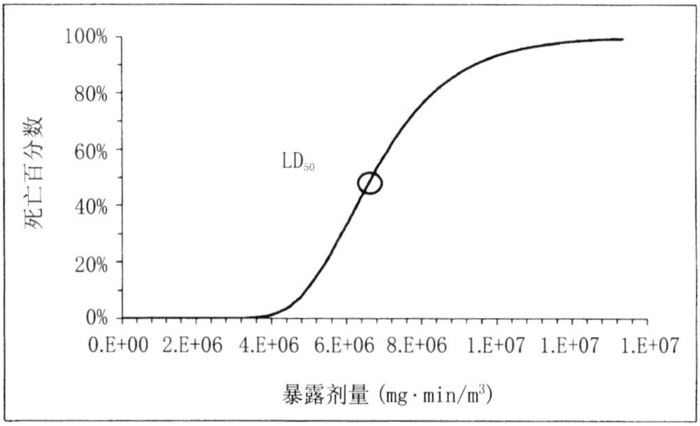		

化学毒剂	二苯氯胂 (Diphenylchloroarsine)	代号	DA
类型	呕吐性毒剂	CWC列表清单	
化学式	$C_7H_{14}FO_2P$	分子量	264.5
化学名称	二苯氯胂 (Diphenylchloroarsine)	HAZMAT ID #	2810
CAS #	712-48-1	沸点(℃)	246
LC_{50}	1500 mg/L	参考文献	Ellison 2000
CD_{50}	mg·min/m³	参考文献	
$L(Ct)_{50}$	15000 mg·min/m³	参考文献	Somani 1992
LD_{50}	mg/kg	参考文献	
外观	无色晶体/深褐色液体		
气味	无味		
症状	强烈刺激皮肤和眼睛，呕吐性毒剂		
解毒剂			
洗消措施			
可溶性			
清除措施	用高性能过滤器（High efficiency filter）可少量或部分清除		
急救措施	若症状严重，三种神经性毒剂的解毒剂急救箱均需采用。采用Mark I注射器或者阿托品。若症状进一步恶化，需每间隔5-20min进行一次注射（最多注射三次）。若呼吸已经停止，应进行人工呼吸。若面部也被污染或者呼吸困难，应进行输氧。皮肤暴露：应立即用5%的次氯酸钠(Sodium hypochlorite)溶液或者家庭常用的液体漂白剂来清洗皮肤和衣物。脱去衣服，并用同样的溶液清洗皮肤，然后用肥皂和水清洗相关的部位。用清水冲洗眼睛10-15min		
修复措施	用沙子或惰性吸收剂来控制或吸收毒剂溢出物，用喷水雾来控制蒸汽云		
注释			
参考文献	Lewis 1993, DOT 2000, Ellison 2000		

剂量曲线 (Dose Curve)

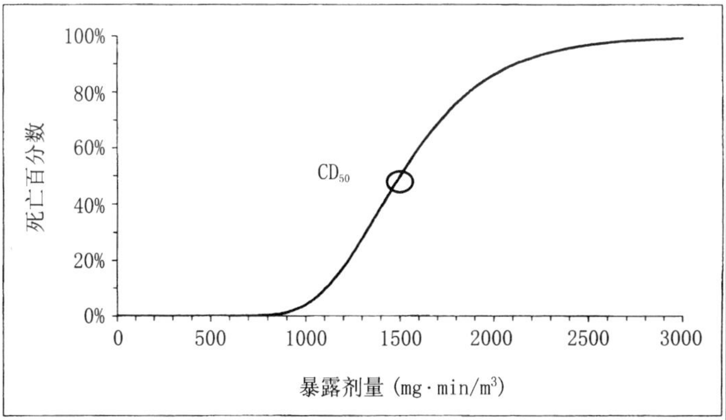

死亡百分数

100%
80%
60%
40%
20%
0%

CD_{50}

0 500 1000 1500 2000 2500 3000

暴露剂量 (mg·min/m³)

化学毒剂	二苯氰胂 (Diphenylcyanoarsine)	代号	DC
类型	呕吐性毒剂	CWC列表清单	
化学式	$(C_6H_5)_2AsCN$	分子量	255
化学名称		HAZMAT ID #	2810
CAS #	23525-22-6	沸点(℃)	333
LC_{50}	30 mg/L	参考文献	
CD_{50}	mg·min/m³	参考文献	
$L(Ct)_{50}$	30 mg·min/m³	参考文献	Somani 1992
LD_{50}	mg/kg	参考文献	
外观	气态密度大于空气		
气味	接近于大蒜味或苦杏仁味		
症状	恶心呕吐		
解毒剂			
洗消措施			
可溶性	溶解于四氯化碳(CCl_4),几乎不溶于水		
清除措施	用高性能过滤器(High efficiency filter)可少量或部分清除		
急救措施	把中毒患者移到新鲜空气环境中，若呼吸困难，应补给氧气，用清水浸泡和冲洗皮肤和眼睛20min		
修复措施	用沙子或惰性吸收剂来控制或吸收毒剂溢出物，用喷水雾来控制蒸汽云		
注释			
参考文献	Cookson 1969, Somani 1992, CDC 2001, DOT 2000, Ellison 2000		
剂量曲线 (Dose Curve)	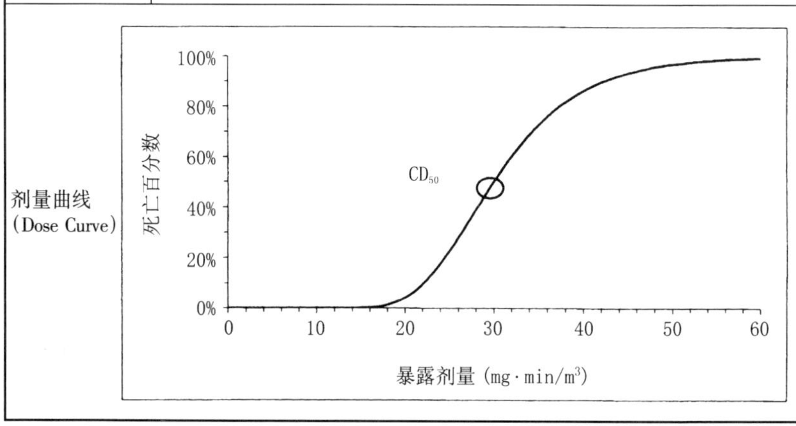		

化学毒剂	氰化氢(Hydrogen cyanide)	代号	AC
类型	血液性毒剂	CWC列表清单	丙类(Ⅲ)
化学式	HCN	分子量	27.03
化学名称	氢氰酸(Prussic acid)	HAZMAT ID #	1614、3294
CAS #	74-90-8	沸点(℃)	25.7
LC_{50}	200 mg/L	参考文献	
CD_{50}	mg·min/m³	参考文献	
$L(Ct)_{50}$	5070 mg·min/m³	参考文献	Richardson 1992
LD_{50}	50 mg/kg	参考文献	Canada 1993
外观	无色液体		
气味	苦杏仁味		
症状	精神错乱、恶心呕吐、呼吸急促		
解毒剂			
洗消措施			
可溶性	溶于醚，可与水、酒精混合		
清除措施	用浸渍氧化锌的颗粒状活性炭(Granular activated carbon(GAC))来清除		
急救措施	吸入氰化氢气体：若呼吸困难，应供给氧气；若呼吸已经停止，应进行人工呼吸；仅当面部没有被污染时才可以进行人工呼吸的急救。皮肤暴露感染：应立即用清水冲洗皮肤和衣物，脱掉衣服，用清水冲洗皮肤和眼睛		
修复措施	用沙子或惰性吸收剂来控制或吸收毒剂溢出物，用喷水雾来控制蒸汽云		
注释	易燃		
参考文献	Richardson 1992, CDC 2001, Lewis 1993, Clarke 1968, Paddle 1996, Wright 1990, Miller 1999, Canada 1992, OPCW 1997, DOT 2000		
剂量曲线(Dose Curve)			

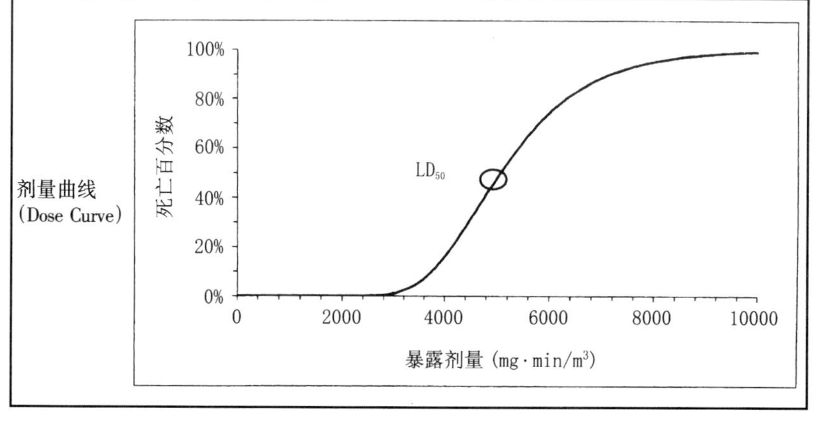

化学毒剂	路易氏剂(Lewisite)	代号	L
类型	糜烂性毒剂/起疱剂	CWC列表清单	甲类(Ⅰ)
化学式	$C_2H_2AsCl_3$	分子量	207.32
化学名称	2－氯乙烯基二氯胂 (2－chlorovinyldichloroarsine)	HAZMAT ID #	2810
CAS #	54－25－3, 40334－69－8, 40334－70－1	沸点(℃)	190
$L(Ct)_{50}$	1200 mg·min/m³	参考文献	Somani 1992
LD_{50}	38 mg/kg	参考文献	Richardson 1992
外观	琥珀色到咖啡色液体,气态密度大于空气		
气味	天竺葵(Geraniums)气味		
症状	失明，伤害肺组织		
解毒剂			
洗消措施	可用抗路易氏剂药((British anti-Lewisite)BAL)来中和		
可溶性	溶于有机溶剂(Organic solvent)、油和酒精		
清除措施	用高性能过滤器(High efficiency filter)可少量或部分清除		
急救措施	吸入暴露：若呼吸困难，应供给氧气；若呼吸已经停止，应进行人工呼吸；仅当面部没有被污染时才可以进行人工呼吸急救。皮肤接触暴露：应立即用5%的次氯酸钠溶液或者家庭常用的液体漂白剂来清洗皮肤和衣物。脱去衣服，并用同样的溶液清洗皮肤，然后用肥皂和水清洗相关的部位。用清水冲洗眼睛		
修复措施	用细砂、硅藻土(Diatomaceous earth)、蛭石(Vermiculite)或者黏土覆盖溢出毒剂。用大量的浓度为5.25%次氯酸钠(Sodium hypochlorite)溶液进行中和。把所有材料都置于合适的密封容器中。对容器外表面进行除污净化。按照相关的规定贴上标签后安置处理。备用溶液：次氯酸钙(Calcium hypochlorite)、DS2、超热漂白粉浆液(Supertropical Bleach,STB)，按此顺序		
注释	L－1,L－2,L－3,HL(当与芥子气(Mustard)相混合时)		
参考文献	Richardson 1992, CDC 2001, NRC 1999, Somani 1992, Thomas 1970, Wright 1990, Miller 1999, Canada 1992, OPCW 1997, DOT 2000		
剂量曲线 (Dose Curve)	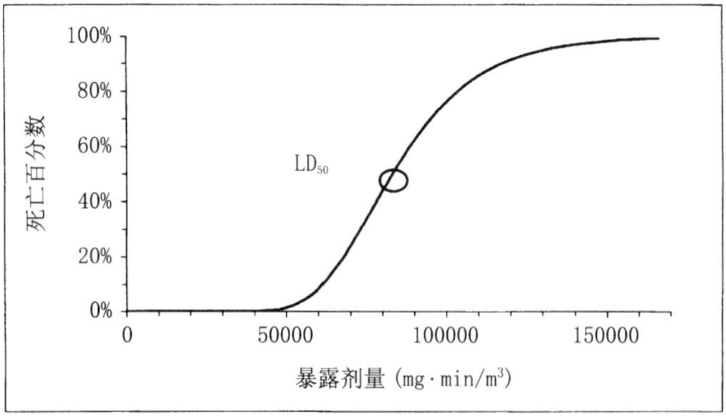 (图)		

化学毒剂	甲基二乙醇胺 (Methyldiethanolamine)	代号	
类型		CWC列表清单	丙类(Ⅲ)
化学式	$CH_3N(C_2H_4OH)_2$	分子量	119.2
化学名称	N－甲基二乙醇胺(MDEA)	HAZMAT ID #	
CAS #	105－59－9	沸点(℃)	247.2
LC_{50}	mg/L	参考文献	
CD_{50}	mg·min/m³	参考文献	
$L(Ct)_{50}$	mg·min/m³	参考文献	
LD_{50}	4780 mg/kg	参考文献	Canada 1993
外观	无色液体，气态密度大于空气		
气味	像胺一样的气味		
症状			
解毒剂			
洗消措施			
可溶性	与苯和水易混合		
清除措施	用高性能过滤器(High efficiency filter)可少量或部分清除		
急救措施			
修复措施	用沙子或惰性吸收剂来控制或吸收毒剂溢出物，用喷水雾来控制蒸汽云		
注释	可燃，是化学毒剂前体化合物(Precursor agent)		
参考文献	Canada 1992, Lewis 1993, OPCW 1997		
剂量曲线 (Dose Curve)	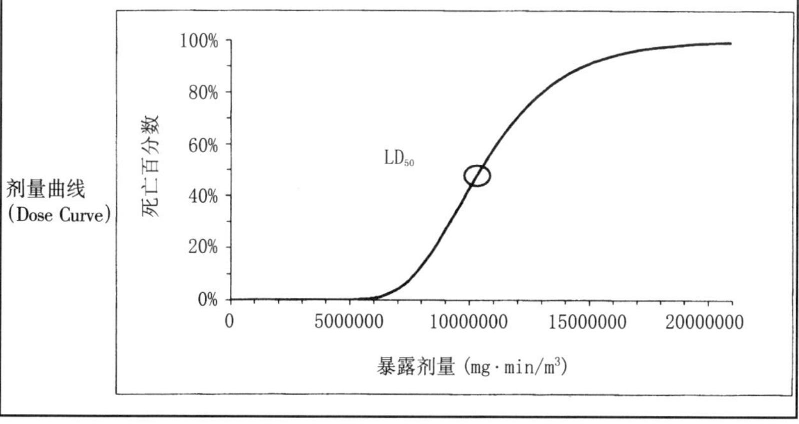		

化学毒剂	工业芥子气(Mustard gas)	代号	H
类型	糜烂性毒剂/起疱剂	CWC列表清单	
化学式	$S(CH_2CH_2Cl)_2$	分子量	207.32
化学名称	二氯二乙硫醚 (Dichlorodiethyl sulfide)	HAZMAT ID #	2810
CAS #	505-60-2	沸点(℃)	190
LC_{50}	mg/L	参考文献	
CD_{50}	mg·min/m³	参考文献	
$L(Ct)_{50}$	1500 mg·min/m³	参考文献	Wald 1970
LD_{50}	40 mg/kg	参考文献	Richardson 1992
外观	黄色液体，气态密度大于空气		
气味	大蒜烧焦的气味		
症状	严重的刺激、咳嗽、眼睛刺痛		
解毒剂	二巯丙醇(抗路易氏剂药(BAL))药膏		
洗消措施	氯(Chlorine)或者漂白剂、氯胺(Chloramine)、DS2		
可溶性	溶于油脂(Fats)、油(Oils)、汽油(Gasoline)、煤油(Kerosene)、丙酮(Acetone)、四氯化碳(CCl4)、酒精		
清除措施	用高性能过滤器(High efficiency filter)可少量或部分清除		
急救措施	吸入暴露：若呼吸困难，应供给氧气；若呼吸已经停止，应进行人工呼吸；仅当面部没有被污染时才可以进行人工呼吸急救。皮肤接触暴露：应立即用5%的次氯酸钠溶液或者家庭常用的液体漂白剂来清洗皮肤和衣物。脱去衣服，并用同样的溶液清洗皮肤，然后用肥皂和水清洗相关的部位。用清水冲洗眼睛		
修复措施	用细砂、硅藻土(Diatomaceous earth)、蛭石(Vermiculite)或者黏土覆盖溢出毒剂。用大量的浓度为5.25%次氯酸钠(Sodium hypochlorite)溶液进行中和。把所有材料都置于合适的密封容器中。对容器外表面进行除污净化。按照相关的规定贴上标签后安置处理。备用溶液：次氯酸钙、DS2、超热漂白粉浆液(Supertropical Bleach,STB)，按此顺序		
注释	也叫硫化氢(HS)，为一种芥子气		
参考文献	Richardson 1992, CDC 2001, Somani 1992, Thomas 1970, Wright 1990, Miller 1999, OPCW 1997, DOT 2000		
剂量曲线 (Dose Curve)	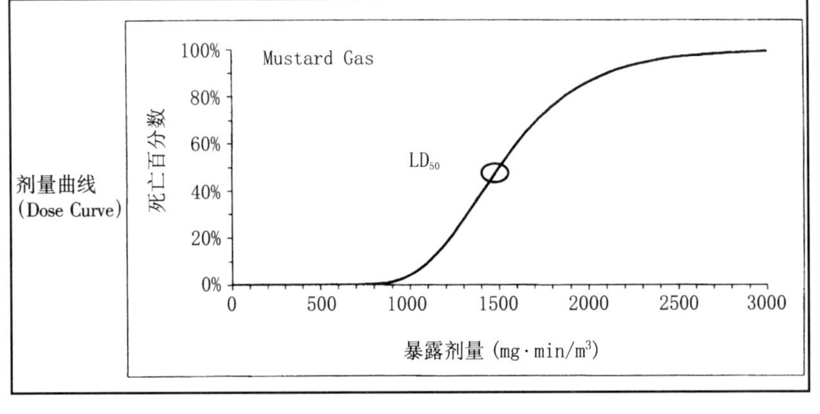		

化学毒剂	异氟磷DFP(Nerve gas DFP)	代号	DFP
类型	糜烂性毒剂/起疱剂	CWC列表清单	
化学式	$[(CH)_2CHO]POF$	分子量	121
化学名称	氯磷酸二异丙酯 (Di-isopropyl fluorophosphate)	HAZMAT ID #	
CAS #	55-91-4	沸点(℃)	
LC_{50}	mg/L	参考文献	
CD_{50}	mg·min/m³	参考文献	
$L(Ct)_{50}$	mg·min/m³	参考文献	
LD_{50}	1 mg/kg	参考文献	
外观	无色液体		
气味	无味		
症状	视觉模糊、冒汗、呕吐、痉挛		
解毒剂	阿托品硫酸盐(Atropine sulfate)、碘解磷定(Pralidoxime iodide)、二巯丙醇(抗路易氏剂药(BAL))药膏		
洗消措施	氢氧化钠漂白剂(NaOH bleach)、DS2、石碳酸(Phenol)、乙醇(Ethanol)、SNL泡沫(SNL foam)、漂白粉、超热漂白剂(Supertropical bleach,STB)		
可溶性	溶于有机溶剂		
清除措施	用浸渍有重金属盐(Heavy metal salt)的颗粒状活性炭(Granular avtivated carbon(GAC))来清除		
急救措施	吸入暴露：若呼吸困难，应供给氧气；若呼吸已经停止，应进行人工呼吸；仅当面部没有被污染时才可以进行人工呼吸急救。皮肤接触暴露：应立即用5%的次氯酸钠溶液或者家庭常用的液体漂白剂来清洗皮肤和衣物。脱去衣服，并用同样的溶液清洗皮肤，然后用肥皂和水清洗相关的部位。用清水冲洗眼睛		
修复措施	用细砂、硅藻土(Diatomaceous earth)、蛭石(Vermiculite)或者黏土覆盖溢出毒剂。用大量的浓度为5.25%次氯酸钠(Sodium hypochlorite)溶液进行中和。把所有材料都置于合适的密封容器中。对容器外表面进行除污净化。按照相关的规定贴上标签后安置处理。备用溶液：次氯酸钙、DS2、超热漂白粉浆液(Supertropical Bleach,STB)，按此顺序		
注释	也称作异氟磷(isofluorophate)，也可作为一种杀虫剂和胆碱酯酶抑制剂(Cholinesterase inhibitor)		
参考文献	Clarke 1968, Lewis 1993		
剂量曲线 (Dose Curve)	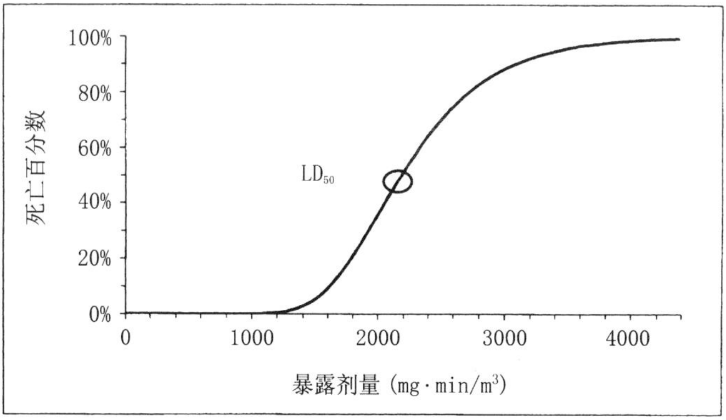 100% 80% 60% 40% 20% 0% 死亡百分数 LD_{50} 0 1000 2000 3000 4000 暴露剂量 (mg·min/m³)		

化学毒剂	氮芥气(Nitrogen mustard)	代号	HN－1
类型	糜烂性毒剂/起疱剂	CWC列表清单	甲类(Ⅰ)
化学式	$C_6H_{13}Cl_2N$	分子量	170.08
化学名称	N,N－二烷基胺基膦醯二卤化物(N, N-dialkyl phosphoramidic dihalides)	HAZMAT ID #	2810
CAS #	538－07－8	沸点(℃)	194
LC_{50}	mg/L	参考文献	
CD_{50}	mg·min/m³	参考文献	
$L(Ct)_{50}$	1500 mg·min/m³	参考文献	Canada 1993
LD_{50}	15 mg/kg	参考文献	
外观	无色到浅黄色液体，气态密度大于空气		
气味	鱼腥味		
症状	刺激眼睛、产生皮疹、发疱糜烂		
解毒剂	二巯丙醇(抗路易氏剂药(BAL))药膏		
洗消措施	漂白粉、超热漂白剂(Supertropical bleach,STB)、SNL泡沫(SNL foam)、氯胺(Chloramine)、DS2		
可溶性	溶于油脂(Fats)、油(Oils)、汽油(Gasoline)、煤油(Kerosene)、丙酮(Acetone)、四氯化碳(CCl_4)、酒精		
清除措施	用高性能过滤器(High efficiency filters)可少量或部分清除		
急救措施	吸入暴露：若呼吸困难，应供给氧气；若呼吸已经停止，应进行人工呼吸；仅当面部没有被污染时才可以进行人工呼吸急救。皮肤接触暴露：应立即用5%的次氯酸钠溶液或者家庭常用的液体漂白剂来清洗皮肤和衣物。脱去衣服，并用同样的溶液清洗皮肤，然后用肥皂和水清洗相关的部位。用清水冲洗眼睛		
修复措施	用细砂、硅藻土(Diatomaceous earth)、蛭石(Vermiculite)或者黏土覆盖溢出毒剂。用大量的浓度为5.25%次氯酸钠(Sodium hypochlorite)溶液进行中和。把所有材料都置于合适的密封容器中。对容器外表面进行除污净化。按照相关的规定贴上标签后安置处理。备用溶液：次氯酸钙、DS2、超热漂白粉浆液(Supertropical Bleach,STB)，按此顺序		
注释	在水中慢慢水解		
参考文献	Richardson 1992, CDC 2001, Somani 1992, Paddle 1996, Wright 1990, Canada 1992, OPCW 1997, DOT 2000		
剂量曲线(Dose Curve)	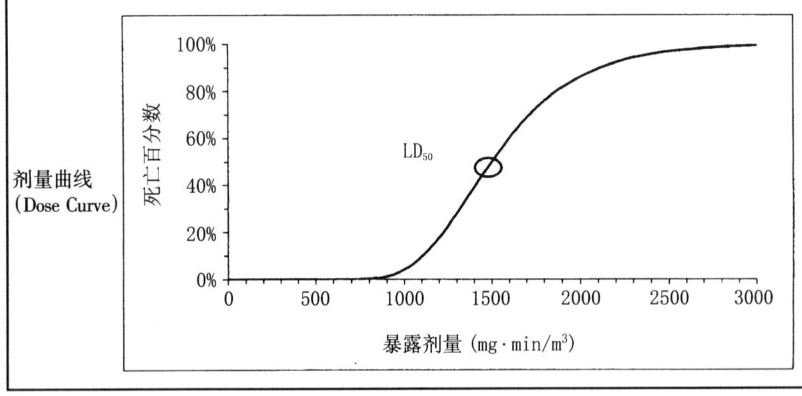		

化学毒剂	氮芥气(Nitrogen mustard)	代号	HN-2
类型	糜烂性毒剂/起疱剂	联合国禁止化学 CWC列表清单	甲类(Ⅰ)
化学式	$C_5H_{11}Cl_2N$	分子量	156.07
化学名称	2-[N,N-二烷基胺基]乙醇(N,N-dialkyl aminoethane-2-OLS)	危险物质标识号 HAZMAT ID #	2810
化学文摘索引 CAS #	51-75-2	沸点(℃)	87
LC_{50}	mg/L	参考文献	
CD_{50}	mg·min/m³	参考文献	
$L(Ct)_{50}$	3000 mg·min/m³	参考文献	Canada 1993
LD_{50}	2 mg/kg	参考文献	
外观	琥珀色液体，气态密度大于空气		
气味	鱼腥味(Herring)		
症状	刺激眼睛、产生皮疹、发疱糜烂		
解毒剂	二巯丙醇(抗路易氏剂药(BAL))药膏		
洗消措施	漂白粉、超热漂白剂(Supertropical bleach, STB)、SNL泡沫、氯胺(Chloramine)、DS3		
可溶性	溶于油脂(Fats)、油(Oils)、汽油(Gasoline)、煤油(Kerosene)、丙酮(Acetone)、四氯化碳(CCl_4)、酒精		
清除措施	用高性能过滤器(High efficiency filters)可少量或部分清除		
急救措施	吸入暴露：若呼吸困难，应供给氧气；若呼吸已经停止，应进行人工呼吸；仅当面部没有被污染时才可以进行人工呼吸急救。皮肤接触暴露：应立即用5%的次氯酸钠溶液或者家庭常用的液体漂白剂来清洗皮肤和衣物。脱去衣服，并用同样的溶液清洗皮肤，然后用肥皂和水清洗相关的部位。用清水冲洗眼睛		
修复措施	用细砂、硅藻土(Diatomaceous earth)、蛭石(Vermiculite)或者黏土覆盖溢出毒剂。用大量的浓度为5.25%次氯酸钠(Sodium hypochlorite)溶液进行中和。把所有材料都置于合适的密封容器中。对容器外表面进行除污净化。按照相关的规定贴上标签后安置处理。备用溶液：次氯酸钙、DS2、超热漂白粉浆液(Supertropical Bleach, STB)，按此顺序		
注释	在水中慢慢水解		
参考文献	Richardson 1992, CDC 2001, Somani 1992, Thomas 1970, Wright 1990, Canada 1992, OPCW 1997, DOT 2000		
剂量曲线 (Dose Curve)	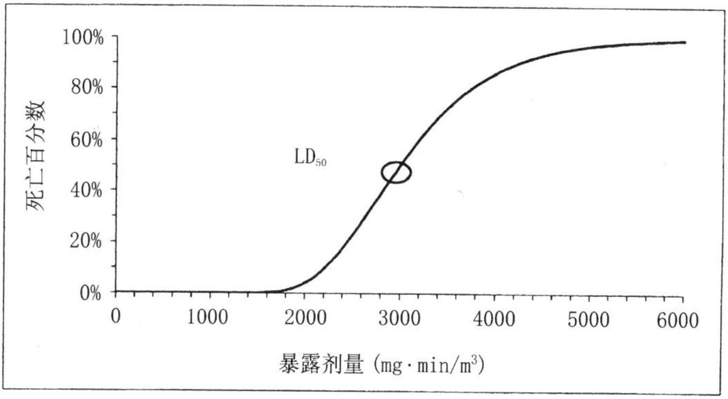 死亡百分数 (0%–100%)；LD_{50}；暴露剂量 (mg·min/m³) (0–6000)		

化学毒剂	氮芥气(Nitrogen mustard)	代号	HN-3
类型	糜烂性毒剂/起疱剂	CWC列表清单	甲类(Ⅰ)
化学式	$C_6H_{12}Cl_3N$	分子量	204.54
化学名称	2-[N,N-二烷基胺基]乙硫醇(N,N-dialky-laminoethane-2-THIOLS)	HAZMAT ID #	2810
CAS #	555-77-1	沸点(℃)	256
LC_{50}	mg/L	参考文献	
CD_{50}	mg·min/m³	参考文献	
$L(Ct)_{50}$	1000 mg·min/m³	参考文献	Clarke 1968
LD_{50}	mg/kg	参考文献	
外观	无色到浅黄色液体，气态密度大于空气		
气味	鱼腥味		
症状	刺激眼睛、损伤肺部		
解毒剂	二巯丙醇（抗路易氏剂药（BAL））药膏		
洗消措施	漂白粉、超热漂白剂(Supertropical bleach, STB)、SNL泡沫、氯胺(Chloramine)、DS4		
可溶性	溶于油脂(Fats)、油(Oils)、汽油(Gasoline)、煤油(Kerosene)、丙酮(Acetone)、四氯化碳(CCl_4)、酒精		
清除措施	用高性能过滤器（High efficiency filter）可少量或部分清除		
急救措施	吸入暴露：若呼吸困难，应供给氧气；若呼吸已经停止，应进行人工呼吸；仅当面部没有被污染时才可以进行人工呼吸急救。皮肤接触暴露：应立即用5%的次氯酸钠溶液或者家庭常用的液体漂白剂来清洗皮肤和衣物。脱去衣服，并用同样的溶液清洗皮肤，然后用肥皂和水清洗相关的部位。用清水冲洗眼睛		
修复措施	用细砂、硅藻土(Diatomaceous earth)、蛭石(Vermiculite)或者黏土覆盖溢出毒剂。用大量的浓度为5.25%次氯酸钠(Sodium hypochlorite)溶液进行中和。把所有材料都置于合适的密封容器中。对容器外表面进行除污净化。按照相关的规定贴上标签后安置处理。备用溶液：次氯酸钙、DS2、超热漂白粉浆液(Supertropical Bleach, STB)，按此顺序		
注释	在水中慢慢水解		
参考文献	Richardson 1992, CDC 2001, Clarke 1968, Somani 1992, Paddle, 1996, Wright 1990, Canada 1992, OPCW 1997, DOT 2000		

剂量曲线(Dose Curve)

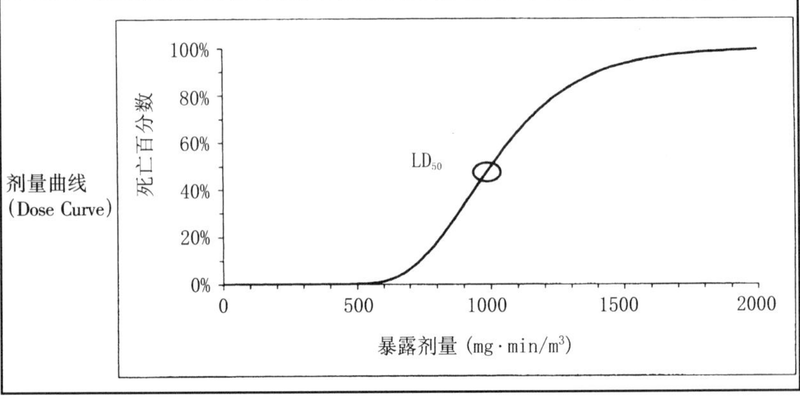

化学毒剂	氧联芥子气(O－Mustard)	代号	T
类型	糜烂性毒剂/起疱剂	CWC列表清单	甲类(Ⅰ)
化学式	$(ClCH_2CH_2SCH_2CH_2)O_2$	分子量	263.3
化学名称	双(2－氯乙基硫乙基)醚 (bis (2－chloroethylthioethyl)ether)	HAZMAT ID #	2810
CAS #	63918－89－8	沸点(℃)	120
LC_{50}	mg/L	参考文献	
CD_{50}	mg·min/m³	参考文献	
$L(Ct)_{50}$	400 mg·min/m³	参考文献	Clarke 1968
LD_{50}	mg/kg	参考文献	
外观	油状液体，气态密度大于空气		
气味	无味		
症状	发疱糜烂、强烈刺激、产生红斑		
解毒剂 (antidote)	二巯丙醇（抗路易氏剂药（BAL））药膏		
洗消措施	漂白粉、超热漂白剂(Supertropical bleach, STB)、SNL泡沫、氯胺(Chloramine)		
可溶性 (solubility)	溶于油脂(Fats)、油(Oils)、汽油(Gasoline)、煤油(Kerosene)、丙酮(Acetone)、四氯化碳(CCl_4)、酒精		
清除措施	用高性能过滤器（High efficiency filter）可少量或部分清除		
急救措施	吸入暴露：若呼吸困难，应供给氧气；若呼吸已经停止，应进行人工呼吸；仅当面部没有被污染时才可以进行人工呼吸急救。皮肤接触暴露：应立即用5%的次氯酸钠溶液或者家庭常用的液体漂白剂来清洗皮肤和衣物。脱去衣服，并用同样的溶液清洗皮肤，然后用肥皂和水清洗相关的部位。用清水冲洗眼睛		
修复措施	用细砂、硅藻土(Diatomaceous earth)、蛭石(Vermiculite)或者黏土覆盖溢出毒剂。用大量的浓度为5.25%次氯酸钠(Sodium hypochlorite)溶液进行中和。把所有材料都置于合适的密封容器中。对容器外表面进行除污净化。按照相关的规定贴上标签后安置处理。备用溶液：次氯酸钙、DS2、超热漂白粉浆液(Supertropical Bleach, STB)，按此顺序		
注释	一种硫芥子气(Sulfur mustard)		
参考文献	Cookson 1969, Clarke 1968, OPCW 1997, DOT 2000, Ellison 2000		
剂量曲线 (Dose Curve)	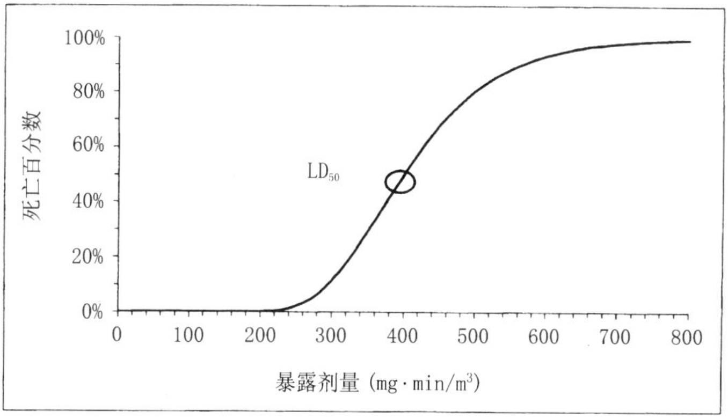 死亡百分数 (0%–100%) vs 暴露剂量 (mg·min/m³) (0–800); LD_{50}		

化学毒剂	全氟异丁烯 (Perfluoroisobutylene)	代号	PFIB
类型	窒息性毒剂	CWC列表清单	乙类(Ⅱ)
化学式	C_4F_8	分子量	200
化学名称	八氟异丁烯 (Octafluoroisobutylene)	HAZMAT ID #	
CAS #	382-21-8	沸点(℃)	
LC_{50}	mg/L	参考文献	
CD_{50}	mg·min/m³	参考文献	
$L(Ct)_{50}$	5000 mg·min/m³	参考文献	
LD_{50}	50 mg/kg	参考文献	
外观	无色气体，气态密度大于空气		
气味			
症状	干咳、呼吸急促、剧痛		
解毒剂			
洗消措施			
可溶性			
清除措施			
急救措施	吸入毒气：应提供新鲜空气，把受毒害者置于半卧位置。皮肤接触暴露：应用大量清水冲洗皮肤，或者对受害者进行淋浴。用清水冲洗眼睛数分钟		
修复措施	用沙子或惰性吸收剂来控制或吸收毒剂溢出物，用喷水雾来控制蒸汽云		
注释			
参考文献	CDC 2001, Paddle 1996, Canada 1992, OPCW 1997		
剂量曲线 (Dose Curve)	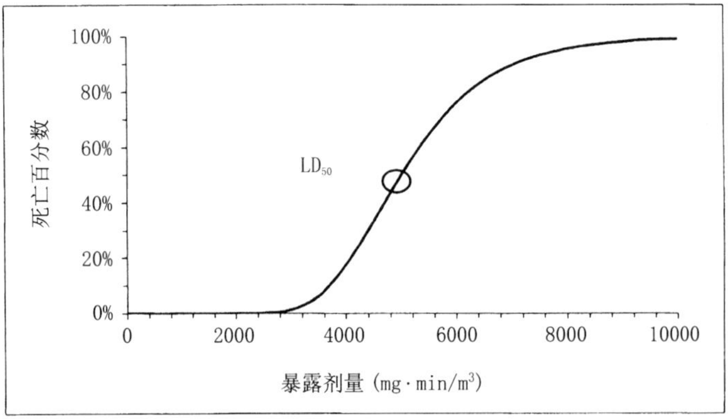 死亡百分数 100% 80% 60% 40% 20% 0% LD_{50} 0 2000 4000 6000 8000 10000 暴露剂量 (mg·min/m³)		

化学毒剂	光气(Phosgene)	代号	CG
类型	窒息性毒剂	CWC列表清单	丙类(Ⅲ)
化学式	$COCl_2$	分子量	98.92
化学名称	碳酰氯(Carbonyl chloride)	HAZMAT ID #	1076
CAS #	75－4－5	沸点(℃)	8.3
LC_{50}	500 mg/L	参考文献	
CD_{50}	$mg \cdot min/m^3$	参考文献	
$L(Ct)_{50}$	$3200\ mg \cdot min/m^3$	参考文献	Richardson 1992
LD_{50}	660 mg/kg	参考文献	
外观	无色气体，气态密度大于空气		
气味	淡干草味		
症状	窒息昏厥		
解毒剂			
洗消措施	SNL泡沫(SNL foam)、碳酸氢钠(Sodium Bicarbonate)、苏打(Soda)、氢氧化钠(SH)和熟石灰(Slaked lime)		
可溶性	溶于苯(Benzene)和甲苯(Toulene)		
清除措施	用颗粒状活性炭(GAC)清除,效率为10%－25%		
急救措施	吸入毒气：应提供新鲜空气，把受毒害者置于半卧位置。皮肤接触暴露：应用大量清水冲洗皮肤，或者对受害者进行淋浴。用清水冲洗眼睛数分钟		
修复措施	用碳酸氢钠(Sodium Bicarbonate)或者等量的苏打和熟石灰(slaked lime)的混合物来中和溢出的液体		
注释	不可燃烧，受热后分解产生有毒气体，包括氯化氢(Hydrogen chloride)、一氧化碳和氯气。与强氧化剂发生剧烈反应，包括胺(Amines)和铝		
参考文献	Richardson 1992， CDC 2001, Lewis 1993, Somani 1992, Paddle 1996， Wright 1990， Miller 1999, Canada 1992, OPCW 1997, DOT 2000		
剂量曲线 (Dose Curve)	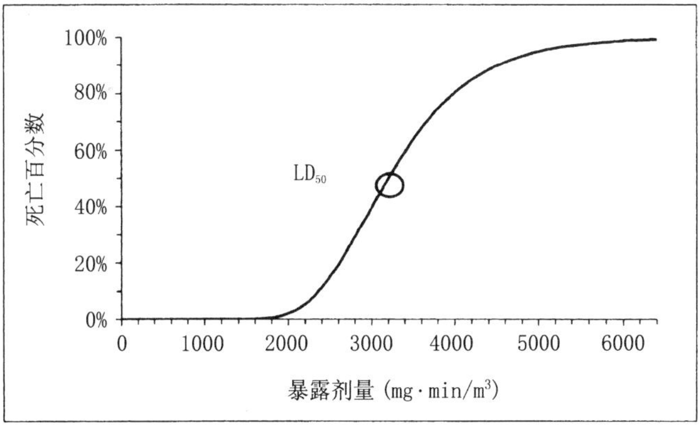 死亡百分数 100% 80% 60% 40% 20% 0% LD_{50} 0 1000 2000 3000 4000 5000 6000 暴露剂量 $(mg \cdot min/m^3)$		

化学毒剂	光气肟(Phosgene oxime)	代号	CX
类型	糜烂性毒剂/起疱剂	CWC列表清单	
化学式	$CHCl_2NO$	分子量	113.93
化学名称	二氯甲醛肟 (Dichloroformoxime)	HAZMAT ID #	2811
CAS #	1794-86-1	沸点(℃)	-
LC_{50}	mg/L	参考文献	
CD_{50}	mg·min/m³	参考文献	
$L(Ct)_{50}$	1500 mg·min/m³	参考文献	
LD_{50}	25 mg/kg	参考文献	
外观	棕黄色液体，晶体粉末，气态密度大于空气		
气味	难闻、刺鼻气味		
症状	刺激疼痛、皮肤灼痛		
解毒剂	二巯丙醇（抗路易氏剂药（BAL））药膏，M291皮肤净化工具箱(M291 Skin Decontaminating Kit)		
洗消措施			
可溶性	在水、酒精、醚和苯中的溶解度为70%		
清除措施			
急救措施	吸入暴露：若呼吸困难，应供给氧气；若呼吸已经停止，应进行人工呼吸；仅当面部没有被污染时才可以进行人工呼吸急救。皮肤接触暴露：应立即用5%的次氯酸钠溶液或者家庭常用的液体漂白剂来清洗皮肤和衣物。脱去衣服，并用同样的溶液清洗皮肤，然后用肥皂和水清洗相关的部位。用清水冲洗眼睛		
修复措施	用细砂、硅藻土(Diatomaceous earth)、蛭石(Vermiculite)或者黏土覆盖溢出毒剂。用大量的浓度为5.25%次氯酸钠(Sodium hypochlorite)溶液进行中和。把所有材料都置于合适的密封容器中。对容器外表面进行除污净化。按照相关的规定贴上标签后安置处理。备用溶液：次氯酸钙、DS2、超热漂白粉浆液(Supertropical Bleach,STB)，按此顺序		
注释			
参考文献	Miller 1999,Thomas 1970,CDC 2001,DOT 2000		
剂量曲线 (Dose Curve)	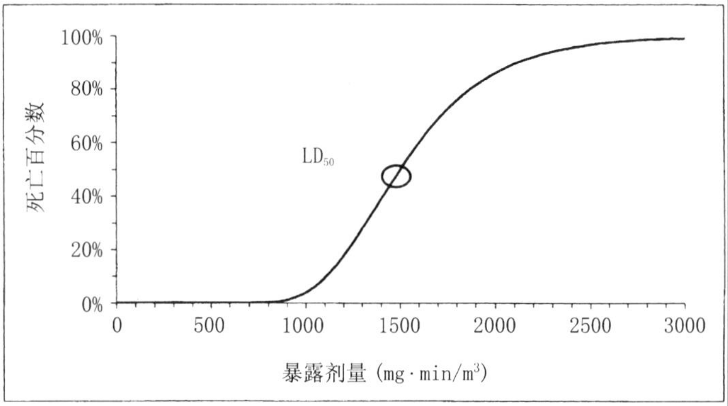 死亡百分数 (100%, 80%, 60%, 40%, 20%, 0%); LD_{50}; 暴露剂量 (mg·min/m³) (0, 500, 1000, 1500, 2000, 2500, 3000)		

化学毒剂	三氯氧磷 (Phosphorus oxychloride)	代号	DM
类型		CWC列表清单	丙类(Ⅲ)
化学式	$POCl_3$	分子量	153.33
化学名称	氯化磷酰 (Phosphoryl chloride)	HAZMAT ID #	1810
CAS #	10025-87-3	沸点(℃)	107.2
LC_{50}	mg/L	参考文献	
CD_{50}	mg·min/m³	参考文献	
$L(Ct)_{50}$	mg·min/m³	参考文献	
LD_{50}	380 mg/kg	参考文献	Canada 1993
外观	无色液体，气态密度大于空气		
气味	有刺激性气味		
症状	刺激眼睛和肺部		
解毒剂	二巯丙醇(抗路易氏剂药(BAL))药膏		
洗消措施	SNL泡沫,加热时能被水和酒精分解		
可溶性	溶于热水和酒精		
清除措施	用高性能过滤器(High efficiency filter)可少量或部分清除		
急救措施	吸入暴露：若呼吸困难，应供给氧气；若呼吸已经停止，应进行人工呼吸；仅当面部没有被污染时才可以进行人工呼吸急救。皮肤接触暴露：应立即用5%的次氯酸钠溶液或者家庭常用的液体漂白剂来清洗皮肤和衣物。脱去衣服，并用同样的溶液清洗皮肤，然后用肥皂和水清洗相关的部位。用清水冲洗眼睛		
修复措施	用细砂、硅藻土(Diatomaceous earth)、蛭石(Vermiculite)或者黏土覆盖溢出毒剂。用大量的浓度为5.25%次氯酸钠(Sodium hypochlorite)溶液进行中和。把所有材料都置于合适的密封容器中。对容器外表面进行除污净化。按照相关的规定贴上标签后安置处理。备用溶液：次氯酸钙、DS2、超热漂白粉浆液(Supertropical Bleach,STB),按此顺序		
注释	化学毒剂前体化合物(Precursor agent)，与水反应生成有毒的氯化氢(HCl)气体		
参考文献	Richardson 1992，Lewis 1993,Canada 1992,OPCW 1997,DOT 2000		
剂量曲线 (Dose Curve)	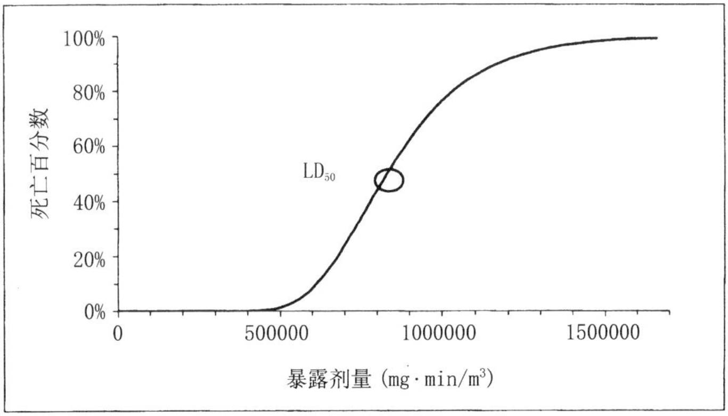 死亡百分数 (0%–100%) vs 暴露剂量 (mg·min/m³) (0–1500000)；LD_{50}		

化学毒剂	五氯化磷 (Phosphorus pentachloride)	代号	DM
类型		CWC列表清单	丙类(Ⅲ)
化学式	PCl_5	分子量	208.24
化学名称	氯化磷(Phosphoric chloride)	HAZMAT ID #	1806
CAS #	1026-13-8	沸点(℃)	160-165
LC_{50}	mg/L	参考文献	
CD_{50}	mg·min/m³	参考文献	
$L(Ct)_{50}$	mg·min/m³	参考文献	
LD_{50}	660 mg/kg	参考文献	Canada 1993
外观	浅黄色和透明的液体/固体，气态密度大于空气		
气味	有刺激性气味		
症状	刺激眼睛和肺部		
解毒剂	二巯丙醇(抗路易氏剂药(BAL))药膏		
洗消措施	SNL泡沫		
可溶性	溶于二硫化碳(Carbon disulfide)和五氯化碳(CCl_5)		
清除措施	用高性能过滤器（High efficiency filter）可少量或部分清除		
急救措施	吸入暴露：若呼吸困难，应供给氧气；若呼吸已经停止，应进行人工呼吸；仅当面部没有被污染时才可以进行人工呼吸急救。皮肤接触暴露：应立即用5%的次氯酸钠溶液或者家庭常用的液体漂白剂来清洗皮肤和衣物。脱去衣服，并用同样的溶液清洗皮肤，然后用肥皂和水清洗相关的部位。用清水冲洗眼睛		
修复措施	用细砂、硅藻土(Diatomaceous earth)、蛭石(Vermiculite)或者黏土覆盖溢出毒剂。用大量的浓度为5.25%次氯酸钠(Sodium hypochlorite)溶液进行中和。把所有材料都置于合适的密封容器中。对容器外表面进行除污净化。按照相关的规定贴上标签后安置处理。备用溶液：次氯酸钙、DS2、超热漂白粉浆液(Supertropical Bleach,STB)，按此顺序		
注释	易燃，与水反应生成有毒的氯化氢(HCl)气体，是化学毒剂前体化合物(Precursor agent)		
参考文献	Richardson 1992，Lewis 1993，Canada 1992，OPCW 1997，DOT 2000		
剂量曲线 (Dose Curve)	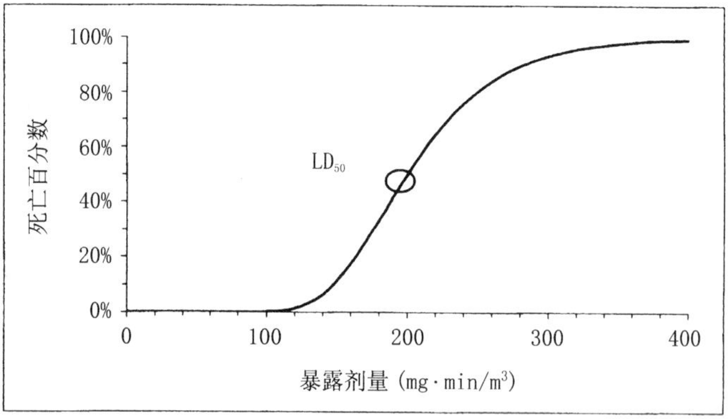 死亡百分数 (0%–100%) vs 暴露剂量 (mg·min/m³) (0–400)，LD₅₀		

化学毒剂	三氯化磷 (Phosphorus trichloride)	代号	DM
类型		CWC列表清单	丙类(Ⅲ)
化学式	PCl_3	分子量	137.33
化学名称	氯化磷(Phosphorus chloride)	HAZMAT ID #	1809
CAS #	7719-12-2	沸点(℃)	76
LC_{50}	mg/L	参考文献	
CD_{50}	mg·min/m³	参考文献	
$L(Ct)_{50}$	mg·min/m³	参考文献	
LD_{50}	550 mg/kg	参考文献	Canada 1993
外观	无色发烟液体，气态密度大于空气		
气味			
症状	眼睛和肺部受到刺激		
解毒剂	二巯丙醇(抗路易氏剂药(BAL))药膏		
洗消措施	SNL泡沫(SNL foam)，在潮湿空气中分解		
可溶性	溶于醚(Ether)、苯(Benzene)、二硫化碳(Carbon disulfide)和五氯化碳(CCl_5)		
清除措施	用高性能过滤器(High efficiency filter)可少量或部分清除		
急救措施	吸入暴露：若呼吸困难，应供给氧气；若呼吸已经停止，应进行人工呼吸；仅当面部没有被污染时才可以进行人工呼吸急救。皮肤接触暴露：应立即用5%的次氯酸钠溶液或者家庭常用的液体漂白剂来清洗皮肤和衣物。脱去衣服，并用同样的溶液清洗皮肤，然后用肥皂和水清洗相关的部位。用清水冲洗眼睛		
修复措施	用细砂、硅藻土(Diatomaceous earth)、蛭石(Vermiculite)或者黏土覆盖溢出毒剂。用大量的浓度为5.25%次氯酸钠(Sodium hypochlorite)溶液进行中和。把所有材料都置于合适的密封容器中。对容器外表面进行除污净化。按照相关的规定贴上标签后安置处理。备用溶液：次氯酸钙、DS2、超热漂白粉浆液(Supertropical Bleach,STB)，按此顺序		
注释	化学毒剂前体化合物(Precursor agent)，与水反应生成有毒的氯化氢(HCl)气体		
参考文献	Richardson 1992，Lewis 1993，SIPRI 1971，Canada 1992，OPCW 1997，DOT 2000		
剂量曲线 (Dose Curve)	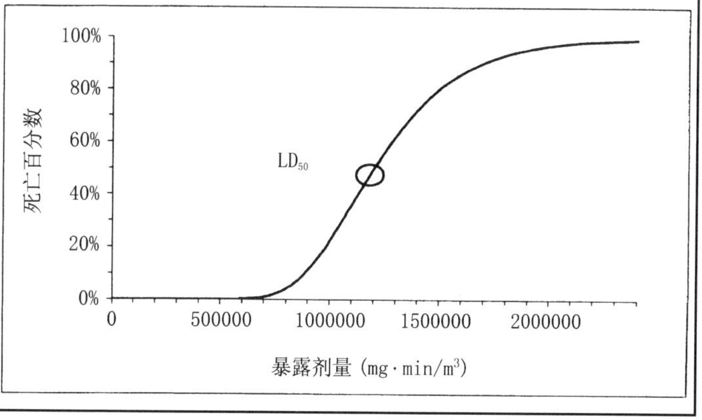		

化学毒剂	沙林(Sarin)	代号	GB
类型	神经性毒剂	CWC列表清单	甲类(Ⅰ)
化学式	$C_4H_{10}FO_2P$	分子量	140.11
化学名称	甲氟膦酸异丙酯(Methylphosphonofluoride acid)	HAZMAT ID #	2810
CAS #	107-44-8	沸点(℃)	147
LC_{50}	mg/L	参考文献	
CD_{50}	35 mg·min/m³	参考文献	Canada 1993
$L(Ct)_{50}$	100 mg·min/m³	参考文献	Richardson 1992
LD_{50}	0.108 mg/kg	参考文献	Richardson 1992
外观	无色液体，气态密度大于空气		
气味	无味		
症状	视觉模糊、出汗、恶心呕吐、抽搐痉挛		
解毒剂	阿托品(Atropine)、安定(Diazepam(CANA))、氯解磷定(Pralidoxime chloride(2 PAM Cl))		
洗消措施	氢氧化钠漂白剂(NaOH bleaches)、DS2、石碳酸(Phenol)、乙醇(Ethanol)、SNL泡沫(SNL foam)、漂白粉、超热漂白剂(supertropical bleach, STB)，C8		
可溶性	溶于有机溶剂,在20℃的水中半衰期为24—26h		
清除措施			
急救措施	若症状严重,三种神经性毒剂的解毒剂急救箱均需采用。采用Mark I注射器或者阿托品。若症状进一步恶化,需每间隔5-20min进行一次注射(最多注射三次)。若呼吸已经停止,应进行人工呼吸。若面部也被污染或者呼吸困难,应进行输氧。皮肤暴露:应立即用5%的次氯酸钠(Sodium hypochlorite)溶液或者家庭常用的液体漂白剂来清洗皮肤和衣物。脱去衣服,并用同样的溶液清洗皮肤,然后用肥皂和水清洗相关的部位。用清水冲洗眼睛10-15min		
修复措施	用细砂、硅藻土(Diatomaceous earth)、海绵、纸巾、布料、蛭石(Vermiculite)或者黏土覆盖溢出毒剂。用大量的浓度为5.25%的次氯酸钠溶液进行中和。把所有材料都置于合适的密封容器中。对容器外表面进行除污净化。按照相关的规定贴上标签后安置处理。备用溶液:次氯酸钙(Calcium hypochlorite)、DS2、超热漂白粉浆液(Supertropical Bleach, STB)，按此顺序		
注释	被皮肤吸收的神经性毒剂，也称做G类毒剂		
参考文献	Richardson 1992, CDC 2001, Lewis 1993, NRC 1999, Somani 1992, NATO 1996, Miller 1999, OPCW 1997, DOT 2000		
剂量曲线(Dose Curve)	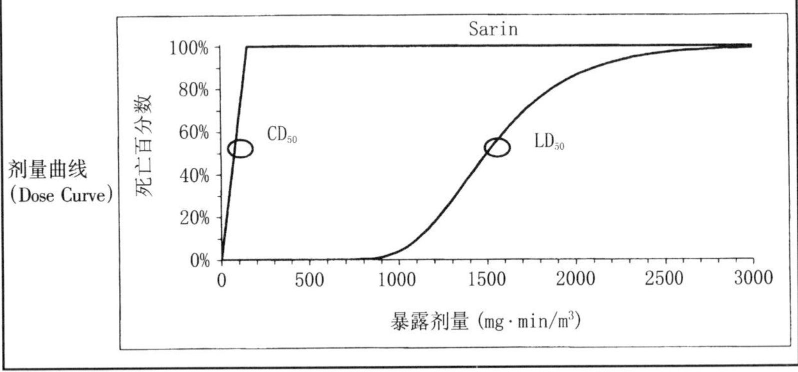		

化学毒剂	倍半芥子气(sesqui mustard)	代号	Q
类型	糜烂性毒剂/起疱剂	CWC列表清单	甲类(Ⅰ)
化学式	$C_4H_8Cl_2S$	分子量	159
化学名称	1,2-双(2-氯乙基硫基)乙烷(1,2-bis(2-chloroethylthio) ethane)	HAZMAT ID #	2810
CAS #	3563-36-8	沸点(℃)	353
LC_{50}	mg/L	参考文献	
CD_{50}	mg·min/m³	参考文献	
$L(Ct)_{50}$	300 mg·min/m³	参考文献	Clarke 1968
LD_{50}	mg/kg	参考文献	
外观	无色、油状液体，气态密度大于空气		
气味	大蒜味		
症状	失明、皮肤糜烂		
解毒剂	二巯丙醇(抗路易氏剂药(BAL))药膏		
洗消措施	漂白粉，超热漂白剂(supertropical bleach,STB),SNL泡沫(SNL foam)		
可溶性			
清除措施	用高性能过滤器(High efficiency filter)可少量或部分清除		
急救措施	吸入暴露：若呼吸困难，应供给氧气；若呼吸已经停止，应进行人工呼吸；仅当面部没有被污染时才可以进行人工呼吸急救。皮肤接触暴露：应立即用5%的次氯酸钠溶液或者家庭常用的液体漂白剂来清洗皮肤和衣物。脱去衣服，并用同样的溶液清洗皮肤，然后用肥皂和水清洗相关的部位。用清水冲洗眼睛		
修复措施	用细砂、硅藻土(Diatomaceous earth)、海绵、纸巾、布料、蛭石(Vermiculite)或者黏土覆盖溢出毒剂。用大量的浓度为5.25%的次氯酸钠溶液进行中和。把所有材料都置于合适的密封容器中。对容器外表面进行除污净化。按照相关的规定贴上标签后安置处理。备用溶液：次氯酸钙(Calcium hypochlorite)、DS2、超热漂白粉浆液(Supertropical Bleach,STB),按此顺序		
注释	一种硫芥子气(Sulfur mustard)		
参考文献	Cookson 1969, Clarke 1968, CDC 2001, OPCW 1997, DOT 2000		
剂量曲线(Dose Curve)	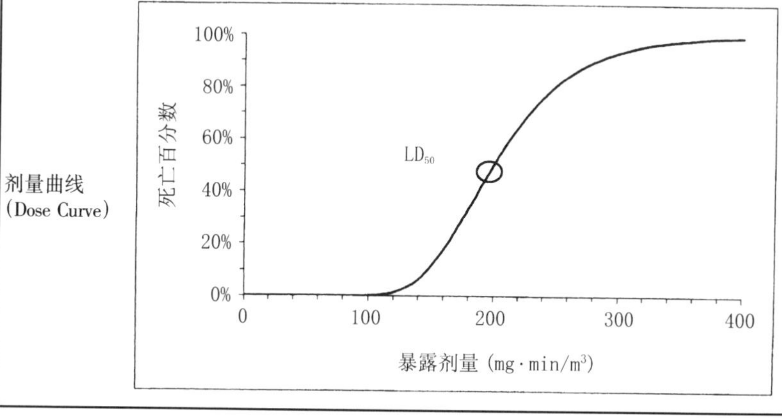		

化学毒剂	索曼(Soman)	代号	GD
类型	神经性毒剂	CWC列表清单	甲类(Ⅰ)
化学式	$C_7H_{16}FO_2P$	分子量	182
化学名称	甲氟膦酸特己酯(Methylphosphonofluoridic acid 1,2,2 - trimethylpropyl ester)	HAZMAT ID #	2810
CAS #	96 - 64 - 0	沸点(℃)	167
CD_{50}	35 mg · min/m³	参考文献	Canada 1993
$L(Ct)_{50}$	70 mg · min/m³	参考文献	NAS 1997
LD_{50}	0.01 mg/kg	参考文献	Lewis 1993
外观	无色液体，气态密度大于空气		
气味	无味		
症状	严重充血、出汗、抽搐		
解毒剂	阿托品(Atropine)、安定(Diazepam(CANA))、氯解磷定(Pralidoxime chloride(2 PAM Cl))		
洗消措施	漂白剂、次氯酸钙、次氯酸钠、DS2、SNL泡沫(SNL foam)、漂白粉、超热漂白剂(Supertropical bleach,STB)、C8		
可溶性	溶于汽油(Gasoline)、酒精(Alcohols)、油脂(Fats)和油(Oils),在水中的半衰期为82h		
清除措施			
急救措施	若症状严重，三种神经性毒剂的解毒剂急救箱均需采用。采用Mark I注射器或者阿托品若症状进一步恶化，需每间隔5 - 20min进行一次注射(最多注射三次)。若呼吸已经停止，应进行人工呼吸。若面部也被污染或者呼吸困难，应进行输氧。皮肤暴露：应立即用5%的次氯酸钠(Sodium hypochlorite)溶液或者家庭常用的液体漂白剂来清洗皮肤和衣物。脱去衣服，并用同样的溶液清洗皮肤，然后用肥皂和水清洗相关的部位。用清水冲洗眼睛10 - 15min		
修复措施	用细砂、硅藻土(Diatomaceous earth)、海绵、纸巾、布料、蛭石(Vermiculite)或者黏土覆盖溢出毒剂。用大量的浓度为5.25%的次氯酸钠溶液进行中和。把所有材料都置于合适的密封容器中。对容器外表面进行除污净化。按照相关的规定贴上标签后安置处理。备用溶液：次氯酸钙(Calcium hypochlorite)、DS2、超热漂白粉浆液(Supertropical Bleach,STB)，按此顺序		
注释	由皮肤吸收，也称做G类毒剂		
参考文献	CDC 2001, Lewis 1993, NRC 1999, Somani 1992, Paddle 1996, Wright 1990, NATO 1996, Miller 1999, OPCW 1997, DOT 2000		
剂量曲线(Dose Curve)	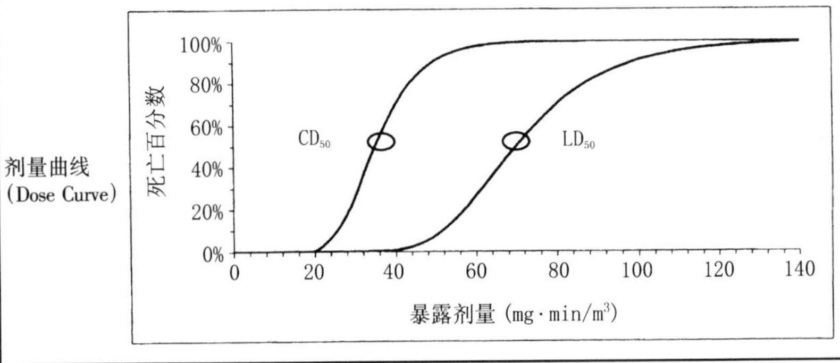		

化学毒剂	硫芥(精馏) (Sulfur mustard(distilled))	代号	HD
类型	糜烂性毒剂/起疱剂	CWC列表清单	甲类(Ⅰ)
化学式	$C_4H_8Cl_2S$	分子量	159.08
化学名称	精馏芥(Distilled mustard)	HAZMAT ID #	2810
CAS #	39472－40－7	沸点(℃)	218
LC_{50}	mg/L	参考文献	
CD_{50}	mg·min/m³	参考文献	
$L(Ct)_{50}$	1000 mg·min/m³	参考文献	Clarke 1968
LD_{50}	20 mg/kg	参考文献	NAS 1997
外观	无色、油状液体，气态密度大于空气		
气味	淡淡的大蒜味		
症状	失明、皮肤糜烂		
解毒剂	二巯丙醇(抗路易氏剂药(BAL))药膏		
洗消措施	常见的漂白剂(Bleach)和氯胺(Chloramine)、SNL泡沫(SNL foam)、漂白粉、超热漂白剂(supertropical bleach,STB)、DS2、C8		
可溶性	溶于油脂(Fats)、油(Oils)、汽油(Gasoline)、煤油(Kerosene)、丙酮(Acetone)、四氯化碳(CCl4)、酒精		
清除措施			
急救措施	吸入暴露：若呼吸困难，应供给氧气；若呼吸已经停止，应进行人工呼吸；仅当面部没有被污染时才可以进行人工呼吸急救。皮肤接触暴露：应立即用5%的次氯酸钠溶液或者家庭常用的液体漂白剂来清洗皮肤和衣物。脱去衣服，并用同样的溶液清洗皮肤，然后用肥皂和水清洗相关的部位。用清水冲洗眼睛		
修复措施	用细砂、硅藻土(Diatomaceous earth)、海绵、纸巾、布料、蛭石(Vermiculite)或者黏土覆盖溢出毒剂。用大量的浓度为5.25%的次氯酸钠溶液进行中和。把所有材料都置于合适的密封容器中。对容器外表面进行除污净化。按照相关的规定贴上标签后安置处理。备用溶液：次氯酸钙(Calcium hypochlorite)、DS2、超热漂白粉浆液(Supertropical Bleach,STB)，按此顺序		
注释	在25℃的水中的半衰期(half life)为7.5－110min		
参考文献	CDC 2001,Lewis 1993,NRC 1999,Paddle 1996,DOT 2000		
剂量曲线 (Dose Curve)	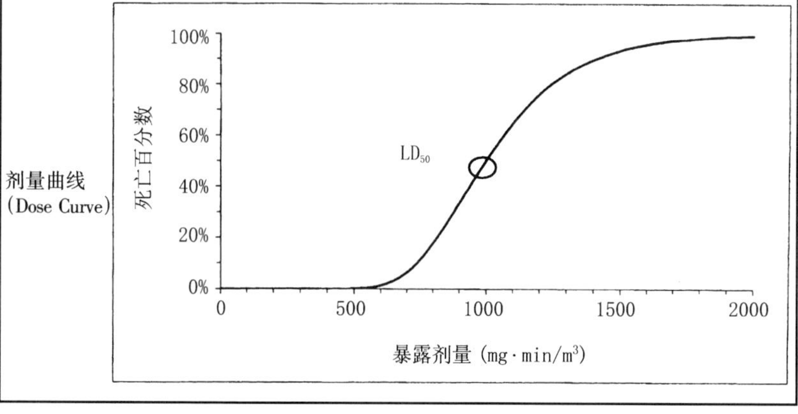		

化学毒剂	塔崩(Tabun)	代号	GA
类型	神经性毒剂	CWC列表清单	甲类(Ⅰ)
化学式	$C_5H_{11}N_2O_2P$	分子量	162.13
化学名称	二甲胺基氰磷酸乙酯(Dimethylphosphoramidocyanidic acid, ethyl ester)	HAZMAT ID #	2810
化学文摘索引 CAS #	7-81-6	沸点(℃)	246
LC_{50}	mg/L	参考文献	
CD_{50}	300 mg·min/m³	参考文献	Canada 1993
$L(Ct)_{50}$	135 mg·min/m³	参考文献	NAS 1997
LD_{50}	0.01 mg/kg	参考文献	Lewis 1993
外观	无色到咖啡色液体，气态密度大于空气		
气味	苦杏仁味		
症状	视觉模糊、严重充血、痉挛		
解毒剂	阿托品、安定(Diazepam(CANA))、氯解磷定(pralidoxime chloride(2 PAM Cl))		
洗消措施	漂白粉、DS2、石碳酸(Phenol)、氢氧化钠水溶液(Aqueous NaOH)、SNL泡沫(SNL foam)，超热漂白剂(supertropical bleach, STB)、C8		
可溶性	部分溶于水，在20℃的水中半衰期为7-8.5h		
清除措施			
急救措施	若症状严重，三种神经性毒剂的解毒剂急救箱均需采用。采用Mark I注射器或者阿托品。若症状进一步恶化，需每间隔5-20min进行一次注射(最多注射三次)。若呼吸已经停止，应进行人工呼吸。若面部也被污染或者呼吸困难，应进行输氧。皮肤暴露：应立即用5%的次氯酸钠(Sodium hypochlorite)溶液或者家庭常用的液体漂白剂来清洗皮肤和衣物。脱去衣服，并用同样的溶液清洗皮肤，然后用肥皂和水清洗相关的部位。用清水冲洗眼睛10-15min		
修复措施	用细砂、硅藻土(Diatomaceous earth)、海绵、纸巾、布料、蛭石(Vermiculite)或者黏土覆盖溢出毒剂。用大量的浓度为5.25%的次氯酸钠溶液进行中和。把所有材料都置于合适的密封容器中。对容器外表面进行除污净化。按照相关的规定贴上标签后安置处理。备用溶液：次氯酸钙(Calcium hypochlorite)、DS2、超热漂白粉浆液(Supertropical Bleach, STB)，按此顺序		
注释			
参考文献	Richardson 1992, CDC 2001, Lewis 1993, NRC 1999, Somani 1992, Wright 1990, Miller 1999, OPCW 1997, DOT 2000		
剂量曲线(Dose Curve)	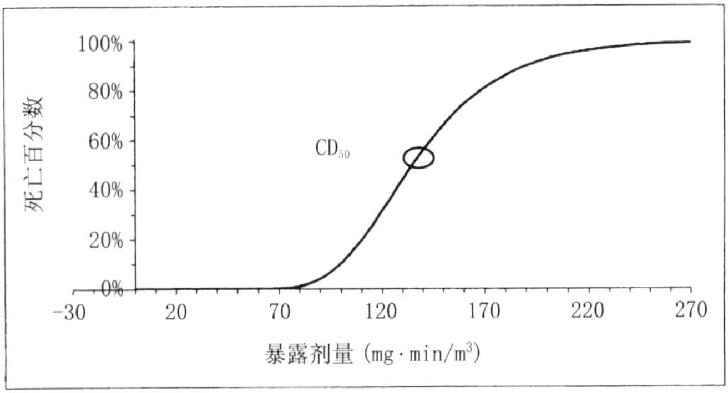 死亡百分数 (0%–100%) 对 暴露剂量(mg·min/m³) (-30–270)，CD_{50}		

化学毒剂	硫代二甘醇(Thiodiglycol)	代号	
类型	糜烂性毒剂/起疱剂	CWC列表清单	乙类(Ⅱ)
化学式	$(CH_2CH_2OH)_2S$	分子量	122.19
化学名称	二羟乙基硫醚(Thiodiethylene glycol)	HAZMAT ID #	
CAS #	111-48-8	沸点(℃)	283
LC_{50}	mg/L	参考文献	
CD_{50}	mg·min/m³	参考文献	
$L(Ct)_{50}$	mg·min/m³	参考文献	
LD_{50}	4500 mg/kg	参考文献	
外观	像糖浆一样的无色液体，气态密度大于空气		
气味	有特殊气味		
症状	刺激眼睛和肺部		
解毒剂			
洗消措施	SNL泡沫(SNL foam)		
可溶性	溶于丙酮(Acetone)、酒精(Alcohol)、氯仿(Chloroform)、水		
清除措施	用高性能过滤器(High efficiency filter)可少量或部分清除		
急救措施			
修复措施	用沙子或惰性吸收剂来控制或吸收毒剂溢出物，用喷水雾来控制蒸汽云		
注释	可燃，化学毒剂前体化合物(Precursor agent)		
参考文献	Richardson 1992, SIPRI 1971, Canada 1992, OPCW 1997		
剂量曲线(Dose Curve)	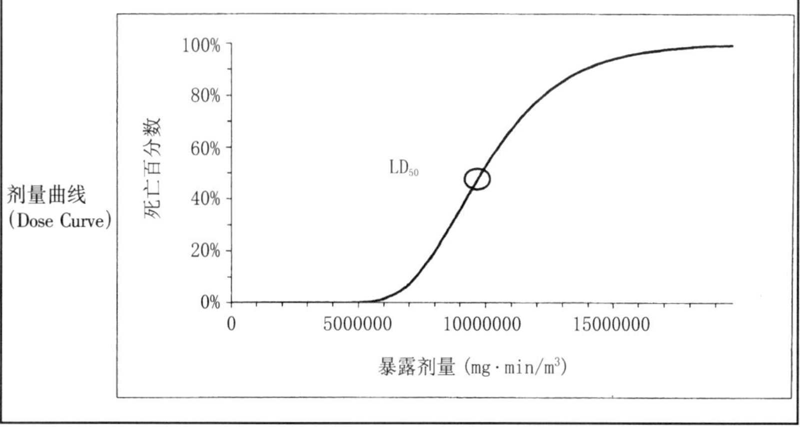		

化学毒剂	三乙醇胺(Triethanolamine)	代号	TEA
类型		CWC列表清单	丙类(Ⅲ)
化学式	$(HOCH_2CH_2)_3N$	分子量	149.19
化学名称	三(2-羟乙基)胺(Tri[2-hydroxyethyl]-amine)	HAZMAT ID #	
CAS #	102-71-6	沸点(℃)	336
LC_{50}	mg/L	参考文献	
CD_{50}	mg·min/m³	参考文献	
$L(Ct)_{50}$	mg·min/m³	参考文献	
LD_{50}	7200 mg/kg	参考文献	Canada 1993
外观	无色黏性液体，气态密度大于空气		
气味	有淡淡的氨水味		
症状			
解毒剂			
洗消措施			
可溶性	溶于氯仿(chloroform)，与水，酒精(alcohol)易混合		
清除措施	用高性能过滤器(High efficiency filter)可少量或部分清除		
急救措施			
修复措施	用沙子或惰性吸收剂来控制或吸收毒剂溢出物，用喷水雾来控制蒸汽云		
注释	可燃，化学毒剂前体化合物(precursor agent)		
参考文献	Richardson 1992，Lewis 1993，SIPRI 1971，OPCW 1997		
剂量曲线(Dose Curve)	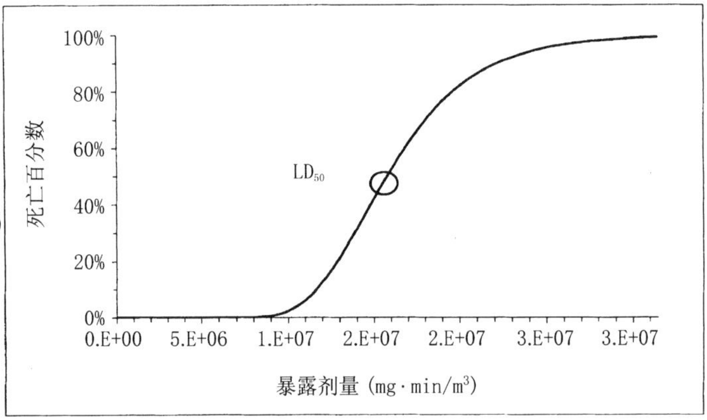 死亡百分数：100%、80%、60%、40%、20%、0%；LD_{50}；暴露剂量(mg·min/m³)：0.E+00、5.E+06、1.E+07、2.E+07、2.E+07、3.E+07、3.E+07		

化学毒剂	亚磷酸三乙酯 (Triethyl phosphite)	代号	
类型		CWC列表清单	丙类(Ⅲ)
化学式	$(C_2H_5)_3PO_3$	分子量	166.18
化学名称		HAZMAT ID #	2323
CAS #	122-52-1	沸点(℃)	156.6
LC_{50}	mg/L	参考文献	
CD_{50}	mg·min/m³	参考文献	
$L(Ct)_{50}$	mg·min/m³	参考文献	
LD_{50}	3200 mg/kg	参考文献	Canada 1993
外观	无色液体，气态密度大于空气		
气味			
症状	刺激皮肤和眼睛		
解毒剂			
洗消措施			
可溶性	溶于酒精(Alcohol)和醚(Ether)		
清除措施	用高性能过滤器(High efficiency filter)可少量或部分清除		
急救措施	把中毒患者移到新鲜空气环境中，若呼吸困难，应补给氧气，用清水浸泡和冲洗皮肤和眼睛20min，用肥皂和水清洗		
修复措施	用沙子或惰性吸收剂来控制或吸收毒剂溢出物，用喷水雾来控制蒸汽云		
注释	可燃，化学毒剂前体化合物(Precursor agent)，易燃液体		
参考文献	Richardson 1992, Lewis 1993, OPCW 1997, DOT 2000		
剂量曲线 (Dose Curve)	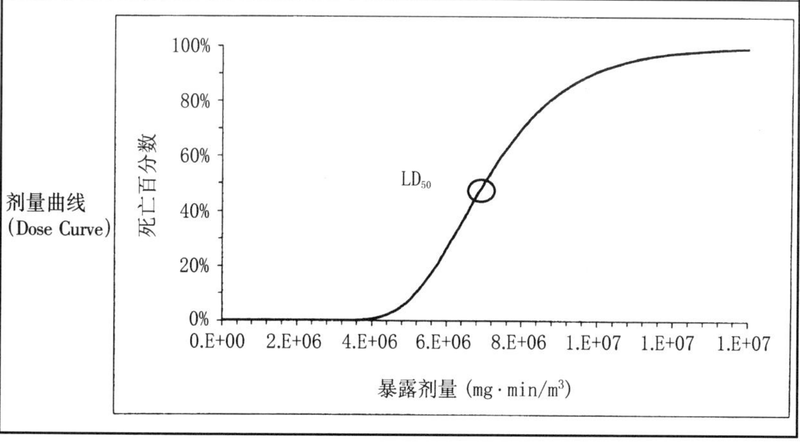		

化学毒剂	亚磷酸三甲酯 (Trimethyl phosphite)	代号	
类型		CWC列表清单	丙类(Ⅲ)
化学式	$(CH_3O)P$	分子量	125.08
化学名称		HAZMAT ID #	2329
CAS #	121－45－9	沸点(℃)	112
LC_{50}	mg/L	参考文献	
CD_{50}	mg · min/m³	参考文献	
$L(Ct)_{50}$	mg · min/m³	参考文献	
LD_{50}	1600 mg/kg	参考文献	Richardson 1992
外观	无色液体，气态密度大于空气		
气味			
症状	刺激皮肤和眼睛		
解毒剂			
洗消措施			
可溶性	溶于己烷(Hexane)、苯(Benzene)、丙酮(Acetone)、酒精(Alcohol)和醚(Ether)		
清除措施	用高性能过滤器(High efficiency filter)可少量或部分清除		
急救措施	把中毒患者移到新鲜空气环境中，若呼吸困难，应补给氧气，用清水浸泡和冲洗皮肤和眼睛20min，用肥皂和水清洗		
修复措施	用沙子或惰性吸收剂来控制或吸收毒剂溢出物，用喷水雾来控制蒸汽云		
注释	易燃，一种化学毒剂前体化合物(precursor agent)		
参考文献	Canada 1993，Lewis 1993，Canada 1992，OPCW 1997，DOT 2000		
剂量曲线 (Dose Curve)	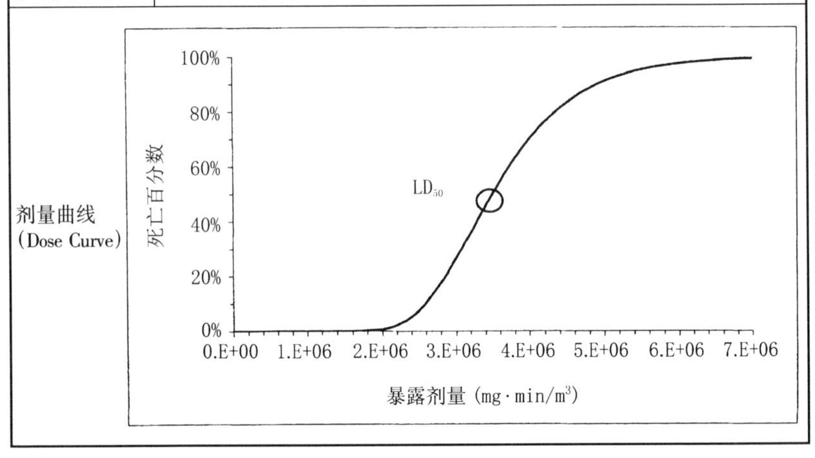		

化学毒剂	维埃克斯(VX)	代号	VX
类型	神经性毒剂	CWC列表清单	甲类(Ⅰ)
化学式	$C_{11}H_{26}NO_2PS$	分子量	267.37
化学名称	O-乙基-S-[2-(二异丙氨基)乙基]甲基硫代磷酸酯 (O-Ethyl S-2-disopropylaminoethyl methylphosphonothioic acid)	HAZMAT ID #	2810
CAS #	50782-69-9	沸点(℃)	298
LC_{50}	mg/L	参考文献	
CD_{50}	5 mg·min/m³	参考文献	Canada 1993
$L(Ct)_{50}$	10 mg·min/m³	参考文献	Wald 1970
LD_{50}	6 mg/kg	参考文献	Wald 1970
外观	琥珀色液体，气态密度大于空气，无色气体		
气味			
症状	刺激眼睛、意识模糊、呼吸急促		
解毒剂	阿托品、安定(Diazepam(CANA))、氯解磷定(Pralidoxime chloride(2 PAM Cl))		
洗消措施	漂白粉、DS2、超热漂白剂(Supertropical bleach,STB)、SNL泡沫(SNL foam)、C8		
可溶性	部分溶于水,在20℃的水中半衰期为7-8.5h		
清除措施			
急救措施	若症状严重,三种神经性毒剂的解毒剂急救箱均需采用。采用Mark I注射器或者阿托品。若症状进一步恶化,需每间隔5-20min进行一次注射(最多注射三次)。若呼吸已经停止,应进行人工呼吸。若面部也被污染或者呼吸困难,应进行输氧。皮肤暴露:应立即用5%的次氯酸钠(Sodium hypochlorite)溶液或者家庭常用的液体漂白剂来清洗皮肤和衣物。脱去衣服,并用同样的溶液清洗皮肤,然后用肥皂和水清洗相关的部位。用清水冲洗眼睛10-15min		
修复措施	用细砂、硅藻土(Diatomaceous earth)、海绵、纸巾、布料、蛭石(Vermiculite)或者黏土覆盖溢出毒剂。用大量的浓度为5.25%的次氯酸钠溶液进行中和。把所有材料都置于合适的密封容器中。对容器外表面进行除污净化。按照相关的规定贴上标签后安置处理。备用溶液：次氯酸钙(Calcium hypochlorite)、DS2、超热漂白粉浆液(Supertropical Bleach,STB),按此顺序		
注释			
参考文献	CDC 2001, NRC 1999, Clarke 1968, Somani 1992, Paddle 1996, Wright 1990, NATO 1996, Miller 1999, OPCW 1997, DOT 2000		
剂量曲线 (Dose Curve)	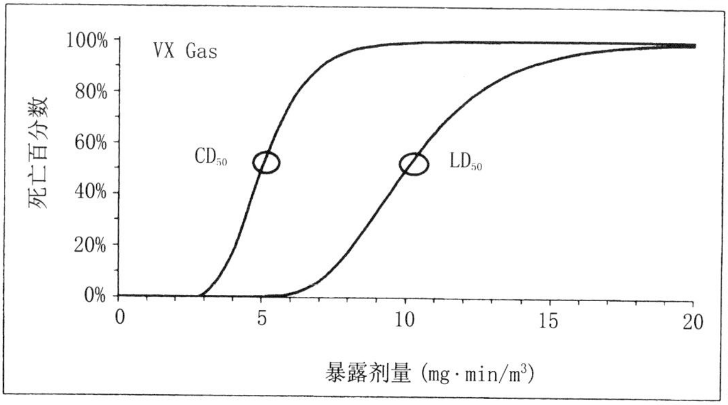 (见下图)		

化学毒剂	胂(Arsine)	代号	SA
类型	血液性毒剂	CWC列表清单	
化学式	AsH_3	分子量	77.9
化学名称	砷化三氢(Arsenic trihydride)，砷化氢(Hydrogen arsenide)	HAZMAT ID #	2188
CAS #	7784－42－1	沸点(℃)	－62
外观	无色液化气体，气态密度大于空气		
气味	有特殊气味		
症状	腹部疼痛，呼吸急促，呕吐		
解毒剂			
洗消措施	加热后分解		
可溶性	溶于水		
清除措施	用浸渍有重金属盐的颗粒状活性炭(GAC)来清除		
急救措施	吸入毒气：应提供新鲜空气，把受毒害者置于半卧位置。皮肤接触暴露：应用大量清水冲洗皮肤，或者对受害者进行淋浴。用清水冲洗眼睛数分钟		
修复措施	与氧化物接触发生剧烈反应，会有爆炸的危险		
注释	在湿热环境中受光照会分解，生成有毒气体		
参考文献	CDC 2001，Lewis 1993，DOT 2000，Ellision 2000		

化学毒剂	毕兹（BZ）	代号	BZ
类型	失能性毒剂	CWC列表清单	乙类（Ⅱ）
化学式	$C_{21}H_{23}NO_3$	分子量	337.5
化学名称	二苯羟乙酸－3－奎宁环酯(3－quinuclidinyl benzilate)	HAZMAT ID #	2810
CAS #	6581－06－2	沸点(℃)	
外观	气态密度大于空气		
气味			
症状	暂时失能		
解毒剂			
洗消措施			
可溶性			
清除措施			
急救措施	只为暂时症状，在几分钟或数小时内即可消失，无须特殊的急救措施		
修复措施			
注释	非致命的		
参考文献	Hersh 1968，Cookson 1969，Wright 1990，Clarke 1968，CDC 2001，OPCW 1997，DOT 2000		

化学毒剂	氯化苦(Chloropicrin)	代号	PS
类型	催泪瓦斯	CWC列表清单	
化学式	CCl_3NO_2	分子量	164.38
化学名称	三氯硝基甲烷(Trichloronitromethane)	HAZMAT ID #	1580
CAS #	76-06-2	沸点(℃)	112.3
LC_{50}	2000 mg/L	参考文献	Richardson 1992
外观	无色折光(refractive)液体，气态密度大于空气		
气味	有刺激性气味		
症状	强烈刺激		
解毒剂			
洗消措施	SNL泡沫(SNL foam)		
可溶性	微溶于水		
清除措施	用颗粒状活性炭(Granular Avtivated Carbon(GAC))清除，效率可达20%－40%		
急救措施	只为暂时症状，在几分钟或数小时内即可消失，无需特殊的急救措施		
修复措施	用干土、沙子或者其他不可燃物质来吸收或覆盖，并转移到安全容器中		
注释	不可燃		
参考文献	Richardson 1992, Canada 1992, Lewis 1993, Haber 1986, Wright 1990, Miller 1999, OPCW 1997, DOT 2000, Ellison 2000		

化学毒剂	氯索曼(Chlorosoman)	代号	
类型	化学毒剂前体化合物(precursor agent)	CWC列表清单	甲类(Ⅰ)
化学式	$C_7H_{16}ClO_2P$	分子量	198.5
化学名称	甲基氯膦酸频哪酯(O－Pinacolyl methylphosphonochloridate)	HAZMAT ID #	
CAS #	7040-57-5	沸点(℃)	
外观	气态密度大于空气		
气味	漂白粉(Bleaching powder)、超热漂白剂(Supertropical bleach, STB)、SNL泡沫		
症状			
解毒剂			
洗消措施			
可溶性			
清除措施			
急救措施	若症状严重，三种神经性毒剂的解毒剂急救箱均需采用。采用Mark I注射器或者阿托品。若症状进一步恶化，需每间隔5－20min进行一次注射（最多注射三次）。若呼吸已经停止，应进行人工呼吸。若面部也被污染或者呼吸困难，应进行输氧。皮肤暴露：应立即用5%的次氯酸钠(Sodium hypochlorite)溶液或者家庭常用的液体漂白剂来清洗皮肤和衣物。脱去衣服，并用同样的溶液清洗皮肤，然后用肥皂和水清洗相关的部位。用清水冲洗眼睛10－15min		
修复措施	用细砂、硅藻土(Diatomaceous earth)、海绵、纸巾、布料、蛭石(Vermiculite)或者黏土覆盖溢出毒剂。用大量的浓度为5.25%的次氯酸钠溶液进行中和。把所有材料都置于合适的密封容器中。对容器外表面进行除污净化。按照相关的规定贴上标签后安置处理。备用溶液：次氯酸钙(Calcium hypochlorite)、DS2、超热漂白粉浆液(Supertropical Bleach, STB)，按此顺序		
注释	一种化学毒剂前体化合物(Precursor agent)		
参考文献	Canada 1993, OPCW 1997		

化学毒剂	双光气(Diphosgene)	代号	DP
类型	窒息性毒剂	CWC列表清单	
化学式	$ClCOOCCl_3$	分子量	198
化学名称	氯甲酸三氯甲酯(Trichloromethyl Chloroformate)	HAZMAT ID #	1076
CAS #	503-38-8	沸点(℃)	127
外观	无色液体，气态密度大于空气		
气味	新割的干草味		
症状	强烈刺激组织器官		
解毒剂			
洗消措施	受热、与碱(Alkalies)和热水反应能分解		
可溶性			
清除措施	用高性能过滤(High efficiency filter)可少量或部分清除		
急救措施	吸入暴露：若呼吸困难，应供给氧气；若呼吸已经停止，应进行人工呼吸；仅当面部没有被污染时可以进行人工呼吸急救。皮肤接触暴露：应立即用清水冲洗皮肤和衣物，脱掉衣服，用清水冲洗皮肤和眼睛		
修复措施	严禁把水柱直接喷向双光气，可以用喷水雾来控制蒸汽云		
注释	活性炭可以转化为光气(Phosgene)		
参考文献	Paddle 1996，Lewis 1993，DOT 2000，Ellison 2000		

化学毒剂	乙基沙林(GE)	代号	GE
类型		CWC列表清单	
化学式		分子量	
化学名称		HAZMAT ID #	
CAS #		沸点(℃)	
外观	蒸汽、液态、气溶胶		
气味			
症状	淌口水(drooling)、冒汗、恶心呕吐、腹痛、大小便失禁、颤搐、肌肉抽搐、走路不稳、头痛、意识模糊、嗜睡、昏迷、痉挛、窒息昏厥		
解毒剂	阿托品、安定(Diazepam(CANA))、氯解磷定(Pralidoxime chloride(2 PAM Cl))		
洗消措施			
可溶性			
清除措施			
急救措施	若症状严重，三种神经性毒剂的解毒剂急救箱均需采用。采用Mark I注射器或者阿托品。若症状进一步恶化，需每间隔5-20min进行一次注射(最多注射三次)。若呼吸已经停止，应进行人工呼吸。若面部也被污染或者呼吸困难，应进行输氧。皮肤暴露：应立即用5%的次氯酸钠(Sodium hypochlorite)溶液或者家庭常用的液体漂白剂来清洗皮肤和衣物。脱去衣服，并用同样的溶液清洗皮肤，然后用肥皂和水清洗相关的部位。用清水冲洗眼睛10-15min		
修复措施	用细砂、硅藻土(Diatomaceous earth)、海绵、纸巾、布料、蛭石(Vermiculite)或者黏土覆盖溢出毒剂。用大量的浓度为5.25%的次氯酸钠溶液进行中和。把所有材料都置于合适的密封容器中。对容器外表面进行除污净化。按照相关的规定贴上标签后安置处理。备用溶液：次氯酸钙(Calcium hypochlorite)、DS2、超热漂白粉浆液(Supertropical Bleach,STB)，按此顺序		
注释			
参考文献	Cookson 1969，Clarke 1968，Ellison 2000		

化学毒剂	氯化氢(Hydrogen chloride)	代号	HCl
类型	血液性毒剂	CWC列表清单	
化学式	HCl	分子量	36.5
化学名称	无水氯化氢(Anhydrous Hydrogen chloride)	危险物质标识号 HAZMAT ID #	1050
CAS #	7647-01-0	沸点(℃)	-85
LC_{50}	mg/L	参考文献	
外观	无色气体		
气味	有刺激性气味		
症状	对眼睛和皮肤强烈刺激		
解毒剂			
洗消措施			
可溶性	易溶于水，溶于醚(Ether)和酒精(Alcohol)		
清除措施	用颗粒状活性炭(Granular Activated Carbon(GAC))清除,效率忽略		
急救措施	吸入毒气：应提供新鲜空气，把受毒害者置于半卧位置。皮肤接触暴露：应用大量清水冲洗皮肤，或者对受害者进行淋浴。用清水冲洗眼睛数分钟		
修复措施	用沙子或惰性吸收剂来控制或吸收毒剂溢出物，用喷水雾来控制蒸汽云		
注释			
参考文献	CDC 2001, Lewis 1993, DOT 2000		

化学毒剂	甲基磷酸二氯(Methylphosphonyl dichloride)	代号	DF
类型		CWC列表清单	甲类(Ⅰ)
化学式	CH_3Cl_2OP	分子量	100
化学名称	甲基磷酸二氯(Methylphosphonyl dichloride)	HAZMAT ID #	
CAS #	676-99-3, 676-97-1, 676-83-5	沸点(℃)	178
外观	气态密度大于空气		
气味			
症状			
解毒剂			
洗消措施	SNL泡沫		
可溶性			
清除措施			
急救措施			
修复措施	用沙子或惰性吸收剂来控制或吸收毒剂溢出物，用喷水雾来控制蒸汽云		
注释	一种化学毒剂前体化合物(Precursor agent),剂量：0.141mg/L/4h		
参考文献	Canada 1993, Canada 1992, OPCW 1997, Ellison 2000		

化学毒剂	芥子气与氧联芥子气混合剂 (Mustard T-mixture)	代号	HT
类型	糜烂性毒剂/起疱剂	联合国禁止化学 CWC列表清单	
化学式	不适用(na)	分子量	—
化学名称		危险物质标识号 HAZMAT ID #	2810
CAS #	不适用(na)	沸点(℃)	190
外观			
气味			
症状			
解毒剂	二巯丙醇(抗路易氏剂药(BAL))药膏		
洗消措施	漂白粉、超热漂白剂(Supertropical bleach,STB)、DS2		
可溶性	溶于油脂(Fats)、油(Oils)、汽油(Gasoline)、煤油(Kerosene)、丙酮(Acetone)、四氯化碳(CCl_4)、酒精		
清除措施	用高性能过滤器(High efficiency filter)可少量或部分清除		
急救措施	吸入暴露：若呼吸困难，应供给氧气；若呼吸已经停止，应进行人工呼吸；仅当面部没有被污染时才可以进行人工呼吸急救。皮肤接触暴露：应立即用5%的次氯酸钠溶液或者家庭常用的液体漂白剂来清洗皮肤和衣物。脱去衣服，并用同样的溶液清洗皮肤，然后用肥皂和水清洗相关的部位。用清水冲洗眼睛		
修复措施	用细砂、硅藻土(Diatomaceous earth)、蛭石(Vermiculite)或者黏土覆盖溢出毒剂。用大量的浓度为5.25%次氯酸钠(Sodium hypochlorite)溶液进行中和。把所有材料都置于合适的密封容器中。对容器外表面进行除污净化。按照相关的规定贴上标签后安置处理。备用溶液：次氯酸钙、DS2、超热漂白粉浆液(Supertropical Bleach,STB)，按此顺序		
注释	两种或者更多种硫芥(Sulfur mustard)和其他毒剂的混合物		
参考文献	Richardson 1992, CDC 2001, Somani 1992, DOT 2000		

化学毒剂	二氧化氮(Nitrogen dioxide)	代号	NO_2
类型	窒息性毒剂	CWC列表清单	
化学式	NO_2	分子量	46.01
化学名称	氧化氮(Nitrogen oxide)	HAZMAT ID #	1067
CAS #	10102-44-0	沸点(℃)	
外观	红棕色气体		
气味	刺激性气味		
症状	干咳、头昏眼花、疼痛		
解毒剂			
洗消措施			
可溶性			
清除措施	用颗粒状活性炭(Granular Avtivated Carbon(GAC))清除,效率忽略		
急救措施	吸入毒气：应提供新鲜空气，把受毒害者置于半卧位置。皮肤接触暴露：应用大量清水冲洗皮肤，或者对受害者进行淋浴。用清水冲洗眼睛数分钟		
修复措施	用沙子或惰性吸收剂来控制或吸收毒剂溢出物，用喷水雾来控制蒸汽云		
注释	不可燃，与水反应生成硝酸(Nitric acid)和一氧化氮(Nitric oxide)		
参考文献	Lewis 1993, CDC 2001, DOT 2000		

化学毒剂	甲基亚膦酸乙基-2-二异丙氨基乙酯(QL)	代号	QL
类型		CWC列表清单	甲类(Ⅰ)
化学式	$C_{11}H_{26}NO_2P$	分子量	235
化学名称		HAZMAT ID #	
CAS #	57856-11-8	沸点(℃)	
外观	气态密度大于空气		
气味	强烈的鱼腥味		
症状			
解毒剂			
洗消措施			
可溶性			
清除措施			
急救措施			
修复措施	用沙子或惰性吸收剂来控制或吸收毒剂溢出物，用喷水雾来控制蒸汽云		
注释	一种关于VX2的二元化学毒剂前体化合物(Precursor agent)		
参考文献	Canada 1993, OPCW 1997, Ellison 2000		

化学毒剂	二氧化硫(Sulfur dioxide)	代号	SO_2
类型	窒息性毒剂	CWC列表清单	
化学式	SO_2	分子量	64.1
化学名称	二氧化硫(Sulfur dioxide)	HAZMAT ID #	1079
CAS #	7449-09-5	沸点(℃)	-10
外观	无色气体，气态密度大于空气		
气味	有刺激性气味		
症状	干咳、呼吸急促、眼睛刺痛		
解毒剂			
洗消措施			
可溶性	易溶于水，溶于醚(Ether)和酒精(Alcohol)		
清除措施	用颗粒状活性炭(Granular Activated Carbon(GAC))清除，效率可达15%		
急救措施	吸入毒气：应提供新鲜空气，把受毒害者置于半卧位置。皮肤接触暴露：应用大量清水冲洗皮肤，或者对受害者进行淋浴。用清水冲洗眼睛数分钟		
修复措施	严禁把水柱直接喷向双光气，可以用喷水雾来控制蒸汽云		
注释	延迟效应(Delayed effects)，与氨(Ammonia)、乙炔(Acetylene)、氯气(Chlorine)和胺(Amine)发生剧烈反应。能与水或水蒸气发生反应。在水中会腐蚀金属		
参考文献	CDC 2001, Lewis 1993, DOT 2000		

化学毒剂	二氯化硫 (Sulphur monochloride)	代号	
类型		CWC列表清单	丙类(Ⅲ)
化学式	S_2Cl_2	分子量	135.03
化学名称	氯化硫(Sulfur Chloride)	HAZMAT ID #	1834
CAS #	10025-67-9	沸点(℃)	138
外观	琥珀色到橙红色油状液体，气态密度大于空气		
气味	刺激性气味		
症状	强烈刺激器官组织		
解毒剂			
洗消措施	SNL泡沫(SNL foam)，与水接触发生分解		
可溶性	溶于水		
清除措施			
急救措施	把中毒患者移到新鲜空气环境中，若呼吸困难，应补给氧气，用清水浸泡和冲洗皮肤和眼睛20min		
修复措施	用沙子或惰性吸收剂来控制或吸收毒剂溢出物，用喷水雾来控制蒸汽云		
注释	可燃，化学毒剂前体化合物(Precursor agent)		
参考文献	Canada 1993, Lewis 1993, Canada 1992, OPCW 1997, DOT 2000		

化学毒剂	三氧化硫(Sulphur trioxide)	代号	FS
类型	窒息性毒剂	CWC列表清单	
化学式	SO_3	分子量	80.1
化学名称	硫酐/硫酸酐 (Sulphuric anhydride)	HAZMAT ID #	2810
CAS #	7449-11-9	沸点(℃)	
外观	可以升华的固体		
气味			
症状	强烈刺激器官组织		
解毒剂			
洗消措施	与水混合形成硫酸(Sulfuric acid)		
可溶性	溶于水		
清除措施	用颗粒状活性炭(Granular Activated Carbon(GAC))清除，效率可达10%-25%		
急救措施	吸入暴露：若呼吸困难，应供给氧气；若呼吸已经停止，应进行人工呼吸；仅当面部没有被污染时可以进行人工呼吸急救。皮肤接触暴露：应立即用清水冲洗皮肤和衣物，脱掉衣服，用清水冲洗皮肤和眼睛		
修复措施	严禁把水柱直接喷向液体，可以用喷水雾来控制蒸汽云		
注释			
参考文献	Lewis 1993, CDC 2001, DOT 2000		

化学毒剂	四氯化钛 (Titanium tetrachloride)	代号	FM
类型	窒息性毒剂	CWC列表清单	
化学式	$TiCl_4$	分子量	189.69
化学名称	氯化钛(Titanic chloride)	HAZMAT ID #	1838
CAS #	7750-45-0	沸点(℃)	136.4
外观	无色液体，白色云团		
气味			
症状	强烈刺激皮肤和组织器官		
解毒剂			
洗消措施			
可溶性	受热后溶于水		
清除措施	用高性能过滤器(High efficiency filter)可少量或部分清除		
急救措施	吸入暴露：若呼吸困难，应供给氧气；若呼吸已经停止，应进行人工呼吸；仅当面部没有被污染时可以进行人工呼吸急救。皮肤接触暴露：应立即用清水冲洗皮肤和衣物，脱掉衣服，用清水冲洗皮肤和眼睛		
修复措施	严禁把水柱直接喷向液体，用喷水雾来控制蒸汽云		
注释			
参考文献	Lewis 1993, DOT 2000		

其他化学毒剂(CW agent)和前体化合物(Precursors)

序号	化学毒剂名称	CAS #	CWC 列表清单	HAZMAT ID
1	亚膦酸烷基胺基乙酯（O－Alkyl aminoethyl alkyl phosphonites）			
2	氯膦酸烷基酯（O－Alkyl Phosphonochloridates）			
3	1,3－双(2－氯乙基硫基)正丁烷 (1,3－bis(2－chloroethylthio)－n－butane)	142868－83－7	Ⅰ	
4	1,3－双(2－氯乙基硫基)正戊烷 (1,3－bis(2－chloroethylthio)－n－pentane)	142868－94－8	Ⅰ	
5	1,3－双(2－氯乙基硫基)正丙烷 (1,3－bis(2－chloroethylthio)－n－propane)	63905－10－2	Ⅰ	
6	2,2－二苯基－2－羟基乙酸 (2,2－Diphenyl－2－hydroxyacetic acid)	76－93－7	Ⅱ	
7	2－氯乙基氯甲基硫醚 (2－Chloroethyl chloromethyl sulfide)	2625－76－5	Ⅰ	
8	3,3－二甲基－2－丁醇(3, 3－dimethyl－2－butanol)	464－07－3	Ⅱ	
9	胺基氰膦酸基烷（Alkyl phosphoramidocyanidates）			
10	氟膦酸基烷（Alkyl alkylphosphonofluorodates）			
11	硫磷酸基烷（Alkyl phosponothiolates）			
12	烷基膦醯二氟(Alkyl phosponyldifluorides)			
13	二苯乙醇酸(Benzilic acid)			
14	双(2－氯乙基硫基)甲烷 (Bis(2－chloroethylthio)methane)	63869－13－6	Ⅰ	
15	双(2－氯乙基硫甲基)醚 (Bis(2－chloroethylthiomethyl)ether)	63918－90－1	Ⅰ	
16	二苯氰胂(Diphenylcyanoarsine(DC))			2810
17	胺基膦酸二烷基脂(Dialkyl phosphoramidates)		Ⅱ	
18	甲磷酸二甲酯(Dimethyl methylphosponate)	756－79－6	Ⅱ	
19	乙基二氯胂(Ethyldichloroarsine(ED))			1892
20	乙基二乙醇胺(Ethyldiethanolamine)	139－87－7	Ⅲ	
21	甲二氯胂(Methyldichloroarsine(MD))			
22	N,N－二烷基胺基膦醯二卤化物 (N,N－dialkyl phosphoramidic dihalides)		Ⅱ	
23	2－[N,N二烷基胺基]乙醇 (N,N－dialkylaminoethane－2－ols)		Ⅱ	
24	N,N二烷基胺基－2－氯乙烷 (N,N－dialkylaminoethyl－2－chlorides)		Ⅱ	
25	N,N－二乙基胺基乙醇(N,N－diethylaminoethanol)	100－37－8	Ⅱ	2686
26	N,N－二甲基胺基乙醇(N,N－dimethylaminoethanol)	108－01－0	Ⅱ	2051
27	二氯苯胂(Phenyldichloroarsine(PD))			1556
28	频哪基醇(Pinacolyl alcohol)	464－07－3	Ⅱ	
29	3－羟基奎宁环(Quinuclidine－3－OL)	1619－34－7	Ⅱ	
30	二氯化硫(Sulphur Dichloride)	10545－99－0	Ⅲ	1828
31	亚硫酰二氯(Thionyl chloride)	7719－－09－7	Ⅲ	1836

参考文献：Canada 1993, CDC 2001, DOT 2000, OPCW 1997.

部分名词术语中英文对照表*	
解毒剂(Antidote)	
英文	**中文**
Amyl Nitrite	亚硝戊酯
Atropine	阿托品
Atropine sulfate	阿托品硫酸盐
British anti - Lewisite(BAL)	二巯基丙醇（抗路易氏剂药）
Diazepam(CANA)	安定
M291 Skin Decontaminating Kit	M291皮肤净化工具箱
Pralidoxime chloride(2 PAM Cl)	氯解磷定
Pralidoxime iodide	碘解磷定
Sodium nitrite	亚硝酸钠
Sodium Thiosulfate	硫代硫酸钠
急救措施(Fist Aid)	
Sodium hypochlorite	次氯酸钠
洗消措施(Decon.)	
Alkalies	碱
Bleach	漂白剂
Bleaching powder	漂白粉
British anti - Lewisite （BAL)	抗路易氏剂药
Chloramine	氯胺
Chlorine	氯
Ethanol	乙醇
NaOH bleach	氢氧化钠漂白剂
phenol	石碳酸
SH	氢氧化钠
Slaked lime	熟石灰
SNL foam	SNL泡沫
Soda	苏打
Sodium Bicarbonate	碳酸氢钠
Supertropical bleach(STB)	超热漂白剂
修复措施(Remediation)	
Calcium hypochlorite	次氯酸钙
Diatomaceous earth	硅藻土
slaked lime	熟石灰
Sodium Bicarbonate	碳酸氢钠
Sodium hypochlorite	次氯酸钠
Supertropical bleach(STB)	超热漂白剂
Vermiculite	蛭石

续表

部分名词术语中英文对照表	
可溶性（Solubility）	
英文	**中文**
Acetone	丙酮
Alcohols	酒精
Benzene	苯
Carbon disulfide	二硫化碳
CCl_4	四氯化碳
CCl_5	五氯化碳
Chloroform	氯仿
Ether	醚
Fats	油脂
Gasoline	汽油
Hexane	己烷
Kerosene	煤油
Oils	油
Organic solvent	有机溶剂
Toluene	甲苯
清除措施(Removal)	
Granular Avtivated Carbon(GAC)	颗粒状活性炭
Heavy metal salt	重金属盐

※此表为译者所加。——编者注

附录 E

紫外线杀菌照射(UVGI)系统的规格与杀灭率

宽度(cm)	高度(cm)	长度(cm)	紫外线功率(W)	反射率(%)	杀灭率(%)		I_{avg} (μW/cm²)	AvgDir (μW/cm²)
					炭疽孢子	天花病毒		
10	10	20	3	50	4	32	3225	1785
				75	7	43	4599	
				85	8	48	5384	
			11	50	17	76	11825	6545
				75	25	87	16863	
				85	30	91	19740	
	20	40	3	50	4	32	1598	830
				75	7	43	2321	
				85	8	48	2719	
			11	50	17	76	5860	3042
				75	25	87	8511	
				85	32	97	9970	
	40	80	3	50	4	30	732	371
				75	6	40	1053	
				85	7	44	1219	
			11	50	15	73	2685	1359
				75	23	84	3860	
				85	27	88	4469	
20	10	20	6	50	9	54	6346	3757
				75	13	65	8676	
				85	15	70	9961	
			22	50	32	94	23270	13775
				75	44	98	31812	
				85	50	99	36524	

续表

宽度(cm)	高度(cm)	长度(cm)	紫外线功率(W)	反射率(%)	杀灭率(%)		I_{avg} (μW/cm²)	AvgDir (μW/cm²)
					炭疽孢子	天花病毒		
20	20	40	6	50	9	55	3294	1806
				75	14	68	4714	
				85	17	74	5524	
			22	50	33	95	12079	6623
				75	47	98	17284	
				85	54	99	20254	
	40	80	6	50	9	53	1577	820
				75	14	67	2290	
				85	16	73	2683	
			22	50	32	94	5784	3006
				75	47	98	8397	
				85	53	99	9836	
	80	160	6	50	7	48	668	339
				75	11	60	960	
				85	13	66	1111	
			22	50	28	91	2449	1243
				75	41	97	3519	
				85	46	98	4072	
40	10	20	11	50	16	74	11266	7065
				75	21	83	14770	
				85	24	87	16594	
			45	50	54	100	46090	28900
				75	66	100	60421	
				85	72	100	67884	
	20	40	11	50	16	76	5863	3462
				75	23	85	8024	
				85	27	89	9216	
			45	50	56	100	23985	14163
				75	70	100	32824	
				85	76	100	37701	
	40	80	11	50	16	75	2846	1588
				75	24	86	4045	
				85	29	90	4729	
			45	50	55	100	11641	6497
				75	71	100	16548	
				85	78	100	19346	
	80	160	11	50	14	69	1228	655
				75	21	82	1767	
				85	25	86	2063	

续表

宽度(cm)	高度(cm)	长度(cm)	紫外线功率(W)	反射率(%)	杀灭率(%)		I_{avg} (μW/cm²)	AvgDir (μW/cm²)
					炭疽孢子	天花病毒		
40	80	160	45	50	50	99	5024	2681
				75	67	100	7229	
				85	73	100	8440	
	160	320	11	50	11	59	468	244
				75	16	72	667	
				85	19	77	770	
			45	50	41	98	1914	998
				75	56	99	2728	
				85	62	100	3149	
	320	640	11	50	7	46	158	82
				75	10	58	222	
				85	12	62	253	
			45	50	29	92	647	337
				75	41	97	908	
				85	47	98	1037	
	640	1280	11	50	4	32	50	26
				75	6	41	69	
				85	7	45	78	
			45	50	19	79	204	106
				75	27	89	282	
				85	31	92	320	
80	10	20	22	50	19	81	13928	8841
				75	26	89	18106	
				85	29	91	20223	
			90	50	61	100	56978	36167
				75	74	100	74069	
				85	78	100	82729	
	20	40	22	50	20	82	7154	4416
				75	28	90	9553	
				85	32	93	10825	
			90	50	62	100	29268	18066
				75	76	100	39080	
				85	81	100	44285	
	40	80	22	50	19	81	3488	2118
				75	28	90	4770	
				85	32	93	5488	
			90	50	62	100	14268	8664
				75	76	100	19514	
				85	82	100	22451	

续表

宽度(cm)	高度(cm)	长度(cm)	紫外线功率(W)	反射率(%)	杀灭率(%)		I_{avg}(μW/cm²)	AvgDir(μW/cm²)
					炭疽孢子	天花病毒		
80	80	160	22	50	18	78	1573	935
				75	26	88	2189	
				85	30	91	2542	
			90	50	58	100	6437	3825
				75	73	100	8957	
				85	79	100	10399	
	160	320	22	50	15	71	650	373
				75	22	83	909	
				85	25	87	1052	
			90	50	52	99	2658	1527
				75	67	100	3720	
				85	73	100	4304	
	320	640	22	50	11	60	240	134
				75	16	72	334	
				85	18	77	382	
			90	50	41	98	981	547
				75	56	99	1365	
				85	62	100	1564	
	640	1280	22	50	7	46	81	44
				75	10	58	111	
				85	12	62	126	
			90	50	29	92	329	181
				75	41	97	454	
				85	46	98	516	
160	20	40	45	50	21	84	7564	4543
				75	29	91	10183	
				85	34	94	11549	
			180	50	64	100	30254	18172
				75	77	100	40731	
				85	82	100	46194	
	40	80	45	50	21	84	3820	2210
				75	31	92	5302	
				85	36	95	6109	
			180	50	65	100	15278	8842
				75	79	100	21208	
				85	85	100	24438	
	80	160	45	50	21	83	1847	1020
				75	31	92	2639	
				85	37	95	3087	

续表

宽度(cm)	高度(cm)	长度(cm)	紫外线功率(W)	反射率(%)	杀灭率(%)		I_{avg} (μW/cm²)	AvgDir (μW/cm²)
					炭疽孢子	天花病毒		
160	80	160	180	50	64	100	7389	4081
				75	80	100	10558	
				85	85	100	12347	
	160	320	45	50	19	80	839	444
				75	29	91	1223	
				85	35	94	1443	
			180	50	61	100	3355	1776
				75	78	100	4890	
				85	84	100	5771	
	320	640	45	50	16	73	343	177
				75	24	85	500	
				85	29	90	587	
			180	50	54	99	1372	706
				75	71	100	2001	
				85	77	100	2347	
	640	1280	45	50	11	62	126	64
				75	17	75	180	
				85	20	80	209	
			180	50	43	98	503	256
				75	58	100	722	
				85	65	100	835	
320	80	160	90	50	23	85	1994	1040
				75	34	94	2879	
				85	40	96	3364	
			359	50	67	100	7953	4150
				75	83	100	11484	
				85	88	100	13417	
	160	320	90	50	22	85	971	467
				75	35	94	1447	
				85	41	96	1714	
			359	50	67	100	3874	1864
				75	83	100	5773	
				85	89	100	6837	
	320	640	90	50	21	82	442	201
				75	33	93	675	
				85	39	96	809	
			359	50	64	100	1762	802
				75	82	100	2693	
				85	87	100	3225	

续表

宽度(cm)	高度(cm)	长度(cm)	紫外线功率(W)	反射率(%)	杀灭率(%)		I_{avg} (μW/cm²)	AvgDir (μW/cm²)
					炭疽孢子	天花病毒		
320	640	1280	90	50	17	75	181	81
				75	27	88	275	
				85	32	92	327	
			359	50	57	100	721	323
				75	75	100	1097	
				85	81	100	1304	
640	80	160	180	50	24	87	2124	1060
				75	36	95	3068	
				85	42	97	3568	
			719	50	70	100	8485	4236
				75	85	100	12255	
				85	89	100	14252	
	160	320	180	50	25	87	1065	481
				75	38	95	1587	
				85	44	97	1868	
			719	50	71	100	4254	1920
				75	86	100	6341	
				85	91	100	7462	
	320	640	180	50	25	87	520	213
				75	39	95	803	
				85	45	98	959	
			719	50	71	100	2077	849
				75	87	100	3207	
				85	92	100	3832	

附录 F

计算紫外线杀菌照射(UVGI)系统直射辐射平均场强的源程序*

```
// Global variables and arrays
double Average;                         // Average UVGI Intensity
double DirectField[51][51][101];        // Direct Intensity Field
double DistanceMtx[51][51][101];        // matrix of distances to lamp
axis
double PositionMtx[51][51][101];        // matrix of position along
                                           lamp axis
int NUMLAMPS = 1;                  // number of lamps in system (set this
                                      to 1 or more)
double SurfInt[1] = 10000.0;       // Lamp surface intensity for lamp #1,
                                      μW/cm2, (set value)
double arclength[1] = 35.0;             // Lamp arclength for lamp #1,
                                           cm (set value)
double radius[1] = 1.0;                 // radius of lamp # 1, cm (set
                                           value)
                                   // add additional lamps here as neces-
                                      sary


brun(){          // this is the first routine that calls the computa-
                    tional subroutines in C++
                 // Compute the direct intensity field for all lamps in
                    enclosure
                 // and fill the matrix DirectField[][][] with the
                    intensity values at each point
    DirectIntField();
                 // Compute the average intensity
    AverageDirect();
                 // the result, Average, can be printed at this point
                    or output to a file
}
```

* 注释：完整的源程序，包括反射率计算子程序，参见文献 Kowalski (2001)。

```
void DirectIntField()
{       // Computes 50x50x100 UV Intensity Matrix of Direct Intensity
           Field
    int i, j, k, l;
    double tempsum = 0.0, x, paxis, db;
    for (i=0; i<=50; i++){
        db=0.0;
        for (j=0; j<=50; j++){
            for (k=0; k<=100; k++){
                for (l=0; l<NUMLAMPS; l=l+1) {
                        // Compute distance x to lamp axis
                    x = Distance(i,j,k,l);
                    DistanceMtx[i][j][k]=x;
                        // Compute position on lamp axis
                    paxis = fabs(Position(i,j,k,l));
                    PositionMtx[i][j][k]=paxis;
                        // Is it within lamp arclength?
                    if (paxis < arclength[l]){
                        // Compute Intensity within Lamp arclength
                        tempsum = Intensity(SurfInt[l],arclength[l]
                                  radius[l],x,paxis);
                    }
                    else {       // Compute Intensity beyond Lamp end
                       db = paxis-arclength[l];
                       tempsum = IBeyondEnds(SurfInt[l],arclength
                                  [l],radius[l],x,db);
                    }
                       // Add intensities for all lamps
                    DirectField[i][j][k] = DirectField[i][j][k] +
                                           tempsum;
                    tempsum = 0.0;
                }
            }
        }
    }
}


double Distance(int i, int j, int k, int l)
{        //  Compute shortest Distance to Lamp Axis
    double xi, yj, zk;
    xi = i;
    yj = j;
    zk = k;
    double x = xi*xincr;
    double y = yj*yincr;
    double z = zk*zincr;
    double dist = PointLine(x, y, z, l);
    return dist;
}


double PointLine(double x, double y, double z, int l)
{             //  Compute Distance from a Point to a Line (lamp axis)
        double x1=x-lampx1[l];
        double y1=y-lampy1[l];
        double z1=z-lampz1[l];
```

```
        double x2=lampx2[l]-lampx1[l];
        double y2=lampy2[l]-lampy1[l];
        double z2=lampz2[l]-lampz1[l];
        double dist, DotProd, a;
        double p1=x1*x1+y1*y1+z1*z1;
        double p2=x2*x2+y2*y2+z2*z2;
        if (p1*p2>0){
            DotProd = (x1*x2+y1*y2+z1*z2)/sqrt(p1*p2);
            a = acos(DotProd);
            dist=fabs(sin(a))*sqrt(p1);
        }
        else {
            dist = 0;
        }
    return dist;
}


double Position(int i, int j, int k, int l)
{           // Compute Position along lamp axis
        double xi, yj, zk, p1, p2, posit, p3, p4, a, x;
        double DotProd, y, z, x1, y1, z1, x2, y2, z2;
        double pc, pa, pd, p5, posit1, posit2;
        xi = i;
        yj = j;
        zk = k;
        x = xi*xincr;
        y = yj*yincr;
        z = zk*zincr;
        posit = 1;
        x1=x-lampx1[l];
        y1=y-lampy1[l];
        z1=z-lampz1[l];
        x2 = lampx2[l]-lampx1[l];
        y2 = lampy2[l]-lampy1[l];
        z2 = lampz2[l]-lampz1[l];
        p1 = x1*x1+y1*y1+z1*z1;
        p2 = x2*x2+y2*y2+z2*z2;
        pc = x1*x2+y1*y2+z1*z2;
        pa =p1*p2;
        if (pa>0){
            DotProd = pc/sqrt(pa);
            a = acos(DotProd);
            posit1 = cos(a)*sqrt(p1);
        }
        else {
            posit1 = 0.000001;
        }
        x1=x-lampx2[l];
        y1=y-lampy2[l];
        z1=z-lampz2[l];
        x2 = lampx1[l]-lampx2[l];
        y2 = lampy1[l]-lampy2[l];
        z2 = lampz1[l]-lampz2[l];
        p3 = x1*x1+y1*y1+z1*z1;
        p4 = x2*x2+y2*y2+z2*z2;
        pd = x1*x2+y1*y2+z1*z2;
        p5 =p3*p4;
```

```
        if (p5>0){
            DotProd = pd/sqrt(p5);
            a = acos(DotProd);
            posit2 = cos(a)*sqrt(p3);
        }
        else {
            posit2 = 0.000001;
        }
        posit = max(posit1,posit2);
    return posit;
}


double Intensity(double IS, double arcl, double r, double x, double l)
{               // Compute Intensity Field
                // IS=Surface Intensity, arcl=arclength, r=radius,
                // x=distance from axis, l = distance along axis
        double intense;
        double VF, VF1, VF2;
                // Compute VF Lamp segment 1
         VF1 = VFCylinder(l,r,x);
                // Compute Lamp segment 2
         VF2 = VFCylinder(arcl-l,r,x);
                // Total VF for Lamp
         VF = VF1 + VF2;
                // Compute intensity at the point
         intense = IS*VF;
         return intense;
}


double IBeyondEnds(double IS, double arcl, double r, double x, double
db )
{               // Compute Intensity field beyond the ends of the lamp
                // IS=Surface Intensity, arcl=arclength, r=radius
                // x=distance from axis, db=distance beyond lamp end
        double intense;
        double VF, VF1, VF2;
                // Compute Lamp + Ghost Lamp segment
         VF1 = VFCylinder(arcl+db,r,x);
                // Compute Ghost Lamp segment
         VF2 = VFCylinder(db,r,x);
                // Compute Lamp VF
         VF = VF1 - VF2;
                // Compute intensity at the point
                // use absolute value since near zero values may be
                   negative
         intense = fabs(IS*VF);
         return intense;
}


double VFCylinder(double l, double r, double h)     // View Factor #15
per Modest 1993
{               // l=length, r=radius, h=height above axis
        double H, L, X, Y, p1, p2, p3, VF;
```

```
        if (h<r) h=r+0.000001;  // Not inside lamp
        H = h/r;
        L = l/r;
        if (L==0) L=0.000001;
        if (H==1) H=H+0.000001;
        X = (1+H)*(1+H)+L*L;
        Y = (1-H)*(1-H)+L*L;
                  // Compute Parts of View Factor
        p1 = atan( L/sqrt(H*H-1) )/L;
        p2 = (X-2*H)*atan( sqrt( (X/Y)*(H-1)/(H+1) ))/sqrt(X*Y);
        p3 =  atan( sqrt((H-1)/(H+1)) );
        VF = L*(p1+p2-p3)/(Pi*H);
        return VF;


}



double AverageDirect()
{     // compute average intensity field
    double total = 0;
    double Avg = 0;
    for (int i=0; i<=50; i++)
        for (int j=0; j<=50; j++)
            for (int k=0; k<=100; k++)
                total = total + DirectField[i][j][k];
    Average = total/(51*51*101);
    return Avg;
```

术 语 表

ACH

换气次数： 每小时换气次数，每小时房间内空气被置换的次数。

Actinomycetes

放射菌类： 细丝中能生长菌丝的一组革兰阳性细菌。

Adsorption

吸附： 就像炭吸附一样，在范德瓦尔力的作用下，分子吸附到表面的过程。

Aerobiological engineering

大气生物工程学： 通过应用空气消毒或空气洁净技术来控制空气中的微生物或室内与微生物相关的空气质量的室内空气环境工程。

Aerobiology

空气生物学： 关于空气传播的生物物质的研究。

Aerosol

气溶胶： 悬浮于气体或空气中的细小液滴或固体颗粒，例如雾和烟。

Aerosolizer

烟雾器： 可以产生悬浮在空气中的细小液滴或固体颗粒物的装置。

Aerosol toxicity

气溶胶毒性： 空气中气溶胶化制剂的毒性。

Aflatoxin

黄曲霉毒素： 有毒的真菌代谢物。

After-hours UVGI system

非工作时间内紫外线杀菌照射系统： 只能在没有人员的场合使用的紫外线杀菌照射(UVGI)区域消毒系统。

Agglomeration

凝聚： 空气中颗粒的聚集。通常是由于静电力的作用或分子力。

AHU

空气处理机组： 通常包括风机、过滤器、冷盘管、热盘管和控制阀门。也可能包含空气消毒装置。

Air sampling

空气采样： 吸取一部分空气样本用来识别空气中的化学物质和微生物。

Amphotericin B

两性霉素 B： 一种用于真菌感染的抗生素。

Amplifier

放大器： 由于潮湿、霉菌生长或其他问题，使得室内空气中微生物组分放大的建筑物。

Anthrax

炭疽热：由炭疽杆菌孢子引起的传染病。

Antibiotic

抗生素：抑制微生物生长或杀死微生物的物质。

Antibody

抗体：免疫系统产生的免疫球蛋白以适应抗原的出现。

Antimicrobial coatings

抗菌涂层：可以抑制微生物在表面生长的众多化合物中的任何一种。

Antiseptic

抗菌剂：用来杀菌消毒的化学物质。

Antisera

血清：血液中包含对抗致病因素的抗体的液体部分。

Antitoxin

抗毒素：一种可以与微生物毒素相结合并抑制其作用的抗体。

Arclength

灯丝长度：管状或柱状灯的灯丝长度，与灯本身的长度不同。

Asymptomatic

无症状的：虽然已经感染但并无明显症状的情况。

Atomization

雾化：将液体或固体分散至气溶胶状态。

Atropine

阿托品：用作为神经性毒剂解毒剂的化合物。

Average intensity

平均强度：紫外线在表面上的平均辐照度或单位体积的平均积分通量率。

Axial flow

轴流式：紫外线杀菌照射系统的一种设置形式，灯管方向与气流的方向相平行。

BACnet

建筑自动控制网络协议：用于建筑自动化系统的互联网协议。

Bacteria

细菌：单细胞有机体，以细胞分裂的方式进行繁殖，会导致人员、植物、动物患病。

Bactericidal

杀菌的：有杀死细菌的能力。

Bacteriostatic

抑菌的：有阻止细菌生长的能力。

BAL

抗路易氏剂药(二巯基丙醇)：糜烂性毒剂路易氏剂的解毒剂。

BAS
建筑自动化系统。
Bell curve
钟型曲线：一种正态或高斯分布曲线。
Biaxial
双轴的：在两个位置有独立轴，就像杀菌灯有两个连在一起的圆柱形截面，每个都有各自的轴。
Binary chemicals
二元化学品：两种前体化学物质，在混合时能形成化学毒剂。
Biochemicals
生化制品：由活的生物组成或产生的化学物质。
Biocidal
杀生的：有杀死生物体的能力。
Biodetection
生物检测：生物制剂，如微生物或毒素的检测过程。
Biological warfare
生物战：有目的地将生物制剂用作为武器，来杀伤人员、生物、植物或毁坏设施。
Biological weapon agents
生物毒剂：活的有机体或它们的衍生物会使人员、生物、植物生病或致使材料损坏。
Bioregulators
生物调节剂：自然产生用来调节身体机能的生物化学物质。身体产生的生物调节剂定义为“内生的”。也可以用化学方法合成一些相同的生物调节剂。
Bioremediation
生物治理：生物制剂的去除或降解。
Biosafety level
生物安全等级：已经建立了4个生物安全等级，从最不危险的(Ⅰ)级到最危险的(Ⅳ)级。他们对防护服、设备、设施和微生物的处理都有特殊的要求。
Biosensor
生物传感器：生物制剂传感器就是在固体基片上固定敏感制剂来监视代表反应的变化是否发生。
Blastomycosis
芽生菌病：皮炎芽生菌(Blastomyces dermatitidis)引起的全身感染。
Bleaching agents
漂白剂：用于漂白的溶液，例如氢氧化钠，可以用来净化表面。
Bleaching powders
漂白粉：干的漂白剂经常用来吸收溢出的化学物质。
Blister agents

糜烂性毒剂：使皮肤糜烂的物质。 通过液体或蒸汽和任何暴露的组织接触(眼睛、皮肤、肺)引起中毒。

Blood agents

血液性毒剂：通过阻碍人体细胞呼吸造成人体伤害的物质(氧气和二氧化碳在血液和组织间的交换)。

Botulism

波特淋菌中毒：由肉毒杆菌(Clostridium botulinum)产生的肉毒杆菌毒素所导致的一种食物中毒。

BRI

建筑相关疾病(Building-related illness)。

Brownian motion

布朗运动：由空气分子振动引起的空气中颗粒的无规则运行。

BSL

生物安全等级(Biosafety leve)。

Bubonic plague

淋巴腺鼠疫或黑死病：见鼠疫(Plague)。

BW agent

生物毒剂。

Capsule

胶囊：包围在细菌或病毒周围的有机材料。

Carbon adsorber

炭吸附器：采用颗粒状活性炭(GAC)，并用于吸附气体或蒸汽的过滤器。

Casualty

伤亡：由化学毒剂造成的人员失能，或者由生物毒剂造成的人员感染。与死亡(Fatality)并不完全一样。

Casualty agents

伤害制剂：可以造成人员失能、严重伤害或死亡的有毒制剂。可以导致受害人失能或死亡。

Catalyst

催化剂：可以用来加速化学反应，而本身并无消耗的物质。

CDC

美国疾病控制及预防中心(Centers for Disease Control and Prevention)的缩写，坐落于美国佐治亚州的亚特兰大。

Central nervous system depressants

中枢神经系统镇静剂：主要功能是抑制或妨碍中枢神经系统活性的化合物。主要的精神作用是思考的能力被破坏，镇静和没有活力。

Central nervous system stimulants

中枢神经系统兴奋剂：主要功能是给予大脑过多的信息使它无法承受。主要的精神作用是无法集中思想，没有决断能力且没有实行持续的，有目的行为的能力。

CFD

计算流体力学(Computational fluid dynamics)。

Cfu

菌落形成单位(Colony-forming unit，Cfu)：实际意义和一个细菌或一个孢子相同，这取决于背景说明。在细菌或真菌的培养皿中，菌落是由一个单独的微生物繁殖形成的；因此，1cfu 表明曾经有一个最初的微生物在培养皿中出现。类似的还有空斑形成单位(Plaque-forming unit)，该单位用于病毒的计数。

Chemical agent

化学制剂：一种化学物质，有目的的用于军事行动中，利用其引发的生理效应导致人员死亡、严重伤害或者失能。

Chloramphenicol

氯霉素：一种广泛应用的广谱抗生素。

Choking agents

窒息性毒剂：会造成肺部物理损伤的物质，暴露途径为吸入。在极端情况，会导致隔膜涨大、肺部充满液体。因为缺氧会导致死亡，因此受害者的症状为窒息。

Cholera

霍乱：由霍乱弧菌(Vibrio cholerae)引起的一种急性传染性肠炎。

Clumping

结块：微米级的粒子凝聚的趋势。

CNS

中枢神经系统(Central nervous system)。

Coccidioidomycosis

球孢子菌病：厌酷球孢子菌(Coccidioides immitis)引起的真菌疾病。

Coefficient of variation (COV)

变异系数：一个定义粒径的对数正态分布的分布常数。标准差除以平均值。

Cold zone

安全区域：控制危险泄露或紧急事故的指挥所和支援功能部门所在的地方。也被称为“洁净区”或“支援区”。

Combustible

易燃的：闪点高于 60.5℃(141℉)。

Commensal

共生物：与另一种有机体共生的任何微生物，这是为了他们共同的利益或者对他们都没有损害。人体胃里面的细菌在保护我们免受病原体侵害的同时也会辅助消化。

Communicable

可传染的：可以从一个被感染的宿主传播到另一个，一般是通过接触、空气扩散或其他机理。

Constant volume system

定风量系统：风量恒定的通风系统。

Contagious

可感染的：可传染的。一种疾病可以从一个人传播到另一个人。

Control dampers

控制阀门：通风系统中的机械阀门用来隔绝或控制气流。

Control system architecture

控制系统结构：在控制系统设计之后的逻辑。

Control systems

控制系统：用于控制机械系统比如通风系统的电气、电子或数字系统。

Crossflow

交叉流：紫外线杀菌照射(UVGI)的一种结构形式，气流方向与紫外线(UV)灯的轴相垂直。

Culture

培养：大量微生物在一个媒介例如皮氏培养皿中生长。

Cutaneous

影响(感染)皮肤的：皮肤的或属于皮肤的。

CW agent

化学毒剂。

CWC

禁止化学武器公约。

CWC Schedule

禁止化学武器公约清单：清单中提供了化学毒剂的分级，从最危险的(Ⅰ)级到最不危险的(Ⅲ)级。

Cyanobacteria

蓝细菌：大量的光合作用细菌。

Cytotoxic

细胞毒素的：会伤害细胞或使细胞致死。

Cytotoxin

细胞毒素：对细胞有特殊作用的毒素，不论是人类或细菌。

Dalton

道尔顿：原子质量单位，与原子重量量级相同。

Death curve

死亡曲线：暴露在杀菌因素中的微生物的衰亡曲线或生存曲线。

Decay curve

衰亡曲线：在杀菌因素中微生物种群的衰亡。

Decontamination

净化(去污、洗消)：从被污染的区域或人那里吸收、破坏、中和、去除有毒制剂或使之无害的过程。

Dedicated outdoor air systems

独立新风系统： 通风系统采用100%新风来满足最小新风需求。

Dehumidification

除湿： 通过多种方法降低相对湿度来干燥空气。

Desiccant

干燥剂： 从空气中吸收水分的物质，可以降低湿度。

Desiccant cooling

去湿冷却： 干燥剂和蒸发式冷却器的联合使用，用来冷却或降低气流的焓。

Detect-to-alarm

检测－报警： 一种在接受到正的检测信号时报警的控制系统结构。

Detect-to-isolate

检测－隔离： 一种在接受到正的检测信号时对建筑或通风系统进行隔绝的控制系统结构。

Detect-to-treat

检测－医治： 用充足的时间检测生物药剂以确保暴露在其中的病人能够接受治疗的控制系统结构。

Diffusion

扩散： 通过气体或固体材料的分子运动。

Dilution ventilation

稀释通风： 通过使空气与清洁的空气或新风混合进行净化。一般的通风系统使用新风进行稀释。也称为全面通风。

Dioctyl phthalate(DOP)

邻苯二甲酸二辛酯： 一种雾化的油滴用来检测过滤器渗透。

Disease progression curve

疾病发展曲线： 反映疾病的症状随时间的严重程度的图表。

Disinfection

消毒： 有杀灭细菌或病毒的作用，彻底的消毒就是灭菌(Sterilization)。

DOAS

独立新风系统。

DOP

邻苯二甲酸二辛酯： 一种实验用气溶胶或模拟剂。(DOP是塑料工业中一种常见的增塑剂，也是一种常见的清洁剂。(在高效过滤器的性能试验中常用0.3μm粒径的DOP液滴做粒子测量过滤效率，得出的过滤率称为“DOP效率”。—译者注)

Dose－response curve

剂量反应曲线： 剂量与死亡或伤亡间的关系，或者是任何特殊制剂的剂量与感染间的关系。

Dosimetry

剂量测定： 测定剂量的科学方法。

Droplet nuclei

飞沫核：在飞沫蒸发后继续留在空中的直径在1—4μm的小颗粒。

DS2

2号净化溶液。

DSP

比色法效率。过滤器的分级系统。

Dysentery

痢疾：由结肠或肠道其他部位发炎导致的疼痛和频繁大便。

E. Coli

大肠杆菌：一种常用的实验用微生物或病原体模拟剂。

Edema

浮肿：细胞或组织中液体的过量积聚。

EEE

东部马脑炎病毒。

Electret

驻极体过滤器：利用静电或电荷提高效率的过滤器。

Electrostatic filter

静电过滤器：维持静电荷来提高效率的过滤器。

Emergency systems

应急系统：在紧急事件时工作的系统，例如新风清洗系统或二级空气净化设备。

Endemic disease

地方病：在特定人群或地理位置很常见的病。

Endogenous

内生的：个体自身产生的。

Endogenous infection

内生的感染：由个体自身的微生物群导致的感染。

Endotoxin

内毒素：某种革兰氏阴性细菌产生的毒素。

Energy recovery

能量回收：利用热交换器来传递热量。

Enterotoxin

肠毒素：对肠黏膜细胞有特定作用的毒素。

Epidemic

流行病：疾病大范围的暴发。

Epidemiology

流行病学：研究疾病在人群中传播的影响因素的学科。

Epizootic

动物流行病(兽疫)：在动物中迅速暴发的疾病。

ePTFE

膨体聚四氟乙烯。

Erythema

红斑：由于细胞损坏导致的皮肤变红。

Exotoxin

外毒素：由某种细菌产生并释放到周围环境中的毒素。

Exposure time

暴露时间：一种微生物处于紫外线或臭氧等杀菌环境中的时间。

Fine water spray

细水雾：喷洒水雾用来驱散蒸汽云团。

Fixed-point gas monitoring

定点气体监测：在固定地方布置气体传感器。

Fomites

污染物：残留在表面或身体某部分上的颗粒或液滴，包含了活体传染性的微生物，可以传播疾病。

Food-borne pathogens

食物传播型病原体：可以在食品中生长或存活的病原微生物。

Food poisoning

食物中毒：通常是因为食用了含有能产生毒素的细菌或食物传播病原体的食品。

Fuller's earth

漂白土：含有高岭土和其他化合物的材料用于吸收溢出的化学物质。

Fungi

真菌：任何真核状态的有机体，以没有叶绿素和维管组织(Vascular tissue)为主要特征。从小到霉菌的单细胞微生物到大如蘑菇的植物形态都是属于真菌。

GAC

颗粒状活性炭：用于炭吸附器。

Gamma irradiation

伽马照射：用电离的伽马辐射来进行材料灭菌消毒。

Gas phase filtration

气相过滤：炭吸附器一类的设备，用来去除空气中的有害气体。

Gastroenteritis

肠胃炎：一种胃壁的急性炎症。

Gastritis

胃炎。

GE

基因工程。

Genome

基因组：在细胞或病毒中出现的一组完整基因。

Genus

属：明确定义的一个或多个物种的群体。

Germination

出芽：真菌从孢子状态开始成长。

Gompertz curve

龚珀兹曲线：在自然过程和电子过程中常见的 S 形的曲线。

Gram stain

革兰氏染色剂：一种染色鉴别过程，可将细菌分为革兰氏阴性和革兰氏阳性两组。

G-series nerve agents

G 类神经性毒剂：1930 年左右发明的具有中等到高度毒性的化学毒剂。例如，塔崩(GA)、沙林(GB)、索曼(GD)和环基沙林(GF)。

Hazard zones

危险地带：美国交通部(DOT)对化学品释放的危险等级。

Hazard zones A

半数致死浓度 LC_{50}小于或等于 200ppm。

Hazard zones B

半数致死浓度 LC_{50}在 200ppm 至 1000ppm 之间。

Hazard zones C

半数致死浓度 LC_{50}在 1000ppm 至 3000ppm 之间。**Hazard zones D**

Hazard zones D

半数致死浓度 LC_{50}高于 3000ppm。

HAZMAT teams

危险品处理小组：控制和清除危险化学物品泄漏方面训练有素的专家。HAZMAT 是"危险品"(hazardons materials)的缩写。

Hemolysis

溶血：红血球的破坏。

HEPA filter

高效过滤器：对于粒径为 0.3μm 的粒子，过滤效率等于或高于 99.97% 的过滤器。其效率分级的试验方法为 DOP 法，这与高效率的过滤器(High - efficiency filters)有所不同。

Herd immunity

群体免疫：通过人群中大部分人的免疫来阻止传染性微生物在人群中的传染和扩散。

High - efficiency filters

高性能过滤器：在比色法测试时，额定效率≥20%的过滤器。这个范围通常不包括滤尘器、预滤器、高效(HEPA)过滤器、超高效(ULPA)过滤器。额定 MERV 效率级别(最低试验效率)可能在 6 - 16 级之间。

Histoplasmosis

组织胞浆菌病：由荚膜组织胞浆菌(Histoplasma capsulatum)引起的全身性真菌感

染。

Host

宿主：被另一种有机物，特别是微生物，用做避身处和食物的植物或动物。有时这可能是一种共生关系，但一般来说这是一种寄生关系，主体只能受损失。

Hot zone

热区：紧靠危险物质溢出或泄漏事故发生地点的周围区域。也被称做“封锁区”(Exclusion zone)或“受限区”(Restricted zone)。

IAQ

室内空气品质。

ID_{50} mean infectious dose

半数感染剂量 ID_{50}：导致暴露人群中 50%的人员感染的微生物剂量或数量。只适用于微生物，不适用于毒素或化学武器。单位一般用微生物数量来定义，或者更准确一点，取每立方米的菌落形成单位的数量(cfu/m^3)。

Immiscible

不融合的：不能与水轻易混合的物质。

Immune building

免疫建筑：一个建筑在工程上有能力阻止或防止疾病的传播或化学毒剂的传播。

Immunocompromised

免疫力缺乏：可能是由于健康问题或受到伤害的原因，使人体对疾病的免疫能力降低的情况。

Immunodeficiency

免疫缺陷：不能抵抗疾病的状态。在抵抗抗原时不能产生正常的抗体。

Immunosuppression

抑制免疫反应：免疫系统反应能力的减弱使人体更容易感染疾病。

Impaction

惯性效应：颗粒与过滤器纤维的碰撞导致附着的效应。

Impregnated carbon

浸渍炭：增加了化合物的炭吸附器材料，对特殊的化学物质有较高的吸附率。

Incapacitating agent

失能性毒剂：可以产生生理或心理作用，或者同时有作用的制剂，在接触后效果可能持续几小时或几天，使受害者不能从事正常的体力或脑力劳动。

Incubation

潜伏期：病原体生长繁殖从而导致感染的时间。使细菌在理想的环境中繁殖，促使菌落生长的过程。

Infectious agents

传染性制剂：生物制剂，可以导致易感宿主患病。

Infectious period

传染期：被感染的人能够传染疾病的阶段。

Infectivity

传染性：(1)生物体传播扩散的能力；(2)使第二宿主体感染所需要的生物体数量；(3)某种生物体在一个感染地点扩散并使宿主生物患病的能力。传染性也可以认为是导致感染所需的生物体数量。

Inoculation

接种：皮下疫苗的使用。也可以是在培养皿中开始培养的过程。

Interception

拦截效应：当颗粒与过滤器纤维间的距离近到可以相互接触时，颗粒吸附到纤维上的过程。

Inverse square law

平方反比定律：光线或辐射强度与距离平方成反比关系下降的一个简单描述。

Ionization

电离：使电子脱离原子产生离子的过程。

Ionizing radiation

电离辐射：短波辐射，或高能量使原子失去电子或成为离子的过程。

Irradiance

辐照度(辐射通量密度)：入射在平面上的辐射密度。

Isolation room

隔离室：可以控制压力来防止微生物病原体进出的房间。可以是加正压或负压，取决于房间的功能。

Kill zone

杀灭区：病原体被消灭的区域或容积。通常与紫外线杀菌照射有关。

LC_{50}

半数致死浓度 LC_{50}：空气中的化学制剂浓度可以使处于其中的50%的人员死亡。对微生物和毒素不适用。单位可以是 $mg \cdot min/m^3$ 或 mg/kg。前一个单位代表了处于其中的时间，后一个单位代表吸收、吸入、注射或摄食的剂量。

$L(Ct)_{50}$

半数致死浓时积 $L(Ct)_{50}$：根据浓度和暴露时间定义的剂量。

Line - source delivery system

线源释放系统：生物毒剂的一种释放系统，生物制剂从线性排列的一组毒剂罐中释放出来，或者由地面或空中的运载工具按照与主流风向相垂直的方向直线运动并释放毒剂。这种系统用于扩大被污染区域。

LD_{50}

半数致死剂量：导致暴露人群中有50%的人员死亡的剂量或微生物数量。用于微生物、毒素或化学武器。对于微生物，单位是微生物数量(或 cfu/m^3)。对于毒素和化学物质，单位可以是 $mg \cdot min/m^3$ 或 mg/kg。前一个单位代表了暴露剂量，后一个单位代表吸收、吸入、注射或摄食的剂量。

LD_{LO}

通常指最低的致命剂量。

Legionnaires' disease

军团病： 嗜肺军团杆菌(Legionella pneumophila)引起的肺部感染。

Lethality curve

致死曲线： 对应于人员死亡率的剂量反应曲线。

Light pipes

光导管： 用来传导光或辐射的软管。

Liquid agent

液体毒剂： 处于液态的化学毒剂。有时是处于液态的压缩气体。

Logarithmic decay

对数衰减： 生物群体处于致命环境中时的典型衰亡曲线。

Logmean

对数平均： 任何量的对数取平均，例如微生物的粒径。

Lognormal

对数正态： 一种分布形式，某些因素，例如，尺寸的对数成正态分布(例如，形成钟型分布曲线)。这是所有微生物和微米级的颗粒粒径的特征分布形式，对于这种分布较小尺寸颗粒的数目更多。这种分布的标准差不是常数，而是变异系数的函数。

Mean diameter

平均粒径： 大量微生物或颗粒的平均直径。

Mean disease period

平均疾病期： 任何疾病出现症状的平均时期。

Mean infectious period

平均传染期： 传染性疾病具有传染性的平均时期。

Media velocity

过滤速度： 通过折叠过滤器介质的实际速度，与通过滤筒的面风速相对。

MERV

最低试验效率： 基于 ASHRAE 标准 52.2－1999 的过滤器分级系统。过滤器被分为 MERV 1(最低)至 MERV 16(最高)的 16 个等级。

Microbe

微生物： microorganism 的同义词。

Microemulsions

微乳液： 水、油、表面活性剂(Surfactant)和助表面活性剂(Cosurfactant)的混合物，具有均匀混合的特性，可以溶解化学毒剂。

Microorganism

微生物： 只能用显微镜观察的任何有机体，例如细菌、病毒、真菌和原生动物(Protozoa)。

Mildew

发霉： 定义为霉菌在纤维或纺织品上生长。

Miscible

易混合物：容易与水混合的物质。

Mist

薄雾：液滴的悬浮。经常通过雾化或蒸汽凝结的方法获得。

Mold

出霉：真菌在干燥或潮湿的环境中生长的形式。当生长在纤维或纺织品上时，称为发霉(Mildew)。另一种生长形式是发酵(Yeast)，发生在溶液或主体被感染的时候。

Morbidity

病态：由于疾病不再健康或失去活力。

Multihit model

多击模型：微生物群体的衰退模型，用来说明肩部曲线。

Multizone

多区：被分隔为单独的通风区域。

Mycoplasma

支原体：柔膜体纲(Mollicute)的细菌，没有细胞壁。

Mycosis

霉菌病：由真菌引起的疾病。

Mycotoxin

毒枝菌素：真菌产生的毒素，例如T-2毒枝菌素(T-2 mycotoxin)、黄曲霉毒素(Aflatoxin)或赭曲霉素(Ochratoxin)。

Natural ventilation

自然通风：不使用动力设备的通风。

Nebulizer

喷雾器：可以产生细雾或气溶胶的设备。

Nerve agents

神经性毒剂：干扰中枢神经系统的物质。主要暴露途径是通过与毒剂接触(皮肤和眼睛)，其次是吸入其蒸气。神经性毒剂的主要症状是瞳孔缩小、剧烈头痛和胸部剧烈紧缩感。

Neurotoxin

神经毒素：破坏神经组织的毒素。

Nonpersistent agent

非持久性毒剂：在释放10-15min后不再具有造成人员伤亡的能力的毒剂。

Normal distribution

正态分布：也称高斯分布，数据可以描绘成钟型曲线。

Nosocomial

医院的：在医院内发生的感染。

Open-air lethality

室外致命性：毒剂在户外的致命性。

Organism

生物体：任何单独的生物，不论是动物或植物。

Organophosphorous compound

有机磷化合物：含有磷和炭元素的化合物，生理学的作用包括抑制乙酰胆碱酯酶。

Overload attack

过量袭击：毒剂使用量远远超过杀死全部人员所需剂量的袭击方式。

Ozonation

臭氧处理：用臭氧对空气或水进行消毒。

Ozone

臭氧：氧的一种具有腐蚀性的形式，由三个氧原子组成。

Parasite

寄生虫：一种生物生存在另一种生物中或利用另一种生物，但却没有任何有益的回报。

Passive release

被动式释放：不使用分散设备，而通过泼洒、播撒或其他的方法导致的药剂释放。

Passive solar exposure

被动式阳光照射：用太阳辐射对表面和材料进行消毒。

Pathogen

病原体：可以导致疾病或引发感染的生物体。

Pathogenic agents

致病毒剂：可以导致严重疾病的生物毒剂。

Pathogenicity

致病性：病原体可以导致疾病的能力。某种微生物危害人体健康的程度。

Pathology

病理学：对于疾病的研究或特殊疾病的研究课程。

PCO

光催化氧化。

Peak infection period

传染高峰期：对于任何一种传染病，宿主具有传染性的平均时期。

Penetration

穿透率：颗粒或微生物穿透过滤器的数量比率。过滤效率的补数。穿透率(%)=100－过滤效率(%)。

Penicillins

青霉素：有效对抗革兰氏阴性菌的一组抗生素。

Percutaneous agent

皮肤吸收型毒剂：可以通过皮肤被身体吸收的毒剂。

Persistent agent

持久性毒剂：在释放后相当长的一段时间内保持其杀伤效果的毒剂。被认为是长期的危害。

Pfu

空斑形成单位： 用来衡量培养中出现的病毒数量，与菌落形成单位(Cfu)相类似。

Photocatalytic oxidation

光催化氧化： 一种将涂有二氧化钛的材料置于可见光或紫外线下照射，从而对挥发性有机化合物(VOCs)和生物毒剂产生氧化作用的技术。

Physical security

实体安全： 采用机械设备，比如上锁或加栅栏，以保障安全。

Plague

鼠疫： 一种由耶尔森氏鼠疫杆菌(Yersinia pestis)引起的剧烈、发热的传染性疾病。

Plug flow

活塞流： 房间内的一种气流组织形式，空气以活塞的方式从房间一边流动到另一边。

Pneumonia

肺炎： 在肺里面出现过量液体。可能是某种病原体造成的。

Point-source delivery system

点源释放系统： 生物毒剂从固定的位置被释放出来的释放系统。这种释放方法的覆盖范围小于线源释放系统。

Potable water

饮用水： 清洁的可以饮用的水。

Prefilters

预滤器： 应用在紫外线杀菌照射系统(UVGI)、炭吸附器和高效率的过滤器等其他空气净化设备之前的过滤器。典型的预滤器一般是滤尘器或者比色法效率为25%的高效率的过滤器。

Protective clothing

防护服： 呼吸和身体防护。定义为4个等级：A级——自给式呼吸器(SCBA)和完全密封且不透气的衣服；B级——SCBA和有头罩的不透气衣服；C级——全面式或半面式呼吸器和有头罩的不透气衣服；D级——全身覆盖但没有呼吸保护。

Protozoa

原生动物： 用显微镜才能看见的多细胞动物。这些微生物有时可能与人体疾病有关。

Pulmonary edema

肺水肿： 肺部过量液体的积聚。

Pulsed filtered light

脉动滤波光： 脉动的白光，将紫外光谱过滤掉。

Pulsed-light disintegration

脉动光分解：脉动光的超高能量等级对细菌细胞的分解作用。一种不依赖于紫外线的分解现象。

PWL

脉动白光。

Q-fever

寇热病：伯氏考克斯体(Coxiella burnetii)引起的急性人畜共患病。

Radiation view factor

辐射视界系数：定义了辐射面发射的辐射量和被另一表面所吸收辐射量的数值。

Radiological

放射性的：包含有放射性物质的。

Recirculation

再循环：通过通风系统，使气流经过处理或不加处理的重新返回建筑内部。

Relative risk

相对风险：某幢建筑相对于其他建筑物而言遭受生化恐怖袭击的风险。

Remediation

修复：对暴露于生化毒剂、霉菌或其他危害中的区域进行清洗或洗消的过程。

Retrofit

翻新：为一个现有系统增加新的部件。

Route of exposure

暴露途径：人与毒剂或微生物接触的途径，例如通过呼吸、摄食或皮肤接触。

Second stage

第二阶段：微生物群体的衰亡曲线在第一阶段之后部分。通常是由那部分对灭菌因素有抵抗力的微生物所造成的结果。

Sensitive information

敏感信息：可能危及免疫建筑安全的任何信息。

Septicemia

败血病：与血液中出现的病原体密切相关的疾病。

Sheltering in place

就地避难：利用建筑物的某个区域来抵御生化恐怖袭击。

Simulant

模拟剂：为了测试的安全，用来模拟病原体微生物的通常无害的微生物，或者用来模拟化学毒剂的无害的化学物质。

Single-cell protein

单细胞蛋白质：从养殖的藻类、真菌和细菌中获取的富含蛋白质的物质，一般作为食物或动物饲料。

Sorbent

吸附剂：用来吸收化学毒剂的任何物质。

Spore

孢子：微生物一种类似于植物种子的形态，一些微生物用它来作为再生机制，或者作为抵抗不利的外界环境的屏障。孢子是处于睡眠状态的，没有任何生物活动，趋向于抵抗致死因素。当湿度和温度条件适宜时，它们恢复活动，或生长。

Standard deviation

标准差：正态分布或钟型曲线的一个参数，表明曲线的离散程度。

Streptomycin

链霉素：由灰色链霉菌(Streptomyces griseus)产生的抗生素。

Sudden release

突然释放：大量生化毒剂突然或在较短时间内释放出来。

Supertropical bleach

超热漂白剂：设计用来洗消化学毒剂特别是G类毒剂的漂白剂。是93%次氯酸钙和7%的氢氧化钠的混合物。

Surfactants

表面活性剂：可以溶解化学毒剂的物质，可以将化学毒剂转换成可被消毒的溶液。

Tear gas agents

催泪瓦斯毒剂：有刺激或导致人员失能作用的毒剂，这种作用在停止使用后几分钟内迅速消失。

Tetanus

破伤风：破伤风杆菌(Clostridium tetani)引起的常常会致命的一种疾病。

TIH

有毒物吸入危害。

Total arrestance

计重法效率：过滤器的分级系统，用于测量在很宽粒径范围内微粒的总去除效率。

Toxicity

毒性：一定量的毒剂对活体生物所产生的伤害效果的计量单位。毒剂的相对毒性可以用杀死实验用动物所需毒剂的毫克数与实验用动物的体重千克数的比。

Toxigenic

产生毒素的：含有或者可以产生毒素的。

Toxins

毒素：生物产生的有毒物质。包括(蛇的)毒液、麻痹性毒剂、肠毒素、内毒素、神经毒素和其他由植物、昆虫、动物、鱼、细菌或真菌产生的毒素。

Tracer gas

示踪气体：用来测试通风系统及其设备的无害气体。

Trichothecenes

单端孢霉烯：由可以产生毒素的特定真菌产生的一类化合物。

Tuberculosis

肺结核：由结核杆菌(Mycobacterium tuberculosis)导致的传染性疾病。

Tularemia

土拉菌病：由土拉弗朗西斯菌(Francisella tularemia)引起的类似瘟疫的动物类疾病。

Typhoid fever

伤寒症：由被污染的食物或水传播的细菌感染。由伤寒沙门氏菌(Salmonella typhi)引起，它存在于人体的粪便中。

ULPA filters

超高效过滤器：效率超过高效过滤器(HEPA 过滤器)的过滤器。对于 0.3μm 的颗粒效率达到或超过 99.999%。

Ultrasonic atomizers

超声波喷雾器：用超声波产生蒸气或薄雾的喷雾器。

Ultraviolet light

紫外光：波长大约在 200 - 400nm 范围内的光线。

Upper air irradiation

上层空气照射：用紫外线杀菌照射(UVGI)系统在室内人员高度水平之上照射房间内的上层空气，对空气进行消毒，并减少人员暴露可能。

UR

上呼吸道。

URD

上呼吸道疾病。

URV

紫外线杀菌照射(UVGI)的分级数值。

UV

紫外线的缩写。

UVA

A 波段区域的紫外光，波长大约为 315 - 400nm。有较小的杀菌效果。

UVB

B 波段区域的紫外光，波长大约为 280 - 315nm。有较小的杀菌效果。

UVC

C 波段区域的紫外光，波长大约为 200 - 280nm。紫外光具有杀菌效果的主要部分。

UVGI

紫外线杀菌照射：疾病控制及预防中心(CDC)定义的术语，用来描述使用紫外光进行空气和表面消毒的技术。

Vaccine

疫苗：以杀死的或虚弱的微生物为原料生产的一种制剂，用来人工诱导对某种疾病的免疫力。

Vapor

蒸气：化学毒剂或液体的气溶胶化状态，存在于空中的水滴形式。

Vapor pressure

蒸气压：在给定温度下，某种液体和它的蒸气达到平衡时的压力。

Variable air volume

变风量系统：基于室外空气条件情况调整新风量从而实现节能的通风系统。

Variolation

引痘：早期对抗天花的种痘形式。

VAV

变风量系统。

Vector

传染媒介：一种媒介，例如蚊子、扁虱和老鼠，充当把病原体从一个生物传播到另一生物的角色。

VEE

委内瑞拉马脑炎病毒。

Venom

毒液：特定动物例如蛇、蝎子、黄蜂或蜜蜂的腺体所产生的毒素。

Ventilation effectiveness

通风效能系数：空气从房间内被排除的效果好坏的计量单位。

Vesicant

发疱剂：可以被皮肤吸收的起疱制剂或化学毒剂。

View factor

辐射视界系数。

Virion

病毒粒子：一个单独的病毒颗粒。

Virulence

毒性：用来定义微生物如何引发疾病、致命程度、导致疾病的严重程度或导致感染的速度的量值。

Virus

病毒：一个有传染性的微生物，主要以颗粒的形式存在，而不是一个完整的细胞。粒径为 20－400nm。病毒不能在宿主细胞之外繁殖，其构成形式可能仅仅是 DNA 或 RNA 束。

VOCs

挥发性有机化合物。

Volatile organic compounds

挥发性有机化合物：由细菌或真菌等微生物产生的空气中的化合物。

Volatility

挥发性：一种物质蒸发速度的计量单位。

Vomiting agents

呕吐性毒剂：可以产生恶心、呕吐作用的一类毒剂；这类毒剂也可以导致咳嗽、打喷嚏、鼻子和喉咙疼痛、流鼻涕、流眼泪等症状。

V-series nerve agents

V 类神经性毒剂：1950 年左右研制的具有中等到高毒性的化学毒剂。它们大多具有持久性。例如 VE、VG、VM、VS、VX。

Warm zone

预处理区域：处于安全区域和危险区域之间，执行净化功能。

Water-borne pathogens

水传播型病原体：可以在水中生存、生长的病原微生物，可以将疾病传播给喝水的人。

Water spray

喷水雾：喷水雾的一种方式，可以形成细小的水雾气溶胶。可以用来去除有害气体。

Weaponization

武器化：将化学或生物毒剂转换成易于释放或者在释放过程中微生物可以存活的形式。对于毒素，还包括将其研磨至可以气溶胶化的尺寸的过程。对于微生物包括选择剧毒且具有很高传染性的毒株，以及选择耐受性强、可以在气溶胶化或其他释放过程中仍能大量存活的毒株。

Weathering

风化：利用阳光和温差等自然因素对表面和材料进行净化和消毒的过程。

WEE

西部马脑炎病毒。

Yellow fever

黄热病：黄热病毒属(Flavivirus)病毒所导致的急性传染性疾病，由蚊子传播。

Zoonosis

人畜共患病：可以传播给人类的动物疾病。

参考文献

Abshire, R. L., and Dunton, H. (1981). "Resistance of selected strains of *Pseudomonas aeruginosa* to low-intensity ultraviolet radiation." *Appl. Envir. Microb.* 41(6), 1419–1423.
ACGIH (1973). *Threshold Limit Values of Physical Agents.* The American Conference of Government Industrial Hygienists, Cincinnati, OH.
Aerotech (2001). *IQ Sampling Guide.* Aerotech Laboratories, Phoenix, AZ.
Agnello, V., Abel, G., Elfahal, M., Knight, G. B., and Zhang, Q.-X. (1999). "Hepatitis C virus and other Flaviviridae viruses enter cells via low density lipoprotein receptor." *PNAS* 96(22), 12766–12771.
AIA (1993). *Guidelines for Construction and Equipment of Hospital and Medical Facilities.* Mechanical Standards/American Institute of Architects, Washington, DC.
AL (2002). *Eikon Version 3.02.* Automated Logic. http://www.automatedlogic.com/eikon.
Al-Doory, Y., and Ramsey, S. (1987). *Moulds and Health: Who Is at Risk?* Charles C. Thomas, Springfield, IL.
Alibek, K., and Handelman, S. (1999). *Biohazard.* Random House, New York, NY.
Alimov, A. S., Knapp, E. A., Shvedunov, V. I., and Trower, W. P. (2000). "High-power CW LINAC for food irradiation." *Applied Radiation and Isotopes* 53(4-5), 815–820.
Allegra, L., Blasi, F., Tarsia, P., Arosio, C., Fagetti, L., and Gazzano, M. (1997). "A novel device for the prevention of airborne infections." *J. Clin. Microbiol.* 35(7), 1918–1919.
Allen, E. G., Bovarnick, M. R., and Snyder, J. C. (1954). "The effect of irradiation with ultraviolet light on various properties of *Typhus rickettsiae.*" *J. Bacteriol.* 67, 718–723.
Alpen, E. L. (1990). *Radiation Biophysics.* Prentice-Hall, Englewood Cliffs, NJ.
Alper, T. (1979). *Cellular Radiobiology.* Cambridge University Press, Cambridge, U.K.
Andrews, L. S., Park, D. L., and Chen, Y. P. (2000). "Low temperature pasteurization to reduce the risk of vibrio infections from raw shell-stock oysters." *Food Addit. Contam.* 17(9), 787–791.
Antopol, S. C., and Ellner, P. D. (1979). "Susceptibility of *Legionella pneumophila* to ultraviolet radiation." *Appl. Environ. Microbiol.* 38(2), 347–348.
Arrieta, R. T., and Huebner, J. S. (2000). "Photo-electric chemical and biological sensors." Proceedings of the SPIE 2000, *Chemical and Biological Sensing,* Orlando, FL, 132–142.
ASD (2002). *American School of Defense Home Page.* American School of Defense. http://www.asod.org/index.htm.
Ashford, D. A., Hajjeh, R. A., Kelley, M. F., Kaufman, L., Hutwagner, L., and McNeil, M. M. (1999). "Outbreak of histoplasmosis among cavers attending the National Speleological Society Annual Convention, Texas, 1994." *American Journal of Tropical Medicine and Hygiene* 60(6), 899–903.
ASHRAE (1985). *Handbook of Fundamentals.* American Society of Heating, Refrigeration, and Air Conditioning Engineers, Atlanta, GA.
ASHRAE (1991). "Health facilities." In *ASHRAE Handbook of Applications.* American Society of Heating, Refrigeration, and Air Conditioning Engineers, Atlanta, GA.
ASHRAE (1992). "Air cleaners for particulate contaminants." Chapter 25 in *ASHRAE Systems Handbook.* American Society of Heating, Refrigeration, and Air Conditioning Engineers, Atlanta, GA.
ASHRAE (1995). *Standard 135-1995.* American Society of Heating, Refrigeration, and Air Conditioning Engineers, Atlanta, GA.
ASHRAE (1999a). *ASHRAE Standard 52.2-1999.* American Society of Heating, Refrigeration, and Air Conditioning Engineers, Atlanta, GA.
ASHRAE (1999b). "Fire and smoke management." Chapter 51 in *HVAC Applications Handbook.* American Society of Heating, Refrigeration, and Air Conditioning Engineers, Atlanta, GA.

ASHRAE (1999c). "Control of gaseous indoor air contaminants." Chapter 44 in *HVAC Applications Handbook*. American Society of Heating, Refrigeration, and Air Conditioning Engineers, Atlanta, GA.
ASHRAE (2002). *Risk Management Guidance for Health and Safety under Extraordinary Incidents*. American Society of Heating, Refrigeration, and Air Conditioning Engineers, Atlanta, GA.
Atlas, R. M. (2001). "Bioterrorism before and after September 11." *Crit. Rev. Microbiol.* 27(4), 335–379.
ATSDR (2002). *Agency for Toxic Substances and Disease Registry*. http://atsdr1.atsdr.cdc.gov/atsdrhome.html.
Austin, B. (1991). *Pathogens in the Environment*. The Society for Applied Bacteriology/Blackwell Scientific Publications, Oxford, U.K.
AWWA (1971). *Water Quality and Treatment*. The American Water Works Association/McGraw-Hill, New York, NY.
Bakken, L. R., and Olsen, R. A. (1983). "Buoyant densities and dry-matter contents of microorganisms: Conversion of a measured biovolume into biomass." *Appl. Environ. Microbiol.* 45.
Bardi, J. (1999). "Aftermath of a hypothetical smallpox disaster." *Emerging Infectious Diseases* 5(4), 547–551.
Barnaby, W. (2000). *The Plague Makers: The Secret World of Biological Warfare*. Continuum, New York, NY.
Bashor, M. M. (1998). "International terrorism and weapons of mass destruction." *Risk Analysis* 18(6), 675.
Baskerville, A., and Hambleton, P. (1976). "Pathogenesis and pathology of respiratory tularemia in the rabbit." *Br. J. Exp. Pathol.* 57, 339–347.
Beebe, J. M. (1958). "Stability of disseminated aerosols of *Pasteurella tularensis* subjected to simulated solar radiations at various humidities." *Journal of Bacteriology* 78, 18–24.
Belgrader, P., Benett, W., Begman, W., Langlois, R. R., Mariella, J., Milanovich, F., Miles, R., Venkateswaran, K., Long, G., and Nelson, W. (1998). "Autonomous system for pathogen detection and identification." Proceedings of the SPIE, *Air Monitoring and Detection of Chemical and Biological Agents*, Boston, MA, 198–206.
Bell, A. A., Jr. (2000). *HVAC Equations, Data, and Rules of Thumb*. McGraw-Hill, New York, NY.
Beltran, F. J. (1995). "Theoretical aspects of the kinetics of competitive ozone reactions in water." *Ozone Sci. Eng.* 17, 163–181.
Berendt, R. F., Young, H. W., Allen, R. G., and Knutsen, G. L. (1980). "Dose-response of guinea pigs experimentally infected with aerosols of *Legionella pneumophila*." *Journal of Infectious Diseases* 141(2), 186–192.
BioChem (2002). Personal communication with W. J. Kowalski from BioChem Technologies, LLC, Toronto, Canada.
Block, S. S., and Goswami, D. Y. (1995). "Chemically enhanced sunlight for killing bacteria." *Transactions of the ASME—Solar Engineering* 1, 431–437.
Boelter, K. J., and Davidson, J. H. (1997). "Ozone generation by indoor electrostatic air cleaners." *Aerosol Science and Technology* 27(6), 689–708.
Bolton, J. R. (2001). *Ultraviolet Applications Handbook*. Bolton Photosciences, Inc., Ayr, Ontario, Canada.
Bosche, H. V., Odds, F., and Kerridge, D. (1993). *Dimorphic Fungi in Biology and Medicine*. Plenum Publishers, New York, NY.
Boss, M. J., and Day, D. W. (2001). *Air Sampling and Industrial Hygiene Engineering*. Lewis Publishers, Boca Raton, FL.
Boyce, W. E., and DiPrima, R. C. (1997). *Elementary Differential Equations and Boundary Value Problems*. John Wiley & Sons, New York, NY.
Brachman, P. S., Kaufmann, A. F., and Dalldorf, F. G. (1966). "Industrial inhalation anthrax." *Bacteriological Reviews* 30(3), 646–657.
Bradley, D., Burdett, G. J., Griffiths, W. D., and Lyons, C. P. (1992). "Design and performance of size selective microbiological samplers." *Journal of Aerosol Science* 23(S1), s659–s662.

Bratbak, G., and Dundas, I. (1984). "Bacterial dry matter content and biomass estimations." *Appl. Environ. Microbiol.* 48, 755–757.

Braude, A. I., Davis, C. E., and Fierer, J. (1981). *Infectious Diseases and Medical Microbiology,* 2nd ed. W. B. Saunders Company, Philadelphia, PA.

Breman, J. G., and Henderson, D. A. (1998). "Poxvirus dilemmas—monkeypox, smallpox, and biologic terrorism." *New England Journal of Medicine* 339(8), 556–559.

Brletich, N. R., Waters, M. J., Bowen, G. W., and Tracy, M. F. (1995). *Worldwide Chemical Detection Equipment Handbook.* Defense Technical Information Center, Chemical and Biological Defense Information Analysis Center, Gunpowder Br. APG, MD.

Brown, R. C. (1993). *Air Filtration.* Pergamon Press, Oxford, U.K.

Brown, R. C., and Wake, D. (1991). "Air filtration by interception—theory and experiment." *Journal of Aerosol Science* 22(2), 181–186.

Burmester, B. R., and Witter, R. L. (1972). "Efficiency of commercial air filters against Marek's disease virus." *Appl. Microbiol.* 23(3), 505–508.

Burroughs, H. E. B. (1998). "Improved filtration in residential environments." *ASHRAE J.* 40(6), 47–51.

Bushby, S. T. (1999). *GSA Guide to Specifying Interoperable Building Automation and Control Systems Using ANSI/ASHRAE Standard 135-1995.* NIST GPO, U.S. Dept. of Commerce, Technology Admin., NIST, Gaithersburg, MD.

Bushnell, A., Clark, W., Dunn, J., and Salisbury, K. (1997). "Pulsed light sterilization of products packaged by blow-fill-seal techniques." *Pharmaceutical Engineering* 17(5), 74–84.

Bushnell, A., Cooper, J. R., Dunn, J., Leo, F., and May, R. (1998). "Pulsed light sterilization tunnels and sterile-pass-throughs." *Pharmaceutical Engineering.* March/April, 48–58.

BWC (1995). *Ad Hoc Group of the States Parties to the Convention on the Prohibition of the Development, Production and Stockpiling of Bacteriological (Biological) and Toxin Weapons and on their Destruction: List of Agents."* Biological Weapons Convention, Geneva, Switzerland.

Calder, K. L. (1957). *Mathematical Models for Dosage and Casualty Coverage Resulting from Single Point and Line Source Release of Aerosol near Ground Level.* BWL Tech. Study 3, AD310-361. Defense Technical Information Center, Ft. Belvoir, VA.

Canada (1991a). *Novel Toxins and Bioregulators: The Emerging Scientific and Technology Issues Relating to Verification and the Biological and Toxin Weapons Convention.* External Affairs and International Trade Canada, Ottawa, Ontario, Canada.

Canada (1991b). *Collateral Analysis and Verification of Biological and Toxin Research in Iraq.* External Affairs and International Trade Canada, Ottawa, Ontario, Canada.

Canada (1992). *The Chemical Weapons Convention and the Control of Scheduled Chemicals in Canada.* External Affairs and International Trade Canada, Ottawa, Ontario, Canada.

Canada (1993). *Chemical Weapons Convention Verification: Handbook on Scheduled Chemicals.* External Affairs and International Trade Canada, Ottawa, Ontario, Canada.

Canada (2001). *Office of Laboratory Security Material Safety Data Sheets.* Canada Population and Public Health Branch, Ottawa, Ontario, Canada. http://www.hc-sc.gc.ca/pphb-dgspsp/msds-ftss/index.html.

Cannaliato, V. J., Jezek, B. W., Hyttinen, L., Strawbridge, J., and Ginley, W. J. (2000). "Short range biological standoff detection system (SR-BSDS)." Proceedings of the SPIE, *Chemical and Biological Sensing,* Orlando, FL, 219–223.

Cao, K. L., Anderson, G. P., Ligler, F. S., and Ezzell, J. (1995). "Detection of *Yersinia pestis* Fraction 1 antigen with a fiber optic biosensor." *J. Clin. Microbiol.* 33, 336–341.

Cardosi, M., Birch, S., Talbot, J., and Phillips, A. (1991). "An electrochemical immunoassay for *Clostridium pefringens* phospholipase C." *Electroanalysis* 3, 1–8.

Carlson, M. A., Bargeron, C. B., Benson, R. C., Fraser, A. B., Groopman, J. D., Ko, H. W., Phillips, T. E., Strickland, P. T., and Velky, J. T. (1999). "Development of an automated handheld imunoaffinity fluorometric biosensor." *Johns Hopkins APL Technical Review* 20(3), 372–380.

Carpenter, G. A., Cooper, A. W., and Wheeler, G. E. (1986a). "The effect of air filtration on air hygiene and pig performance in early-weaner accommodation." *Animal Production* 43, 505–515.
Carpenter, G. A., Smith, W. K., MacLaren, A. P. C., and Spackman, D. (1986b). "Effect of internal air filtration on the performance of broilers and the aerial concentrations of dust and bacteria." *British Poultry Science* 27, 471–480.
Carrier (1993). *Energy Analysis User's Manual for the Hourly Analysis Program*. Carrier Corporation, Farmington, CT.
Carrier (1994). *Design Load User's Manual for the Hourly Analysis Program and the System Design Load Program*. Carrier Corporation, Farmington, CT.
Carus, W. S. (1998). "Biological Warfare Threats in Perspective." *Crit. Rev. Microbiol.* 27(3), 149–155.
Casarett, A. P. (1968). *Radiation Biology*. Prentice-Hall, Englewood Cliffs, NJ.
CAST (1989). *Mycotoxins: Economic and Health Risks*. Center for the Advancement of Science and Technology, Council for Agricultural Science and Technology, Ames, IA.
Castle, M., and Ajemian, E. (1987). *Hospital Infection Control*. John Wiley & Sons, New York, NY.
Cater, R. M., Jacobs, M. B., Lubrano, G. J., and Guillbault, G. G. (1995). "Piezoelectric detection of ricin and affinity-purified goat anti-ricin antibody." *Anal. Lett.* 28, 1379–1386.
Cavalcante, M. J. B., and Muchovej, J. J. (1993). "Microwave irradiation of seeds and selected fungal spores." *Seed Sci. Technol.* 21, 247–253.
CDC (2001). *Counter-Terrorism Cards (CDC/NIOSH)*. Centers for Disease Control, Atlanta, GA. http://www.bt.cdc.gv/Agent/Agentlist.asp.
CDC (2002a). *Bioterrorism Info for Healthcare*. Centers for Disease Control, Atlanta, GA. http://www.cdc.gov/ncidod/hip/Bio/bio.htm.
CDC (2002b). *Emergency Response Website*. Centers for Disease Control, Atlanta, GA. http://www.bt.cdc.gov/EmContact/index.asp.
Cerf, O. (1977). "A review: Tailing of survival curves of bacterial spores." *J. Appl. Bacteriol.* 42, 1–19.
Chang, C. Y., Chiu, C. Y., Lee, S. J., Huang, W. H., Yu, Y. H., Liou, H. T., Ku, Y., and Chen, J. N. (1996). "Combined self-absorption and self-decomposition of ozone in aqueous solutions with interfacial resistance." *Ozone Sci. Eng.* 18, 183–194.
Chang, I. (1997). *The Rape of Nanking—The Forgotten Holocaust of World War II*. Basic Books, New York, NY.
Chen, C. C., and Huang, S. H. (1998). "The effects of particle charge on the performance of a filtering facepiece." *American Industrial Hygiene Association J.* 59, 227–233.
Cheng, Y. S., Yeh, H. C., and Kanapilly, G. M. (1981). "Collection efficiencies of a point-on-plane electrostatic precipitator." *Am. Ind. Hyg. Assoc. J.* 42, 605–610.
Cheremisinoff, P. N., and Ellerbusch, F. (1978). *Carbon Adsorption Handbook*. Ann Arbor Science, Ann Arbor, MI.
Chick, E. W., A. B. Hudnell, J., and Sharp, D. G. (1963). "Ultraviolet sensitivity of fungi associated with mycotic keratitis and other mycoses." *Sabouviad* 2(4), 195–200.
Chick, H. (1908). "An investigation into the laws of disinfection." *J. Hyg.* 8, 92.
Christopher, G. W., Cieslak, T. J., Pavlin, J. A., and Eitzen, E. M. (1997). "Biological warfare: A historical perspective." *JAMA* 278(5), 412–417.
Cieslak, T. J., and E. M. Eitzen, J. (1999). "Clinical and epidemiological principles of anthrax." *Emerg. Infect. Dis.* 5(4), 552–555.
Clark, W., Bushnell, A., Dunn, J., and Ott, T. (1997). *Pulsed Light and Pulsed Electric Fields for Food Preservation*. Annual Meeting Abstract. American Institute of Chemical Engineers (AIChE), New York, NY.
Clarke, R. (1968). *We All Fall Down*. Allen Lane The Penguin Press, London, U.K.
Clarke, R. A. (1999). "Finding the right balance against bioterrorism." *Emerging Infectious Diseases* 5(4), 497. http://www.cdc.gov/ncidod/EID/vol5no4/clarke.htm.
Cliver, D. O. (1990). *Foodborne Diseases*. Academic Press, San Diego, CA.
CNS (2002). *"Agro-Terrorism: Chronology of CBW Attacks Targeting Crops & Livestock 1915–2000."* Center for Non-Proliferation Studies, Monterey, CA. http://cns.miis.edu/research/cbw/agchron.htm#N_8_.

Coggle, J. E. (1971). *Biological Effects of Radiation.* Wykeham Publ., London, U.K.
Cole, L. A. (1996). "The specter of biological weapons." *Sci. Amer.* Dec., 60–65.
Collier, L. H., McClean, D., and Vallet, L. (1955). "The antigenicity of ultra-violet irradiated vaccinia virus." *J. Hyg.* 53(4), 513–534.
Collins, C. H. (1993). *Laboratory-Acquired Infections.* Butterworth-Heinemann, Oxford, U.K.
Collins, F. M. (1971). "Relative susceptibility of acid-fast and non-acid fast bacteria to ultraviolet light." *Appl. Microbiol.* 21, 411–413.
Cooke, J. R. (2001). "News article: Researcher gets anti-semitic e-mail." *The Daily Collegian* 11-29-01 (Thursday). Pennsylvania State University, State College, PA.
Cookson, J., and Nottingham, J. (1969). *A Survey of Chemical and Biological Warfare.* Monthly Review Press, New York, NY.
Cornell (2001). *Material Safety Data Sheets.* Cornell University, Ithaca, NY. http://msds.pdc.cornell.edu/msdssrch.asp.
Cornish, T. J., and Bryden, W. A. (1999). "Miniature time-of-flight mass spectrometer for a field-portable biodetection system." *Johns Hopkins APL Technical Digest* 20(3), 335–342.
CSIS (1995). *The Threat of Chemical / Biological Terrorism.* Canadian Security Intelligence Service, Ottawa, Ontario, Canada. http://www.csis-scrs.gc.ca/eng/comment/com60e.html.
Cullis, C. F., and Firth, J. G. (1981). *Detection and Measurement of Hazardous Gases.* Heineman, London, U.K.
Dalton, A. J., and Haguenau, F. (1973). *Ultrastructure of Animal Viruses and Bacteriophages: An Atlas.* Academic Press, New York, NY.
Darlington, A., Dixon, M. A., and Pilger, C. (1998). "The use of biofilters to improve indoor air quality: The removal of toluene, TCE, and formaldehyde." *Life Support Biosph. Sci.* 5(1), 63–69.
Darlington, A. B., Dat, J. F., and Dixon, M. A. (2001). "The biofiltration of indoor air: Air flux and temperature influences the removal of toluene, ethylbenzene, and xylene." *Environ. Sci. Technol.* 35(1), 240–246.
David, H. L. (1973). "Response of mycobacteria to ultraviolet radiation." *Am. Rev. Resp. Dis.* 108, 1175–1184.
Davidovich, I. A., and Kishchenko, G. P. (1991). "The shape of the survival curves in the inactivation of viruses." *Mol. Gen. Microbiol. Virol.* 6, 13–16.
Davies, C. N. (1973). *Air Filtration.* Academic Press, London, U.K.
Davies, J. C. (1982). "A major epidemic of anthrax in Zimbabwe, Part 1." *Cent. Afr. J. Med.* 28(12), 291–298.
Davies, J. C. (1983). "A major epidemic of anthrax in Zimbabwe, Part 2." *Cent. Afr. J. Med.* 29(1), 8–12.
Davies, J. C. (1985). "A major epidemic of anthrax in Zimbabwe: The experience at the Beatrice Road Infectious Diseases Hospital, Harare." *Centr. Afr. J. Med.* 31(9), 176–180.
Davis, J., and Johnson-Winegar, A. (2000). *The Anthrax Terror: DOD's Number-One Biological Threat.* USAF, Maxwell AFB, AL. http://www.airpower.maxwell.af.mil/airchronicles/apj/apj00/win00/davis.htm.
Dept. of the Army (1989). *Field Manual FM 8-285: Treatment of Chemical Agent Casualties and Conventional Military Chemical Injuries.* Government Printing Office, Washington, DC. http://www.nbc-med.org/SiteContent/MedRef/OnlineRef/ FieldManuals/ fm8_285/about.htm.
Dept. of the Army (1996). *Field Manual 3-4: NBC Protection.* U.S. Marine Corps, Washington DC. http://155.217.58.58/cgi-bin/atdl.dll/fm/3-4/toc.htm.
Di Salvo, A. F. (1983). *Occupational Mycoses.* Lea & Febiger, Philadelphia, PA.
Diaz-Cinco, M., and Martinelli, S. (1991). "The use of microwaves in sterilization." *Dairy Food Environ. Sanit.* 11(12), 722–724.
Dietz, P., Bohm, R., and Strauch, D. (1980). "Investigations on disinfection and sterilization of surfaces by ultraviolet radiation." *Zbl. Bakt. Mikrobiol. Hyg.* 171(2-3), 158–167.
D-Mark, Inc. (1995). *Concept of Molecular Screening in Micropores.* D-Mark, Chesterfield, MI.

Dobyns, H. F. (1966). "Estimating aboriginal American population: An appraisal of techniques with a new hemisphere estimate." *Current Anthropology* 7, 415.
DOE (1994). *BLAST: Building Loads Analysis and System Thermodynamics.* Department of Energy, Washington, DC.
Donlon, M., and Jackman, J. (1999). "DARPA integrated chemical and biological detection system." *Johns Hopkins APL Technical Digest* 20(3), 320–325.
Dorgan, C. B., Dorgan, C. E., Kanarek, M. S., and Willman, A. J. (1998). "Health and productivity benefits of improved air quality." *ASHRAE Transactions* 104(1), 658–666.
DOT (2000). *Emergency Response Guidebook.* Transportation Canada/Secretariat of Transport and Communications of Mexico/U.S. Department of Transportation, Washington, DC. http://hazmat.dot.gov/erg2000/erg2000.pdf.
Drell, S. D., Sofaer, A. D., and Wilson, G. D. (1999). *The New Terror: Facing the Threat of Biological and Chemical Weapons.* Hoover National Security Forum Series/Hoover Institution Press, Stanford, CA.
Drielak, S. C., and Brandon, T. R. (2000). *Weapons of Mass Destruction: Response and Investigation.* Charles C. Thomas, Springfield, IL.
Druett, H. A., Robinson, J. M., Henderson, D. W., Packman, L., and Peacock, S. (1956). "Studies on respiratory infection, II & III." *J. Hygiene* 54, 37–57.
Dumyahn, T., and First, M. (1999). "Characterization of ultraviolet upper room air disinfection devices." *Am. Ind. Hyg. Assoc. J.* 60(2), 219–227.
Dunn, J. (2000). *Pulsed Light Disinfection of Water and Sterilization of Blow/Fill/Seal Manufactured Aseptic Pharmaceutical Products.* Automatic Liquid Packaging, Woodstock, IL.
Dunn, J., Burgess, D., and Leo, F. (1997). "Investigation of pulsed light for terminal sterilization of WFI filled blow/fill/seal polyethylene containers." *Parenteral Drug Association J. of Pharm. Sci. & Tech.* 51(3), 111–115.
Dyas, A., Boughton, B. J., and Das, B. C. (1983). "Ozone killing action against bacterial and fungal species; microbiological testing of a domestic ozone generator." *J. Clin. Pathol.* 36, 1102–1104.
Ehrt, D., Carl, M., Kittel, T., Muller, M., and Seeber, W. (1994). "High performance glass for the deep ultraviolet range." *Journal of Non-Crystalline Solids* 177, 405–419.
EIA (1989). *Commercial Buildings Characteristics.* U.S. Dept. of Energy, Energy Information Administration, Washington, DC.
El-Adhami, W., Daly, S., and Stewart, P. R. (1994). "Biochemical studies on the lethal effects of solar and artificial ultraviolet radiation on *Staphylococcus aureus.*" *Arch. Microbiol.* 161, 82–87.
Elford, W. J., and van den Eude, J. (1942). "An investigation of the merits of ozone as an aerial disinfectant." *J. Hygiene* 42, 240–265.
Ellis, J. W. (1999). *Police Analysis and Planning for Chemical, Biological and Radiological Attacks: Prevention, Defense and Response.* Charles C. Thomas, Springfield, IL.
Ellison, D. H. (2000). *Handbook of Chemical and Biological Warfare Agents.* CRC Press, Boca Raton, FL.
Endicott, S., and Hagerman, E. (1998). *The United States and Biological Warfare: Secrets from the Early Cold War and Korea.* Indiana University Press, Bloomington, IN.
Ensor, D. S., Hanley, J. T., and Sparks, L. E. (1991). "Particle-Size-Dependent Efficiency of Air Cleaners" *IAQ '91,* 334–336. Healthy Buildings/IAQ, Washington, DC.
Estola, T., Makela, P., and Hovi, T. (1979). "The effect of air ionization on the air-borne transmission of experimental Newcastle disease virus infections in chickens." *J. Hyg.* 83, 59–67.
Eversole, J. D., Roselle, D., and Seaver, M. E. (1998). "Monitoring biological aerosols using UV fluorescence." Proceedings of the SPIE, *Air Monitoring and Detection of Chemical and Biological Agents,* Boston, MA, 34–42.
Ewald, P. W. (1994). *Evolution of Infectious Disease.* Oxford University Press, Oxford, U.K.
Farquharson, S., and Smith, W. W. (1998). "Biological agent identification by nucleic acid base-pair analysis using surface-enhanced Raman spectroscopy." Proceedings of the SPIE, *Air Monitoring and Detection of Chemical and Biological Agents,* Boston, MA, 207–214.
Fatah, A. A., Barrett, J. A., Arcilesi, R. D., Ewing, K. J., Lattin, C. H., Helinski, M. S., and Baig, I. A. (2001). *Guide for the Selection of Chemical and Biological Decontamination*

Equipment for Emergency First Responders, vol. 1. National Institute of Standards and Technology, Office of Law Enforcement Standards, U.S. Department of Justice, Office of Justice Program, National Institute of Justice, Washington, DC. http://www.ncjrs.org/pdffiles1/nij/189724.pdf (v. 1); http://www.ncjrs.org/pdffiles1/nij/189725.pdf (v. 2).

FDI (1998). *FIDAP 8.* Fluid Dynamics International, Inc. Lebanon, NH.

Fellman, G. (1999). *ASHRAE Study Shows Mixed Results for Antimicrobial Filters.* Indoor Environment Connections Online. http://www.ieconnections.com/archive/nov_99/1199_article2.htm.

Fernandez, R. O. (1996). "Lethal effect induced in *Pseudomonas aeruginosa* exposed to ultraviolet-A radiation." *Photochem. Photobiol.* 64(2), 334–339.

Fetner, R. H., and Ingols, R. S. (1956). "A comparison of the bactericidal activity of ozone and chlorine against *Escherichia coli* at 1 C." *Journal of General Microbiology* 15, 381–385.

Fields, B. N., and Knipe, D. M. (1991). *Fundamental Virology.* Raven Press, New York, NY.

First, M. W., Nardell, E. A., Chaisson, W., and Riley, R. (1999). "Guidelines for the application of upper-room ultraviolet germicidal irradiation for preventing transmission of airborne contagion." *ASHRAE Transactions* 105(1), 869–876.

Fisk, W. (1994). "The California healthy buildings study." *Center for Building Science News* Spring 1994, 7, 13.

Fisk, W., and Rosenfeld, A. (1997). "Improved productivity and health from better indoor environments." *Center for Building Science News,* Summer, 5.

Flannigan, B., Samson, R. A., and Miller, J. D. (2001). *Microorganisms in Home and Indoor Work Environments.* Taylor and Francis, Andover, Hants, U.K.

Foarde, K. K., Hanley, J. T., and Veeck, A. C. (2000). "Efficacy of antimicrobial filter treatments." *ASHRAE J.* Dec., 52–58.

Folmsbee, T. W., and Ganatra, C. P. (1996). "Benefits of membrane surface filtration." *World Cement* 27(10), 59–61.

Fraenkel-Conrat, H. (1985). *The Viruses: Catalogue, Characterization, and Classification.* Plenum Press, New York, NY.

Franklin, M. W. (1914). *Transactions of the Fourth International Congress School of Hygiene,* New York, NY, 346.

Franz, D. R. (1997). "Defense against Toxin Weapons." Chapter 30 in *Medical Aspects of Chemical and Biological Warfare,* Office of the Surgeon General at TMM Publications, Washington, DC, 603–619.

Franz, D. R., Jahrling, P. B., Friedlander, A. M., McClain, D. J., Hoover, D. L., Bryne, W. R., Pavlin, J. A., Christopher, G. W., and Eitzen, E. M. (1997). "Clinical recognition and management of patients exposed to biological warfare agents." *JAMA* 278(5), 399–411.

Freeman, B. A., ed. (1985). *Burrows Textbook of Microbiology.* W. B. Saunders, Philadelphia, PA.

Freeman, D. S. (1951). *George Washington: A Biography,* vol. 4. Charles Scribner's Sons, New York, NY.

Fujikawa, H., and Itoh, T. (1996). "Tailing of thermal inactivation curve of *Aspergillus niger* spores." *Appl. Microbiol.* 62(10), 3745–3749.

Fung, D. Y. C., and Cunningham, F. E. (1980). "Effect of microwaves on microorganisms in foods." *J. Food Prot.* 43, 641–650.

Fuortes, L., and Hayes, T. (1988). "An outbreak of acute histoplasmosis in a family." *American Family Physician* 37(5), 128–132.

Futter, B. V., and Richardson, G. (1967). "Inactivation of bacterial spores by visible radiation." *J. Appl. Bacteriol.* 30(2), 347–353.

Gabbay, J. (1990). "Effect of ionization on microbial air pollution in the dental clinic." *Environ. Res.* 52(1), 99.

Garate, E., Evans, K., Gornostaeva, O., Alexeff, I., Kang, W. L., Rader, M., and Wood, T. K. (1998). "Atmospheric plasma induced sterilization and chemical neutralization." *Proceedings of the 1998 IEEE International Conference on Plasma Science,* Raleigh, NC.

Gard, S. (1960). "Theoretical considerations in the inactivation of viruses by chemical means." *Annals of the New York Academy of Sciences* 82, 638–648.

Gardner, P. J. (2000). *Chemical and Biological Sensing.* Volume 4036 of *Proceedings of the SPIE.* The International Society for Optical Engineering, Orlando, FL.

Garrett, L. (1994). *The Coming Plague.* Penguin Books, New York, NY.
Gates, F. L. (1929). "A study of the bactericidal action of ultraviolet light." *J. Gen. Physiol.* 13, 231–260.
Geissler, E. (1986). *Biological and Toxin Weapons Today.* SIPRI/Oxford University Press, New York, NY.
Geissler, E., and van Courtland Moon, J. E. (1999). *Biological and Toxin Weapons: Research, Development and Use from the Middle Ages to 1945.* SIPRI/Oxford University Press, New York, NY. http://editors.sipri.se/pubs/cbw18.html.
Gibbon, E. (1995). *The Decline and Fall of the Roman Empire.* Modern Library, New York, NY.
Gibson, J. E. (1937). *Dr. Bodo Otto and the Medical Background of the American Revolution.* George Banta Publishing Co., Baltimore, MD.
Gilpin, R. W. (1984). "Laboratory and Field Applications of UV Light Disinfection on Six Species of *Legionella* and Other Bacteria in Water." *Legionella: Proceedings of the 2nd International Symposium,* C. Thornsberry, ed. American Society for Microbiology, Washington, DC.
Glaze, W. H., Payton, G. R., Huang, F. Y., Burleson, J. L., and Jones, P. C. (1980). "Oxidation of water supply refractory species by ozone with ultraviolet radiation." *600,* U.S. EPA, Washington, DC.
Goldblith, S. A., and Wang, D.I.C. (1967). "Effect of microwaves on *Escherichia coli* and *Bacillus subtilis.*" *Appl. Microbiol.* 15, 1371–1375.
Gorman, O. T., Donis, R. O., Kawaoka, Y., and Webster, R. G. (1990). "Evolution of *Influenza A* virus PB2 genes: Implications for evolution of the ribonucleoprotein complex and origin of human *Influenza A* virus." *J. Virol.* 64, 4893–4902.
Goswami, D. Y., Trivedi, D. M., and Block, S. S. (1997). "Photocatalytic disinfection of indoor air." *Journal of Solar Energy Engineering* 119(1), 92–96.
Griego, V. M., and Spence, K. D. (1978). "Inactivation of *Bacillus thuringiensis* spores by ultraviolet and visible light." *Appl. Environ. Microbiol.* 35(5), 906–910.
Griffiths, W. D., Upton, S. L., and Mark, D. (1993). "An investigation into the collection efficiency & bioefficiencies of a number of aerosol samplers." *Journal of Aerosol Science* 24(S1), s541–s542.
Grigoriu, D., Delacretaz, J., and Borelli, D. (1987). *Medical Mycology.* Hans Huber Publishers, Toronto, Ontario, Canada.
Haar, B. T. (1991). *The Future of Biological Weapons.* Praeger, New York, NY.
Haas, C. N. (2002). "On the risk of mortality to primates exposed to anthrax spores." *Risk Analysis* 118(4), 573–582.
Haas, C. N. (1983). "Estimation of risk due to low doses of microorganisms." *Am. J. Epidemiol.* 118(4), 573–582.
Haber, L. F. (1986). *The Poisonous Cloud: Chemical Warfare in the First World War.* Clarendon Press, Oxford, U.K.
Hamre, D. (1949). "The effect of ultrasonic waves upon *Klebsiella pneumoniae, Saccharomyces cerevisiae, Miyaga wanella felis,* and *Influenza virus A.*" *J. Bacteriol.* 57, 279–295.
Han, R., Wu, J. R., and Gentry, J. W. (1993). "The development of a sampling train and test chamber for sampling biological aerosols." *Journal of Aerosol Science* 24(S1), s543–s544.
Happ, J. W., Harstad, J. B., and Buchanan, L. M. (1966). "Effect of air ions on submicron T1 bacteriophage aerosols." *Appl. Microbiol.* 14, 888–891.
Harakeh, M. S., and Butler, M. (1985). "Factors influencing the ozone inactivation of enteric viruses in effluent." *Ozone Sci. Eng.* 6, 235–243.
Harm, W. (1980). *Biological Effects of Ultraviolet Radiation.* Cambridge University Press, New York, NY.
Harper, G. J. (1961). "Airborne micro-organisms: Survival tests with four viruses." *Journal of Hygiene* 59, 479–486.
Harris, J. B. (1986). *Natural Toxins: Animal, Plant, and Microbial.* Oxford Science Publications/Clarendon Press. Oxford, U.K.
Harris, S. H. (1994). *Factories of Death: Japanese Biological Warfare 1932–45 and the American Cover-Up.* Routledge, London, U.K.

Harris (2002). *Emergency Decontamination Triage and Treatment.* Harris County, Texas, Fire and Emergency Services, Houston, TX. http://www.co.harris.tx.us/fmarshal/Training%20Programs/OG-emer_decon_triage_treatment.pdf.
Harstad, J. B., Decker, H. M., Buchanan, L. M., and Filler, M. E. (1967). "Air filtration of submicron virus aerosols." *American Journal of Public Health* 57(12), 2186–2193.
Harstad, J. B., and Filler, M. E. (1969). "Evaluation of air filters with submicron viral aerosols and bacterial aerosols." *American Industrial Hygiene Association Journal* 30, 280–290.
Hart, J., Walker, I., and Armstrong, D. C. (1995). "The use of high concentration ozone for water treatment." *Ozone Sci. Eng.* 17, 485–497.
Hartman (1925). *J. Am. Soc. Heat. Vent. Engrs.* 31, 33.
Hartman, T. B. (1993). *Direct Digital Control for HVAC Systems.* McGraw-Hill, New York, NY.
H.A.S.C. (2000). *Terrorist Threats to the U.S.* Document 106-52. House Armed Services Committee, Washington, DC.
Hautanen, J. H., Janka, K., Lehtimaki, M., and Kivisto, T. (1986). "Optimization of filtration efficiency and ozone production of the electrostatic precipitator." *Journal of Aerosol Science and Technology* 17(3), 622–626.
Hayek, C. S., Pineda, F. J., Doss III, O. W., and Lin, J. S. (1999). "Computer-assisted interpretation of mass spectra." *Johns Hopkins APL Technical Digest* 20(3), 363–371.
Heinsohn, R. J. (1991). *Industrial Ventilation: Principles and Practice.* John Wiley & Sons, New York, NY.
Henderson, D. A. (1999a). "The looming threat of bioterrorism." *Science* 283, 1279–1282.
Henderson, D. A. (1999b). "Smallpox: Clinical and epidemiological features." *Emerging Infectious Diseases* 5(4), 537–539.
Henschel, D. B. (1998). "Cost analysis of activated carbon versus photocatalytic oxidation for removing organic compounds from indoor air." *J. Air Waste Mgt.* 48(10), 985–994.
Hersh, S. J. (1968). *Chemical & Biological Warfare: America's Hidden Arsenal.* Doubleday & Co., Garden City, NY.
Hess-Kosa, K. (2002). *Indoor Air Quality.* Lewis Publishers, Boca Raton, FL.
Hickman, D. C. (1999). *A Chemical and Biological Warfare Threat: USAF Water Systems at Risk.* USAF Counterproliferation Center, Maxwell AFB, AL.
Hicks, R. E., Sengun, M. Z., and Fine, B. C. (1996). "Effectiveness of local filters for infection control in medical examination rooms." *HVAC&R Research* 2(3), 173–194.
Higgins, I. J., and Burns, R. G. (1975). *The Chemistry and Microbiology of Pollution.* Academic Press, London, U.K.
Hill, W. F., Hamblet, F. E., Benton, W. H., and Akin, E. W. (1970). "Ultraviolet devitalization of eight selected enteric viruses in estuarine water." *Appl. Microbiol.* 19(5), 805–812.
Hines, A. L., Ghosh, T. K., Loyalka, S. K., and R. C. Warder, J. (1992). *A Summary of Pollutant Removal Capacities of Solid and Liquid Desiccants from Indoor Air.* NTIS Document No. PB95-104683. Gas Research Institute, Chicago, IL.
Hirai, K., Nagata, Y., and Maeda, Y. (1996). "Decomposition of chlorofluorocarbons and hydrofluorocarbons in water by ultrasonic irradiation." *Ultrasonics Sonochemistry* 3, S205–S207.
Hiromoto, A. (1984). Method of Sterilization. U.S. Patent No. 4464336.
Hobson, N. S., Tothill, I., and Turner, A. P. F. (1996). "Microbial detection." *Biosensors and Bioelectronics* 11(5), 455–477.
Hoffman, L., and Coutu, P. R. (2001). "Did Peter Pond participate in the ethnic cleansing of Western Canada's Indigenous Peoples?" (A chapter from the upcoming book *Inkonze*). The School of Native Studies, University of Alberta, Edmonton, Alberta, Canada. http://www.ualberta.ca/~nativest/pim/ClashofWorlds.html.
Hoffman, M. R., Hua, I., and Hochemer, R. (1996). "Application of ultrasonic irradiation for the degradation of chemical contaminants in water." *Ultrasonics Sonochemistry* 3, S163–S172.
Hollaender, A. (1943). "Effect of long ultraviolet and short visible radiation (3500 to 4900) on *Escherichia coli.*" *J. Bacteriol.* 46, 531–541.

Holler, S., Pan, Y., Bottiger, J. R., Hill, S. C., Hillis, D. B., and Chang, R. K. (1998). "Two-dimensional angular scattering measurements of single airborne micro-particles." Proceedings of the SPIE, *Air Monitoring and Detection of Chemical and Biological Agents,* Boston, MA, 64–72.

Holloway, H. C., Norwood, A. E., Fullerton, C. S., Engel, C. C., and Ursano, R. J. (1997). "The threat of biological weapons." *JAMA* 278(5), 425–427.

Honeywell (2001). *HUV: Honeywell Ultraviolet Air Treatment Application Guide.* Software Package, Honeywell, Inc., Golden Valley, MN.

Horvath, M., Bilitzky, L., and Huttnerr, J. (1985). *Ozone.* Elsevier, Amsterdam, The Netherlands.

Howard, D. H., and Howard, L. F. (1983). *Fungi Pathogenic for Humans and Animals.* Marcel Dekker, New York, NY.

Howell, J. R. (1982). *A Catalog of Radiation View Factors.* McGraw-Hill, New York, NY.

Huang, S.-H., and Chen, C. C. (2001). "Filtration characteristics of a miniature electrostatic precipitator." *Aerosol Science and Technology* 35, 792–804.

Hughes, J. M. (1999). "The emerging threat of bioterrorism." *Emerging Infectious Diseases* 5(4), 494–495.

IITRI (1999). *Laboratory Tests for Kill of Anthrax Spores in SNL Foam.* IITRI Project No. 1084, Study Nos. 1–4, Illinois Institute of Technology Research Institute, Chicago, IL.

Inglesby, T. V. (1999). "Anthrax: A possible case history." *Emerging Infectious Diseases* 5(4), 556–560.

Inglesby, T. V., Henderson, D. A., Bartlett, J. G., Ascher, M. S., Eitzen, E., Friedlander, A. M., Hauer, J., McDade, J., Osterholm, M. T., O'Toole, T., Parker, G., Perl, T. M., Russell, P. K., and Tonat, K. (1999). "Anthrax as a biological weapon: Medical and public health management." *JAMA* 281(18), 1735–1745. http://jama.ama-assn.org/issues/v281n18/ffull/jst80027.html.

Irvine, R. L. (1998). *Chemical/Biological/Radiological Incident Handbook.* Interagency Intelligence Committee on Terrorism/CIA Unclassified Document, Washington, DC.

Ishizaki, K., Shinriki, N., and Matsuyama, H. (1986). "Inactivation of Bacillus spores by gaseous ozone." *J. Appl. Bacteriol.* 60, 67–72.

Jaax, N., Davis, K., and Geisbert, T. (1996). "Lethal experimental infection of Rhesus monkeys with *Ebola-Zaire* (Mayinga) virus by the oral and conjunctival route of exposure." *Arch. Pathol. Lab. Med.* 120, 140–155.

Jaax, N., Jahrling, P., and Geisbert, T. (1995). "Transmission of Ebola virus (Zaire strain) to uninfected control monkeys in a biocontaminant laboratory." *Lancet* 346, 1669–1671.

Jackson, R. H. (1994). *Indian Population Decline: The Mission of Northwest Spain, 1687–1840.* University of New Mexico Press, Albuquerque, NM.

Jacoby, W. A., Blake, D. M., Fennell, J. A., Boulter, J. E., and Vargo, L. M. (1996). "Heterogeneous photocatalysis for control of volatile organic compounds in indoor air." *J. Air Waste Mgt.* 46, 891–898.

Jacoby, W. A., Maness, P. C., and Wolfrum, E. J. (1998). "Mineralization of bacterial cell mass on a photocatalytic surface in air." *Environ. Sci. Technol.* 32(17), 2650–2653.

Jaisinghani, R. (1999). "Bactericidal properties of electrically enhanced HEPA filtration and a bioburden case study." *InterPhex Conference,* New York, NY. http://www.cleanroomsys.com/downloads.htm.

Jaisinghani, R. A., and Bugli, N. J. (1991). "Conventional air cleaners versus electrostatic air cleaners in HEPA and indoor applications." *Particulate Science & Technology* (9), 1–18.

Janney, C., Janus, M., Saubier, L. F., and Widder, J. (2000). *Test Report: System Effectiveness Test of Home/Commercial Portable Room Air Cleaners.* Contract No. SPO900-94-D-0002, Task No. 491. U.S. Army Soldier and Biological Chemical Command, Washington, DC.

Jensen, M. (1967). "Bacteriophage aerosol challenge of installed air contamination control systems." *Appl. Microbiol.* 15(6), 1447–1449.

Jensen, M. M. (1964). "Inactivation of airborne viruses by ultraviolet irradiation." *Applied Microbiology* 12(5), 418–420.

Jensen, P. A., Todd, W. F., Davis, G. N., and Scarpino, P. Y. (1992). "Evaluation of eight bioaerosol samplers challenged with aerosols of free bacteria." *Am. Ind. Hyg. Assoc. J.* 53(10), 660–667.

Johnson, E., Jaax, N., White, J., and Jahrling, P. (1995). "Lethal experimental infections of Rhesus monkeys by aerosolized Ebola virus." *Int. J. Exp. Pathol.* 76, 227–236.
Johnson, T. (1982). "Flashblast: The light that cleans." *Popular Science,* July, 82–84.
Jordan, E. O., and Carlson, A. J. (1913). *JAMA* 61, 1007.
Kakita, Y., Kashige, N., Murata, N., Kuroiwa, A., Funatsu, M., and Watanabe, K. (1995). "Inactivation of *Lactobacillus* bacteriophage PL-1 by microwave irradiation." *Microbiol. Immunol.* 39, 571–576.
Kapur, V., Whittam, T. S., and Musser., J. M. (1994). "Is *Mycobacterium tuberculosis* 15,000 years old?" *J. Infect. Dis.* 170, 1348–1349.
Kashino, S. S., Calich, V. L. G., Burger, E., and Singer-Vermes, L. M. (1985). "In vivo and in vitro characteristics of six *Paracoccidioides brasiliensis* strains." *Mycopathologia* 92, 173–178.
Katzenelson, E., and Shuval, H. I. (1973). In *Studies on the Disinfection of Water by Ozone: Viruses and Bacteria.* Edited by R. G. Rice and M. E. Browning. Hampson Press, Washington, DC.
Kaufman, A. F., Meltzer, M. I., and Schmid, G. P. (1997). "The economic impact of a bioterrorist attack: Are prevention and postattack intervention programs justifiable?" *Emerging Infectious Diseases* 3(2), 83–94. http://www.cdc.gov/ncidod/eid/vol3no2/Kaufman.htm.
Kelle, A., Dando, M. R., and Nixdorff, K. (2001). *The Role of Biotechnology in Countering BTW Agents.* NATO Science Series/Kluwer Academic Publishers, Norwell, MA.
Kemp, S. J.,Kuehn, T. H., Pui, D. Y. H., Vesley, D., and Streifel, A. J. (1995). "Filter collection efficiency and growth of microorganisms on filters loaded with outdoor air." *ASHRAE Transactions* 101(1), 228.
Kennedy, R. (2002). *Anti-Microbial Control by Coatings through the Selection of Raw Materials.* European Coatings Net, Hanover, Germany. http://www.coatings.de/articles/ecs01papers/Kennedy/kennedy.htm.
Kenyon, R. H., Green, D. E., Maiztegui, J. I., and Peters, C. J. (1988). "Viral strain dependent differences in experimental Argentine Hemorrhagic Fever (Junin virus) infection of guinea pigs." *Intervirology* 29, 133–143.
Kiel, J. L., Seaman, R. L., Marthur, S. P., Parker, J. E., Wright, J. R., Alls, J. L., and Morales, P. J. (1999). "Pulsed microwave induced light, sound, and electrical discharge enhanced by a biopolymer." *Bioelectromagnetics* 20(4), 216–223.
Kim, C. K., Kim, S. S., Kim, D. W., Lim, J. C., and Kim, J. J. (1998). "Removal of aromatic compounds in the aqueous solution via micellar enhanced ultrafiltration: Part 1. Behavior of nonionic surfactants." *Journal of Membrane Science* 147(1), 13–22.
Klens, P. F., and Yoho, J. R. (1984). "Occurrence of Alternaria species on latex paint." *The 6th International Biodeterioration Symposium,* Washington, DC.
Knudson, G. B. (1986). "Photoreactivation of ultraviolet-irradiated, plasmid-bearing, and plasmid-free strains of *Bacillus anthracis.*" *Appl. Environ. Microbiol.* 52(3), 444–449.
Koch, A. L. (1961). "Some calculations on the turbidity of mitochondria and bacteria." *Biochim. Biophys. Acta.* 51, 429–441.
Koch, A. L. (1966). "The logarithm in biology: Mechanisms generating the lognormal distribution exactly." *J. Theor. Biol.* 12, 276–290.
Koch, A. L. (1969). "The logarithm in biology: Distributions simulating the log-normal." *J. Theor. Biol.* 23, 251–268.
Koch, A. L. (1995). *Bacterial Growth and Form.* Chapman & Hall, New York, NY.
Kolavic, S. A., Kimura, A., Simons, S. L., Slutsker, L., Barth, S., and Haley, C. E. (1997). "An outbreak of *Shigella dysenteriae* Type 2 among laboratory workers due to intentional food contamination." *JAMA* 278, 396–398.
Koller, L. R. (1952). *Ultraviolet Radiation.* John Wiley & Sons, New York, NY.
Konig, B., and Gratzel, M. (1993). "Detection of viruses and bacteria with piezoelectric immunosensors." *Anal. Lett.* 26, 1567–1585.
Korobeinichev, O. P., Shvartsberg, V. M., and Chernov, A. A. (1999). "Destruction chemistry of organophosphorus compounds in flames—II: Structure of a hydrogen-oxygen flame doped with trimethyl phosphate." *Combustion and Flame* 118(4), 727–732.
Kortepeter, M. G., and Parker, G. W. (1999). "Potential biological weapons threats." *Emerging Infectious Diseases* 5(4), 523–527.
Kovak, B., Heiman, P. R., and Hammel, J. (1997). "The sanitizing effects of desiccant-based cooling." *ASHRAE J.* 39(4), 60–64.

Kowalski, W., and Bahnfleth, W. P. (1998). "Airborne respiratory diseases and technologies for control of microbes." *HPAC* 70(6)34–48. http://www.engr.psu.edu/ae/wjk/ardtie.html.
Kowalski, W. J. (2001). *Design and optimization of UVGI air disinfection systems.* Ph.D. dissertation. Pennsylvania State University, University Park, PA. http://etda.libraries.psu.edu/theses/available/etd-0622101-204046/.
Kowalski, W. J., and Bahnfleth, W. P. (2000a). "UVGI design basics for air and surface disinfection." *HPAC* 72(1), 100–110. http://www.engr.psu.edu/ae/wjk/uvhpac.html.
Kowalski, W. J., and Bahnfleth, W. P. (2000b). "Effective UVGI system design through improved modeling." *ASHRAE Transactions* 106(2), 4–15. http://www.engr.psu.edu/ae/wjk/uvmodel.html.
Kowalski, W. J., and Bahnfleth, W. P. (2002a). "Airborne-microbe filtration in indoor environments." *HPAC Engineering* 74(1), 57–69. http://www.bio.psu.edu/people/faculty/whittam/research/amf.pdf.
Kowalski, W. J., and Bahnfleth, W. P. (2002b). *Aerobiological Engineering Website.* Pennsylvania State University Department of Architectural Engineering and Biology Department, University Park, PA. http://www.engr.psu.edu/ae/wjkaerob.html.
Kowalski, W. J., Bahnfleth, W. P., and Whittam, T. S. (1998). "Bactericidal effects of high airborne ozone concentrations on *Escherichia coli* and *Staphylococcus aureus.*" *Ozone Sci. Eng.* 20(3), 205–221. http://www.bio.psu.edu/people/faculty/whittam/research/ozone.html.
Kowalski, W. J., W. P. Bahnfleth, and T. S. Whittam (1999). "Filtration of airborne microorganisms: Modeling and prediction." *ASHRAE Transactions* 105(2), 4–17. http://www.engr.psu.edu/ae/wjk/fom.html.
Kowalski, W. J., Bahnfleth, W. P., and Whittam, T. S. (2003). "Surface disinfection with airborne ozone and catalytic ozone removal." *AIHA J.* (accepted).
Kowalski, W. J., Bahnfleth, W. P., Witham, D., Severin, B. F., and Whittam, T. S. (2000). "Mathematical modeling of UVGI for air disinfection." *Quantitative Microbiology,* 2(3), 249–270; http://www.bio.psu.edu/people/faculty/whittam/research/mmuad.pdf.
Kowalski, W. J., and Burnett, E. (2001). *Mold and Buildings.* Builder Brief BB0301. Pennsylvania Housing Research Center, University Park, PA. http://www.bio.psu.edu/people/faculty/whittam/research/B0301.pdf.
Kroll (2001). *Mailroom Protocols.* Kroll Associates, New York, NY. http://www.krollassociates.com/mailroom_protocols.cfm.
Kundsin, R. B. (1966). "Characterization of Mycoplasma aerosols as to viability, particle size, and lethality of ultraviolet radiation." *J. Bacteriol.* 91(3), 942–944.
Kundsin, R. B. (1968). "Aerosols of Mycoplasmas, L forms, and bacteria: Comparison of particle size, viability, and lethality of ultraviolet radiation." *Applied Microbiology* 16(1), 143–146.
Kurata, H., and Ueno, Y. (1984). *Toxigenic Fungi—Their Toxins and Health Hazard.* Elsevier, Amsterdam, The Netherlands.
Lacey, J., and Crook, B. (1988). "Fungal and actinomycete spores as pollutants of the workplace and occupational illness." *Ann. Occup. Hyg.* 32, 515–533.
Lackie, J. M., and Dow, J. A. T. (1995). *Dictionary of Cell and Molecular Biology.* Academic Press, London, U.K.
Lancaster-Brooks, R. (2000). "Water terrorism: An overview of water & wastewater security Problems and Solutions." *J. Homeland Security* Feb. http://www.homelandsecurity.org/journal/Articles/article.cfm?article=33.
Latham, R. E. (1983). *Lucretius: On the Nature of the Universe.* Penguin Press, New York, NY.
Latimer, J. M., and Matson, J. M. (1977). "Microwave oven irradiation as a method for bacterial decontamination in a clin. microbiology laboratory." *J. Clin. Microbiol.* 4, 340–342.
Lee, J.-K., Kim, S. C., Shin, J. H., Lee, J. E., Ku, J. H., and Shin, H. S. (2001). "Performance evaluation of electrostatically augmented air filters coupled with a corona precharger." *Aerosol Science and Technology* 35, 785–791.
Lee, J. Y., and Deininger, R. A. (2000). "Survival of bacteria after ozonation." *Ozone Sci. Eng.* 22, 65–75.
Lee, W. E., and Hall, J. G. (1992). *Biosensor-Based Detection of Soman.* Suffield Memorandum No. 1380. Defence Research Establishment, Suffield, Canada.

Leitenberg, M. (2001). "Biological weapons in the twentieth century: A review and analysis." *Crit. Rev. Microbiol.* 27(4), 267–320.
Leonelli, J., and Althouse, M. L. (1998). *Air Monitoring and Detection of Chemical and Biological Agents.* Volume 3533 of *Proceedings of the SPIE.* The International Society for Optical Engineering, Boston, MA.
Letenberg, M. (1993). "The biological weapons program of the former Soviet Union." *Biologicals* 21, 187–191.
Levetin, E., Shaughnessy, R., Rogers, C. A., and Scheir, R. (2001). "Effectiveness of germicidal UV radiation for reducing fungal contamination within air-handling units." *Appl. Environ. Microbiol.* 67(8), 3712–3715.
Lewis, R. J. (1993). *Hawley's Condensed Chemical Dictionary.* Van Nostrand Reinhold, New York, NY.
Li, C.-S., Hao, M. L., Lin, W. H., Chang, C. W., and Wang, C. S. (1999). "Evaluation of microbial samplers for bacterial microorganisms." *Aerosol Sci. Technol.* 30, 100–108.
Liao, C.-H., and Sapers, G. M. (2000). "Attachment and growth of *Salmonella chester* on apple fruits and in vivo response of attached bacteria to sanitizer treatments." *J. Food Protection* 63(7), 876–883.
Lidwell, O. M., and Lowbury, E. J. (1950). "The survival of bacteria in dust." *Annual Review of Microbiology* 14, 38–43.
Linton, A. H. (1982). *Microbes, Man, and Animals: The Natural History of Microbial Interactions.* John Wiley & Sons, New York, NY.
Little, J. S., Kishimoto, R. A., and Canonico, P. G. (1980). "In vitro studies of interaction of *Rickettsia* and macrophages: Effect of ultraviolet light on *Coxiella burnetii* inactivation and macrophage enzymes." *Infect. Immun.* 27(3), 837–841.
Livy (24 B.C.E.). *History of Rome.* Concordance.com, http://www.concordance.com/.
Luciano, J. R. (1977). *Air Contamination Control in Hospitals.* Plenum Press, New York, NY.
Luckiesh, M. (1946). *Applications of Germicidal, Erythemal and Infrared Energy.* D. Van Nostrand Co., New York, NY.
Madoff, S. (1971). *Mycoplasma and the L Forms of Bacteria.* Gordon and Breach Science Publishers, New York, NY.
Mahy, B. W. J., and Barry, R. D. (1975). *Negative Strand Viruses.* Academic Press, London, U.K.
Makela, P., Ojajarvi, J., Graeffe, G., and Lehtimaki, M. (1979). "Studies on the effects of ionization on bacterial aerosols in a burns and plastic surgery unit." *J. Hyg.* 83, 199–206.
Malherbe, H. H., and Strickland-Cholmley, M. (1980). *Viral Cytopathology.* CRC Press, Boca Raton, FL.
Mandell, G. L., Gerald, L., Bennett, J. E., and Dolin, R. (2000). *Principles and Practice of Infectious Diseases.* Churchill Livingstone, Philadelphia, PA.
Maniloff, J., McElhaney, R. N., Finch, L. R., and Baseman, J. B. (1992). *Mycoplasmas: Molecular Biology and Pathogenesis.* ASM Press, Washington, DC.
Marsden, C. (2001). Personal communication with W. J. Kowalski. Trio3 Industries, Inc., Fort Pierce, FL.
Martin, R. J., and Shackleton, R. C. (1990). "Comparison of two partially activated carbon fabrics for the removal of chlorine and other impurities from water." *Water Res.* 24(4), 477–484.
Martini, G. A., and Siegert, R. (1971). *Marburg Virus Disease.* Springer-Verlag, New York, NY.
Masaoka, T., Kubota, Y., Namiuchi, S., Takubo, T., Ueda, T., Shibata, H., Nakamura, H., Yoshitake, J., Yamayoshi, T., Doi, H., and Kamiki, T. (1982). "Ozone decontamination of bioclean rooms." *Appl. Environ. Microbiol.* 43(3), 509–513.
Matson, J. V. (2001). Personal communication with W. J. Kowalski, December, ARL meeting on biodefense.
Matteson, M. J., and Orr, C. (1987). *Filtration: Principles and Practices.* Chemical Industries/Marcel Dekker, New York, NY.
Maus, R., Goppelsroder, A., and Umhauer, H. (1997). "Viability of bacteria in unused air filter media." *Atmos. Environ.* 31(15), 2305–2310.

Maus, R., Goppelsroder, A., and Umhauer, H. (2001). "Survival of bacterial and mold spores in air filter media." *Atmos. Environ.* 35, 105–113.
Mayes, S. E., and Ruisinger, T. (1998). "Using ozone for water treatment." *ASHRAE Journal* 40(5), 39–42.
McCaa, R. (1995). *Spanish and Nahuatl Views on Smallpox and Demographic Catastrophe in the Conquest of Mexico.* University of Minnesota, Minneapolis, MN. http://www.hist.umn.edu/~rmccaa/vircatas/vir6.htm.
McCarthy, J. J., and Smith, C. H. (1974). "A review of ozone and its application to domestic wastewater treatment." *J. Am. Water Works Assoc.* 74, 718–729.
McCathy, R. D. (1969). *The Ultimate Folly: War by Pestilence, Asphyxiation, and Defoliation.* Alfred A. Knopf, New York, NY.
McCaul, T. F., and Williams, J. C. (1981). "Developmental cycle of *Coxiella burnetii:* Structure and morphogenesis of vegetative and sporogenic differentiations." *J. Bacteriol.* 147(3), 1063–1076.
McCormick, J. B. (1987). "Epidemiology and control of Lassa fever." *Arenaviruses.* M. B. A. Oldstone, ed. Springer-Verlag, New York, NY.
McDermott, H. J. (1985). *Handbook of Ventilation for Contaminant Control.* Butterworth Publishers, Boston, MA.
McGowan, J. J. (1995). *Direct Digital Control: A Guide to Distributed Building Automation.* Fairmont Press, Lilburn, GA.
McLean, K. J. (1988). "Electrostatic precipitators." *IEEE Proceedings* 135(6), 347–362.
McLoughlin, M. P., Allmon, W. R., Anderson, C. W., Carlson, M. A., DeCicco, D. J., and Evancich, N. H. (1999). "Development of a field-portable time-of-flight mass spectrometer system." *Johns Hopkins APL Technical Digest* 20(3), 326–334.
McQuiston, F. C., and Parker, J. D. (1994). *Heating, Ventilating, and Air Conditioning Analysis and Design.* John Wiley & Sons, New York, NY.
Meselson, M., Guillemin, J., Hugh-Jones, M., Langmuir, A., Popova, I., Shelokov, A., and Yampolskaya, O. (1994). "The Sverdlovsk anthrax outbreak of 1979." *Science* 266(18), 1202–1208.
Middlebrook, J. L. (1986). "Cellular mechanism of action of botulinum neurotoxin." *Journal of Toxicology and Toxin Reviews* 5(2), 177–190.
Miller, K. (1999). "Chemical agents as weapons: Medical implications." *Fire Engineering* 152(2), 61–69.
Mitchell, T. J., Godfree, F. F., and Stewart-Tull, D. E. S. (1998). *Toxins.* Society for Applied Microbiology, Symposium Series Number 27. Blackwell Science, Glasgow, U.K.
Mitscherlich, E., and Marth, E. H. (1984). *Microbial Survival in the Environment.* Springer-Verlag, Berlin, Germany.
Miyaji, M. (1987). *Animal Models in Medical Mycology.* CRC Press, Boca Raton, FL.
Moats, W. A., Dabbah, R., and Edwards, V. M. (1971). "Interpretation of nonlogarithmic survivor curves of heated bacteria." *J. Food Sci.* 36, 523–526.
Moczydlowski, E., Lucchesi, K., and Ravindran, A. (1988). "An emerging pharmacology of peptide toxins targeted against potassium channels." *J. Membr. Biol.* 105(2), 95–111.
Modec, Inc. (2001). *Formulations for the Decontamination and Mitigation of CB Warfare Agents, Toxic Hazardous Materials, Viruses, Bacteria and Bacterial Spores.* Technical Report No. MDF2001-1002. Denver, CO.
Modest, M. F. (1993). *Radiative Heat Transfer.* McGraw-Hill, New York, NY.
Mongold, J. (1992). "DNA repair and the evolution of transformation in *Haemophilus influenzae.*" *Genetics* 132, 893–898.
Montana, E., Etzel, R., Sorenson, W., Kullman, G., Allan, T., and Dearborn, D. (1998). "Acute pulmonary hemorrhage in infants associated with exposure to *Stachybotris atra* and other fungi." *Arch. Pediatr. Adolesc. Med.* 152, 757–762.
Morgan, J. S., Bryden, W. A., Vertes, R. F., and Bauer, S. (1999). "Detection of chemical agents in water by membrane-introduction mass spectrometry." *Johns Hopkins APL Technical Digest* 20(3), 381–387.
Morrissey, R. F., and Phillips, G. B. (1993). *Sterilization Technology.* Van Nostrand Reinhold, New York, NY.
Mumma, S. A. (2001a). "Dedicated Outside Air Systems." *ASHRAE IAQ Applications* 2(1), 20–22. http://doas.psu.edu/IAQ_Winter2001pgs20-22.pdf.

Mumma, S. A. (2001b). "Designing dedicated outdoor air systems." *ASHRAE J.* 43(5), 28–31. http://doas.psu.edu/journal_01_doas.pdf.
Mumma, S. A. (2002). "Safety and Comfort Using DOAS: Radiant Cooling Panel Systems." *IAQ Applications* Winter, 20–21. http://doas.psu.edu/IAQ_winter_02.pdf.
Munakata, N., Saito, M., and Hieda, K. (1991). "Inactivation action spectra of *Bacillus subtilis* spores in extended ultraviolet wavelengths (50–300 nm) obtained with synchrotron radiation." *Photochem. Photobiol.* 54(5), 761–768.
Murray, P. R. (1999). *Manual of Clinical Microbiology.* ASM Press, Washington, DC.
Musser, A. (2000). "Multizone modeling as an indoor air quality design tool." *Healthy Buildings 2000,* Espoo, Finland, August 6–10.
Musser, A. (2001). "An analysis of combined CFD and multizone IAQ model assembly issues." *ASHRAE Transactions* 106(1), 371–382.
Musser, A., Palmer, J., and McGrattan, K. (2001). *Evaluation of a Fast, Simplified Computational Fluid Dynamics Model for Solving Room Airflow Problems.* NIST, Gaithersburg, MD.
NAS (1997). *Review of Acute Human-Toxicity Estimates for Selected Chemical-Warfare Agents.* National Academy of Sciences, Washington, DC. http://www.nap.edu/readingroom/books/toxicity/.
Nass, M. (1992a). "Anthrax Epizootic in Zimbabwe, 1978–1980: Due to Deliberate Spread?" *Physicians for Social Responsibility Quarterly.* http://www.anthraxvaccine.org/zimbabwe.html.
Nass, M. (1992b). "Chemical and biological war: Zimbabwe, South Africa and anthrax." *Covert Action* 43(Winter).
NATO (1996). *Handbook on the Medical Aspects of NBC Defensive Operations FM 8-9.* Dept. of the Army, Washington, DC.
NBC (2002). *NBC Industry Group Home Page.* NBC Industry Group, Springfield, VA. http://www.nbcindustrygroup.com.
Newton, H. N. (1994). *Direct Digital Control of Building Systems.* John Wiley & Sons, New York, NY.
NFPA (1991). *National Fire Protection Association Standard—Life Safety Code,* NFPA 101. Quincy, MA.
Nicas, M., and Miller, S. L. (1999). "A multi-zone model evaluation of the efficacy of upper-room air ultraviolet germicidal irradiation." *Appl. Environ. Occup. Hyg. J.* 14, 317–328.
Niebuhr, K., and Sansonetti, P. J. (2000). "Invasion of cells by bacterial pathogens." *Subcell. Biochem.* 33, 251–287.
Nikulin, M., Reijula, K., Jarvis, B. B., and Hintikka, E. (1996). "Experimental lung mycotoxicosis in mice induced by *Stachybotris atra.*" *Int. J. Exp. Pathol.* 77, 213–218.
NIST (1992). "Photoinitiated ozone-water reaction." *J. Res. NIST* 97(4), 499.
NIST (2002). *CONTAMW: Multizone Airflow and Contaminant Transport Analysis Software.* National Institute of Standards and Technology, Gaithersburg, MD. http://www.bfrl.nist.gov/IAQanalysis/CONTAMWdownload1.htm.
NRC (1999). *National Research Council Review of the U.S. Army's Health Risk Assessments for Oral Exposure to Six Chemical-Warfare Agents.* National Academy Press, Washington, DC.
NRC (1999). *Chemical and Biological Terrorism.* National Research Council/National Academy Press, Washington, DC. http://bob.nap.edu/html/terrorism/index.html.
Oeuderni, A., Limvorapituk, Q., Bes, R., and Mora, J. C. (1996). "Ozone decomposition on glass and silica." *Ozone Sci. Eng.* 18, 385–415.
Offerman, F. J., Loiselle, S. A., and Sextro, R. G. (1992). "Performance of air cleaners in a residential forced air system." *ASHRAE J.* 34(7), 51–57.
Ogert, R. A., Brown, E. J., Singh, B. R., Shriver-Lake, L. C., and Ligler, F. S. (1992). "Detection of *Clostridium botulinum* toxin A using a fibre optic-based biosensor." *Anal. Biochem.* 205, 306–312.
Olsen, J. C., and Ulrich, W. H. (1914). *Journal of Industrial Engineering & Chemistry* 6, 619.
Olson, K. B. (1999). "Aum Shinrikyo: Once and future threat?" *Emerging Infectious Diseases* 5(4), 513–516.

OMH (1997). *Medical Aspects of Chemical and Biological Warfare.* Office of the Surgeon General at TMM Publications, Washington, DC.
OPCW (1997). *A List of Schedule 1 Chemicals.* Organization for the Prohibition of Chemical Weapons, The Hague, Netherlands. http://www.opcw.nl/cwc/schedul1.htm.
OPCW (1997). *A List of Schedule 2 Chemicals.* Organization for the Prohibition of Chemical Weapons, The Hague, Netherlands. http://www.opcw.nl/cwc/schedul2.htm.
OPCW (1997). *A List of Schedule 3 Chemicals.* Organization for the Prohibition of Chemical Weapons, The Hague, Netherlands. www.opcw.nl/cwc/schedul3.htm.
Ornberg, S. C. (1978). *Design, Construction and Testing of Nuclear Air Cleaning Systems.* Sargent & Lundy Engineers, Chicago, IL.
OSHA (1999). *OSHA Technical Manual.* Occupational Health and Safety Administration, U.S. Department of Labor, Washington, DC. http://www.osha-slc.gov/dts/osta/otm/otm_toc.html.
O'Toole, T. (1999). "Smallpox: An attack scenario." *Emerging Infectious Diseases* 5(4), 540–546.
Paddle, B. M. (1996). "Biosensors for chemical and biological agents of defence interest." *Biosensors & Bioelectronics* 11(11), 1079–1113.
Paula, G. (1998). "Crime-fighting sensors." *Mechanical Engineering* 120(1), 66–72.
Pavlin, J. A. (1999). "Epidemiology of bioterrorism." *Emerging Infectious Diseases* 5(4), 528–530.
Peccia, J., Werth, H. M., Miller, S., and Hernandez, M. (2001). "Effects of relative humidity on the ultraviolet induced inactivation of airborne bacteria." *Aerosol Sci. Technol.* 35, 728–740.
Peters, C. J., Jahrling, P. B., Liu, C. T., Kenyon, R. H., Jr., K. T. M., and Oro, J. G. B. (1987). "Experimental studies of Arenaviral hemorrhagic fevers." *Arenaviruses.* M. B. A. Oldstone, ed. Springer-Verlag, New York, NY.
Pethig, R. (1979). *Dielectric and Electronic Properties of Biological Materials.* John Wiley & Sons, Chichester, U.K.
Philips (1985). *UVGI Catalog and Design Guide.* Catalog No. U.D.C. 628.9. Netherlands.
Phillips, G., Harris, G. J., and Jones, M. V. (1964). "Effect of air ions on bacterial aerosols." *Int. J. Biometeorol.* 8, 27–37.
Pile, J. C., Malone, J. D., Eitzen, E. M., and Friedlander, A. M. (1998). "Anthrax as a potential biological warfare agent." *Arch. Intern. Med.* 158, 429–434.
Plomer, M., Guilbault, G. G., and Hock, B. (1992). "Development of a piezoelectric immunosensor for the detection of enterobacteria." *Enzyme Microbiol. Technol.* 14, 230–235.
Poindexter, J. S., and Leadbetter, E. R. (1985). *Bacteria in Nature.* Plenum Press, New York, NY.
Poupard, J. A., and Miller, L. A. (1992). *History of Biological Warfare: Catapults to Capsomeres.* R. A. Zilinskas, ed. The Microbiologist and Biological Defense Research/New York Academy of Sciences, New York, NY.
Prescott, L. M., Harley, J. P., and Klein, D. A. (1996). *Microbiology.* Wm. C. Brown Publishers, Dubuque, IA.
Pruitt, K. M., and Kamau, D. N. (1993). "Mathematical models of bacterial growth, inhibition and death under combined stress conditions." *J. Ind. Microbiol.* 12, 221–231.
Prusak-Sochaczewski, E., Luong, J. H. T., and Guilbault, G. G. (1990). "Development of a piezoelectric immunosensor for the detection of *Salmonella typhimurium.*" *Enzyme Microbiol. Technol.* 12, 173–177.
Qualls, R. G., and Johnson, J. D. (1983). "Bioassay and dose measurement in UV disinfection." *Appl. Microbiol.* 45(3), 872–877.
Qualls, R. G., and Johnson, J. D. (1985). "Modeling and efficiency of ultraviolet disinfection systems." *Water Res.* 19(8), 1039–1046.
Raber, R. R. (1986). "Fluid Filtration: Gas." *Symposium on Gas and Liquid Filtration,* Philadelphia, PA.
Rahn, R. O., Xu, P., and Miller, S. L. (1999). "Dosimetry of room-air germicidal (254 nm) radiation using spherical actinometry." *Photochem. Photobiol.* 70(3), 314–318.
Rainbow, A. J., and Mak, S. (1973). "DNA damage and biological function of human adenovirus after U.V. irradiation." *Int. J. Radiat. Biol.* 24(1), 59–72.

Rauth, A. M. (1965). "The physical state of viral nucleic acid and the sensitivity of viruses to ultraviolet light." *Biophysical Journal* 5, 257–273.
Raynor, P. C., and Leith, D. (1999). "Evaporation of accumulated multicomponent liquids from fibrous filters." *Annals of Occupational Hygiene* 43(3), 181–192.
Raynor, P. C., and Leith, D. (2000). "Influence of accumulated liquid on fibrous filter performance." *Journal of Aerosol Science* 31(1), 19–34.
Reiger, I. H., Feucht, G., and Schonfeld, A. (1995). "Selective adsorption of noxon for the detection of ozone." *Odours & VOC's Journal* (Dec.), 39–44.
Reijula, K., Nikulin, M., Jarvis, B. B., and Hintikka, E.-L. (1996). "*Stachybotris atra*-induced lung injury." *The 7th International Conference on IAQ and Climate,* Nagoya, Japan, 639–643.
Rentschler, H. C., and Nagy, R. (1942). "Bactericidal action of ultraviolet radiation on airborne microorganisms." *J. Bacteriol.* 44, 85–94.
Rentschler, H. C., Nagy, R., and Mouromseff, G. (1941). "Bactericidal effect of ultraviolet radiation." *J. Bacteriol.* 42, 745–774.
Rice, R. G. (1997). "Applications of ozone for industrial wastewater treatment—a review." *Ozone Sci. Eng.* 18, 477–515.
Richardson, M. I., and Gangolli, S. (1992). *The Dictionary of Substances and Their Effects.* Clays Ltd., Bugbrooke, Northamptonshire, U.K.
Riley, R. L., and O'Grady, F. (1961). *Airborne Infection.* The Macmillan Company, New York, NY.
Riley, R. L., and Kaufman, J. E. (1972). "Effect of relative humidity on the inactivation of airborne *Serratia marcescens* by ultraviolet radiation." *Applied Microbiology* 23(6), 1113–1120.
Riley, R. L., and Nardell, E. A. (1989). "Clearing the air: The theory and application of ultraviolet disinfection." *Am. Rev. Resp. Dis.* 139, 1286–1294.
Roelants, P., Boon, B., and Lhoest, W. (1968). "Evaluation of a commercial air filter for removal of viruses from the air." *Appl. Microbiol.* 16(10), 1465–1467.
Rogers, K. R., Foley, M., Alter, S., Koga, P., and Eldefrawi, M. (1991). "Light addressable potentiometric biosensor for the detection of anticholinerase." *Anal. Lett.* 24, 191–198.
Rosaspina, S., Anzanel, D., and Salvatorelli, G. (1993). "Microwave sterilization of enterobacteria." *Microbios* 76, 263–270.
Rose, S. (1968). *CBW: Chemical and Biological Warfare.* Beacon Press, Boston, MA.
Rowan, N. J., MacGregor, S. J., Anderson, J. G., Fouracre, R. A., McIlvaney, L., and Farish, O. (1999). "Pulsed-light inactivation of food-related microorganisms." *Appl. Environ. Microbiol.* 65(3), 1312–1315.
Russell, A. D. (1982). *The Destruction of Bacterial Spores.* Academic Press, New York, NY.
Ryan, K. J., ed. (1994). *Sherris Medical Microbiology.* Appleton & Lange, Norwalk, CT.
Sakuma, S., and Abe, K. (1996). "Prevention of fungal growth on a panel cooling system by intermittent operation." *The 7th International Conference on IAQ and Climate,* Nagoya, Japan, 179–184.
Salvato, M. S. (1993). *The Arenaviridae.* Plenum Press, New York, NY.
Sander, D. M. (2002). *All the Virology on the WWW: Biological Weapons and Warfare.* http://www.virology.net/garryfavwebbw.html.
Sanz, B., Palacios, P., Lopez, P., and Ordonez, J. A. (1985). *Effect of Ultrasonic Waves on the Heat Resistance of Bacillus Stearothermophilus Spores.* Fundamental and Applied Aspects of Bacterial Spores/Academic Press, London, U.K.
Sartin, J. S. (1993). "Infectious Diseases during the Civil War: The Triumph of the 'Third Army.'" *Clinical Infectious Diseases* 16, 580–584. http://www.imsdocs.com/civilwar.htm.
Sawyer, R. D., and M.-C. Sawyer, translators (1994). *The Art of War by Sun-tzu.* Westview Press, Boulder, CO.
SBCCOM (2000). *Guidelines for Mass Decontamination during a Terrorist Chemical Agent Incident.* U.S. Army Soldier and Biological Chemical Command, Washington, DC. http://ww2.sbccom.army.mil/hld.
Schaal, K. P., and Pulverer, G. (1979). *Actinomycetes.* Proceedings of the Fourth International Symposium on Actinomycete Biology, Cologne, Germany.
Scherba, G., Weigel, R. M., and W. D. O'Brien, J. (1991). "Quantitative assessment of the germicidal efficacy of ultrasonic energy." *Appl. Microbiol.* 57, 2079–2084.

Scholl, P. F., Leonardo, M. A., Rule, A. M., Carlson, M. A., Antoine, M. D., and Buckley, T. J. (1999). "The development of a matrix-assisted laser desorption/ionization time-of-flight mass spectrometry for the detection of biological warfare agent aerosols." *Johns Hopkins APL Technical Digest* 20(3), 343–362.
Severin, B. F. (1986). "Ultraviolet disinfection for municipal wastewater." *Chemical Engineering Progress* 81, 37–44.
Severin, B. F., Suidan, M. T., and Englebrecht, R. S. (1983). "Kinetic modeling of U.V. disinfection of water." *Water Res.* 17(11), 1669–1678.
Severin, B. F., Suidan, M. T., and Englebrecht, R. S. (1984). "Mixing effects in UV disinfection." *J. Water Pollution Control Federation* 56(7), 881–888.
Sharp, G. (1939). "The lethal action of short ultraviolet rays on several common pathogenic bacteria." *J. Bacteriol.* 37, 447–459.
Sharp, G. (1940). "The effects of ultraviolet light on bacteria suspended in air." *J. Bacteriol.* 38, 535–547.
Shaughnessy, R., Levetin, E., and Rogers, C. (1999). "The effects of UV-C on biological contamination of AHUs in a commercial office building: Preliminary results." *Indoor Environment '99,* 195–202.
Shepard, G. S., Stockenstrom, S., de Villiers, D., Englebrecht, W. J., Sydenham, E. W., and Wessels, G. F. (1998). "Photocatalytic degradation of cyanobacterial microcystin toxins in water." *Water Research* 36(12), 1895–1901.
Sidell, F. R., Takafuji, E. T., and Franz, D. R. (1997). *Medical Aspects of Chemical and Biological Warfare.* Office of the Surgeon General at TMM Publications, Washington, DC. http://www.nbcmed.org/sitecontent/homepage/whatsnew/medaspects/contents.html.
Seigel, J. A., and Walker, I. S. (2001). *Deposition of Biological Aerosols on HVAC Heat Exchangers.* LBNL-47476. Lawrence Berkley National Laboratory, Berkeley, CA.
Siegrist, D. W. (1999). "The threat of biological attack: Why concern now?" *Emerging Infectious Diseases* 5(4), 505–508.
Siegrist, D. W., and Graham, J. M. (1999). *Countering Biological Terrorism in the U.S.: An Understanding of Issues and Status.* Oceana Publ., Dobbs Ferry, NY.
Sikes, G., and Skinner, F. A. (1973). *Actinomycetes: Characteristics and Practical Importance.* Academic Press, London, U.K.
Simon, J. D. (1997). "Biological terrorism: Preparing to meet the threat." *JAMA* 278(5), 428–430.
Singh, A., Kuhad, R. C., Sahai, V., and Ghosh, P. (1994). "Evaluation of biomass." *Adv. Biochem. Eng. Biotechnol.* 51, 48–66.
SIPRI (1971). *The Prevention of CBW.* SIPRI/Humanities Press, New York, NY.
Skistad, H. (1994). *Displacement Ventilation.* John Wiley & Sons, New York, NY.
Slack, J. M., and Gerencser, M. A. (1975). *Actinomycetes, Filamentous Bacteria: Biology and Pathogenicity.* Burgess Publishing Co., Minneapolis, MN.
Smart, J. K. (1997). "History of Chemical and Biological Warfare: An American Perspective." Chapter 2 in *Medical Aspects of Chemical and Biological Warfare.* Office of Surgeon General at TMM Publications, Washington, DC, pp. 9–21. http://www.nbcmed.org/SiteContent/HomePage/WhatsNew/MedAspects/contents.html.
Smerage, G. H., and Teixeira, A. A. (1993). "Dynamics of heat destruction of spores: A new view." *J. Ind. Microbiol.* 12, 211–220.
Smit, M. H., and Cass, A. E. G. (1990). "Cyanide detection using a substrate-regenerating, peroxidase-based biosensor." *Analytical Chemistry* 62(22), 24–29.
Smith, J. M. B. (1989). *Opportunistic Mycoses of Man and Other Animals.* BPCC Wheatons, Exeter, U.K.
Smith, R. A., Ingels, J., Lochemes, J. J., Dutkowsky, J. P., and Pifer, L. L. (2001). "Gamma irradiation of HIV-1." *J. Orthop. Res.* 19(5), 815–819.
Somani, S. M. (1992). *Chemical Warfare Agents.* Academic Press, New York, NY.
Sorensen, K. N., Clemons, K. V., and Stevens, D. A. (1999). "Murine models of blastomycosis, coccidioidomycosis, and histoplasmosis." *Mycopathologia* 146, 53–65.
Spendlove, J. C., and Fannin, K. F. (1983). "Source, significance, and control of indoor microbial aerosols: Human health aspects." *Public Health Reports* 98(3), 229–244.
Stafford, R. G., and Ettinger, H. J. (1972). "Filter efficiency as a function of particle size and velocity." *Atmospheric Environment* 6, 353–362.

Stearn, E. W., and Stearn, A. E. (1945). *The Effect of Smallpox on the Destiny of the Amerindians.* Bruce Humphries, Boston, MA.
Stephen, J., and Pietrowski, R. A. (1981). *Bacterial Toxins.* American Society for Microbiology, Washington, DC.
Stern, J. (1999). "The prospect of domestic bioterrorism." *Emerging Infectious Diseases* 5(4), 517–522.
Stoecker, W. F., and Stoecker, P. A. (1989). *Microcomputer Control of Thermal and Mechanical Systems.* Van Nostrand Reinhold, New York, NY.
Storz, J. (1971). *Chlamydia and Chlamydia-Induced Diseases.* Charles C. Thomas, Springfield, IL.
Straja, S., and Leonard, R. T. (1996). "Statistical analysis of indoor bacterial air concentration and comparison of four RCS biotest samplers." *Environment International* 22(4), 389.
Suneja, S. K., and Lee, C. H. (1974). "Aerosol filtration by fibrous filters at intermediate Reynolds numbers (<100)." *Atmos. Environ.* 8, 1081–1094.
Sylvania (1981). *Germicidal and Short-Wave Ultraviolet Radiation.* Sylvania Engineering Bulletin 0-342. GTE Products Corp.
Takafuji, E. T., Johnson-Winegar, A., and Zajtchuk, R. (1997). Chapter 35 in *Medical Aspects of Chemical and Biological Warfare.* Office of the Surgeon General at TMM Publications, Washington, DC.
Takeuchi, Y., and Itoh, T. (1993). "Removal of ozone from air by activated carbon treatment." *Sep. Technol.* 3, 168–175.
Tamai, H., Kakii, T., Hirota, Y., and Kumamoto, T. (1996). "Synthesis of extremely large mesoporous activated carbon and its unique adsorption for giant molecules." *Chemistry of Materials* 8(2), 454.
Tanner, H. H., et al. (1986). *Atlas of Great Lakes Indian History.* University of Oklahoma Press, Norman, OK.
Tennal, K. B., Mazumder, M. K., Siag, A., and Reddy, R. N. (1991). "Effect of loading with an oil aerosol on the collection efficiency of an electret filter." *Particulate Science & Technology* (9), 19–29.
Thomas, A. V. W. (1970). *Legal Limits on the Use of Chemical and Biological Weapons.* Southern Methodist University Press, Dallas, TX.
Thomas, W. (1998). *Bringing the War Home.* Earthpulse Press, Anchorage, AK.
Thompson, H. G., and Lee, W. E. (1992). "Rapid immunofiltration assay of *Francisella tularensis.*" *1992 Suffield Memorandum No. 1376,* Canada, 1–17.
Thorne, H. V., and T.M.Burrows (1960). "Aerosol sampling methods for the virus of foot-and-mouth disease and the measurement of virus penetration through aerosol filters." *J. Hyg.* 58, 409–417.
Thornsberry, C., Balows, A., Feeley, J., and Jakubowski, W. (1984). *Legionella: Proceedings of the 2nd International Symposium.* Atlanta, GA.
Thurman, R., and Gerba, C. (1989). "The molecular mechanisms of copper and silver ion disinfection of bacteria and viruses." *CRC Crit. Rev. Environ. Control* 18, 295–315.
Tolley, G., Kenkel, D., and Fabian, R. (1994). *Valuing Health for Policy.* University of Chicago Press, Chicago, IL.
Torok, T. J., Tauxe, R. V., Wise, R. P., Livengood, J. R., Sokolow, R., Mauvais, S., Birkness, K. A., Skeels, M. R., Horan, J. M., and Foster, L. R. (1997). "A large community outbreak of Salmonellosis caused by intentional contamination of restaurant salad bars." *JAMA* 278, 389–395.
Tucker, J. B. (1999). "Historical trends related to bioterrorism: An empirical analysis." *Emerging Infectious Diseases* 5(4), 498–504.
Tuder, R. M., Ibrahim, E., Godoy, C. E., and Brito, T. D. (1985). "Pathology of the human paracoccidioidomycosis." *Mycopathologia* 92, 179–188.
Turner, M. (1980). "Anthrax in humans in Zimbabwe." *Centr. Afr. J. Med.* 26(7), 160–161.
USAMRIID (2000). *History of Biological Warfare.* American War College, Washington, DC.
USAMRIID (2001). *Medical Management Of Biological Casualties Handbook,* 4th ed. U.S. Army Medical Research Institute of Infectious Diseases, Fort Detrick, MD. http://www.nbc-med.org/SiteContent/HomePage/WhatsNew/MedManual/Feb01/handbook.htm.

U. S. Army Corps of Engineers (2001). *Protecting Buildings and Their Occupants from Airborne Hazards.* Document TI 853-01. U. S. Army Corps of Engineers, Washington, DC. http://www.state.nd.us/dem/Documents/Building%20Protection.pdf.
U. S. Congress (2000). "Terrorist threats to the United States: Hearing before the Special Oversight Panel on Terrorism of the Committee on Armed Services, House of Representatives, 106th Congress." *Y 4.AR 5/2 A, 999-2000/52,* U.S. GPO, Washington, DC.
U. S. Congress (2001). *Patterns of Global Terrorism and Threats to the United States.* House Armed Services Committee, Washington, DC.
USPS (2002). *The United States Post Office Website.* U.S. Post Office. http://www.usps.com/.
UVDI (1999). *Report on Lamp Photosensor Data for UV Lamps.* Ultraviolet Devices, Valencia, CA.
UVDI (2001). *UVD: Ultraviolet Air Disinfection Design Program.* Ultraviolet Devices, Valencia, CA.
vanLancker, M., and Bastiaansen, L. (2000). "Electron-beam sterilization. Trends and developments." *Med Device Technol.* 11(4), 18–21.
VanOsdell, D. W. (1994). "Evaluation of test methods for determining the effectiveness and capacity of gas-phase air filtration equipment for indoor air applications." *ASHRAE Transactions* 100(2), 511.
VanOsdell, D. W., and Sparks, L. E. (1995). "Carbon adsorption for indoor air cleaning." *ASHRAE J.* 37(2), 34–40.
van Veen, J. A., and Paul, E. A. (1979). "Conversion of biovolume measurements of soil organisms, grown under various moisture tensions, to biomass and their nutrient content." *Appl. Environ. Microbiol.* 37, 686–692.
Vollmer, A. C., Kwakye, S., Halpern, M., and Everbach, F. C. (1998). "Bacterial stress response to 1-megahertz pulsed ultrasound in the presence of microbubbles." *Applied and Environmental Microbiology* 64(10), 3927–3931.
Wagner, F. S., Eddy, G. A., and Brand, O. M. (1977). "The African green monkey as an alternate primate host for studying Machupo virus infection." *The American Journal of Tropical Medicine and Hygiene* 26(1), 159–162.
Waid, D. E. (1969). "Incineration of organic materials by direct gas flame for air pollution control." *American Industrial Hygiene Association Journal* 30, 291–297.
Wake, D., Redmayne, A. C., Thorpe, A., Gould, J. R., Brown, R. C., and Crook, B. (1995). "Sizing and filtration of microbiological aerosols." *J. Aerosol Sci.* 26(S1), s529–s530.
Wald, G., and United Nations (1970). *Chemical and Bacteriological (Biological) Weapons and the Effects of Their Possible Use.* Report E.69.I.24. Ballantine, New York, NY.
Walker, D. H. (1988). *Biology of Rickettsial Diseases.* vols. 1 and 2. CRC Press, Boca Raton, FL.
Walker, P. L., and Thrower, P. A. (1975). *Chemistry and Physics of Carbon,* vol. 12. Marcel Dekker, New York, NY.
Walter, C. W. (1969). "Ventilation and air conditioning as bacteriologic engineering." *Anesthesiology* 31, 186–192.
Walton, G. N. (1989). "Airflow network models for element-based building airflow modeling." *ASHRAE Transactions* 1989, 611–620.
Washam, C. J. (1966). "Evaluation of filters for removal of bacteriophages from air." *Appl. Microbiol.* 14(4), 497–505.
Webb, A. R. (1991). "Solar ultraviolet radiation in southeast England: The case for spectral measurements." *Photochemistry and Photobiology* 54(5), 789–794.
Webb, S. J., and Booth, A. D. (1969). "Absorption of microwaves by microorganisms." *Nature* 222(June), 1199–1200.
Weinberger, S., Evenchick, Z., and Hertman, I. (1984). "Transitory UV resistance during germination of UV-sensitive spores produced by a mutant of *Bacillus cereus 569.*" *Photochem. Photobiol.* 39(6), 775–780.
Weinstein, R. A. (1991). "Epidemiology and control of nosocomial infections in adult intensive care units." *Am. J. Med.* 91(suppl 3B), 179S–184S.
Weissenbacher, M. C., Laguens, R. P., and Coro, C. E. (1987). "Argentine hemorrhagic fever." *Arenaviruses.* M. B. A. Oldstone, ed. Springer-Verlag, New York, NY.

Wekhof, A. (1991). "Treatment of contaminated water, air, and soil with UV flashlamps." *Environmental Progress* 10(4), 241–247.

Wekhof, A. (2000). "Disinfection with flashlamps." *PDA J. Pharmaceutical Science and Technology* 54(3), 264–267. http://www.wektec.com/.

Wekhof, A., Folsom, E. N., and Halpen, Y. (1992). "Treatment of groundwater with UV flashlamps—the third generation of UV systems." *Hazardous Materials Control* 5(6), 48–54.

Wekhof, A., Trompeter, I.-J., and O.Franken (2001). "Pulsed UV-disintegration, a new sterilization mechanism for broad packaging and medical-hospital applications." *Proceedings of the First International Congress on UV-Technologies,* Washington, DC. http://www.wektec.com/.

Westinghouse (1982). *Booklet A-8968.* Westinghouse Electric Corp., Lamp Div., Monroeville, PA.

White, H. J. (1977). "Electrostatic precipitation of fly ash." *Journal of Air Pollution Control Association* 27, 15–21.

Whitmore, T. M. (1992). *Disease and Death in Early Mexico.* Westview Press, Boulder, CO.

WHO (1970). *Health Aspects of Chemical and Biological Weapons.* World Health Organization, Geneva, Switzerland.

WHO (1982). *Rift Valley Fever: An Emerging Human and Animal Problem.* World Health Organization, Geneva, Switzerland.

Wilkinson, T. R. (1966). "Survival of bacteria on metal surfaces." *Applied Microbiology* 14, 303–307.

Williams, S. M., Fulton, R. M., Patterson, J. S., and Reed, W. M. (2000). "Diagnosis of eastern equine encephalitis by immunohistochemistry in two flocks of Michigan ring-necked pheasants." *Avian Diseases* 44(4), 1012–1016.

Woods, J. E., Grimsrud, D. T., and Boschi, N. (1997). *Healthy Buildings / IAQ '97.* ASHRAE, Washington, DC.

Wright, S. (1990). *Preventing a Biological Arms Race.* MIT Press, Cambridge, MA.

Yaghoubi, M. A., Knappmiller, K., and Kirkpatrick, A. (1995). "Numerical prediction of contaminant transport and indoor air quality in a ventilated office space." *Particulate Science and Technology* 13, 117–131.

Yang, C. S., Hung, L.-L., Lewis, F. A., and Zampiello, F. A. (1993). "Airborne fungal populations in non-residential buildings in the United States." *IAQ '93,* Helsinki, Finland, 219–224.

Youmans, G. P. (1979). *Tuberculosis.* W. B. Saunders, Philadelphia, PA.

Zeterberg, J. M. (1973). "A review of respiratory virology and the spread of virulent and possibly antigenic viruses via air conditioning systems." *Annals of Allergy* 31, 228–299.

Zhang, Y., Fox, J. G., Ho, Y., Zhang, L., Stills, H. F., and Smith, T. H. (1993). "Comparison of the major outer membrane protein gene of mouse pneumonitis and hamster SFPD strains of *Chlamydia trachomatis* with other *Chlamydia* strains." *Mol. Biol. Evol.* 10, 1327–1342.

Zilinskas, R. A. (1997). "Iraq's biological weapons." *JAMA* 278(5), 418–424.

Zilinskas, R. A. (1999a). "Cuban Allegations of Biological Warfare by the United States: Assessing the Evidence." *Crit. Rev. Microbiol.* 25(3), 173–227.

Zilinskas, R. A. (1999b). "Terrorism and Biological Weapons: Inevitable Alliance." *Persp. Biol. Med.* 34(1), 45–72.

Zilinskas, R. A. (1999c). *Assessing the Threat of Bioterrorism.* Monterey Institute of International Studies, October 20, 1999. http://www.house.gov/reform/ns/press/test3.htm.

Zilinskas, R. A. (2000). *Biological Warfare.* Lynne Rienner Publ., Boulder, CO.

Zink, S. (1999). *Understanding the Threat of Bioterrorism.* Johns Hopkins Center for Civilian Biodefense Studies, DHHS, IDSA, & ASM, Washington, DC. http://www.acl.lanl.gov/RAMBO/Minutes/Bioterrorism_conf_2.99.htm.

Zoon, K. C. (1999). "Vaccines, pharmaceutical products, and bioterrorism: Challenges for the U.S. Food and Drug Administration." *Emerging Infectious Diseases* 5(4), 534–536.

作者简介

瓦迪斯瓦夫·扬·科瓦尔斯基(Wladyslaw Jan Kowalski)博士(P.E., Ph.D.)是美国宾夕法尼亚州立大学建筑工程系的副研究员(Research Associate)，他致力于空气洁净技术以及免疫建筑系统方面的研究。他曾发表了数篇关于微生物过滤、紫外线杀菌照射系统设计和臭氧消毒等方面的学术论文，此外他还就建筑物防御生化恐怖袭击问题开设相关讲座并提供咨询。

译后记

翻译本书的想法源自2003年。

2003年的春夏之交，SARS肆虐，给我国带来了生命和财产的巨大损失。SARS传播的元凶是一种变异的冠状病毒。但这种病毒怎么会突然向人类发起攻击，它的传播链和传播渠道是什么，迄今也没有完全搞清楚。建筑物的通风空调系统一度成为SARS传播的疑似途径。围绕着接触传播、飞沫传播，还是空气传播，卫生防疫工作者、工程技术人员和学者之间颇有争议，国际上很多研究机构对此开展研究，但一直没有得出肯定的结论。作为从事建筑环境研究和教学的专业人员，我们深切感到，我们的建筑设计和建筑系统，对保障使用者和居住者的健康(甚至生命)肯定存在着某些薄弱环节。这些薄弱环节，对于军团菌、SARS这样的非主动性的生物、化学攻击，尚且显得难以抵御，那么对于恐怖分子主动性的、专门针对这些薄弱环节的生化攻击，岂非更不堪一击?

进入21世纪，和平与发展成为时代主题。但是，许多不安定因素仍然存在。其中，国际恐怖分子的猖獗，以平民为目标的残忍袭击手段，引起了各国政府和人民的极大关注和强烈愤慨。迄今为止，人类历史上已有多起利用生化武器进行恐怖袭击的事件发生。如1995年日本东京地铁遭受“沙林”毒气袭击事件；美国继“9·11”恐怖事件后，爆发了多起邮寄炭疽杆菌的生物恐怖袭击事件，引起了极大的恐慌。从已经发生的恐怖袭击事件和专家对未来恐怖活动的预测都表明，今后的恐怖袭击活动将逐渐以生化恐怖袭击的方式来取代传统的爆炸方式，生化恐怖袭击已成为世界恐怖主义发展的新趋势。

随着中国日益深入地参与世界事务，我国同样面临着国际恐怖主义袭击的现实威胁，尤其是以东突恐怖主义组织为代表的敌对势力，境内外勾结，在中国新疆境内制造了至少200余起恐怖暴力事件，造成数百人伤亡。“9・11”之后，“东突”的活动有所收敛，但也显露出向中国内地蔓延的苗头。由于国内还存在着所谓“社会转型期的失意者”人群，因此近年来也频繁出现其中一些极端分子的个体恐怖犯罪。

毋庸置疑，各类建筑物是恐怖分子发动生化恐怖袭击的潜在目标。我国目前的建筑安全措施主要是抵御地震灾害、气象灾害和火灾，在安全管理上主要是门禁、防盗和信息安全等技术措施，并没有考虑防止有害气体扩散和微生物的传播等措施，当然也就更谈不上防止生化恐怖袭击。因此，我国的各类建筑物对于生化恐怖袭击，特别是在建筑内部释放生化毒剂的恐怖袭击方式，基本上没有防护能力。

我国将在2008年和2010年分别举办奥运会和世博会。对于这样大型的世界盛会，必须确保其安全。防止恐怖袭击更具重要的现实意义。我国中心城市人口密集，地铁等场合的人流密度是全世界最大的，一旦发生生化恐怖袭击，肯定会影响巨大、损失惨重。加之近年来SARS、禽流感、猪链球菌等病原体微生物对人类的侵害，建筑环境的生化安全应该上升到与抗震、防火等同等重要的位置。

但是，国内卫生和工程界对于防止生化恐怖袭击的知识基本是空白。可能有的人对“生化恐怖”这个词也还是闻所未闻。因此，使我们萌生了将国外的信息和技术介绍到国内的想法。香港大学的李玉国博士向我们推荐并赠送了由美国宾夕法尼亚州立大学瓦迪斯瓦夫・扬・科瓦尔斯基(Wladyslaw Jan Kowalski)教授及其研究团队编写的《免疫建筑综合技术》一书。

自“9・11”恐怖事件后，生化恐怖袭击与建筑环境安全问题在美国已经从国家安全的角度得到高度重视。由于近几次生化恐怖袭击都发生在美国，所以美国在这方面的研究工作起步最早，研究也开展得十分全面和深入。

早在1998年，美国劳伦斯・伯克利国家实验室(LBNL)就开始进行该方面的研究，2003年1月10日该实验室向全美公布了《保护建筑物防御化学与生物袭击》的报告。“9・11”之后，在美国政府的推动下于2001年底就马上启动了众多研究项目。参加研究的包括科研机构、院校、专业协会、企业、军队和国家实验室等多个团队。具有代表性的项目是由美国国防尖端研究项目局(DARPA)主持的“免疫建筑研究计划”(Immune Building Program)。该项的研究目标是发展一整套免疫建筑系统技术，以保护重要的军事建筑防御生化恐怖袭击。对于非军事类建筑的免疫建筑技术的研究，以美国宾夕法尼亚州立大学建筑工程系的研究水平最高，也最具代表性。其主要的研究成果，都反映在《免疫建筑综合技术》这本书中。

目前，美国有很多研究机构和专业协会陆续公布了他们的研究成果和研究报告。例如：国家职业健康与安全协会(NIOSH)，美国采暖、制冷与空调工程师学会(ASHRAE)，疾病预防与控制中心(CDC)，美军工程师协会(USACE)，美国环保总署(EPA)，美国工业安全协会(ASIS)，美国建筑师学会(AIA)等。

美国目前的研究成果多数侧重于利用现有技术并提供短期的应急方案。而《免疫建筑综合技术》一书最完整、最系统地反映了美国到目前为止的研究成果和技术水平。因此，我们决定将此书翻译成中文，希望以此来推动我国建筑环境安全的研究，并引起有关部门对建筑物防生化恐怖袭击的重视。我们特别希望，在奥运会和世博会场馆建设中，能够对建筑环境安全采取必要的技术措施，未雨绸缪、防患于未然。

本书的翻译工作是对我们的挑战。参加翻译的基本都是建筑和建筑环境专业的博士生和硕士生。生物、化学方面的许多名词、术语往往使跨专业的译者头疼；有的词汇非常冷僻，不但专业词典里查不到，连很多生物、化学专业的专家也都没有见到过。尽管有许许多多的困难，但翻译工作最终还是圆满地完成了。整个翻译过程虽然艰苦，却也是我们最好的学习机会。全体翻译者的名单和各自承担的章节见下表。其中特别值得提出的是博士研究生蔡浩，他不仅个人承担了最多的翻译量，还担负了翻译的组织工作，为本书的出版付出最大的辛劳。蔡浩的博士论文选题正是在生化恐怖袭击情景下的室内环境方面的研究。期待着在国际防生化恐怖袭击的研究成果的清单中，增添上中国人的名字。

本书第6章，由中国人民解放军理工大学程宝义教授审校。全书由龙惟定教授审校和统稿。在翻译过程中，得到李玉国博士、范存养教授、程宝义教授的指点和帮助，谨致谢意。还要感谢中国建筑工业出版社，能够将这一主题对国内大多数人还比较陌生的图书列入选题，从而推动我国在这一领域的研究工作。

正如前面所指出的，由于专业的限制和译者知识面的局限，译文中难免有缺陷甚至错误，恳切希望得到读者批评指正。

译者
2005年11月

翻译人员分工表

章节	主要内容	翻译人员
目录	全文目录	蔡浩
序	序，致谢，文中主要符号	蔡浩
第1章	概论	蔡浩、孔玲娟
第2章	生物毒剂	蔡浩、沈列丞
第3章	化学毒剂	蔡浩、刘利刚
第4章	生化毒剂的剂量和流行病学	蔡浩
第5章	分散和释放方式	蔡浩
第6章	建筑物及其受袭情景	孔玲娟、蔡浩
第7章	通风系统	蔡浩
第8章	空气净化与消毒系统	蔡浩、王民
第9章	建筑物受袭情景的数值模拟	蔡浩
第10章	生化制剂的检测	王晋生、蔡浩
第11章	免疫建筑控制系统	王晋生、蔡浩
第12章	安全与应急程序	王晋生、蔡浩
第13章	洗消与修复	蔡浩、郑东林
第14章	替代技术	蔡浩、郑东林
第15章	经济性分析与系统优化	蔡浩、吴筠
第16章	邮件收发室与生化毒剂	蔡浩、刘文杰、孔玲娟
第17章	结语	蔡浩、孔玲娟
附录 A	生物毒剂数据库	沈列丞、蔡浩
附录 B	病原体的疾病发展曲线和致病(死)剂量曲线数据库	刘利刚、蔡浩
附录 C	毒素的致病(死)剂量曲线数据库	刘利刚、蔡浩
附录 D	化学毒剂数据库	刘利刚、蔡浩
附录 E	紫外线照射杀菌系统的规格和灭菌率	张思柱、沈列丞
附录 F	紫外线照射杀菌系统直射区域平均强度的计算程序原代码	张思柱、沈列丞
	术语表	王民、蔡浩

另外，张文宇等人也参加了本书的翻译、录入及整理工作。